U0098935

第二版

PYTHON PROGRAMMING BIBLE

自學聖經

關於文淵閣工作室

常常聽到很多讀者跟我們說：我就是看您們的書學會用電腦的。是的！這就是我們寫書的出發點和原動力，想讓每個讀者都能看我們的書跟上軟體的腳步，讓軟體不只是軟體，而是提升個人效率的工具。

文淵閣工作室是一個致力於資訊圖書創作三十餘載的工作團隊，擅長用循序漸進、圖文並茂的寫法，介紹難懂的 IT 技術，並以範例帶領讀者學習程式開發的大小事。我們不賣弄深奧的專有名辭，奮力堅持吸收新知的態度，誠懇地與讀者分享在學習路上的點點滴滴，讓軟體成為每個人改善生活應用、提升工作效率的工具。舉凡應用軟體、網頁互動、雲端運算、程式語法、App 開發，都是我們專注的重點，衷心期待能盡我們的心力，幫助每一位讀者燃燒心中的小宇宙，用學習的成果在自己的領域裡發光發熱！我們期待自己能在每一本創作中注入快快樂樂的心情來分享，也期待讀者能在這樣的氛圍下快快樂樂的學習。

文淵閣工作室讀者服務資訊

如果您在閱讀本書時有任何的問題，或是有心得想與我們一起討論、共享，歡迎光臨文淵閣工作室網站，或者使用電子郵件與我們聯絡。

文淵閣工作室網站 **http://www.e-happy.com.tw**

服務電子信箱 **e-happy@e-happy.com.tw**

Facebook 粉絲團 **http://www.facebook.com/ehappytw**

總 監 製　**鄧文淵**

監　　督　**李淑玲**

行銷企劃　**David・Cynthia**

責任編輯　**邱文諒・鄭挺穗・黃信溢**

執行編輯　**邱文諒・鄭挺穗・黃信溢**

企劃編輯　**黃信溢**

前言

Python 是一套直譯式、物件導向，功能強大的程式語言，廣泛應用於大數據、網路爬蟲、人工智慧、機器學習、物聯網等熱門領域。具備簡潔的語法，擁有許多模組套件，跨平台且容易擴充，所以非常適合初學者學習。

但有許多的人在學習時卻迷失在網路爬文、教學影片的知識叢林裡，沒有系統也沒有結構，花了太多時間也沒有成效。本書整理了多年教學、研習與專案開發的心得，並且爬梳了許多國內外學習 Python 的重點，帶領讀者由淺入深地領略 Python 程式在各個領域裡的開發應用。

在章節的規劃上，除了想要帶領學習者打好札實的語法基礎，並針對 Python 每個引發討論的主流重點深入探討，特別以基礎入門、進階學習、資料科學、網路應用、人工智慧、開發加值、多媒體互動與 IoT 物聯網為重點脈絡，打造沒有死角的學習體驗。

新版中，我們依據市場回饋的訊息調整章節順序，更有利於學習，並在基礎入門篇中加入集合與時間模組的使用；在資料科學篇中加入 json 及 xml 格式的檔案操作，以及 Pandas 資料分析；在網路應用篇中增加應用 Flask 進行 Line Bot 的改版開發，還升級 Django 到最新版本；在人工智慧篇更針對機器學習補強了演算法的應用與實作，除了觀念的導引，也強調資料在分類、迴歸分析上的學習，深入機器學習的核心；全新的開發加值篇介紹目前業界最火熱的 Google Colab 雲端開發平台及 VS Code 編輯神器，也深入介紹 PyInstaller 執行檔編譯；多媒體互動著重在 Pillow 圖片處理、PyGame 遊戲開發、PyTube 線上影音下載；IoT 物聯網篇則因應軟體更新了操作介面，提供全彩的呈現，讓實戰更加得心應手。

我們除了在各個階段詳盡地說明相關的語法內容外，還搭配了實用又有趣的範例，盼望能在您自學的道路上帶來最大的助力，規劃出最好的學習地圖，縮短學習途徑，提高學習成效。

文淵閣工作室

學習資源說明

為了確保您使用本書學習的完整效果，並能快速練習或觀看範例效果，本書在範例檔案中提供了許多相關的學習配套供讀者練習與參考，請讀者線上下載。

1. **本書範例**：將各章範例的完成檔依章節名稱放置各資料夾中。
2. **教學影片**：Python 是物件導向的程式，但在開發上是許多人容易忽略的重點。本書特別針對這個主題錄製「Python 物件導向程式開發影音教學」影片。另外，再加上目前業界最熱門的「Google Colab 雲端開發平台入門教學」影片。提供讀者搭配書本中的說明進行學習，相信會有加乘的效果。
3. **附錄資源**：IOT 物聯網篇 PDF 全彩電子書。

相關檔案可以在碁峰資訊網站免費下載，網址為：

http://books.gotop.com.tw/download/ACL062100

檔案為 ZIP 格式，讀者自行解壓縮即可運用。檔案內容是提供給讀者自我練習以及學校補教機構於教學時練習之用，版權分屬於文淵閣工作室與提供原始程式檔案的各公司所有，請勿複製做其他用途。

專屬網站資源

為了加強讀者服務，並持續更新書上相關的資訊內容，我們特地提供了本系列叢書的相關網站資源，您可以由文章列表中取得書本中的勘誤、更新或相關資訊消息，更歡迎您加入我們的粉絲團，讓所有資訊一次到位不漏接。

◎ 藏經閣專欄　**http://blog.e-happy.com.tw/?tag= 程式特訓班**

◎ 程式特訓班粉絲團　**https://www.facebook.com/eHappyTT**

目錄

基礎入門篇

Chapter 05

函式與模組

進階學習篇

Chapter 06 物件導向程式開發

Chapter 07

例外處理

Chapter 08

正規表達式

資料科學篇

Chapter 11 數據資料的爬取

Chapter 12

數據資料的儲存與讀取

CONTENTS

Chapter 13

數據資料視覺化

Chapter 14

Numpy 與 Pandas

Chapter 17 Flask 建立 Web API 及 Heroku 部署

Chapter 18 LINE Bot 申請設定及開發

Chapter 20 Django 資料庫連結與應用

Chapter 21 Django 專題實戰及 Heruko 部署

人工智慧篇

Chapter 22 機器學習：特徵提取

Chapter 23 機器學習：分類及迴歸演算法

Chapter 26

機器學習雲端平台：Azure

Chapter 27 自然語言處理 (NLP)

多媒體互動篇

Chapter 28 圖片批次處理：pillow

開發加值篇

附錄、IOT 物聯網篇

本篇為 **PDF** 形式電子書，請線上下載

Appendix **A** PDF

MicroPython 與 ESP8266

Appendix

E

PDF

Wi-Fi 無線網路

Appendix

PDF

物聯網應用

物聯網篇使用材料表

01

建置 Python 開發環境

1.1 建置 Anaconda 開發環境

Python 可在多種平台開發執行，本書以 Windows 系統做為開發平台。

Python 系統內建 IDLE 編輯器可撰寫及執行 Python 程式，但其功能過於陽春，本書以 Anaconda 模組做為開發環境，不但包含超過 300 種常用的科學及資料分析模組，還內建 Spyder (IDLE 編輯器加強版) 編輯器及 Jupyter Notebook 編輯器。

1.1.1 安裝 Anaconda

Aaconda 的特色

Anaconda 擁有下列特點，使其成為初學者最適當的 Python 開發環境：

- 內建眾多流行的科學、工程、數據分析的 Python 模組。
- 完全免費及開源。
- 支援 Linux、Windows 及 Mac 平台。
- 支援 Python 2.x 及 3.x，且可自由切換。
- 內建 Spyder 編譯器。
- 包含 jupyter notebook 環境。

Anaconda 的安裝步驟

1. 連結 Anaconda 官網到下載頁面。

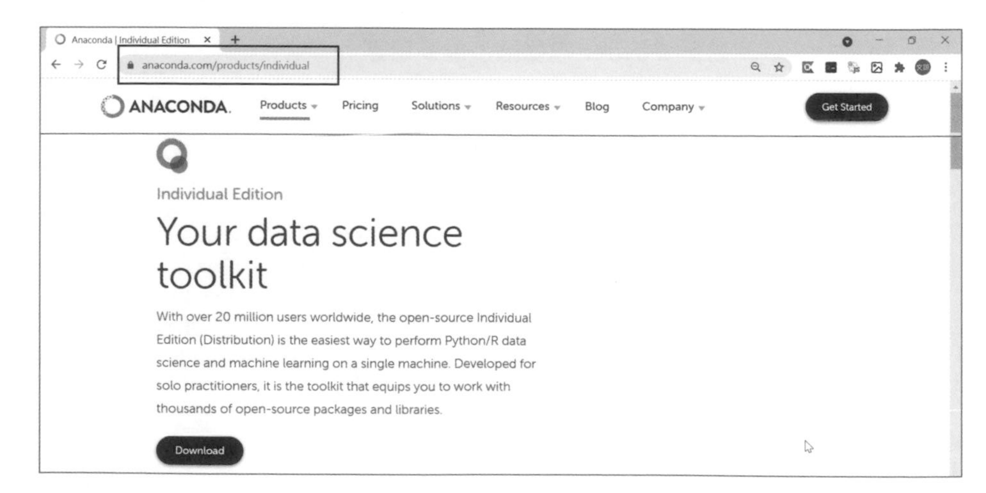

2. 接下來使用者可以依照自己開發環境的作業系統，選擇要安裝的版本下載。

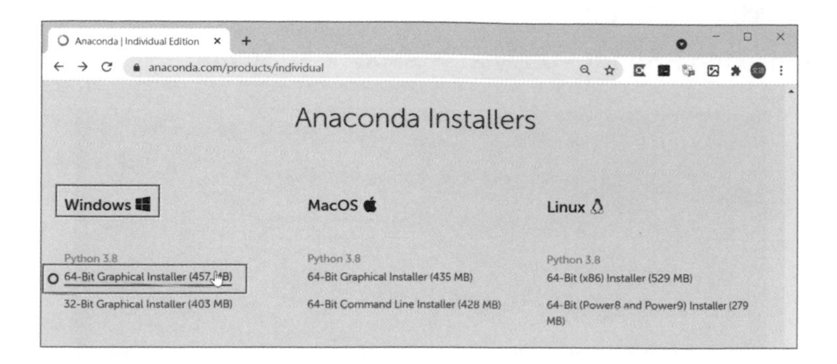

3. 在下載的程式按滑鼠左鍵兩下開始安裝，於開始頁面按 **Next** 鈕，再於版權頁面按 **I Agree** 鈕。

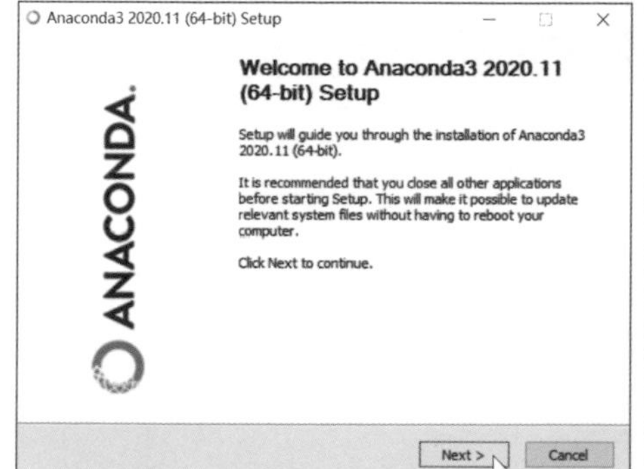

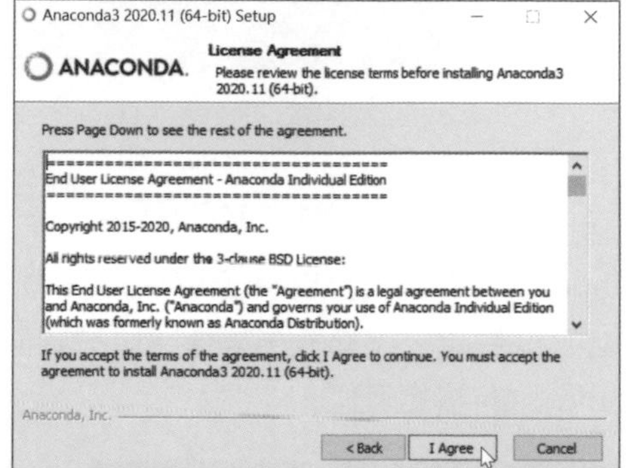

4. 核選 **All Users** 後按 **Next** 鈕，再按 **Next** 鈕，核選 **Add Anaconda to the system PATH enviroment variable** 加入環境變數，按 **Install** 鈕安裝。

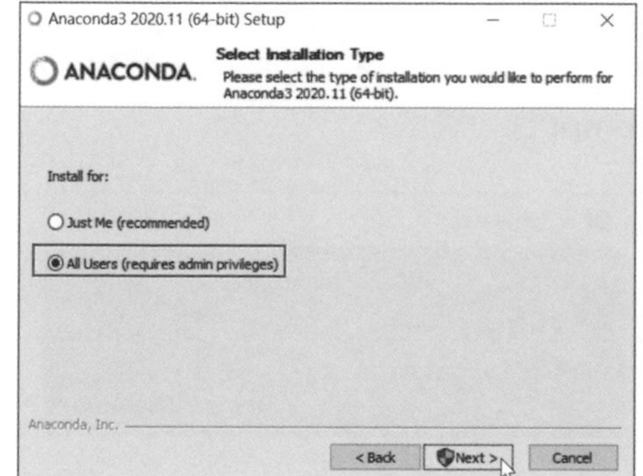

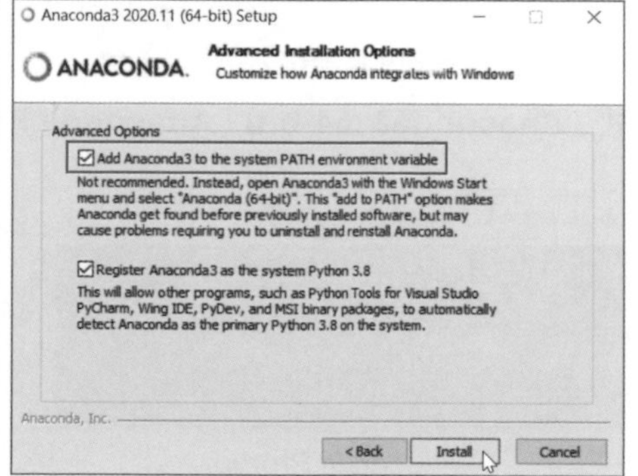

5. 安裝需一段時間才能完成。安裝完成後按兩次 **Next** 鈕，最後按 **Finish** 鈕結束安裝。執行 **開始 / 所有程式**，即可在 **Anaconda3** 中見到 6 個項目，較常使用的功能是 **Anaconda Prompt**、**Jupyter Notebook** 及 **Spyder**。

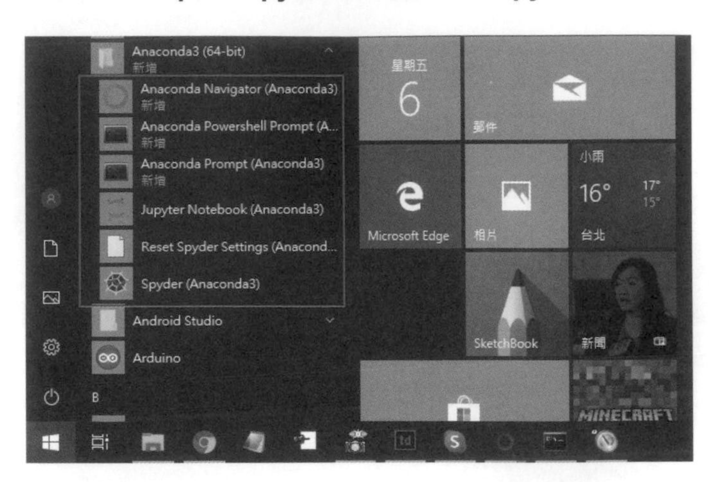

1.1.2 Anaconda Prompt 管理模組

Python 最為程式設計師稱道的就是擁有數量龐大的模組，大部分功能都有現成的模組可以使用，不必程式設計師花費時間精力自行開發。你可以使用 Anaconda Prompt 進行模組管理。

啟動 Anaconda Prompt

Anaconda Prompt 命令視窗類似 Windows 系統「命令提示字元」視窗，輸入命令後按 **Enter** 鍵就會執行。

Anaconda Prompt 的預設執行路徑為 <C:\Users\ 電腦名稱 >，只要執行 **開始 / 所有程式 / Anaconda3 (64-bit) / Anaconda Prompt** 即可開啟。

▲ Anaconda Prompt

▲ 命令提示字元

安裝指令

安裝模組的指令可使用 pip 或是 conda，多數的模組可使用上述兩種命令的任何一種進行安裝。但某些模組會指定 pip 或 conda 才能安裝，建議安裝時可以多多嘗試。

功能	pip 指令	conda 指令
查詢模組列表	pip list	conda list
更新模組	pip install -U 模組名稱	conda update 模組名稱
安裝模組	pip install 模組名稱	conda install 模組名稱
移除模組	pip uninstall 模組名稱	conda remove 模組名稱

1. **查詢模組列表**：顯示 Anaconda 已安裝模組的命令為：

```
pip list
```

命令視窗會按照字母順序顯示已安裝模組的名稱及版本：

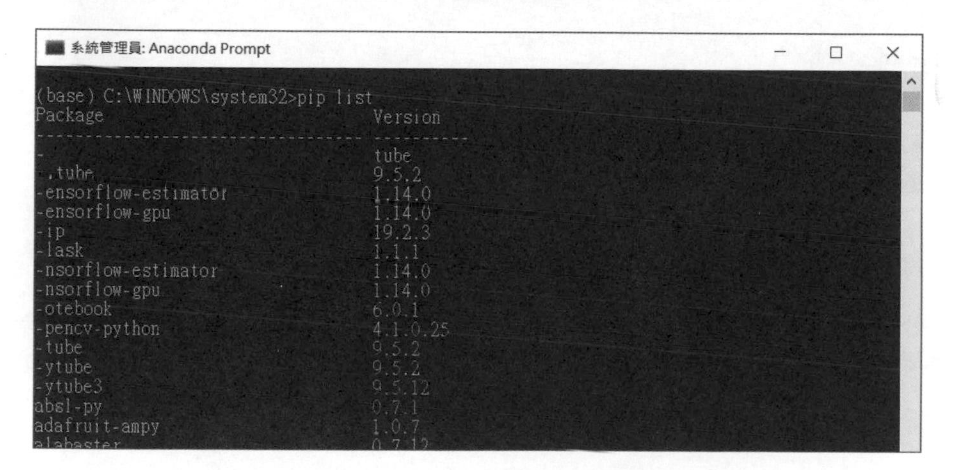

2. **安裝模組**：若模組未安裝則可進行安裝，例如安裝 numpy 模組：

```
pip install numpy
```

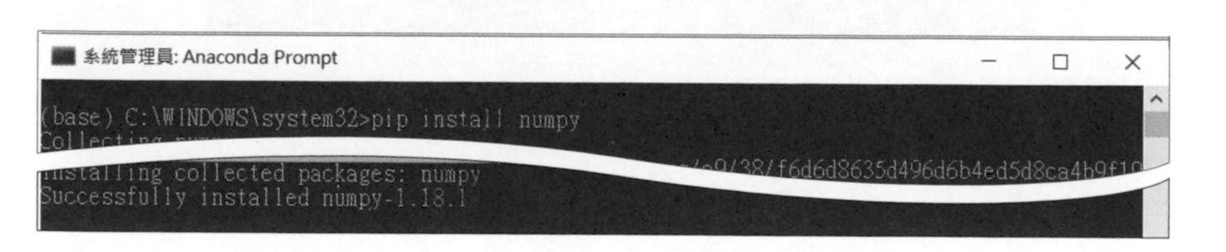

3. **更新模組**：為確保模組是最新版本，可進行更新，以 numpy 為例：

```
pip install -U numpy
```

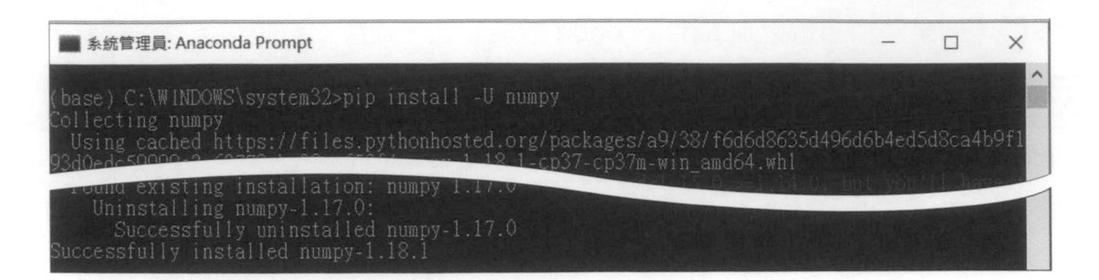

4. **移除模組**：若確定模組不再使用，可以移除提升效率。以 numpy 為例：

```
pip uninstall numpy
```

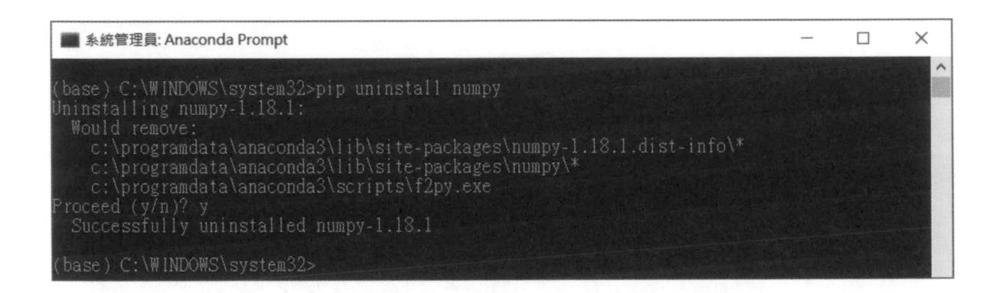

更新及移除模組命令需有系統管理員權限

在 Windows 10 系統執行更新及移除模組命令需有系統管理員權限，必須以系統管理員身分開啟 Anaconda Prompt 命令視窗，

開啟方法為：在 **開始 / Anaconda3 (64-bit) / Anaconda Prompt** 按滑鼠右鍵，於快顯功能表點選 **更多 / 以系統管理員身分執行**。

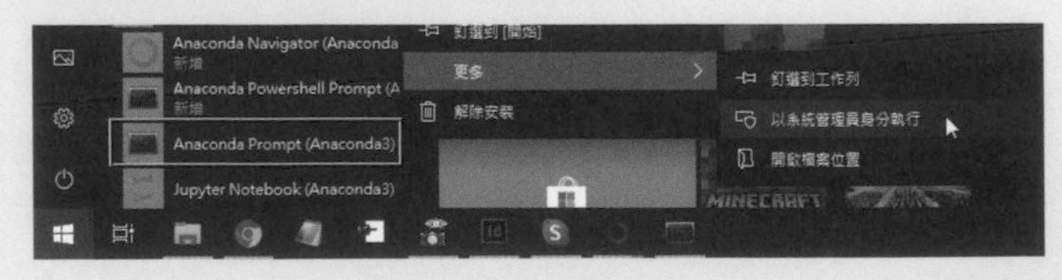

1.1.3 Anaconda Prompt 執行 Python 程式檔案

在 Anaconda Prompt 命令視窗中執行 Python 程式的命令為：

```
python 檔案路徑
```

以下方程式為例：

程式碼：sum.py

```
a = 12
b = 34
sum = a + b
print("總和 = " + str(sum))
```

將程式儲存到本機路徑 <c:\example\ch01\sum.py> 後要執行的方式為：

```
python c:\example\ch01\sum.py
```

執行結果如下左圖。

若是要重覆執行相同資料夾中多個 Python 檔案，每次都輸入完整路徑非常麻煩，可先切換到該資料夾，再執行「python 檔案名稱」即可，如下右圖。

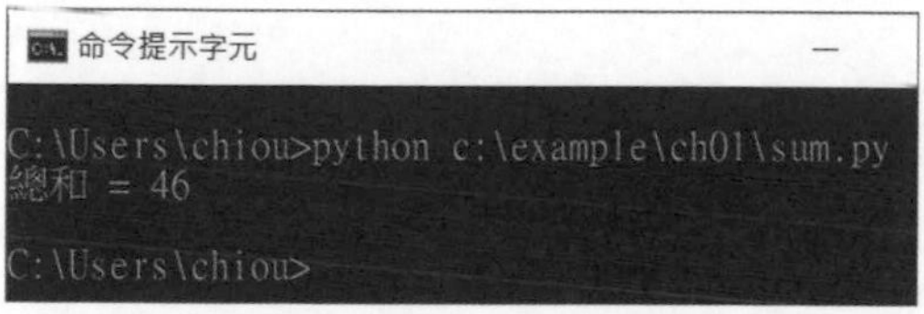

命令提示字元

```
C:\Users\chiou>python c:\example\ch01\sum.py
總和 = 46

C:\Users\chiou>
```

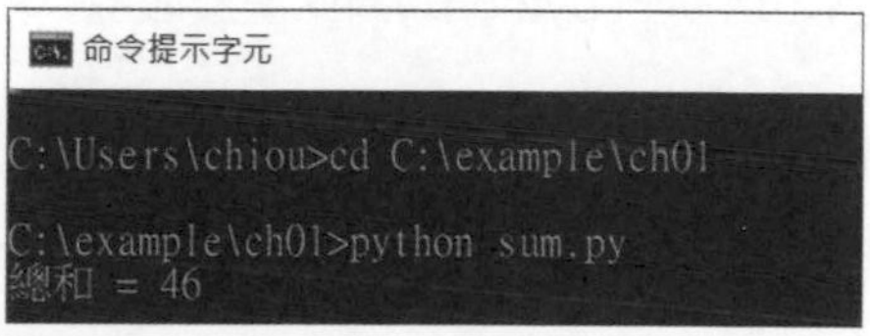

命令提示字元

```
C:\Users\chiou>cd C:\example\ch01

C:\example\ch01>python sum.py
總和 = 46
```

1.1.4 Anaconda Prompt 建立虛擬環境

Python 2.x 程式與 Python 3.x 並不相容，因為在 Anaconda 官網下載的是 Python 3.x 版本，安裝後預設執行就是 Python 3.X 的程式。如果想要執行 Python 2.X 的程式，可以利用建立虛擬環境的方式來解決這個問題。

建立虛擬環境

Anaconda 虛擬環境可以產生全新的 Python 環境，而且虛擬環境的數量並沒有限制，使用者可根據需求建立多個虛擬環境。建立指定 Python 版本虛擬環境的命令為：

```
conda create -n 虛擬環境名稱 python=版本 anaconda
```

例如建立名稱為「python27env」，版本 2.7 的 Python 虛擬環境：

```
conda create -n python27env python=2.7 anaconda
```

建立虛擬環境需要相當長的時間 (約數十分鐘)，佔用的硬碟空間也不小 (超過 2 GB)。虛擬環境的實體位置在 <C:\Users\ 電腦名稱 \.conda\envs> 資料夾中，會以虛擬環境名稱建立資料夾儲存虛擬環境所有檔案。

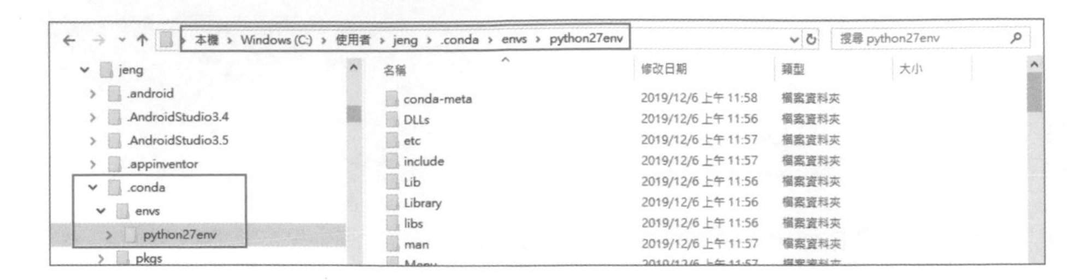

切換虛擬環境

切換到虛擬環境的命令為：

```
activate 虛擬環境名稱
```

例如切換到 python27env 虛擬環境：

```
activate python27env
```

由每列的提示文字可判斷目前處於哪一個 Python 版本環境：

```
(base) C:\Users\jeng>activate python27env
(python27env) C:\Users\jeng>
```

Python 3.8

Python 2.7

關閉虛擬環境回到原來 Python 環境的命令為：

```
conda deactivate
```

```
Anaconda Prompt (Anaconda3) - deactivate - conda deactivate
(python27env) C:\Users\jeng>conda deactivate
(base) C:\Users\jeng>
```

複製目前環境

有時需要測試一些模組或程式，又擔心會破壞現有 Python 環境，造成無法回復的狀況。Anaconda 允許建立一個與現有 Python 環境完全相同的虛擬環境，如此就可在虛擬環境中盡情操作。

複製現有 Python 環境的命令為：

```
conda create -n 虛擬環境名稱 --clone root
```

例如建立名稱為 Anaconda38Test 與現有 Python 環境相同的虛擬環境：

```
conda create -n Anaconda38Test --clone root
```

建立多個虛擬環境後，可使用下列命令查看目前所有虛擬環境名稱：

```
conda info -e
```

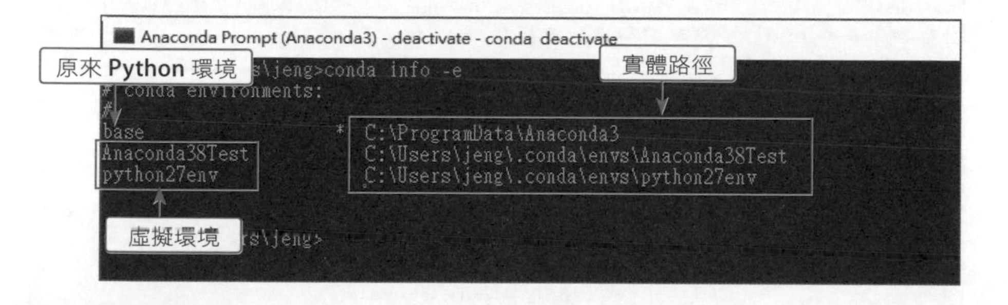

移除虛擬環境

若是虛擬環境不再使用可將其移除，命令為：

```
conda remove -n 虛擬環境名稱 --all
```

例如移除 python27env 虛擬環境：

```
conda remove -n python27env --all
```

虛擬環境的模組安裝是各自獨立

許多人認為使用 pip 或是 conda 安裝模組之後，系統就會自動安裝到各個虛擬環境之中。其實這是很大的誤會喔，當使用者 pip 或是 conda 安裝模組之後，只會安裝在當前的環境之中。所以如果要使用某個模組功能前，要注意是安裝在哪個環境之中，避免無法呼叫的問題。

1.2 Spyder 編輯器

Anaconda 內建 Spyder 做為開發 Python 程式的編輯器。在 Spyder 中可以撰寫及執行 Python 程式，Spyder 還提供簡易智慧輸入及基本程式除錯功能。另外，Spyder 也內建了 IPython 命令視窗。

1.2.1 啟動 Spyder 編輯器及檔案管理

執行 **開始 / 所有程式 / Anaconda3 (64-bit) / Spyder** 即可開啟 Spyder 編輯器，編輯器左方為程式編輯區，可在此區撰寫程式；右上方為物件、變數、檔案總管區；右下方為命令視窗區，包含 IPython console 命令視窗及 History log 視窗，可在此區域用交談模式立即執行使用者輸入的 Python 程式碼。

新增、開啟、儲存檔案

啟動 Spyder 後，預設編輯的檔案為 <c:\users\ 電腦名稱 \.spyder-py3\temp.py>。

若要建立新的 Python 程式檔，可執行 **File / New file** 或點選工具列鈕，撰寫程式完成後可執行 **File / Save file** 或點選工具列鈕存檔。

要開啟已存在的 Python 程式檔，可執行 **File / Open** 或點選工具列鈕，於 **Open file** 對話方塊點選檔案即可開啟。

檔案總管視窗

其實 Spyder 提供了檔案管理視窗，可以有系統的管理檔案。請選取右上方視窗的 Files 標籤切換到檔案總管視窗，其中會顯示目前工作目錄中的檔案。

如果要切換到其他資料夾，請在工作目錄列貼上路徑，或點選工具列 鈕選取資料夾，即可在視窗中看到檔案。要開啟時只要點選程式檔即可開啟在編輯區，新增檔案儲存時也能自動儲存在這個資料夾中。

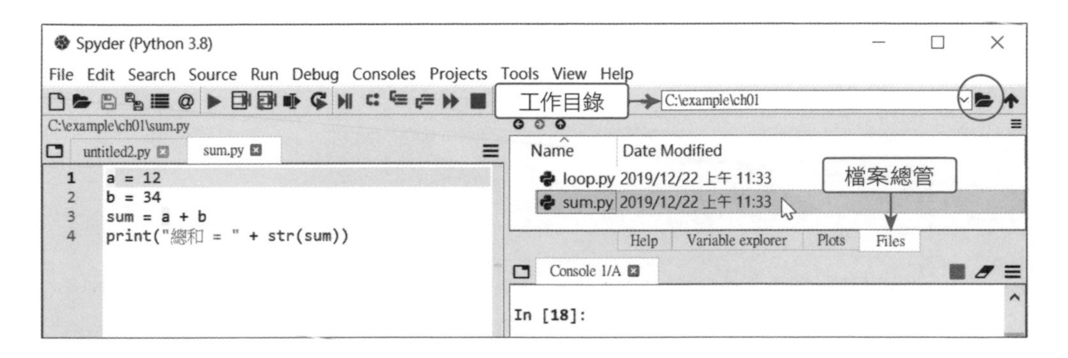

執行程式

執行 **Run / Run** 或點選工具列 鈕就會執行程式，執行結果會在命令視窗區顯示，例如下圖為 <loop.py> 的執行結果。

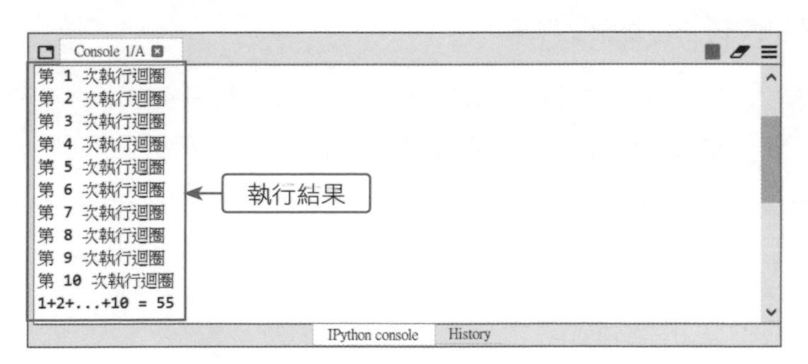

1.2.2 Spyder 簡易智慧輸入

Spyder 簡易智慧輸入功能與 IPython 命令視窗雷同，但操作方式比 IPython 命令視窗方便。使用者在 Spyder 程式編輯區輸入部分文字後按 **Tab** 鍵，系統會列出所有可用的項目讓使用者選取，列出項目除了內建的命令外，還包括自行定義的變數、函式、物件等。

例如在 <loop.py> 輸入「s」後按 **Tab** 鍵：

```
C:\example\ch01\loop.py
 1  sum = 0
 2
 3  def show(n):
 4      print("第 " + str(n) + " 次執行迴圈")
 5
 6  for i in range(1,11):
 7      show(i)
 8      sum += i
 9  print(" ... str(sum))
10  s
```

按 Tab 鍵

```
10  s
    show(n)
    slice                          class
    sorted(iterable,key,reverse)   functi
    staticmethod                   class
    str                            class
    sum
    super                          class
```

自訂函式

自訂變數

使用者可按「↑」鍵或「↓」鍵移動選取項目，找到正確項目按 **Enter** 鍵就完成輸入。例如輸入「show」：

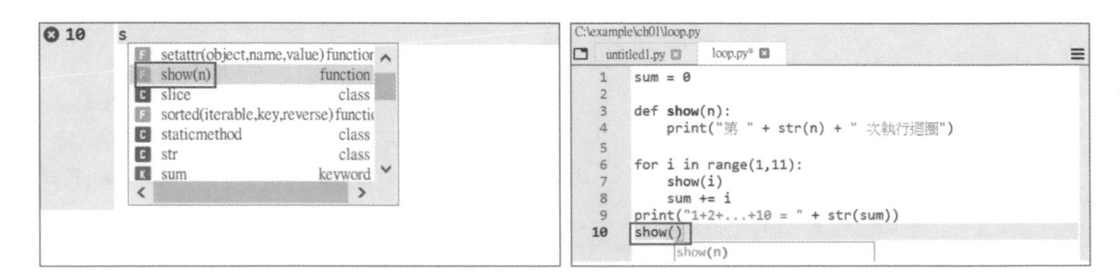

1.2.3 程式除錯

如何為程式除錯，一直是程式設計師困擾的問題，如果沒有良好的除錯工具及技巧，面對較複雜的程式，將會束手無策。

於 Spyder 輸入 Python 程式碼時，系統會隨時檢查語法是否正確，若有錯誤會在該列程式左方標示 ⊗ 圖示；將滑鼠移到 ⊗ 圖示片刻，會提示錯誤原因訊息。

```
C:\Users\chiou\.spyder-py3\temp.py
1  a = 1
2  sum = a + b
   Code analysis
   Undefined name 'b' (pyflakes E)
```

錯誤原因

即使程式碼語法都正確，執行時仍可能發生一些無法預期的錯誤。Spyder 的除錯工具相當強大，足以應付大部分除錯狀況。

首先為程式設定中斷點：設定的方式為點選要設定中斷點的程式列，按 **F12** 鍵；或在要設定中斷點的程式列左方快速按滑鼠左鍵一下，程式列左方會顯示紅點，表示該列為中斷點。程式中可設定多個中斷點。

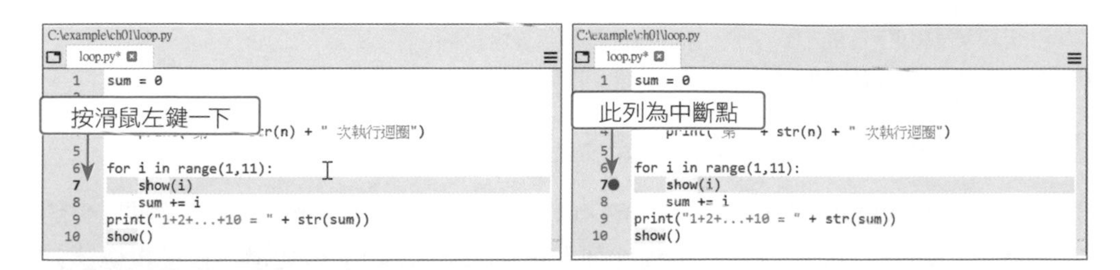

以除錯模式執行程式：點選工具列 ▶|| 鈕會以除錯模式執行程式，程式執行到中斷點時會停止 (中斷點程式列尚未執行)。於 Spyder 編輯器右上方區域點選 Variable explorer 頁籤，會顯示所有變數值讓使用者檢視。

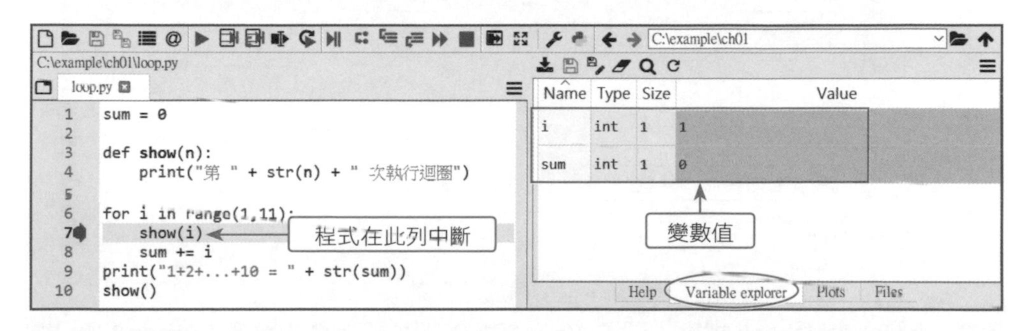

除錯工具列：Spyder 除錯工具列有各種執行的方式，如單步執行、執行到下一個中斷點等，程式設計師可視需求執行，配合觀察變數值達成除錯任務。

- ▶||：以除錯方式執行程式。
- ：單步執行，不進入函式。
- ：單步執行，會進入函式。
- ：程式繼續執行，直到由函式返回或下一個中斷點才停止執行。
- ▶▶：程式繼續執行，直到下一個中斷點才停止執行。
- ■：終止除錯模式回到正常模式。

1.3 Jupyter Notebook 編輯器

Jupyter Notebook 是一個 IPython 的 Web 擴充模組，讓使用者能在瀏覽器中進行程式的開發與執行。

1.3.1 啟動 Jupyter Notebook 及建立檔案

執行 **開始 / 所有程式 / Anaconda3 (64-bit) / Jupyter Notebook** 即可在瀏覽器中開啟 Jupyter Notebook 編輯器。由網址列「localhost:8888/」可知是系統在本機建立一個網頁伺服器，預設的路徑為 <c:\Users\ 帳號名稱 >，下方會列出預設路徑中所有資料夾及檔案，新建的檔案也會儲存於此路徑中。

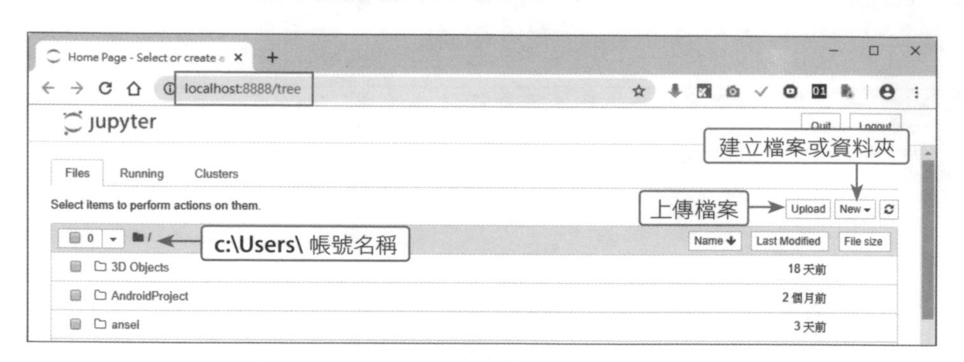

建立 Jupyter Notebook 檔案：點選 **New** 鈕，在下拉式選單中點選 **Python3** 項目就可建立 Python 程式檔 (點選 **Text File** 項目建立文字檔，**Folder** 項目建立資料夾)。

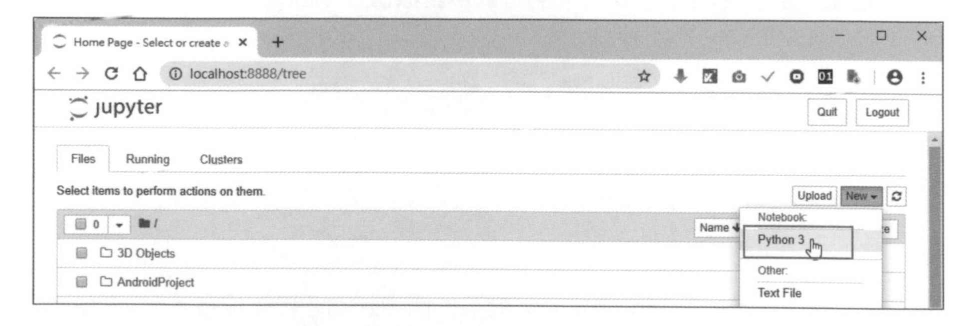

Jupyter Notebook 是以 Cell 做為輸入及執行的單位，程式設計師在 Cell 中撰寫及執行程式，一個檔案可包含多個 Cell；建立新檔案時，預設產生一個空 Cell 讓程式設計師輸入程式碼。

點選檔案名稱後於對話方塊輸入新檔案名稱，按 **Rename** 鈕完成修改。

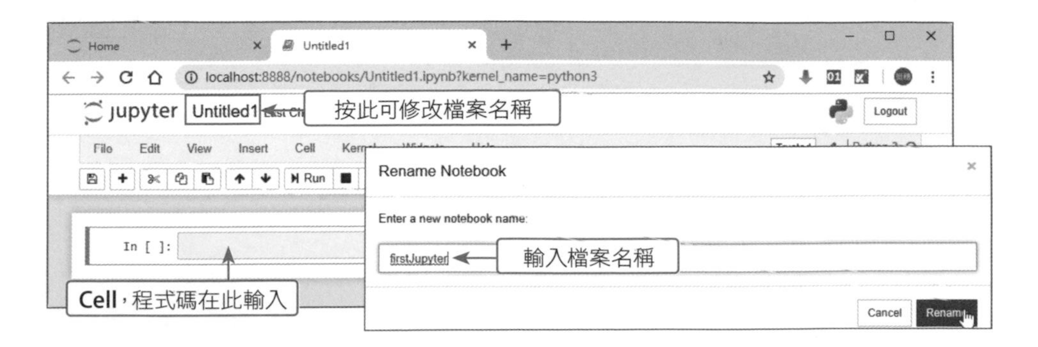

1.3.2 Jupyter Notebook 簡易智慧輸入

Jupyter Notebook 簡易智慧輸入功能與 Spyder 編輯器雷同，使用者在 Cell 中輸入部分指令文字後按 **Tab** 鍵，系統會列出所有可用的項目讓使用者選取，使用者可按「↑」鍵或「↓」鍵移動選取項目，找到正確項目按 **Enter** 鍵就完成輸入。

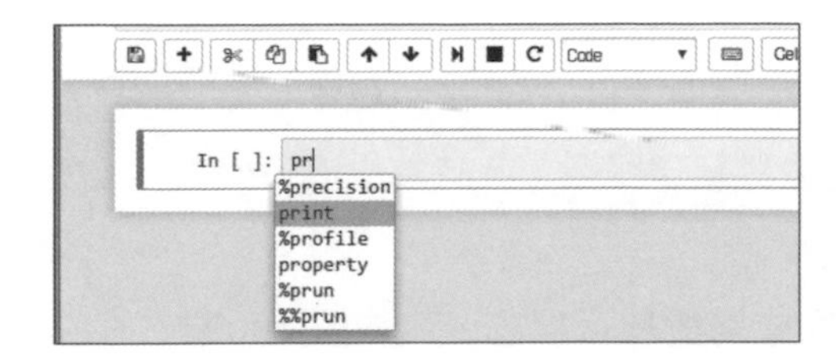

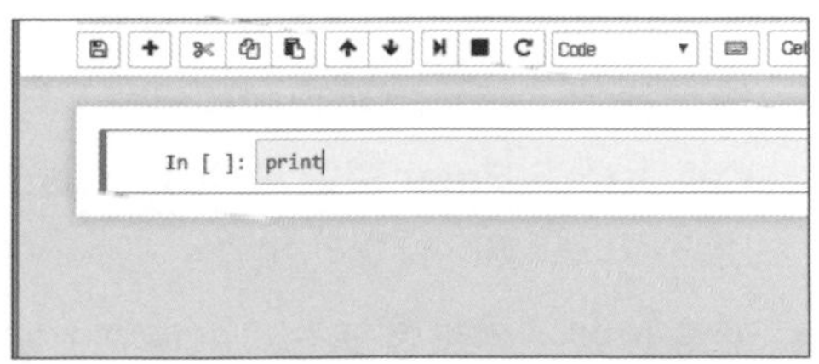

1.3.3 Jupyter Notebook 執行程式

完成 Cell 中的程式後，可以按工具列 Run 鈕或 **Shift + Enter** 鍵執行程式，結果會呈在 Cell 下方並且新增一個 Cell。按 **Ctrl + Enter** 鍵執行完程式後一樣會呈現結果，但游標會停留在原有 Cell，不會新增 Cell。

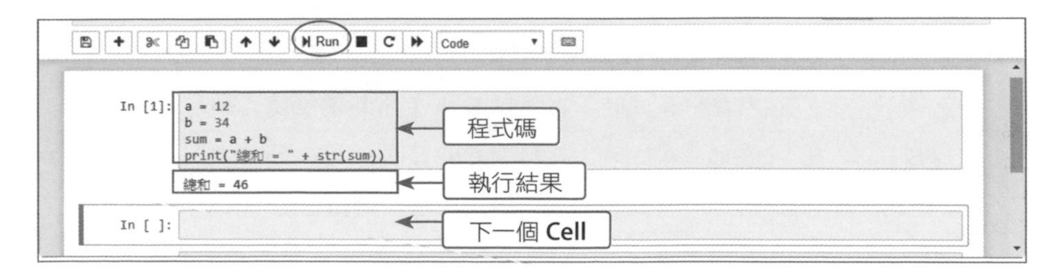

Jupyter Notebook 的檔案附加檔名為「.ipynb」，如果要在啟動 Jupyter Notebook 時繼續編輯已存在的檔案，在啟動頁面點選檔案名稱即可 (附加檔名為「.ipynb」)：

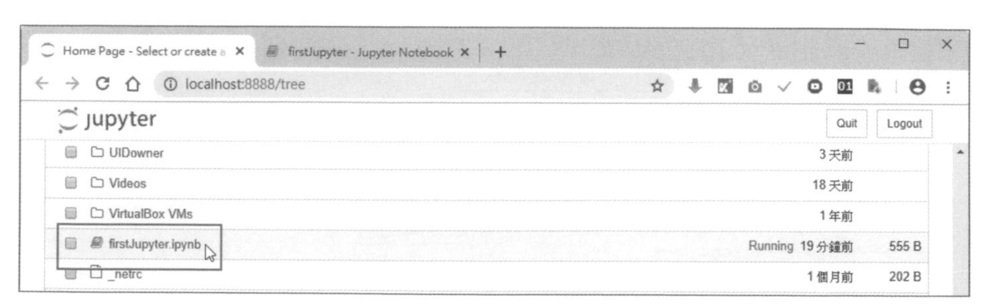

注意：Jupyter Notebook 建立的檔案附加檔名為「.ipynb」，無法直接在 Python 環境中編譯執行，必須將程式碼複製後貼入編輯器另存附加檔名為「.py」存檔，才能在 Python 環境中編譯執行。

1.3.4 Jupyter Notebook 常用編輯快速鍵

Jupyter Notebook 在開發頁面中分成二個模式：

- **編輯模式**：用來開發程式的模式。可以用滑鼠選取 Cell 看到游標進入，或是在 Cell 上按下 **Enter** 鍵進入 Cell，在左方邊框呈現綠色，此時為「編輯模式」。使用者可以開始進行程式開發。
- **命令模式**：用來管理 Cell 的模式。當完成開發執行程式，或是按 Esc 鍵，在左方邊框呈現藍色，此時為「命令模式」。使用者可以上下移動編輯目標、新增 Cell、刪除 Cell 等動作。

快速鍵	說明
Ctrl + Shift + Enter	執行目前 Cell 的程式並新增一個 Cell。
Ctrl + Enter	執行目前 Cell。
Enter	進入 Cell 啟動編輯模式，可以編輯程式。
Esc	退出 Cell 啟動命令模式。
A	在命令模式時，在目前 Cell 上方新增一個 Cell。
B	在命令模式時，在目前 Cell 下方新增一個 Cell。
↑ ↓	在命令模式時，上下鍵可以移動編輯目標。
D, D	在命令模式時，連按「D」鍵二次可以移除目前 Cell。

02

變數、運算及判斷式

變數與資料型別

變數；變數命名規則

數值、布林與字串資料型別

print()：列印輸出內容

資料型別轉換

運算式

input ()：輸入資料；

算術運算子；比較運算子；

邏輯運算子；複合指定運算子

判斷式

程式流程控制

單向判斷式（if…）

雙向判斷式（if…else）

多向判斷式（if…elif…else）

巢狀判斷式

2.1 變數與資料型別

任何程式都會使用變數，通常用來儲存暫時的資料，例如計算成績的系統，會宣告多個變數存放國文、英文、數學等科目的成績。

應用程式可能要處理五花八門的資料型別，所以有必要將資料加以分類，不同的資料型別給予不同的記憶體配置，如此才能使變數達到最佳的運作效率。

2.1.1 變數

「變數」顧名思義，是一個隨時可能改變內容的容器名稱，就像家中的收藏箱可以放入各種不同的東西。你需要多大的收藏箱呢？那就要看此收藏箱究竟要收藏什麼東西而定。在程式中使用變數也是一樣，當設計者使用一個變數時，應用程式就會配置一塊記憶體給此變數使用，以變數名稱做為辨識此塊記憶體的標誌，系統會根據資料型別決定配置的記憶體大小，設計者就可在程式中將各種值存入該變數中。

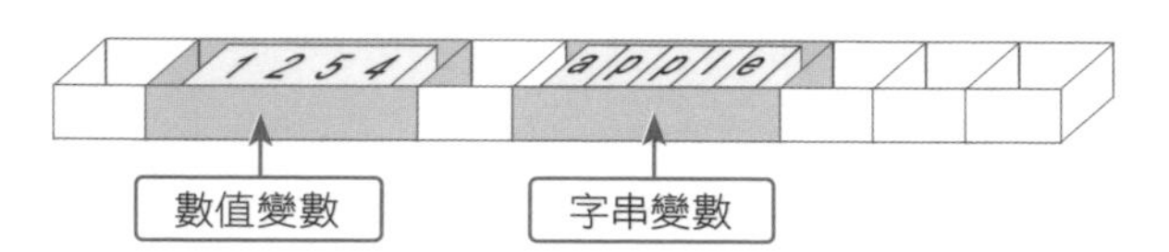

Python 變數不需宣告就可使用，語法為：

```
變數名稱 = 變數值
```

例如變數 score 的值為 80：

```
score = 80
```

使用變數時不必指定資料型別，Python 會根據變數值設定資料型別，例如上述 score 的資料型別整數 (int)。又如：

```
fruit = "香蕉"  #fruit 的資料型別為字串
```

Python 註解符號

「#」為 Python 的註解符號，執行時「#」後面的程式碼不會執行，直接跳到下一列程式碼執行。

如果多個變數具有相同值，可以一起指定變數值，例如變數 a、b、c 的值皆為 20：

```
a = b = c = 20
```

也可以在同一列指定多個變數，變數之間以「,」分隔。例如變數 age 的值為 18，name 的值為「林大山」：

```
age, name = 18, "林大山"
```

如果變數不再使用，可以將變數刪除以節省記憶體。刪除變數的語法為：

```
del 變數名稱
```

例如刪除變數 score：

```
del score
```

2.1.2 變數命名規則

變數命名必須遵守一定規則，否則在執行時會產生錯誤。Python 變數命名規則為：

- 變數名稱只接受 **數字**、**大小寫英文字母**、_ 符號及 **中文**。
- 變數名稱 **第一個字母不能是數字**。
- **英文字母大小寫** 視為不同變數名稱。
- 變數名稱不能是程式保留字，Python 保留字如下：

acos	and	array	asin	assert	atan
break	class	close	continue	cos	Data
def	del	e	elif	else	except
exec	exp	fabs	float	finally	floor
for	from	global	if	import	in
input	int	is	lambda	log	log10
not	open	or	pass	pi	print
raise	range	return	sin	sqrt	tan
try	type	while	write	zeros	

雖然 Python 3.x 的變數名稱支援中文，但建議最好不要使用中文做為變數命名，不但在撰寫程式時輸入麻煩，而且會降低程式的可攜性。下表是一些錯誤變數名稱的範例：

屬性	說明
7eleven	第一個字元不能是數字
George&Mary	不能包含特殊字元「&」
George Mary	不能包含空白字元
if	Python 的保留字

2.1.3 數值、布林與字串資料型別

整數、浮點數

整數 (int) 及 **浮點數 (float)** 是數值資料。整數是指不含小數點的數值，浮點數則指包含小數點的數值，例如：

```
num1 = 34       # 整數
num2 = 67.83    # 浮點數
```

若整數數值要指定為浮點數資料型別，可為其加上小數點符號，例如：

```
num3 = 34.0    # 浮點數
```

布林值

布林值 (bool) 是用來表示邏輯，內容為 True 及 False (注意「T」及「F」是大寫)，通常是在條件運算中使用，程式可根據值來判斷要進行何種運作。例如：

```
flag = True     # 布林值
```

字串

字串 (str) 資料是以一對雙引號 (「"」) 或單引號 (「'」) 包括起來的內容，例如：

```
str1 = "這是字串"
```

如果字串要包含引號本身 (雙引號或單引號)，可使用另一種引號包住字串，例如：

```
str2 = '小明說："你好！"'   # 變數值為「小明說："你好！"」
```

18 19 20 21 22 23 24 25 26 27 28 29 30 31 32 33

若字串需含有特殊字元 (如 Tab、換行等)，可在字串中使用脫逸字元：脫逸字元是以「\」為開頭，後面跟著一定格式的字元代表特定意義的特殊字元。脫逸字元有：

脫逸字元	意義	脫逸字元	意義
\'	單引號「'」	\"	雙引號「"」
\\	反斜線「\」	\n	換行
\r	游標移到列首	\t	Tab 鍵
\v	垂直定位	\a	響鈴
\b	後退鍵 (BackSpace)	\f	換頁
\x	以十六進位表示字元	\o	以八進位表示字元

例如：

```
str3 = "大家好！\n歡迎光臨！"   #「歡迎光臨！」會顯示於第二列
```

type() 會取得項目的資料型別，如果使用者不確定某些項目的資料型別，可用 type 函數確認，語法為：

```
type( 項目 )
```

例如：

```
print(type(56))              #<class 'int'>
print(type("How are you?")) #<class 'str'>
print(type(True))            #<class 'bool'>
```

2.1.4 print()：列印輸出內容

print() 能列印指定項目的內容，語法為：

```
print( 項目 1[, 項目 2,……, sep= 分隔字元 , end= 結束字元 ])
```

- **項目 1, 項目 2,……**：print 函數可以一次列印多個項目資料，項目之間以逗號「,」分開。
- **sep**：分隔字元，如果列印多個項目，項目之間以分隔符號區隔，預設值為一個空白字元 (" ")。
- **end**：結束字元，列印完畢後自動加入的字元，預設值為換列字元 ("\n")，所以下一次執行 print 函數會列印在下一列。

例如：

```
print(" 多吃水果 ")                          # 多吃水果
print(100, " 多吃水果 ", 60)                 #100 多吃水果 60
print(100, " 多吃水果 ", 60, sep="&")  #100& 多吃水果 &60, 下次列印於下一列
print(100, 60, sep="&", end="")       #100&60, 下次列印於同一列
```

參數格式化：%

print() 支援參數格式化功能，即以「%s」代表字串、「%d」代表整數、「%f」代表浮點數，語法為：

```
print( 項目 % ( 參數列 ))
```

例如以參數格式化方式列印字串及整數：

```
name = " 林小明 "
score = 80
print("%s 的成績為 %d" % (name, score))  # 林小明 的成績為 80
```

參數格式化方式可以精確控制列印位置，讓輸出的資料整齊排列，例如：

- **%5d**：固定列印 5 個字元，若少於 5 位數，會在數字左方填入空白字元 (若大於 5 位數則會全部列印)。
- **%5s**：固定列印 5 個字元，若字串少於 5 個字元，會在字串左方填入空白字元 (若大於 5 個字元則會全部列印)。
- **%8.2f**：固定列印 8 個字元 (含小數點)，小數固定列印 2 位數。若整數少於 5 位數 (8-3=5)，會在數字左方填入空白字元 ；若小數少於 2 位數，會在數字右方填入「0」字元。

例如浮點數格式化列印範例：

```
price = 23.8
print(" 價格為 %8.2f" % price)  # 價格為    23.80, 23 左方有 3 個空白字元
```

參數格式化：format()

也可使用字串的 format() 來做格式化，以一對大括號「{}」表示參數的位置，語法為：

```
print( 字串 .format( 參數列 ))
```

例如以字串的 format 方法列印字串及整數：

```
name = "林小明"
score = 80
print("{} 的成績為 {}".format(name, score))  #林小明 的成績為 80
```

第一對大括號代表 name 變數，第二對大括號代表 score 變數。

參數格式化：f

也可使用 f 做格式化，以一對大括號「{}」表示置入參數到指定的位置，語法為：

```
print(f'{參數一}[{參數二}…]')
```

例如以 f 做格式化，列印字串及整數：

```
name = "David"
score = 80
print(f"{name} 的成績為 {score}")          # David 的成績為 80
print(f"{name.upper()} 的成績為 {score}") # DAVID 的成績為 80
```

範例：格式化列印

以 print 函數列印成績單。

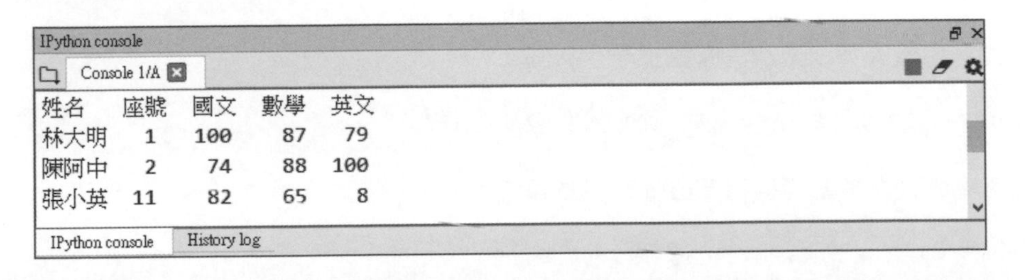

程式碼：format.py

```
1 print("姓名   座號  國文  數學  英文")
2 print("%3s  %2d   %3d   %3d  %3d" % ("林大明", 1, 100, 87, 79))
3 print("%3s  %2d   %3d   %3d  %3d" % ("陳阿中", 2, 74, 88, 100))
4 print("%3s  %2d   %3d   %3d  %3d" % ("張小英", 11, 82, 65, 8))
```

程式說明

- 2-4　座號佔 2 個字元，姓名、國文、數學、英文都佔 3 個字元。

01
02
03
04
05
06
07
08
09
10
11
12
13
14
15
16
17

2.1.5 資料型別轉換

變數的資料型別非常重要，通常相同資料型別才能運算。

資料型別自動轉換

Python 具有簡單的資料型別自動轉換功能：如果是整數與浮點運算，系統會先將整數轉換為浮點數再運算，運算結果為浮點數，例如：

```
num1 = 5 + 7.8  # 結果為 12.8，浮點數
```

若是數值與布林值運算，系統會先將布林值轉換為數值再運算，True 轉換為 1，False 轉換為 0。例如：

```
num2 = 5 + True  # 結果為 6，整數
```

資料型別轉換函數

如果系統無法自動進行資料型別轉換，就需以型別轉換函數強制轉換。常見的有：

- **int()**：強制轉換為整數資料型別。
- **float()**：強制轉換為浮點數資料型別。
- **str()**：強制轉換為字串資料型別。

例如對整數與字串做加法運算會產生錯誤：

```
num3 = 23 + "67"  # 錯誤，字串無法進行加法運算
```

將字串轉換為整數再進行運算就可正常執行：

```
num3 = 23 + int("67")  # 正確，結果為 90
```

以 print() 列印字串時，若將字串和數值組合會產生錯誤：

```
score = 60
print("小明的成績為 " + score)  # 錯誤，數值無法自動轉換為字串
```

將數值轉換為字串再進行組合就可正常執行：

```
score = 60
print("小明的成績為 " + str(score))  # 正確，結果為「小明的成績為 60」
```

2.2 運算式

運算式是什麼？從小老師就告訴我們，一切數學都由「一加一等於二」開始，所以這是數學中最重要的定律。「一加一」就是運算式典型的例子。

用來指定資料做哪一種運算的是「運算子」，進行運算的資料稱為「運算元」。

例如：「2 + 3」中的「+」是運算子，「2」及「3」是運算元。

運算子依據運算元的個數分為單元運算子及二元運算子：

單元運算子：只有一個運算元，例如「-100」中的「-」（負）、「not x」中的「not」等，單元運算子是位於運算元的前方。

二元運算子：具有兩個運算元，例如「100 - 30」中的「-」（減）、「x and y」中的「and」，二元運算子是位於兩個運算元的中間。

2.2.1 input()：輸入資料

input() 函數是讓使用者輸入資料。input() 函數也是使用相當頻繁的函數，例如要利用電腦幫忙計算成績，則需先由鍵盤輸入學生成績。

input() 語法為：

```
變數 = input([ 提示字串 ])
```

使用者輸入的資料是儲存於指定的變數中。

「提示字串」是輸出一段提示訊息，告知使用者如何輸入。輸入資料時，當使用者按下 **Enter** 鍵後就視為輸入結束，input() 函數會將使用者輸入的資料存入變數中。例如讓使用者輸入數學成績，再列印成績的程式碼為：

```
score = input("請輸入數學成績：")
print(score)
```

執行結果為：

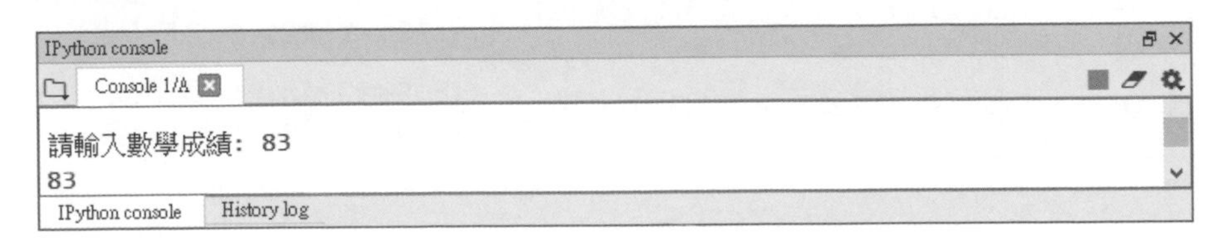

01 02 03 04 05 06 07 08 09 10 11 12 13 14 15 16 17

2.2.2 算術運算子

用於執行一般數學運算的運算子稱為「算術運算子」。

運算子	意義	範例	範例結果
+	兩運算元相加	12 + 3	15
-	兩運算元相減	12 - 3	9
*	兩運算元相乘	12 * 3	36
/	兩運算元相除	32 / 5	6.4
%	取得餘數	32 % 5	2
//	取得整除的商數	32 // 5	6
**	(運算元 1) 的 (運算元 2) 次方	7 ** 2	7^2 = 49

注意：「/」、「%」及「//」三個運算子與除法有關，第二個運算元不能為零，否則會出現「ZeroDivisionError」的錯誤。

2.2.3 比較運算子

比較運算子會比較兩個運算式，若比較結果正確，就傳回 True，若比較結果錯誤，就傳回 False。設計者可根據比較結果，進行不同處理程序。

運算子	意義	範例	範例結果
==	運算式 1 是否等於運算式 2	(6+9==2+13) (8+9==2+13)	True False
!=	運算式 1 是否不等於運算式 2	(8+9!=2+13) (6+9!=2+13)	True False
>	運算式 1 是否大於運算式 2	(8+9>2+13) (6+9>2+13)	True False
<	運算式 1 是否小於運算式 2	(5+9<2+13) (8+9<2+13)	True False
>=	運算式 1 是否大於或等於運算式 2	(6+9>=2+13) (3+9>=2+13)	True False
<=	運算式 1 是否小於或等於運算式 2	(3+9<=2+13) (8+9<=2+13)	True False

2.2.4 邏輯運算子

邏輯運算子通常是結合多個比較運算式來綜合得到最終比較結果。

運算子	意義	範例	範例結果
not	傳回與原來比較結果相反的值，即比較結果是 True，就傳回 False；比較結果是 False，就傳回 True。	not(3>5) not(5>3)	True False
and	只有兩個運算元的比較結果都是 True 時，才傳回 True，其餘情況皆傳回 False。	(5>3) and (9>6) (5>3) and (9<6) (5<3) and (9>6) (5<3) and (9<6)	True False False False
or	只有兩個運算元的比較結果都是 False 時，才傳回 False，其餘情況皆傳回 True。	(5>3) or (9>6) (5>3) or (9<6) (5<3) or (9>6) (5<3) or (9<6)	True True True False

「and」是兩個運算元都是 True 時其結果才是 True，相當於數學上兩個集合的交集，如下圖：

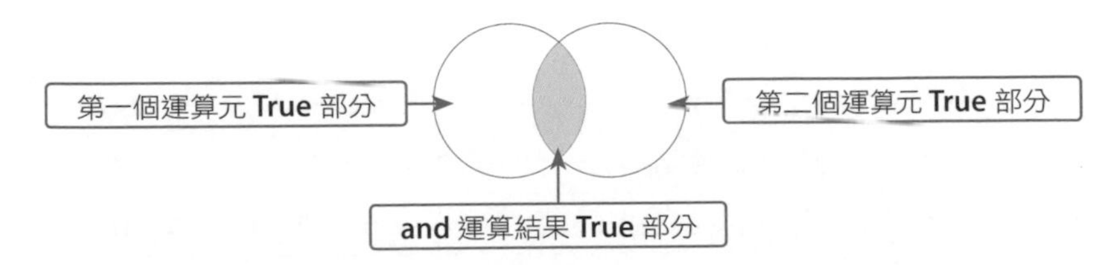

「or」是只要其中一個運算元是 True 時其結果就是 True，相當於數學上兩個集合的聯集，如下圖：

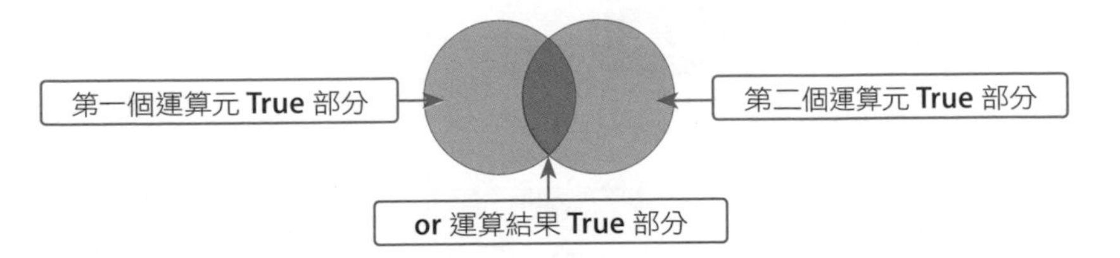

2.2.5 複合指定運算子

在程式中，某些變數值常需做某種規律性改變，例如：在迴圈中需將計數變數做特定增量。一般的做法是將變數值進行運算後再指定給原來的變數，例如：下面例子說明將變數 i 的值增加 3：

```
i = i + 3
```

這樣的寫法似乎有些累贅，因為同一個變數名稱重複寫了兩次。複合指定運算子就是為簡化此種敘述產生的運算子，將運算子置於「=」前方來取代重複的變數名稱。例如：

```
i += 3  # 即 i = i + 3
i -= 3  # 即 i = i - 3
```

複合指定運算子同時做了「執行運算」及「指定」兩件工件。

下表是以 i 變數值為 10 來計算範例結果：

運算子	意義	範例	範例結果
+=	相加後再指定給原變數	i += 5	15
-=	相減後再指定給原變數	i -= 5	5
*=	相乘後再指定給原變	i *= 5	50
/=	相除後再指定給原變數	i /= 5	2
%=	相除得到餘數後再指定給原變數	i %= 5	0
//=	相除得到整除商數後再指定給原變數	i //= 5	2
**=	做指數運算後再指定給原變數	i **= 3	1000

範例：計算總分及平均成績

讓使用者輸入三科成績後計算總分及平均。

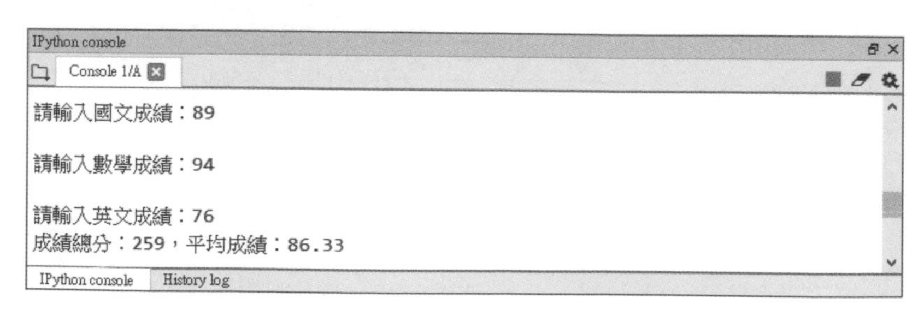

程式碼：score.py

```
1 nat = input("請輸入國文成績：")
2 math = input("請輸入數學成績：")
3 eng = input("請輸入英文成績：")
4 sum = int(nat) + int(math) + int(eng)  #輸入值需轉換為整數
5 average = sum / 3
6 print("成績總分：%d，平均成績：%5.2f" % (sum, average))
```

程式說明

- 1-3　使用 input() 函數讓使用者輸入三科成績。
- 4　先將輸入的成績轉換為整數資料型別，再計算其總和。
- 5　計算平均成績。
- 6　列印計算結果。

「+」運算子的功能

運算子「+」可用於數值運算，也可用於字串組合，使用時需特別留意運算元的資料型別。

運算子「+」用於數值運算時是計算兩個運算元的總和，例如：

```
23 + 45  #結果為 68
```

運算子「+」用於字串組合時是將兩個運算元的字元組合在一起，例如：

```
"23" + "45"  #結果為 2345
```

input 函數取得的是字串，上述程式第 4 列若沒有將字串轉換為數值，將執行三個字串組合，第 5 列程式會產生字串無法進行除法的錯誤。

01
02
03
04
05
06
07
08
09
10
11
12
13
14
15
16
17

2.3 判斷式

在日常生活中，我們經常會遇到一些需要做決策的情況，然後再依決策結果從事不同的事件，例如：暑假到了，如果所有學科都及格的話，媽媽就提供經費讓自己與朋友出國旅遊；如果有某些科目當掉，暑假就要到校重修了！程式設計也一樣，常會依不同情況進行不同處理方式，這就是「判斷式」。

2.3.1 程式流程控制

程式的執行方式有循序式及跳躍式兩種，循序式是程式碼由上往下依序一列一列的執行，到目前為止的範例都是這種模式。程式設計也和日常生活雷同，常會遇到一些需要做決策的情況，再依決策結果執行不同的程式碼，這種方式就是跳躍式執行。

Python 流程控制函數分為兩大類：

- **判斷式**：根據關係運算或邏輯運算的條件式來判斷程式執行的流程，若條件式結果為 True，就執行跳躍。判斷式函數只有一個：

```
if … elif … else
```

- **迴圈**：根據關係運算或邏輯運算條件式的結果為 True 或 False 來判斷，以決定是否重複執行指定的程式。迴圈指令包括：（迴圈將在下一章詳細說明）

```
for
while
```

2.3.2 單向判斷式（if…）

單向判斷式是 if 指令中最簡單的型態，語法為：

```
if 條件式：
    程式區塊
```

當條件式為 True 時，就會執行程式區塊的敘述；當條件式為 False 時，則不會執行程式區塊的敘述。

條件式可以是關係運算式，例如：「x>2」；也可以是邏輯運算式，例如：「x>2 or x<5」，如果程式區塊只有一列程式碼，也可以合併為一列，直接寫成：

```
if 條件式:  程式碼
```

以下是單向判斷式的流程圖：

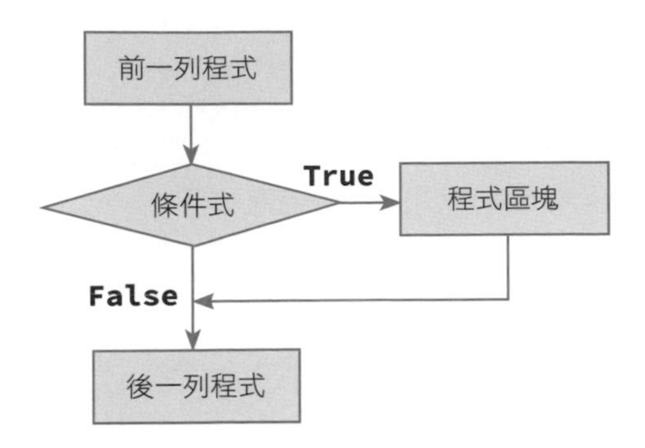

Python 程式碼縮排格式

大部分語言如 C、Java 等，多是以一對大括號「{}」來表示程式區塊，例如：

```
if(score>=60) {
grade = "及格";
}
sum = sum + score
```

程式區塊
下一列程式

Python 語言以冒號「:」後縮排來表示程式區塊，縮排為 1 個 Tab 鍵或 4 個空白鍵，例如：

```
if score>=60 :
    grade = "及格"
sum = sum + score
```

程式區塊
下一列程式
Tab 鍵或 4 個空白鍵

範例：密碼輸入判斷

讓使用者輸入密碼，如果輸入的密碼正確（1234），會顯示「歡迎光臨！」；如果輸入的密碼錯誤，則不會顯示歡迎訊息。

```
IPython console
Console 1/A

請輸入密碼：1234
歡迎光臨！

IPython console   History log
```

```
IPython console
Console 1/A

請輸入密碼：5678

In [6]:

IPython console   History log
```

01
02
03
04
05
06
07
08
09
10
11
12
13
14
15
16
17

程式碼：**password1.py**

```
1 pw = input("請輸入密碼：")
2 if pw=="1234":
3     print("歡迎光臨！")
```

程式說明

- 2-3　預設的密碼為「1234」，若輸入的密碼正確，就執行第 3 列程式列印訊息；若輸入的密碼錯誤就結束程式。

因為此處 if 程式區塊的程式碼只有一列，所以第 2-3 列可改寫為：

```
if pw=="1234" : print("歡迎光臨！")
```

2.3.3 雙向判斷式（if…else）

感覺上「if」語法並不完整，因為如果條件式成立就執行程式區塊內的內容，如果條件式不成立也應該做某些事來告知使用者。例如密碼驗證時，若密碼錯誤應顯示訊息告知使用者，此時就可使用「if … else …」雙向判斷式。

雙向判斷式語法為：

```
if 條件式：
    程式區塊一
else:
    程式區塊二
```

當條件式為 True 時，會執行 if 後的程式區塊一；當條件式為 False 時，會執行 else 後的程式區塊二。

以下是雙向判斷式流程控制的流程圖：

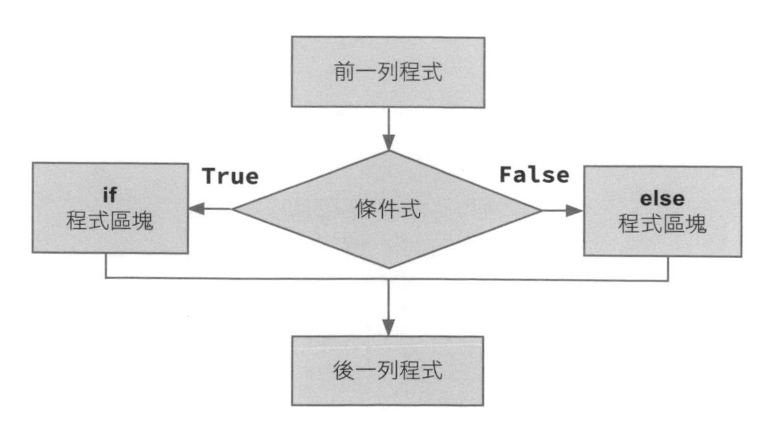

範例：進階密碼判斷

讓使用者輸入密碼，如果輸入的密碼正確（1234），會顯示「歡迎光臨！」；如果輸入的密碼錯誤，則會顯示密碼錯誤訊息。

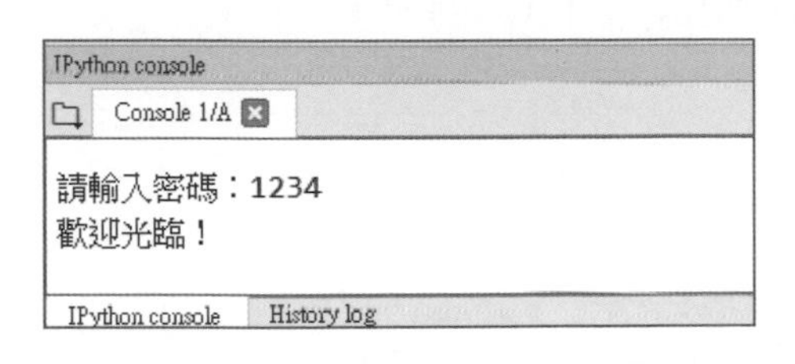
IPython console
Console 1/A
請輸入密碼：1234
歡迎光臨！
IPython console
History log

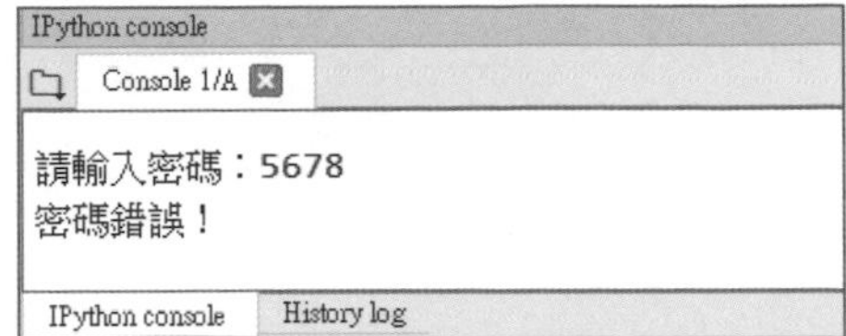
IPython console
Console 1/A
請輸入密碼：5678
密碼錯誤！
IPython console
History log

程式碼：password2.py

```
1  pw = input("請輸入密碼：")
2  if pw=="1234" :
3      print("歡迎光臨！")
4  else:
5      print("密碼錯誤！")
```

程式說明

- 2-3　若輸入的密碼正確，就執行第 3 列程式，顯示歡迎訊息。
- 4-5　若輸入的密碼錯誤，就執行第 5 列程式，顯示密碼錯誤訊息。注意第 4 列要由開頭處輸入「else:」。

2.3.4 多向判斷式（if…elif…else）

事實上，大部分人們所遇到複雜的情況，並不是一個條件就能解決，例如處理學生的成績，不是單純的及格與否，及格者還需依其分數高低給予許多等第（優、甲、乙等），這時就是多向判斷式「if … elif … else」的使用時機。

多向判斷式的語法為：

```
if 條件式一：
    程式區塊一
elif 條件式二：
    程式區塊二
elif 條件式三：
  ...
else:
    程式區塊else
```

如果「條件式一」為 True 時，執行程式區塊一，然後跳離多向條件式；「條件式一」為 False 時，則繼續檢查「條件式二」，若「條件式二」為 True 時，執行程式區塊二，其餘依此類推。如果所有的條件式都是 False，則執行 else 後的程式區塊。

以下是多向判斷式流程控制的流程圖 (以設定兩個條件式為例)：

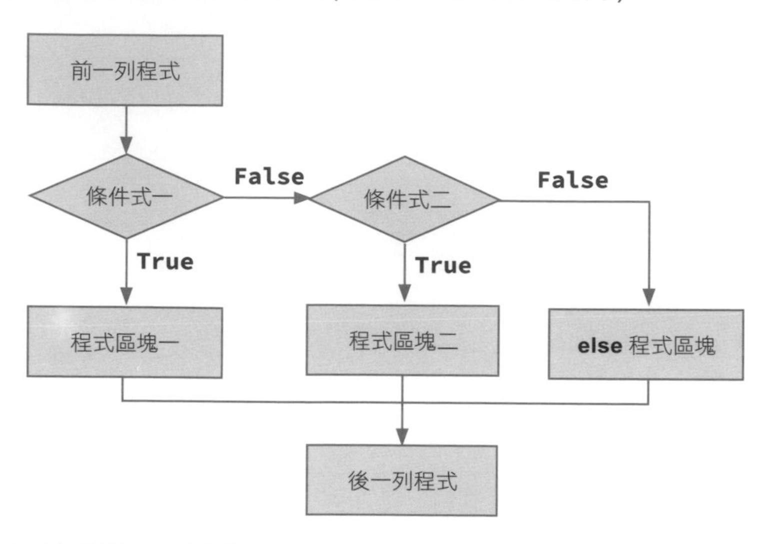

範例：判斷成績等第

讓使用者輸入成績，若成績在 90 分以上就顯示「優等」，80-89 分顯示「甲等」，70-79 分顯示「乙等」，60-69 分顯示「丙等」，60 分以下顯示「丁等」。

```
IPython console
Console 1/A
請輸入成績：92
優等
IPython console   History log
```

```
IPython console
Console 1/A
請輸入成績：85
甲等
IPython console   History log
```

```
IPython console
Console 1/A
請輸入成績：61
丙等
IPython console   History log
```

```
IPython console
Console 1/A
請輸入成績：48
丁等
IPython console   History log
```

程式碼：grade.py

```
1 score = (int(input("請輸入成績：")))
2 if(score) >= 90:
3     print("優等")
4 elif(score) >= 80:
5     print("甲等")
6 elif(score) >= 70:
7     print("乙等")
8 elif(score) >= 60:
9     print("丙等")
10 else:
11     print("丁等")
```

程式說明

- 2-3　　若輸入的成績在 90 分以上就列印「優等」。
- 4-5　　若輸入的成績在 80 分以上就列印「甲等」。
- 10-11　若前面條件都不成立表示分數在 60 分以下，列印「丁等」。

2.3.5 巢狀判斷式

在判斷式之內可以包含判斷式，稱為巢狀判斷式。系統並未規定巢狀判斷式的層數，要加多少層判斷式都可以，但層數太多會降低程式可讀性，而且維護較困難。

範例：百貨公司折扣戰

讓顧客輸入購買金額，若金額在 100000 元以上就打八折，金額在 50000 元以上就打八五折，金額在 30000 元以上就打九折，金額在 10000 元以上就打九五折。

```
IPython console
Console 1/A
請輸入購物金額：120000
96000.0 元
IPython console  History log
```

```
IPython console
Console 1/A
請輸入購物金額：80000
68000.0 元
IPython console  History log
```

```
IPython console
Console 1/A
請輸入購物金額：40000
36000.0 元
IPython console  History log
```

```
IPython console
Console 1/A
請輸入購物金額：5000
5000 元
IPython console  History log
```

01
02
03
04
05
06
07
08
09
10
11
12
13
14
15
16
17

程式碼：discount.py

```
1 money = int(input("請輸入購物金額："))
2 if(money >= 10000):
3     if(money >= 100000):
4         print(money * 0.8, end=" 元\n")  #八折
5     elif(money >= 50000):
6         print(money * 0.85, end=" 元\n") #八五折
7     elif(money >= 30000):
8         print(money * 0.9, end=" 元\n")  #九折
9     else:
10        print(money * 0.95, end=" 元\n") #九五折
11 else:
12     print(money, end=" 元\n")  #未打折
```

程式說明

- 1　由於輸入的金額還要加以計算，所以轉換為整數資料型別。
- 2　2 及 11 列為外層判斷式，若金額達 10000 元以上就執行 3-10 列的內層判斷式。
- 3-4　若金額達 100000 元以上就執行第 4 列將金額打八折。使用 end 參數加入「元」並且換行。
- 5-8　分別打八五折及九折。
- 9-10　內層判斷式結束：金額在 10000-30000 元間打九五折。
- 11-12　外層判斷式：金額未達 10000 元不打折。

03

迴圈、串列與元組

迴圈與串列

串列 (List)

range 函式

for 迴圈

巢狀 for 迴圈

break 及 continue 命令

for…else 迴圈

while 迴圈

進階串列與元組

進階串列操作

元組 (Tuple)

3.1 迴圈與串列

電腦最擅長處理的工作就是執行重複的事情，而日常生活中到處充斥著這種不斷重複的現象，例如家庭中每個月固定要繳的各種帳單、公司每週要製作的報表等，這些如果能以電腦來加以管理將可減輕許多負擔。Python 程式中，專門用來處理這種重複事件的命令稱為「迴圈」。

Python 迴圈命令有 2 個：for 迴圈用於執行固定次數的迴圈，while 迴圈用於執行次數不固定的迴圈。

3.1.1 串列 (List)

程式中的資料通常是以變數來儲存，如果有大量資料需要儲存時，就必須宣告龐大數量的變數。例如：某學校有 500 位學生，每人有 10 科成績，就必須有 5000 個變數才能完全存放這些成績，程式設計者要如何宣告 5000 個變數呢？在程式中又如何明確的存取某一特定的變數呢？

串列 又稱為「清單」或「列表」，與其他語言的 **陣列 (Array)** 相同，其功能與變數相類似，是提供儲存資料的記憶體空間。每一個串列擁有一個名稱，做為識別該串列的標誌；串列中每一個資料稱為「元素」，每一個串列元素相當於一個變數，如此就可輕易儲存大量的資料儲存空間。要存取串列中特定元素，是以元素在串列中的位置做為索引，即可存取串列元素。

串列的使用方式是將元素置於中括號 ([...]) 中，元素之間以逗號分隔，語法為：

```
串列名稱 = [ 元素 1, 元素 2, ...]
```

各個元素資料型態可以相同，也可以不同，例如：

```
list1 = [1, 2, 3, 4, 5]           # 元素皆為整數
list2 = ["香蕉", "蘋果", "橘子"] # 元素皆為字串
list3 = [1, "香蕉", True]         # 包含不同資料型態元素
```

取得元素值的方法是將索引值置於中括號內，注意索引值是從 0 開始計數：第一個元素值索引值為 0，第二個元素值索引值為 1，依此類推。索引值不可超出串列的範圍，否則執行時會產生錯誤。例如：

```
list4 = ["香蕉", "蘋果", "橘子"]
print(list4[1])  #蘋果
print(list4[3])  #錯誤，索引值超過範圍
```

索引值可以是負值，表示由串列的最後向前取出，「-1」表示最後一個元素，「-2」表示倒數第二個元素，依此類推。同理，負數索引值不可超出串列的範圍，否則執行時會產生錯誤。例如：

```
list4 = ["香蕉", "蘋果", "橘子"]
print(list4[-1])  #橘子
print(list4[-4])  #錯誤，索引值超過範圍
```

串列的元素可以是另一個串列，這樣就形成多維串列。多維串列元素的存取是使用中括號組合，例如下面是二維串列的範例，其串列元素是帳號、密碼組成的串列：

```
list5 = [["joe","1234"], ["mary","abcd"], ["david","5678"]]
print(list5[1])    #["mary","abcd"], 元素為串列
print(list5[1][1]) #abcd
```

範例：串列初值設定

建立一個包含三個整數元素的串列，代表學生三科成績，再依序顯示各科成績。

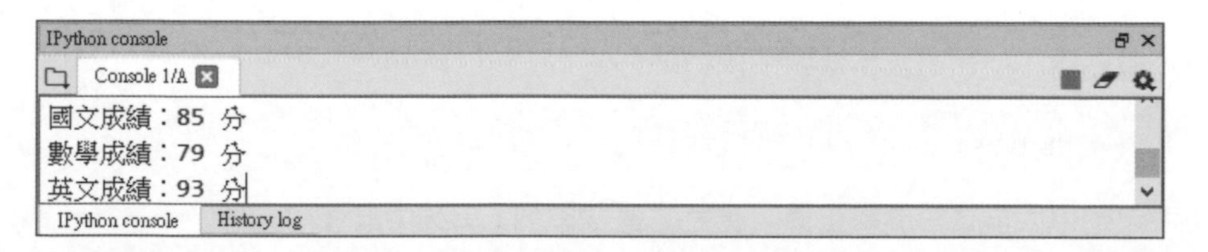

程式碼：list1.py

```
1 score = [85, 79, 93]
2 print("國文成績：%d 分" % score[0])
3 print("數學成績：%d 分" % score[1])
4 print("英文成績：%d 分" % score[2])
```

程式說明

- 1　建立串列。
- 2-4　依序顯示各科成績。

01
02
03
04
05
06
07
08
09
10
11
12
13
14
15
16
17

3.1.2 range 函式

串列中常使用整數循序串列，例如「1,2,3,...」，尤其是迴圈最常使用，range 函式的功能就是建立整數循序串列。

range 函式的語法有三種，分別是 1 個、2 個或 3 個參數。1 個參數的語法為：

```
串列變數 = range( 整數值 )
```

產生的串列是 0 到「整數值 - 1」的串列，例如：

```
r1 = range(5)
```

r1 是一個 0 到 4 的數列，列印時會顯示「range(0, 5)」。若要顯示 r1，需將其轉換為串列：

```
print(list(r1))  #[0,1,2,3,4]
```

range 函式包含 2 個參數的語法為：

```
串列變數 = range( 起始值 , 終止值 )
```

產生的串列是由起始值到「終止值 - 1」的串列，例如：

```
r2 = range(3, 8)    #list(r2)=[3,4,5,6,7]
```

起始值及終止值皆可為負整數，例如：

```
r3 = range(-6, -2)  #list(r3)=[-6,-5,-4,-3]
```

如果起始值大於或等於終止值，產生的是空串列 (串列中無任何元素)。

range 函式包含 3 個參數的語法為：

```
串列變數 = range( 起始值 , 終止值 , 間隔值 )
```

產生的串列是由起始值開始，以間隔值遞增，直到「終止值 - 1」為止的串列，例如：

```
r4 = range(3, 8, 1)  #list(r4)=[3,4,5,6,7]
r5 = range(3, 8, 2)  #list(r5)=[3,5,7] , 元素值每次增加 2
```

間隔值也可為負整數，此時起始值必須大於終止值，產生的串列是由起始值開始，每次會遞增間隔值 (因間隔值為負數，所以數值為遞減)，直到「終止值 + 1」為止的串列，例如：

```
r6 = range(8, 3, -1)  #list(r6)=[8,7,6,5,4]
```

3.1.3 for 迴圈

for 迴圈通常用於執行固定次數的迴圈，其基本語法結構為：

```
for 變數 in 串列：
    程式區塊
```

執行 for 迴圈時，系統會將串列的元素依序做為變數的值，每次設定變數值後就會執行「程式區塊」一次，即串列有多少個元素，就會執行多少次「程式區塊」。

以實例解說：

```
1 list1 = ["香蕉", "蘋果", "橘子"]
2 for s in list1:         # 執行結果為：香蕉，蘋果，橘子，
3     print(s, end=",")
```

開始執行 for 圈時，變數 s 的值為「香蕉」，第 3 列程式列印「香蕉 ,」；然後回到第 2 列程式設定變數 s 的值為「蘋果」，再執行第 3 列程式列印「蘋果 ,」；同理回到第 2 列程式設定變數 s 的值為「橘子」，再執行第 3 列程式列印「橘子 ,」，串列元素都設定完畢，程式就結束迴圈。

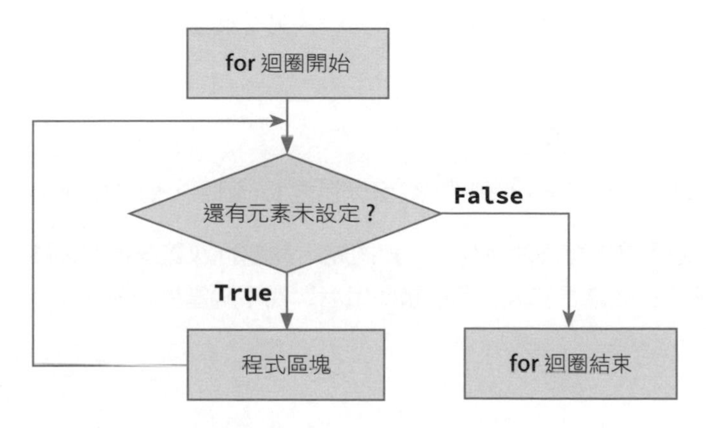

使用 range 函式可以設定 for 迴圈的執行次數，例如要列印全班成績，若班上有 30 位同學，列印程式碼為：

```
for i in range(1,31):
    列印程式碼
```

注意第 2 個參數 (終止值) 是 31。

01
02
03
04
05
06
07
08
09
10
11
12
13
14
15
16
17

範例：計算正整數總和

讓使用者輸入一個正整數，程式會計算由 1 到該整數的總和。

```
請輸入正整數：100
1 到 100 的整數和為 5050
```

程式碼：numtotal.py

```
1 sum = 0
2 n = int(input("請輸入正整數："))
3 for i in range(1, n+1):
4     sum += i
5 print("1 到 %d 的整數和為 %d" % (n, sum))
```

程式說明

- 2　取得輸入資料並轉為整數。
- 3-4　以迴圈計算總和。注意第 3 列程式第 2 個參數需用「n+1」。

3.1.4 巢狀 for 迴圈

與「if…elif…else」相同，for 迴圈中也可以包含 for 迴圈，稱為巢狀 for 迴圈。

使用巢狀 for 迴圈時需特別注意執行次數問題，其執行次數是各層迴圈的乘積，若執行次數太多會耗費相當長時間，可能讓使用者以為電腦當機，例如：

```
n = 0
for i in range(1,10001):
    for j in range(1,10001):
        n += 1
print(n)
```

外層迴圈及內層迴圈都是一萬次，則「n += 1」會執行一億次 (10000x10000)，執行時間視 CPU 速度約需十餘秒到數十秒。

巢狀迴圈最具代表性的範例就是九九乘法表，只要短短 5 列程式碼就能列印出完整的九九乘法列表。

範例：九九乘法表

利用兩層 for 迴圈列印九九乘法表。

```
IPython console
Console 1/A
1*1=1   1*2=2   1*3=3   1*4=4   1*5=5   1*6=6   1*7=7   1*8=8   1*9=9
2*1=2   2*2=4   2*3=6   2*4=8   2*5=10  2*6=12  2*7=14  2*8=16  2*9=18
3*1=3   3*2=6   3*3=9   3*4=12  3*5=15  3*6=18  3*7=21  3*8=24  3*9=27
4*1=4   4*2=8   4*3=12  4*4=16  4*5=20  4*6=24  4*7=28  4*8=32  4*9=36
5*1=5   5*2=10  5*3=15  5*4=20  5*5=25  5*6=30  5*7=35  5*8=40  5*9=45
6*1=6   6*2=12  6*3=18  6*4=24  6*5=30  6*6=36  6*7=42  6*8=48  6*9=54
7*1=7   7*2=14  7*3=21  7*4=28  7*5=35  7*6=42  7*7=49  7*8=56  7*9=63
8*1=8   8*2=16  8*3=24  8*4=32  8*5=40  8*6=48  8*7=56  8*8=64  8*9=72
9*1=9   9*2=18  9*3=27  9*4=36  9*5=45  9*6=54  9*7=63  9*8=72  9*9=81
IPython console   History log
```

程式碼：ninenine.py

```
1 for i in range(1,10):
2     for j in range(1,10):
3         product = i * j
4         print("%d*%d=%-2d   " % (i, j, product), end="")
5     print()
```

程式說明

- 1-2　內外兩層各執行 9 次的 for 迴圈。
- 4　列印乘法算式：格式「-2d」表示列印佔 2 個字元的整數，並靠左對齊；「end=""」表示不換行，在同一列列印。
- 5　內層迴圈執行完後換行。

3.1.5 break 及 continue 命令

迴圈執行時，如果要中途結束迴圈執行，可使用 break 命令強制離開迴圈，例如：

```
for i in range(1,11):
    if(i==6):
        break
    print(i, end=",")      # 執行結果：1,2,3,4,5,
```

迴圈執行時，「i=1」不符合「i==6」的條件式，會列印「1,」；同理，i 為 2 到 5 時都不符合「i==6」的條件式，因此皆會列印數字；當「i=6」時符合「i==6」的條件式，就執行 break 命令離開迴圈而結束程式。

continue 命令則是在迴圈執行中途暫時停住不往下執行，而跳到迴圈起始處繼續執行，例如：

```
for i in range(1,11):
    if(i==6):
        continue
    print(i, end=",")     # 執行結果：1,2,3,4,5,7,8,9,10,
```

迴圈執行時，「i=1」不符合「i==6」的條件式，會列印「1,」；迴圈依序進行，只有當「i=6」時符合「i==6」的條件式，就執行 continue 命令跳到迴圈起始處繼續執行，因此並未列印「6,」。

範例：樓層命名

輸入大樓的樓層數後，如果是三層以下，會正常顯示樓層命名；如果是四層（含）以上，顯示樓層命名時會跳過四樓不顯示。

```
IPython console
Console 1/A
請輸入大樓的樓層數：3
本大樓具有的樓層為：
1 2 3
IPython console   History log
```

```
IPython console
Console 1/A
請輸入大樓的樓層數：10
本大樓具有的樓層為：
1 2 3 5 6 7 8 9 10 11
IPython console   History log
```

程式碼：floor.py

```
1 n = int(input("請輸入大樓的樓層數："))
2 print("本大樓具有的樓層為：")
3 if(n > 3):
4     n += 1
5 for i in range(1, n+1):
6     if(i==4):
7         continue
8     print(i, end=" ")
9 print()
```

程式說明

- **3-4** 當樓層大於 4 層樓時，因為第 4 層跳過，所以命名樓層數會比輸入值多 1，例如輸入樓數為「10」，需命名到 11 樓，所以將樓層加 1。
- **6-7** 樓層為 4 時就以 continue 命令跳過命名。

3.1.6 for…else 迴圈

for…else 迴圈通常會和 if 及 break 命令配合使用，其語法為：

```
for 變數 in 串列：
    程式區塊一
    if(條件式):
        程式區塊二
        break
else:
    程式區塊三
```

如果 for 迴圈正常執行完每一次程式區塊一 (即每一次條件式都不成立，for 迴圈不是經過 break 命令離開迴圈)，就會執行 else 的程式區塊三；若迴圈中任何一次條件式成立就以 break 命令離開迴圈，將不會執行 else 的程式區塊三。

舉例來說，數學上判斷某數是否為質數的方法：以某數逐一除以 2 到「某數 - 1」，如果有任何一次能夠整除就表示某數不是質數，若全部都無法整除，就表示某數是質數。以 11 為例說明：以 11 逐一除以 2 到 10，結果都無法整除，表示 11 是質數；又如 15：以 15 逐一除以 2 到 14，結果 3 可以整除，表示 15 不是質數。

範例：判斷質數

讓使用者輸入一個大於 1 的整數，判斷該數是否為質數。

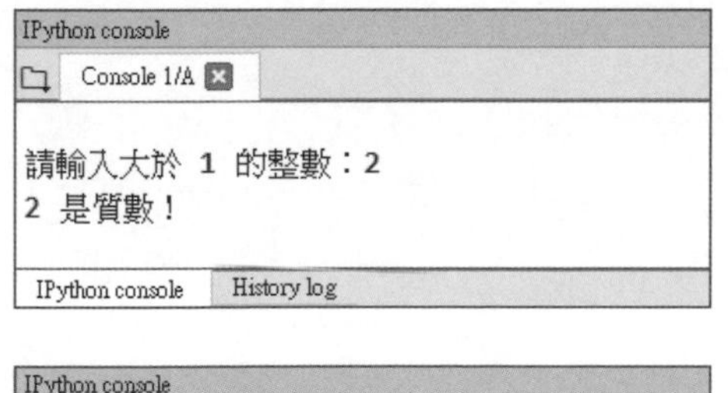
IPython console
Console 1/A
請輸入大於 1 的整數：2
2 是質數！
IPython console
History log

```
請輸入大於 1 的整數：27
27 不是質數！
```

```
請輸入大於 1 的整數：29
29 是質數！
```

```
請輸入大於 1 的整數：1957
1957 不是質數！
```

程式碼：**prime.py**

```
 1 n = int(input("請輸入大於 1 的整數："))
 2 if(n==2):
 3     print("2 是質數！")
 4 else:
 5     for i in range(2, n):
 6         if(n % i == 0):
 7             print("%d 不是質數！" % n)
 8             break
 9     else:
10         print("%d 是質數！" % n)
```

程式說明

- **2-3**　數值 2 無法以正常質數判斷方式處理，所以輸入 2 就直接列印「2 是質數！」。
- **5-10**　數值大於 2 的質數判斷方式。
- **5**　執行 2 到「輸入數值 - 1」迴圈。
- **6-8**　逐一執行迴圈，只要任何一次整除，就以 break 命令跳出迴圈，表示該數不是質數。
- **9-10**　若所有 6-8 列程式皆未整除，表示並未以 break 命令跳出迴圈，就執行 9-10 列，列印該數是質數。

3.1.7 while 迴圈

while 迴圈通常用於沒有固定次數的情況，其基本語法結構為：

```
while( 條件式 ):   #「( 條件式 )」的括號可省略
    程式區塊
```

如果條件式的結果為 True 就執行程式區塊，若條件式的結果為 False，就結束 while 迴圈繼續執行 while 迴圈後面的程式碼。例如：

```
1 total = n = 0
2 while(n < 10):
3     n += 1
4     total += n
5 print(total)   #1+2+……+10=55
```

迴圈開始時「n=0」，符合「n<10」條件，所以執行第 3-4 列程式將 n 加 1 並計算總和，然後回到第 2 列迴圈起始處，依此類推。直到「n=10」時，不符合「n<10」條件就跳出 while 迴圈。while 迴圈的流程如下：

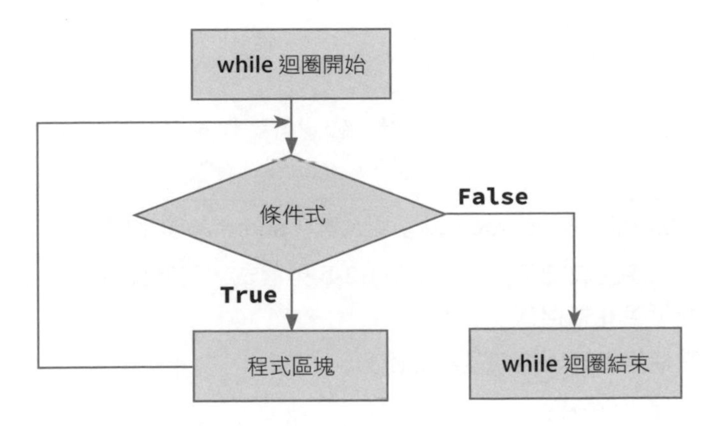

在使用 while 迴圈時要特別留意，必須設定條件判斷的中止條件，以便可以停止迴圈的執行，否則會陷入無窮迴圈的窘境。例如：

```
1 total = n = 0
2 while(n < 10):
3     total += n
4 print(total)
```

因為設計者忘記將 n 的值遞增，造成 n 的值永遠為 0，而使條件式永遠為 True，無法離開迴圈。執行時，程式將宛如當機，沒有任何回應。此時唯有按 **Ctrl + C** 鍵中斷程式執行，才能恢復系統運作。

範例：while 迴圈計算班級成績

小美是一位教師，請你以 while 迴圈方式為小美設計一個輸入成績的程式，如果輸入「-1」表示成績輸入結束，在輸入成績結束後顯示班上總成績及平均成績。

```
Console 1/A
請輸入第 1 位學生的成績：87

請輸入第 2 位學生的成績：92

請輸入第 3 位學生的成績：64

請輸入第 4 位學生的成績：58

請輸入第 5 位學生的成績：-1
本班總成績：301 分，平均成績：75.25 分
IPython console   History log
```

程式碼：while1.py

```
1 total = person = score = 0
2 while(score != -1):
3     person += 1
4     total += score
5     score = int(input("請輸入第 %d 位學生的成績：" % person))
6 average = total / (person - 1)
7 print("本班總成績：%d 分，平均成績：%5.2f 分" % (total, average))
```

程式說明

- 1　total 為總分，person 為學生人數，score 為學生成績。
- 2-5　如果學生成績不是 -1 就執行 3-5 列程式，若學生成績是 -1 就跳出迴圈執行第 6 列程式。
- 3-5　讓使用者輸入成績並計算總分。
- 6　計算平均分數。

3.2 進階串列與元組

前一節已提及一個串列名稱可以儲存多個資料 (每個資料稱為「元素」)，Python 中還有元組 (Tuple) 及字典 (Dict)，具有儲存多個資料的特性。

3.2.1 進階串列操作

串列在 Python 中應用非常廣泛，因此有許多進階方法可對串列進行操作。

在下方表格中 list1=[1,2,3,4,5,6]，x=[8,9]，n、n1、n2、n3 為整數，常用方法如下：

方法	意義	範例	範例結果
list1*n	串列重覆 n 次	list2=list1*2	list2=[1,2,3,4,5,6,1,2,3,4,5,6]
list1[n1:n2]	取出 n1 到 n2-1 元素	list2=list1[1:4]	list2=[2,3,4]
list1[n1:n2:n3]	同上，取出間隔為 n3	list2=list1[1:4:2]	list2=[2,4]
del list1[n1:n2]	刪除 n1 到 n2-1 元素	del list1[1:4]	list1=[1,5,6]
del list1[n1:n2:n3]	刪除間隔為 n3	del list1[1:4:2]	list1=[1,3,5,6]
n=len(list1)	取得串列元素數目	n=len(list1)	n=6
n=min(list1)	取得元素最小值	n=min(list1)	n=1
n=max(list1)	取得元素最大值	n=max(list1)	n=6
n=list1.index(n1)	n1 元素的索引值	n=list1.index(3)	n=2
n=list1.count(n1)	n1 元素出現的次數	n=list1.count(3)	n=1
list1.append(n1)	將 n1 加在串列最後	list1.append(8)	list1=[1,2,3,4,5,6,8]
list1.extend(x)	將 x 中元素逐一做為元素加在串列最後	list1.extend(x)	list1=[1,2,3,4,5,6,8,9]
list1.insert(n,n1)	在位置 n 加入 n1 元素	list1.insert(3,8)	list1=[1,2,3,8,4,5,6]
n=list1.pop()	取出最後 1 個元素並由串列中移除元素	n=list1.pop()	n=6, list1=[1,2,3,4,5]
list1.remove(n1)	移除第 1 次的 n1 元素	list1.remove(3)	list1=[1,2,4,5,6]
list1.reverse()	反轉串列順序	list1.reverse()	list1=[6,5,4,3,2,1]
list1.sort()	將串列由小到大排序	list1.sort()	list1=[1,2,3,4,5,6]

以 append 或 insert 方法增加串列元素

串列設定初始值後，如果要增加串列元素，不能直接以索引方式設定，必須以 append 或 insert 方法才能增加串列元素。append 方法是將元素加在串列最後面，例如：

```
list1 = [1,2,3,4,5,6]
list1.append(8) #list1=[1,2,3,4,5,6,8]
list1[7] = 9     #錯誤，索引超出範圍
```

insert 方法是將元素加在串列的指定位置，索引值若超過串列元素索引值，會將元素加在串列最後位置。例如：

```
list1 = [1,2,3,4,5,6]
list1.insert(3, 8)  #list1=[1,2,3,8,4,5,6]
list1.insert(17, 9) #list1=[1,2,3,8,4,5,6,9]
```

範例：以串列計算班級成績

小明是一位教師，請為小明設計一個輸入成績的程式，學生成績需存入串列做為串列元素，如果輸入「-1」表示成績輸入結束，最後顯示班上總成績及平均成績。

```
IPython console
Console 1/A
請輸入學生的成績：84

請輸入學生的成績：92

請輸入學生的成績：67

請輸入學生的成績：72

請輸入學生的成績：-1
共有 4 位學生
本班總成績：315 分，平均成績：78.75 分
IPython console   History log
```

程式碼：append1.py

```
1 score = []
2 total = inscore = 0
3 while(inscore != -1):
4     inscore = int(input("請輸入學生的成績："))
5     score.append(inscore)
6 print("共有 %d 位學生" % (len(score) - 1))
```

```
 7 for i in range(0, len(score) - 1):
 8     total += score[i]
 9 average = total / (len(score) - 1)
10 print(" 本班總成績：%d 分，平均成績：%5.2f 分 " % (total, average))
```

程式說明

- 1　建立空串列。
- 2　total 儲存總成績，inscore 儲存輸入的成績。
- 5　將輸入成績存入串列。
- 6　「len(score)」取得串列元素數目，「-1」不算學生成績，故需減 1。
- 7-8　以 for 迴圈逐一計算學生總分。

append 與 extend 方法的區別

append 及 extend 方法都是將資料加在串列最後面，不同處在於 append 方法的參數可以是元素，也可以是串列。如果是串列，會將整個串列當成一個元素加入串列：

```
list1 = [1,2,3,4,5,6]
list1.append(7)      #list1=[1,2,3,4,5,6,7]
list1.append([8,9]) #list1=[1,2,3,4,5,6,7,[8,9]]
```

加入一個元素

extend 方法的參數只可以是串列，不可以是元素。extend 方法會將串列中的元素做為個別元素逐一加入串列，例如：

```
list1 = [1,2,3,4,5,6]
list1.extend(7)      # 錯誤，只能是串列
list1.extend([8,9]) #list1=[1,2,3,4,5,6,8,9]
```

加入 2 個元素

pop 方法

pop 方法的功能是由串列中取出元素，同時串列會將該元素移除。pop 方法可以有參數，也可以沒有參數：如果沒有參數，就取出最後 1 個元素；如果有參數，參數的資料型態為整數，就取出以參數為索引值的元素。

```
list1 = [1,2,3,4,5,6]
n = list1.pop()   #n=6, list1=[1,2,3,4,5]
n = list1.pop(3) #n=4, list1=[1,2,3,5]
```

3.2.2 元組 (Tuple)

元組的結構與串列完全相同，不同處在於元組的元素個數及元素值皆不能改變，而串列則可以改變，所以一般將元組說成是「不能修改的串列」。

建立元組

元組的使用方式是將元素置於小括號中 (串列是中括號)，元素之間以逗號分隔：

```
元組名稱 = (元素1, 元素2, ……)
```

例如：

```
tuple1 = (1, 2, 3, 4, 5)    #元素皆為整數
tuple2 = (1, "香蕉", True) #包含不同資料型態元素
```

元組的使用方式與串列相同，但不能修改元素值，否則會產生錯誤，例如：

```
tuple3 = ("香蕉", "蘋果", "橘子")
print(tuple3[1])     #蘋果
tuple3[1] = "芭樂"  #錯誤，元素值不能修改
```

串列的進階方法也可用於元組，但因為元組不能改變元素值，所以會改變元素個數或元素值的方法都不能在元組使用，例如 append、insert 等方法。

```
tuple4 = (1, 2, 3, 4, 5)
n = len(tuple4)    #n=5
tuple4.append(8)  #錯誤，不能增加元素
```

比較起來，串列的功能遠比元組強大，使用元組有什麼好處呢？元組的優點為：

- **執行速度比串列快**：因為其內容不會改變，因此元組的內部結構比串列簡單，執行速度較快。
- **存於元組的資料較為安全**：因為其內容無法改變，不會因程式設計的疏忽而變更資料內容。

串列和元組互相轉換

串列和元組結構相似，只是元素是否可以改變而已，有時程式執行過程中有互相轉換的需求。Python 提供 list 命令將元組轉換為串列，tuple 命令將串列轉換為元組。

元組轉換為串列的範例：

```
tuple1 = (1,2,3,4,5)
list1 = list(tuple1) # 元組轉換為串列
list1.append(8)        # 正確，在串列中新增元素
```

串列轉換為元組的範例：

```
list2 = [1,2,3,4,5]
tuple2 = tuple(list2) # 串列轉換為元組
tuple2.append(8)        # 錯誤，元組不能增加元素
```

memo

04

字典與集合的使用

01 02 03 04 05 06 07 08 09 10 11 12 13 14 15 16 17

4.1 字典基本操作

還記得怎麼查國語字典嗎？以查「李」字為例，先由部首目錄找到部首「木」的位置，剩下來的「子」筆畫為 3 畫，再於「木部首」3 畫的地方就能找到「李」這個字。

Python 中「字典」資料型態與國語字典結構類似，其元素是以「鍵 - 值」對方式儲存，運作方式為利用「鍵」來取得「值」。

4.1.1 建立字典

串列資料依序排列，若要取得串列內特定資料，必須知道其在串列中的位置，例如一個水果價格的串列：

```
list1 = [20, 50, 30]  # 分別為香蕉、蘋果、橘子的價格
```

若要得知蘋果的價格，就要知道蘋果價格是串列第 2 個元素，再使用「list1[1]」取出蘋果價格，是不是很不方便呢？

字典的結構也與串列類似，其元素是以「鍵 - 值」對方式儲存，這樣就可使用「鍵」來取得「值」。有多種方式可以建立字典，第一種方式為將元素置於一對大括號「{}」中，其語法為：

```
字典名稱 = {鍵1:值1, 鍵2:值2, ……}
```

字串、整數、浮點數等皆可做為「鍵」，但以字串做為「鍵」的情況最多。

例如將前述水果價格串列建立為字典型態：

```
dict1 = {"香蕉":20, "蘋果":50, "橘子":30}
```

建立字典的第二種方式是使用 dict 函式，再將鍵 - 值對置於中括號「[]」中，語法為：

```
字典名稱 = dict([[鍵1, 值1], [鍵2, 值2], ……])
```

例如：

```
dict2 = dict([["香蕉",20], ["蘋果",50], ["橘子",30]])
```

建立字典的第三種方式是使用 dict 函式，只要將鍵值以等號連接起來即可，語法為：

```
字典名稱 = dict(鍵1=值1, 鍵2=值2, ……)
```

例如：

```
dict3 = dict(香蕉=20, 蘋果=50, 橘子=30)
```

第三種建立字典的方式相當簡潔，但特別注意此種方式建立的字典「鍵」不能使用數值，否則執行時會產生錯誤，例如：

```
dict1 = dict(1="林大明", 3="李美麗", 5="陳品言")
print(dict1[3])  #錯誤，字典取值的說明參考下一小節
```

4.1.2 字典取值

可以將字典想像成一個箱子，箱子中許多盒子，每個盒子都貼上標籤，標籤寫著盒子的名稱(鍵)，盒子內則裝著指定的物品(值)，與串列最大的不同在於串列元素在記憶體中是依序排列，而字典元素則是隨意放置，沒有一定順序。

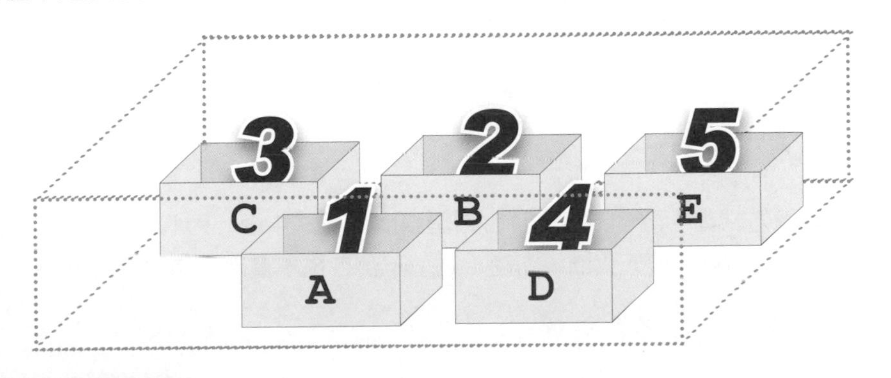

基本取值方式

既然字典元素沒有一定順序，那要如何取得字典元素值呢？其實很簡單，只要依據標籤(鍵)找到存放物品的盒子，就能取得盒子內的物品(值)。

取得字典元素值的方法是以「鍵」做為索引來取得「值」，語法為：

```
字典名稱[鍵]
```

例如：

```
dict1 = {"香蕉":20, "蘋果":50, "橘子":30}
print(dict1["蘋果"])  #50
```

當字典的鍵重複時

字典是使用「鍵」做為索引來取得「值」，所以「鍵」必須是唯一，而「值」可以重覆。如果「鍵」重覆的話，則前面的「鍵」會被覆蓋，只有最後的「鍵」有效，例如：

```
dict2 = {"香蕉":20, "蘋果":50, "橘子":30, "香蕉":25}
print(dict2["香蕉"])  #25,「"香蕉":20」被覆蓋
```

當字典的鍵不存在時

元素在字典中的排列順序是隨機的，與設定順序不一定相同，例如：

```
dict1 = {"香蕉":20, "蘋果":50, "橘子":30}
print(dict1)  #結果：{"蘋果":50, "香蕉":20, "橘子":30}
```

由於元素在字典中的排列順序是隨機的，所以不能以位置數值做為索引。另外，若輸入的「鍵」不存在也會產生錯誤，例如：

```
dict1 = {"香蕉":20, "蘋果":50, "橘子":30}
print(dict1[0])           #錯誤
print(dict1["鳳梨"])      #錯誤
```

此種字典取值方式當「鍵」不存在時會因錯誤而讓程式中斷，因此 Python 另外提供了 get 方法可以取得字典元素值，即使「鍵」不存在也不會產生錯誤，語法為：

```
字典名稱.get(鍵[, 預設值])
```

預設值可有可無。根據是否有傳入預設值及「鍵」是否存在可分為四種情形：

預設值狀況	「鍵」是否存在	返回值
沒有傳入預設值	「鍵」存在	返回鍵對應的值
	「鍵」不存在	返回 None
有傳入預設值	「鍵」存在	返回鍵對應的值
	「鍵」不存在	返回預設值

當「鍵」不存在時會傳回 None 或預設值，程式執行時不會產生錯誤。例如：

```
dict1 = {"香蕉":20, "蘋果":50, "橘子":30}
print(dict1.get("蘋果"))  #50
print(dict1.get("鳳梨"))  #None
print(dict1.get("蘋果", 80))  #50
print(dict1.get("鳳梨", 80))  #80
```

範例：血型個性查詢

不同血型的人具有不同的個性：設計程式建立 4 筆字典資料：「鍵」為血型，「值」為個性。使用者輸入血型後，若血型存在，就顯示該血型的個性，如果血型不存在，則顯示沒有該血型的訊息。

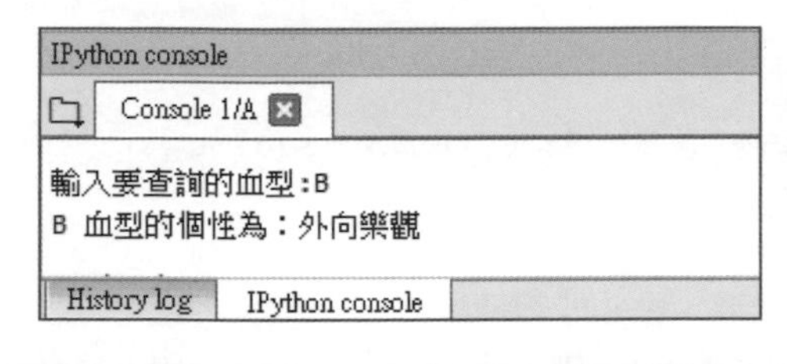
IPython console
Console 1/A
輸入要查詢的血型:B
B 血型的個性為：外向樂觀
History log
IPython console

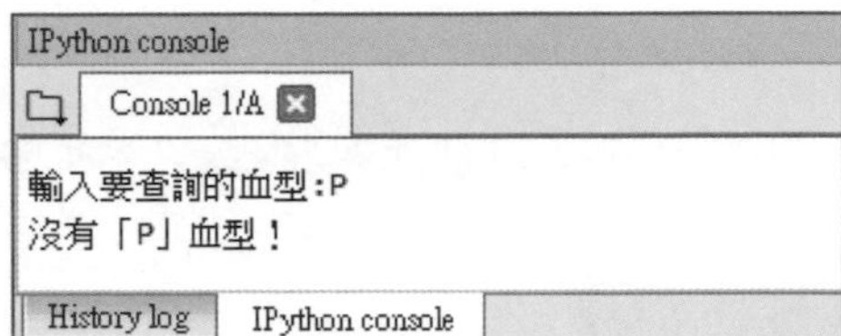
IPython console
Console 1/A
輸入要查詢的血型:P
沒有「P」血型！
History log
IPython console

程式碼：dictget.py

```
1 dict1 = {"A":"內向穩重", "B":"外向樂觀", "O":"堅強自信",
      "AB":"聰明自然"}
2 name = input("輸入要查詢的血型:")
3 blood = dict1.get(name)
4 if blood == None:
5     print("沒有「" + name + "」血型！")
6 else:
7     print(name + " 血型的個性為：" + str(dict1[name]))
```

程式說明

- 1　建立 4 個血型及個性的字典。
- 2　讓使用者輸入血型。
- 3　以 get 取得個性。
- 4-5　若血型不存在就顯示沒有該血型訊息。
- 6-7　若血型存在就顯示該血型的個性。

4.1.3 字典維護

修改字典

修改字典元素值與在字典中新增元素的語法相同：

```
字典名稱 [ 鍵 ] = 值
```

如果「鍵」存在就是修改元素值，新元素值會取代舊元素值，例如：

```
dict1 = {"香蕉":20, "蘋果":50, "橘子":30}
dict1["橘子"] = 60
print(dict1["橘子"])  #60
```

如果「鍵」不存在就是新增元素，例如：

```
dict1["鳳梨"] = 40
print(dict1)  #{"香蕉":20, "蘋果":50, "橘子":30, "鳳梨":40}
```

刪除字典

刪除字典則有三種情況。第一種是刪除字典中特定元素，語法為：

```
del 字典名稱 [ 鍵 ]
```

第二種是刪除字典中所有元素，語法為：

```
字典名稱 .clear()
```

例如：

```
dict1 = {"香蕉":20, "蘋果":50, "橘子":30}
del dict1["蘋果"] # 刪除「"蘋果":50」元素
print(dict1)      #{'香蕉': 20, '橘子': 30}
dict1.clear()     # 刪除所有元素
print(dict1)      #{}, 空字典
```

第三種是刪除字典，字典刪除後該字典就不存在，語法為：

```
del 字典名稱
```

例如：

```
del dict1     # 刪除 dict1 字典
print(dict1) # 產生錯誤 , dict1 字典不存在
```

4.2 字典進階操作

除了建立字典及基本字典維護功能外，Python 還提供許多進階功能可對字典進行操作，例如取得字典中所有鍵或值、字典元素數量等。

4.2.1 字典進階功能整理

字典常用的進階功能整理於下表：(表中 dict1={"joe":5,"mary":8}，n 為整數，b 為布林變數)

方法	意義	範例及結果
len(dict1)	取得字典元素個數	n=len(dict1) n=2
dict1.copy()	複製字典	dict2=dict1.copy() dict2={"joe":5, "mary":8}
鍵 in dict1	檢查「鍵」是否存在	b="joe" in dict1 b=True
dict1.items()	取得以「鍵 - 值」組為元素的組合	item1=dict1.items() item1=dict_items([('joe', 5), ('mary', 8)])
dict1.keys()	取得以「鍵」為元素的組合	key1=dict1.keys() key1=["joe", "mary"]
dict1.setdefault(鍵 , 值)	與 get() 類似，若「鍵」不存在就以參數的「鍵 - 值」建立新元素	n=dict1.setdefault("joe") n=5
dict1.values()	取得以「值」為元素的組合	value1=dict1.values() value1=[5,8]

4.2.2 in 功能

許多字典功能傳送「鍵」做為參數時，若做為參數的「鍵」不存在就會產生錯誤而讓程式中斷執行。in 功能會檢查字典中的「鍵」是否存在，語法為：

```
鍵 in 字典名稱
```

如果「鍵」存在就傳回 True，「鍵」不存在就傳回 False。例如：

```
dict1 = {"香蕉":20, "蘋果":50, "橘子":30}
print("香蕉" in dict1)   #True
print("鳳梨" in dict1)   #False
```

in 功能可在執行如果「鍵」不存在就會產生錯誤的程式之前進行檢查，確定「鍵」存在才執行該程式。

範例：輸入及查詢學生成績

為了解學習狀況，老師需要查詢學生成績。設計程式建立 3 筆字典資料：「鍵」為學生姓名，「值」為學生成績。老師輸入學生姓名後，若學生姓名存在，就顯示該學生成績，否則就讓老師輸入成績，並將學生資料加入字典。

```
Console 1/A
輸入學生姓名：鄭美麗
鄭美麗的成績為 67

In [59]:
```

```
Console 1/A
輸入學生姓名：黃明士

輸入學生分數：81
字典內容：{'林小明': 85, '曾山水': 93, '鄭美麗': 67, '黃明士': 81}

In [60]:
```

程式碼：in.py

```
1 dict1 = {"林小明":85, "曾山水":93, "鄭美麗":67}
2 name = input("輸入學生姓名：")
3 if name in dict1:
4     print(name + "的成績為 " + str(dict1[name]))
5 else:
6     score = int(input("輸入學生分數："))
7     dict1[name] = score
8     print("字典內容：" + str(dict1))
```

程式說明

- 1-2　建立 3 個學生成績的字典並讓使用者輸入學生姓名。
- 3-4　若學生姓名存在就顯示該學生成績。
- 5-8　若學生姓名不存在就執行 6-8 列程式。
- 6　讓使用者輸入學生成績，並將成績轉換為整數型別。
- 7　將學生姓名及成績加入字典。
- 8　顯示字典內容，讓使用者確認資料已加入字典。

4.2.3 keys 及 values 功能

字典的 keys() 功能可取得字典中所有「鍵」，資料型態為 dict_keys，例如：

```
dict1 = {"香蕉":20, "蘋果":50, "橘子":30}
key1 = dict1.keys()
print(key1)  #dict_keys(['香蕉', '蘋果', '橘子'])
```

雖然 dict_keys 資料型態看起來像串列，但它不能以索引方式取得元素值：

```
dict1 = {"香蕉":20, "蘋果":50, "橘子":30}
key1 = dict1.keys()
print(key1[0])  #產生錯誤，不能以索引方式取得元素值
```

必須將 dict_keys 資料型態以 list 函式轉換為串列才能取得元素值：

```
dict1 = {"香蕉":20, "蘋果":50, "橘子":30}
key1 = list(dict1.keys())
print(key1[0])  #香蕉
```

values() 功能可取得字典中所有「值」，資料型態為 dict_values。dict_values 資料型態的用法與 dict_keys 完全相同，不再贅述。

範例：keys 及 values 顯示世大運獎牌數

台灣主辦世界大學運動會，選手成績輝煌。請建立 3 筆字典資料：「鍵」為獎牌名稱，「值」為獎牌數，再使用 keys 及 values 功能顯示各種獎牌數。

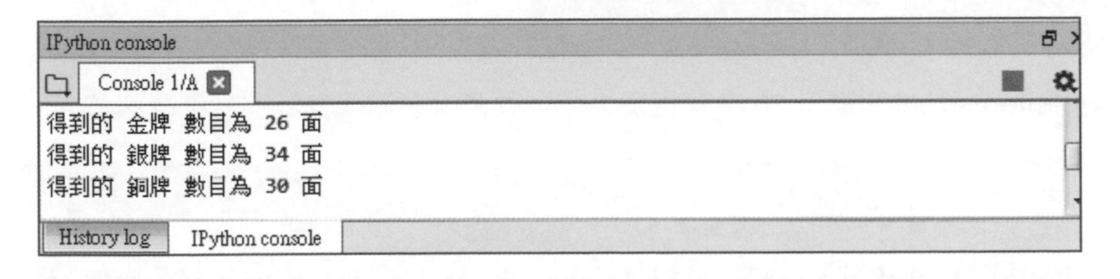
IPython console
Console 1/A
得到的 金牌 數目為 26 面
得到的 銀牌 數目為 34 面
得到的 銅牌 數目為 30 面
History log
IPython console

程式碼：keyvalue.py

```
1 dict1={"金牌":26, "銀牌":34, "銅牌":30}
2 listkey = list(dict1.keys())
3 listvalue = list(dict1.values())
4 for i in range(len(listkey)):
5     print("得到的 %s 數目為 %d 面" % (listkey[i], listvalue[i]))
```

01 02 03 04 05 06 07 08 09 10 11 12 13 14 15 16 17

程式說明

- 2-3　取得字典所有鍵及值並轉換為串列。
- 4-5　以串列逐筆顯示獎牌名稱及獎牌數。

4.2.4 items 功能

keys 及 values 功能可分別取得字典的鍵及值，是否很麻煩呢？ items() 功能可同時取得所有「鍵 - 值」組成的組合，資料型態為 dict_items。例如：

```
dict1 = {"香蕉":20, "蘋果":50, "橘子":30}
item1 = dict1.items()
print(item1)  #dict_items([('香蕉', 20), ('蘋果', 50), ('橘子', 30)])
```

將 dict_items 資料型態以 list 函式轉換為串列後相當於二維串列，可以取得個別元素值。例如：

```
dict1 = {"香蕉":20, "蘋果":50, "橘子":30}
item1 = list(dict1.items())  #轉換為串列
print(item1[1])       #('蘋果', 50)
print(item1[1][0])  #蘋果
print(item1[1][1])  #50
```

因為 items() 功能同時包含了「鍵」及「值」資料，所以使用 items() 方法顯示字典內容更為方便。

範例：items 顯示世大運獎牌數

請利用 items 功能來顯示 2017 年世界大學運動會中台灣代表隊的各種獎牌數。

程式碼：item.py

```
1 dict1={"金牌":26, "銀牌":34, "銅牌":30}
2 item1 = list(dict1.items())
3 for name, num in item1:
4     print("得到的 %s 數目為 %d 面" % (name, num))
```

程式說明

- 2　以 items 功能取得字典所有鍵及值並轉換為串列。
- 3　串列中使用 2 個變數：name 為獎牌名稱，num 為獎牌數。
- 4　顯示獎牌名稱及獎牌數。

keys、values 及 items 功能支援 in 功能

keys、values 及 items 的傳回值雖然不能以索引來取得元素值，但可使用「for 變數 in 傳回值」逐一取得元素值，例如：

```
dict1={"林小明":85, "曾山水":93, "鄭美麗":67}
key1 = dict1.keys()
for name in key1:
    print(name, end=" ")  #林小明 曾山水 鄭美麗
```

<item.py> 中第 2 列也可改為：

```
item1 = dict1.items()
```

4.2.5 setdefault 功能

setdefault 功能的使用方式、功能及傳回值與 get 功能雷同，不同處在於是否改變字典的內容。get 功能不會改變字典的內容；setdefault 功能可能改變字典的內容。

setdefault 功能的語法為：

```
字典名稱.setdefault(鍵[, 預設值])
```

預設值可有可無。根據是否有傳入預設值及「鍵」是否存在可分為四種情形：

預設值狀況	「鍵」是否存在	返回值	字典
沒有傳入預設值	「鍵」存在	返回鍵對應的值	沒有改變
	「鍵」不存在	返回 None	加入元素「鍵 :None」
有傳入預設值	「鍵」存在	返回鍵對應的值	沒有改變
	「鍵」不存在	返回預設值	加入元素「鍵 : 預設值」

下面示範 setdefault 使用方法：

```
dict1 = {"香蕉":20, "蘋果":50, "橘子":30}
n=dict1.setdefault("蘋果")       #n=50, dict1 未改變
n=dict1.setdefault("蘋果", 100) #n=50, dict1 未改變
n=dict1.setdefault("鳳梨")       #n=None, dict1 = {"香蕉":20,
    "蘋果":50, "橘子":30, "鳳梨":None}
n=dict1.setdefault("鳳梨", 100) #n=100, dict1 = {"香蕉":20,
    "蘋果":50, "橘子":30, "鳳梨":100}
```

4.3 集合

集合 (set) 是一個無序且元素不可重複的元素集，集合元素的內容是不可以改變的，集合元素的內容可以是整數、浮點數、字串、元組…等，但不可以使用串列、字典、集合。可以增加或刪除集合元素，但集合元素內容是唯一的。

4.3.1 建立集合

可以使用大括號 {} 或是 set() 函式建立集合。

使用大括號建立集合

建立集合最簡單的方法是使用大括號 {}。例如：建立 fruits 集合，包括 " 香蕉 ", " 蘋果 ", " 橘子 " 三個字串。

```
fruits = {"香蕉", "蘋果", "橘子"}
print(fruits)        # {'橘子', '香蕉', '蘋果'}
print(type(fruits)) # <class 'set'>
```

集合的元素是不可重複的，如果資料重複，多餘的元素將會被捨去。下面的範例中「香蕉」因為重複，因此只會保留一筆香蕉的資料。

```
fruits = {"香蕉", "蘋果", "橘子", "香蕉"}
print(fruits)  # {'橘子', '香蕉', '蘋果'}
```

可以使用不同型別的集合元素。

```
fruits = {"香蕉", "蘋果", "橘子", 100, (1,2)}
print(fruits) # {(1, 2), 100, '香蕉', '蘋果', '橘子'}
```

但不可以使用串列、字典，在下列範例中使用串列當作集合的元素將會出現「TypeError: unhashable type: 'list'」的錯誤。

```
fruits = {"香蕉", "蘋果", "橘子", 100, [1,2]}
```

使用 set() 函式建立集合

另一種方式是以 set() 函式建立集合，set() 函式的參數內容可以是字串、串列、元組、集合，這些參數都會轉換成集合元素。例如：將串列轉換為集合。

```
fruits = set(["香蕉", "蘋果", "橘子", "香蕉"])
print(fruits)         # {'橘子', '香蕉', '蘋果'}
print(type(fruits)) # <class 'set'>
```

如果集合的參數是字串，集合元素將轉換成字元，同時會去除重複的字元。

```
s = set("Good Boy!")
print(s)          # {'y', '!', 'o', ' ', 'd', 'B', 'G'}
print(type(s))  # <class 'set'>
```

要建立一個空集合必須使用 set() 函式，不可以使用 {}，因為 {} 建立的不是集合而是一個空字典。

```
s1={}              # 空字典
print(type(s1)) # <class 'dict'>
s2 = set()        # 空集合
print(type(s2)) # <class 'set'>
```

範例：去除重複的資料

某間知名的企業收集了大量使用者的資料，但仔細分析後發現這些資料很多都是重複的，必須去除重複的資料。

```
{'林小明', '曾山水', '鄭美麗'}
['林小明', '曾山水', '鄭美麗']
林小明
```

程式碼：set.py

```
1    persons = ["林小明","曾山水","鄭美麗","林小明","曾山水","林小明"]
2    s = set(persons) # 串列轉集合
3    print(s)           # {'林小明', '曾山水', '鄭美麗'}
4    list1 = list(s)  # 集合轉串列
5    print(list1)       # ['林小明', '曾山水', '鄭美麗']
6    print(list1[0])  # 林小明
```

程式說明

- 1　建立串列。
- 2-3　將串列轉換成集合並顯示。
- 4-5　將集合轉換成串列並顯示。
- 6　集合不可以索引讀取，必須轉換成串列才能以索引來讀取。

01
02
03
04
05
06
07
08
09
10
11
12
13
14
15
16
17

4.3.2 集合的操作

集合可以做交集、聯集、差集、對稱差集、等於、判斷是否是成員等多種的運算。集合的操作如下表：

運算子	意義
&	交集
|	聯集
-	差集
^	對稱差集
==	等於
!=	不等於
in	是成員
not in	不是成員

交集

交集的符號是「&」，它會計算不同集合間重疊的部份 (可以是兩個集合，也可以是多個集合)，相當於數學上集合的交集，以 A、B 兩集合為例，交集的運算如下圖。

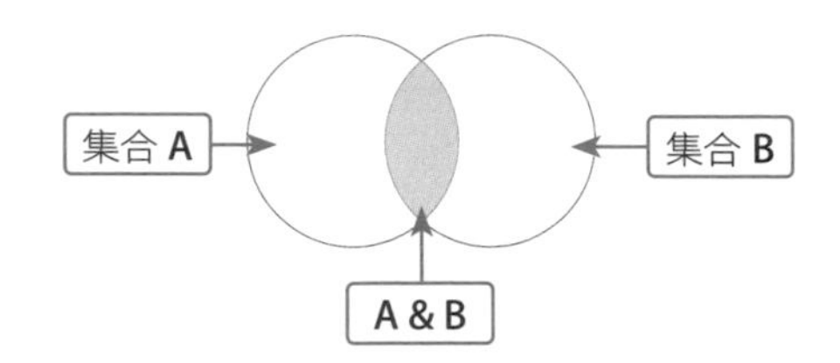

例如：A={1,2,3,4}、B={3,4,5,6}，求 A、B 的交集。

```
A={1,2,3,4}
B={3,4,5,6}
print(A & B) # {3, 4}
```

聯集

聯集的符號是「|」，它會計算不同集合間所有的元素 (可以是兩個集合，也可以是多個集合)，相當於數學上集合的聯集，以 A、B 兩集合為例，聯集的運算如下圖。

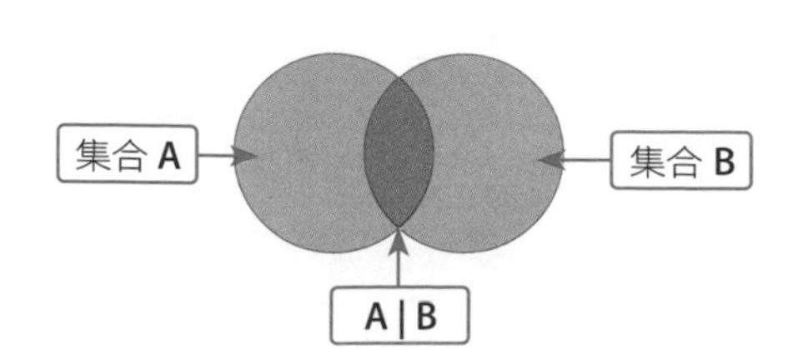

例如：A={1,2,3,4}、B={3,4,5,6}，求 A、B 的聯集。

```
A={1,2,3,4}
B={3,4,5,6}
print(A | B) # {1, 2, 3, 4, 5, 6}
```

差集

差集的符號是「-」，以 A、B 兩集合為例，A-B 會計算在 A 集合中但不在 B 集合中的所有元素，B-A 會計算在 B 集合中但不在 A 集合中的所有元素，差集的運算如下圖。

例如：A={1,2,3,4}、B={3,4,5,6}，求 A-B 和 B-A 的差集。

```
A={1,2,3,4}
B={3,4,5,6}
print(A - B) # {1, 2}
print(B - A) # {5, 6}
```

對稱差集

對稱差集的符號是「^」，以 A、B 兩集合為例，A^B 會取得 A 集合和 B 集合中的所有元素，但排除同時在 A、B 集合中的元素，對稱差集的運算如下圖。

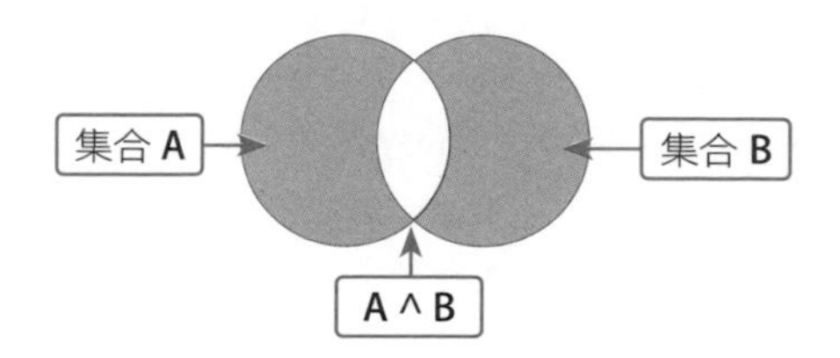

例如：A={1,2,3,4}、B={3,4,5,6}，求 A、B 的對稱差集。

```
A={1,2,3,4}
B={3,4,5,6}
print(A ^ B) # {1, 2, 5, 6}
```

等於

等於的符號是「==」，它會計算兩個集合是否相等，如果相等傳回 True，否則傳回 False。

不等於

不等於的符號是「!=」，它會計算兩個集合是否不相等，如果不相等傳回 True，否則傳回 False。

例如：測試集合 A、B 是否相等、是否不相等。

```
A={1,2,3,4}
B={3,4,5,6}
print(A == B) # False
print(A != B) # True
```

是成員 in

in 可以測試指定的元素是否是集合中的元素成員，如果是傳回 True，否則傳回 False。

不是成員 not in

not in 可以測試指定的元素是否不是集合中的元素成員，如果不是傳回 True，否則傳回 False。

例如：測試 2 是否是集合 A 的成員、是否不是集合 A 的成員。

```
A={1,2,3,4}
print(2 in A)       # True
print(2 not in A) # False
```

18 19 20 21 22 23 24 25 26 27 28 29 30 31 32 33

4.3.3 集合的方法

可以增加、刪除集合元素，也可以複製集合的元素。集合的方法如下表：

方法	意義
add()	增加集合元素
clear()|	刪除所有集合元素
copy()	複製集合的元素
discard()	刪除指定的集合元素，如果指定的元素不存在也不會傳回錯誤
remove()	刪除指定的集合元素，如果指定的元素不存在會傳回 KeyError
pop()	傳回刪除的集合元素，如果刪除的是空集合會傳回 KeyError
update()	A.update(B) 將集合 B 的元素加入集合 A 中。

add()

add() 方法可以增加一個集合元素，若集合元素已經存在，則此元素將不會再新增。例如：分別增加元素 C 和 Python，但 Python 已經存在，因此不會再新增。

```
langs={"Python","Java","Kotlin"}
langs.add("C")
langs.add("Python")
print(langs) # {'Python', 'Kotlin', 'Java', 'C'}
```

clear()

clear() 方法可以刪除所有集合的元素，刪除後集合成為空集合，並傳回 None。

例如：刪除 langs 集合的所有元素。

```
langs={"Python","Java","Kotlin"}
ret=langs.clear()
print(ret)    # None
print(langs) # set()
```

copy()

copy() 方法會複製集合的元素，這樣就可以避免原始的集合被破壞。

例如：複製集合 langs 為 langs_copy，並在 langs_copy 集合中加入元素。

```
langs={"Python","Java","Kotlin"}
langs_copy=langs.copy()
langs_copy.add("C")
print(langs)        # {'Python', 'Kotlin', 'Java'}
print(langs_copy) # {'Python', 'Kotlin', 'Java', 'C'}
```

discard()

刪除指定的集合元素，如果指定的元素不存在也不會傳回錯誤。

例如：刪除集合 langs 的元素 Java 和 C，C 不在集合中但不會產生錯誤。

```
langs={"Python","Java","Kotlin"}
langs.discard("Java")
print(langs)    # {'Python', 'Kotlin'}
langs.discard("C")
print(langs)    # {'Python', 'Kotlin'}
```

remove()

remove() 方法刪除指定的元素，如果指定的元素不存在會傳回 KeyError。

例如：刪除集合 langs 的元素 Java 和 C，C 不在集合中將會產生 KeyError 錯誤。

```
langs={"Python","Java","Kotlin"}
langs.remove("Java")
print(langs)          # {'Python', 'Kotlin'}
# 執行下一列會產生錯誤
# langs.remove("C") # KeyError: 'C'
```

pop()

pop() 方法會以隨機方式刪除集合元素，並傳回被刪除的集合元素，如果刪除的是空集合則會傳回 KeyError 的錯誤。

例如：隨機刪除集合 langs 的元素，刪除空集合 langs 再將會產生 KeyError 錯誤。

```
langs={"Python","Java","Kotlin"}
item=langs.pop()
print(item)    # Python
print(langs)   # {'Kotlin', 'Java'}
langs.clear()  # 執行下一列會產生錯誤
# langs.pop() # KeyError: 'pop from an empty set'
```

update()

A.update(B) 將集合 B 的元素加入集合 A 中。範例如下：

```
A={"Python","Java","Kotlin"}
B={"Python","C"}
A.update(B)
print(A)    # {'Python', 'Java', 'Kotlin', 'C'}
print(B)    # {'Python', 'C'}
```

4.3.4 集合的基本函式

透過集合的函式可以取得中集合元素的長度、最大值、最小值、總和，也可以對集合做排序。集合的函式如下表：

函式	意義
enumerated()	傳回連續整數配對的 enumerated 物件
len()	元素長度
max()	最大值
min()	最小值
sorted()	傳回排序的新串列，原來的集合不變
sum()	總和

01 02 03 04 05 06 07 08 09 10 11 12 13 14 15 16 17

max()、min()、sum()

如果集合元素的內容是數值，max()、min() 可以取得集合元素的最大、最小值，如果集合元素的內容是字元，則 max()、min() 可以取得集合元素的最大字元、最小字元，如果集合元素的內容是字串，則 max()、min() 可以取得集合元素的最大字串和最小字串。只有集合元素的內容是數值才可以使用 sum() 計算集合元素的總和。

例如：求集合 A、C 的最大值，集合 B 的最小值，集合 A 的總和。

```
A={1,2,3,4}        # 數值集合
B=set("Python")    # 字元集合
C={"Mary","John"} # 字串集合
print(max(A))  # 4
print(min(B))  # P
print(max(C))  # Mary
print(sum(A))  # 10
```

len()

取得集合元素的個數，也就是計算集合總共有幾個元素。

sorted()

sorted() 可以將集合排序，並傳回排序後的新串列，原來的集合不變。也可以參數 reverse=False 設定由小到大排序、reverse=True 設定由大到小排序，省略時預設為由小到大排序。

例如：將集合 langs 由小到大、由大到小排序，並計算集合元素的個數。

```
langs={"Python","Java","Kotlin"}
sortlangs=sorted(langs)                  # 由小到大排序
sortlangs2=sorted(langs,reverse=True) # 由大到小排序

print(len(langs)) # 3
print(langs)       # {'Python', 'Kotlin', 'Java'}
print(sortlangs)  # ['Java', 'Kotlin', 'Python']
print(sortlangs2) # ['Python', 'Kotlin', 'Java']
```

enumerated()

集合不可以 for 迴圈讀取，必須轉換為 enumerate 物件或串列後才可以透過 for 迴圈讀取，enumerate() 函式可以將集合轉換成 enumerate 物件。

例如：將集合 langs 轉換為 enumerate 物件，並以 for 迴圈顯示。

程式碼：enumerate.py

```
1   langs={"Python","Java","Kotlin"}
2   enum_langs=enumerate(langs) # 轉換為 enumerate 物件
3   print(type(enum_langs))     # <class 'enumerate'>
4   
5   # 轉成串列
6   print(list(enum_langs)) # [(0, 'Python'), (1, 'Kotlin'), (2, 'Java')]
7   # 以迴圈輸出
8   for item in enumerate(langs):
9       print(item)
10  
11  for i,item in enumerate(langs):
12      print(i,item)
```

執行結果：

```
<class 'enumerate'>
[(0, 'Python'), (1, 'Kotlin'), (2, 'Java')]
(0, 'Python')
(1, 'Kotlin')
(2, 'Java')
0 Python
1 Kotlin
2 Java
```

4.4 凍結集合

set 是可變集合，frozenset 則是不可變集合也稱為凍結集合，凍結集合不變的特點很適合當作字典的鍵 (key)，利用 frozenset() 方法可以將串列轉換為凍結集合。

凍結集合仍然可以執行 &、|、-、^、==、!=、in、not in 等集合的操作，也可以執行 len()、min()、max()、sum()、copy() 等基本函式，但不能執行 add()、clear()、discard()、pop()、remove()、update() 等更新集合的函式。

例如：建立凍結集合並執行集合的操作和基本函式。

```
A=frozenset([1,2,3,4])
B=frozenset([3,4,5,6])

print(A & B)  # frozenset({3, 4})
print(A | B)  # frozenset({1, 2, 3, 4, 5, 6})
print(A - B)  # frozenset({1, 2})
print(A ^ B)  # frozenset({1, 2, 5, 6})

print(max(A)) # 4
print(sum(A)) # 10
```

05

函式與模組

自訂函式

- 建立自訂函式
- 參數預設值
- 變數有效範圍

數值函式

- 數值函式整理
- 指數、商數、餘數及四捨六入
- 最大值、最小值、總和及排序

字串函式

- 字串函式整理
- 連接及分割字串
- 檢查起始或結束字串
- 字串排版相關函式
- 搜尋及取代字串

亂數模組

- import 模組
- 亂數模組函式整理
- 產生整數或浮點數的亂數函式
- 隨機取得字元或串列元素

時間模組

- 時間模組函式整理
- 程式暫停和取得目前時間數值
- 取得時區的日期及時間資訊

5.1 自訂函式

在一個較大型的程式中，通常會將具有特定功能或經常重複使用的程式，撰寫成獨立的小單元，稱為「函式」，並賦予函式一個名稱，當程式需要時就可以呼叫該函式執行。

使用函式的程式設計方式具有下列的好處：

- 將大程式切割後由多人撰寫，有利於團隊分工，可縮短程式開發的時間。
- 可縮短程式的長度，程式碼也可重複使用，當再開發類似功能的產品時，只需稍微修改即可以套用。
- 程式可讀性高，易於除錯和維護。

5.1.1 建立自訂函式

Python 是以 def 命令建立函式，不但可以傳送多個參數給函式，執行完函式後也可返回多個回傳值。自行建立函式的語法為：

```
def 函式名稱([參數1, 參數2, ……]):
    程式區塊
    [return 回傳值1, 回傳值2, ……]
```

- **參數 (參數 1, 參數 2, ……)**：參數可以傳送一個或多個，也可以不傳送參數。參數是用來接收由呼叫函式傳遞進來的資料，如果有多個參數，則參數之間必須用逗號「,」分開。
- **回傳值 (回傳值 1, 回傳值 2, ……)**：回傳值可以是一個或多個，也可以沒有回傳值。回傳值是執行完函式後傳回主程式的資料，若有多個回傳值，則回傳值之間必須用逗號「,」分開，主程式則要有多個變數來接收回傳值。

例如：建立名稱為 SayHello() 的函式，可以顯示「歡迎光臨！」(沒有參數，也沒有回傳值)。

```
def SayHello():
    print( "歡迎光臨！")
```

再如：建立名稱為 GetArea() 的函式，以參數傳入矩形的寬及高，計算矩形面積後將面積值傳回。

```
def GetArea(width, height):
      area = width * height
      return area
```

函式建立後必須在主程式中呼叫函式才會執行函式，呼叫函式的語法為：

```
[ 變數 =] 函式名稱 ([ 參數 ])
```

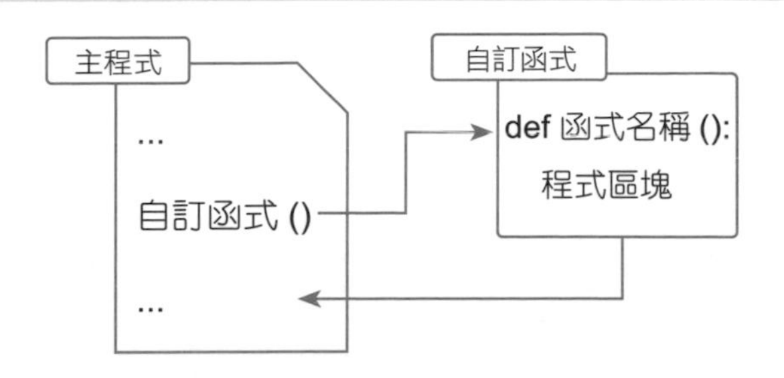

如果函式有傳回值，可以使用變數來儲存返回值，例如：

```
def GetArea(width, height):
      area = width * height
      return area
ret1 = GetArea(6,9)  #ret1=54
```

特別注意若函式有多個傳回值，必須使用相同數量的變數來儲存返回值，變數之間以逗號「,」分開，例如：

```
def Circle(radius):
      area = radius * radius * 3.14  #計算圓面積
      length = 2 * radius * 3.14  #計算圓周長
      return area, length
area1, length1 = Circle(5)  #area1=78.5, length1=31.4
```

如果參數的數量較多，常會搞錯參數順序而導致錯誤結果，呼叫函式時可以輸入參數名稱，此種方式與參數順序無關，可以減少錯誤。不過輸入參數名稱方式會多輸入不少文字，降低建立程式效率。

例如下面三種呼叫方式結果相同：

```
def GetArea(width, height):
      return width * height
ret1 = GetArea(6, 9)  #ret1=54
ret2 = GetArea(width=6, height=9)  #ret2=54
ret3 = GetArea(height=9, width=6)  #ret3=54
```

01
02
03
04
05
06
07
08
09
10
11
12
13
14
15
16
17

範例：攝氏溫度轉華氏溫度

攝氏轉華氏公式：華氏 = 攝氏 *1.8+32。約翰由美國來台遊學，習慣華氏溫度，設計程式讓約翰輸入攝氏溫度，就會顯示華氏溫度。

```
IPython console
Console 1/A
請輸入攝氏溫度：37
華氏溫度為： 98.6 度
History log   IPython console
```

程式碼：ctof.py

```
1 def ctof(c):  #攝氏轉華氏
2     f = c * 1.8 + 32
3     return f
4
5 inputc = float(input("請輸入攝氏溫度："))
6 print("華氏溫度為：%5.1f 度" % ctof(inputc))
```

程式說明

- 1-3　攝氏轉華氏溫度的公式為「攝氏 * 1.8 + 32」，參數為攝氏溫度。
- 5　將輸入的文字轉為浮點數，方便後續計算。

5.1.2 參數預設值

若函式中某些參數是必填的，為了怕執行時忽略設定造成錯誤，在建立函式時可以為參數設定預設值。當呼叫函式時遇到沒有設定該參數的情況時，就會使用預設值。

參數設定預設值的方法為「參數 = 值」，例如：

```
def GetArea(width, height=12):    #計算長方形面積
        return width * height
ret1 = GetArea(6)                 #ret1=72 (6*12)
ret1 = GetArea(6, 9)              #ret1=54 (6*9)
```

注意：設定預設值的參數必須置於參數串列最後，否則執行時會產生錯誤，例如：

```
def GetArea(width, height=12):    #正確
def GetArea(width=18, height):    #錯誤，需將「width=18」移到後面
```

5.1.3 變數有效範圍

變數依照其有效範圍分為全域變數及區域變數：

- **全域變數**：定義在函式外的變數，其有效範圍是整個 Python 檔案。
- **區域變數**：定義在一個函式中的變數，其有效範圍是在該函式內。

全域變數與區域變數的差別

若有相同名稱的全域變數與區域變數，在函式內，會使用區域變數，在函式外，因區域變數不存在，所以使用全域變數，例如：

```
1 def scope():
2     var1 = 1
3     print(var1, var2)  #1 20
4
5 var1 = 10
6 var2 = 20
7 scope()
8 print(var1, var2)       #10 20
```

程式說明

- 2　建立區域變數 var1。
- 5　建立全域變數 var1。
- 3　在函式內會優先使用區域變數，var1 的值為「1」；因為函式中沒有 var2 變數，所以使用全域變數，其值為「20」。
- 8　在函式外區域變數不存在，所以都是全域變數，值為「10 20」。

global 定義全域變數

如果要在函式內使用全域變數，需在函式中以 global 宣告。

```
1 def scope():
2     global var1
3     var1 = 1
4     var2 = 2
5     print(var1, var2)  #1 2
6
7 var1 = 10
8 var2 = 20
9 scope()
10 print(var1, var2)      #1 20
```

程式說明

- 2　宣告函式內的 var1 是全域變數，
- 3　將全域變數 var1 的值改為 1，
- 5　列印的是全域變數 var1 及區域變數 var2，其值為「1 2」。
- 10　在函式外，都使用全域變數，此時 var1 的值已在函式中被修改為「1」，所以列印值為「1 20」。

5.2 數值函式

凡是在程式中需要反覆執行的程式碼就可以寫成函式，當要執行時只需呼叫函式即可。但每一項功能都由設計者自行撰寫函式，將是一份龐大的工作。Python 內建了許多功能強大的函式，設計者可以直接使用，只要符合函式的規則，設計者等於擁有眾多功能強的工具，可以輕鬆設計出符合需求的應用程式。事實上，前面章節已使用了許多內建函式，如 print()、int()、str() 等。

內建的數值函式用於處理數值相關的功能，例如絕對值、四捨六入等。

5.2.1 數值函式整理

Python 中常用的數值函式有：

函式	功能	範例	範例結果
abs(x)	取得 x 的絕對值	abs(-5)	5
chr(x)	取得整數 x 的字元	chr(65)	A
divmod(x, y)	取得 x 除以 y 的商及餘數的元組	divmod(44, 6)	(7,2)
float(x)	將 x 轉換成浮點數	float("56")	56.0
hex(x)	將 x 轉換成十六進位數字	hex(34)	0x22
int(x)	將 x 轉換成整數	int(34.21)	34
len(x)	取得元素個數	len([1,3,5,7])	4
max(參數串列)	取得參數串列中的最大值	max(1,3,5,7)	7
min(參數串列)	取得參數串列中的最小值	min(1,3,5,7)	1
oct(x)	將 x 轉換成八進位數字	oct(34)	0o42
ord(x)	回傳字元 x 的 Unicode 編碼值	ord(" 我 ")	25105
pow(x, y)	取得 x 的 y 次方	pow(2,3)	8
round(x)	以四捨六入法取得 x 的近似值	round(45.8)	46
sorted(串列)	由小到大排序	sorted([3,1,7,5])	[1,3,5,7]
str(x)	將 x 轉換成字串	str(56)	56 (字串)
sum(串列)	計算串列元素的總和	sum([1,3,5,7])	16

5.2.2 指數、商數、餘數及四捨六入

pow 函式

pow 函式不但可以做指數運算，還可以計算餘數，語法為：

```
pow(x, y[, z])
```

如果只有 x 及 y 參數，傳回值為 x 的 y 次方，例如：

```
pow(3, 4)  #81, 3⁴=81
```

若有 z 參數，意義為 x 的 y 次方除以 z 的餘數，例如：

```
pow(3, 4, 7)  #4
```

3 的 4 次方為 81，81 除以 7 為 11 餘 4，結果為「4」。

divmod 函式

divmod 函式會同時傳回商數及餘數，語法為：

```
divmod(x, y)
```

商數及餘數是以元組型態傳回，可使用元組分別取得商數及餘數，例如：

```
ret = divmod(44, 6)
print(ret[0], ret[1])  #7 2, ret[0] 是商，ret[1] 是餘數
```

round 函式

round 函式以四捨六入法取得 x 的近似值，語法為：

```
round(x[, y])
```

四捨六入是 4 以下 (含) 捨去，6 以上 (含) 進位，5 則視前一位數而定：前一位數是偶數就將 5 捨去，前一位數是奇數就將其進位。

如果只有 x 參數，傳回值為 x 的四捨六入整數值，例如：

```
round(3.4)  #3
round(3.6)  #4
```

```
round(3.5)   #4, 前一位是奇數，進位
round(4.5)   #4, 前一位是偶數，捨去
```

若有 y 參數，y 是設定小數位數，例如：

```
round(3.75, 1)   #3.8
round(3.65, 1)   #3.6
```

範例：學生均分蘋果

今天學校營養午餐的水果是蘋果：設計程式輸入學生人數及蘋果總數，將蘋果平均分給學生，每個學生分到的蘋果數量必須相同，計算每個學生分到的蘋果數及剩餘的蘋果數。

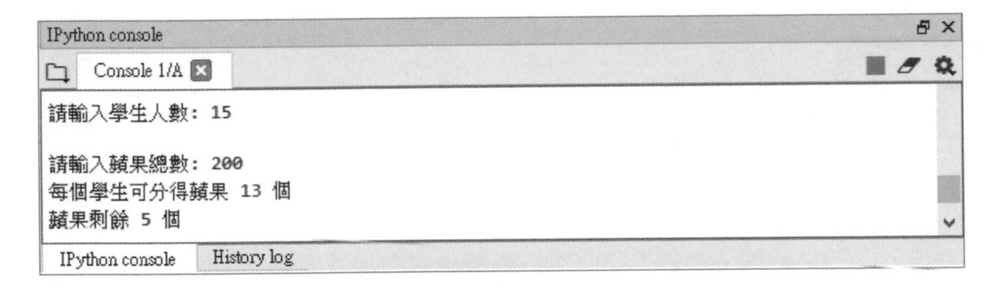
IPython console
Console 1/A
請輸入學生人數: 15
請輸入蘋果總數: 200
每個學生可分得蘋果 13 個
蘋果剩餘 5 個
IPython console
History log

程式碼：divmod.py

```
1 person = int(input("請輸入學生人數: "))
2 apple = int(input("請輸入蘋果總數: "))
3 ret = divmod(apple, person)
4 print("每個學生可分得蘋果 " + str(ret[0]) + " 個")
5 print("蘋果剩餘 " + str(ret[1]) + " 個")
```

程式說明

- 3　以 divmod 函式取得蘋果除以人數的商及餘數。
- 4-5　以元組型態顯示商及餘數。

01 02 03 04 05 06 07 08 09 10 11 12 13 14 15 16 17

5.2.3 最大值、最小值、總和及排序

最大值及最小值

max 函式可取得一群數值的最大值，min 函式可取得一群數值的最小值，兩者用法相同。以 max 函式為例，其參數可以是多個參數，也可以是串列，語法為：

```
max( 數值 1, 數值 2, ……)    或者
max( 串列 )
```

例如：

```
print(max(1,3,5,7))        #7, 多個參數
print(max([1,3,5,7]))      #7, 串列
```

計算總和

sum 函式可計算串列中所有數值的總和，語法為：

```
sum( 串列 [, 額外數值 ])
```

如果有傳入「額外數值」參數，則此額外數值也會被加入總和之中，例如：

```
print(sum([1,3,5,7]))         #16
print(sum([1,3,5,7], 10))    #26
```

第 1 列總和為 16，第 2 列加入額外數值「10」，所以 16 再加 10 為 26。

排序

sorted 函式可將串列中的值排序，語法為：

```
sorted( 串列 [, reverse=True|False])
```

reverse 參數的預設值 False，即沒有傳入 reverse 參數時，預設是由小到大排序。若是以「reverse=True」做為第 2 個參數傳入，就會由大到小排序，例如：

```
print(sorted([3,1,7,5]))  #[1,3,5,7]
print(sorted([3,1,7,5], reverse=True))  #[7,5,3,1]
```

範例：電費統計及排序

為了達到節能減碳目的，爸爸要了解家中最近幾個月用電量情況：設計程式讓爸爸輸入電費，若輸入「-1」表示輸入資料結束，以內建函式顯示最多電費、最少電費、電費總和及將電費由大到小排序。

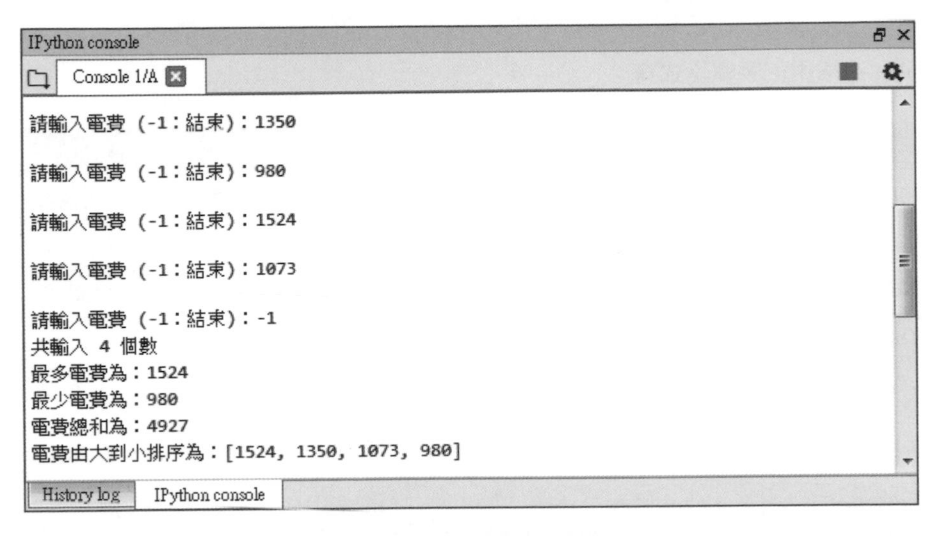

程式碼：sorted.py

```
1 innum = 0
2 list1 = []
3 while(innum != -1):
4     innum = int(input("請輸入電費 (-1：結束)："))
5     list1.append(innum)
6 list1.pop()
7 print("共輸入 %d 個數" % len(list1))
8 print("最多電費為：%d" % max(list1))
9 print("最少電費為：%d" % min(list1))
10 print("電費總和為：%d" % sum(list1))
11 print("電費由大到小排序為：{}".format(sorted(list1, reverse=True)))
```

程式說明

- 1-2　innum 儲存使用者輸入的數值，list1 串列儲存所有使用者輸入的數值。
- 3-5　讓使用者輸入數值，並將數值存入串列。
- 6　最後輸入的「-1」不算輸入的數值，需將其移除。

01
02
03
04
05
06
07
08
09
10
11
12
13
14
15
16
17

5.3 字串函式

內建的字串函式用於處理字串相關的功能，例如轉換大小寫、字串分割等。

5.3.1 字串函式整理

Python 中常用的字串函式有：

函式	功能	範例	範例結果
center(n)	將字串擴充為 n 個字元且置中	"book".center(8)	" book "
find(s)	搜尋 s 字串在字串中的位置	"book".find("k")	3
endswith(s)	字串是否以 s 字串結尾	"abc".endswith("c")	True
islower()	字串是否都是小寫字母	"Yes".islower()	False
isupper()	字串是否都是大寫字母	"YES".isupper()	True
s.join(list)	將串列中元素以 s 字串做為連接字元組成一個字串	"#".join(["ab", "cd"])	ab#cd
len(字串)	取得字串長度	len("book")	4
ljust(n)	將字串擴充為 n 個字元且靠左	"book".ljust(8)	"book "
lower()	將字串字元都轉為小寫字母	"YEs".lower()	yes
lstrip()	移除字串左方的空白字元	" book ".lstrip()	"book "
replace(s1,s2)	將字串中的 s1 字串以 s2 字串取代	"book".replace("o","a")	baak
rjust(n)	將字串擴充為 n 個字元且靠右	"book".rjust(8)	" book"
rstrip()	移除字串右方的空白字元	" book ".rstrip()	" book"
split(s)	將字串以 s 字串為分隔字元分割為串列	"ab#cd".split("#")	["ab","cd"]
startswith(s)	字串是否以 s 字串開頭	"abc".startswith("a")	True
strip()	移除字串左右方的空白字元	" book ".strip()	"book"
upper()	將字串字元都轉為大寫字母	"Yes".upper()	YES

5.3.2 連接及分割字串

join 函式

join 函式可將串列中元素連接組成一個字串，語法為：

```
連接字串 .join( 串列 )
```

join 函式會在元素之間插入「連接字串」來組成一個字串，例如：

```
list1 = ["This", "is", "a", "book."]
print(" ".join(list1))     #This is a book.
print("zzz".join(list1))  #Thiszzziszzzazzzbook.
```

split 函式

split 函式的功能與 join 函式相反，是將一個字串以指定方式分割為串列，語法為：

```
字串 .split([ 分隔字串 ])
```

「分隔字串」可有可無，若未傳入分隔字串，其預設值為 1 個空白字元，例如：

```
str1 = "This is a book."
print(str1.split(" ")) #['This', 'is', 'a', 'book.']
print(str1.split())      #['This', 'is', 'a', 'book.'], 與上列程式結果相同
```

使用其他分隔字串的例子：

```
str1 = "Thiszzziszzzazzzbook"
print(str1.split("zzz"))  #['This', 'is', 'a', 'book.']
```

5.3.3 檢查起始或結束字串

startswith 函式

startswith 函式是檢查字串是否以指定字串開頭，語法為：

```
字串 .startswith( 起始字串 )
```

如果字串是以「起始字串」開頭就傳回 True，否則就傳回 False，例如：

```
str1 = "mailto:test@e-happy.com.tw"
print(str1.startswith("mailto:"))    #True，以「mailto:」開頭
print(str1.startswith("to:"))        #False，不是以「to:」開頭
```

endswith 函式

endswith 函式的功能與 startswith 函式雷同，只是 endswith 函式檢查的是字串是否以指定字串結束，語法為：

```
字串 .endswith( 結尾字串 )
```

如果字串是以「結尾字串」結束就傳回 True，否則就傳回 False，例如：

```
str1 = "mailto:test@e-happy.com.tw"
print(str1.endswith(".tw"))        #True, 以「.tw」結尾
print(str1.startswith(".cn"))      #False, 不是以「.cn」結尾
```

範例：檢查網址格式

設計程式讓使用者輸入網址，程式會檢查輸入的網址格式是否正確。

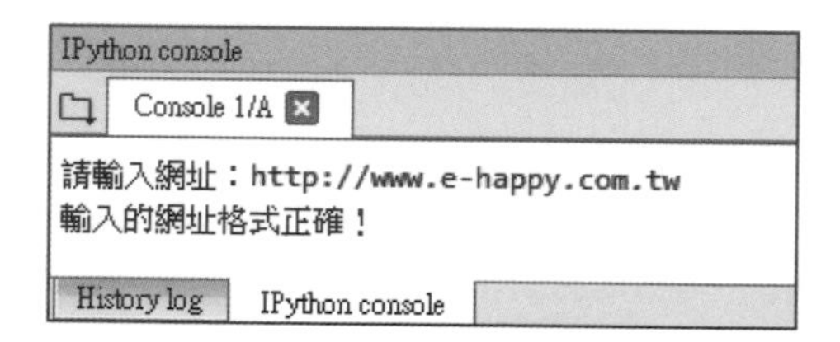
IPython console
Console 1/A
請輸入網址：http://www.e-happy.com.tw
輸入的網址格式正確！
History log
IPython console

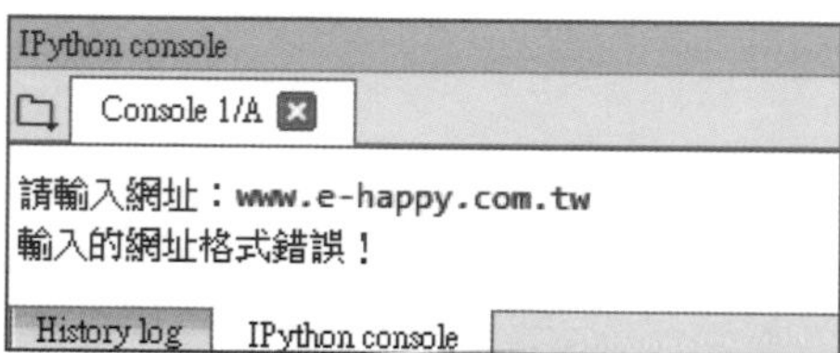
IPython console
Console 1/A
請輸入網址：www.e-happy.com.tw
輸入的網址格式錯誤！
History log
IPython console

程式碼：startswith.py

```
1 web = input(" 請輸入網址：")
2 if web.startswith("http://") or web.startswith("https://"):
3     print(" 輸入的網址格式正確！ ")
4 else:
5     print(" 輸入的網址格式錯誤！ ")
```

程式說明

- 2-3　檢查輸入的網址是否以「http://」或「https://」開頭，如果是就顯示格式正確訊息。
- 4-5　若未以「http://」或「https://」開頭，就顯示格式錯誤訊息。

5.3.4 字串排版相關函式

ljust 函式

ljust 函式是將字串擴充為指定長度，原始字串會置於新字串的左方，語法為：

```
字串.ljust(字串長度[, 填充字元])
```

■ **字串長度**：設定新字串的長度，如果字串長度小於原始字串的長度，則設定的字串長度無效。

■ **填充字串**：設定新字串多出的字元以「填充字元」取代，預設值為空白字元。「填充字元」只能有一個字元，若為兩個字元(含)以上會產生錯誤。

ljust 函式的範例實作：

```
str1 = "python"
print(str1.ljust(12))         # python右方有6個空白字元
print(str1.ljust(12, "$"))    # python$$$$$$
print(str1.ljust(4, "$"))     # 字串長度小於原始字串長度，無效
print(str1.ljust(12, "$@"))   # 產生錯誤，因填充字元超過一個
```

rjust 及 center 函式

rjust 及 center 函式的語法與 ljust 函式完全相同：只是 rjust 函式會將原始字串置於新字串的右方，填充字元加在新字串左方；center 函式會將原始字串置於新字串的中央，填充字元平均加在新字串的左、右方。

rjust 函式的範例實作：

```
str1 = "python"
print(str1.rjust(12))         # python左方有6個空白字元
print(str1.rjust(12, "$"))    # $$$$$$python
print(str1.rjust(4, "$"))     # 字串長度小於原始字串長度，無效
```

center 函式的範例實作：

```
str1 = "python"
print(str1.center(12, "$"))  # $$$python$$$
print(str1.center(12))       # python左、右方各有3個空白字元
print(str1.center(4, "$"))   # 字串長度小於原始字串長度，無效
```

01 02 03 04 05 06 07 08 09 10 11 12 13 14 15 16 17

lstrip、rstrip 及 strip 函式

lstrip 函式可移除字串左方的空白字元，語法為：

```
字串 .lstrip()
```

rstrip 函式可移除字串右方的空白字元，strip 函式則是同時移除字串左、右方的空白字元。注意：在文字之間的空白字元不會移除。

移除空白字元的範例實作：

```
str1 = "   I love python.   "  #I love python. 左、右方各有 3 個空白字元
print(str1.lstrip())  #I love python.   , I love python. 右方有 3 個空白字元
print(str1.rstrip())  #   I love python., I love python. 左方有 3 個空白字元
print(str1.strip())  #I love python., I love python. 左右方皆無空白字元
```

範例：以字串排版函式列印成績單

一年三班有三位同學，請設計程式幫老師以 rjust 及 ljust 函式整齊列印出班級成績單。

姓名	座號	國文	數學	英文
林大明	1	100	87	79
陳阿中	2	74	88	100
張小英	3	82	65	8

IPython console / Console 1/A / History log / IPython console

程式碼：just.py

```
1 listname = ["林大明", "陳阿中", "張小英"]
2 listchinese = [100, 74, 82]
3 listmath = [87, 88, 65]
4 listenglish = [79, 100, 8]
5 print("姓名      座號   國文   數學   英文")
6 for i in range(0,3):
7     print(listname[i].ljust(5), str(i+1).rjust(3),
            str(listchinese[i]).rjust(5), str(listmath[i]).
            rjust(5), str(listenglish[i]).rjust(5))
```

程式說明

- 1-4　將學生姓名及各科成績存於串列。
- 5　列印標題。

- 6-7　以迴圈列印成績單。
- 7　姓名是靠左對齊 (listname[i].ljust(5))，座號及各科成績是靠右對齊 (如 listchinese[i]).rjust(5))。
  注意座號是以 range() 產生，由於串列索引是從 0 開始，而座號是由 1 開始，所以座號為「str(i+1)」。

5.3.5 搜尋及取代字串

find 函式

find 函式是尋找搜尋字串在字串的位置，語法為：

```
字串 .find( 搜尋字串 )
```

執行結果是搜尋字串在字串中的位置，注意位置是由「0」開始計數。如果搜尋字串在字串中不存在，會傳回「-1」。例如：

```
str1 = "I love python."
print(str1.find("o"))       #3
print(str1.find("python")) #7
print(str1.find("x"))       #-1
```

replace 函式

replace 函式是將字串中特定字串替換為另一個字串，語法為：

```
字串 .replace( 被取代字串 , 取代字串 [, 最大次數 ])
```

「最大次數」為最多取代次數。如果省略「最大次數」，則字串中所有「被取代字串」都會替換為「取代字串」，例如：

```
str1 = "I love python."
print(str1.replace("o","&"))            #I l&ve pyth&n.
print(str1.replace("o","&", 1))         #I l&ve python. , 只取代 1 次
print(str1.replace("python","django")) #I love django.
```

如果將「取代字串」設為空字串 ("")，其效果就是移除字串中的「被取代字串」，例如：

```
str1 = "I love python."
print(str1.replace("o",""))  #I lve pythn. , 移除所有字母「o」
```

01 02 03 04 05 06 07 08 09 10 11 12 13 14 15 16 17

範例：轉換日期格式

爺爺看不懂以「-」為分隔的日期格式，請設計程式將日期「2017-8-23」轉換為讓爺爺看得懂的「西元 2017 年 8 月 23 日」。

```
Console 1/A
西元 2017 年 8 月 23 日
History log    IPython console
```

程式碼：replace.py

```
1 date1 = "2017-8-23"
2 date1 = " 西元 " + date1
3 date1 = date1.replace("-", " 年 ", 1)
4 date1 = date1.replace("-", " 月 ", 1)
5 date1 += " 日 "
6 print(date1)
```

程式說明

- 2　字串前面加入「西元 」。
- 3　將第 1 個「-」符號轉換為「 年 」。
- 4　將第 2 個「-」符號轉換為「 月 」。
- 5　字串最後加入「日」。

5.4 亂數模組

Python 最為人稱道的優勢就是擁有許多模組 (module)，使得 Python 功能可以無限擴充。

Python 的亂數模組功能非常強大，不但可以產生整數或浮點數的亂數，還可以一次取得多個亂數，甚至可以為串列洗牌。

5.4.1 import 模組

模組只要使用「import」命令就可匯入，import 命令的語法為：

```
import 模組名稱
```

例如亂數模組的模組名稱為 random，匯入亂數模組的程式為：

```
import random
```

通常模組中有許多函式供設計者使用，使用這些函式的語法為：

```
模組名稱 . 函式名稱
```

例如 random 模組有 randint、random、choice 等函式，使用 randint 函式的程式語法為：

```
random.randint( 參數 )
```

每次使用模組函式都要輸入模組名稱非常麻煩，有些模組名稱很長，更造成輸入的困擾，也增加程式錯誤的機會。import 命令的第二種語法可改善此種情況，語法為：

```
from 模組名稱 import *
```

以此種語法匯入模組後，使用模組函式就不必輸入模組名稱，直接使用函式即可，例如：

```
from random import *
randint( 參數 )
```

此種方法雖然方便，卻隱藏著極大風險：每一個模組擁有眾多函式，若兩個模組具有相同名稱的函式，由於未輸入模組名稱，使用函式時可能造成錯誤。為兼顧便利性及安全性，可為模組名稱另取一個簡短的別名，語法為：

```
import 模組名稱 as 別名
```

這樣一來，使用函式時就用「別名 . 函式名稱」呼叫，既可避免輸入較長的模組名稱，又可避免不同模組中相同函式名稱問題，例如：

```
import random as r
r.randint( 參數 )
```

5.4.2 亂數模組函式整理

Python 中常用的亂數模組函式有：(範例中的「r」為亂數模組的別名，str1="abcdefg", list1=["ab", "cd", "ef"])

函式	功能	範例	範例結果
choice(字串)	由字串中隨機取得一個字元	r.choice(str1)	b
randint(n1,n2)	由 n1 到 n2 之間隨機取得一個整數	r.randint(1,10)	7
random()	由 0 到 1 之間隨機取得一個浮點數	r.random()	0.893398…
randrange(n1,n2,n3)	由 n1 到 n2 之間每隔 n3 的數隨機取得一個整數	r.randrange (0,11,2)	8 (偶數)
sample(字串 ,n)	由字串中隨機取得 n 個字元	r.sample(str1,3)	['c', 'a', 'd']
shuffle(串列)	為串列洗牌	r.shuffle(list1)	['ef', 'ab', 'cd']
uniform(f1,f2)	由 f1 到 f2 之間隨機取得一個浮點數	r.uniform(1,10)	6.351865…

5.4.3 產生整數或浮點數的亂數函式

randint 函式

randint 函式的功能是由指定範圍產生一個整數亂數，語法為：

```
亂數模組別名 .randint( 起始值 , 終止值 )
```

執行後會產生一個在起始值(含)和終止值(含)之間的整數亂數，注意產生的亂數可能是起始值或終止值，例如：

```
import random as r
for i in range(0,5):  # 執行 5 次，產生 5 個整數亂數
    print(r.randint(1,10), end=",")  #9,8,1,10,4,
```

上例中，1 與 10 都是可能產生的亂數。

randrange 函式

randrange 函式的功能與 randint 雷同，也是產生一個整數亂數，只是其多了一個遞增值，語法為：

```
亂數模組別名 .randrange( 起始值 , 終止值 [, 遞增值 ])
```

執行後會產生一個在起始值(含)和終止值(不含)之間，且每次增加遞增值的整數亂數，遞增值非必填，預設值為 1。特別注意產生的亂數可能是起始值，但不包含終止值，例如：

```
import random as r
for i in range(0,5):  # 執行 5 次，產生 5 個整數亂數
    print(r.randrange(0,12,2), end=",")  #8,0,10,6,6,
```

由於從 0 開始，每次遞增 2，且不包含 12(終止值)，所以產生的亂數是「0、2、4、6、8、10」六個數其中之一。

random 函式

random 函式的功能是產生一個 0 到 1 之間的浮點數亂數，語法為：

```
亂數模組別名 .random()
```

例如：

```
import random as r
print(r.random())  #0.5236730771512399
```

uniform 函式

uniform 函式的功能是產生一個指定範圍的浮點數亂數，語法為：

```
亂數模組別名 .uniform( 起始值 , 終止值 )
```

執行後會產生一個在起始值和終止值之間的浮點數亂數，例如：

```
import random as r
print(r.uniform(3,10))  #6.063374013178429
```

範例：擲骰子遊戲

阿寶想玩擲骰子遊戲，但手邊沒有骰子，設計程式讓阿寶按任意鍵再按 **Enter** 鍵擲骰子，會顯示 1 到 6 之間的整數亂數代表骰子點數，直接按 **Enter** 鍵會結束遊戲。

```
IPython console
Console 1/A
按任意鍵再按[ENTER]鍵擲骰子，直接按[ENTER]鍵結束:u
你擲的骰子點數為：5

按任意鍵再按[ENTER]鍵擲骰子，直接按[ENTER]鍵結束:r
你擲的骰子點數為：3

按任意鍵再按[ENTER]鍵擲骰子，直接按[ENTER]鍵結束:   ← 直接按 Enter 鍵
遊戲結束！
History log   IPython console
```

程式碼：randint.py

```
1 import random as r
2
3 while True:
4     inkey = input("按任意鍵再按 [Enter] 鍵擲骰子，直接按 [Enter] 鍵結束 :")
5     if len(inkey) > 0:
6         num = r.randint(1,6)
7         print("你擲的骰子點數為：" + str(num))
8     else:
9         print("遊戲結束！")
10        break
```

程式說明

- 1　匯入亂數模組。
- 3-10　以無窮迴圈讓使用者擲骰子。
- 5-7　使用者按任意鍵再按 **Enter** 鍵就取得 1 到 6 之間的亂數顯示。
- 8-10　使用者直接按 **Enter** 鍵就顯示「結束遊戲」訊息並跳出迴圈。

5.4.4 隨機取得字元或串列元素

choice 函式

choice 函式的功能是隨機取得一個字元或串列元素，語法為：

```
亂數模組別名 .choice( 字串或串列 )
```

如果參數是字串，就隨機由字串中取得一個字元，例如：

```
import random as r
for i in range(0,5):  # 執行 5 次，產生 5 個字元亂數
    print(r.choice("abcdefg"), end=",")  #f,a,g,g,d,
```

如果參數是串列，就隨機由串列中取得一個元素，例如：

```
import random as r
for i in range(0,5):  # 執行 5 次，產生 5 個整數亂數
    print(r.choice([1,2,3,4,5,6,7]), end=",")  #1,1,2,7,6,
```

sample 函式

sample 函式的功能與 choice 雷同，只是 sample 函式可以隨機取得多個字元或串列元素，語法為：

```
亂數模組別名 .sample( 字串或串列 , 數量 )
```

如果參數是字串，就隨機由字串中取得指定數量的字元；如果參數是串列，就隨機由串列中取得指定數量的元素，例如：

```
import random as r
print(r.sample("abcdefg",3))        #['f', 'b', 'g']
print(r.sample([1,2,3,4,5,6,7],3)) #[3, 1, 4]
```

01 02 03 04 05 06 07 08 09 10 11 12 13 14 15 16 17

需注意「數量」參數的值不能大於字串長度或串列元素個數，也不能是負數，否則執行時會產生錯誤，例如：

```
import random as r
print(r.sample([1,2,3,4,5,6,7],8))  # 錯誤，數量大於串列元素個數
```

sample 函式最重要的用途是可以由串列中取得指定數量且不重複的元素，這使得設計樂透開獎應用程式變得輕鬆愉快。

範例：大樂透中獎號碼

大樂透中獎號碼為 6 個 1 到 49 之間的數字加 1 個特別號：撰寫程式取得大樂透中獎號碼，並由小到大顯示方便對獎。

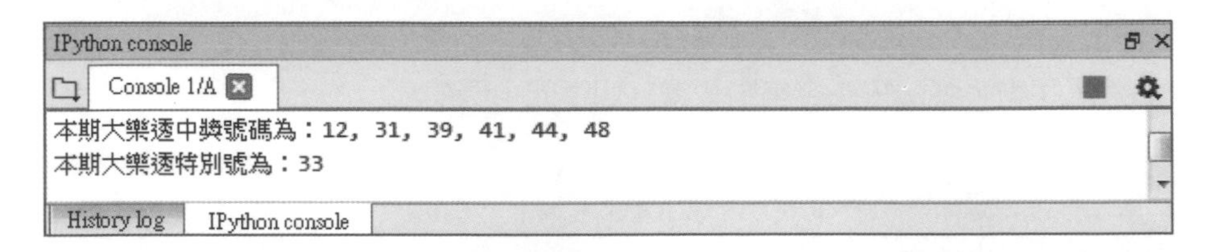

程式碼：sample.py

```
 1 import random as r
 2 
 3 list1 = r.sample(range(1,50), 7)
 4 special = list1.pop()
 5 list1.sort()
 6 print("本期大樂透中獎號碼為：", end="")
 7 for i in range(0,6):
 8     if i == 5:    print(str(list1[i]))
 9     else:    print(str(list1[i]), end=", ")
10 print("本期大樂透特別號為：" + str(special))
```

程式說明

- 3　以 sample 函式取得 7 個 (6 個中獎號碼加 1 個特別號) 1 到 49 之間的亂數。注意 range 範圍為「range(1,50)」。
- 4　取出最後 1 個元素做為特別號。
- 5　將中獎號碼由小到大排序。
- 7-9　顯示中獎號碼。
- 8　如果是最後一個號碼就在列印後換行。
- 9　如果不是最後一個號碼就以「, 」分隔中獎號碼。

5.5 時間模組

應用程式常需使用時間相關的訊息，例如取得目前系統時間、計算兩個事件經過的時間等。

5.5.1 時間模組函式整理

time 是 Python 中較常使用的時間功能模組，要使用需先匯入時間模組，程式為：

```
import time
```

Python 中常用的時間模組函式有：

函式	功能
ctime([時間數值])	以傳入的時間數值來取得時間字串。
localtime([時間數值])	以傳入的時間數值來取得時間元組資訊。
sleep(n)	程式暫時停止執行 n 秒。
time()	取得目前時間數值。

5.5.2 程式暫停和取得目前時間數值

sleep() 函式

sleep() 函式可以參數 n 設定程式暫停的時間，參數 n 的單位是秒。設定後 CPU 會暫時停止執行 n 秒，直到設定時間結束再繼續執行。語法為：

```
time.sleep()
```

例如：暫時停止執行 1 秒鐘。

```
import time
print(time.sleep(1))   # 暫停 1 秒鐘
```

01 02 03 04 05 06 07 08 09 10 11 12 13 14 15 16 17

time() 函式

Python 的時間是以 tick 為單位，長度為百萬分之一秒 (微秒)。計時是從 1970 年 1 月 1 日零時開始的秒數，此數值即為「時間數值」，是一個精確到小數點六位數的浮點數，time() 函式可取得此時間數值，語法為：

```
time.time()
```

例如：

```
import time
print(time.time())  #1503869642.5474029
```

表示從 1970 年 1 月 1 日零時到現在經過了 1503869642.5474029 秒。

範例：計算執行時間

許多的資訊競賽會使用演算法，除了比程式執行的正確性，也會比程式執行的時間，下列程式會執行迴圈 100 次，並在每次迴圈中暫停 0.001 秒，模擬程式執行總共花費的時間。

```
Console 1/A
開始時間：1616054055.5139284
結束時間：1616054058.6339915
使用時間：   3.12 秒
```

程式碼：spenttime.py

```
1   import time
2
3   start=(time.time()) # 開始執行時間
4   print(" 開始時間：{}" .format(start))
5   for i in range(100):
6       time.sleep(0.001)
7   end=(time.time())  # 結束執行時間
8   print(" 結束時間：{}" .format(end))
9   print(" 使用時間：%7.3f 秒 " %(end-start))
```

程式說明

- 1　匯入時間模組。
- 3　取得開始執行時間。

- 5-6　執行迴圈 100 次，每次迴圈中暫停 0.001 秒。
- 7　取得結束執行時間。
- 9　顯示總共使用的時間。

5.5.3 取得時區的日期及時間資訊

localtime() 函式

其實取得「時間數值」對使用者沒有太大意義，因為使用者從時間數值自行計算來得到日期及時間的過程非常複雜。

localtime 函式可以取得使用者時區的日期及時間資訊，語法為：

```
time.localtime([時間數值])
```

「時間數值」參數非必填，若省略「時間數值」參數則是取得目前日期及時間，返回值是以元組資料型態傳回，例如：

```
import time
print(time.localtime())
#time.struct_time(tm_year=2021, tm_mon=3, tm_mday=17, tm_hour=11,
    tm_min=26, tm_sec=25, tm_wday=2, tm_yday=76, tm_isdst=0)
print(time.localtime(time.time()))  # 傳入時間數值參數，結果與前一程式列相同
```

localtime 函式傳回的元組資料，其意義為：

序號	名稱	意義
0	tm_year	西元年
1	tm_mon	月份 (1 到 12)
2	tm_mday	日數 (1 到 31)
3	tm_hour	小時 (0 到 23)
4	tm_min	分鐘 (0 到 59)
5	tm_sec	秒數 (0 到 60，可能是閏秒)
6	tm_wday	星期幾 (0 到 6，星期一為 0，……，星期日為 6)
7	tm_yday	一年中的第幾天 (1 到 366，可能是閏年)
8	tm_isdst	時光節約時間 (1 為有時光節約時間，0 為無時光節約時間)

取得單一項目值的方式有兩種：一種為「物件 . 名稱」，另一種為「元組 [索引]」，例如取得西元年的值：

```
import time
time1 = time.localtime(time.time())
print(time1.tm_year)       # 使用「物件 . 名稱」
print(time1[0])            # 使用「元組 [ 索引 ]」
```

ctime () 函式

ctime 函式的功能及用法皆與 localtime 函式相同，不同處在於 ctime 函式的傳回值為字串。ctime 函式的語法為：

```
time.ctime([ 時間數值 ])
```

ctime 函式的傳回值格式為：

```
星期幾 月份 日數 小時：分鐘：秒數 西元年
```

當然，文字部分是以英文呈現，例如：

```
import time as t
print(t.ctime())            #Wed Mar 17 11:37:19 2021
print(t.ctime(t.time()))    #Wed Mar 17 11:37:19 2021
```

範例：列印時間函式所有資訊

大賽看板上需顯示以中華民國年份表示的現在時刻，給比賽選手做為參考。請設計程式以時間模組列印以中華民國年份表示的現在時刻及節約時間資訊。

```
Console 1/A
現在時刻：中華民國 110 年 3 月 17 日 11 點 40 分 51 秒 星期 三
今天是今年的第 76 天，此地 無日光節約時間

In [26]:
```

程式碼：localtime.py

```
1 import time as t
2
3 week = ["一", "二", "三", "四", "五", "六", "日"]
4 dst = ["無日光節約時間", "有日光節約時間"]
5 time1 = t.localtime()
6 show = "現在時刻：中華民國 " + str(int(time1.tm_year)-1911) +" 年 "
7 show += str(time1.tm_mon) + " 月 " + str(time1.tm_mday) + " 日 "
8 show += str(time1.tm_hour) + " 點 " + str(time1.tm_min) + " 分 "
9 show += str(time1.tm_sec) + " 秒 星期" + week[time1.tm_wday] + "\n"
10 show += "今天是今年的第 " + str(time1.tm_yday) + " 天，此地"
                                      + dst[time1.tm_isdst]
11 print(show)
```

程式說明

- 1　　匯入時間模組並取別名為「t」。
- 3　　建立星期幾對應串列。
- 4　　建立日光節約時間對應串列。
- 5　　以 localtime 函式取得目前時間資訊。
- 6　　中華民國年份為西元年減去 1911。

06

物件導向程式開發

01 02 03 04 05 06 07 08 09 10 11 12 13 14 15 16 17

6.1 類別與物件

較完整的應用程式通常由許多類別組成，Python 其實是一種物件導向 (Object Oriented Programming) 程式語言，可以建立類別後再根據類別建立物件。

6.1.1 建立類別

建立類別

以 class 可以建立類別，類別名稱的第一個字元建議使用大寫字元。語法：

```
class 類別名稱 ():
```

例如：建立類別 Animal，其中「()」也可以省略，寫成「class Animal:」。

```
class Animal():
```

類別的屬性和方法

類別中通常會建立屬性 (attribute) 和方法 (method)，提供物件使用，類別中的屬性其實就是一般的變數，而方法則是函式，但在類別中不以變數和函式稱呼，而是稱為屬性和方法。定義的方法中第一個參數必須是 self，第二個以後的參數則可依實際需要增加或省略。

例如：建立類別 Animal，並在類別建立 name 屬性和 sing 方法。

class01.py

```
1   class Animal():        # 定義類別
2       name = "小鳥"      # 定義屬性
3       def sing(self):    # 定義方法
4           print("很會唱歌！")  建立物件
```

以類別名稱即可建立物件 (object)。語法：

```
物件 = 類別 ()
```

然後以物件執行其屬性和方法。

```
物件 . 屬性
物件 . 方法 ()
```

例如：依據類別 Animal 建立物件 bird，取得 name 屬性和執行 sing 方法。

程式碼：class01.py

```
6    bird = Animal()  # 建立一個名叫 bird 的 Animal 物件
7    print(bird.name) # 小鳥
8    bird.sing()      # 很會唱歌！
```

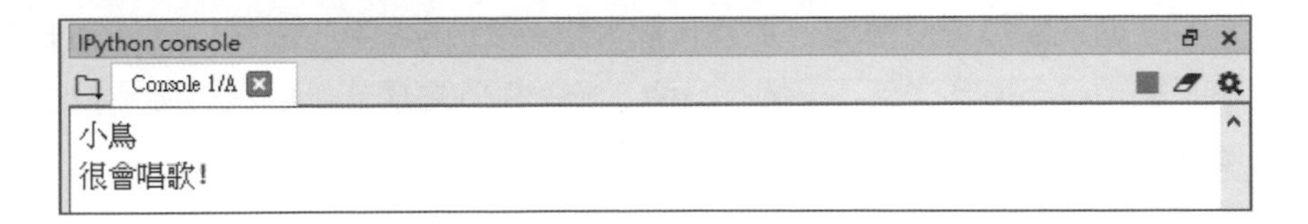
IPython console
Console 1/A
小鳥
很會唱歌!

6.1.2 類別的建構式

建立類別時必須對類別初始化，因此必須建立一個特殊的方法：__init()__，這個初始化的方法稱為建構式，建立建構式的語法：

```
def __init__(self[, 參數1, 參數2,...]):
```

建構式必須使用 __init__() 函式，參數 self 是必須的，同時需要放在最前面，代表建立的物件，其餘的參數是可選擇性的。如此在類別中就可以 **self. 屬性**、**self. 方法** 執行類別的屬性和方法。

例如：建立 Animal 類別，並建立 __init__() 建構式和 sing 方法。

程式碼：class02.py

```
1    class Animal():         # 定義類別
2        def __init__(self, name):
3            self.name = name   # 定義屬性
4        def sing(self):        # 定義方法
5            print(self.name + "，很會唱歌！")
6
7    bird = Animal("鸚鵡")   # 以 Animal 類別，建立一個名叫鸚鵡的 bird 物件
8    print(bird.name) # 鸚鵡
9    bird.sing()      # 鸚鵡，很會唱歌！
```

IPython console
Console 1/A
鸚鵡
鸚鵡,很會唱歌!

程式說明

- ■ 4　def sing(self) 方法中因為只有一個參數 self，因此第 9 列 bird.sing() 呼叫時不必傳入任何參數。
- ■ 7　建立 Animal 物件時必須傳入一個參數給第 2 列 __init__ () 中的參數 name，在類別中就可以 self.name 存取 name 屬性。

__init__ () 建構式既然這麼重要，那為什麼 <class01.py> 中並沒有這個建構式呢？那是因為系統預設已隱含建立了一個 __init__ (self) 的建構式，因為這個預設的建構式只有 self 參數，以 bird = Animal() 建立物件時就不可以傳入參數。

6.1.3 屬性初始值的設定

<class01.py> 第 2 列「name = " 小鳥 "」可以設定 name 的初始值，但無法在建立物件時就直接初始化，如果將初始化的動作放在 __init()__ 建構式中，這樣我們就可以在建立物件時，透過參數設定其初始值。

例如：建立物件 bird，預設屬性 name=" 鸚鵡 "、age =1。

程式碼：class03.py

```
1   class Animal():        # 定義類別
2       def __init__(self, name,age):
3           self.name = name   # 定義屬性
4           self.age = age
5       def sing(self):         # 定義方法
6           print(self.name + str(self.age) + " 歲，很會唱歌！")
7       def grow(self,year):  # 定義方法
8           self.age += year
9
10  bird = Animal(" 鸚鵡 ",1)# 以 Animal 類別，建立一個名叫鸚鵡、1 歲大的 bird 物件
11  bird.grow(1)        # 長大 1 歲
12  bird.sing()         # 鸚鵡 2 歲，很會唱歌！
```

執行結果：

```
Console 1/A
鸚鵡2歲，很會唱歌!
```

程式說明

- ■ 11　以 bird.grow(1) 將年齡 age 增加 1 歲。

6.2 類別封裝

在 <class03.py> 程式中，可以 bird.age 存取 age 屬性，因此就可以設定「bird.age=-1」設定 bird 年齡為 -1 歲，這樣直接從外部設定「年齡 < 0」的方式其實並不合理，因此必須對 age 屬性作適度的保護。

類別中可以讓外部引用的屬性稱為共用 (public) 屬性、方法稱為共用方法，在 <class03.py> 程式中，年齡 age 應該以 bird.grow() 方法增加，不可以從外部以 bird.age 直接設定。

Python 提供私用 (private) 屬性和私用方法，這種私用屬性和私用方法只有類別內部可以使用，類別外部並無法使用，這樣的觀念稱為封裝 (encapsulation)。

在屬性和方法前面加上「__」(兩個 _ 字元)，就成為私用屬性和方法。例如：類別中建立 __name、__age 屬性和 __sing 方法。

程式碼：class04.py

```
1   class Animal():        # 定義類別
2       def __init__(self, name,age):
3           self.__name = name  # 定義私用屬性
4           self.__age = age
5       def __sing(self):         # 定義私用方法
6           print(self.__name + str(self.__age),end= "歲，很會唱歌，")
7       def talk(self):           # 定義共用方法
8           self.__sing()         # 使用私用方法
9           print("也會模仿人類說話！")
10
11  bird = Animal("灰鸚鵡",2) # 以 Animal 類別，建立一個名叫灰鸚鵡、2 歲大的 bird 物件
12  bird.talk()         # 灰鸚鵡 2 歲，很會唱歌，也會模仿人類說話！
13
14  bird.__age = -1   # 設定無效
15  bird.talk()         # 灰鸚鵡 2 歲，很會唱歌，也會模仿人類說話！
16  #bird.__sing()     # 執行出現錯誤
```

執行結果：

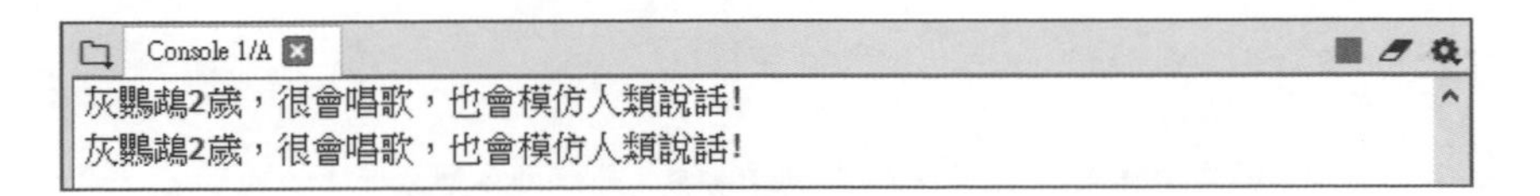

類別外部並無法使用私用屬性和方法，因此如果在第 14 列執行 bird.__age = -1 無效，第 16 列執行 bird.__sing() 將會產生錯誤。

6.3 類別繼承

類別可以繼承，被繼承的類別稱為父類別 (parent class) 或基底類別 (base class)，繼承的類別稱為子類別 (child class) 或衍生類別 (derived class)，子類別可以繼承父類別中所有共用屬性和共用方法。在程式設計時，請注意父類別必須放在子類別的前面。

6.3.1 建立子類別

建立子類別的語法：

```
class 類別名稱 ( 父類別 ):
```

例如：建立類別 Bird 繼承 Animal 類別，其中 Animal 是父類別，Bird 是子類別。

```
class Bird(Animal):
```

子類別會繼承父類別的所有共用屬性和方法，也可以建立屬於自己的屬性和方法。

父類別	子類別
共用屬性 **共用方法**	**繼承父類別的共用屬性** **繼承父類別的共用方法** **自己的屬性和方法**

例如：建立父類別 Animal，包含 name、fly 共用屬性和方法，再建立子類別 Bird 繼承 Animal 類別，並在 Bird 類別中建立另一個共用方法 sing。

程式碼：class05.py

```
1   class Animal():        # 定義父類別
2       def __init__(self, name):
3           self.name = name    # 定義共用屬性
4       def fly(self):          # 定義共用方法
5           print(self.name + "很會飛！")
6
7   class Bird(Animal):        # 定義子類別
8       def __init__(self, name):
9           self.name = "粉紅色" + name   # 覆寫父類別的建構式
10      def sing(self):         # 定義子類別的方法
11          print(self.name + "也愛唱歌！")
```

```
12
13 pigeon = Animal("小白鴿")# 以 Animal 類別，建立一個名叫小白鴿的 pigeon 物件
14 pigeon.fly()    # 小白鴿很會飛！
15
16 parrot = Bird("小鸚鵡")  # 以 Bird 類別，建立一個名叫小鸚鵡的 parrot 物件
17 parrot.fly()    # 粉紅色小鸚鵡很會飛！
18 parrot.sing() # 粉紅色小鸚鵡也愛唱歌！
```

執行結果：

```
IPython console
Console 1/A
小白鴿很會飛!
粉紅色小鸚鵡很會飛!
粉紅色小鸚鵡也愛唱歌!
```

程式說明

- 7　Bird 繼承 Animal 類別，也繼承了 name、fly 共用屬性和方法。
- 9　覆寫父類別的建構式。
- 10-11　建立專屬於 Bird 子類別的方法 sing。
- 13　以 Animal 類別，建立一個名叫小白鴿的 pigeon 物件。
- 14　執行 Animal 父類別的 fly 方法。
- 16　以 Bird 類別，建立一個名叫小鸚鵡的 parrot 物件。
- 17　執行繼承 Animal 父類別的 fly 方法。
- 18　執行 Bird 子類別的 sing 方法。

6.3.2 子類別和父類別擁有相同的屬性和方法

有的時候會碰到子類別和父類別擁有相同的屬性和方法，此時子類別會先尋找子類別中是否有此名稱的屬性和方法，如果有找到就使用子類別的的屬性和方法，否則就使用父類別的的屬性和方法。

子類別也可用 super() 方法執行父類別的方法。

例如：建立類別 Bird 繼承類別 Animal，子類別 Bird 再以 super() 方法覆寫 __init__() 和 fly() 方法。

01 02 03 04 05 06 07 08 09 10 11 12 13 14 15 16 17

程式碼：class06.py

```
1   class Animal():         # 定義父類別
2       def __init__(self,name):
3           self.name = name   # 定義共用屬性
4       def fly(self):         # 定義共用方法
5           print(self.name + "很會飛！")
6
7   class Bird(Animal):        # 定義子類別
8       def __init__(self,name,age):
9           super().__init__(name) # 執行父類別的 __init__() 方法
10          self.age = age     # 定義子類別共用屬性
11      def fly(self):         # 定義子類別共用方法
12          print(str(self.age),end="歲")
13          super().fly()      # 執行父類別的 fly 方法
14
15  pigeon = Animal("小白鴿") # 以 Animal 類別，建立一個名叫小白鴿的 pigeon 物件
16  pigeon.fly()  # 小白鴿很會飛！
17
18  parrot = Bird("小鸚鵡",2)   # 以 Bird 類別，建立一個名叫小鸚鵡、2 歲大的 parrot 物件
19  parrot.fly()               #2 歲小鸚鵡很會飛！
```

執行結果：

```
IPython console
Console 1/A
小白鴿很會飛!
2歲小鸚鵡很會飛!
```

程式說明

- 8-10　def __init__(self, name,age): 接收兩個參數，其中 age 為年齡，super().__init__(name) 執行父類別的 __init__() 方法。
- 11-13　def fly(self): 以 super().fly() 執行父類別的 fly 方法。
- 15-16　執行的是 Animal 父類別的 fly 方法。
- 18-19　執行的是 Bird 子類別的 fly 方法。

6.4 多型

前面不同類別中擁有相同的方法名稱，這樣的觀念稱為多型 (polymorphism)，但其實多型不一定要有繼承關係，它的好處是同一個方法名稱卻可以產生不同的功能。

例如：定義 Bird 類別繼承 Animal 類別，再定義另一個 Plane 類別，這 3 類別都擁有 fly 方法，此外也建立了一個 fly 函式。

程式碼：class07.py

```
1   class Animal():            # 定義父類別
2       def fly(self):         # 定義共用方法
3           print("時速 20 公里！")
4
5   class Bird(Animal):        # 定義子類別
6       def fly(self,speed):   # 定義共用方法
7           print("時速 " + str(speed) + "公里！")
8
9   class Plane():             # 定義類別
10      def fly(self):         # 定義共用方法
11          print("時速 1000 公里！")
12
13  def fly(speed):            # 定義函式
14      print("時速 " + str(speed) + "英哩！")
15
16  animal = Animal() # 以 Animal 類別建立 animal 物件
17  animal.fly()  # 時速 20 公里！
18
19  bird = Bird() # 以 Bird 類別建立 bird 物件
20  bird.fly(60)    # 時速 60 公里！
21
22  plane=Plane() # 以 Plane 類別建立 plane 物件
23  plane.fly()     # 時速 1000 公里！
24
25  fly(5)          # 時速 5 英哩！
```

18 19 20 21 22 23 24 25 26 27 28 29 30 31 32 33

執行結果：

```
IPython console
Console 1/A
時速 20公里!
時速 60公里!
時速 1000公里!
時速 5英哩!
```

程式說明

- 16-17　執行的是 Animal 類別的 fly 方法。
- 19-20　執行的是 Bird 類別的 fly 方法。
- 22-23　執行的是 Plane 類別的 fly 方法。
- 25　執行的是第 13-14 列的 fly 函式。

取得父類別的私用屬性

基於對私用屬性的保護，類別之外並無法取得類別內的私用屬性，包括它的子類別也無法讀取，如果一定非取得不可，就只能以「return 私用屬性」的方式，將私用屬性傳回。例如：在子類別中以 super().getEye() 取得父類別的私用屬性「self.__eye」。

程式碼：**getPrivateAttribute.py**

```
1   class Father():         # 定義父類別
2       def __init__(self,name):
3           self.name = name
4           self.__eye="黑色" # 定義私用屬性
5       def getEye(self):       # 定義共用方法傳回私用屬性
6           return self.__eye
7
8   class Child(Father):        # 定義子類別
9       def __init__(self,name,eye):
10          super().__init__(name)
11          self.eye=eye
12          self.fatherEye=super().getEye() # 取得私用屬性
13
14  joe = Child("小華","棕色") #建立子類別物件 joe
15  print(joe.name+"眼睛是"+joe.eye+"，他的父親則是"+joe.fatherEye)
16  # 執行結果：小華眼睛是棕色，他的父親則是黑色
```

6.5 多重繼承

子類別也可以同時繼承多個父類別，語法：

```
class 子類別名稱 ( 父類別 1, 父類別 2,..., 父類別 n)
```

如果父類別擁有相同名稱的屬性或方法時，就要注意搜尋的順序，是從子類別開始，接著是同一階層父類別由左至右搜尋。

例如：Child 子類別同時以「class Child(Father,Mother)」繼承 Father、Mother 類別，並繼承 say() 方法。

程式碼：class08.py

```
1   class Father():             # 定義父類別
2       def say(self):          # 定義共用方法
3           print("明天會更好！")
4
5   class Mother():             # 定義父類別
6       def say(self):          # 定義共用方法
7           print("包容、尊重！")
8
9   class Child(Father,Mother): # 定義子類別
10      pass
11
12  child = Child() # 建立 child 物件
13  child.say()     # 明天會更好！！
```

執行結果：

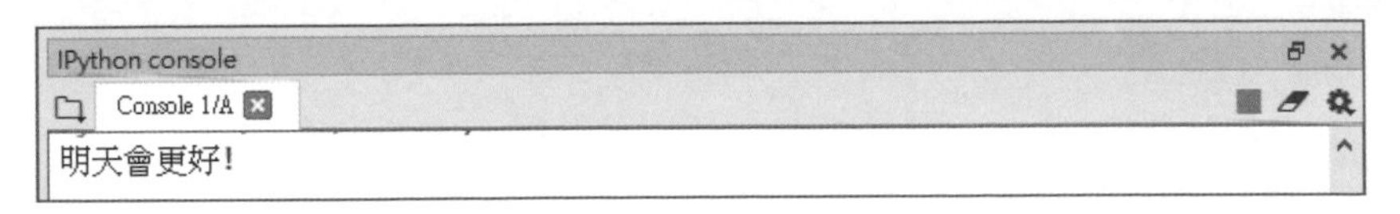

程式說明

- 13　child.say() 會優先尋找 Child 的 say 方法，如果找不到再尋找 Father 的 say 方法，最後才尋找 Mother 的 say 方法。因此本例會執行 Father 的 say 方法。

6.6 類別應用

完成了類別的建立，馬上來小試身手吧！

範例：計算面積

定義 Rectangle、Triangle 兩個類別，父類別 Rectangle 定義共用屬性 width、height 和 area() 方法計算矩形面積。Triangle 子類別繼承 Rectangle 類別並增加一個計算三角形面積的方法 area2()。

程式碼：**Area.py**

```
1  class Rectangle():         # 定義父類別
2      def __init__(self, width,height):
3          self.width = width     # 定義共用屬性
4          self.height = height   # 定義共用屬性
5      def area(self):            # 定義共用方法
6          return self.width * self.height
7
8  class Triangle(Rectangle): # 定義子類別
9      def area2(self):         # 定義子類別的共用方法
10         return (self.width * self.height)/2
11
12 triangle = Triangle(5,6) # 建立 triangle 物件
13 print("矩形面積=",triangle.area())     #30
14 print("三角形面積=",triangle.area2()) #15.0
```

執行結果：

```
矩形面積 = 30
三角形面積 = 15.0
```

程式說明

- 1-6　建立父類別 Rectangle。
- 2-4　建立父類別建構式。
- 5-6　建立 area 方法計算矩形面積。
- 8-10　建立子類別 Triangle 繼承 Rectangle 類別。
- 9-10　建立 area2 方法計算三角形面積。
- 12　Triangle(5,6) 建立子類別的物件 striangle，並初始化。
- 13-14　計算矩形面積、三角形面積。

6.7 建立 Python 專案

使用 Spyder 除了建立檔案，也可以建立專案，然後在專案中再建立目錄和檔案，我們以實例來說明。

6.7.1 建立新的專案

建立專案

點選功能表 **Projects \ New Project...**，**Project name** 輸入專案名稱，**Location** 設定儲存目錄，然後按 **Create** 鈕即可以建立專案。例如：輸入「projectHello」建立 projectHello 專案。

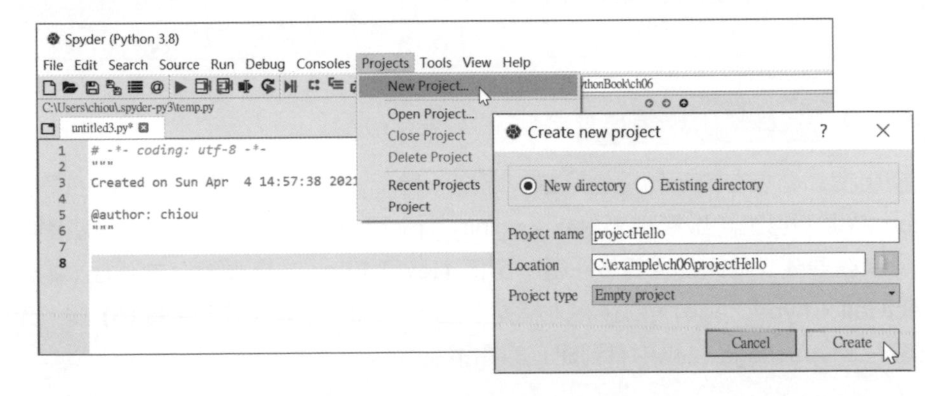

如果專案的 Project explorer 未開啟，請核選功能表 **Projects \ Project** 將它開啟。

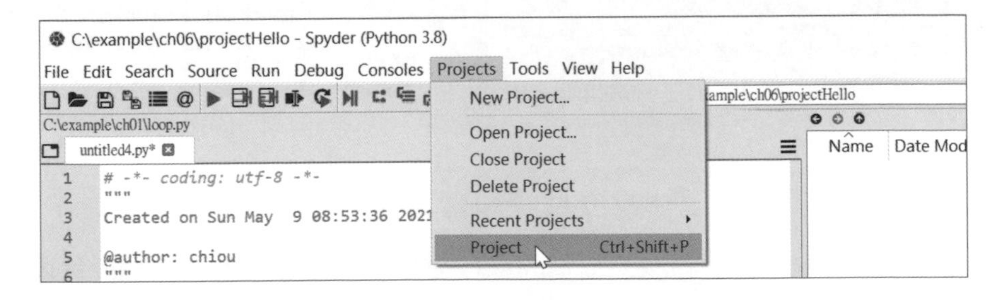

建立目錄

接著在 projectHello 專案建立一個 mypackage 目錄。請在 spyder 右上方的檔案總管視窗上按右鍵，在右鍵功能表中選 **New \ Folder...**，**Folder name** 欄位輸入目錄名稱。例如：輸入「mypackage」，完成後就會在左邊的專案中看到建立的目錄。(註：python3.8 無法在左邊的專案名稱上按右鍵建立目錄，因此我們改在右上方的檔案總管視窗中建立目錄。)

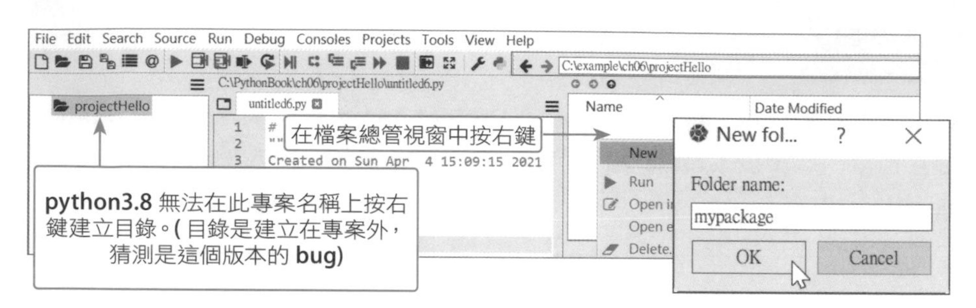

建立模組的 __init__ 檔

每個模組裡都必須在模組所在的目錄中建立一個 __init__.py 檔案，它的目的是告訴 Python 將這個目錄當做模組來對待。__init__.py 可以是空的，也可以放一些變數或程式。請在要建立檔案的目錄按右鍵，選擇 **New \ File...**，選擇儲存的路徑 (本例為 projectHello\mypackage)，然後輸入檔案名稱 <__init__.py> 再按 **存檔 (S)** 鈕。完成後就會在 mypackage 目錄中看到建立的檔案。

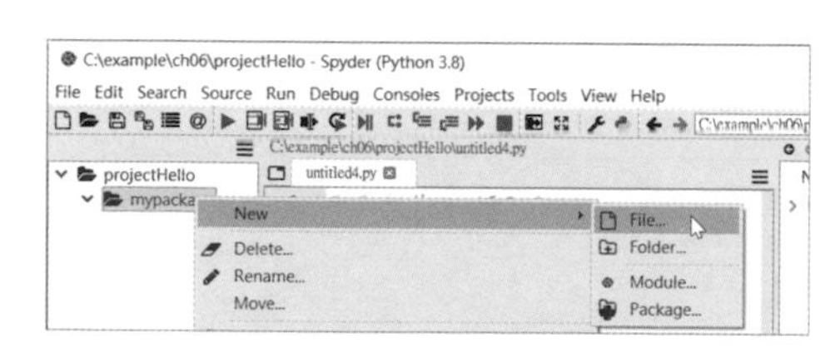

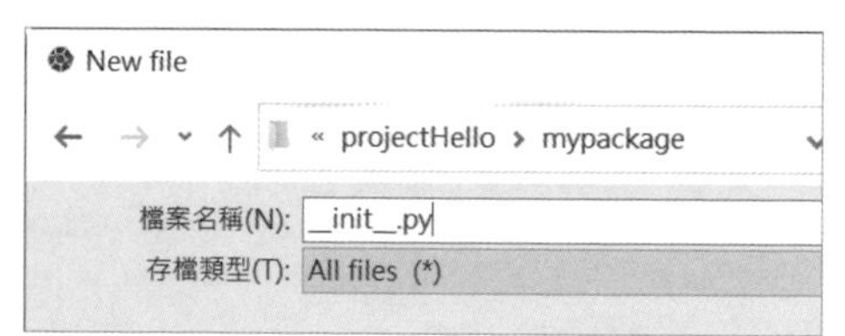

在 Windows 檔案總管中建立目錄和檔案

python3.8 在專案中建立目錄和檔案的操作似乎有些不便，讀者也可以直接在 Windows 檔案總管中依 python 專案架構建立目錄和檔案。

建立檔案

在 mypackage 目錄建立 <Hello.py>，在 projectHello 目錄建立 <index.py>。

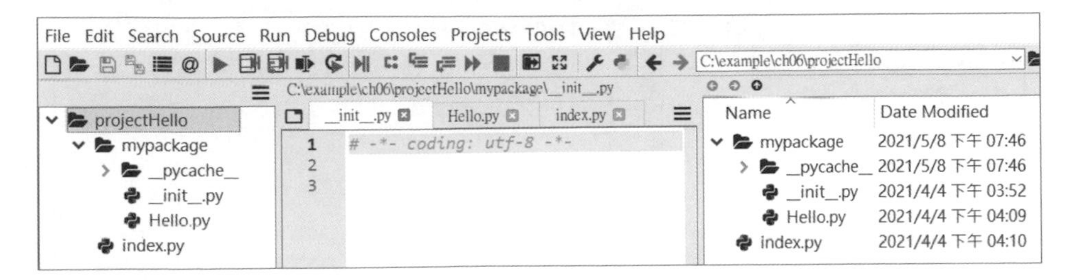

建立模組

<Hello.py> 定義 SayHello 自訂函式顯示「Hello」訊息。

程式碼：Hello.py

```
def sayHello():
    print("Hello")
```

使用模組

SayHello 自訂函式是在 mypackage 目錄的 <Hello.py> 中，必須以 from mypackage.Hello import sayHello 匯入該模組。

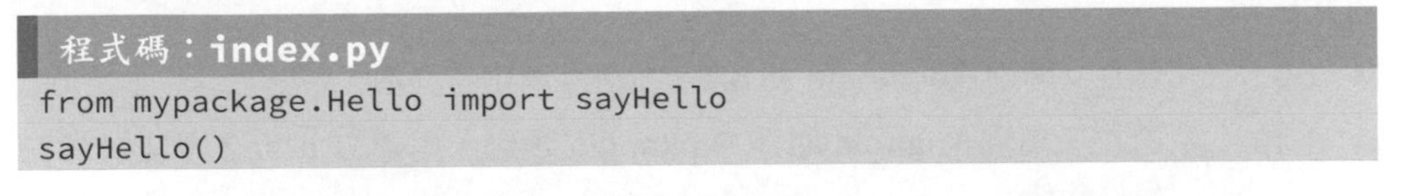

程式碼：index.py

```
from mypackage.Hello import sayHello
sayHello()
```

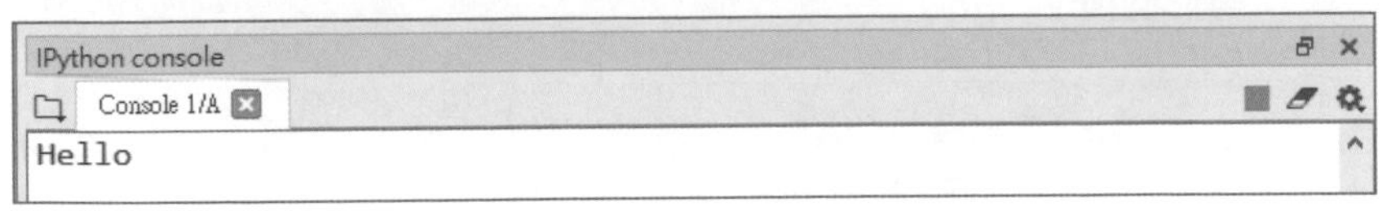

6.7.2 建立含有類別的專案

我們也可以將類別加入到專案中，以前面範例「計算面積」為例，我們將它建立成為「projectArea」專案。請參考前面的操作，建立「projectArea」專案，並建立 areapackage 目錄，在 areapackage 目錄建立 <__init__.py>、<myClass.py> 檔，同時在 projectArea 目錄建立 <index.py> 檔。

完成後檔案架構如下圖：

然後加入 <myClass.py> 和 <index.py> 檔的程式碼。

程式碼：myClass.py

```
1   class Rectangle():          # 定義父類別
2       def __init__(self, width,height):
3           self.width = width     # 定義共用屬性
4           self.height = height   # 定義共用屬性
5       def area(self):            # 定義共用方法
6           return self.width * self.height
7
8   class Triangle(Rectangle): # 定義子類別
9       def area2(self):         # 定義子類別的共用方法
10          return (self.width * self.height)/2
```

程式說明

- 1-6　建立父類別 Rectangle 和 area 方法計算矩形面積。
- 8-10　建立子類別 Triangle 繼承 Rectangle 類別，再建立 area2 方法計算三角形面積。

程式碼：index.py

```
1   from areapackage.myClass import Triangle
2
3   triangle = Triangle(5,6) # 建立 triangle 物件
4   print("矩形面積=",triangle.area())     #30
5   print("三角形面積=",triangle.area2()) #15.0
```

程式說明

- 1-3　必須匯入 Triangle 類別才能建立 Triangle 類別物件。
- 4-5　計算矩形面積、三角形面積。

6.8 打造自己的模組

一個較大型專案，程式是由許多類別或函式組成，為了程式的分工和維護，可以適度地將程式分割成許多的模組，再匯入並呼叫這些模組。

6.8.1 準備工作

下列程式包含計算兩數相加、兩數相減的兩個函式，可以直接呼叫 add、sub 函式執行兩數相加、相減的運算。

程式碼：module-1.py

```
1   def add(n1,n2):
2       return n1+n2
3
4   def sub(n1,n2):
5       return n1-n2
6
7   print(add(5,2))  # 7
8   print(sub(5,2))  # 3
```

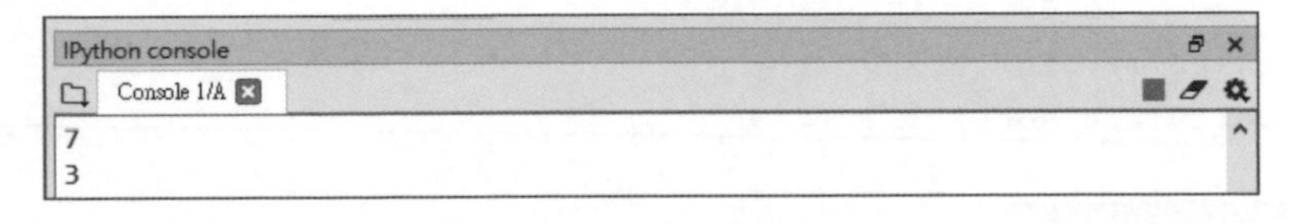

有時為了程式的分工和維護，我們會將程式分割成模組。

6.8.2 打造自己的模組

首先我們將 add、sub 兩個函式建立成一個獨立的模組，模組名稱為 <calculate.py>。

程式碼：calculate.py

```
1   def add(n1,n2):
2       return n1+n2
3
4   def sub(n1,n2):
5       return n1-n2
```

6.8.3 匯入自己建立的模組

可以使用下列不同的 import 方法匯入並呼叫模組內的函式。

import 模組名稱

以 import 匯入自己建立的模組後，即可以呼叫使用這些模組內的函式。

匯入自己建立的模組語法：

```
import 模組名稱
```

例如：匯入 calculate 模組。

```
import calculate
```

這種方式呼叫函式時，必須加上模組名稱，語法：

```
模組名稱 . 函式名稱
```

範例：匯入 <calculate.py> 模組並呼叫模組內的 add、sub 函式。

程式碼：module-2.py

```
import calculate  # 匯入 calculate 模組

print(calculate.add(5,2))  # 7
print(calculate.sub(5,2))  # 3
```

匯入模組內函式

每次使用模組內的函式都要輸入模組名稱非常麻煩，下列 import 的方法可改善此種情況，語法為：

```
from 模組名稱 import 函式名稱1[, 函式名稱2,..., 函式名稱n]
```

這種方式呼叫函式時，可以省略模組名稱，直接以函式名稱呼叫。

範例：匯入 <calculate.py> 模組內的 add、sub 函式，並呼叫模組內 add、sub 函式。

程式碼：module-3.py

```
1  from calculate import add,sub
2
3  print(add(5,2))  # 7
4  print(sub(5,2))  # 3
```

第 1 列以 from calculate import add, sub 同時匯入 add、sub 函式，第 3~4 列執行時就可以直接以 add、sub 呼叫函式。

但請注意：下列程式第 1 列並未 import sub 函式，因此第 4 列呼叫 sub 函式時，將會出現「NameError: name 'sub' is not defined」的錯誤。

程式碼：module-4.py

```
1   from calculate import add
2
3   print(add(5,2))  # 7
4   print(sub(5,2))  # NameError: name 'sub' is not defined
```

匯入模組內所有函式

如果要匯入模組內所有函式，語法如下：

```
from 模組名稱 import *
```

範例：以 import * 匯入 <calculate.py> 模組內的所有函式。

程式碼：module-5.py

```
1   from calculate import *
2
3   print(add(5,2))  # 7
4   print(sub(5,2))  # 3
```

這種方法雖然方便，卻隱藏著極大風險：因為每一個模組擁有眾多函式，若兩個模組具有相同名稱的函式，由於未輸入模組名稱，使用函式時將會造成錯誤。

使用 as 指定函式別名

如果不同模組中的函式名稱相同，或是函式名稱太長，也可自行指定別名。語法為：

```
from 模組名稱 import 函式名稱 as 函式別名
```

這樣一來，使用函式時就可用「函式別名」呼叫。例如：以別名 a 替代 add 函式。

程式碼：module-6.py

```
1   from calculate import add as a
2
3   print(a(5,2))  # 7
```

使用 as 指定模組別名

如果模組的名稱太長，也可以將模組另取一個簡短的別名。語法為：

```
import 模組名稱 as 別名
```

這樣一來，使用函式時使用「別名.函式名稱」呼叫，就可避免輸入較長的模組名稱。例如：以別名 cal 替代 calculate 模組。

程式碼：module-7.py

```
1  import calculate as cal # 匯入 calculate 模組，並取別名為 cal
2  
3  print(cal.add(5,2))      # 7
4  print(cal.sub(5,2))      # 3
```

6.8.4 將自建的專案存成多個模組

前面的「projectArea」專案，其實已經將 Rectangle、Triangle 等類別存在 areapackage 目錄的 <myClass.py> 模組檔案中，主程式 <index.py> 要建立 Rectangle、Triangle 等類別物件就必須以「from areapackage.myClass import Rectangle,Triangle」匯入該類別。

當一個模組內包含太多類別時，可以將該模組再拆成更多的模組，如果拆開後不同類別的模組間有繼承關係，則子類別的模組中必須要匯入父類別，否則執行會出現錯誤。

範例：模組匯入另一個模組

建立「projectArea2」專案，並在 projectArea2 建立 areapackage2 目錄，在 areapackage2 目錄建立 <__init__.py>、<Rectangle.py>、<Triangle.py> 檔，同時在 projectArea2 目錄建立 <index.py> 檔。

程式碼：Rectangle.py

```
1  class Rectangle():          # 定義父類別
2      def __init__(self, width,height):
3          self.width = width     # 定義共用屬性
4          self.height = height   # 定義共用屬性
5      def area(self):            # 定義共用方法
6          return self.width * self.height
```

程式說明

■ 1-6　建立父類別 Rectangle 和 area 方法計算矩形面積。

程式碼：Triangle.py

```
1  from areapackage2.Rectangle import Rectangle
2  
3  class Triangle(Rectangle): # 定義子類別
4      def area2(self):        # 定義子類別的共用方法
5          return (self.width * self.height)/2
```

程式說明

■ 1　子類別必須匯入 Rectangle 父類別。

程式碼：index.py

```
1  from areapackage2.Rectangle import Rectangle
2  from areapackage2.Triangle import Triangle
3  
4  triangle = Triangle(5,6) # 建立 triangle 物件
5  print("矩形面積 =",triangle.area())     #30
6  print("三角形面積 =",triangle.area2()) #15.0
```

程式說明

■ 1-2　必須匯入 Rectangle、Triangle 類別才能建立 Rectangle、Triangle 類別物件，本例中並未建立 Rectangle 類別物件，因此第 1 列其實也可以省略。

> **開啟專案**
>
> 可以 **Projects \ Open project** 後在對話框中選取專案的路徑，開啟已經建立的專案，或是從 **Projects \ Recent project** 中選取最近開啟的專案。

01 02 03 04 05 06 07 08 09 10 11 12 13 14 15 16 17

6.8.5 在別的專案使用自己的模組

在「projectArea2」專案中，主程式 <index.py> 檔和 areapackage2 目錄建立 <__init__.py>、<Rectangle.py>、<Triangle.py> 檔都是在同一個專案，因此執行時不會有問題。

現在我們獨立建立一個 <CallModule.py>，這個檔案不在「projectArea2」專案中，例如：<C:\PythonBook\ch06>。執行後當然會產生錯誤，因為它找不到相關模組。

程式碼：CallModule.py

```
from areapackage2.Rectangle import Rectangle
from areapackage2.Triangle import Triangle

triangle = Triangle(5,6) # 建立 triangle 物件
print("矩形面積 =",triangle.area())    #30
print("三角形面積 =",triangle.area2()) #15.0
```

執行結果：

```
Console 1/A

In [3]: runfile('C:/PythonBook/ch06/CallModule.py', wdir='C:/
PythonBook/ch06')
Traceback (most recent call last):

  File "C:\PythonBook\ch06\CallModule.py", line 1, in <module>
    from areapackage2.Rectangle import Rectangle

ModuleNotFoundError: No module named 'areapackage2'
```

那不同的專案怎麼使用自建的模組呢？

以使用「projectArea2」專案 areapackage2 目錄中的 <Rectangle.py>、<Triangle.py> 模組為例，其實只要將包含模組的這個 areapackage2 目錄全部複製到 Anoconda3 中的 Lib 目錄下即可。

例如：筆者路徑為 <C:\ProgramData\Anaconda3\Lib>，Python 執行時會到 <C:\ProgramData\Anaconda3\Lib> 目錄及它的子目錄搜尋指定的模組。

由於 Lib 目錄放置的是 Python 內建的模組，使用者以「pip install 模組」安裝時模組檔案是放在 <C:\ProgramData\Anaconda3\Lib\site-packages> 目錄，因此建議將 areapackage2 目錄全部複製到 <C:\ProgramData\Anaconda3\Lib\site-packages> 目錄。(注意：不是複製 projectArea2 專案目錄)

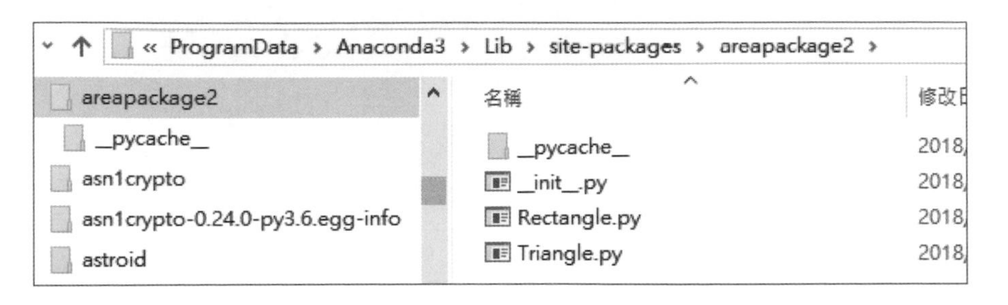

複製完成後重新執行 <CallModule.py>，如下：

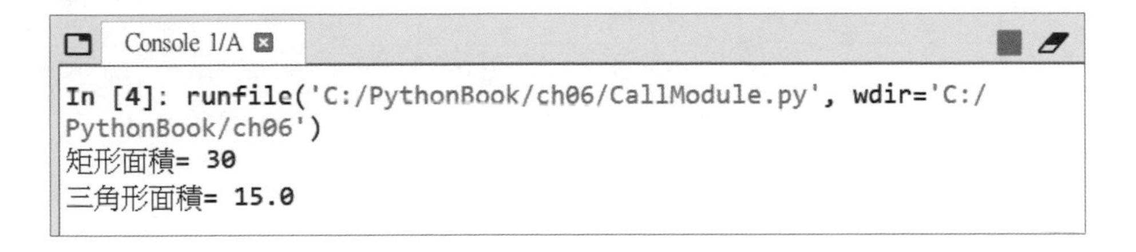

memo

07

例外處理

例外處理

try…except…else…finally 語法

try…except…else…finally 使用方式

try…except 常用例外錯誤表

捕捉多個例外

使用一個 except 捕捉多個例外

顯示多個內建的錯誤訊息

raise 拋出例外

拋出系統內建的例外

拋出自訂的例外

Traceback 記錄字串

assert 斷言

assert 程式斷言

停用斷言

01 02 03 04 05 06 07 08 09 10 11 12 13 14 15 16 17

7.1 例外處理

Python 直譯器 (interpreter) 當執行程式發生錯誤時會引發例外 (exception) 並中斷程式執行，例如：變數不存在、資料型別不符等。甚至有些錯誤並不全然是程式的邏輯錯誤，例如程式中打算開啟檔案，但檔名並不存在，這種情況下，我們需要的是引發例外後的處理動作，而非中止程式的執行。

例如：下列以 div() 自訂函式求兩數相除的運算中，第 4 和第 6 列語法是正確的，原本應該是可以正常執行的，但因為第 5 列的「3 / 0」的運算中，除數為 0，執行時會產生「ZeroDivisionError: division by zero」的錯誤，使得程式中斷，以致第 6 列程式碼未被正確的執行。

程式碼：**div.py**

```
1   def div(a,b):
2       return a/b
3
4   print(div(6,2))   # 3.0
5   print(div(3,0))   # 中止程式
6   print(div(4,2))   # 未被執行
```

7.1.1 try…except…else…finally 語法

try…except…finally 的語法架構如下：

```
try:
    可能引發例外的程式區塊
except 例外情形一 [as 參數]:
    處理例外的程式區塊一
except 例外情形二 [as 參數]:
    處理例外的程式區塊二
except Exception [as 參數]:
    處理所有其他可能發生的例外
except:
    處理所有其他可能發生的例外，包括了所有的系統例外
else:
   try 指令正確時執行的程式區塊
finally:
    一定會執行的程式區塊
```

1. 在 try…except 中最少必須有一個 except 敘述，將可能引發錯誤的程式碼寫在 try 敘述中，當有錯誤發生時，就會引發例外執行 except 程式區塊。finally 則是選擇性的，若加入 finally 關鍵字，則無論例外有沒有發生都會執行 finally 後的程式區塊。
2. try…except 取得例外必須由小範圍而後大範圍，如果有想要特別捕捉的例外訊息就先寫在前方的 except 中。
3. except Exception [as 參數] 中，Exception 是 BaseException 的子類別，可以捕捉除了系統例外以外的所有例外，利用參數可以傳遞錯誤的資訊。
4. 如果有捕捉 except 例外，必須將 except 放在最後，表示前方沒有列出的例外都在這裡進行相關的處理。except 後若不接上任何例外型態，則表示捕捉所有例外，也包括了所有的系統例外。
5. else 設定當 try 內指令正確時就執行 else 內的程式區塊。
6. finally 則是在 try…except 完成後一定會執行的動作，一般都是使用在刪除物件或關閉檔案等。
7. 透過「參數」可以取得錯誤資訊，例如：「print(參數)」顯示錯誤資訊，方便追蹤發生錯誤的原因。

7.1.2 try…except…else…finally 使用方式

try…except

最簡單的方式是只有 try…except，因為 except 可以捕捉所有例外，也包括了所有的系統例外。

例如：在 try 敘述中顯示 n，但因為變數 n 並不存在，執行時將會引發例外，執行 except 中的程式區塊，因此會顯示「變數 n 不存在 !」訊息。

程式碼：try1.py

```
try:
    print(n)
except:
    print("變數 n 不存在 !")
```

try…except…else

若加入 else 的參數，當 try 內指令正確時就可以執行 else 內的程式區塊。

程式碼：try2.py

```
n=2
try:
    n+=1
except:
    print("變數 n 不存在！")
else:
    print("n=",n) # n=3
```

try…except Exception as e

以 except Exception 可以捕捉除了系統之外的所有例外狀況，若加入 except 的參數就可以觀察錯誤訊息。

例如：以 as 加入參數 e 後，可看到產生「name 'n' is not defined」的錯誤訊息。

程式碼：try3.py

```
try:
    print(n)
except Exception as e:
    print(e)  # name 'n' is not defined
```

try…except…finally

若加入另一個關鍵字 finally，無論例外有沒有發生都會執行 finally 後的程式區塊。

例如：下列程式會引發例外，同時也會執行 finally 中的程式區塊。

程式碼：try4.py

```
try:
    print(n)
except:
    print("變數 n 不存在！")
finally:
    print("一定會執行的程式區塊")
```

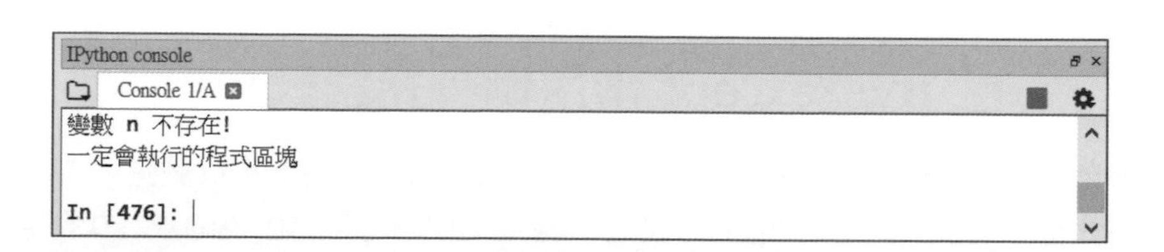

範例：輸入兩個正整數求和，捕捉輸入的錯誤

輸入兩個正整數，求兩數之和，若輸入非數值資料，以 try…except 捕捉發生的錯誤。

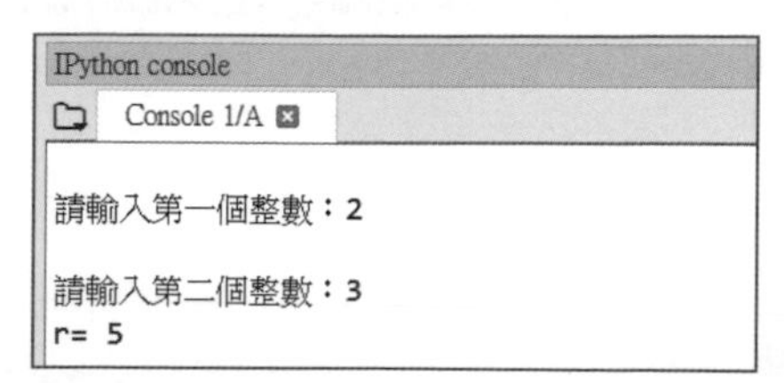

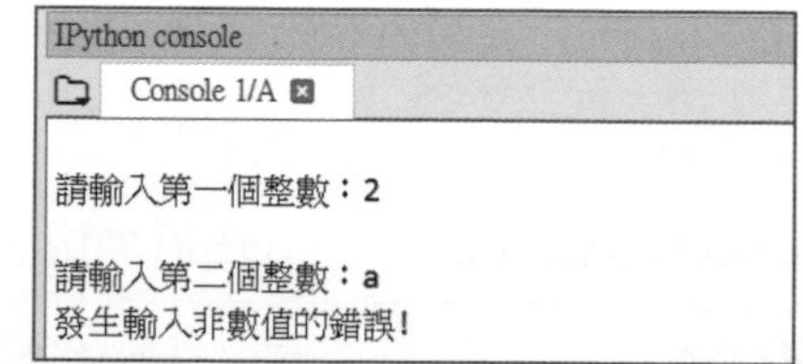

程式碼：tryadd.py

```
1  try:
2      a=int(input("請輸入第一個整數："))
3      b=int(input("請輸入第二個整數："))
4      r = a + b
5      print("r=",r)
6  except:
7      print("發生輸入非數值的錯誤！")
```

程式說明

- 1-5　輸入 a、b 兩數後求和後並顯示，若輸入非數值的字元將引起例外。
- 6-7　發生錯誤的處理，本例顯示「發生輸入非數值的錯誤！」訊息。

01 02 03 04 05 06 07 08 09 10 11 12 13 14 15 16 17

7.2 try…except 常用例外錯誤表

有時候對於例外捕捉希望更精準些，例如：以「2 % b」求兩數的餘數時，會因為除數 b 為非整數發生「輸入非數值的錯誤 !」，輸入「2 % 0」則會因為除數為 0 發生「分母為 0 的錯誤 !」。此時只要在 except 後面明確地指定錯誤型別即可。以下是常用例外錯誤表：

錯誤名稱	說明
AttributeError	物件無此屬性。
Exception	所有的錯誤。
FileNotFoundError	open() 開啟檔案時找不檔案的錯誤。
IOError	輸入 / 輸出錯誤。
IndexEror	索引超出範圍。
MemoryError	記憶體空間不足。
NameError	變數名稱未宣告的錯誤。
SyntaxError	語法錯誤。
TypeError	資料型別的錯誤。
ValueError	傳入無效的參數，產生數值錯誤。
ZeroDivisionError	除數為 0 的錯誤。

例如：想要以 ValueError 捕捉「輸入非數值的錯誤 !」、以 ZeroDivisionError 捕捉「分母為 0 的錯誤 !」。

```
except ValueError:
    print(" 輸入非數值的錯誤 !")
except ZeroDivisionError:
    print(" 分母為 0 的錯誤 !")
```

範例：捕捉非數值資料和除數為 0 的錯誤

輸入兩個正整數，求兩數之餘數時，並以 try…except 捕捉發生的例外，包括輸入非數值資料和除數為 0 的例外。

```
Console 1/A
請輸入第一個整數：5

請輸入第二個整數：3
r= 2
一定會執行的程式區塊
```

```
Console 1/A

請輸入第一個整數：2

請輸入第二個整數：b
發生輸入非數值的錯誤!
一定會執行的程式區塊
```

```
請輸入第一個整數：2

請輸入第二個整數：0
發生 integer division or modulo by zero 的錯誤，包括分母為 0 的錯誤!
一定會執行的程式區塊
```

trymod.py

```
1   try:
2       a=int(input("請輸入第一個整數："))
3       b=int(input("請輸入第二個整數："))
4       r = a % b
5   except ValueError:
6       print("發生輸入非數值的錯誤！")
7   except Exception as e:
8       print("發生",e,"的錯誤，包括分母為 0 的錯誤！")
9   else:
10      print("r=",r)
11  finally:
12      print("一定會執行的程式區塊")
```

程式說明

- 1-4　輸入 a、b 兩數後求餘數後並顯示。
- 5-6　先捕捉輸入非數值字元引起的例外 ValueError，本例顯示「發生輸入非數值的錯誤！」訊息。
- 7-8　以「except Exception as e」捕捉其他所有的例外，包含「分母為 0 的錯誤」，並利用參數 e 顯示錯誤訊息。
- 9-10　若 try 內指令運算正確，顯示餘數。
- 11-12　不論是否有發生錯誤，都會執行 finally 的這段程式碼。

7.3 捕捉多個例外

Python 也允許以一個 except 同時捕捉多個例外。

7.3.1 使用一個 except 捕捉多個例外

以一個 except 捕捉多個例外的語法如下：

```
try:
    可能引發例外的程式區塊
except(例外一,例外二,…)[as e]:
    處理例外的程式區塊
```

■ 參數 e 可有可無，利用參數可以傳遞錯誤的資訊。

範例：同時捕捉非數值資料和除數為 的錯誤

輸入兩個正整數，求兩數之餘數時，並以 try…except 同時捕捉輸入非數值資料和除數為 0 的錯誤。

```
IPython console
Console 1/A

請輸入第一個整數：5

請輸入第二個整數：2
r= 1
```

```
IPython console
Console 1/A

請輸入第一個整數：2

請輸入第二個整數：b
發生輸入非數值的錯誤或分母為 0 的錯誤!
```

```
IPython console
Console 1/A

請輸入第一個整數：2

請輸入第二個整數：0
發生輸入非數值的錯誤或分母為 0 的錯誤!
```

trymod2.py

```
1  try:
2      a=int(input("請輸入第一個整數："))
```

```
3        b=int(input(" 請輸入第二個整數：" ))
4        r = a % b
5    except(ValueError,ZeroDivisionError):
6        print(" 發生輸入非數值的錯誤或分母為 0 的錯誤 !")
7    else:
8        print("r=",r)
```

7.3.2 顯示多個內建的錯誤訊息

透過「參數」可以取得多個內建的錯誤資訊。

範例：同時顯示非數值資料和除數為 0 內建的錯誤訊息

輸入兩個正整數，求兩數之餘數時，並以 try…except… as e 同時捕捉輸入非數值資料和除數為 0 內建的錯誤訊息。

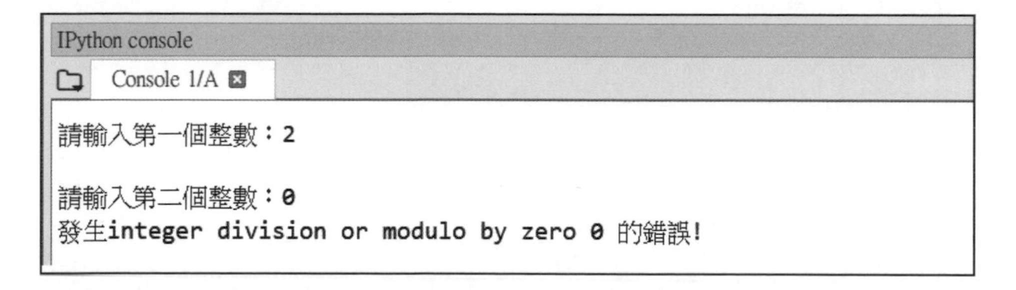


```
IPython console
Console 1/A

請輸入第一個整數：2

請輸入第二個整數：a
發生invalid literal for int() with base 10: 'a' 0 的錯誤!
```

trymod3.py

```
1    try:
2        a=int(input(" 請輸入第一個整數：" ))
3        b=int(input(" 請輸入第二個整數：" ))
4        r = a % b
5    except(ValueError,ZeroDivisionError) as e:
6        print(" 發生 {} 0 的錯誤 !" .format(e))
7    else:
8        print("r=",r)
```

7.4 raise 拋出例外

我們也可以在指定的條件下，主動拋出例外。

7.4.1 拋出系統內建的例外

可以使用 raise 語句拋出例外，語法如下：

```
raise [ 例外類型 [(e)]]
```

- 例外類型，可以是系統內建的例外類型（例如：Exception），也可以是自己定義的例外類型。
- e 是自己提供的參數，可以傳遞例外的資訊。

我們直接用例子來說明：

範例：主動拋出速度過快或太慢例外

高速公路設定速限為 70~110，如果速度過快或太慢，就主動拋出例外，提醒用路人注意安全。

IPython console

Console 1/A

```
現在速度：60，速度太慢了!
目前時速：100
現在速度：150，已經超速了!
```

raise1.py

```
1  def CheckSpeed(speed): # 檢查速度
2      if speed < 70:
3          raise Exception("速度太慢了!") # 拋出 Exception 型別例外
4      if speed > 110:
5          raise Exception("已經超速了!") # 拋出 Exception 型別例外
6
7  for speed in (60,100,150):
8      try:
9          CheckSpeed(speed) # 檢查速度
10     except Exception as e: # 接收 Exception 的例外
11         print("現在速度：{}，{}" .format(speed,e))
```

```
12      else:
13          print("目前時速：{}" .format(speed))
```

程式說明

- 1-5　自訂程序檢查速度是否太慢或超速。
- 2-3　如果速度太慢拋出 Exception 例外，並傳遞「速度太慢了！」訊息。
- 4-5　如果速度太快拋出 Exception 例外，並傳遞「已經超速了！」訊息。
- 9　檢查速度。
- 10-11　接收 Exception 的例外，並以參數 e 顯示接收的訊息。
- 13　如果速度正常，顯示目前時速。

7.4.2 拋出自訂的例外

我們也可以拋出自訂的例外，但必須自行定義例外的類別，且定義的類別必須繼承 RuntimeError 類別。

例如：建立 MyException 繼承 RuntimeError 類別，並建立建構式接收參數 arg。

```
class MyException(RuntimeError):
    def __init__(self, arg):
        self.args = arg
```

範例：主動拋出速度過快、太慢和自訂的例外

同上例，如果速度過快或太慢，就主動拋出例外；如果速度正常，就以自訂例外，拋出「快樂駕駛，平安返家！」訊息，給駕駛按個讚。

```
IPython console
Console 1/A
現在速度：60，速度太慢了!
目前時速：100，快樂駕駛，平安返家!
現在速度：150，已經超速了!
```

raise2.py

```
1   class MyException(RuntimeError):
2       def __init__(self, arg):
3           self.args = arg
4
5   def CheckSpeed(speed): #檢查速度
6       if speed < 70:
7           raise Exception("速度太慢了!") # 拋出 Exception 型別例外
8       if speed > 110:
9           raise Exception("已經超速了!") # 拋出 Exception 型別例外
10      else:
11          raise MyException("快樂駕駛,平安返家!")
                                        # 拋出 MyException 型別例外
12
13  def convertTuple(tup):  # tuple 轉換為字串
14      str =  ''.join(tup)
15      return str
16
17  for speed in (60,100,150):
18      try:
19          CheckSpeed(speed)     #檢查速度
20      except MyException as e: #接收 MyException 的例外
21          err= convertTuple(e.args) # tuple 轉換為串字
22          print("目前時速:{},{}" .format(speed,err))
23      except Exception as e:    #接收 Exception 的例外
24          print("現在速度:{},{}" .format(speed,e))
```

程式說明

- 1-3　自訂 MyException 繼承 RuntimeError 類別和建構式接收參數 arg。
- 3　將接收參數 arg 存在 args 屬性中。
- 10-11　速度正常會主動拋出自訂的 MyException 例外，並傳遞「快樂駕駛，平安返家！」訊息。
- 13-15　自訂程序將 tuple 轉換為字串。
- 20-22　接收 MyException 的例外，並以參數 e 顯示接收的訊息。
- 21　因為參數 e.args 是 tuple 型別，以自訂程序 convertTuple 將 tuple 轉換為字串。

7.5 Traceback 記錄字串

利用 traceback 模組的 format_exc() 方法，可以將例外引發資訊的過程記錄在檔案中，以利追縱錯誤引發的過程。

範例：記錄例外引發的資訊

高速公路設定速限為 70~110，如果速度過快或太慢，就將主動拋出例外資訊的過程記錄在 <err.txt> 檔案中。

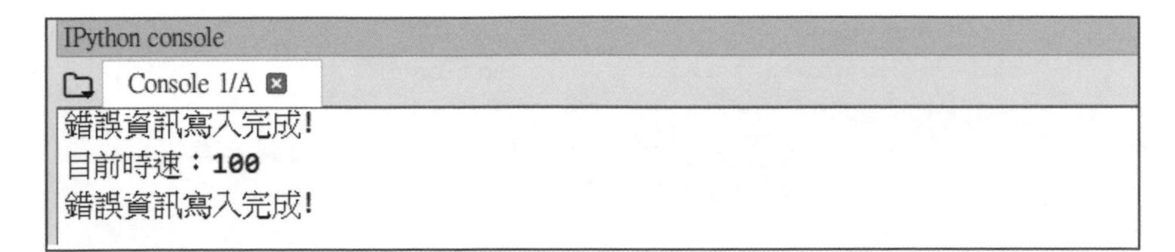

如果用記事本開啟 <err.txt> 檔，結果如下：

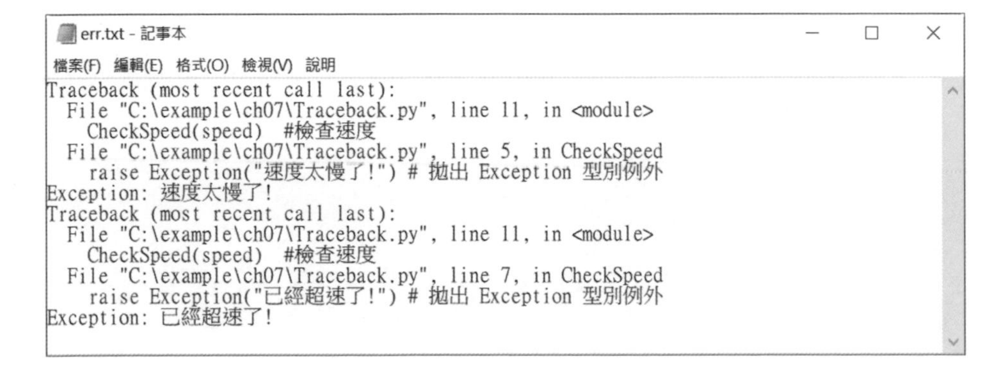

Traceback.py

```
1   import traceback
2
3   def CheckSpeed(speed): # 檢查速度
4       if speed < 70:
5           raise Exception("速度太慢了!") # 拋出 Exception 型別例外
6       if speed > 110:
7           raise Exception("已經超速了!") # 拋出 Exception 型別例外
8
9   for speed in (60,100,150):
10      try:
11          CheckSpeed(speed)  # 檢查速度
12      except Exception as e: # 接收 Exception 的例外
13          with open("err.txt","a") as f:
14              f.write(traceback.format_exc()) # 寫入例外過程
15          print("錯誤資訊寫入完成!")
16      else:
17          print("目前時速:{}" .format(speed))
```

程式說明

- 1　　匯入 traceback 模組。
- 12-14　　接收 Exception 的例外，format_exc() 方法將例外過程附加到 <err.txt> 檔案中。

7.6 assert 斷言

assert 主要用途是在程式開發階段，協助程式設計師檢查程式是否有指定的錯誤。

7.6.1 assert 程式斷言

assert 的語法：

```
assert 條件式，參數
```

- 程式執行時會檢查條件式，如果條件式為 True，程式不予理會，繼續往下執行；如果條件式為 False (斷言失敗)，程式終止並拋出 AssertionError 的例外。

先看看下列程式，Car 類別以建構式設定初速，也可以 Turbo() 方法增加速度 n。

```
1   class Car():
2       def __init__(self, speed):
3           self.speed = speed
4
5       def Turbo(self,n):  # 增加速度 n
6   #        assert speed >= 0, '速度不可能為負！'
7           self.speed += n
8
9   for speed in (60,-20):
10      bus=Car(speed)
11      print("初速=",bus.speed,end=" ")
12      bus.Turbo(50)
13      print("加速後，速度=",bus.speed)
```

執行結果如下：

```
IPython console
Console 1/A
初速= 60 加速後，速度= 110
初速= -20 加速後，速度= 30
```

初速 60 加速 50 後得到速度 110，同理初速 -20 加速 50 後得到速度 30，但程式設計師知道，速度 <0 顯然不合理 (-20)。

利用第 6 列的 assert 斷言就可以找出問題。

範例：assert 斷言速度不可為負

建立 Car 類別並以建構式設定初速，Turbo() 方法可以增加速度 n，若初速 <0，以 assert 斷言拋出此速度不可為負的例外。

```
Console 1/A

In [2]: runfile('C:/example/ch07/Assert.py', wdir='C:/example/ch07')
初速= 60 加速後，速度= 110
初速= -20 Traceback (most recent call last):

  File "C:\example\ch07\Assert.py", line 12, in <module>
    bus.Turbo(50)

  File "C:\example\ch07\Assert.py", line 6, in Turbo
    assert speed >= 0, '速度不可能為負!'

AssertionError: 速度不可能為負!
```

Assert.py

```
1    class Car():
4-5    …略
5        def Turbo(self,n):  # 增加速度 n
6            assert speed >= 0, '速度不可能為負!'
7            self.speed += n
8
9    for speed in (60,-20):
10       bus=Car(speed)
11       print("初速 =",bus.speed,end=" ")
12       bus.Turbo(50)
13       print("加速後，速度 =",bus.speed)
```

程式說明

- 6　assert speed >= 0 會查條件式「speed >= 0」，如果條件式為 True，程式不予理會，繼續往下執行；如果條件式為 False，程式終止並拋出 AssertionError 的例外。
- 9-10　分別以初速 60、-20 建立 Car 物件，初速 60 的物件可以正常加速，但初速為 -20 的物件則會引發第 6 列的例外。這樣就能在開發階段找出不合理的問題。

7.6.2 停用斷言

程式中如果到處充斥著 assert，其實和用 print 印出錯誤問題相比也好不到哪去。可以在啟動 Python 直譯器時可以用 -O 引數來關閉 assert。語法：

```
python -O 程式檔 .py
```

以本例來說，請開啟命令視窗，切換到該目錄。輸入：

「python -O C:\example\ch07\Assert.py」或「python -O Assert.py」。

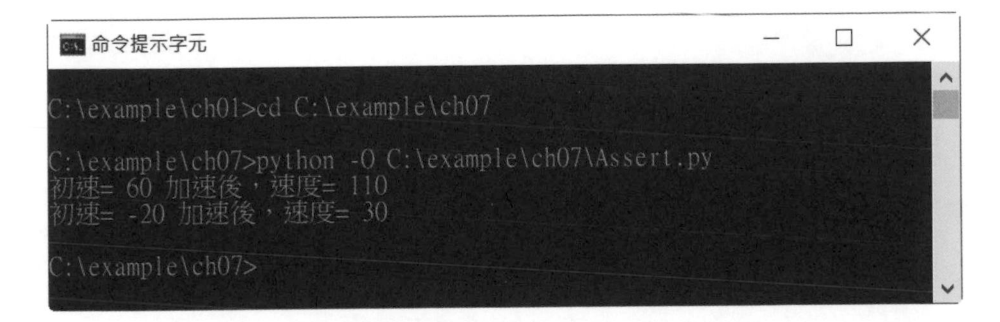

memo

08

正規表達式

8.1 使用傳統程式設計方式搜尋

台灣行動電話的號碼是以 09 為開頭，加 2 碼電信公司的號碼，例如：0933、0937 是中華電信，0935 是台灣大哥大，然後再加後面 6 碼共 10 位數。以上的資料均為參考，因為使用者有門號可攜 (NP) 的權利。

例如：0937123456、0935654321，為了更容易閱讀，會適度地加上「-」字元來區隔。如：0937-123456 或 0937-123-456。

在傳統的程式設計，如果要判斷行動電話是否符合「xxxx-xxxxxx」的格式，必須透過字串的判斷。

範例：行動電話號碼格式檢查

判斷行動電話號碼是否是台灣行動電話的號碼。

```
IPython console
Console 1/A
0937-123456 是台灣手機號碼： True
02-12345678 是台灣手機號碼： False
```

程式碼：**phone_check.py**

```
1   def isTaiwanPhone(str):
2       if len(str) != 11:          # 如果長度不是 11
3           return False            # 傳回非手機號碼格式
4       # 檢查 11 個字元是否符合手機號碼格式
5       for i in range(0, 11):
6           if i==4:
7               if str[4] != '-':           # 如果第 5 個字元不是 '-' 字元
8                   return False            # 傳回非手機號碼格式
9           else: # 如果前 4 個字或最後 6 個字出現非數字字元
10              if str[i].isdecimal() == False:
11                  return False        # 傳回非手機號碼格式
12      return True                     # 傳回是正確手機號碼格式
13
14  print("0937-123456 是台灣手機號碼：", isTaiwanPhone('0937-123456'))
15  print("02-12345678 是台灣手機號碼：", isTaiwanPhone('02-12345678'))
```

程式說明

- 1-12　自訂程序檢查是否符合台灣行動電話「xxxx-xxxxxx」的格式。
- 2-3　如果電話號碼不是 11 個字元，傳回非手機號碼格式。
- 5-11　逐一檢查所有的字元。
- 6-8　如果第 5 個字元不是 '-' 字元，傳回非手機號碼格式。
- 9-11　如果電話號碼前 4 個字或最後 6 個字出現非數字字元，傳回非手機號碼格式。
- 12　透過以上測試，傳回是正確手機號碼格式。
- 14-15　開始進行手機號碼格式檢查。

上例使用傳統程式設計方式搜尋雖然解決了問題，但如果手機格式改變，例如：中國格式為「xxx-xxxxxxxx」、美國格式為「xxx-xxxxxxx」，或是像一般公司行號的電話等。因為格式的不同，整個程式又必須重新修改，利用 Python 的正規表達式就可以輕鬆解決這個問題。

8.2 使用正規表達式

正規表達式 (regular expression，簡稱 regex)，簡單來說就是用一定的規則處理字串的方法。它能透過一些特殊符號的輔助，讓使用者輕易達到「搜尋 / 取代」資料中某些特定字串的處理。

8.2.1 正規表達式特殊字元

推薦可以使用網站「http://pythex.org/」來測試正規表達式的結果是否正確。

例如要用正規表達式描述一串整數數字，可以用 [0123456789]+，中括號 [ ] 框住的內容代表合法的字元群，加號 + 代表的是可以重複 1 次或無限多次。因此，該正規表達式就可以找出整數數字，如 126706、9902、8 等。

然而，在正規表達式中，為了更簡化撰寫，允許用 [0-9]+ 這樣簡便的縮寫法表達同樣的概念，其中的 0-9 其實就代表了 0123456789 等字元。甚至，可以再度縮短後以 [\d]+ 代表，其中的 \d 就代表數字所組成的字元集合。

正規表達式特殊字元表

正規表達式	功能說明	範例
.	代表一個除了換列字元 (\n) 以外的所有字元。	a.c 匹配 **a1c**23 => a1c
^	代表輸入列的開始。	^ab 匹配 **ab**c23 => ab ^ab 匹配 a1c23 => None
$	代表輸入列的結束。	23$ 匹配 a1c**23** => 23 34$ 匹配 a1c23 => None

正規表達式	功能說明	範例
*	代表前一個項目可以出現 0 次或無限多次。	ac* 匹配 **acc**123 => acc ac* 匹配 **ac**123 => ac
+	代表前一個項目可以出現 1 次或無限多次。	ac+ 匹配 **accc**123 => accc ac+ 匹配 **ac**123 => ac
?	代表前一個項目可以出現 0 次或 1 次。	ac? 匹配 **ac**cc123 => ac ac? 匹配 **a**123 => a
[abc]	代表符合 a 或 b 或 c 的任何字元。	[abc] 匹配 d12**bc**3 => bc [abc]+ 匹配 d**ab**12**bc**3 => abbc
[a-z]	代表符合 a、b、c ~z 的任何字元。	[a-z]+ 匹配 **cd**12**bc**3 => cdbc
\	代表後面的字元以一般字元處理。	a\+ 匹配 **a+**aaaa => a+
{m}	代表前一個項目必須正好出現 m 數。	a{2} 匹配 **aa**abbb=> aa
{m,}	代表前一個項目出現次數最少 m 次，最多無限次。	a{2,} 匹配 **aaa**bbb => aaa
{m,n}	代表前一個項目出現次數最少 m 次，最多 n 次。	a{2,4} 匹配 **aaaa**abb => aaaa
\d	數字字元，相當於 [0123456789] 或 [0-9]。	\d+ 匹配 a**12**bc => 12
^	反運算，例如：[^a-d] 代表除了 a、b、c、d 以外的所有字元。	[^a-d]+ 匹配 a**12s**bc => 12s
\D	非數字字元，相當於 [^0-9]。	'[\D]+ 匹配 12**cd**34 => cd
\n	換列字元。	
\r	回列首字元 (carriage return)。	
\t	tab 定位字元。	
\s	空白、定位、Tab 鍵、跳列、換頁字元，相當於 [\r\t\n\f]。	[a\sb]+ 匹配 **a b**c => a b
\S	非空白、定位、Tab 鍵、跳列、換頁字元，相當於 [^ \r\t\n\f]。	[a\S]+ 匹配 **a bc** => abc
\w	數字、字母或底線字元，相當於 [0-9a-zA-Z_]。	[\w]+ 匹配 **12bc_AB***% => 12bc_AB
\W	非數字、字母或底線字元，相當於 [^\w]，即 [^0-9a-zA-Z_]。	[\W]+ 匹配 12bc_AB***%** =>*%

註：上表範例的測試結果如果是以 re.match()、re.search() 或 re.findall() 測試，將會因搜尋方式不同，得到不同的結果。有關 re.match()、re.search() 和 re.findall() 方法的使用會在後面單元詳細說明。

8.2.2 正規表達式的範例

語法	正規表達式	範例
整數	[0-9]+	33025
有小數點的實數	[0-9]+\.[0-9]+	75.93
英文詞彙	[A-Za-z]+	Python
變數名稱	[A-Za-z_][A-Za-z0-9_]*	_pointer
Email	[a-zA-Z0-9_]+@[a-zA-Z0-9\._]+	guest@yahoo.com.tw
URL	http://[a-zA-Z0-9\./_]+	http://e-happy.com.tw/

8.2.3 使用正規表達式檢查行動電話號碼格式

我們可以將前面判斷台灣行動電話「xxxx-xxxxxx」的格式，改用如下正規表達式。

```
'\d\d\d\d-\d\d\d\d\d\d'
```

由於 \ 是逸出字元，最好在正規表達式中的 \ 逸出字元前再加上 \ 字元，如下：

```
'\\d\\d\\d\\d-\\d\\d\\d\\d\\d\\d'
```

這樣有點麻煩，可以在正規表達式前加上「 r」字元。

```
r'\d\d\d\d-\d\d\d\d\d\d'
```

也可以再簡化如下：

```
r'\d{4}-\d{6}'
使用 re.compile() 建立正規表達式物件
```

 8.3 使用 re.complie() 建立正規表達式物件

使用正規表達式，必須先建立一個正規表達式物件，再透過正規表達式物件的方法搜尋指定的字串。

8.3.1 建立正規表達式物件

首先必須 import re 模組，再利用 re 提供的 compile 方法建立一個正規表達式物件，並將正規表達式當作參數放在方法中。語法如下：

```
import re
正規表達式物件 = re.compile(r' 正規表達式 ')
```

例如：找出符合 a、b、c ~z 的字元。

```
import re
pat = re.compile(r'[a-z]+')
```

習慣上會在正規表達式參數前加上「r」字元，防止正規表達式字串內的「\」逸出字元被轉譯。

8.3.2 正規表達式物件的方法

建立正規表達式物件後，再利用正規表達式物件的方法搜尋指定的字串。正規表達式物件提供下列的方法：

方法	說明
match(string)	由字串起頭開始傳回指定字串中符合正規表達式的字串，直到不符合字元為止，並把結果存入 MatchObject 物件中；若無符合字元，傳回 None。
search(string)	傳回指定字串中第一組符合正規表達式的字串，並把結果存入 MatchObject 物件中；若無符合字元，傳回 None。
findall()	傳回指定字串中所有符合正規表達式的字串，並傳回一個串列；若無符合字元，傳回空的串列。

match() 方法

傳回由字串起頭開始指定字串中符合正規表達式的字串，直到不符合的字元為止，並把結果存入 MatchObject 物件中；若無符合字元，傳回 None。

程式碼：**match.py**

```
import re
pat = re.compile(r'[a-z]+')
m = pat.match('tem12po')
print(m) # <re.Match object; span=(0, 3), match='tem'>
...
```

上例會傳回 <re.Match object; span=(0, 3), match='tem'> 的物件，並將結果存在 MatchObject 物件中，只要再利用 MatchObject 物件的方法即可取得結果。

MatchObject 物件的方法如下：

方法	說明
group()	傳回符合正規表達式的字串，若無符合字元，傳回 None。
start()	傳回 match 的開始位置。
end()	傳回 match 結束位置。
span()	傳回 (開始位置 , 結束位置) 的元組物件。

例如：在上例中，m=<re.Match object; span=(0, 3), match='tem'>，則 match 物件得到的結果如下。

```
...
if not m==None:
    print(m.group())  #tem
    print(m.start())  #0
    print(m.end())    #3
    print(m.span())   #(0,3)
```

search() 方法

傳回指定字串中第一組符合正規表達式的字串，並把結果存入 MatchObject 物件之中；若無符合字元，傳回 None。

例如：以 search() 方法搜尋「3tem12po」字串，得到 MatchObject 物件結果如下。

程式碼：search.py

```
import re
pat = re.compile('[a-z]+')
m = pat.search('3tem12po')
print(m) # <re.Match object; span=(1, 4), match='tem'>
if not m==None:
    print(m.group())  # tem
    print(m.start())  # 1
    print(m.end())    # 4
    print(m.span())   # (1,4)
```

findall() 方法

傳回指定字串中所有符合正規表達式的字串，並傳回一個串列，若無符合字元，傳回空的串列。例如：以 findall() 方法搜尋「tem12po」字串，得到的結果為 ['tem', 'po'] 串列。

程式碼：findall.py

```
import re
pat = re.compile('[a-z]+')
m = pat.findall('tem12po')
print(m)  # ['tem', 'po']
```

match()、search() 和 findall() 方法的比較

match()、search() 方法傳回 MatchObject 物件，如果要取得搜尋的字串結果，必須以 MatchObject 物件的 group() 方法。

match() 搜尋只要碰到不合法字元，即會結束搜尋，所以如果第一個字元就是不合法字元，則 match() 搜尋會傳回 None。而 search() 方法則會持續搜尋指定字串中第一組符合正規表達式的字串，直到碰到不合法字元才停止。

findall() 和 search() 方法類似，但 findall() 會搜尋指定字串中所有符合正規表達式的字串，並以串列方式傳回，若無符合字串，則傳回空的串列。

18 19 20 21 22 23 24 25 26 27 28 29 30 31 32 33

01 02 03 04 05 06 07 08 09 10 11 12 13 14 15 16 17

8.4 使用 re 模組建立隱含正規表達式物件

re 模組提供 match()、search() 和 findall() 方法更強大的功能，可以省略 re.complie() 建立正規表達式物件，直接將正規表達式當作參數放入搜尋的方法中。語法如下：

```
變數 = re.方法(正規表達式,搜尋字串[,flags])
```

- 它必須傳入兩個參數，習慣會在第一個參數前加上「r」字元防止正規表達式字串內的「\」逸出字元被轉譯。
- 第二個參數傳入要搜尋的字串。
- 第 3 個參數為選擇性的，可有可無。以 re.I 或 re.IGNORECASE 可以設定不分大小寫的方式搜尋、re.DOTALL 設定搜尋時忽略換列字元、re.VERBOSE 設定在正規表達式加上註解。

如此就可省略以 re.compile 方法建立正規表達式物件，因為它會隱含建立一個正規表達式物件。

例如：以 re.match() 方法搜尋「tem12po」字串前面的小寫英文字串。

程式碼：re_match.py

```
import re
pat = r'[a-z]+'
m = re.match(pat,'tem12po')
print(m) # <re.Match object; span=(0, 3), match='tem'>
```

例如：以 re.search() 方法搜尋「3tem12po」字串中的第一組字串。

程式碼：re_search.py

```
import re
pat = '[a-z]+'
m = re.search(pat,'3tem12po')
print(m) # <re.Match object; span=(1, 4), match='tem'>
```

例如：以 re.findall() 方法搜尋「tem12po」字串中的所有字串。

程式碼：re_findall.py

```
import re
m = re.findall(r'[a-z]+','tem12po')
print(m)  # ['tem', 'po']
```

8.5 更豐富的搜尋方式

8.5.1 使用小括號分組

利用小括號可以將字串分組。

假如電話號碼是 "04-12345678"，利用區域號碼後的「-」字元分成兩組。如下：

```
r'(\d\d)-(\d\d\d\d\d\d\d\d)'
```

當然也可以簡化為：

```
r'(\d{2})-(\d{8})'
```

若使用 re.serach() 搜尋，則會以 group() 或 group(0) 傳回完整的搜尋字串，而 group(1)、group(2) 則會依序傳回分組後的第一組和第二組字串。

範例：小括號分組練習

用小括號和「-」字元將電話號碼分成兩組，第一組是兩個數字、第二組是八個數字。

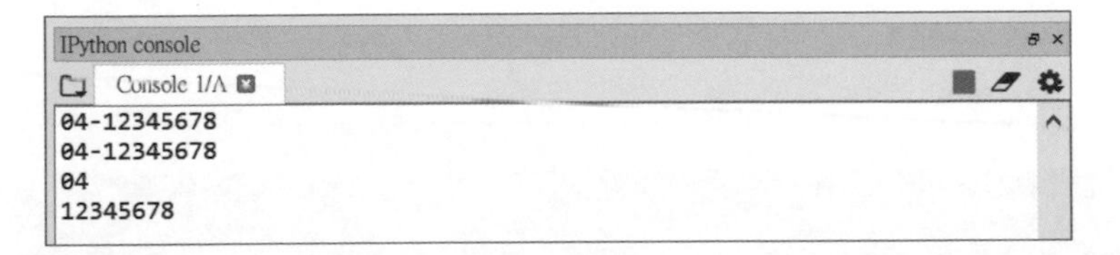

程式碼：phone1.py

```
1   import re
2   numStr="tel:04-12345678"
3   pat = r'(\d{2})-(\d{8})'
4
5   phone = re.search(pat,numStr)
6   if not phone==None:
7       print(phone.group())   #04-12345678
8       print(phone.group(0)) #04-12345678
9       print(phone.group(1)) #04
10      print(phone.group(2)) #12345678
```

01 02 03 04 05 06 07 08 09 10 11 12 13 14 15 16 17

程式說明

- 3　利用小括號將電話號碼分成兩組，第一組是兩個數字的區域號碼、第二組是八個數字電話號碼。
- 7-8　顯示完整的電話號碼。
- 9　顯示區域號碼。
- 10　顯示電話號碼。

8.5.2 取得含有小括號的電話號碼

有的時候看到的電話區域號碼中包含「()」符號，例如：(04)-12345678。在正規表達式中就必須在區域號碼中再加入 \(和 \)，如下：

```
r'(\(\d{2}\))-(\d{8})'
```

範例：區域號碼中加入小括號

利用小括號將電話號碼分成兩組，第一組的區域號碼中包含「()」符號。

```
IPython console
Console 1/A
(04)12345678
(04)
12345678
```

程式碼：phone2.py

```
1  import re
2  numStr="tel:(04)12345678"
3  pat = r'(\(\d{2}\))(\d{8})'
4
5  phone = re.search(pat,numStr)
6  if not phone==None:
7      print(phone.group())  #(04)12345678
8      print(phone.group(1)) #(04)
9      print(phone.group(2)) #12345678
```

8.5.3 使用 ? 字元搜尋

可以使用「?」設定待搜尋字元可以出現 1 次或 0 次，例如：-? 就表示 - 這個字元有或沒有都可以。

下列兩組電話號碼 (04)12345678、(04)-12345678 其實都是相同的，也就是說 - 字元可有可無，利用下列正規表達式就可以完成搜尋。

```
r'(\(\d{2}\))-?(\d{8})'
```

範例：使用 ? 字元搜尋「-」字元

利用小括號將電話號碼分成兩組，第一組的區域號碼中包含「()」符號，區域號碼和電話號碼間的「-」字元可有可無。

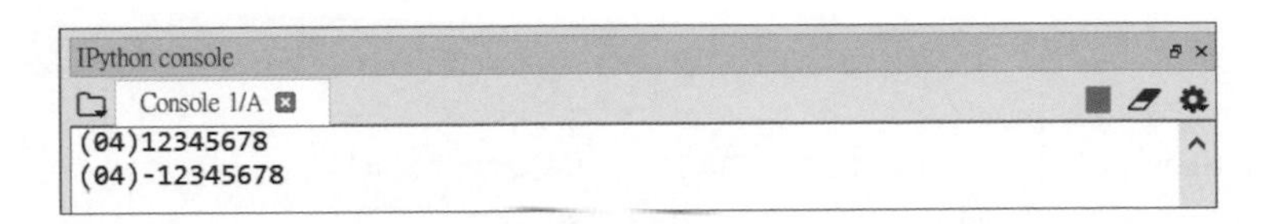

程式碼：phone3.py

```
1   import re
2   phoneList=["(04)12345678","(04)-12345678"]
3   pat = r'(\(\d{2}\))-?(\d{8})'
4
5   for phone in phoneList:
6       phoneNum = re.search(pat,phone)
7       if not phoneNum==None:
8           print(phoneNum.group())
```

程式說明

■ 3　設定區域號碼為「(xx)」，- 字元可有可無，電話號碼是八個數字。

8.5.4 使用 | 字元搜尋

「|」(pipe) 字元稱為管道，表示可以同時搜尋比對多個正規表達式。例如：

```
r'\(\d{2,4}\)-?\d{6,8}|\d{9,10}|\d{4}-\d{6,8}'
```

例如下列 phoneList 串列包含手機和市內電話。

```
phoneList=["0412345678","(04)12345678","(04)-12345678",
           "(049)2987654","0937-998877"]
```

以「(\d{2,4}\)-?\d{6,8}」搜尋如 (04)12345678、(04)-12345678 和 (049)2987654 等格式的電話號碼、也可以使用「\d{9,10}」搜尋如 0412345678 等含 9~10 位數字的電話號碼和以「\d{4}-\d{6,8}」搜尋如 0937-998877 等手機格式的電話號碼。

範例：使用 | 字元搜尋

利用「|」同時搜尋多種格式的電話號碼。

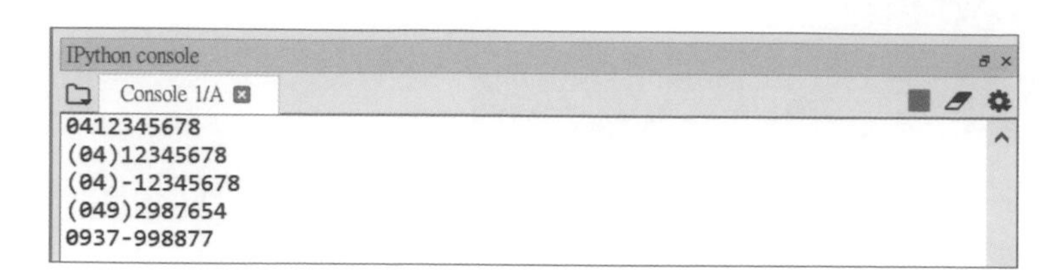

程式碼：phone4.py

```
1  import re
2  phoneList=["0412345678","(04)12345678","(04)-12345678",
              "(049)2987654","0937-998877"]
3  pat = r'\(\d{2,4}\)-?\d{6,8}|\d{9,10}|\d{4}-\d{6,8}'
4  for phone in phoneList:
5      phoneNum = re.search(pat,phone)
6      if not phoneNum==None:
7          print(phoneNum.group())
```

程式說明

■ 3　以「|」設定可以同時搜尋三種狀況。
(\d{2,4}\)-?\d{6,8} 可搜尋到 (04)12345678、(04)-12345678 和 (049)2987654 等格式的電話號碼。
\d{9,10} 可搜尋到 0412345678 等含 9-10 位數字的電話號碼。
\d{4}-\d{6,8} 可搜尋 0937-998877 等手機格式的電話號碼。

8.5.5 字元分類

使用中括號 [ ] 框住的內容代表合法的字元群。例如：

[0-9] 代表 0-9 的數字、[a-z] 代表小寫英文字元、[A-Z] 代表大寫英文字元、[aeiouAEIOU] 代表小寫和大寫英文母音字母。

中括號內的 .?* 等字元的轉譯也可以省略前面的的 \ 逸出字元。例如：[0-9+] 或 [0-9\+] 都會搜尋數字 (0-9) 和加號 (+)。

範例：數字和句點搜尋

以 [0-9+]+ 搜尋字串中所有的數字和加號。

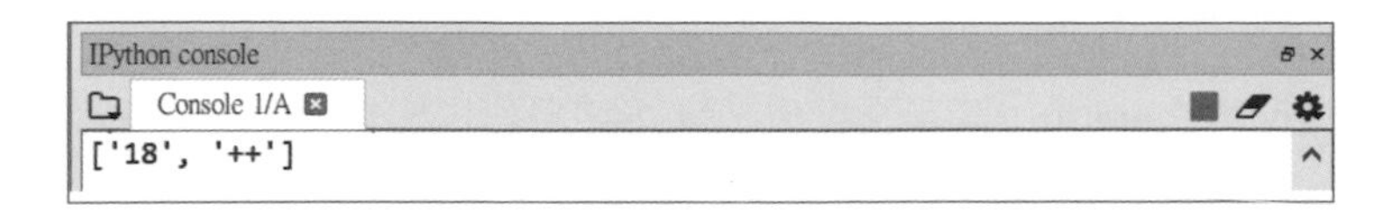

程式碼：bracket.py

```
1  import re
2  pat =r'[0-9+]+'
3  s="Amy was 18 year old,she likes Python and C++."
4  m = re.findall(pat,s)
5  print(m)] # ['18', '++']
```

程式說明

■ 2　　設定搜尋字串中所有的數字和加號，因此會傳回串列 ['18', '++']。

8.5.6 使用 * 字元搜尋

使用「*」設定待搜尋字元可以出現 0 次到無限多次，例如：[aeiou]* 就表示 aeiou 這些字元有或沒有都可以，而且可以出現多次，如果搜尋到傳回搜尋的字元，否則傳回空字串。

範例：使用 * 字元搜尋

以「*」字元搜尋字串中所有的小寫英文母音字母。

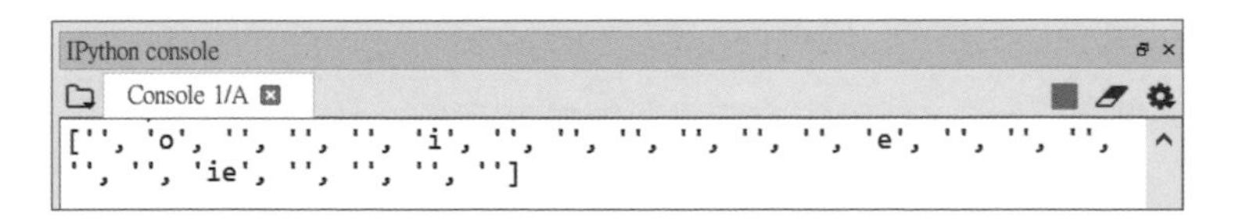

程式碼：star.py

```
1  import re
2  pat = re.compile(r'[aeiou]*')
3  s="John is my best friend."
4  m = re.findall(pat,s)
5  print(m)
```

程式說明

- 2　　搜尋「aeiou」等英文字母，這些字母可以出現 0 到無限多次。
- 4-5　　會搜尋到 o、i 、e、ie 等字元，未搜尋的字元則傳回空字串。

8.5.7 使用 + 字元搜尋

使用「+」可設定待搜尋字元可以出現 1 次到無限多次，例如：[aeiou]+ 就表示所有的 aeiou 字元，而且最少必須出現 1 次，最多可以出現無限多次。

範例：使用 + 字元搜尋

以「+」字元搜尋字串中所有的小寫英文字母。

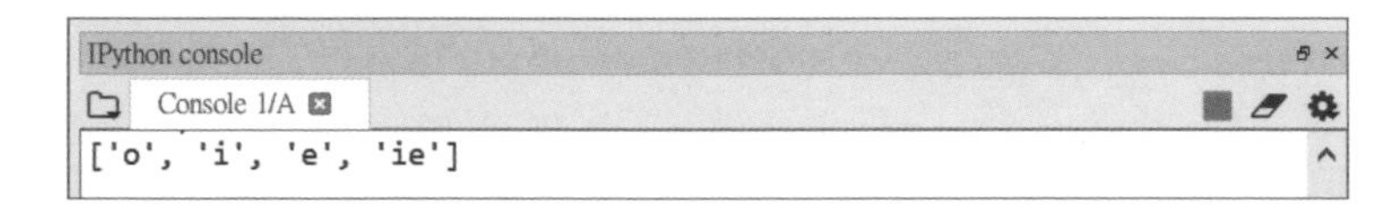

程式碼：plus.py

```
1  import re
2  pat = re.compile(r'[aeiou]+')
3  s="John is my best friend."
4  m = re.findall(pat,s)
5  print(m) #['o', 'i', 'e', 'ie']
```

程式說明

- 2　　搜尋「aeiou」等英文字母，這些字母最少出現 1 次，最多可以出現無限多次。
- 4-5　　會搜尋到 o、i 、e、ie 等字元，並以 ['o', 'i', 'e', 'ie'] 串列傳回。

18 19 20 21 22 23 24 25 26 27 28 29 30 31 32 33

8.5.8 忽略大小寫搜尋

match()、search() 和 findall() 方法中若將第三個參數設定為 re.I 或 re.IGNORECASE，就可以不分大小寫的方式搜尋，但搜尋的結果仍會以原字串的格式傳回。

範例：忽略大小寫搜尋

不分大小寫搜尋 PYTHON 和 ANDROID 字串。

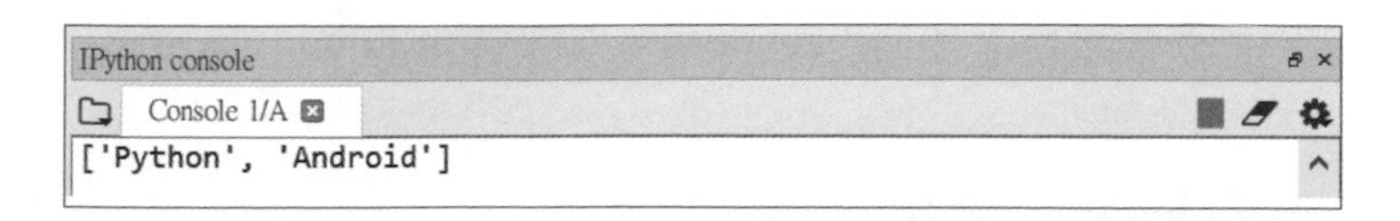

程式碼：ignore.py

```
1   import re
2   pat =r'PYTHON|ANDROID'
3   s="I like Python and Android!"
4   m = re.findall(pat,s,re.I)
5   print(m) #['Python', 'Android']
```

程式說明

- 4　　以 re.I 設定不分大小寫搜尋。

8.5.9 字元分類中的 ^ 字元

在中括號 [ ] 字元分類中的第一個字元加上 ^ 字元，表示是 not，也就是搜尋不在字元分類中的字元。例如：[^a-z.] 表示搜尋非 a-z 和非 . 的字元。

範例：數字和句點搜尋

以 [^a-z.]+ 搜尋 a-z . 和空白字元以外的所有字元。(註：. 右邊有一個空白字元)

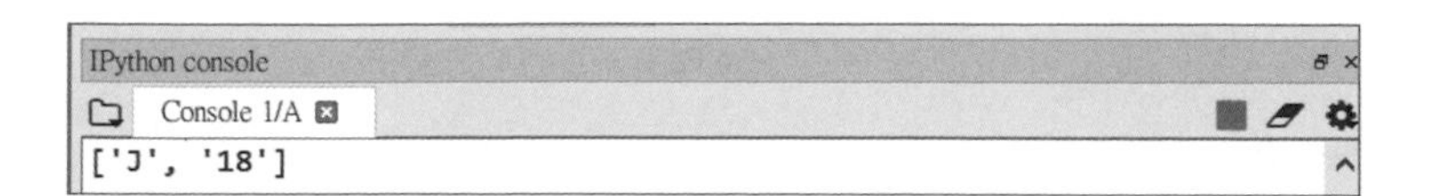

01 02 03 04 05 06 07 08 09 10 11 12 13 14 15 16 17

程式碼：not1.py

```
1  import re
2  pat =r'[^a-z. ]+'
3  s="John was 18 year old."
4  m = re.findall(pat,s)
5  print(m) #['J', '18']
```

程式說明

- 2　　搜尋 a-z . 和空白字元以外的所有字元。
- 4-5　　將會搜尋到 J、18。

8.5.10 正規表達式中的 ^ 和 $ 字元

如果在正規表達式的起始位置加上 ^ 字元，則和在 [ ] 括號分類中的意義大不相同，正規表達式的起始位置加上 ^ 字元，表示指定的正規表達式必須出現在被搜尋字串的起始位置，如果找到傳回搜尋的字串，否則傳回空字串。

如果在正規表達式的最後位置加上 $ 字元，表示指定的正規表達式必須出現在被搜尋字串的結尾位置，如果找到傳回搜尋的字串，否則傳回空字串。

範例：數字和句點搜尋

以 ^\d+ 搜尋數字開始的所有字元，以 w+$ 搜尋結束為數字、字母或底線字元的所有字元。

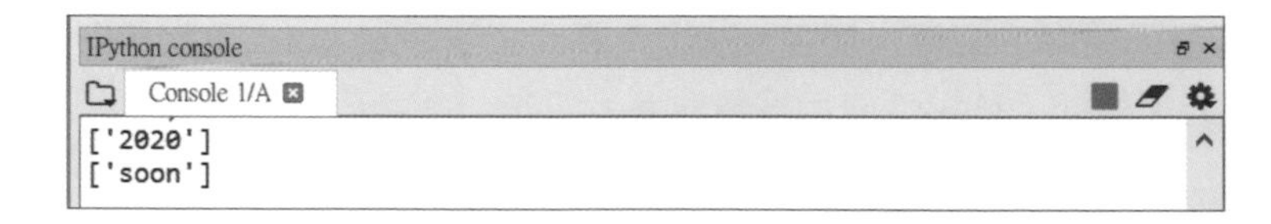

程式碼：not2.py

```
1  import re
2  pat =r'^\d+'
3  s="2020 is coming soon"
4  m = re.findall(pat,s)
5  print(m)  #['2020']
6  m2 = re.findall(r'\w+$',s)
7  print(m2) #['soon']
```

程式說明

- 2-5　　搜尋數字開始的所有字元，結果是 ['2020']。
- 6-7　　搜尋結束為數字、字母或底線字元的所有字元，結果是 ['soon']。

8.5.11 正規表達式中的 . 和 .* 字元

在正規表達式的 . 字元，代表搜尋一個除了換列字元 (\n) 以外的字元，如果找到傳回一個搜尋的字元，否則傳回空字串。

在正規表達式的 . 字元後面再加上 * 字元，即 .* 代表搜尋除了換列字元 (\n) 以外的所有字元，如果找到傳回搜尋的字串，否則傳回空字串。

範例：. 和 .* 搜尋

以 .o 和 .*o 搜尋字串中，2 個及 2 個字元以上，並且以 o 字元結尾的所有字串。

```
IPython console
Console 1/A
['Do', 'yo']
['Do yo']
```

程式碼：wild.py

```
1  import re
2  pat =r'.o'
3  s="Do your best!"
4  m = re.findall(pat,s)
5  print(m) # ['Do', 'yo']
6  m2 = re.findall(r'.*o',s)
7  print(m2) # ['Do yo']
```

程式說明

- 2-5　　搜尋 2 個字元的字串，並且以 o 字元結尾的所有字串，結果是 ['Do', 'yo']。
- 6-7　　搜尋 2 個及 2 個字元以上的字串，並且以 o 字元結尾的所有字串，結果是 ['Do yo']。

8.5.12 換列字元的處理

使用 search() 方法搜尋時，當碰到換列字元 (\n) 即會停止搜尋，如果加入第 3 個參數 re.DOTALL 就不會因換列字元停止搜尋。re.DOTALL 可以加入 match()、search() 和 findall() 方法的第 3 個參數中。

範例：跳列字元的處理

使用和不使用第 3 個參數 re.DOTALL 忽略換列字元搜尋的比較。

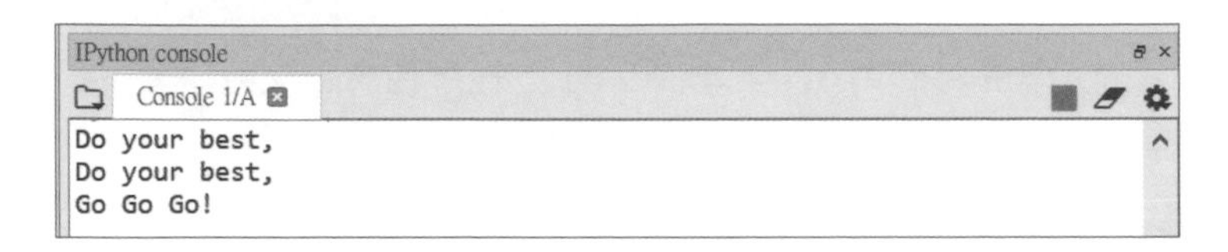

程式碼：dotall.py

```
1  import re
2  pat =r'.*'
3  s="Do your best,\nGo Go Go!"
4  m = re.search(pat,s)
5  print(m.group())  # Do your best,
6  m2 = re.search(r'.*',s,re.DOTALL)
7  print(m2.group()) # Do your best,\nGo Go Go!
```

程式說明

- 2-5　搜尋碰到換列字元 (\n) 即會停止搜尋，結果是 "Do your best,"。
- 6-7　搜尋碰到換列字元也會繼續搜尋，結果是 "Do your best,\nGo Go Go!"。

8.5.13 re.VERBOSE

前面以「|」管道設定可同時搜尋比對多個正規表達式。例如：

```
r'\(\d{2,4}\)-?\d{6,8}|\d{9,10}|\d{4}-\d{6,8}'
```

可以搜尋下列 phoneList 串列中包含手機和市內電話的電話號碼。

```
phoneList=["0412345678","(04)12345678","(04)-12345678",
           "(049)2987654","0937-998877"]
```

如果正規表達式太複雜，解讀上將會增加困難，我們可以在正規表達式中加上註解，但正規表達式中加上註解必須配合 re.VERBOSE 參數。例如：

```
phone=…
pat = r'''
 \(\d{2,4}\)-?\d{6,8} # 註解一
|\d{9,10}             # 註解二
'''
re.search(pat,phone,re.VERBOSE)
```

範例：正規表達式中加上註解

以 re.VERBOSE 參數為正規表達式加上註解。

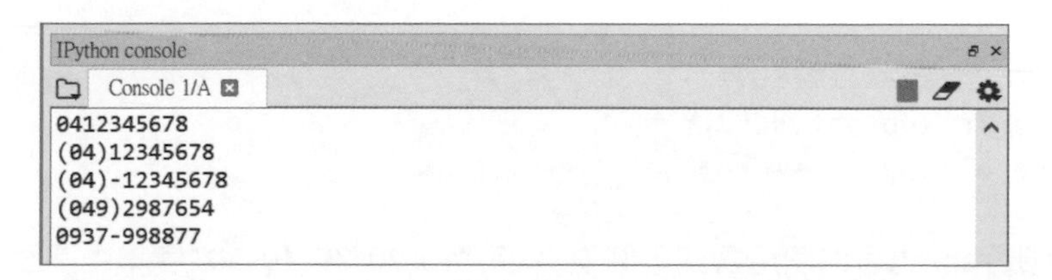

```
0412345678
(04)12345678
(04)-12345678
(049)2987654
0937-998877
```

程式碼：re_verbose.py

```
1   import re
2   phoneList=["0412345678","(04)12345678","(04)-12345678",
               "(049)2987654","0937-998877"]
3   pat = r'''
4   \(\d{2,4}\)-?\d{6,8} #(04)12345678、(04)-12345678、(049)2987654 等電話格式
5   |\d{9,10}            #0412345678 等含 9~10 位數字
6   |\d{4}-\d{6,8}       #0937-998877 等手機格式
7   '''
8
9   for phone in phoneList:
10      phoneNum = re.search(pat,phone,re.VERBOSE)
11      if not phoneNum==None:
12          print(phoneNum.group())
```

01
02
03
04
05
06
07
08
09
10
11
12
13
14
15
16
17

8.6 使用 re.sub() 取代字串

使用 re.sub() 方法可以新的字串取代搜尋的字串，並傳回被取代後的字串，而原來被搜尋的字串仍然不變。re.sub() 方法的語法如下：

```
result = re.sub(pattern, repl, string, count=0)
```

前 3 個為必須的參數，第 4 個為選擇性的參數。

- pattern 表示正規表達式。
- repl 表示新的字串，repl 可以是字串，也可以是函式。
- string 表示要被搜尋的字串。
- count 表示取代的次數，預設為 0 表示全部取代。

例如：將 "Password:1234,ID:5678" 字串中數字密碼和 ID 號碼都以 * 字元替換，即 "Password:*,ID:*"。

程式碼：sub1.py

```
import re
pat=r"\d+"
substr="*"
s="Password:1234,ID:5678"
result = re.sub(pat,substr,s)
print(result) # Password:*,ID:*
```

第二個參數 repl 也可以使用函式，例 如：將 "10 20 30 40 50" 字串中前面 3 組數字都以 multiply() 函式乘以 2，成為 "**20 40 60** 40 50"。

程式碼：sub2.py

```
import re
def multiply(m):
    v = int(m.group())
    return str(v * 2)
result = re.sub("\d+", multiply, "10 20 30 40 50",3)
print(result) # 20 40 60 40 50
```

8.7 實戰：網路爬蟲資料格式檢查

正規表達式最典型的應用是結合網路爬蟲，從網路上擷取資料，再以正規表達式篩選出符合需求的資料。

範例：正規表達式練習

假設 html 原始碼如下，請以正規表達式取出 e-mail、定價金額、圖片網址和電話。

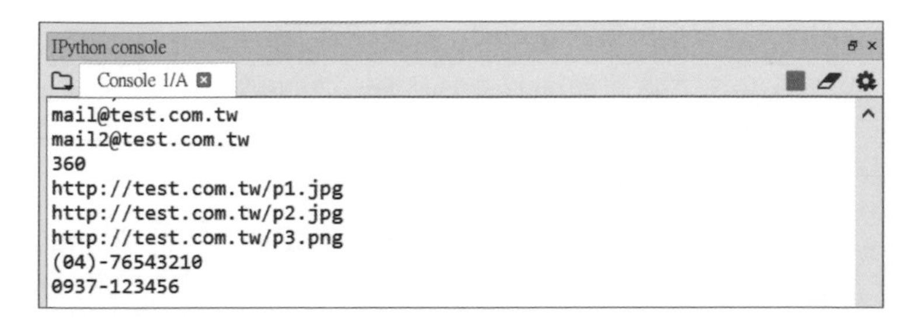

程式碼：regex.py

```
1   html = """
2   <div class="content">
3       E-Mail：<a href="mailto:mail@test.com.tw">mail</a><br>
4       E-Mail2：<a href="mailto:mail2@test.com.tw">mail2</a><br>
5       <ul class="price">定價：360元</ul>
6       <img src="http://test.com.tw/p1.jpg">
7       <img src="http://test.com.tw/p2.jpg">
8       <img src="http://test.com.tw/p3.png">
9       電話：(04)-76543210、0937-123456
10  </div>
11  """
12
13  import re
14
15  emails = re.findall(r'[a-zA-Z0-9_.+-]+@[a-zA-Z0-9-]+
                        \.[a-zA-Z0-9-.]+',html)
16  for email in emails: #顯示 email
17      print(email)
18
19  price=re.findall(r'[\d]+元',html)[0].split('元')[0] #價格
20  print(price) #顯示定價金額
21
```

```
22  imglist = re.findall(r'[http://]+[a-zA-Z0-9-/.]+\.[jpgpng]+',html)
23  for img in imglist: #
24      print(img) #顯示圖片網址
25
26  phonelist = re.findall(r'\(?\d{2,4}\)?\-\d{6,8}',html)
27  for phone in phonelist:
28      print(phone) #顯示電話號碼
```

程式說明

- 15-17　以正規表達式 r'[a-zA-Z0-9_.+-]+@[a-zA-Z0-9-]+\.[a-zA-Z0-9-.]+，讀取 html 字串中所有的 e-mail。
- 19-20　以 r"[\d]+ 元 " 讀取如 360 元以「元」為結尾的字串，因此會讀取到「class="price"」中的金額和「元」，即 360 元。再以 split(' 元 ')[0] 去除 360 元中的「元」得到數字 360。
- 22-24　以 r'[http://]+[a-zA-Z0-9-/.]+\.[jpgpng]+' 取得如 http://*.jpg 和 http://*.png 等格式的圖片網址。
- 26-28　以 r'\(?\d{2,4}\)?\-\d{6,8}' 取得電話和手機號碼。

09

檔案系統的使用

檔案和目錄管理

os 模組

os.path 模組

os.walk 函式

shutil 模組

glob 模組

檔案的讀寫

文字檔案的讀寫

檔案處理

二進位檔案的讀寫

寫入二進位檔案

讀取二進位檔案

01 02 03 04 05 06 07 08 09 10 11 12 13 14 15 16 17

9.1 檔案和目錄管理

日常生活中有太多的時間都是在處理檔案和資料，Python 提供 os、shutil 和 glob 等實用的模組，方便操作檔案和目錄。

本章部份範例需要絕對路徑，請將本章範例檔案複製到 <C:\PythonBook> 目錄中。

9.1.1 os 模組

os 提供取得工作目錄、建立目錄、刪除目錄、刪除檔案、執行作業系統命令等函式，使用時必須匯入 os 模組。

getcwd 函式

getcwd 函式可以取得目前的工作目錄。

程式碼：osgetcwd.py

```
import os
print(os.getcwd())
```

remove 函式

刪除指定的檔案，一般都會配合 os.path 的 exists 函式，先檢查該檔案是否存在，再決定是否要刪除檔案。

程式碼：osremove.py

```
import os
file = "myFile.txt"
if os.path.exists(file):
    os.remove(file)
else:
    print(file + "檔案未建立!")
```

mkdir 函式

利用 mkdir 函式可以建立指定的目錄。

```
import os
os.mkdir("myDir")
```

18 19 20 21 22 23 24 25 26 27 28 29 30 31 32 33

執行後會在現在目錄建立 <myDir> 目錄，但如果目錄已經存在，執行時就會產生錯誤。一般都會先檢查該目錄是否存在，再決定是否要建立目錄。

程式碼：osmkdir.py

```
import os
dir = "myDir"
if not os.path.exists(dir):
    os.mkdir(dir)
else:
    print(dir + "已經建立!")
```

rmdir 函式

rmdir 函式可以刪除指定的目錄，刪除目錄前必須先刪除該目錄的檔案。一般都會先檢查該目錄是否已經建立，再決定是否要刪除目錄。

程式碼：osrmdir.py

```
import os
dir = "myDir"
if os.path.exists(dir):
    os.rmdir(dir)
else:
    print(dir + "目錄未建立!")
```

system 函式

執行作業系統命令。

例如：清除螢幕、建立 <dir2> 目錄、複製 <ossystem.py> 到 <dir2> 目錄中，檔名為 <copyfile.py>，最後以記事本開啟 <copyfile.py> 檔。

程式碼：ossystem.py

```
import os
cur_path=os.getcwd()     # 取得目前路徑
os.system("cls")         # 清除螢幕
os.system("mkdir dir2") # 建立 dir2 目錄
os.system("copy ossystem.py dir2\copyfile.py") # 複製檔案
file=cur_path + "\dir2\copyfile.py"
os.system("notepad " + file) # 以記事本開啟 copyfile.py 檔
```

9.1.2 os.path 模組

os.path 用以處理檔案路徑和名稱，檢查檔案或路徑是否存在，也可以計算檔案的大小。os.path 包含在 os 模組內，匯入 os 模組即可使用：

```
import os
```

os.path 提供下列的函式：

函式	說明
abspath()	傳回檔案完整的路徑名稱。
basename()	傳回檔案路徑名稱最後的檔案或路徑名稱。如果測試的是檔案會傳回檔名，測試的是路徑會傳回路徑。
dirname()	傳回指定檔案完整的目錄路徑，dirname(__file__) 則可以取得目前的目錄路徑。
exists()	檢查指定的檔案或路徑是否存在。
getsize()	取得指定檔案的大小 (Bytes)。
isabs()	檢查指定路徑是否為完整路徑名稱。
isfile()	檢查指定路徑是否為檔案。
isdir()	檢查指定路徑是否為目錄。
split()	分割檔案路徑名稱為目錄路徑和檔案。
splitdrive()	分割檔案路徑名稱為磁碟機和檔案路徑名稱。
join()	將路徑和檔案名稱結合為完整路徑。

exists 函式

檢查指定的檔案或路徑是否存在。

例如：檢查 <ospath.py> 檔案是否存在，如果檔案存在顯示其完整路徑名稱並計算檔案大小。

程式碼：osexists.py

```
import os
filename=os.path.abspath("osexists.py")
if os.path.exists(filename): # 檢查檔案是否存在
    print(" 完整路徑名稱：" + filename)
    print(" 檔案大小：" , os.path.getsize(filename))
```

```
完整路徑名稱：C:\example\ch09\osexists.py
檔案大小： 207
```

dirname 函式

dirname 函式傳回指定檔案完整的目錄路徑，dirname(__file__) 則可以取得目前的目錄路徑。

程式碼：osdirname.py

```
import os
cur_path=os.path.dirname(__file__) # 取得目前目錄路徑
print("現在目錄路徑："+cur_path)
```

join 函式

join 函式可以將參數內的字串結合成一個檔案路徑，參數可以 2 個或 2 個以上。

例如：取得最後的檔案或路徑名稱、目前檔案目錄路徑、偵測是否為目錄、將路徑分解為路徑和檔名、取得磁碟機名稱以及檔案路徑結合等。

程式碼：ospath.py

```
1   import os
2   filename=os.path.abspath("ospath.py")
3   if os.path.exists(filename):
4       basename=os.path.basename(filename)
5       print("最後的檔案或路徑名稱：" + basename)
6
7       dirname=os.path.dirname(filename)
8       print("目前檔案目錄路徑：" + dirname)
9
10      print("是否為目錄：",os.path.isdir(filename))
11
12      fullpath,fname=os.path.split(filename)
13      print("目錄路徑：" + fullpath)
14      print("檔名：" + fname)
15
16      Drive,fpath=os.path.splitdrive(filename)
17      print("磁碟機：" + Drive)
18      print("路徑名稱：" + fpath)
```

```
19
20        fullpath = os.path.join(fullpath, fname)
21        print("組合路徑 = " + fullpath)
```

```
Console 1/A
最後的檔案或路徑名稱：ospath.py
目前檔案目錄路徑：C:\example\ch09
是否為目錄： False
目錄路徑：C:\example\ch09
檔名：ospath.py
磁碟機：C:
路徑名稱：\example\ch09\ospath.py
組合路徑= C:\example\ch09\ospath.py
```

9.1.3 os.walk 函式

os.walk 可以搜尋指定目錄以及其子目錄，它會傳回一個包含 3 個元素的元組，分別是目錄名稱 (dirname)、下一層目錄串列 (subdir) 和目前目錄中所有檔案串列 (files)。由於它具有類似遞迴方式的處理能力，可以遍歷所有的子目錄，功能非常強大，程式理解上也較複雜。

為了方便說明，本範例檔刻意放在本章的 <oswalk> 目錄下，該目錄包含了 <Dir> 目錄和 <oswalk.py>、<oswalk1.txt> 檔，並在 <Dir> 目錄下又建立了 <SubDir> 目錄和 <Dir1.txt>、<Dir2.txt> 檔，同時在 <SubDir> 目錄也建立了檔案 <SubDir1.txt> 檔。架構如下：

```
\oswalk
    \Dir ───────┬─ \SubDir ──── SubDir1.txt
    oswalk.py   ├─ Dir1.txt
    oswalk1.txt └─ Dir2.txt
```

程式碼：oswalk.py

```
import os
cur_path=os.path.dirname(__file__) # 取得目前路徑
sample_tree=os.walk(cur_path)
for dirname,subdir,files in sample_tree:
    print("檔案路徑：",dirname)
    print("目錄串列：" , subdir)
    print("檔案串列：",files)
    print()
```

```
Console 1/A
檔案路徑： C:\example\ch09\oswalk
目錄串列： ['Dir']
檔案串列： ['oswalk.py', 'oswalk1.txt']

檔案路徑： C:\example\ch09\oswalk\Dir
目錄串列： ['SubDir']
檔案串列： ['Dir1.txt', 'Dir2.txt']

檔案路徑： C:\example\ch09\oswalk\Dir\SubDir
目錄串列： []
檔案串列： ['SubDir1.txt']
```

1. 首先取得的檔案路徑是 <\oswalk>，該路徑包含一個 <Dir> 目錄串列和 <oswalk.py>、<oswalk1.txt> 檔。
2. 接著進入子目錄 <Dir>，<Dir> 目錄下包含了 <SubDir> 目錄和 <Dir1.txt>、<Dir2.txt> 檔。
3. 最後進入 <SubDir> 目錄，該目錄串列為 [] 表示已無子目錄，同時顯示包含了 <SubDir1.txt> 檔。

9.1.4 shutil 模組

shutil 是一個可跨平台的檔案處理模組，它提供一些函式，可以在 Python 程式中執行檔案或目錄的複製、刪除或搬移。首先必須匯入 shutil 模組：

```
import shutil
```

常用的函式如下：

屬性或函式	說明
copy(來源檔案 , 目的檔案)	複製來源檔案及其權限到目的檔案。
copyfile(來源檔案 , 目的檔案)	複製來源檔案到目的檔案。
copytree(來源目錄 , 目的目錄)	將來源目錄及其中所有檔案新增到目的目錄。
rmtree(目錄)	刪除指定目錄及其中所有檔案。
move(來源檔案或目錄 , 目的地)	將來源檔案或目錄搬移到目的地。

和 os 的函式相比較，shutil 提供更強的處理能力，而且可以跨平台。

copy 和 copyfile 函式

copy 和 copyfile 函式都可以複製來源檔案到指定的目的檔案，執行時必須確定來源檔案已存在。

例如：複製 <shutil.py> 為 <newfile.py> 及 <D:\new.py> 檔。

程式碼：shutil.py

```
import os,shutil
cur_path=os.path.dirname(__file__)  # 取得目前路徑
destfile= cur_path + "\\" + "newfile.py"
shutil.copy("shutil.py",destfile )  # 檔案複製
shutil.copyfile("shutil.py","D:\\new.py" )  # 檔案複製
```

copytree 函式

copytree 和 copy 相似，但它複製的是目錄，複製時來源目錄底下的子目錄和檔案也會被複製，執行時必須確定來源目錄已存在。

例如：複製目前路徑下的 <oswalk> 目錄到 <D:\newoswalk> 目錄。

程式碼：copytree.py

```
import shutil
shutil.copytree("oswalk","D:\\newoswalk" )  # 目錄複製
```

rmtree 函式

os 模組的 rmdir 只能刪除空的目錄，而 rmtree 則可以刪除指定目錄及目錄底下的子目錄和檔案，執行時必須確定要刪除的目錄已存在。

例如：刪除 <D:\newoswalk> 目錄。

程式碼：rmtree.py

```
import shutil
shutil.rmtree("D:\\newoswalk" )  # 刪除目錄
```

9.1.5 glob 模組

glob 可以取得指定條件的檔案串列，請先以 import glob 匯入 glob 模組，匯入後就可以 glob.glob 函式取得指定條件的檔案串列。語法：

```
glob.glob("路徑名稱")
```

路徑名稱可以明確指定檔案名稱，也可使用「*」萬用字元。

例如：取得 <glob.py> 檔、檔名前兩個字元是 os 開頭的所有 py 檔案以及所有副檔名為 txt 的檔案。

程式碼：glob.py

```
import glob
files = glob.glob("glob.py") + glob.glob("os*.py") + glob.glob("*.txt")
for file in files:
    print(file)
```

9.2 檔案的讀寫

Python 不僅可存取文字檔案，也可存取如圖片、聲音等文件的二進位檔案。

9.2.1 文字檔案的讀寫

利用 Python 內建的函式 open 可以開啟指定的檔案，包括文字檔案和二進位檔案，以便進行檔案內容的讀取、寫入或修改。

open 函式

```
open( 檔案名稱 [, 模式 ][, 編碼 ])
```

open 函式全部有 8 個參數，最常使用的是檔案名稱、模式和編碼參數，其中只有第一個檔案名稱是不可省略，其他的參數都可以省略，省略時會使用預設值。

- **檔案名稱**：設定檔案的名稱，它是字串型態，可以是相對路徑或絕對路徑，如果沒有設定路徑，則會預設為目前執行程式的目錄。
- **模式**：設定檔案開啟的模式，它也是字串型態。省略將預設為讀取模式。

模式	說明	模式	說明
r	讀取模式，此為預設模式。	r+	可讀寫模式，指標會置於檔頭。
w	寫入模式，若檔案已存在，內容將會被覆蓋。	w+	可讀寫模式，指定檔案不存在時會建立檔案再寫入檔案，若檔案已存在，寫入內容會覆蓋原內容。
a	附加模式，若檔案已存在，內容會被附加至檔案尾端。	a+	可讀寫模式，指定檔案不存在時會建立檔案再寫入檔案，若檔案已存在，寫入內容會附加至檔案尾端。

open 函式會建立一個物件，利用這個物件就可以處理檔案，檔案處理結束也會以 close 函式關閉檔案。

```
f=open('file1.txt','r')
...
f.close()
```

省略模式時預設為文字模式 t，也可以在模式後面加 t 或 b 表示要以文字模式或二進位模式開啟檔案。

例如：開啟 <file1.txt> 文字檔為寫入模式，並將資料寫入檔案中。

程式碼：filewrite1.py

```
1   content='''Hello Python
2   中文字測試
3   Welcome
4   '''
5   
6   f=open('file1.txt','w')
7   f.write(content)
8   f.close()
```

上例以「'''…'''」定義 content 變數，兩個「'''」字元間的內容會保留原來格式輸出，因此 content 變數的內容為：

```
Hello Python
中文字測試
Welcome
```

執行完畢後，用記事本開啟 <file1.txt> 文字檔，內容如下：

```
Hello Python
中文字測試
Welcome
```

按另存新檔，會發現中文 Windows 系統預設的編碼是 ANSI。

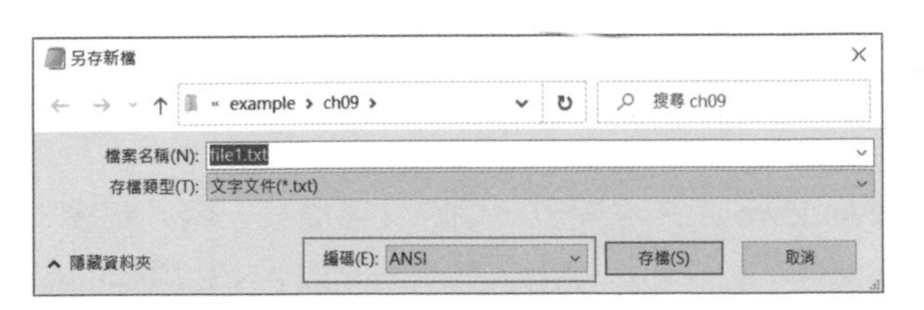

01
02
03
04
05
06
07
08
09
10
11
12
13
14
15
16
17

我們也可以將文字檔讀取後顯示出來。

例如：開啟 <file1.txt> 文字檔為讀取模式，並顯示資料內容。

程式碼：fileread1.py

```
1   f=open('file1.txt','rt')
2   for line in f:
3       print(line,end="")
4   f.close()
```

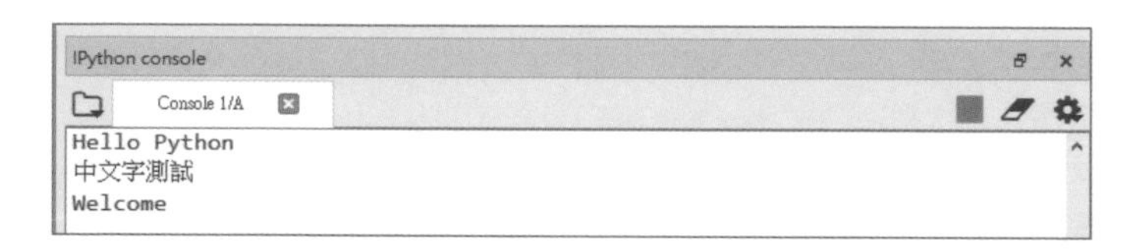

如果開啟檔案處理之後，就將檔案 close 關閉了，其實也可以使用 with 敘述，因為 with 結束後會自動關閉開啟的檔案，因此，我們就不需要再以 f.close() 主動關閉檔案了。請注意：with 敘述內的程式必須縮排。

程式碼：fileread2.py

```
1   with open('file1.txt','r') as f:
2       for line in f:
3           print(line,end="")
```

- **編碼**：指定檔案的編碼模式，一般可設定 cp950 或 UTF-8 (大小寫都可以)。如果是用 Spyder 儲存的檔案，預設編碼為 UTF-8，若是繁體中文 Windows 系統，編碼依作業系統而定，預設的編碼是 cp950，也就是記事本儲存為 ANSI 的編碼。可以在 .py 程式中以下列程式取得目前作業系統設定的編號。

```
import locale
print(locale.getpreferredencoding())
```

請注意：在中文 Windows 系統中開啟一個純文字檔案，用「記事本」編輯的話，預設是用 ANSI 編碼儲存，因此可以使用下列語法開啟 ANSI 編碼的檔案。

```
f=open('file1.txt','r')
```

或明確指定檔案編碼是 cp950。

```
f=open('file1.txt','r', encoding = 'cp950')
```

如果使用 encoding = 'cp950' 去讀取 UTF-8 編碼的檔案，顯示資料內容會出現錯誤。

例如：使用 cp950 開啟已另存為 UTF-8 編碼格式 <file2.txt> 檔並顯示資料內容。

程式碼：filereadUTF-8.py

```
f=open('file2.txt','r',encoding ='cp950')
for line in f:
    print(line,end="")
f.close()
```

執行結果會產生錯誤：

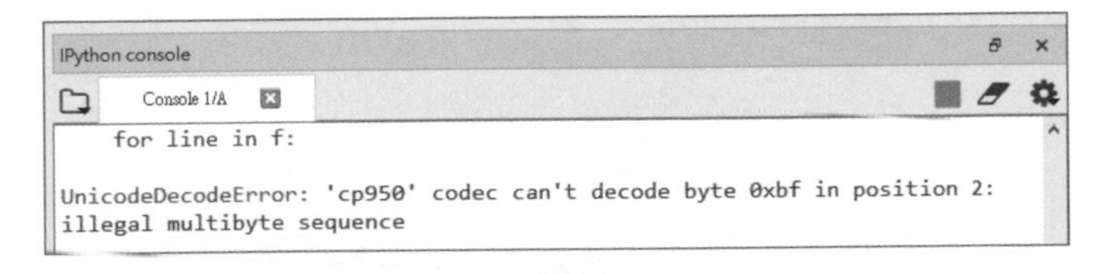

必須將 encoding 指定為 UTF-8 才可順利讀取和顯示。

```
f=open('file2.txt','r',encoding ='UTF-8')
...
f.close()
```

由於國際間通行的編碼以及許多 Linux 系統，預設都是使用 UTF-8 編碼，因此建議將檔案另存為 UTF-8 (不要使用 ANSI)。

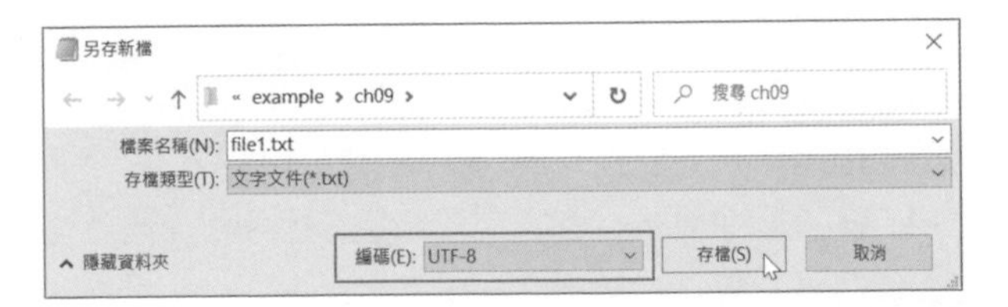

如果檔案編碼已更改為 UTF-8，讀取時就必須指定編碼為 UTF-8，否則會出現錯誤。

```
f=open( 編碼為 UTF-8 檔案 ,'r', encoding = 'UTF-8')
```

01 02 03 04 05 06 07 08 09 10 11 12 13 14 15 16 17

9.2.2 檔案處理

讀取的檔案，可以顯示其內容，也可以將內容寫入檔案中儲存。

常用處理檔案內容的函式如下：

函式	說明
close()	關閉檔案，檔案關閉後就不能再進行讀寫的操作。
flush()	檔案在關閉時會將資料寫入檔案中，也可以使用 flush() 強迫將緩衝區的資料立即寫入檔案中，並清除緩衝區。
read([size])	由目前位置讀取 size 長度的字元，並將目前位置往後移動 size 個字元。如果未指定長度則會讀取所有字元。
readable()	測試是否可讀取。
readline([size])	讀取目前文字指標所在列中 size 長度的文字內容，若省略參數，則會讀取一整列，包括 "\n" 字元。
readlines()	讀取所有列，它會傳回一個串列。
next()	移動到下一列。
seek()	將指標移到文件指定的位置。
tell()	傳回文件目前位置。
write(str)	將指定的字串寫入文件中，它沒有返回值。
writelines(list)	將指定的串列寫入文件中，它沒有返回值。
writable()	測試是否可寫入。

read

read 會從目前的指標的位置，讀取指定長度的的字元，如果未指定長度則會讀取所有的字元。例如：讀取 <file1.txt> 檔案的前 5 個字元。

程式碼：**fileread3.py**

```
1   with open('file1.txt','r') as f:
2       str1=f.read(5)
3       print(str1)  # Hello
```

readline([size])

讀取目前文字指標所在列中 size 長度的文字內容，若省略參數，則會讀取一整列，包括 "\n" 字元。

例如：讀取 UTF-8 編碼的 <file2.txt> 檔案內容。

程式碼：fileread4.py
```
1  with open('file2.txt','r',encoding ='UTF-8') as f:
2      print(f.readline())  # 123 中文字 \n
3      print(f.readline(3)) # abc
```

執行結果：

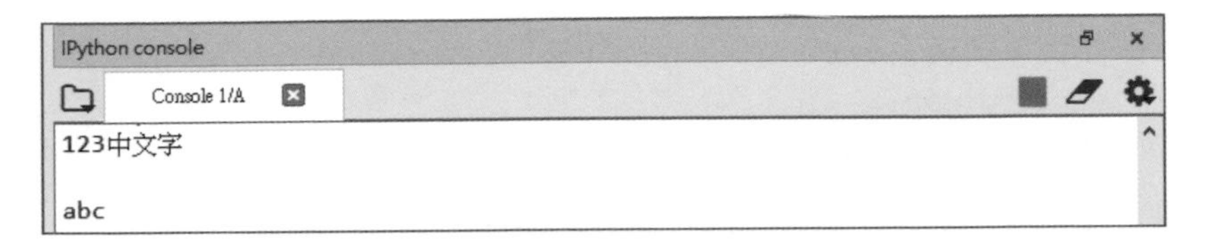
IPython console
Console 1/A
123中文字
abc

上例中以 f.readline() 讀取第一列，因為包含 \n 跳列字元，因此以 print() 顯示時中間會多出一列空白列。

f.readline() 讀取後指標會移動到下一列，即第二列，因此 f.readline(3) 會讀取第二列的前面 3 個字元。

readlines

讀取全部文件內容，它會以串列方式傳回，每一列會成為串列中的一個元素。

例如：讀取 <file1.txt> 檔案的所有的文件內容。

程式碼：fileread5.py
```
1  with open('file1.txt','r') as f:
2      content=f.readlines()
3      print(type(content))    # <class 'list'>
4      print(content)
```

執行結果：

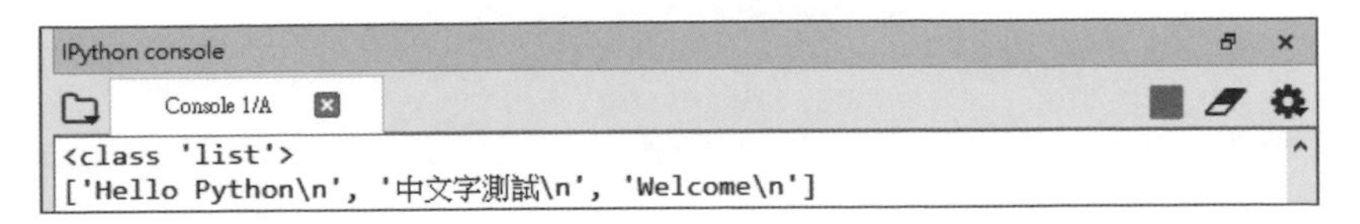
IPython console
Console 1/A
<class 'list'>
['Hello Python\n', '中文字測試\n', 'Welcome\n']

readlines 以串列傳回所有文件內容，包括 \n 跳列字元，甚至是隱含的字元。再看看下列這個例子。

BOM 的處理

例如：讀取 UTF-8 編碼的 <file2.txt> 檔案的文件內容。

程式碼：fileread6.py

```
1  with open('file2.txt','r',encoding ='UTF-8') as f:
2      doc=f.readlines()
3      print(doc)
4
5  with open('file2.txt','r',encoding ='UTF-8') as f:
6      str1=f.read(5)
7      print(str1)   # 123 中
```

執行結果：

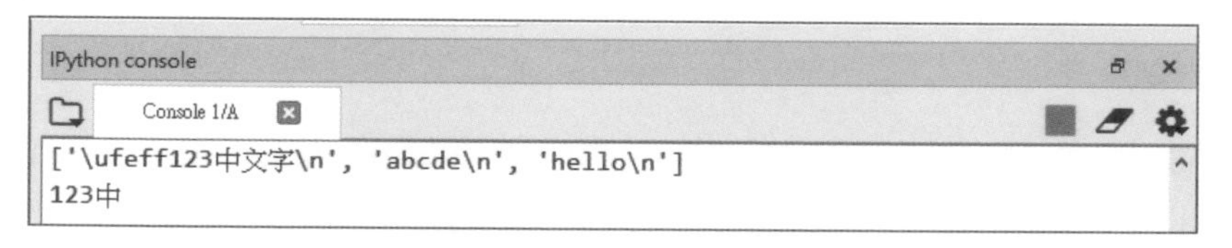

有沒有注意到，串列內容資料最前面多了一個「\ufeff」字元，這個字元是 BOM，(ByteOrder Mark)，功能是用來標示文件的編碼。BOM 是在 Windows 系統中用「記事本」將檔案儲存為 UTF-8 時會自動產生的。

BOM 會佔 1 個字元，因此第 7 列執行的結果只看到「123 中」這 4 個字元，因為第一個字元 BOM 未顯示出來。

這個 BOM 字元因為未顯示出來，在資料處理時經常會造成誤判，有經驗的程式設計師會用其他的文件編輯器，如 NotePad++，選擇 **編譯 UTF-8 碼** 去除 BOM。

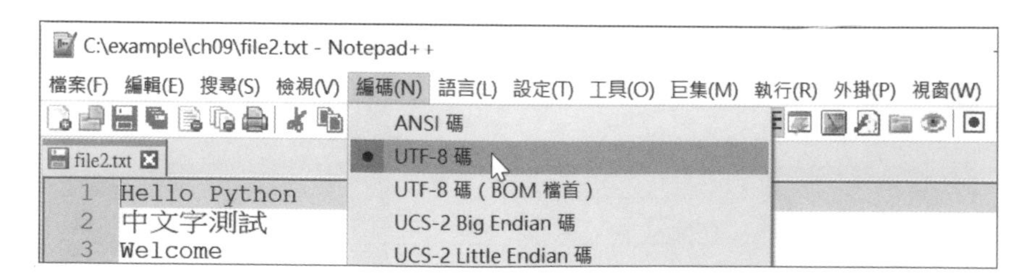

另一種處理方式就是讀取有 BOM 的文件檔時，明確地加上「encoding ='UTF-8-sig'」，如此會將 BOM 與文件分離單獨處理。

例如：讀取 UTF-8 編碼的 <file2.txt> 檔案的文件內容，並分離 BOM。

程式碼：**fileread7.py**

```
1   with open('file2.txt','r',encoding ='UTF-8-sig') as f:
2       doc=f.readlines()
3       print(doc)
4
5   with open('file2.txt','r',encoding ='UTF-8-sig') as f:
6       str1=f.read(5)
7       print(str1)   # 123 中文
```

執行結果：

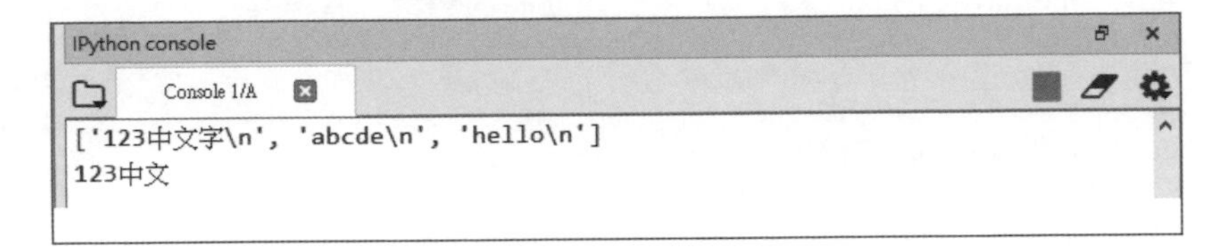

01
02
03
04
05
06
07
08
09
10
11
12
13
14
15
16
17

9.3 二進位檔案的讀寫

在模式後面加上 b 就表示要以二進位模式開啟檔案，開啟二進位檔案不需要第三個 encoding 參數。

9.3.1 寫入二進位檔案

二進位檔案的資料是 bytes 位元組串列的格式，因此如果是字串必須以 encode 函式換為 bytes 位元組串列。

例如：開啟 <file.bin> 二進位檔為寫入模式，並將資料寫入檔案中。

程式碼：**binarywrite.py**

```
1   content='''Hello Python
2   中文字測試
3   Welcome
4   '''
5
6   content=content.encode("utf-8") # 轉成 bytes
7   with open('file.bin','wb') as f:
8       f.write(content)
```

9.3.2 讀取二進位檔案

讀取的二進位檔案資料是 bytes 位元組串列的格式，通常會以 decode 函式將位元組轉換為字串。

例如：開啟 <file.bin> 二進位檔為讀取模式，並顯示讀取的資料。

程式碼：**binaryread.py**

```
1   with open('file.bin','rb') as f:
2       content=f.read().decode("utf-8")
3       print(content)
```

執行完畢後，顯示結果如下：

```
Hello Python
中文字測試
Welcome
```

seek

將指標移到文件指定的位置，請注意：檔案必須以二進位模式開啟。語法：

```
seek(offset[, whence])
```

- offset： 從 whence 置開始算起，相對的偏移位置。
- whence：0 代表從文件最前端開始算起，1 代表從目前位置開始算起，2 代表從文件末尾算起。

如果操作成功，傳回新的文件位置，如果操作失敗傳回 -1。以 tell 函式可以傳回目前文件位置。

tell

傳回文件目前的索引位置。

例如：開啟 <file.bin> 二進位檔為讀取模式，配合 seek 函式讀取指定的資料。

程式碼：fileseek.py

```
1  # file.bin 內容
2  '''Hello Python
3  中文字測試
4  Welcome
5  '''
6  
7  f=open('file.bin','rb')
8  print("目前文件索引位置：",f.tell()) #0
9  f.seek(6) #移到索引第 6 (第7個字元)位置
10 str1=f.read(7) #讀取 7 個字元
11 print(str1)     # b'Python\n'
12 print("目前文件索引位置：",f.tell()) #13
13 
14 f.seek(0) #回文件最前端
15 print("目前文件索引位置：",f.tell()) #0
16 str2=f.read(5) #讀取 5 個字元
17 print(str2)     # b'Hello'
18 
19 f.seek(-8,2)    #移至最尾端，向前取 8 個字元
20 str3=f.read()
21 print(str3)     # b'Welcome\n'
22 
23 f.close()
```

執行結果：

```
IPython console
Console 1/A
目前文件索引位置： 0
b'Python\n'
目前文件索引位置： 13
目前文件索引位置： 0
b'Hello'
b'Welcome\n'
```

程式說明

- 7　必須以 f=open('file.bin','rb') 二進位檔模式開啟，才能執行第 19 列 f.seek(-8,2) 的指令。
- 8　開始時文件的索引位置為 0。
- 9-11　移到索引第 6 (第 7 個字元) 位置，讀取 7 個字元並顯示，結果為「b'Python\n'」其中包含 \n 跳列字元。
- 14-17　移到最前端，讀取 5 個字元並顯示，結果為「b'Hello'」。
- 19-21　移到最末端，再向前移動 8 個字元，然後讀取之後的所有字元，直到檔案結束，結果為「b'Welcome\n'」。

10

圖形使用者介面設計

- Tkinter 圖形使用者介面模組
  - 建立主視窗 (Tk)
  - 標籤 (Label)
  - 按鈕元件 (Button)
  - 文字區塊 (Text)
  - 文字編輯 (Entry) 元件
  - 選項按鈕 (Radiobutton)
  - 核取方塊 (Checkbutton)
- 排版方式
  - pack 方法
  - grid 方法
  - place 方法
- 視窗區塊 (Frame)
- 實戰：英文單字王視窗版

01 02 03 04 05 06 07 08 09 10 11 12 13 14 15 16 17

10.1 Tkinter 模組：圖形使用者介面

Tkinter 模組是一個小巧的圖形使用者介面 (GUI)，內含於 Python 系統中，不需另外安裝即可使用。

10.1.1 建立主視窗 (Tk)

使用 Tkinter 模組前必須先匯入模組，例如匯入 Tkinter 模組並命名為「tk」：

```
import tkinter as tk
```

Tkinter 模組的元件 (widget) 是置於主視窗中，因此要先建立主視窗，語法為：

```
主視窗名稱 = tk.Tk()
```

例如建立的主視窗名稱為「win」：

```
win=tk.Tk()
```

主視窗常用的方法有：

- **geometry**：功能為設定主視窗的尺寸，語法為：

```
主視窗名稱 .geometry(" 寬度 x 高度 ")   #「x」為小寫字母 x
```

例如設定 win 主視窗的寬度為 450，高度為 100：

```
win.geometry("450x100")
```

若未設定主視窗尺寸，則主視窗尺寸由系統根據元件自行決定。

- **title**：功能為設定主視窗的標題 (一般為應用程式名稱)，例如設定 win 主視窗的標題為「這是主視窗」：

```
win.title(" 這是主視窗 ")
```

若未設定主視窗標題，預設值為「tk」。

主視窗建立完成後，必須在程式最後使用「mainloop」方法讓程式進入與使用者互動模式，等待使用者觸發事件後進行處理。

```
win.mainloop()
```

程式碼：tk.py

```
1 import tkinter as tk
2 win = tk.Tk()
3 win.geometry("450x100")
4 win.title(" 這是主視窗 ")
5 win.mainloop()
```

執行結果：

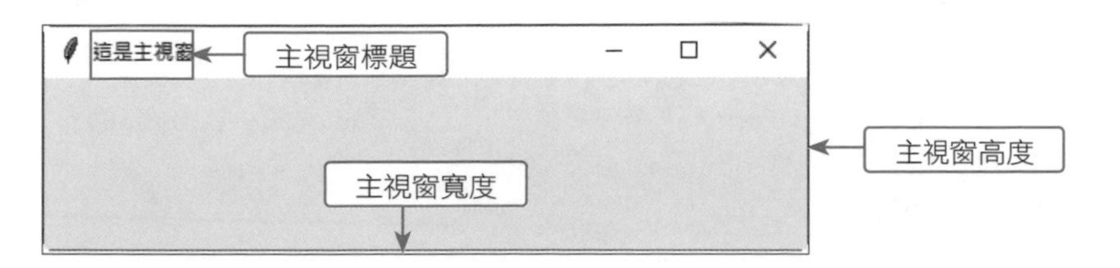

10.1.2 標籤 (Label) 及按鈕元件 (Button)

Tkinter 模組提供十餘種元件，最簡單且最常使用的是標籤及按鈕元件。

標籤元件

標籤元件的功能是顯示一段文字，建立標籤元件的語法為：

```
元件名稱 = tk.Label( 容器名稱 , 參數 1, 參數 2，……)
```

標籤元件常用的參數：

參數	功能
width	設定元件寬度。
height	設定元件高度。
text	設定元件文字內容。
textvariable	設定元件動態內容的文字變數。
background 或 bg	設定元件背景顏色。
foreground 或 fg	設定元件文字顏色。
font	設定元件文字字體及尺寸，例如 font=(" 新細明體 ", 12)。
padx	設定元件與容器的水平間距。
pady	設定元件與容器的垂直間距。

建立的元件並不會自動在主視窗中顯示，還要設定排版方式才會顯示。排版方式有 3 種，後面章節會詳細說明，此處示範 pack 方式的語法：

```
元件名稱 .pack()
```

pack 方式是將元件視為矩形物件顯示。

程式碼：tklabel1.py

```
1 import tkinter as tk
2 win = tk.Tk()
3 label1 = tk.Label(win, text="這是標籤元件！", fg="red",
        bg="yellow", font=("新細明體", 12), padx=20, pady=10)
4 label1.pack()
5 win.mainloop()
```

執行結果：

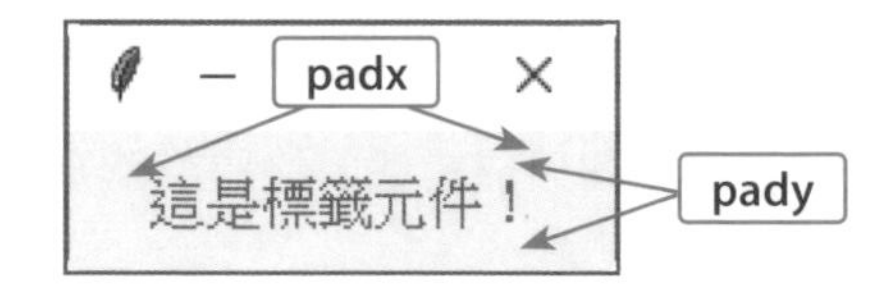

按鈕元件

按鈕元件是與使用者互動最主要的元件，當使用者點選時會觸發 click 事件，執行設計者指定的函式。建立按鈕元件的語法為：

```
元件名稱 = tk.Button(容器名稱, 參數1, 參數2，……)
```

按鈕元件常用的參數：

參數	功能
width	設定按鈕寬度。
height	設定按鈕高度。
text	設定按鈕文字。
textvariable	設定按鈕動態文字的文字變數。
background 或 bg	設定按鈕背景顏色。
foreground 或 fg	設定按鈕文字顏色。

參數	功能
font	設定按鈕文字字體及尺寸。
padx	設定按鈕與容器的水平間距。
pady	設定按鈕與容器的垂直間距。
command	設定使用者按下按鈕時要執行的函式。

textvariable 參數

大部分元件都有 textvariable 參數，此參數可以動態取得或設定元件文字內容。textvariable 參數的文字變數有 3 種型態：

- **tk.StringVar()**：資料型態為字串，預設值為空字串。
- **tk.IntVar()**：資料型態為整數，預設值為 0。
- **tk.DoubleVar()**：資料型態為浮點數，預設值為 0.0。

文字變數主要有 2 種方法：

- **文字變數 .get()**：取得元件文字內容。
- **文字變數 .set(內容)**：設定元件文字內容。

程式碼：tkbutton1.py

```
 1 def click1():
 2     textvar.set(" 我已經被按過了！ ")
 3
 4 import tkinter as tk
 5
 6 win = tk.Tk()
 7 textvar = tk.StringVar()
 8 button1 = tk.Button(win, textvariable=textvar, command=click1)
 9 textvar.set(" 按鈕 ")
10 button1.pack()
11 win.mainloop()
```

執行結果：

程式說明

- 2　自訂程序將按鈕文字改為 **我已經被按過了！**。
- 7　建立字串型態文字變數 textvar。
- 8　建立按鈕元件並設定按鈕的文字變數為 textvar，當使用者按下按鈕時會執行 click1 函式。
- 9　設定按鈕文字為 **按鈕**。

如果元件設定了 textvariable 參數，text 參數的設定值就無效了 (不會顯示 text 參數設定的文字，必須以「文字變數 .set()」設定文字內容。

範例：改變標籤及按鈕元件文字內容

開始時顯示歡迎文字，按下按鈕後標籤文字變為按鈕計次文字，按鈕文字變為 **回復原來文字！**；再按一次按鈕，標籤文字變為按了 2 次文字，按鈕文字回復為 **按鈕**；繼續按下按鈕，標籤文字會不斷累積按鈕次數，按鈕文字則在 **按鈕** 及 **回復原來文字！**反覆切換。

歡迎光臨Tkinter！ 按我！ | 你按我 1 次了！ 回復原來文字！ | 你按我 2 次了！ 按我！ | 你按我 8 次了！ 按我！

程式碼：tkbutton2.py

```
1 def clickme():
2     global count
3     count += 1
4     labeltext.set("你按我 " + str(count) + " 次了！")
5     if(btntext.get() == "按我！"):
6         btntext.set("回復原來文字！")
7     else:
8         btntext.set("按我！")
9
10 import tkinter as tk
11
12 win = tk.Tk()
13 labeltext = tk.StringVar()
14 btntext = tk.StringVar()
15 count = 0
16 label1 = tk.Label(win, fg="red", textvariable=labeltext)
```

```
17 labeltext.set("歡迎光臨 Tkinter！")
18 label1.pack()
19 button1 = tk.Button(win, textvariable=btntext, command=clickme)
20 btntext.set("按我！")
21 button1.pack()
22 win.mainloop()
```

程式說明

- 1-8　使用者按下按鈕時執行的函式。
- 2-4　將計數器加 1 並在標籤元件中顯示。
- 5-8　反覆變更按鈕文字。
- 13-14　建立標籤及按鈕文字變數。
- 16-18　建立標籤元件並設定文字變數。
- 19-21　建立按鈕元件並設定文字變數。

10.1.3 文字區塊 (Text) 及文字編輯 (Entry) 元件

文字區塊元件

文字區塊元件可輸入多列文字內容，建立文字區塊元件的語法為：

```
元件名稱 = tk.Text(容器名稱, 參數1, 參數2,……)
```

文字區塊元件常用的參數：

參數或方法	功能
width	設定元件寬度。
height	設定元件高度。
background 或 bg	設定元件背景顏色。
foreground 或 fg	設定元件文字顏色。
font	設定元件文字字體及尺寸。
padx	設定元件與容器的水平間距。
pady	設定元件與容器的垂直間距。
state	設定元件文字內容是否可編輯。
insert 方法	加入元件文字內容。

state 參數預設值為「tk.NORMAL」，表示文字區塊內容可以編輯；state 參數若設定為「tk.DISABLED」，表示文字區塊內容不能改變。

文字區塊元件無法在建立元件時設定文字內容，必須以 insert 方法加入文字：

```
元件名稱 .insert( 加入型態 , 字串 )
```

「加入型態」有 2 種：

- **tk.INSERT**：將字串加入文字方塊。
- **tk.END**：將字串加入文字方塊，並結束文字方塊內容。

變更元件參數設定

建立元件後若要變更元件的參數設定，可使用 config 方法，語法為：

```
元件名稱 .config( 參數 1, 參數 2, ……)
```

文字區塊元件的內容預設是可被使用者編輯，如果不希望讓使用者修改文字區塊元件的顯示內容，需設定 state 參數值為「tk.DISABLED」。

程式碼：tktext1.py

```
1 import tkinter as tk
2 win = tk.Tk()
3 text = tk.Text(win)
4 text.insert(tk.INSERT, "Tkinter 模組是圖形使用者介面，\n")
5 text.insert(tk.INSERT, "雖然功能略為陽春，\n")
6 text.insert(tk.INSERT, "但已足夠一般應用程式使用，\n")
7 text.insert(tk.INSERT, "而且是內含於 Python 系統中，\n")
8 text.insert(tk.END, "不需另外安裝即可使用。")
9 text.pack()
10 text.config(state=tk.DISABLED)
11 win.mainloop()
```

tk
Tkinter 套件是圖形使用者介面，
雖然功能略為陽春，
但已足夠一般應用程式使用，
而且是內含於 Python 系統中，
不需另外安裝即可使用。
文字內容不能修改

程式說明

- 3　建立文字區塊元件時未設定 state 參數，預設為可編輯。
- 4-8　加入文字內容。
- 10　以 config 方法設定文字區塊元件為不可編輯。

文字編輯元件

文字編輯元件的功能是讓使用者輸入資料，建立文字編輯元件的語法為：

```
元件名稱 = tk.Entry( 容器名稱 , 參數1, 參數2，……)
```

文字編輯元件常用的參數：

參數	功能
width	設定元件寬度。
height	設定元件高度。
background 或 bg	設定元件背景顏色。
foreground 或 fg	設定元件文字顏色。
textvariable	設定元件動態文字的文字變數。
font	設定元件文字字體及尺寸。
padx	設定元件與容器的水平間距。
pady	設定元件與容器的垂直間距。
state	設定元件是否可編輯，使用方法與文字區塊元件相同。

範例：密碼確認視窗

使用者可在文字編輯元件中輸入密碼，若輸入「1234」表示密碼正確，顯示歡迎登入訊息；若輸入的密碼錯誤，顯示修改密碼訊息。

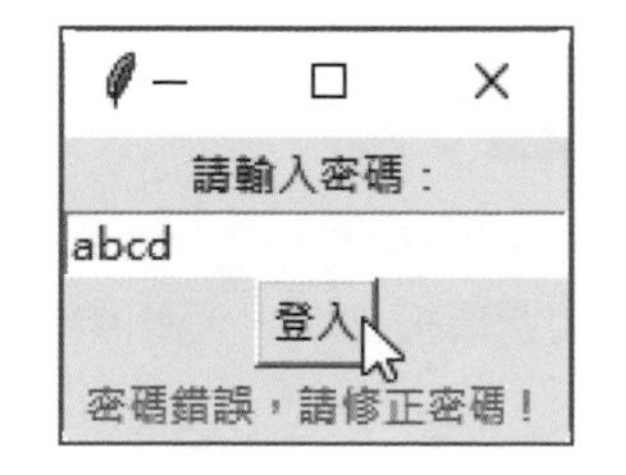

程式碼：tkpassword.py

```
 1 def checkPW():
 2     if(pw.get() == "1234"):
 3         msg.set(" 密碼正確，歡迎登入！ ")
 4     else:
 5         msg.set(" 密碼錯誤，請修正密碼！ ")
 6 
 7 import tkinter as tk
 8 
 9 win = tk.Tk()
10 pw = tk.StringVar()
11 msg = tk.StringVar()
12 label = tk.Label(win, text=" 請輸入密碼：")
13 label.pack()
14 entry = tk.Entry(win, textvariable=pw)
15 entry.pack()
16 button = tk.Button(win, text=" 登入 ", command=checkPW)
17 button.pack()
18 lblmsg = tk.Label(win, fg="red", textvariable=msg)
19 lblmsg.pack()
20 win.mainloop()
```

程式說明

- 1-5　檢查密碼的正確性，然後顯示對應訊息。
- 10-11　建立取得密碼及顯示訊息的文字變數。
- 12-13　建立提示文字標籤元件。
- 14-15　建立讓使用者輸入密碼的文字編輯元件。
- 16-17　建立登入按鈕元件，按下按鈕時執行 checkPW 自訂函式。
- 18-19　建立顯示訊息的標籤元件。

10.1.4 選項按鈕 (Radiobutton) 及核取方塊 (Checkbutton)

選項按鈕元件

選項按鈕元件的功能是建立一組「單選」選項，同一組中的選項按鈕只有一個可以被選取：當選取一個選項按鈕時，同組中其他原先被選取的選項按鈕會自動取消選取，達到單選功能。

建立選項按鈕元件的語法為：

```
元件名稱 = tk.Radiobutton(容器名稱, 參數1, 參數2,……)
```

選項按鈕元件常用的參數：

參數或方法	功能
width	設定元件寬度。
height	設定元件高度。
text	設定元件顯示文字。
variable	動態設定元件值的變數。
background 或 bg	設定元件背景顏色。
foreground 或 fg	設定元件文字顏色。
font	設定元件文字字體及尺寸。
padx	設定元件與容器的水平間距。
pady	設定元件與容器的垂直間距。
value	設定使用者點選後的元件值。
command	設定使用者點選選項按鈕時要執行的函式。
select 方法	點選元件。

通常一組選項按鈕中會有多個選項按鈕，如何區別選項按鈕是否同組呢？若選項按鈕元件的「variable」參數指定相同變數名稱，則這些選項按鈕就是同一組。

範例：最喜愛的球類運動 (單選)

點選球類選項後，下方會顯示點選的項目，只能單選。

程式碼：**tkradio1.py**

```
 1 def choose():
 2     msg.set("你最喜歡的球類運動：" + choice.get())
 3
 4 import tkinter as tk
 5
 6 win = tk.Tk()
 7 choice = tk.StringVar()
 8 msg = tk.StringVar()
 9 label = tk.Label(win, text="選擇最喜歡的球類運動：")
10 label.pack()
11 item1 = tk.Radiobutton(win, text="足球", value="足球",
        variable=choice, command=choose)
12 item1.pack()
13 item2 = tk.Radiobutton(win, text="籃球", value="籃球",
        variable=choice, command=choose)
14 item2.pack()
15 item3 = tk.Radiobutton(win, text="棒球", value="棒球",
        variable=choice, command=choose)
16 item3.pack()
17 lblmsg = tk.Label(win, fg="red", textvariable=msg)
18 lblmsg.pack()
19 item1.select()
20 choose()
21 win.mainloop()
```

程式說明

- 1-2　使用者點選選項按鈕後執行的函式：顯示點選項目。
- 7-8　建立選項按鈕及訊息標籤的變數。
- 11-16　建立 3 個選項按鈕，注意 3 個 variable 參數都設為 choice 變數。
- 19-20　開始時設定選取第 1 個項目。

核取方塊元件

核取方塊元件的功能與選項按鈕雷同，不同處在於建立的是一組「複選」選項，每一個選項都是獨立的，使用者可以選取多個項目。建立核取方塊元件的語法為：

```
元件名稱 = tk.Checkbutton(容器名稱, 參數1, 參數2,……)
```

核取方塊元件的參數與選項按鈕元件大致相同，但核取方塊元件沒有「value」參數。

建立選項按鈕時，同組選項按鈕的 variable 參數設定的變數必須相同，而每個核取方塊的 variable 參數設定的變數則必須不同，如此一來，使用核取方塊時所需的變數數量將很龐大，通常變數會使用串列型態以迴圈處理。

範例：喜愛的球類運動 (複選)

點選球類選項後，下方會顯示點選的項目，可以選取多個項目。

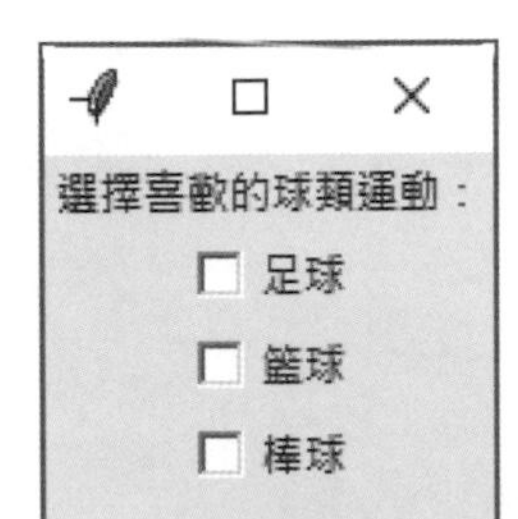

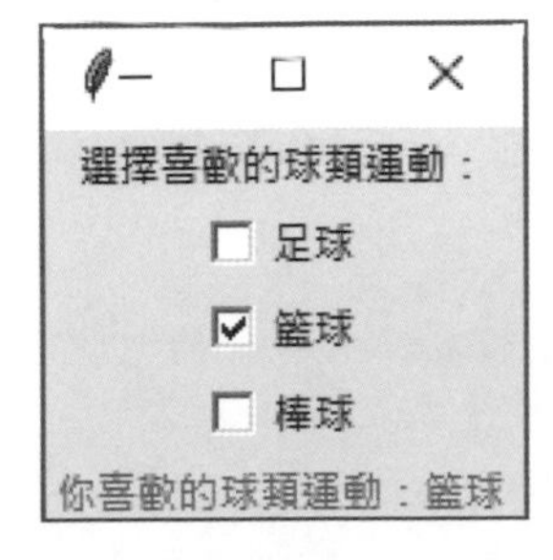

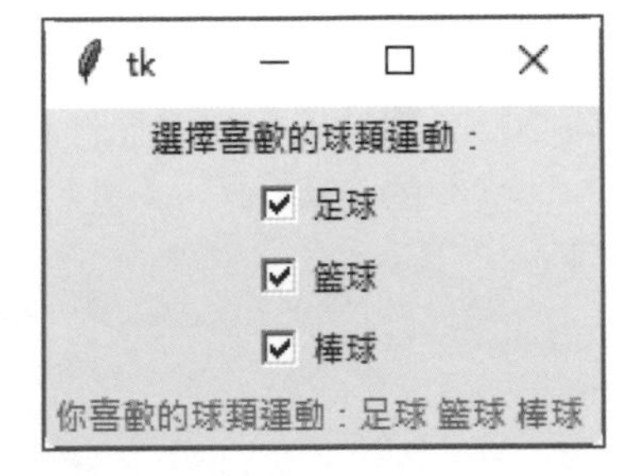

程式碼：**tkcheckbox1.py**

```
1   def choose():
2       str = "你喜歡的球類運動："
3       for i in range(0, len(choice)):
4           if(choice[i].get() == 1):
5               str = str + ball[i] + " "
6       msg.set(str)
7
8   import tkinter as tk
9
10  win = tk.Tk()
11  choice = []
12  ball = ["足球", "籃球", "棒球"]
13  msg = tk.StringVar()
14  label = tk.Label(win, text="選擇喜歡的球類運動：")
15  label.pack()
16  for i in range(0, len(ball)):
17      tem = tk.IntVar()
18      choice.append(tem)
19      item = tk.Checkbutton(win, text=ball[i],
            variable=choice[i], command=choose)
20      item.pack()
21  lblmsg = tk.Label(win, fg="red", textvariable=msg)
22  lblmsg.pack()
23  win.mainloop()
```

程式說明

- 1-7　使用者點選核取方塊後執行的函式。
- 4-6　逐一檢查項目是否被選取，若被選取就顯示該項目。
- 5　若被選取則項目值為「1」，未被選取則項目值為「0」。
- 11-12　將 variable 參數設定的變數及顯示項目文字都以串列表示。
- 16-20　以迴圈逐一建立變數及核取方塊元件。
- 17-18　建立變數。
- 19-20　建立核取方塊元件，每個 variable 參數依序設定的變數為 choice 串列的元素。

10.2 排版方式

Tkinter 提供 3 種排版方法讓使用者安排互動介面：pack、grid 及 place。

10.2.1 pack 方法

pack 方法是將元件視為矩形物件顯示，常用參數為：

參數	功能
padx、pady	設定元件與容器或其他元件的水平間距、垂直間距。
side	設定元件在容器的位置，可能值為 left、right、top、bottom。

1. 將 4 個按鈕以不加參數的 Pack 方法加入主視窗：

程式碼：**tkpack1.py**

```
button1 = tk.Button(win, text=" 這是按鈕一 ", width=20)
button1.pack()
……
button4 = tk.Button(win, text=" 這是按鈕四 ", width=20)
button4.pack()
```

2. 4 個按鈕擠在一起，可用 padx、pady 參數加入間距：

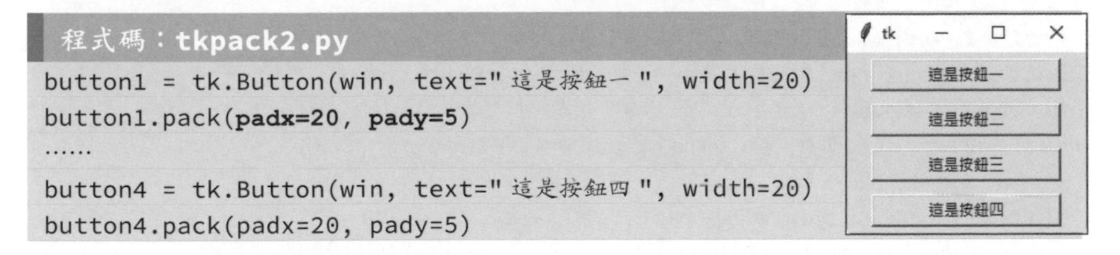

程式碼：**tkpack2.py**

```
button1 = tk.Button(win, text=" 這是按鈕一 ", width=20)
button1.pack(padx=20, pady=5)
……
button4 = tk.Button(win, text=" 這是按鈕四 ", width=20)
button4.pack(padx=20, pady=5)
```

3. 加入 side 參數可改變元件排列位置：

程式碼：**tkpack3.py**

```
button1 = tk.Button(win, text=" 這是按鈕一 ", width=20)
button1.pack(padx=20, pady=5, side="right")
button2 = tk.Button(win, text=" 這是按鈕二 ", width=20)
button2.pack(padx=20, pady=5, side="left")
button3 = tk.Button(win, text=" 這是按鈕三 ", width=20)
button3.pack(padx=20, pady=5, side="bottom")
```

```
button4 = tk.Button(win, text=" 這是按鈕四 ", width=20)
button4.pack(padx=20, pady=5)
```

10.2.2 grid 方法

grid 方法是使用「表格」方式安排元件位置，元件依照行及列位置排版，常用參數為：

參數	功能
row、column	設定元件列位置、行位置。
padx、padx	設定元件與容器或其他元件的水平間距、垂直間距。
rowspan	設定元件列位置的合併數量。
columnspan	設定元件行位置的合併數量。
sticky	設定元件內容排列方式，其值有 4 種：「e」為靠右排列、「w」為靠左排列、「n」為靠上排列、「s」為靠下排列。

1. 將 6 個按鈕以 2 列 3 行的 Grid 方法加入主視窗：

程式碼：tkgrid1.py

```
button1 = tk.Button(win, text=" 這是按鈕一 ", width=20)
button1.grid(row=0, column=0, padx=5, pady=5)
button2 = tk.Button(win, text=" 這是按鈕二 ", width=20)
button2.grid(row=0, column=1, padx=5, pady=5)
......
button6 = tk.Button(win, text=" 這是按鈕六 ", width=20)
button6.grid(row=1, column=2, padx=5, pady=5)
```

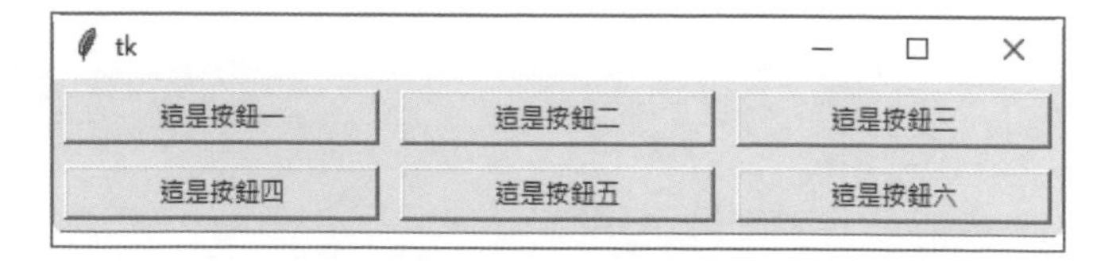

2. 若是將「按鈕二」以合併 2 個行位置靠右排列顯示，其餘不變：

程式碼：tkgrid2.py

```
......
button2 = tk.Button(win, text=" 這是按鈕二 ", width=20)
button2.grid(row=0, column=1, padx=5, pady=5, columnspan=22,sticky="e")
......
```

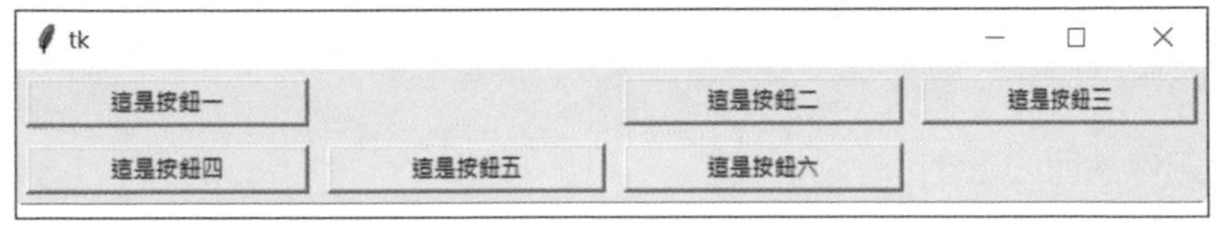

10.2.3 place 方法

place 方法的 x、y 參數是最常使用的設定元件位置方法，可將元件放置於指定位置。常用參數為：

參數	功能
x、y	設定元件的 x 坐標、y 坐標。
relx	設定元件橫位置，參數值在 0 與 1 之間。
rely	設定元件縱位置，參數值在 0 與 1 之間。
anchor	設定元件位置基準點，其值有 9 種：center 為元件正中心、ne 為右上角、nw 為左上角、se 為右下角、sw 為左下角、n 為上方中間、s 為下方中間、e 為右方中間、w 為左方中間。

例如以 place 方法建立輸入分數使用者介面：

程式碼：tkplace1.py

```
import tkinter as tk
win = tk.Tk()
win.geometry("300x100")
label1=tk.Label(win, text=" 輸入成績：")
label1.place(x=20, y=20)
score = tk.StringVar()
entryUrl = tk.Entry(win, textvariable=score)
entryUrl.place(x=90, y=20)
btnDown = tk.Button(win, text=" 計算成績 ")
btnDown.place(x=80, y=50)
win.mainloop()
```

10.3 視窗區塊 (Frame)

當元件的數量增多時，眾多元件都集中在主視窗，不但管理困難，而且很難安排的恰到好處。視窗區塊也是一個容器，可將元件分類置於不同視窗區塊中，便於管理及安排。建立視窗區塊的語法為：

```
視窗區塊變數 = tk.Frame( 容器名稱 , 參數 1, 參數 2，……)
```

視窗區塊元件常用的參數：

參數	功能
width	設定視窗區塊寬度。
height	設定視窗區塊高度。
background 或 bg	設定視窗區塊背景顏色。

例如在主視窗建立 2 個視窗區塊，第 1 個視窗區塊包含 1 個標籤及 1 個文字編輯元件，第 2 個視窗區塊包含 2 個按鈕元件。

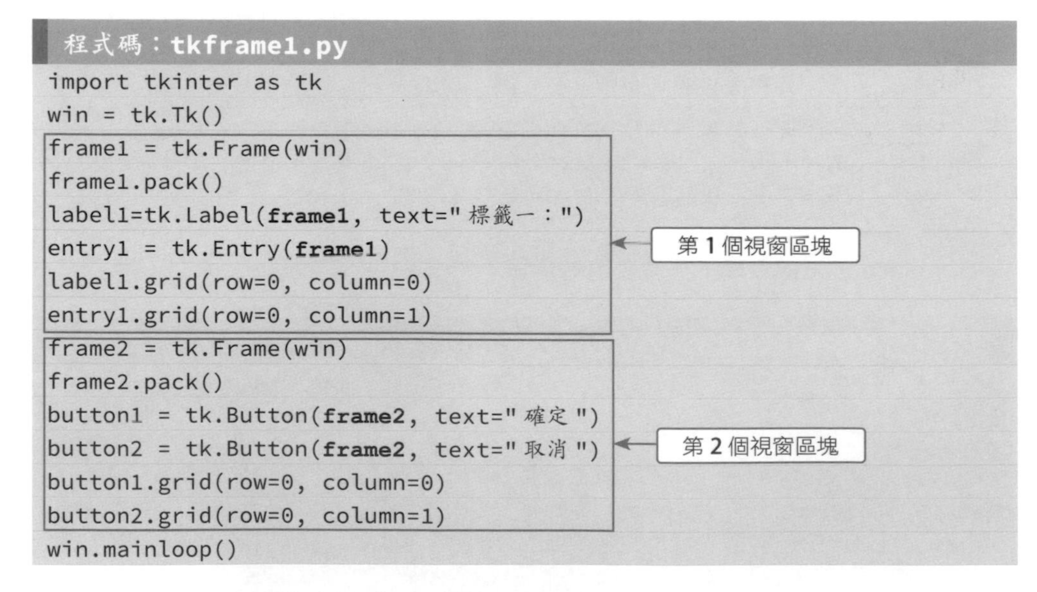

程式碼：tkframe1.py

```
import tkinter as tk
win = tk.Tk()
frame1 = tk.Frame(win)
frame1.pack()
label1=tk.Label(frame1, text="標籤一：")
entry1 = tk.Entry(frame1)
label1.grid(row=0, column=0)
entry1.grid(row=0, column=1)
frame2 = tk.Frame(win)
frame2.pack()
button1 = tk.Button(frame2, text="確定")
button2 = tk.Button(frame2, text="取消")
button1.grid(row=0, column=0)
button2.grid(row=0, column=1)
win.mainloop()
```

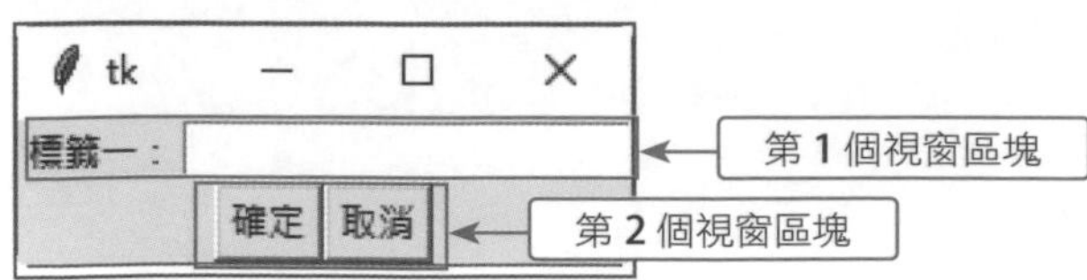

10.4 實戰：英文單字王視窗版

在專題中程式會讀取 <eword.txt> 文字檔中的英文和其中文翻譯，並利用 tkinter 介面顯示第一頁、上一頁、下一頁和最末頁。

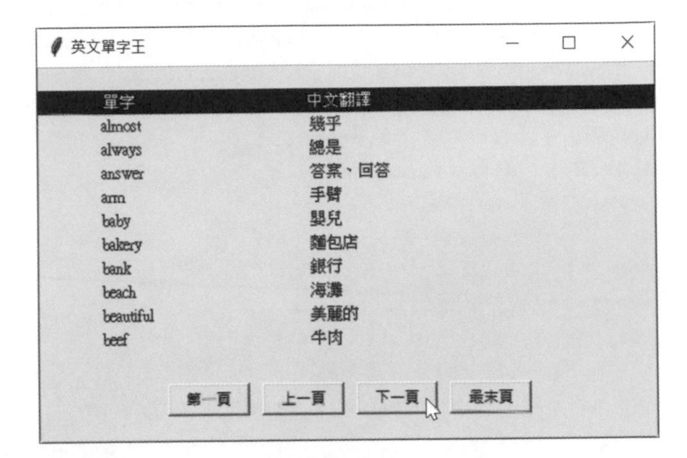

程式碼：eword_tkinter.py

```
1   def First():  # 首頁
2       global page
3       page=0
4       disp_data()
5
6   def Prev():  #上一頁
7       global page
8       if page>0:
9           page -=1
10          disp_data()
11
12  def Next(): #下一頁
13      global page
14      if page<pagesize:
15          page +=1
16          disp_data()
17
18  def Bottom(): #最後頁
19      global page
20      page=pagesize
21      disp_data()
22
```

```
23 def disp_data():
24     if datas != None:
25         sep1=tk.Label(frameShow, text="\t",fg="white",
             width="20",font=("新細明體",10))
26         label1 = tk.Label(frameShow, text="單字".ljust(30),
             fg="white",bg="black",width=30,font=("新細明體",10))
27         label2 = tk.Label(frameShow, text="中文翻譯".ljust(175),
             fg="white",bg="black",width=80,font=("新細明體",10))
28         sep1.grid(row=0,column=0,sticky="w")  # 加第一列空白，讓版面美觀些
29         label1.grid(row=1,column=0,sticky="w")
30         label2.grid(row=1,column=1,sticky="w")
31
32         n=0    # 資料從索引 0 開始
33         row=2 # 資料從第二列開始
34         start=page * pagesize + row
35         for eword,cword in datas.items():
36             # 顯示目前 page 頁的資料
37             if n >= start and n < start + pagesize:
38                 label1 = tk.Label(frameShow, text="\t"+
                     '{0:30}'.format(eword),
                     fg="blue",font=("新細明體",10))
39                 label2 = tk.Label(frameShow,
                     text='{0:30}'.format(cword),
                     fg="blue",font=("新細明體",10))
40                 label1.grid(row=row,column=0,sticky="w")
41                 label2.grid(row=row,column=1,sticky="w")
42                 row+=1
43             n+=1
```

程式說明

- 1-21　自訂程序顯示第一頁、上一頁、下一頁和最末頁。
- 23-43　顯示一頁資料。
- 25,28　加入第一列空白列，增加版面美觀。
- 26-30　以黑底白字顯示第一列的標題。
- 33　設定顯示資料的位置是從索引第 2 列開始，因為第 0 列為讓版面美觀用的空白列，第 1 列為標題列。
- 34　計算每一頁第一筆資料的位置。
- 35-43　顯示每一頁的資料由 start - (start + pagesize)。
- 37　控制顯示資料範圍為一頁。

18 19 20 21 22 23 24 25 26 27 28 29 30 31 32 33

程式碼（續）：eword_tkinter.py

```
45  ### 主程式從這裡開始 ###
46
47  import tkinter as tk
48  import math
49  win=tk.Tk()
50  win.geometry("500x300")
51  win.title("英文單字王")
52
53  page,pagesize=0,10
54  datas=dict()
55
56  with open('eword.txt','r', encoding = 'UTF-8-sig') as f:
57      for line in f:
58          eword,cword = line.rstrip('\n').split(',')
59          datas[eword]=cword
60  print("轉換完畢!")
61
62  datasize=len(datas) #資料筆數
63  totpage=math.ceil(datasize/pagesize) #總頁數
64
65  # 單字顯示區
66  frameShow = tk.Frame(win)
67  frameShow.pack()
68  labelwords = tk.Label(win, text="")
69  labelwords.pack()
70
71  frameCommand = tk.Frame(win)  # 翻頁按鈕容器
72  frameCommand.pack()
73  btnFirst = tk.Button(frameCommand, text="第一頁", width=8,command=First)
74  btnPrev = tk.Button(frameCommand, text="上一頁", width=8,command=Prev)
75  btnNext = tk.Button(frameCommand, text="下一頁", width=8,command=Next)
76  btnBottom = tk.Button(frameCommand, text="最末頁", width=8,command=Bottom)
77  btnFirst.grid(row=0, column=0, padx=5, pady=5)
78  btnPrev.grid(row=0, column=1, padx=5, pady=5)
79  btnNext.grid(row=0, column=2, padx=5, pady=5)
80  btnBottom.grid(row=0, column=3, padx=5, pady=5)
81
82  First()
83  win.mainloop()
```

程式說明

- 53　設定每頁顯示 10 筆資料，從索引第 0 頁開始。
- 54-60　讀取 <eword.txt> 文字檔並將資料以 {eword:cword} 的格式加入 datas 字典中。
- 62-63　計算共有多少筆資料和多少頁。
- 66-67　建立 frameShow 區塊顯示一頁的資料。
- 68-69　故意加入一個空白列，增加版面美觀。
- 73-80　加入按鈕，按下按鈕執行對應的程序。例如：按下 **第一頁** 鈕執行 First 自訂程序。

11

數據資料的爬取

requests 模組：讀取網站檔案

- 安裝 requests 模組
- 發送 GET、POST 請求
- 自訂 HTTP Headers 偽裝瀏覽器操作
- 使用 Session 及 Cookie 進入認證頁面
- 專題：IP 位址查詢

BeautifulSoup 模組：網頁解析

- 安裝 Beautifulsoup 模組
- 認識網頁的結構
- BeautifulSoup 的使用
- BeautifulSoup 常用的屬性及方法
- 找尋指定標籤的內容：find()、find_all()
- 利用 CSS 選擇器找尋內容：select()
- 取得標籤的屬性內容
- 實戰：威力彩開獎號碼

Selenium 模組：瀏覽器自動化操作

- 使用 Selenium
- 尋找網頁元素
- 實戰：Facebook 自動登入

01 02 03 04 05 06 07 08 09 10 11 12 13 14 15 16 17

11.1 requests 模組：讀取網站檔案

想要從網路有系統的自動化收集資訊，首先必須能夠將網站上的網頁內容或是檔案擷取下來進行處理。Python 中提供了這個強大模組：requests，使用者可以利用精簡易讀的語法對網站進行要求，並取得回應的內容。

11.1.1 安裝 requests 模組

requests 模組可以用 Python 程式發出 HTTP 的請求，取得指定網站的內容。因為語法簡單且功能強大，已經成為許多人喜愛的模組之一。

requests 模組在使用前必須要先行安裝 (在 Anaconda 中已經內建)，可以使用以下的指令進行安裝或是更新：

```
pip install -U requests
```

11.1.2 發送 GET 請求

基本語法

當打開瀏覽器後輸入網址送出，指定的網站伺服器接收到要求後回應內容，你即可在瀏覽器中看到網頁的呈現，這個請求的方式稱為 GET。

requests 模組可以不透過瀏覽器就能完成 GET 的請求，其語法如下：

```
import requests
Response 物件 = requests.get( 網址 )
```

Response 物件可利用以下屬性取得不同的回應內容：

- text：取得網頁原始碼資料。

> **注意 requests 讀取網頁時的編碼**
>
> requests 預設的讀取編碼為 ISO-8859-1(又稱為 Latin-1)，如果讀取的頁面編碼不同，常常造成亂碼的產生。所以在可以設定 Response 物件的 encoding 屬性，常見的如 UTF-8 或 Big5，如下：
>
> ```
> r.encoding = 'UTF-8'
> ```

- content：取得網站二進位檔案資料。
- status_code：取得 HTTP 狀態碼。

讀取網頁原始碼

例如：讀取網頁的原始碼。

程式碼：get.py

```
import requests
url = 'http://www.ehappy.tw/demo.htm'
r = requests.get(url)
# 檢查 HTTP 回應碼是否為 200(requests.code.ok)
if r.status_code == requests.codes.ok:
    print(r.text)
```

顯示的結果為：

```
In[1]：runfile('get.py', wdir='')
<!doctype html>
<html>
  <head>
    <meta charset="UTF-8">
    <title>Hello</title>
  </head>
  <body>
    <p>Hello World!</p>
  </body>
</html>
```

requests 模組必須先 import，接著利用 requests.get() 函式以 GET 方法對指定網址送出請求，當伺服器接到後就會回應。在範例中的 r 就是伺服器的回應物件，用 status_code 屬性可以確認傳回的狀態碼，如果 HTTP 狀態碼為 200 或 requests.codes.ok 就代表內容取得成功，即可以 text 屬性顯示回傳的的原始碼內容。

加上 URL 查詢參數

GET 請求除了指定網址外，還能在其後加上 URL 參數，讓互動程式接收後導出不同的回應內容。例如對 www.test.com 發出 GET 需求時帶上 x 及 y 二個查詢參數及測試值，其格式如下：

```
http://www.test.com/?x=value1&y=value2
```

URL 參數與網址之間要用「?」串接，參數及值之間要加「=」，多個參數要用「&」。

在 requests 模組中，URL 參數要用字典資料型態進行定義，接著用 GET 請求時必須將 URL 參數內容設定為 params 參數，即可完成。

程式碼：**get_params.py**

```
import requests
# 將查詢參數定義為字典資料加入 GET 請求中
payload = {'key1': 'value1', 'key2': 'value2'}
r = requests.get("http://httpbin.org/get", params=payload)
print(r.text)
```

顯示的結果為：

```
{
  "args": {
    "key1": "value1",
    "key2": "value2"
  },
...
  "url": "https://httpbin.org/get?key1=value1&key2=value2"
}
```

這裡利用了 httpbin.org 的服務來測試 HTTP 的傳送及回應值，這裡可以看到範例中的 GET 請求傳送了二個 URL 參數 (args)，因此最後呈現的網址即是將 URL 參數及值用「?」及「&」符號合併在網址後。

認識 httpbin.org

httpbin.org 是一個用來測試 request 及 response 的服務，使用者可以對這個網站發送 GET、POST 等請求動作，它在接收後會以 json 的格式回傳請求的 args(參數)、headers(標頭資料)、origin(來源位址) 及 url(請求網址) 等資料，對於 API 開發人員來說，是相當好用的測試工具。

httpbing.org 可以接收所有 HTTP 的傳送方法，以 GET 與 POST 來說，其接收的網址分別如下：

```
http://httpbin.org/get
http://httpbin.org/post
```

11.1.3 發送 POST 請求

POST 請求是一種常用的 HTTP 請求，只要是網頁中有讓使用者填入資料的表單，都會需要用 POST 請求來進行傳送。

在 requests 模組中，POST 傳遞的參數要定義成字典資料型態，接著用 POST 請求時必須將傳遞的參數內容設定為 data 參數，即可完成。

程式碼：post.py

```
import requests
# 將查詢參數加入 POST 請求中
payload = {'key1': 'value1', 'key2': 'value2'}
r = requests.post("http://httpbin.org/post", data=payload)
print(r.text)
```

顯示中重要內容為：

```
{
  ...
  "form": {
    "key1": "value1",
    "key2": "value2"
  },
  ...
  "url": "https://httpbin.org/post"
}
```

11.1.4 自訂 HTTP Headers 偽裝瀏覽器操作

在網頁請求中，HTTP Headers 是 HTTP 請求和回應的核心，其中標示了關於用戶端瀏覽器、請求頁面、伺服器等相關的資訊。

在進階的網路爬蟲程式中，自訂 HTTP Headers 可以將爬取的動作偽裝為瀏覽器的操作，避過網頁的檢查，這是一個常用的技術。設定的方式是在 headers 中設定 user-agent 的屬性，其格式如下：

```
headers = {
    'User-Agent': 'Mozilla/5.0 (Windows NT 10.0; Win64; x64)
       AppleWebKit/537.36 (KHTML, like Gecko) Chrome/89.0.4389.114
       Safari/537.36'
}
```

例如：台灣高鐵的網路訂票頁面 (https://irs.thsrc.com.tw/IMINT/)，當進行 HTTP 要求時會先檢查操作者是否為瀏覽器，如果不是則無法正常讀取內容。此時即可利用自訂 HTTP Headers 的方式偽裝為瀏覽器的操作，跳過檢查進入網站。

程式碼：get_headers.py

```
import requests
url = 'https://irs.thsrc.com.tw/IMINT/'
# 自訂標頭
headers={
    'user-agent':'Mozilla/5.0 (Windows NT 10.0; Win64; x64)
        AppleWebKit/537.36 (KHTML, like Gecko) Chrome/
        89.0.4389.114 Safari/537.36'
}
# 將自訂表頭加入 GET 請求中
r = requests.get(url, headers=headers)
print(r)
```

回應的 HTTP 狀態碼為 200，表示正確讀取。如果不加自訂的 headers 設定，執行時程式會卡住無法正確執行喔！

```
<Response [200]>
```

11.1.5 使用 Session 及 Cookie 進入認證頁面

當用戶端瀏覽器訪問伺服器端時，伺服器會發給用戶端一個憑證以供識別，這個憑證儲存在用戶端的瀏覽器就是 Cookie，產生在伺服器端的就是 Session。當下次再拜訪該網站時，只要所屬的 Cookie 與 Session 還沒有過期，伺服器就能辨識，提供程式進一步使用。例如在購物網站中能夠記住登入會員的資訊，或是瀏覽者上次的購物清單，都可以利用 Session 或是 Cookie 來達成。

利用 Cookie 檢查篩選使用者

在會員制的網站中，很多會員的功能都必須進行登錄認證後才能使用，如果沒有登錄，在流程的設計上一般瀏覽頁面都會先被導向會員登錄頁面進行登入動作，否則就無法使用。

以熱門的批踢踢實業坊八卦討論板 (https://www.ptt.cc/bbs/Gossiping/index.html) 為例，如果想要進入討論板瀏覽內容。在第一次進入時會因為沒有認證而被重新導到

「https://www.ptt.cc/ask/over18」，目的是要確定瀏覽者年滿 18 歲才能進入。這是一個對於使用者資格進行確認的防護機制，不過對於網路爬蟲來說則是一個很大的考驗，因為在資料擷取的時候，必須先要經由認證的動作來取得身份才能正常的進行。

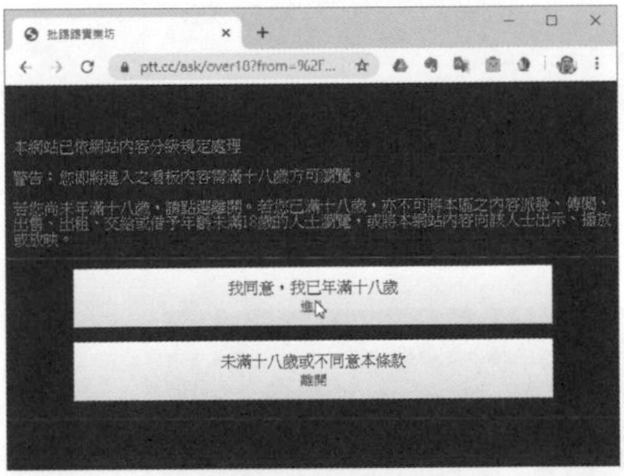

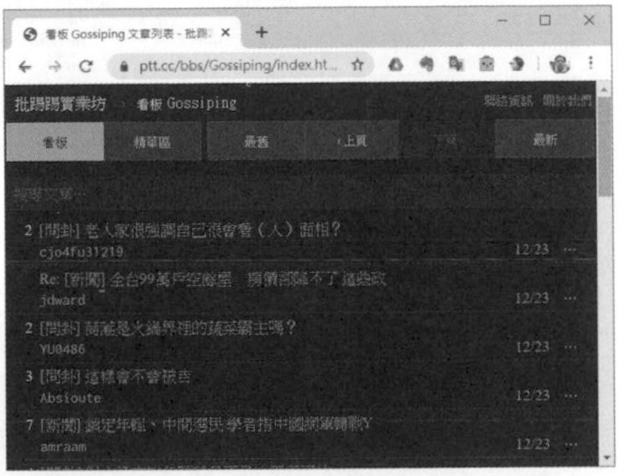

檢視產生的 Cookie 值

這裡將要使用 Chrome 瀏覽器的開發人員工具進行 Cookie 的檢視，請開啟批踢踢實業坊八卦討論板頁面，通過年滿 18 歲驗證後進入討論板面。請由瀏覽器右上角的 ⋮ **/ 更多工具 / 開發人員工具**，或是按 **F12** 鍵開啟 **開發人員工具**，選按 **Application** 頁籤，選擇左方的 **Cookies** 裡的目前網址，此時右方會顯示目前瀏儲存的 Cookie 值。

其中有一個 Cookie 名稱為「over18」，值為 1，目前的頁面就是透過這個 Cookie 值來判斷瀏覽者有沒有通過年滿 18 歲驗證的頁面。

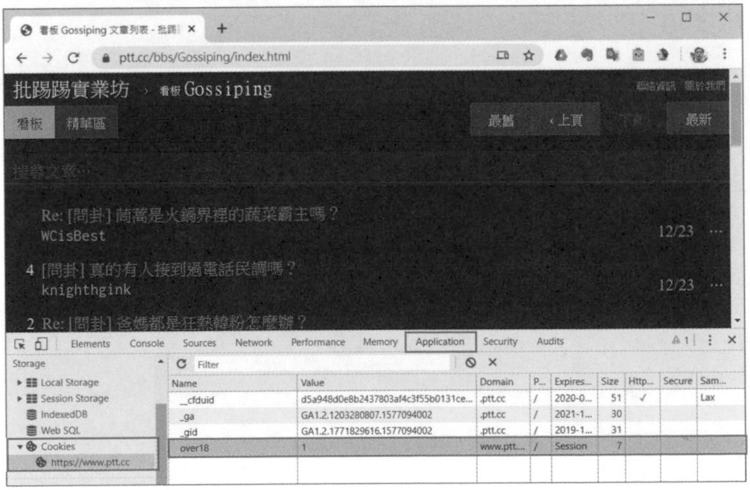

請選取這個 Cookie 值，按下右上角的刪除，再重整頁面。你會發現頁面又會被導向要求年滿 18 歲認證的頁面。

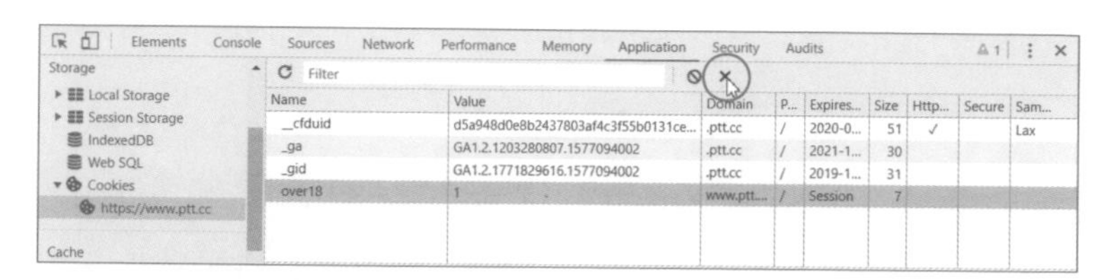

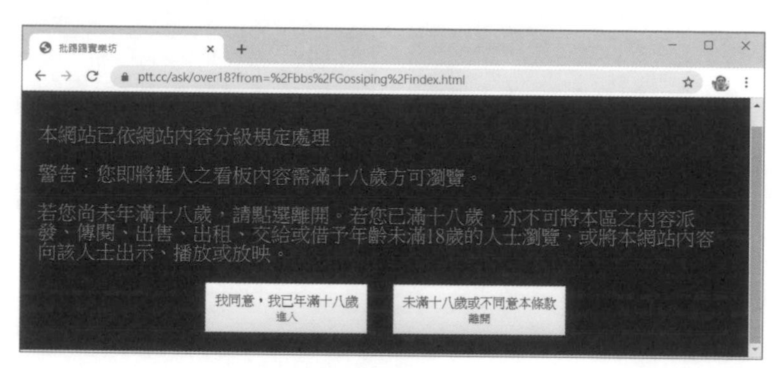

在 requests 請求時加入 Cookie

在進階的網路爬蟲程式中，如果目標頁面需要 Cookie 值認證，會因為這個機制干擾導致讀取失敗。解決的方式就是在進行請求時加入 Cookie 值，即可順利的進入目標頁面。設定的方式是在 requests 請求時加入 cookies 的參數，要注意的一點是 cookie 的參數格式必須是字典。

回到剛才的範例中，如果想要順利爬取批踢踢實業坊八卦討論板的內容，就必須在請求時加入「over18 = 1」的 cooke 值。

程式碼：get_cookie.py

```
import requests
url = 'https://www.ptt.cc/bbs/Gossiping/index.html'
# 設定 cookies 的值
cookies = {'over18':'1'}
r = requests.get(url, cookies=cookies)
print(r.text)
```

如此即可自動通過認證，讀取到目標網頁的內容。

11.1.6 實戰：IP 位址查詢

當我們使用電腦在上網時，都會取得一個外部的公開 IP 位址，有時要設定或使用時查詢起來都很麻煩。

這裡要使用一個網路 API 的服務：ipify.org，只要在上網的電腦打開瀏覽器，輸入 API 的服務網址：「https://api.ipify.org」，即可在頁面上看到目前電腦上網時使用的 IP 位址。

範例：IP 位址查詢器

這裡使用 requests 模組向 ipify.org 的 API 網址進行請求，API 服務會擷取你目前的公開 IP 位址回傳，程式接收後再將結果顯示出來。

程式碼：iplookup.py

```
import requests
# 設定查詢目前 IP 的 api 網址
url = 'https://api.ipify.org'
r = requests.get(url)
print('我目前的 IP 是：', r.text)
```

輸出結果：

```
我目前的 IP 是：39.12.190.174
```

01 02 03 04 05 06 07 08 09 10 11 12 13 14 15 16 17

11.2 BeautifulSoup 模組：網頁解析

取得網頁的原始檔之後，面對複雜的結構，該如何取出需要的內容並且進行後續的整理儲存分析呢？這裡將要介紹的是強大的網頁解析模組：BeautifulSoup，可以快速而準確地對頁面中特定的目標加以分析和擷取。

11.2.1 安裝 Beautifulsoup 模組

BeautifuleSoup 模組可以快速的由 HTML 中提取內容，只要對於網頁結構有基本的了解，即可透過一定的邏輯取出複雜頁面中指定的資料。BeautifuleSoup 模組在使用前必須要先行安裝 (在 Anaconda 中已經內建)，可以使用以下的指令進行安裝：

```
pip install -U beautifulsoup4
```

11.2.2 認識網頁的結構

網頁的內容其實是純文字，一般都會儲存為 .htm 或 .html 的檔案。網頁是使用 HTML (Hypertext Markup Language) 語法利用標籤 (tag) 建構內容，讓瀏覽器在讀取後能根據其敘述呈現網頁。以下的範例網頁 (http://ehappy.tw/bsdemo1.htm)，是個結構單純的頁面：

程式碼：bsdemo1.htm

```
<!doctype html>
<html>
  <head>
    <meta charset="UTF-8">
    <title> 我是網頁標題 </title>
  </head>
  <body>
    <h1 class="large"> 我是標題 </h1>
    <div>
      <p> 我是段落 </p>
      <img src="https://www.w3.org/html/logo/
         downloads/HTML5_Logo_256.png" alt=" 我是圖片 ">
      <a href="http://www.e-happy.com.tw"> 我是超連結 </a>
    </div>
  </body>
</html>
```

HTML 提供了一個文件結構化的表示法：DOM(Document Object Model，文件物件模型)。所有的標籤指令都是由「<...>」包含，大部份的都有起始與結束標籤，如 <h1> 標題 </h1>，<h1> 是要標註標題的區域，起始與結束標籤之間即是內容物件。因為標籤指令的不同，可將 HTML 中區分成不同的內容，如文件段落 (p)、圖片 (img)、超連結 (a) ... 等。HTML 用標籤所組合的內容物件，最終會形成如樹狀的結構，方便程式進行存取甚至改變。

回到剛才的範例頁面中，最上層的節點是 <html>，在以下分成二個部份：<head> 及 <body>，<head> 之中有 <meta> 及 <title>，而 <body> 中又有 <h1> 與 <div>，最後在 <div> 之下又有 <p>、<img> 及 <a>。

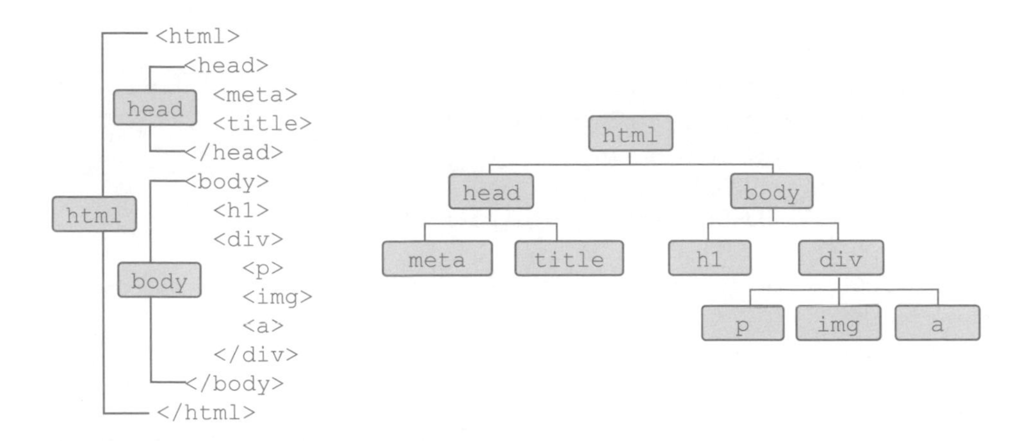

BeautifulSoup 模組的功能即是將讀取的網頁原始碼解析為一個個結構化的物件，讓程式能夠快速取得其中的內容。

11.2.3 BeautifulSoup 的使用

匯入 BeautifulSoup 後，同時也利用 requests 模組取得網頁的原始碼，就可以使用 Python 內建的 html.parser 解析原始碼，建立 BeautifulSoup 物件後再進行解析，語法範例如下：

```
from bs4 import BeautifulSoup
BeautifulSoup 物件 = BeautifulSoup( 原始碼 , 'html.parser')
```

BeautifulSoup 型別物件很重要，因為經過解析後在 HTML 中每個標籤都為 DOM 結構中的節點，接著就可以其中找尋並取出指定的內容。

01 02 03 04 05 06 07 08 09 10 11 12 13 14 15 16 17

11.2.4 BeautifulSoup 常用的屬性

BeautifulSoup 常用的屬性如下：

屬性	說明
標籤名稱	傳回指定標籤內容，例如：sp.title 傳回 <title> 的標籤內容。
text	傳回去除所有 HTML 標籤後的網頁文字內容。

例如：建立 BeautifulSoup 型別物件 sp，解析「http://www.ehappy.tw/bsdemo1.htm」網頁原始碼。接著用標籤名稱與 text 二個屬性，取出指定的內容。

程式碼：bs1.py

```
import requests
from bs4 import BeautifulSoup
url = 'http://www.ehappy.tw/bsdemo1.htm'
html = requests.get(url)
html.encoding = 'UTF-8'
sp = BeautifulSoup(html.text, 'html.parser')
print(sp.title)
print(sp.title.text)
print(sp.h1)
print(sp.p)
```

輸出結果：

```
<title> 我是網頁標題 </title>
我是網頁標題
<h1 class="large"> 我是標題 </h1>
<p> 我是段落 </p>
```

在 HTML 中每個標籤都為 DOM 結構中的節點，使用 **BeautifulSoup 物件 . 標籤名稱** 即可取得該節點中的內容 (包含 HTML 標籤)。

為取得的內容加上 text 的屬性，可去除 HTML 標籤，取得標籤區域內的文字。

11.2.5 BeautifulSoup 常用的方法

BeautifulSoup 常用的方法如下：

方法	說明
find()	尋找第一個符合條件的標籤，以字串回傳。例如：sp.find("a")。
find_all()	尋找所有符合條件的標籤，以串列回傳。例如：sp.find_all("a")。
select()	尋找指定 CSS 選擇器如 id 或 class 的內容，以串列回傳。例如：以 id 讀取 sp.select("#id")、以 class 讀取 sp.select(".classname")。

11.2.6 找尋指定標籤的內容：find()、find_all()

find

find() 方法會尋找第一個符合指定標籤的內容，找到會將結果以字串回傳，如果找不到則傳回 None。

語法：

```
BeautifulSoup 物件 .find( 標籤名稱 )
```

例如：讀取第一個 <a> 標籤內容。

```
data = sp.find("a")
```

find_all

find_all() 方法會尋找所有符合指定標籤的內容，找到時會將結果組合成串列回傳，如果找不到則回傳空的串列。

語法：

```
BeautifulSoup 物件 .find_all( 標籤名稱 )
```

例如：讀取所有的 <a> 的標籤內容。

```
datas = sp.find_all("a")
```

加入標籤屬性為搜尋條件

在尋找指定標籤的動作時，可以加入屬性做為條件來縮小範圍，有二種方式：

1. 將屬性值做為 find() 或 find_all() 方法的參數，語法：

```
BeautifulSoup 物件 .find 或 find_all( 標籤名稱 , 屬性名稱 = 屬性內容 )
```

例如：讀取所有的 <img> 標籤中屬性 width = 20 的內容。

```
datas = sp.find_all("img", width = 20)
```

如果要設定多個屬性條件，就直接再加到後方的參數即可。

另外若要設定的屬性是 class 類別時，因為是保留字，所以要設為 class_：

```
datas = sp.find_all("p", class_ = 'red')
```

2. 將屬性值化為字典資料，做為 find() 或 find_all() 方法的參數，語法：

```
BeautifulSoup 物件 .find 或 find_all( 標籤名稱 ,{ 屬性名稱：屬性內容 })
```

例如：讀取所有的 <img> 標籤中屬性 width = 20 的內容。

```
datas = sp.find_all("img", {"width":"20"})
```

如果要設定多個屬性做為條件，只要將屬性值設為後方字典資料的元素即可。

程式碼：bs2.py

```
1   from bs4 import BeautifulSoup
2   html = '''
3   <html>
4     <head><meta charset="UTF-8"><title> 我是網頁標題 </title></head>
5     <body>
6         <p id="p1"> 我是段落一 </p>
7         <p id="p2" class='red'> 我是段落二 </p>
8     </body>
9   </html>
10  '''
11  sp = BeautifulSoup(html, 'html.parser')
12  print(sp.find('p'))
13  print(sp.find_all('p'))
14  print(sp.find('p', {'id':'p2', 'class':'red'}))
15  print(sp.find('p', id='p2', class_= 'red'))
```

輸出結果：

```
<p id="p1"> 我是段落一 </p>
[<p id="p1"> 我是段落一 </p>, <p class="red" id="p2"> 我是段落二 </p>]
<p class="red" id="p2"> 我是段落二 </p>
<p class="red" id="p2"> 我是段落二 </p>
```

程式說明

- 1　匯入 BeautifulSoup 模組。
- 2-10　定義變數：html，其內容為一個網頁原始碼。
- 11　利用 BeautifulSoup 模組將 html 的內容解析為 sp 物件。
- 12　用 find() 方式找尋第一個 p 標籤的內容回傳，值是字串。
- 13　用 find_all() 方式找尋所有 p 標籤的內容回傳，值是串列。
- 14　用 find() 方式找尋 p 標籤，以字典資料方式設定 id 及 class 屬性。
- 15　用 find() 方式找尋 p 標籤，直接設定 id 及 class 屬性。

11.2.7 利用 CSS 選擇器找尋內容：select()

在網頁開發中，**CSS 選擇器** 可以讓開發者選定要調整樣式的元素。BeautifulySoup 模組的 select() 方法就是以 CSS 選擇器的方式，尋找所有符合條件的資料，它的回傳值是 **串列**。

選取標籤、id 及 class 類別

1. **選取標籤**：直接設定標籤是最常用的方式，例如：讀取 <title> 標籤：

```
datas = sp.select("title")
```

2. **選取 id 編號**：因為標籤中的 id 屬性不能重複，會是唯一的值，讀取時最明確。例如：讀取 id 為 firstdiv 的標籤內容，請記得 id 前必須加上「#」符號。

```
內容範例：<div id="firstdiv"> 文件內容 </div>
選取方式：datas = sp.select("#firstdiv")
```

3. **選取 css 類別名稱**：類別名稱前必須加上「.」符號。例如：

```
內容範例：<p class="title"><b> 文件標題 </b></p>
選取方式：data1 = sp.select(".title")
```

01 02 03 04 05 06 07 08 09 10 11 12 13 14 15 16 17

4. **複合選取**：當有多層標籤、id 或類別嵌套時，也可以使用 select 方法逐層尋找。例如：

```
datas = sp.select("html head title") #html 下的 head 下的 title 內容
```

特別要再提醒，**select() 的回傳即使只有一個值，它還是會以串列表示**。

程式碼：bs3.py

```
1    from bs4 import BeautifulSoup
2    html = '''
3    <html>
4      <head><meta charset="UTF-8"><title> 我是網頁標題 </title></head>
5      <body>
6          <p id="p1"> 我是段落一 </p>
7          <p id="p2" class='red'> 我是段落二 </p>
8      </body>
9    </html>
10   '''
11   sp = BeautifulSoup(html, 'html.parser')
12   print(sp.select('title'))
13   print(sp.select('p'))
14   print(sp.select('#p1'))
15   print(sp.select('.red'))
```

輸出結果：

```
[<title> 我是網頁標題 </title>]
[<p id="p1"> 我是段落一 </p>, <p class="red" id="p2"> 我是段落二 </p>]
[<p id="p1"> 我是段落一 </p>]
[<p class="red" id="p2"> 我是段落二 </p>]
```

程式說明

- 1　匯入 BeautifulSoup 模組。
- 2-10　定義變數：html，其內容為一個網頁原始碼。
- 11　利用 BeautifulSoup 模組將 html 的內容解析為 sp 物件。
- 12　用 select() 方式找尋 <title> 標籤回傳，值是串列。
- 13　用 select() 方式找尋 p 標籤的內容回傳，值是串列。
- 14　用 select() 方式找尋 id = p1 的標籤回傳，值是串列。
- 15　用 select() 方式找尋類別 class = red 的標籤回傳，值是串列。

11.2.8 取得標籤的屬性內容

無論是用 find()、find_all()，或是用 select() 所取得的內容都是整個 HTML 的節點物件內容，例如取得了一個超連結 <a> 的標籤內容後，想要再取出其中連結網址的屬性值 (href)，該如何處理呢？

如果要取得回傳值中屬性的內容，可以使用 get() 方法或是以字典取值的方式：

```
回傳值 .get(" 屬性名稱 ")
回傳值 [" 屬性名稱 "]
```

程式碼：bs4.py

```
1    from bs4 import BeautifulSoup
2    html = '''
3    <html>
4      <head><meta charset="UTF-8"><title> 我是網頁標題 </title></head>
5      <body>
6          <img src="http://www.ehappy.tw/python.png">
7          <a href="http://www.e-happy.com.tw"> 超連結 </a>
8      </body>
9    </html>
10   '''
11   sp = BeautifulSoup(html, 'html.parser')
12   print(sp.select('img')[0].get('src'))
13   print(sp.select('a')[0].get('href'))
14   print(sp.select('img')[0]['src'])
15   print(sp.select('a')[0]['href'])
```

輸出結果：

```
http://www.ehappy.tw/python.png
http://www.e-happy.com.tw
http://www.ehappy.tw/python.png
http://www.e-happy.com.tw
```

程式說明

- 12-13　用 select() 取得圖片 (img) 及超連結 (a) 標籤內容後，用 get() 方法分別取得 src 及 href 的屬性值。
- 14-15　用 select() 取得圖片 (img) 及超連結 (a) 標籤內容後，用字典資料取值的方法分別取得 src 及 href 的屬性值。

使用 Chrome 的開發人員工具檢查網頁結構

許多的網頁在結構上十分複雜，無法很快速的找到要爬取內容在 HTML 原始碼中的位置，此時可以使用 Chrome 的開發人員工具來協助。

由瀏覽器右上角的 ⋮ **/ 更多工具 / 開發人員工具**，或是按 **F12** 鍵進入 **開發人員工具**，在 **Elements** 頁籤下可以看到原始碼內容。按右上角的 ⋮ 可設定開發人員工具在瀏覽器的位置。

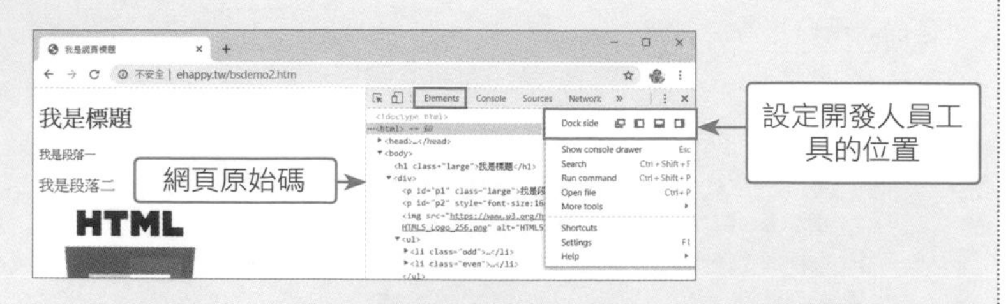

當選取原始碼中的標籤時，網頁內容會立即標示所在位置，並顯示相關的訊息。

也可以直接在網頁上找尋內容在原始碼的位置，如下想要知道圖片在原始碼中的位置，可以在其上按下右鍵，選取 **檢查**，右側即會出現 9 標示原始碼的位置。

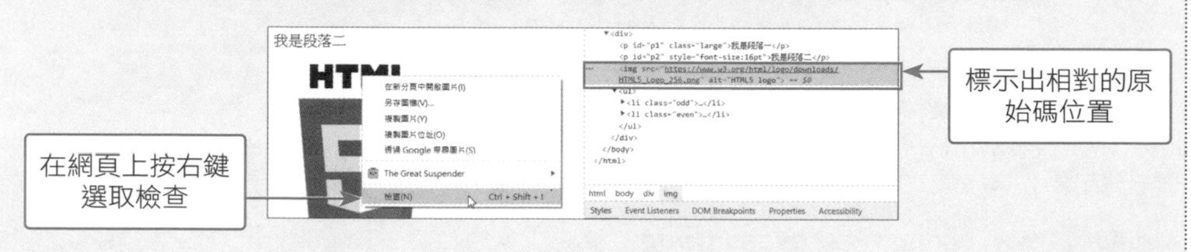

另外一個方式是按下畫面左上角的 ⬚ 選取工具後進入選取模式，當滑鼠移到網頁上的內容時會自動標示，右方也會自動標示原始碼的位置。

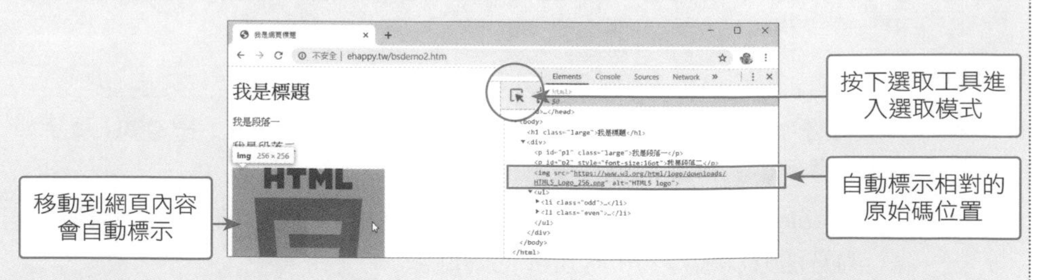

Chrome 開發人員工具對於網頁內容的擷取是很重要的工具，非常推薦使用。

11.2.9 實戰：威力彩開獎號碼

學會了 requests 模組下載網頁檔案內容，也學會了 BeautifulSoup 模組進行解析結構取得資料之後，接下來就要找個目標來實戰了。

以下是台灣彩券 (https://www.taiwanlottery.com.tw) 的官方網站，在首頁中會將各種獎項最新一期的得獎號碼全部整理在頁面上，乍看之下內容非常豐富，不過有時要找到想要的資訊就不是那麼容易了！這裡我們將要挑戰用程式把頁面上威力彩的開獎號碼擷取下來，整理後顯示在螢幕上。

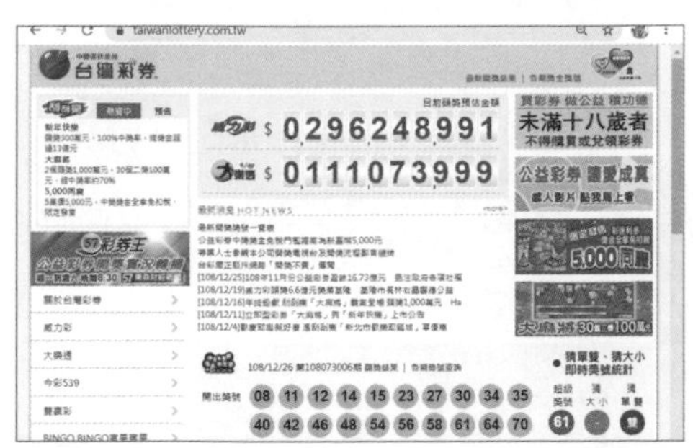

在進行爬取之前，先分析網頁的結構是最重要的工作。開啟 Chrome 的開發人員工具，在頁面中威力彩的區域上按下滑鼠右鍵選 **檢查** 即可在原始碼中找到所屬區域。

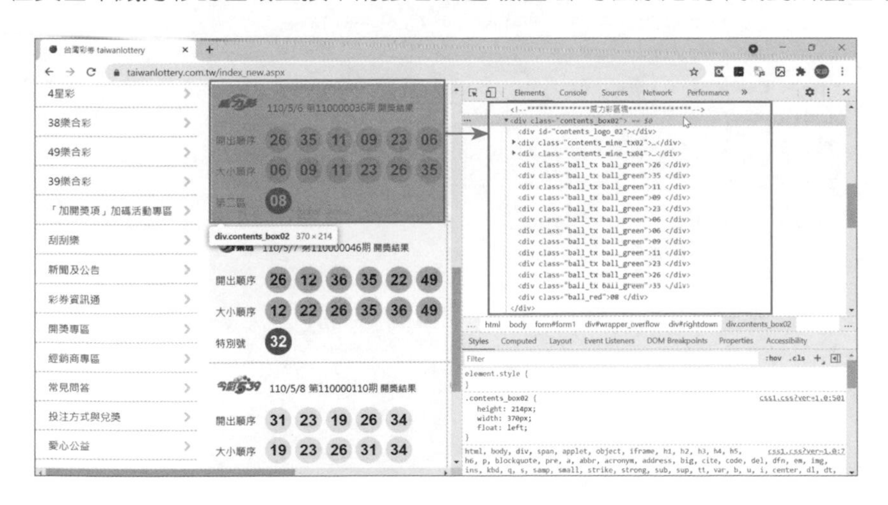

1. 威力彩整個開獎區是在一個 class 類別為「contents_box02」的 <div> 中。
2. 該期威力彩的期號在一個 class 類別為「font_black15」的 <span> 中。
3. 所有的開獎號碼在 class 類別為「ball_tx ball_green」的 <div> 中，一共有 12 個，前 6 個是開出順序，後 6 個是大小順序。
4. 第二區的開獎號碼在 class 類別為「ball_red」的 <div> 中。

```
<!--***************威力彩區塊***************-->
▼<div class="contents_box02">
   <div id="contents_logo_02"></div>
  ▶<div class="contents_mine_tx02">…</div>
  ▶<div class="contents_mine_tx04">…</div>
   <div class="ball_tx ball_green">26 </div>
   <div class="ball_tx ball_green">35 </div>
   <div class="ball_tx ball_green">11 </div>
   <div class="ball_tx ball_green">09 </div>
   <div class="ball_tx ball_green">23 </div>
   <div class="ball_tx ball_green">06 </div>
   <div class="ball_tx ball_green">06 </div>
   <div class="ball_tx ball_green">09 </div>
   <div class="ball_tx ball_green">11 </div> == $0
   <div class="ball_tx ball_green">23 </div>
   <div class="ball_tx ball_green">26 </div>
   <div class="ball_tx ball_green">35 </div>
   <div class="ball_red">08 </div>
 </div>
```

範例：查詢威力彩開獎號碼

完成了結構的分析，接著就可以進行爬蟲了！

程式碼：**taiwanlottery.py**

```
1  import requests
2  from bs4 import BeautifulSoup
3  url = 'https://www.taiwanlottery.com.tw/'
4  r = requests.get(url)
5  sp = BeautifulSoup(r.text, 'html.parser')
6  # 找到威力彩的區塊
7  datas = sp.find('div', class_='contents_box02')
8  # 開獎期數
9  title = datas.find('span', 'font_black15').text
10 print(' 威力彩期數：', title)
11 # 開獎號碼
12 nums = datas.find_all('div', class_='ball_tx ball_green')
13 # 開出順序
14 print(' 開出順序：', end=' ')
15 for i in range(0,6):
16     print(nums[i].text, end=' ')
17 # 大小順序
18 print('\n 大小順序：', end=' ')
19 for i in range(6,12):
20     print(nums[i].text, end=' ')
21 # 第二區
```

```
22      num = datas.find('div', class_='ball_red').text
23      print('\n 第二區：', num)
```

輸出結果：

```
威力彩期數： 110/5/6 第 110000036 期
開出順序： 26   35   11   09   23   06
大小順序： 06   09   11   23   26   35
第二區： 08
```

程式說明

- 1-2　匯入 requests 模組及 BeautifulSoup 模組。
- 3-5　取得台灣彩券網站的原始碼，並利用 BeautifulSoup 模組將原始碼的內容解析為 sp 物件。
- 7　在 sp 中用 find() 方式找尋第一個 class 類別為「contents_box02」的 <div>，即是威力彩開獎號碼所在的節點，最後儲存在 datas 中。
- 9　在 datas 中用 find() 方式找尋 class 類別為「font_black15」的 <span>，即是威力彩的期號，最後儲存在 title 中。
- 12　在 datas 中用 find_all() 方式找尋所有 class 類別為「ball_tx ball_green」的 <div> 標籤內容，儲存到 nums 中，這些內容是開獎號碼。
- 15-16　用 for range 迴圈，將 nums 裡前 6 個號碼取出並組合顯示在螢幕上，這是用開出順序所排列的得獎號碼。
- 19-20　用 for range 迴圈，將 nums 裡後 6 個號碼取出並組合顯示在螢幕上，這是用大小順序所排列的得獎號碼。
- 22-23　在 datas 中用 find() 方式找尋 class 類別為「ball_red」的 <div>，即是第二區的號碼，顯示在螢幕上。

11.3 Selenium 模組：瀏覽器自動化操作

有些網頁的內容，必須要在瀏覽器上操作後才會產生所要的結果。Selenium 模組可以模擬人類在瀏覽器上的操作過程，達到這個效果。

11.3.1 使用 Selenium

在網頁應用程式開發時，測試使用者介面一向是相當困難的工作。如果以手動的方式進行操作，不僅會因為人力時間而受到限制，而且也容易出錯。Selenium 的出現就是為了解決這個問題，它可以藉由指令自動操作網頁，達到測試的功能。

安裝 Selenium

首先必須安裝 Selenium 模組：

```
pip install selenium
```

下載 Chrome WebDriver

用 Selenium 在 Google Chrome 瀏覽器操作必須透過 Chrome WebDriver 程式，請依照作業系統 (Linux, Mac, Windows) 及目前 Google Chrome 的版本，下載 Chrome WebDriver 並解壓縮，網址如下：

```
https://sites.google.com/a/chromium.org/chromedriver/downloads
```

以 Windows 作業系統為例，下載 <chromedriver_win32.zip> 後解壓縮產生 <ChromeDrvier.exe> 檔，將它複製到與開發程式同一層的資料夾中，以便操作時呼叫使用。

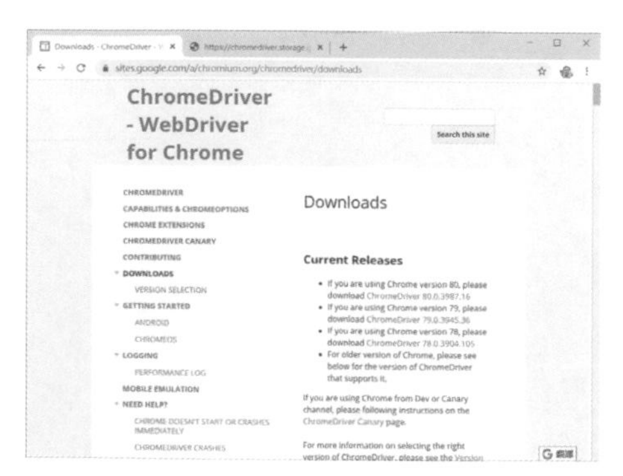

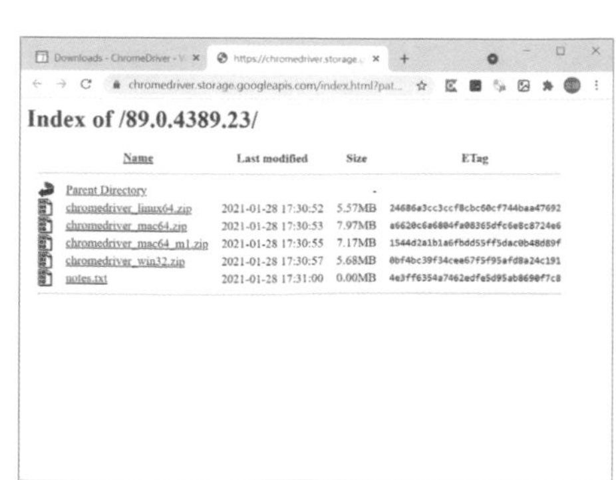

建立 Google Chrome 瀏覽器物件

匯入 selenium 模組後，即可以使用 webdriver.Chrome() 建立 Google Chrome 瀏覽器物件。

```
from selenium import webdriver
driver = webdriver.Chrome()
```

Selenium Webdriver 的屬性和方法

Selenium Webdriver API 常用的屬性和方法如下：

方法	說明
current_url	取得目前的網址。
page_source	讀取網頁的原始碼。
text	讀取元素內容。
size	傳回元素大小，例如：{'width': 250, 'height': 30}。
get_window_position()	取得視窗左上角的位置。
set_window_position(x,y)	設定視窗左上角的位置。
maximize_window()	瀏覽器視窗最大化。
get_window_size()	取得視窗的高度和寬度。
set_window_size(x,y)	設定視窗的高度和寬度。
click()	按單擊鈕。
close()	關閉瀏覽器。
get(url)	連結 url 網址。
refresh()	重新整理畫面。
back()	返回上一頁。
forward()	下一頁。
clear()	清除輸入內容。
send_keys()	以鍵盤輸入。
submit()	提交。
quit()	關閉瀏覽器並且退出驅動程序。

01
02
03
04
05
06
07
08
09
10
11
12
13
14
15
16
17

利用程式操作 Google Chrome 瀏覽器

建立 Google Chrome 瀏覽器物件後，即可以 get() 方法連結到指定的網址，最後以 quit() 方法關閉瀏覽器。例如：連結 Google 網站。

```
from selenium import webdriver
driver = webdriver.Chrome()
driver.get('http://www.google.com')
driver.quit()
```

11.3.2 尋找網頁元素

如果我們想要和網頁互動，例如：按下按鈕、超連結、輸入文字等，就必須先取得網頁元素，才能對這些特定的網頁元素進行操作。

Selenium Webdriver API 提供多種取得網頁元素的方法。如下：

屬性或方法	說明
find_element_by_id(id)	以 id 找尋符合的元素。
find_element_by_class_name(name)	以類別名稱找尋符合的元素。
find_element_by_tag_name("tag name")	以 HTML 標籤找尋符合的元素。
find_element_by_name(name)	以名稱找尋符合的元素。
find_element_by_link_text(text)	以連結文字找尋符合的元素。
find_element_by_partial_link_text("str")	以部份連結文字找尋符合的元素。
find_element_by_css_selector(selector)	以 CSS 選擇器找尋符合的元素。
find_element_by_xpath()	以 xml 的路徑查詢，xpath 就是利用 DOM 節點的階層關係，以及每個節點的特性來找尋元素。

在上面各個方法的 element 後面加上 s，會將所有符合查詢的元素以串列回傳。

用標籤、id、自訂類別、name 屬性及連結文字尋找

以實例說明如下，下列的 HTML 為原始碼，webdriver.Chrome() 物件為 driver。

```
1     <html>
2      <body>
3       <h1>Welcome</h1>
4       <form id="loginForm">
5        <p class="content">Are you sure you want to do this?</p>
6        <a href="continue.html">Continue</a>
7        <a href="cancel.html">Cancel</a>
8        <input name="username" type="text" />
9        <input name="password" type="password" />
10       <input name="continue" type="submit" value="Login" />
11       <input name="continue" type="button" value="Clear" />
12      </form>
13    </body>
14    <html>
```

■ find_element_by_tag_name，用標籤名稱尋找：

```
heading1 = driver.find_element_by_tag_name('h1')
```

找到標籤名稱為「h1」的標籤範圍內容，即第 3 行的區域。

■ find_element_by_id，用 id 名稱尋找：

```
login_form = driver.find_element_by_id('loginForm')
```

找到 id 值為「loginForm」的標籤範圍內容，即 4 到 12 行的區域。

■ find_element_by_class_name：用自訂類別名稱取得。

```
content = driver.find_element_by_class_name('content')
```

找到 class 類別為「content」的標籤範圍內容，即第 5 行。

■ find_element_by_name：用標籤的 name 屬性尋找。

```
username = driver.find_element_by_name('username')
password = driver.find_element_by_name('password')
```

找到 name 值為「username」及「password」的標籤內容，在第 8、9 行。

■ find_element_by_link_text、find_element_by_partial_link_text：

```
continue_link = driver.find_element_by_link_text('Continue')
continue_link = driver.find_element_by_partial_link_text('Conti')
```

找到「Continue」為連結文字或部份連結文字的標籤內容，在第 6 行。

用 xpath 尋找

xpath 就是利用 DOM 節點的階層關係，以及每個節點的特性來找尋元素。xpath 的定位方式分成二種：

1. **絕對路徑**：是由「/html」根節點開始到指定節點開始的完整路徑。
2. **相對路徑**：是由「//」設定標籤節點開始到指定節點的路徑。

以下圖的結構為例，xpath 的絕對路徑一定是由「/html」開始，接著再視指定節點所經過的節點組合成完整路徑。

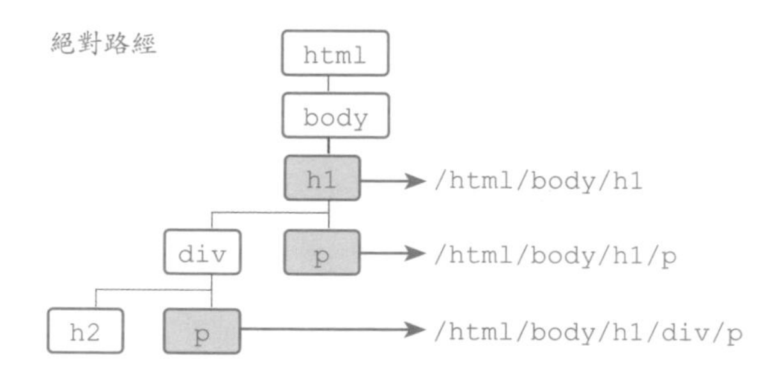

xpath 相對路徑在使用上彈性大了許多，如 <h1>、<h2> 只有一個，可以用「//h1」、「//h2」表示。但 <p> 有二個，所以相對路徑用「//p」等於選擇了二個 <p> 節點。此時可以藉由上層較固定的節點往下指定，例如想要選取第一個可以用「//h1/p」，第二個為「//h1/div/p」或「//div/p」。

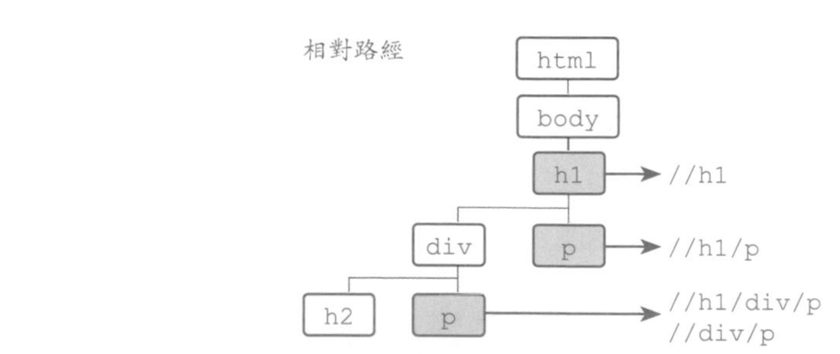

xpath 絕對路徑中，如果在同一層中有多個相同的標籤，可以用出現的順序的標記進行選擇。如下圖結構中在 <div> 有二個 <p>，要選擇第二個 <p> 可以用 [2] 來指定選擇第 2 個符合的節點。注意，這裡的順序是由 1 開始計算的喔！

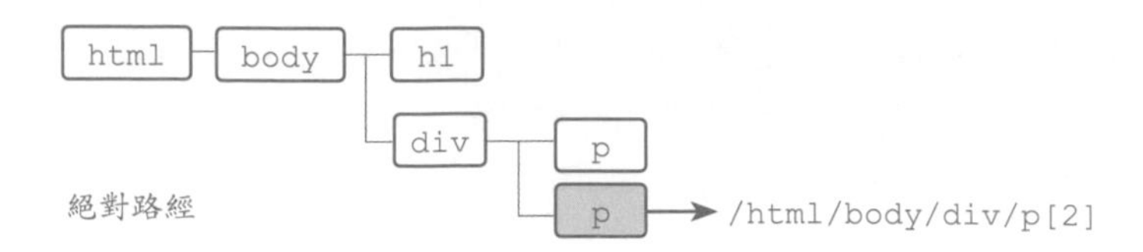

xpath 相對路徑中，可以直接指定擁有 id 編號、class 自訂類別，或是其他屬性的標籤，格式為：**標籤 [@ 屬性名稱 = 值]**。最推薦是使用 id 編號，因為不會重複，所以找尋時最精準。如下圖的結構中，可以用 <input> 的 id 編號，或是 <button> 的 class 自訂類別來指定。

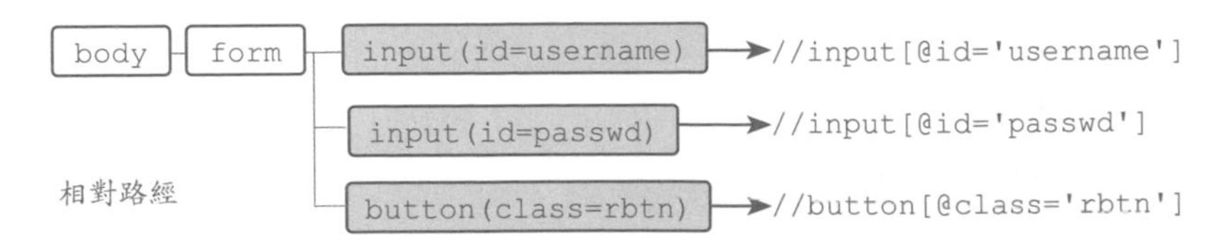

Selenium 可以使用 **find_element_by_xpath** 方法找尋網頁上指定的元素。在之前的範例中，可以用這個方式找到表單及欄位：

```
login_form = driver.find_element_by_xpath("//form[@id='loginForm']")
username = driver.find_element_by_xpath("//input[@name='username']")
```

用 Chrome 開發人員工具取得 xpath

在 Chrome 開發人員工具中，選取了要找尋的節點後，可在按右鍵後選擇 **Copy / Copy XPath** 即可取得這個節點的相對位置，選擇 **Copy / Copy full XPath** 可以取得這個節點的絕對位置。

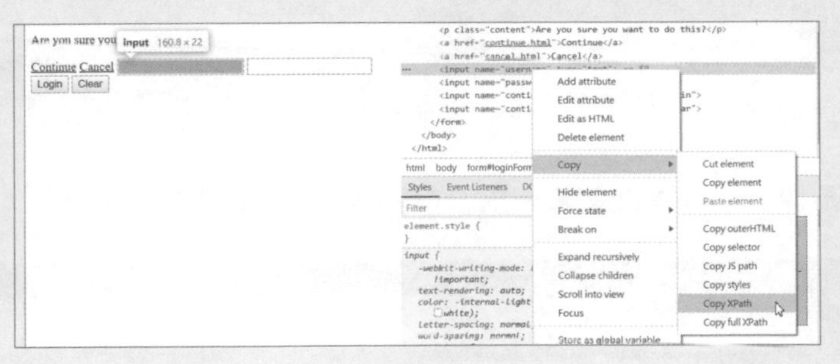

用 CSS 選擇器尋找

Selenium 可以使用 **find_element_by_css_selector** 方法，使用 CSS 選擇器找尋網頁上指定的元素。

CSS 選擇器常用「#id 編號」或「.class 自訂類別」來選取網頁中的內容。在之前的範例中，可以用這個方式找到指定的段落及表單：

```
content = driver.find_element_by_css_selector('.content')
content = driver.find_element_by_css_selector('#loginForm')
```

11.3.3 實戰：Facebook 自動登入

在這個專題中將要使用 Selenium 的功能來控制瀏覽器，進行自動登入 Facebook 網站的動作。

範例：自動登入 Facebook

要登入 Facebook 網站的步驟如下：

1. 輸入網址「https://www.facebook.com/」。
2. 輸入帳號、密碼。
3. 按 **登入** 鈕。

現在，我們要改用 Python 程式自動完成登入 Facebook 網站的動作。

在開發之前要先查詢在 Facebook 登入頁面上的欄位，以便等一下使用 Selenium 模組時可以找到要輸入電子郵件、密碼欄位及登入鈕的位置。

1. 開啟 Chrome 開發人員工具，找尋 **電子郵件或電話** 欄位原始碼的位置，如下圖可以在標籤中找到 id 值為「email」。

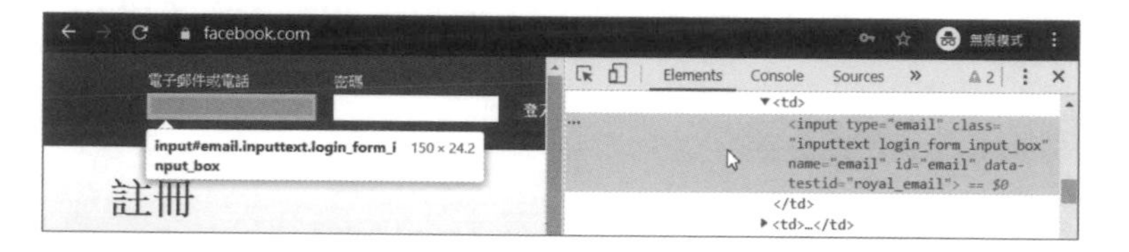

2. 找尋 **密碼** 欄位原始碼的位置，可以在標籤中找到 id 值為「pass」。

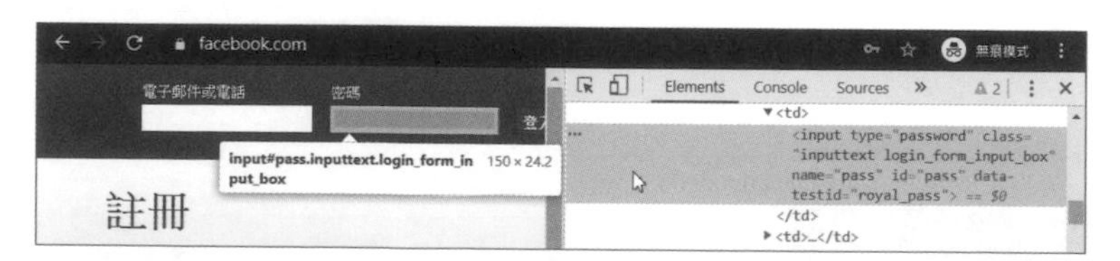

3. 找尋 **登入** 鈕原始碼的位置，可以在標籤中找到 name 值為「login」。

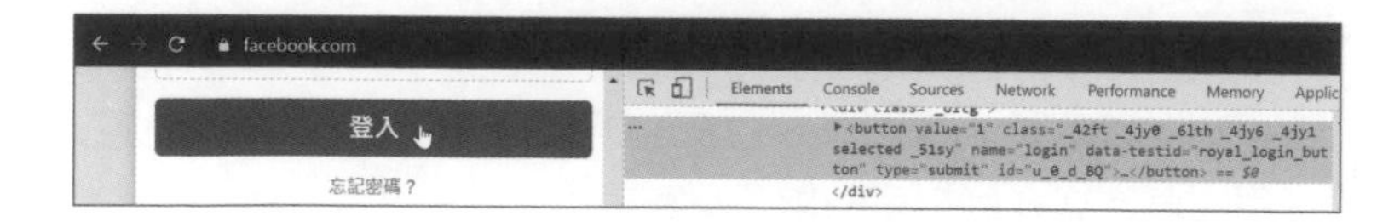

完成登入時最重要的三個欄位資訊查詢後，就可以動手寫程式了喔！

程式碼：loginFacebook.py

```
1   from selenium import webdriver
2   # 設定 facebook 登入資訊
3   url = 'https://www.facebook.com/'
4   email='你的 faceook 電子郵件'
5   password='你的 faceook 密碼'
6   # 建立瀏覽器物件
7   driver = webdriver.Chrome()
8   # 最大化視窗後開啟 facebook 網站
9   driver.maximize_window()
10  driver.get(url)
11  # 執行自動登入動作
12  driver.find_element_by_id('email').send_keys(email)   # 輸入郵件
13  driver.find_element_by_id('pass').send_keys(password)# 輸入密碼
14  driver.find_element_by_name('login').click()          # 按登入鈕
```

程式說明

- 3-4　設定 Facebook 登入資訊，請將電子郵件及密碼置換成你的資料。
- 9-10　最大化視窗後開啟 Facebook 網站。
- 12　找到電子郵件輸入的欄位後，用 send_keys() 方法輸入郵件資料。
- 13　找到密碼輸入的欄位後，用 send_keys() 方法輸入密碼資料。
- 14　找到登入按鈕後用 click() 方法按下按鈕將表單送出，執行登入的動作。

當執行程式時，Selenium 會自動開啟瀏覽器，並且前往 Facebook 的頁面，在自動輸入完電子郵件及密碼後，程式會按下登入鈕，就能成功進入 Facebook 的個人頁面了，是不是很神奇啊！

禁止 Alert 彈出式視窗

有些網站如 facebook 以帳號、密碼登入之後，還會出現 Alert 視窗，取消 Alert 視窗的方法是將原來以 webdriver.Chrome() 建立瀏覽器方式。

```
url = 'https://www.facebook.com/'
driver = webdriver.Chrome()
driver.get(url)
```

改為 webdriver.Chrome(chrome_options=chrome_options) 設定參數的方式建立瀏覽器。

程式碼：loginFacebook2.py

```
url = 'https://www.facebook.com/'
# 取消 Alert
chrome_options = webdriver.ChromeOptions()
prefs = {"profile.default_content_setting_values.notifications" : 2}
chrome_options.add_experimental_option("prefs",prefs)
driver = webdriver.Chrome(chrome_options=chrome_options)
driver.get(url)
```

12

數據資料的儲存與讀取

csv 資料的儲存與讀取
- 認識 CSV
- csv 檔案儲存
- csv 檔案讀取

Excel 資料儲存與讀取
- Excel 檔案新增及儲存
- Excel 檔案讀取及編輯

json 資料的讀取與輸出
- 認識 json
- json 模組的使用
- json 讀取資料
- json 輸出資料

XML 資料的儲存與讀取
- 匯入 xml.etree.ElementTree 模組
- XML 資料的讀取
- XML 資料的編輯

SQLite 資料庫的操作
- 使用 sqlite3 模組
- 執行 SQL 命令操作資料表
- 執行資料查詢

MySQL 資料庫的操作
- 建立資料資料表
- MySQL 資料庫管理

Google 試算表的操作
- 連接 Google 試算表前的注意事項
- Google Developers Console 的設定
- Google 試算表的權限設定
- 連結並操作 Google 試算表

12.1 csv 資料的儲存與讀取

csv 檔是許多資料編輯、讀取及儲存時很喜歡的格式，因為是純文字檔案，操作方便而且輕量。Python 可以使用 csv 模組輕鬆存取 .csv 檔案。

12.1.1 認識 CSV

CSV (Comma Separated Values) 是一種以逗號分隔值的資料格式並以純文字的方式儲存為檔案。最廣泛的應用是在程式之間進行資料的交換，因為許多程式都有專屬的資料檔案，為了與其他的程式相通，就必須將資料內容轉換為通用格式方便其他程式使用，而 CSV 就是其中很受歡迎的選項。

csv 檔案是純文字的檔案，編輯時可以直接使用文字編輯器，如 Windows 內建的記事本，但是在閱讀上有時會較為不方便。Excel 也可以直接編輯、讀取及儲存 csv 檔案，以欄列的方式來顯示 csv 檔案的內容較易閱讀，因此有較多的人都會利用 Excel 來使用 csv 檔案。

12.1.2 csv 檔案儲存

可以使用串列或字典資料類型，將資料寫入 csv 檔案。而串列的寫入方式又分為：

1. csv 寫入物件 **.writerow()**：寫入一維串列。
2. csv 寫入物件 **.writerows()**：寫入二維串列。

將一維串列資料寫入 csv 檔案

利用 csv 的 writer 方法，可以建立一個寫入 csv 檔案的物件，再利用 writerow 方法就可以寫入一維的串列資料。例如：寫入 <test1.csv> 檔。

程式碼：csv_write_list1.py

```
import csv
# 開啟輸出的 csv 檔案
with open('test1.csv', 'w', newline='') as csvfile:
  # 建立 csv 檔寫入物件
  writer = csv.writer(csvfile)

  # 寫入欄位名稱
```

```
writer.writerow(['姓名', '身高', '體重'])
# 寫入資料
writer.writerow(['chiou', 170, 65])
writer.writerow(['David', 183, 78])
```

開啟 csv 檔案時加上參數 newline=''，可以讓資料中的換行字元被正確解析。儲存的 <test1.csv> 檔案是以逗號「,」為分隔字元儲存，以下用二種編輯器開啟如下：

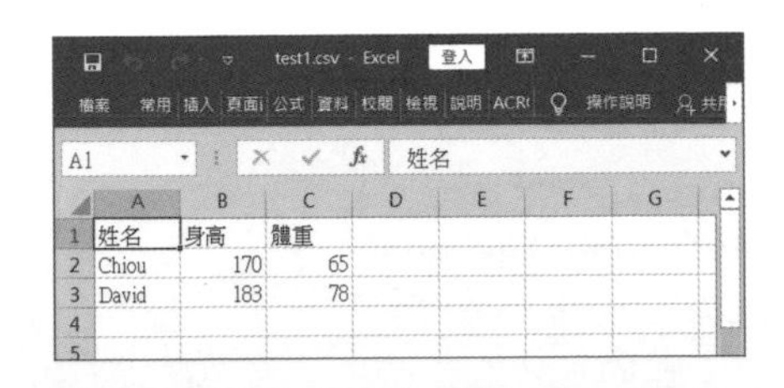

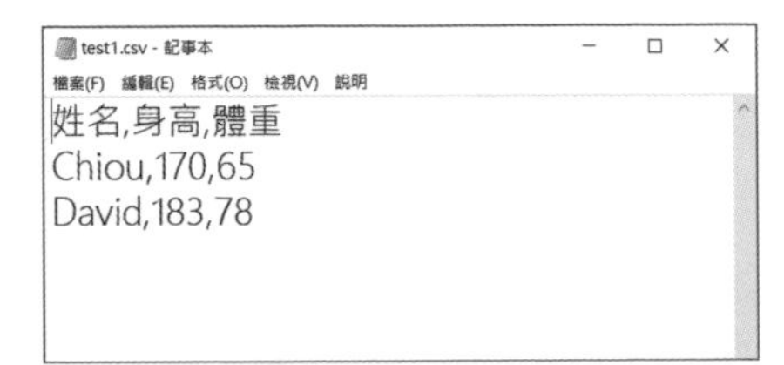

將二維串列資料寫入 csv 檔案

除了一維的串列資料之外，也可以利用 writerows 方法寫入二維的串列資料。例如：寫入 <test2.csv> 檔。

程式碼：csv_write_list2.py

```
import csv
# 建立 csv 二維串列資料
csvtable = [
        ['姓名', '身高', '體重'],
        ['Chiou', 170, 65],
        ['David', 183, 78],
]
# 開啟輸出的 csv 檔案
with open('test2.csv', 'w', newline='') as csvfile:
  # 建立 csv 檔寫入物件
  writer = csv.writer(csvfile)

  # 寫入二維串列資料
  writer.writerows(csvtable)
```

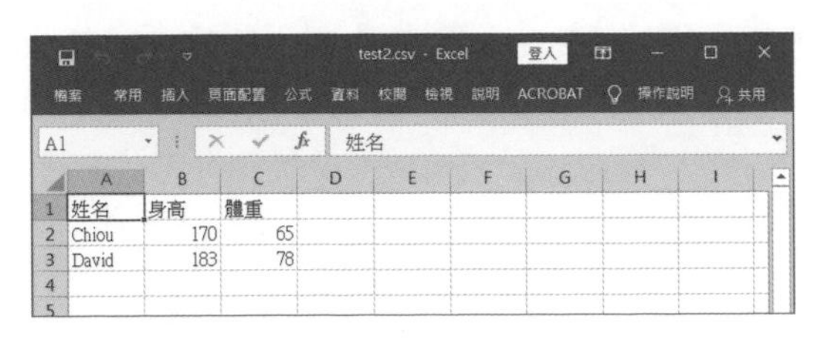

將字典資料寫入 csv 檔案

也可以使用 csv.DictWriter 直接將字典類型的資料寫入 csv 檔案中。

程式碼：csv_write_dict.py

```
import csv
with open('test.csv', 'w', newline='') as csvfile:
    # 定義欄位
    fieldnames = ['姓名', '身高', '體重']

    # 將 dictionary 寫入 csv 檔
    writer = csv.DictWriter(csvfile, fieldnames=fieldnames)

    # 寫入欄位名稱
    writer.writeheader()
    # 寫入資料
    writer.writerow({'姓名': 'chiou', '身高': 170, '體重': 65})
    writer.writerow({'姓名': 'David', '身高': 183, '體重': 78})
```

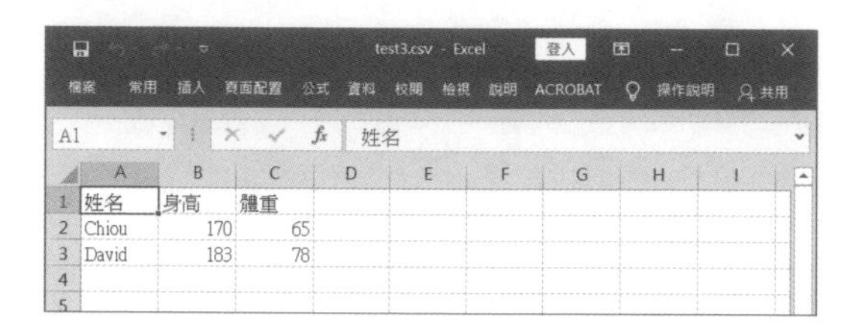

12.1.3 csv 檔案讀取

也可以將 csv 檔案中資料，讀取為串列或字典格式，方法如下：

1. 讀取為串列格式：csv.reader()。
2. 讀取為字典格式：csv.DictReader()。

讀取 csv 檔案為串列資料

利用 csv 的 reader 方法，可以讀取 csv 檔案內容，例如：讀取 <test1.csv> 檔。

程式碼：csv_read.py

```
import csv
# 開啟 csv 檔案
with open('test1.csv', newline='') as csvfile:
    # 讀取 csv 檔案內容
    rows = csv.reader(csvfile)
    # 以迴圈顯示每一列
    for row in rows:
        print(row)
```

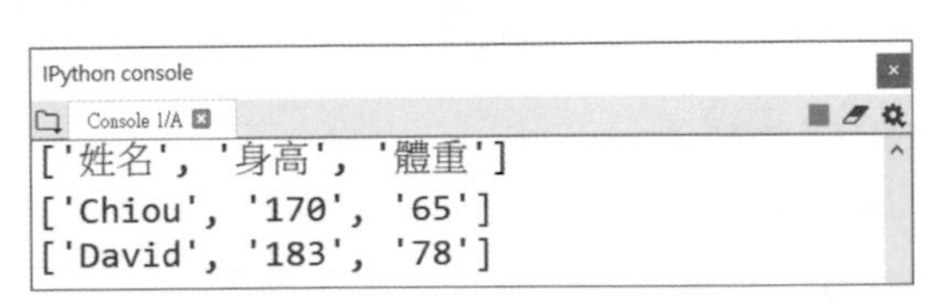

讀取 csv 檔案為字典資料

也可以將 csv 檔案的內容讀取進來之後，轉為 Python 的 dictionary 格式。

程式碼：csv_read_dict.py

```
import csv
# 開啟 csv 檔案
with open('test1.csv', newline='') as csvfile:
    # 讀取 csv 檔內容，將每一列轉成 dictionary
    rows = csv.DictReader(csvfile)
    # 以迴圈顯示每一列
    for row in rows:
        print(row['姓名'],row['身高'],row['體重'])
```

以 csv.DictReader 來讀取 csv 檔案內容時，會自動將第一列（row）當作欄位名稱，第二列以後的每一列轉為 dictionary。

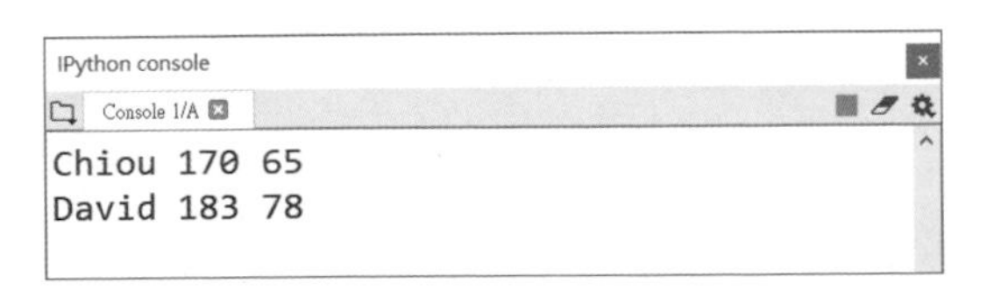

12.2 Excel 資料儲存與讀取

openpyxl 模組可以存取最新版的 Excel 文件格式，要特別注意的是它只支援 .xlsx 格式，並不支援 .xls 格式。Anaconda 預設安裝 openpyxl 模組，可以直接使用。

12.2.1 Excel 檔案新增及儲存

openpyxl 模組新增及儲存檔案

首先必須先匯入 openpyxl 模組。

```
import openpyxl
```

利用 Workbook 方法建立一個新的工作簿。

```
workbook = openpyxl.Workbook()
```

然後取得工作表。例如：取得工作簿的第 1 個工作表。

```
sheet = workbook.worksheets[0]
```

我們可以設定 sheet 工作表設定儲存格內容。例如：設定 A1 儲存格內容為「Hello」。

```
sheet['A1'] = 'Hello'
```

或是以 append 方法加入串列資料，例如：加入 listtitle 串列：

```
listtitle = ["姓名","電話"]
sheet.append(listtitle)
```

最後再以工作簿的 save 方法存檔。例如：儲存為 <test.xlsx> 檔：

```
workbook.save('test.xlsx')
```

用 openpyxl 模組儲存 xlsx 檔

將指定的資料儲存到 <test.xlsx> 檔。

程式碼：xlsx_write.py

```
import openpyxl
# 建立一個工作簿
workbook=openpyxl.Workbook()
# 取得第 1 個工作表
sheet = workbook.worksheets[0]
```

```
# 以儲存格位置寫入資料
sheet['A1'] = 'Hello'
sheet['B1'] = 'World'
# 以串列寫入資料
listtitle=["姓名","電話"]
sheet.append(listtitle)
listdata=["David","0999-1234567"]
sheet.append(listdata)
# 儲存檔案
workbook.save('test.xlsx')
```

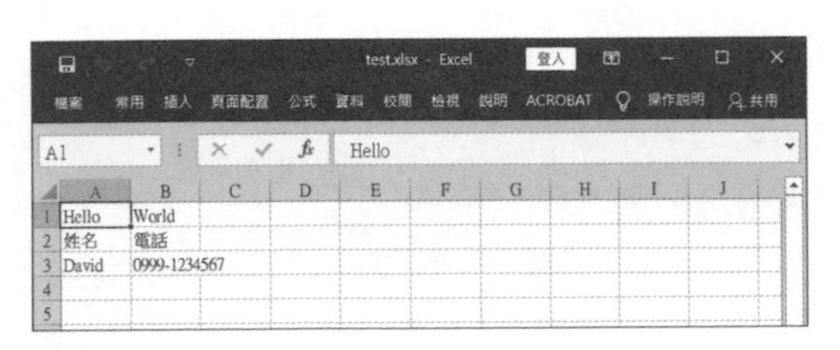

12.2.2 Excel 檔案讀取及編輯

openpyxl 模組讀取檔案及編輯

匯入 openpyxl 模組後，即可利用 load_workbook 方法建立讀取 Excel 檔案物件。

```
workbook = openpyxl.load_workbook('test.xlsx')
```

然後取得工作表。例如：取得工作簿的第 1 個工作表。

```
sheet = workbook.worksheets[0]
```

以 max_row、max_column 屬性可以取得總行、列數，cell 方法可以讀取儲存格，value 屬性顯示儲存格內容。例如：顯示所有儲存格內容。

```
for i in range(1, sheet.max_row+1):
    for j in range(1, sheet.max_column+1):
        print(sheet.cell(row=i, column=j).value,end="   ")
    print()
```

要更新指定儲存格的內容，可以直接設定位址等於新的值。例如設定 A3 儲存格的內容為新的值：

```
sheet['A3'] = 'Perry'
```

用 openpyxl 模組讀取 xlsx 檔

讀取 <test.xlsx> 檔內容，讀取內容列印出相關訊息，最後修改 A3 儲存格內容為「Perry」並存檔。

程式碼：xlsx_read.py

```
1   import openpyxl
2   #  讀取檔案
3   workbook = openpyxl.load_workbook('test.xlsx')
4   # 取得第 1 個工作表
5   sheet = workbook.worksheets[0]
6   # 取得指定儲存格
7   print(sheet['A1'], sheet['A1'].value)
8   # 取得總行、列數
9   print(sheet.max_row, sheet.max_column)
10  # 顯示 cell 資料
11  for i in range(1, sheet.max_row+1):
12      for j in range(1, sheet.max_column+1):
13          print(sheet.cell(row=i, column=j).value,end="   ")
14      print()
15  sheet['A3'] = 'Perry'
16  workbook.save('test.xlsx')
```

執行結果：

```
<Cell 'Sheet'.A1> Hello
3 2
Hello   World
姓名   電話
David   0999-1234567
```

	A	B	C	D	E	F
1	Hello	World				
2	姓名	電話				
3	Perry	0999-1234567				
4						
5						

程式說明

- 7　取得指定儲存格內容。
- 9　取得總行、列數。
- 11-14　顯示所有儲存格內容。
- 15-16　修改 A3 儲存格內容後存檔。

12.3 json 資料的讀取與輸出

json 是一個越來越流行的資料格式，不僅相容性高，json 結構清楚又操作方便，深得許多開發者的喜愛。在 Python 使用 json 模組就能輕鬆存取。

12.3.1 認識 json

json (JavaScript Object Notation) 是一個以文字為基礎、輕量級的資料格式。json 的格式十分容易閱讀及理解，所以廣泛的被應用在其他的程式語言中，甚至有越來越多程式都使用它來取代過去常用的可延伸標記式語言：XML。

JSON 是利用**資料物件 (object)** 及**清單陣列 (Array)** 的方式來描述資料結構與內容：

1. **資料物件**：是用來描述單筆資料，內容是使用「{ ... }」符號包含起來。一個物件中包含一系列非排序的鍵 (名稱) / 值對，鍵和值之間使用「：」隔開，多個鍵 / 值對之間使用「,」分割。

2. **清單陣列**：是用來描述多筆資料，內容是使用「[...]」符號包含起來。每筆資料之間使用「,」區隔。

以下利用一個範例來說明，這是一個班級成績表，一旁同時以 JSON 格式來對照：

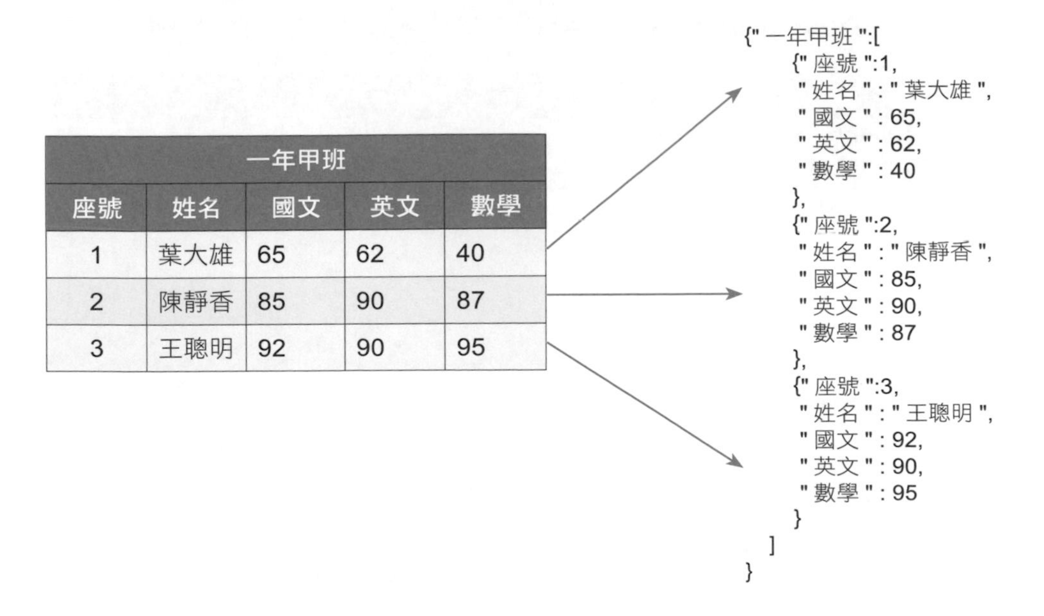

一年甲班				
座號	姓名	國文	英文	數學
1	葉大雄	65	62	40
2	陳靜香	85	90	87
3	王聰明	92	90	95

```
{" 一年甲班 ":[
    {" 座號 ":1,
     " 姓名 " : " 葉大雄 ",
     " 國文 " : 65,
     " 英文 " : 62,
     " 數學 " : 40
    },
    {" 座號 ":2,
     " 姓名 " : " 陳靜香 ",
     " 國文 " : 85,
     " 英文 " : 90,
     " 數學 " : 87
    },
    {" 座號 ":3,
     " 姓名 " : " 王聰明 ",
     " 國文 " : 92,
     " 英文 " : 90,
     " 數學 " : 95
    }
  ]
}
```

12.3.2 json 模組的使用

json 模組是 Python 內建的模組，使用前並不需要安裝。它的重要函數如下：

函數	說明
json.load(檔案物件)	由 json 格式檔案載入為 json 資料。
json.loads(字串)	由 json 格式字串載入為 json 資料。
json.dump(字串 , 檔案物件)	將 json 資料寫入到檔案。
json.dumps(字串)	將 json 資料輸出為字串。

其實在使用上十分容易分辨，如果是由字串載入或是輸出，使用的函數名稱就會有「s」，例如 json.loads() 及 json.dumps()；如果是由檔案載入或是寫入就沒有，例如 json.load() 及 json.dump()。

12.3.3 json 讀取資料

python 程式可以由字串或是檔案中讀取資料，成為 json 的資料內容。

loads 讀取 json 字串

以下的範例定義 class_str 為 json 格式的文字字串 (只是長的像字典的文字)，必須使用 loads() 方法將 class_str 字串轉換為字典格式，才能以字典的方式讀取。

程式碼：jsonload1.py

```
1    import json
2    class_str = """
3    {
4      "一年甲班": [
5        {
6          "座號": 1,
7          "姓名": "葉大雄",
8          "國文": 65,
9          "英文": 62,
10         "數學": 40
11       },
12       {
13         "座號": 2,
14         "姓名": "陳靜香",
15         "國文": 85,
16         "英文": 90,
17         "數學": 87
18       },
```

```
19          {
20            "座號": 3,
21            "姓名": "王聰明",
22            "國文": 92,
23            "英文": 90,
24            "數學": 95
25          }
26        ]
27      }
28      """
29      datas = json.loads(class_str)
30      print(type(datas))
31      for data in datas["一年甲班"]:
32          print(data, data['姓名'])
```

執行結果：

```
<class 'dict'>
{'座號': 1, '姓名': '葉大雄', '國文': 65, '英文': 62, '數學': 40} 葉大雄
{'座號': 2, '姓名': '陳靜香', '國文': 85, '英文': 90, '數學': 87} 陳靜香
{'座號': 3, '姓名': '王聰明', '國文': 92, '英文': 90, '數學': 95} 王聰明
```

程式說明

- 1　　載入 json 模組。
- 2-27　　宣告 json 格式字串變數：class_str。
- 29　　使用 json.loads() 載入 json 格式字串到 datas 變數中。
- 30　　顯示 datas 的資料形態，結果為字典：dict。
- 31-32　　依序顯示每一筆資料，以及每筆資料「姓名」欄位內容。

load 讀取 json 檔案

以下的範例將把剛才程式中 json 字串另存到 <class_str.json> 中，放置在同一層資料夾之中，利用 json.load() 讀取檔案中的資料並轉換為字典格式：

程式碼：jsonload2.py

```
1     import json
2     with open('class_str.json', 'r', encoding='utf-8') as f:
3         datas = json.load(f)
4         print(type(datas))
5         for data in datas["一年甲班"]:
6             print(data, data['姓名']):
```

執行結果：

```
<class 'dict'>
{'座號': 1, '姓名': '葉大雄', '國文': 65, '英文': 62, '數學': 40} 葉大雄
{'座號': 2, '姓名': '陳靜香', '國文': 85, '英文': 90, '數學': 87} 陳靜香
{'座號': 3, '姓名': '王聰明', '國文': 92, '英文': 90, '數學': 95} 王聰明
```

程式說明

- 1　　載入 json 模組。
- 2　　以讀取模式，utf-8 編碼開啟 <class_str.json> 檔案成為 f 檔案物件。
- 3　　使用 json.load() 載入 f 檔案內容到 datas 變數中。
- 4　　顯示 datas 的資料形態，結果為字典：dict。
- 5-6　　依序顯示每一筆資料，以及每筆資料「姓名」欄位內容。

12.3.4 json 輸出資料

python 程式可以由字串或是檔案中輸出成為 json 的資料內容。

dumps 輸出 json 字串

以下的範例利用 dumps() 方法將 datas 字典轉換為 dumpdata 字串。

程式碼：**jsondump1.py**

```
1   import json
2   with open('class_str.json', 'r', encoding='utf-8') as f:
3       datas = json.load(f)
4   print(datas, type(datas))
5   dumpdata = json.dumps(datas, ensure_ascii=False)
6   print(dumpdata, type(dumpdata))
```

執行結果：

```
{'一年甲班': [{'座號': 1, '姓名': '葉大雄', '國文': 65, '英文': 62,
 '數學': 40}, {'座號': 2, '姓名': '陳靜香', '國文': 85, '英文': 90,
 '數學': 87}, {'座號': 3, '姓名': '王聰明', '國文': 92, '英文': 90,
 '數學': 95}]} <class 'dict'>
{"一年甲班": [{"座號": 1, "姓名": "葉大雄", "國文": 65, "英文": 62,
 "數學": 40}, {"座號": 2, "姓名": "陳靜香", "國文": 85, "英文": 90,
 "數學": 87}, {"座號": 3, "姓名": "王聰明", "國文": 92, "英文": 90,
 "數學": 95}]} <class 'str'>
```

程式說明

- 1-3　載入 json 模組，以讀取模式，utf-8 編碼開啟 <class_str.json> 檔案成為 f 檔案物件，使用 json.load() 載入 f 檔案內容到 datas 變數中。
- 4　顯示 datas 的內容及資料形態，目前的資料形態為字典 (dict)。
- 5　使用 json.dumps() 輸出資料到 dumpdata 變數中，**設定參數 ensure_ascii=False 是為了讓資料中的中文能正確顯示**。
- 6　顯示 dumpdata 的內容及資料形態，資料形態為字串 (str)。

設定 ensure_ascii=False 參數

json 模組輸出資料時，預設會以 ASCII 的方式來執行結果，一旦資料的內容有中文即會因為這個因素以 ASCII 來表示，看起來就像是亂碼一般。如果要能正確顯示中文，請設定 ensure_ascii=False 參數讓中文以正常的方式輸出。

dump 輸出 json 檔案

以下的範例利用 dump() 方法將 datas 字典儲存為 <new_class_str.json> 文字檔案。

程式碼：jsondump2.py

```
1    import json
2    with open('class_str.json', 'r', encoding='utf-8') as f:
3        datas = json.load(f)
4    with open('new_class_str.json', 'w', encoding='utf-8') as f:
5        json.dump(datas, f, ensure_ascii=False)
```

執行結果：

new_class_str.json - 記事本

檔案(F) 編輯(E) 格式(O) 檢視(V) 說明

```
{"一年甲班": [{"座號": 1, "姓名": "葉大雄", "國文": 65, "英文": 62, "數學": 40}, {"座號": 2, "姓名": "陳靜香", "國文": 85, "英文": 90, "數學": 87}, {"座號": 3, "姓名": "王聰明", "國文": 92, "英文": 90, "數學": 95}]}
```

程式說明

- 1-3　載入 json 模組，以讀取模式，utf-8 編碼開啟 <class_str.json> 檔案成為 f 檔案物件，使用 json.load() 載入 f 檔案內容到 datas 變數中。
- 4-5　使用 json.dump() 輸出資料到 <new_class_str.json> 檔案中，**設定參數 ensure_ascii=False 是為了讓資料中的中文能正確顯示**。

12.4 XML 資料的儲存與讀取

12.4.1 匯入 xml.etree.ElementTree 模組

Python 內建的 xml.etree.ElementTree 模組，可以解析 XML。首先要匯入 xml.etree.ElementTree 模組，語法為：

```
try:
    import xml.etree.cElementTree as ET
except ImportError:
    import xml.etree.ElementTree as ET
```

xml.etree.ElementTree 模組有兩種：「xml.etree.cElementTree」佔用資源較小且執行速度較快；「xml.etree.ElementTree」佔用資源較大且執行速度較慢。因此先嘗試匯入 xml.etree.cElementTree，若該模組不存在才匯入 xml.etree.ElementTree 。

12.4.2 XML 資料的讀取

讀取 XML 格式的資料時，可以直接從字串中取得，或是從 *.xml 檔案載入。

讀取 XML 字串

所有 XML 解析要由根目錄開始，利用 xml.etree.ElementTree 的 fromstring 方法可以讀取 XML 字串，並取得 XML 的根目錄。語法為；

```
變數 = ET.fromstring(XML 字串 )
```

例如：以 XML 字串建立 Element 物件 root，這個 root 就是根目錄。

```
xml='''\
<?xml version="1.0"?>
<data 名稱 ="e-happy">
    <person 姓名 ="David">
        < 身高 >183</ 身高 >
    </person>
</data>
'''
root = ET.fromstring(xml) # 從字串載入並解析 XML 資料
```

也可以從網站中讀取。例如：讀取 XML 網頁，建立建立 Element 物件 root。

```
xml= requests.get('http://invoice.etax.nat.gov.tw/invoice.xml')
root = ET.fromstring(xml)
```

Element 物件的屬性和方法

以 fromstring 方法建立物件的資料型態是 Element，主要屬性有三個：

- **tag**：標籤名稱。
- **attrib**：屬性名稱及值，可能有多個，型態為字典。
- **text**：內容 (值)。

也可以使用 get 方法讀取指定屬性名稱的值，set 方法設定指定屬性名稱的值。

- **get 方法**：讀取指定屬性名稱的值。例如：前例的 XML 字串中 root.get(' 名稱 ')，得到的值為「e-happy」。
- **set 方法**：設定指定屬性名稱的值。例如：root.set(' 名稱 ',' 文淵閣工作室 ') 會更改屬性名稱為「名稱」的值為「文淵閣工作室」，即 {' 名稱 ': ' 文淵閣工作室 '}。

範例：以 XML 字串建立根目錄 tree，練習 Element 物件的屬性和方法。

程式碼：tree1.py

```
1-5  import xml.etree.ElementTree as ET 模組略
6    xml='''\
7    <?xml version="1.0"?>
8    <data 名稱 ="e-happy">
9        <person 姓名 ="David">
10           < 身高 >183</ 身高 >
11       </person>
12   </data>
13   '''
14
15   root = ET.fromstring(xml) # 從字串載入並解析 XML 資料
16   print(' 資料型別：', type(root))   # <class 'xml.etree.ElementTree.Element'>
17   print(' 根目錄標籤：' + root.tag)  #data
18   print(' 根目錄屬性：' + str(root.attrib))   # {' 名稱 ': 'e-happy'}
19   print(' 根目錄值：' + str(root.text))        # 空字串
20   print(' 屬性內容：' + str(root.get(' 名稱 '))) # e-happy
21   root.set(' 名稱 ',' 文淵閣工作室 ')
22   print(' 屬性內容：' + str(root.get(' 名稱 '))) # 文淵閣工作室
```

對照 XML 資料：(此標籤沒有內容，所以上圖顯示空字串)

```
<data 名稱 ="e-happy">
```


讀取 XML 檔案

也可以使用 parse 方法，直接讀取並解析 XML 資料檔案。例如：以 <data.xml> 檔建立 tree 物件。

```
tree = ET.parse('data.xml')
```

data.xml 部份如下：

檔案：**data.xml**

```
<?xml version="1.0"?>
<data 名稱 ="e-happy">                    ← root
    <person 姓名 ="David">                ← root[0]
        <身高 >183</ 身高 >
        <興趣 > 長跑 </ 興趣 >
    </person>
    <person 姓名 ="Chiou">                ← root[1]
        <身高 >170</ 身高 >
        <興趣 > 籃球 </ 興趣 >
    </person>
</data>
```

parse 方法建立的資料型態是 ElementTree，ElementTree 無法使用 Element 的屬性和方法。必須使用 getroot 方法取得 ElementTree 的根目錄，取得的根目錄資料型態是 Element，因此就可以使用 Element 的屬性和方法。

程式碼：**tree2.py**

```
1-5 import 模組略
6   tree = ET.parse('data.xml') # 從檔案載入並解析 XML 資料
7
8   print('tree資料型別:', type(tree)) # <class 'xml.etree.ElementTree.ElementTree'>
9   root = tree.getroot()
10  print('root 資料型別：', type(root))  # <class 'xml.etree.ElementTree.Element'>
11  print(' 根目錄標籤：' + root.tag)          # data
12  print(' 根目錄屬性：' + str(root.attrib)) # {' 名稱 ': 'e-happy'}
```

讀取指定標籤資料

xml.etree.ElementTree 或 xml.etree.ElementTree.Element 讀取指定標籤的方法有三種：第一種是「find」方法，可讀取設定 Element 下第一個符合條件的標籤。find 方法的語法為：

```
變數 = 設定標籤 .find( 要讀取的標籤 )
```

以下列 XML 字串為例，要讀取的標籤為「person」：

```
<data 名稱 ="e-happy">  ← root
    <person 姓名 ="David">  ← root[0]，在此標籤中讀取
        < 身高 >183</ 身高 >
        < 興趣 > 長跑 </ 興趣 >  ← 要讀取的標籤
    </person>
    ...  ← root[1]
</data>
```

變數名稱設為 person 的程式碼為：

```
person = root.find('person')
```

傳回值為一個 Element 型別物件 person：

```
<person 姓名 ="David">  ← person
    < 身高 >183</ 身高 >  ← person[0]
    < 興趣 > 長跑 </ 興趣 >  ← person[1]
</person>
```

第二種是「findall」方法，可讀取設定 Element 下所有符合條件的標籤。findall 方法的語法為：

```
變數 = 設定標籤 .findall( 要讀取的標籤 )
```

例如變數名稱設為 persons 的程式碼為：

```
persons = root.findall('person')
```

傳回值為一維的 Element 串列。

由於 find 及 findall 方法是讀取「設定標籤」下的內容，還要費心找出「設定標籤」才能讀取。第三種「iter」方法則可讀取根目錄下所有符合條件的標籤，iter 方法的語法為：

01 02 03 04 05 06 07 08 09 10 11 12 13 14 15 16 17

```
變數 = 根目錄 .iter( 標籤名稱 = 值 )
```

iter 方法的傳回值資料型態為物件，因此通常會先將其轉換為串列。轉換為串列的傳回值就與 findall 傳回值相同。例如變數名稱設為 persons 的程式碼為：

```
persons = list(root.iter(tag='person'))
```

下面範例分別示範三種方法的讀取：

程式碼：**xml_read.py**

```
......
17  root = ET.fromstring(xml) # 從字串載入並解析 XML 資料
18
19  person=root.find('person')
20  print("find 方法：" + person[0].text)          # 183
21
22  persons = root.findall('person')
23  print("findall 方法：" + persons[1][1].text) # 籃球
24
25  persons=list(root.iter(tag='person'))       # iter 方法
26  for person in persons:
27      print("tag:{}  attrib:{}" .format(person.tag,person.attrib))
28      tall=person.find(' 身高 ').text
29      hobby=person.find(' 興趣 ').text
30      print(" 身高：{} 興趣：{}" .format(tall,hobby))
```

執行結果：

```
find 方法：183
findall 方法：籃球
tag:person  attrib:{' 姓名 ': 'David'}
身高：183 興趣：長跑
tag:person  attrib:{' 姓名 ': 'Chiou'}
身高：170 興趣：籃球
```

程式說明

- 19-20　找到第一個 Element 物件 person，person[0].text 讀取此物件索引第 0 個標籤「身高」的內容。
- 22-23　找到 persons 串列第 2 個 Element 物件，第 2 個標籤「興趣」的內容。
- 25-30　以 iter 方法找到所有的 person，然後逐一顯示標籤名稱、屬性和其值，以及 person 中各標籤的內容。

12.4.3 XML 資料的編輯

也可以利用 python 程式，新增、修改、刪除 XML 標籤資料，並將資料存為 .XML 檔案。

XML 資料的新增

新增標籤 (節點) 的方式有兩種：

- append (新標籤)：在標籤的末尾添加新標籤。
- insert (索引，新標籤)：在指定的索引位置加入新標籤。

首先必須建立一個標籤，並設定其屬性和資料以及標籤的內容，然後將該標籤加入指定的標籤中。

例如：建立 person 標籤，設定 person 標籤的屬性和資料及標籤的內容如下，並以「root.append(person)」將 person 標籤加入 root 根節點的末尾 (索引 2 的位置)：

```
<person 姓名 ="Tsjeng">
    < 身高 >176</ 身高 >
    < 興趣 > 圍棋 </ 興趣 >
</person>
```

下列程式執行後，person 標籤被加入到 root[2] 中。

程式碼：xml_append.py

```
root = ET.fromstring(xml) # 從字串載入並解析 XML 資料
person = ET.Element("person")       # 建立標籤 person
person.attrib = {" 姓名 ": "Tsjeng"} # 設定 person 標籤的屬性和資料
# 建立 person 的標籤，並新增屬性和資料
tall = ET.SubElement(person, " 身高 ")
tall.text = "176"
hobby = ET.SubElement(person, " 興趣 ")
hobby.text = " 圍棋 "
root.append(person)
print(root[2].get(' 姓名 '))          # Tsjeng
```

XML 資料的縮排

其實前面程式加入的 XML 資料並沒有縮排，而是擠在同一列。

```
<person 姓名 ="Tsjeng">< 身高 >176</ 身高 >< 興趣 > 圍棋 </ 興趣 ></person>
```

自訂函式 pretty_xml() 可以處理縮排，pretty_xml() 的程式有點繁鎖，請讀者自行參考範例中附的程式碼。要將 root 中的 XML 資料進行縮排，只要呼叫此函式即可。

```
pretty_xml(root, '\t', '\n')       # xml 資料縮排
```

XML 資料的儲存

可以將節點資料儲存在 XML 檔案中，儲存前必須以指定的節點建立 ElementTree，然後利用 ElementTree 的 write 方法儲存 XML 資料。例如：以根節點 root 建立 ElementTree 物件 tree，再以 write 方法將 XML 資料存在 <newdata.xml> 中。

```
tree = ET.ElementTree(root)
tree.write("newdata.xml", encoding="UTF-8")
```

範例：將標籤加入到指到的節點位置並存成 XML 檔

建立 person 標籤，並將 person 標籤加入到 root 根節點的第 1 個標籤中 (索引 0 的位置)，並將 XML 資料作縮排後儲存為 <newdata.xml> 檔。

程式碼：xml_insert.py

```
…略
17  def pretty_xml(element, indent, newline, level=0):
…略
31  root = ET.fromstring(xml) # 從字串載入並解析 XML 資料
32  person = ET.Element("person")       # 建立標籤 person
33  person.attrib = {"姓名": "Tsjeng"} # 設定 person 標籤的屬性和資料
34  # 建立 person 的標籤，並新增屬性和資料
35  tall = ET.SubElement(person, "身高")
36  tall.text = "176"
37  hobby = ET.SubElement(person, "興趣")
38  hobby.text = "圍棋"
39  root.insert(0,person)
40  print(root[0].get('姓名'))          # Tsjeng
41
42  pretty_xml(root, '\t', '\n')       # xml 資料縮排
43  # 建立 tree 物件，寫入檔案
44  tree = ET.ElementTree(root)
45  tree.write("newdata.xml", encoding="UTF-8")
```

執行結果：(newdata.xml 內容)

```
<data 名稱 ="e-happy">
    <person 姓名 ="Tsjeng">
        <身高 >176</ 身高 >
        <興趣 > 圍棋 </ 興趣 >
    </person>                              新增的節點
    <person 姓名 ="David">
        <身高 >183</ 身高 >
        <興趣 > 長跑 </ 興趣 >
    </person>
    …略
</data>
```

程式說明

- 32　建立 person 標籤。
- 33　設定 person 標籤的屬性和資料。
- 35-38　建立 person 身高、興趣兩個標籤，並設定標籤的內容。
- 39　將 person 標籤加入到 root 根節點的第 1 個標籤中，即 root[0] 中。
- 40　觀察加入的資料。
- 42　xml 資料縮排。
- 44-45　以根節點 root 建立 ElementTree 物件 tree，再以 write 方法將 XML 資料存在 <newdata.xml>。

修改 XML 資料

XML 節點的資料內容可以透過 Element.text 來修改，而屬性值則可以使用 Element.set() 來指定。例如：更改 root[0] 節點的「姓名」標籤的值和「興趣」標籤內容。

```
root = ET.fromstring(xml) # 從字串載入並解析 XML 資料
root[0].set('姓名','鮭魚')
hobby=root[0].find('興趣')
hobby.text = "跑馬拉松"
```

XML 資料的刪除

若要移除 XML 的節點，可以使用 Element.remove()，例如：刪除 root[1] 節點。

```
root.remove(root[1])          # 刪除 root[1]
```

範例：修改節點資料和刪除節點

更改 root[0] 節點的「姓名」標籤的值和「興趣」標籤內容，並刪除 root[1] 節點，再將 xml 資料作縮排後儲存為 <newdata2.xml> 檔。

程式碼：xml_edit.py

```
…略
31  root = ET.fromstring(xml) # 從字串載入並解析 XML 資料
32  root[0].set('姓名','鮭魚')
33  hobby=root[0].find('興趣')
34  hobby.text = "跑馬拉松"
35
36  root.remove(root[1])         # 刪除 root[1]
37  pretty_xml(root, '\t', '\n') # xml 資料縮排
38
39  tree = ET.ElementTree(root)  # 建立 tree 物件，寫入檔案
40  tree.write("newdata2.xml", encoding="UTF-8")
```

執行結果：(newdata2.xml 內容)

```
<data 名稱="e-happy">
    <person 姓名="鮭魚">
        <身高>183</身高>
        <興趣>跑馬拉松</興趣>
    </person>
</data>
```

修改的節點

程式說明

- 32　將 <person 姓名 ="David"> 修改為 <person 姓名 =" 鮭魚 ">。
- 33-34　修改「興趣」標籤內容為「跑馬拉松」。
- 36　刪除 root[1] 節點。
- 37　xml 資料縮排。
- 39-40　以 write 方法將 XML 資料存成 <newdata2.xml>。

18 19 20 21 22 23 24 25 26 27 28 29 30 31 32 33

12.5 SQLite 資料庫的操作

Python 3 內建一個非常小巧的嵌入式資料庫：SQLite，它使用一個文件檔案儲存整個資料庫，操作十分方便。最重要的是 SQLite 可以使用 SQL 語法管理資料庫，執行新增、修改、刪除和查詢等動作。

12.5.1 使用 sqlite3 模組

sqlite3 提供許多方法操作 SQLite 資料庫，首先必須建立和資料庫的連線。

建立資料庫連線

只要匯入 sqlite3 模組，再以 connect 方法連接資料庫後，即可建立一個資料庫的連線，如果該資料庫不存在，就會建立一個新的資料庫，如果資料庫已存在，就直接開啟連線，並傳回一個 connection 物件。語法如下：

```
import sqlite3
conn = sqlite3.connect( 資料庫檔案 )
conn.close()
```

connection 物件的方法如下：

方法	說明
cursor()	建立一個 cursor 物件，利用物件的 execute 方法可以完成資料表的建立、新增、修改、刪除或查詢動作。
execute(SQL 命令)	執行 SQL 命令，可以完成資料表的建立、新增、修改、刪除或查詢動作。
commit()	執行資料庫的更新
close()	關閉資料庫的連線

使用 cursor 物件執行 SQL 命令

cursor() 方法會建立一個 cursor 物件，利用這個物件的 execute() 方法執行 SQL 命令就可完成資料表的建立、新增、修改、刪除或查詢動作。

由於預設並不會主動更新，必須執行 commit() 方法資料庫才會變更，程式結束則需以 close() 方法關閉資料庫。

例如：連接 <test.sqlite> 資料庫，建立一個 connection，利用 connection 物件的 cursor 方法建立 cursor 物件，再利用 cursor 物件建立資料表 <table01> 並新增一筆記錄。

程式碼：sqlite_cursor.py

```
import sqlite3
conn = sqlite3.connect('test.sqlite') # 建立資料庫連線
cursor = conn.cursor() # 建立 cursor 物件

# 建立資料表
sqlstr='''CREATE TABLE IF NOT EXISTS table01 \
("id"   INTEGER PRIMARY KEY NOT NULL,
 "name" TEXT NOT NULL,
 "tel"  TEXT NOT NULL)
'''
cursor.execute(sqlstr)

# 新增一筆記錄
sqlstr='insert into table01 values(1, "David", "02-1234567")'
cursor.execute(sqlstr)
conn.commit() # 更新
conn.close()  # 關閉資料庫連線
```

使用 DB Browser for SQLite 管理資料庫

建議可以安裝 DB Browser for SQLite (https://sqlitebrowser.org/) 來協助，它是一個很好用的 SQLite 圖形化介面的管理工具。

12.5.2 執行 SQL 命令操作資料表

SQLite 能直接利用 connection 物件的 execute 方法執行 SQL 命令，一樣可以完成資料表的建立、新增、修改、刪除或查詢等動作。

```
import sqlite3
conn = sqlite3.connect('sqlite 檔案 ') # 建立資料庫連線
conn.execute(SQL 命令 )
```

這種方式雖然未建立 cursor 物件，但系統其實已自動建立了一個隱含的 cursor 物件。因為這種方式較簡易，本書都將以這種方式來執行 SQL 命令，建立、新增、修改、刪除或查詢資料表。

新增資料表

例如：在 <test.sqlite> 資料庫建立 contact 資料表，內含 id、name、tel 三個欄位，其中 id 是整數型別的主索引欄位，name 及 tel 為文字欄位。

程式碼：sqlite_crud1.py

```
import sqlite3
conn = sqlite3.connect('test.sqlite') # 建立資料庫連線
# 建立資料表
sqlstr='''CREATE TABLE "contact" \
("id"  INTEGER PRIMARY KEY NOT NULL,
 "name"  TEXT NOT NULL,
 "tel"  TEXT NOT NULL)
'''
conn.execute(sqlstr)
conn.commit() # 更新
conn.close()  # 關閉資料庫連線
```

SQLite 欄位的資料類型

SQLite 在規劃資料表要使用的欄位時要定義資料類型。以下是常用類型：

INTEGER	整數，欄位大小有 1,2,3,4,6,8 byte(s)，依照數值大小而定。
REAL	浮點數 (小數)，欄位大小 8 bytes。
TEXT	不固定長度字串，字串編碼格式有 UTF-8/UTF-16BE/UTF16LE。
BLOB	二進位資料。

新增資料

新增資料的 SQL 命令語法為：

```
insert 資料表 (欄位1, 欄位2, ...) VALUES (值1, 值2, ...)
```

例如：在資料表中新增二筆資料，請注意：如果欄位為數值型態，前後不必加字串符號「'」號，但欄位為字串型態時就必須加入，因此在前後加上字串符號。

程式碼：sqlite_crud2.py

```
import sqlite3
conn = sqlite3.connect('test.sqlite') # 建立資料庫連線
# 定義資料串列
datas = [[1, 'David', '02-123456789'],
         [2, 'Lily', '02-987654321'],]
for data in datas:
    # 新增資料
    conn.execute("INSERT INTO contact (id, name, tel) VALUES \
                 ({}, '{}', '{}')".\
                   format(data[0], data[1], data[2]))
conn.commit() # 更新
conn.close()  # 關閉資料庫連線
```

更新資料

更新資料的 SQL 命令語法為：

```
update 資料表 set 欄位1=值1, 欄位2=值2 ... where 條件式
```

例如：在資料表中修改第一筆資料中的姓名 (name)：

程式碼：sqlite_crud3.py

```
import sqlite3
conn = sqlite3.connect('test.sqlite') # 建立資料庫連線
# 更新資料
conn.execute("UPDATE contact SET name='{}' WHERE id={}"\
             .format('Ken', 1))
conn.commit() # 更新
conn.close()  # 關閉資料庫連線
```

刪除資料

更新資料的 SQL 命令語法為：

```
delete from 資料表 where 條件式
```

例如：在資料表中刪除第一筆資料：

程式碼：sqlite_crud4.py

```
import sqlite3
conn = sqlite3.connect('test.sqlite') # 建立資料庫連線
# 刪除資料
conn.execute("DELETE FROM contact WHERE id={}".format(1))
conn.commit() # 更新
conn.close()  # 關閉資料庫連線
```

刪除資料表與關閉資料庫

刪除整個資料表的語法為：

```
drop 資料表
```

例如：要刪除 contact 資料表。

```
conn.execute("DROP TABLE contact")
```

通常在程式結束時可以用 close() 方法將資料庫連線關閉，例如：

```
conn.close()
```

使用 DB Browser for SQLite 檢視資料庫

在 DB Browser for SQLite 中可以在 **檔案 / 打開資料庫** 開啟 .sqlite 資料庫檔案，在 **Database Structrue** 中檢視資料表結構，在 **Browse Data** 標籤中檢視資料。

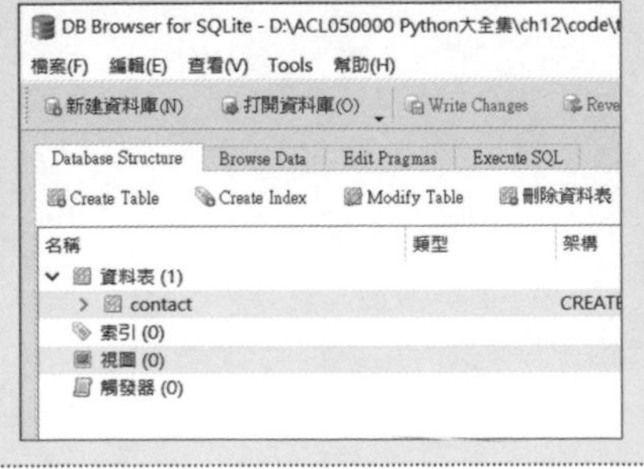

18 19 20 21 22 23 24 25 26 27 28 29 30 31 32 33

01 02 03 04 05 06 07 08 09 10 11 12 13 14 15 16 17

12.5.3 執行資料查詢

以 connect 的 execute 執行 SQL 指令後，會傳回一個 cursor 物件，利用 cursor 物件提供的方法可以作資料查詢。cursor 物件提供下列兩個方法進行查詢：

方法	說明
fetchall()	以二維串列方式取得資料表所有符合查詢條件的資料，若無資料傳回 None。
fetchone()	以串列方式取得資料表符合查詢條件的第一筆資料，若無資料傳回 None。

例如：以 fetchall() 顯示 contacts 資料表所有的資料：

程式碼：fetchall.py

```
...
cursor = conn.execute('select * from contact')
rows = cursor.fetchall()
# 顯示原始資料
print(rows)
# 逐筆顯示資料
for row in rows:
    print(row[0],row[1])
...
```

```
[(1, 'David', '02-123456789'), (2, 'Lily', '02-987654321')]
1 David
2 Lily
```

例如：以 fetchone() 顯示 contact 資料表中第一筆資料：

程式碼：fetchone.py

```
...
cursor = conn.execute('select * from contact')
row = cursor.fetchone()
print(row[0], row[1])
...
```

```
1 David
```

12.6 MySQL 資料庫的操作

MySQL 資料庫是目前世界上使用最多的資料庫系統之一，如何在 Python 中操作 MySQL 資料是學習 Python 相當重要的課題。

12.6.1 建立資料資料表

在進行 MySQL 資料庫的操作練習前，請先架設 MySQL 伺服器。

架設 MySQL 伺服器的建議

在 Windows 上可以使用 Uniform Server 或 XAMPP 等架站機，方便學習時操作。以 Uniform Server (https://www.uniformserver.com/) 為例，下載後只要執行管理程式，即可在介面中設定 MySQL 伺服器的管理者帳號、密碼與 MySQL 服務的啟動與停止，甚至可以利用 phpMyAdmin 的管理工具，開啟網頁版的管理工具。

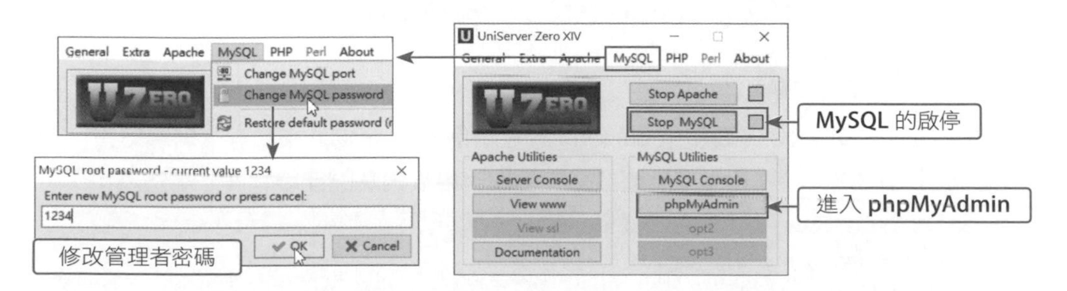

在開始練習前要先建立資料庫，請開啟 phpMyAdmin 管理工具，在首頁按左方**新增**鈕建立新資料庫，於 **建立新資料庫** 欄位輸入「pythondb」做為資料庫名稱，按 **建立** 鈕就完成新增資料庫。

連接到資料庫

安裝 PyMySql 模組即可使用 MySQL 資料庫，語法為：

```
pip install pymysql
```

接著就可用程式操作資料庫。首先匯入 PyMySql 模組：

```
import pymysql
```

若要連接到 MySQL，語法為：

```
連接物件 = pymysql.connect(host= 伺服器位置 , port= 埠位 , user= 使用者名稱 ,
    passwd= 密碼 , charset='utf8', db= 資料庫名稱 ')
```

例如：連接物件為 conn，伺服器位置為 localhost，埠位預設是 3306，使用者名稱為 root，密碼為 1234，資料庫名稱為 pythondb：

```
conn = pymysql.connect(host='localhost',port=3306,user='root',
    passwd='1234',charset='utf8', db='pythondb')
```

執行 SQL 指令

如果要執行 SQL 指令，要使用 cursor() 方法新增 cursor 物件來執行，若有新增、更新及刪除等動作，要執行提交到資料庫的動作，最後再關閉連線物件。語法為：

```
with 連線物件 .cursor() as cursor 物件 :
    cursor 物件 .execute(sql 字串 )
    連線物件 .commit()
連線物件 .close()
```

建立資料表

建立資料表的語法為：

```
sql 字串 = """
CREATE TABLE 資料表名稱 (
欄位名稱一 資料型態一 ,
欄位名稱二 資料型態二 ,
...
)
"""
```

在建立資料表定義欄位時，除了名稱還要定義資料型態。常見的資料型態如下：

資料型態	說明	資料型態	說明
int	整數	timestamp	時間戳記
char(n)	文字，長度固定為 n	float	浮點數
varchar(n)	文字，長度為 n	boolean	布林值

通常第一個欄位是主索引欄，可設定為自動產生、不重複的流水號，其語法為：

```
欄位名稱 int not null auto_increment primary key
```

「not null」表示此欄位不可以沒有欄位值，「auto_increment」表示欄位值會自動加 1，「primary key」表示此欄位值不可重複。

以下的範例將在 pythondb 資料庫中新增 score 資料表，並定義座號 (ID)、姓名 (Name)、國文 (Chinese)、英文 (English) 及數學 (Math) 五個欄位。

程式碼：mysqltable.py

```
1    import pymysql
2    conn = pymysql.connect(host='localhost',port=3306,user='root',
         passwd='1234',charset='utf8', db='pythondb')  #連結資料庫
3
4    with conn.cursor() as cursor:
5        sql = """
6        CREATE TABLE IF NOT EXISTS Scores (
7          ID int NOT NULL AUTO_INCREMENT PRIMARY KEY,
8          Name varchar(20),
9          Chinese int(3),
10         English int(3),
11         Math int(3)
12       );
13       """
14       cursor.execute(sql)  #執行 SQL 指令
15       conn.commit()  #提交資料庫
16   conn.close()
```

程式說明

- 4　由連接物件新增操作物件。
- 5-13　建立新增資料表的 SQL 指令字串。
- 14　用操作物件執行 SQL 指令。
- 15　將更新提交資料庫。
- 16　關閉連接物件。

執行後產生的 scores 資料表：

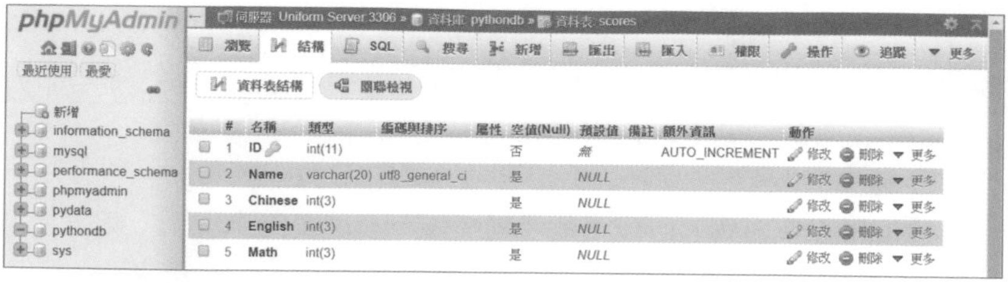

#	名稱	類型	編碼與排序	屬性	空值(Null)	預設值	備註	額外資訊	動作
1	ID	int(11)			否	無		AUTO_INCREMENT	修改 刪除 更多
2	Name	varchar(20)	utf8_general_ci		是	NULL			修改 刪除 更多
3	Chinese	int(3)			是	NULL			修改 刪除 更多
4	English	int(3)			是	NULL			修改 刪除 更多
5	Math	int(3)			是	NULL			修改 刪除 更多

12.6.2 MySQL 資料庫管理

建立資料表後，就可在資料表中新增、修改、刪除或查詢資料了！

新增資料

在資料表中新增資料的 SQL 語法為：

```
insert into 資料表 (欄位 1, 欄位 2,...) values (值 1, 值 2,...), ...
```

例如在 score 資料表中新增 5 筆資料：

程式碼：mysqlinsert.py

```
...
with conn.cursor() as cursor:
    sql = """
    insert into scores (Name, Chinese, English, Math) values
    ('李大毛',95,92,80),
    ('林小明',82,83,61),
    ('黃小英',74,53,71),
    ('劉大樹',86,87,89),
    ('何美麗',89,73,95)
    """
    cursor.execute(sql)
    conn.commit()  #提交資料庫
...
```

注意 ID 欄位不必列在 SQL 命令中，系統會自動產生。

執行結果：

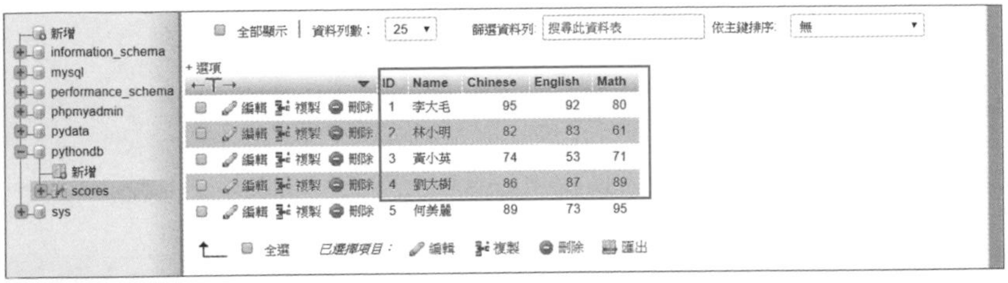
新增
information_schema
mysql
performance_schema
phpmyadmin
pydata
pythondb
新增
scores
sys
全部顯示
資料列數：
25
篩選資料列
搜尋此資料表
依主鍵排序：
無
+ 選項
ID Name Chinese English Math
編輯 複製 刪除 1 李大毛 95 92 80
編輯 複製 刪除 2 林小明 82 83 61
編輯 複製 刪除 3 黃小英 74 53 71
編輯 複製 刪除 4 劉大樹 86 87 89
編輯 複製 刪除 5 何美麗 89 73 95
全選
已選擇項目：
編輯
複製
刪除
匯出

查詢資料

在資料表中查詢資料的 SQL 語法為：

```
select 欄位 1, 欄位 2 ... from 資料表 where 條件式
```

查詢傳回的資料需以 cursor 物件的以下兩個方法取出：

- fetchall：取出全部資料，例如：datas=cursor.fetchall()
- fetchone：取出第一筆資料，例如：data=cursor.fetchone()

程式碼：mysqlquery.py

```
...
with conn.cursor() as cursor:
    sql = "select * from scores"
    cursor.execute(sql)
    datas = cursor.fetchall()    # 取出所有資料
    print(datas)
    print('-' * 30)              # 畫分隔線
    sql = "select * from scores"
    cursor.execute(sql)
    data = cursor.fetchone()     # 取出第一筆資料
    print(data)
...
```

執行結果：

```
IPython console
Console 1/A
((1, '李大毛', 95, 92, 80), (2, '林小明', 82, 83, 61), (3, '黃小英',
74, 53, 71), (4, '劉大樹', 86, 87, 89), (5, '何美麗', 89, 73, 95))
------------------------------
(1, '李大毛', 95, 92, 80)
```

更新資料

在資料表中更新資料的 SQL 語法為：

```
update 資料表 set 欄位1= 值1, 欄位2= 值2 ... where 條件式
```

例如修改座號為 4 號同學的國文成績為「98」：

程式碼：mysqlupdate.py

```
...
with conn.cursor() as cursor:
    sql = "update scores set Chinese = 98 where ID = 4"
    cursor.execute(sql)
    conn.commit()
    sql = "select * from scores where ID = 4"
    cursor.execute(sql)
    data = cursor.fetchone()
    print(data)
...
```

執行結果：

```
IPython console
Console 1/A
(4, '劉大樹', 98, 87, 89)

In [36]:
```

刪除資料

在資料表中刪除資料的 SQL 語法為：

```
delete from 資料表 where 條件式
```

例如刪除座號為 4 號同學的資料：

程式碼：mysqldelete.py

```
...
with conn.cursor() as cursor:
    sql = "delete from scores where ID = 4"
    cursor.execute(sql)
    conn.commit()
    sql = "select * from scores"
    cursor.execute(sql)
    data = cursor.fetchall()
    print(data)
...
```

執行結果：

```
IPython console
Console 1/A
((1, '李大毛', 95, 92, 80), (2, '林小明', 82, 83, 61), (3, '黃小英',
74, 53, 71), (5, '何美麗', 89, 73, 95))

In [37]:
```

SQL 指令

此處僅列出 SQL 指令的最簡單使用方法，每一個 SQL 指令都有非常多參數，詳細 SQL 指令語法請參閱 SQL 指令書籍。

12.7 Google 試算表的操作

Google 試算表是目前相當流行、普及率也很高的雲端試算表，不僅功能強大、操作方便，而且還完全免費，十分適合用來做為資料的儲存與分享。

12.7.1 連接 Google 試算表前的注意事項

使用 Google 免費試算表時要注意以下幾點：

1. 一天最多只能建立 250 個試算表。
2. 每個使用者 100 秒內能寫入次數上限是 100 次。
3. 每日讀取寫入的次數沒有限制。

要使用 Python 將資料儲存到 Google 試算表，必須有以下的條件：

1. 建立 Google 應用程式授權憑證：在 **Google Developers Console** 建立專案，啟用 **Google Sheet API**，並且建立 **服務帳戶** 和 **服務帳戶金鑰**。
2. 建立 Google 試算表並設定權限給程式操作。
3. Python 要安裝 gspread、oauth2client 模組。

12.7.2 Google Developers Console 的設定

1. 由「https://console.developers.google.com」進入頁面，按下拉式選單鈕開啟專案管理視窗，在 **選取專案** 視窗中按 **新增專案** 鈕，專案名稱欄位輸入自訂的名稱後按 **建立** 鈕。

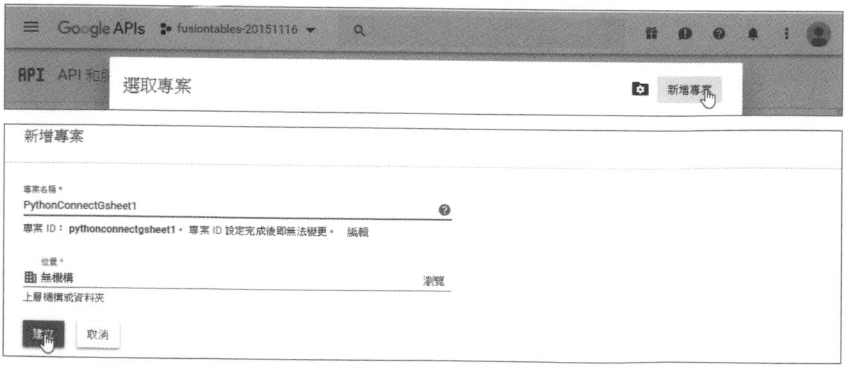

2. 選取剛剛建立的專案，按 **啟用 API 服務** 鈕，然後在搜尋欄位輸入「Google Sheet」，點選搜尋到的 **Google Sheet API** 開啟 **Google Sheet API** 視窗，按 **啟用** 鈕。**API** 啟用後再按 **管理** 鈕。

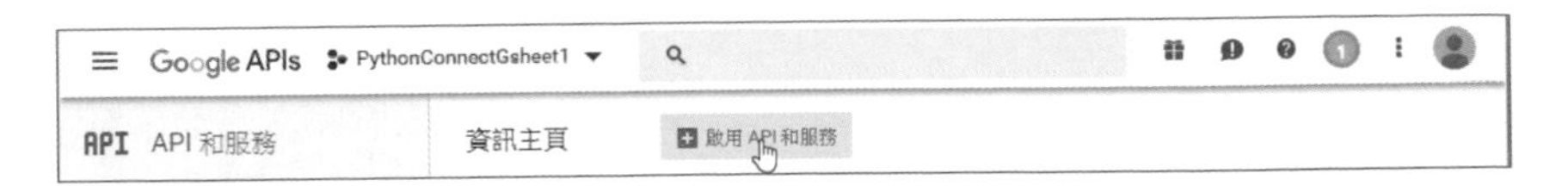

3. 在 **憑證** 頁面按下 **建立憑證 \ 服務帳戶**。

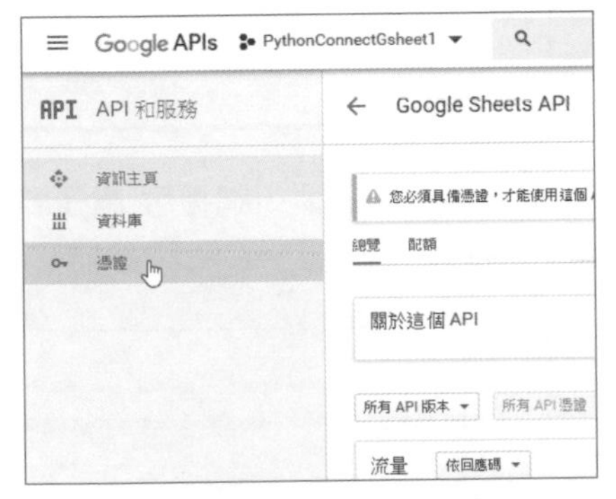

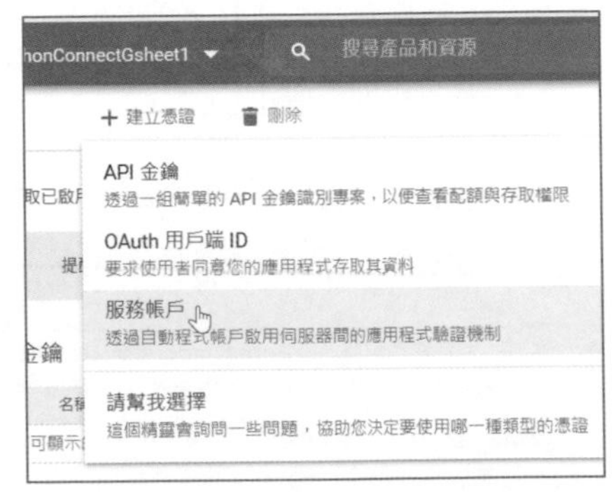

4. 在建立服務帳戶頁面依 ❶ ❷ ❸ 步驟的操作，步驟 ❶ **服務帳戶詳細資料** 輸入自訂名稱，然後按 **建立** 鈕。步驟 ❷ 在角色下拉式清單 **角色** 選擇 **角色管理員**，然後按 **繼續** 鈕。步驟 ❸ 直接按 **完成** 鈕。

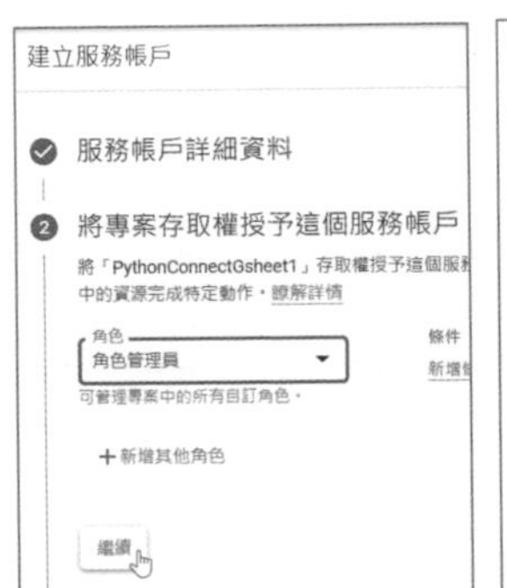

5. 選取建立的服務帳戶，按 **編輯服務帳戶** 圖示。

6. 在 **金鑰** 頁籤中，**新增金鑰** 下拉式清單中選擇 **建立新金鑰**，**金鑰類型** 選擇 **JSON**，最後點選 **建立** 鈕。服務帳戶完成後將會建立 .josn 金鑰檔並下載到本機。

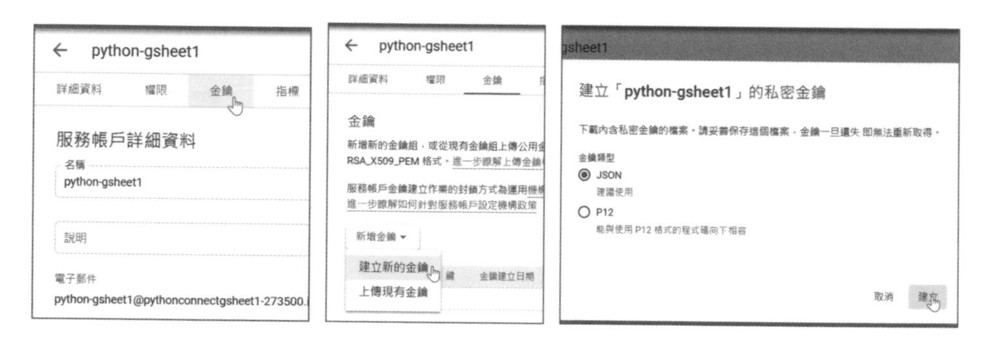

7. 點選 **服務帳戶** 的電子郵件，可以顯示詳細的服務帳戶名稱，請複製 **電子郵件** 以供設定 Google 試算表權限時使用。

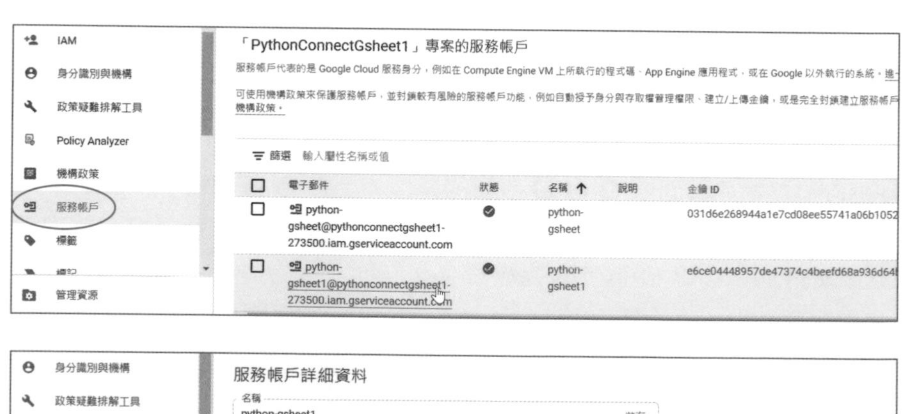

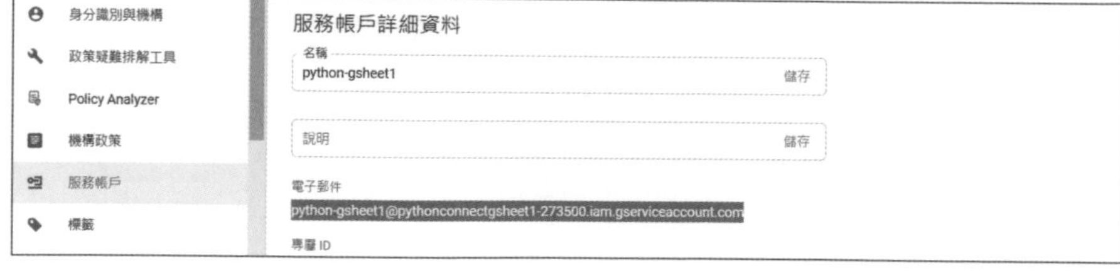

12.7.3 Google 試算表的權限設定

1. 連到 Google 雲端硬碟，新增 Google 試算表，可以自訂名稱。

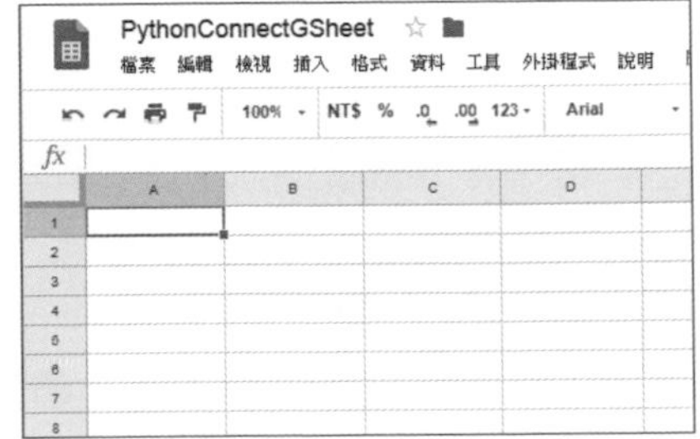

2. 點選 **共用** 鈕後，在開啟的對話方塊的 **新增使用者和群組** 欄輸入於 Google Developers Console 中所建立的服務帳戶名稱 (電子郵件格式)，然後按 **Enter** 鍵完成輸入。

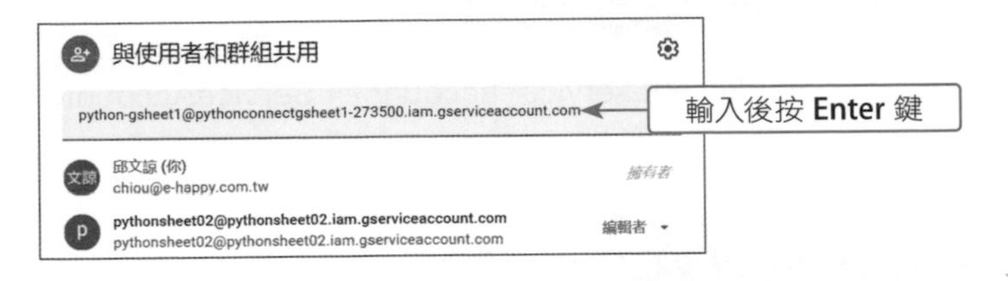

3. 給予服務帳戶「編輯者」的權限，按 **傳送** 鈕完成設定，最後再按 **一律共用** 鈕。

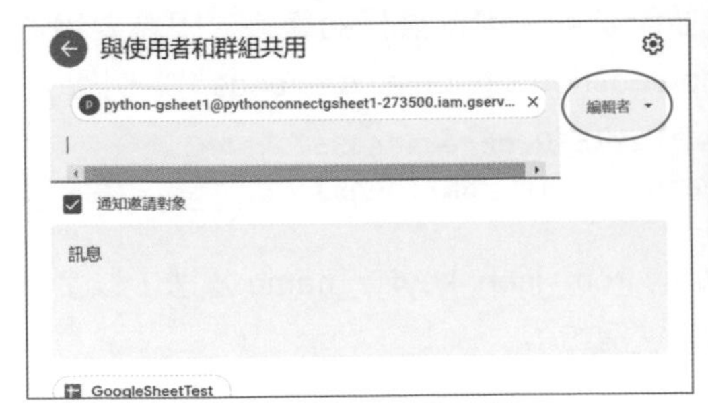

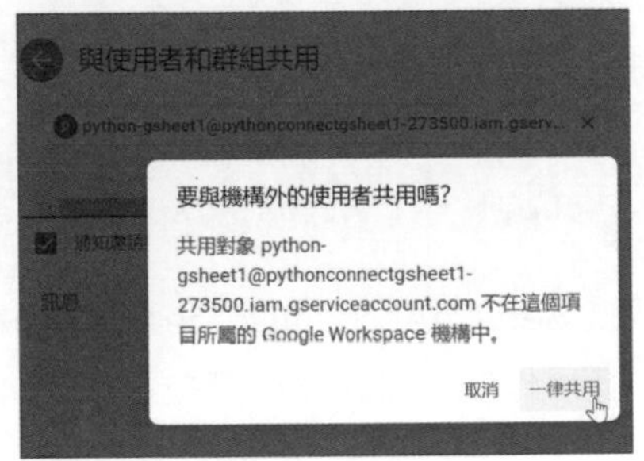

12.7.4 連結並操作 Google 試算表

安裝相關模組

使用 pip 安裝 Google 試算表的相關模組，包括 gspread 和 oauth2client 模組。

```
pip install gspread oauth2client
```

取得 Google 資料表的 id

接著要取得 Google 試算表的 id，如下圖在試算表網址中反白處為資料表的 id。

連結 Google 試算表開啟工作簿

1. 匯入 gspread 及 oauth2client.service_account 的 ServiceAccountCredentials 模組：

```
import gspread
from oauth2client.service_account import
                                ServiceAccountCredentials as sac
```

2. 設定金鑰檔的包含檔名的路徑，並設定程式可以操作的範圍。因為要用的是 Google 試算表，範圍是「https://spreadsheets.google.com/feeds」。例如：

```
auth_json = 'pythonconnectgsheet1-273500-e6ce04448957.json'
gs_scopes = ['https://spreadsheets.google.com/feeds']
```

3. 以 ServiceAccountCredentials 模組的 from_json_keyfile_name 方法，以金鑰檔及操作的範圍建立憑證並登入資料表。例如：

```
cr = sac.from_json_keyfile_name(auth_json, gs_scopes)
gs_client = gspread.authorize(cr)
```

4. 開啟資料表的方式有二種，第一種是使用檔案名稱，例如：

```
sheet = gs.open('PythonConnectGSheet')
```

第二種是使用 Google 試算表的 id，例如：

```
sheet = gs.open_by_key('1lBlHPDYqwnQNiJrz-8nqPEd5H6Q4w0PaKasrrjojCNI')
```

5. 開啟要使用的工作簿，例如：

```
wks = sheet.sheet1
```

讀取試算表的資料

1. **讀取儲存格**：**acell()** 可以用位址讀取，**cell()** 可以用欄列號來讀取，例如：

```
wks.acell('B2').value
wks.cell(1,2).value    # cell( 列 , 欄 )
```

2. **讀取整列**：**row_values(列號)** 可以讀取整列的資料，例如：

```
wks.row_values(1)
```

3. **讀取整欄**：**col_values(欄號)** 可以讀取整欄的資料，例如：

```
wks.col_values(1)
```

4. **讀取所有資料**：**get_all_values()** 可以讀取所有的資料，例如：

```
wks.get_all_values()
```

編輯試算表的資料

1. **清除所有資料**：**clear()** 可以清除工作簿上所有的資料。例如：

```
wks.clear()
```

2. **寫入儲存格**：**update_acell()** 可以用位址來寫入儲存格的值，**update_cell()** 可以用欄列號來寫入儲存格的值。例如：

```
wks.update_acell('A1', 'Hello World')
wks.update_cell(1, 2, 'Hello Kitty')# update_cell( 列 , 欄 , 值 )
```

3. **新增列**：append_row() 可以新增一列的資料，新增的值必須為串列。例如：

```
rowValue = ['Col1', 'Col2', 'Col3', 'Col4']
wks.append_row(rowValue)
```

4. **插入列**：insert_row() 可以插入一列的資料，插入的值必須為串列。例如：

```
rowValue = ['Col1', 'Col2', 'Col3', 'Col4']
wks.insert_row(rowValue, 1)
```

01 02 03 04 05 06 07 08 09 10 11 12 13 14 15 16 17

範例：寫入 Google 試算表

連線 Google 試算表後並寫入資料。

程式碼：LinkGoogleSheet.py

```
1  import gspread
2  from oauth2client.service_account import ServiceAccountCredentials as sac
3  # 設定金鑰檔路徑及驗證範圍
4  auth_json = 'pythonconnectgsheet1-273500-e6ce04448957.json'
5  gs_scopes = ['https://spreadsheets.google.com/feeds']
6  # 連線資料表
7  cr = sac.from_json_keyfile_name(auth_json, gs_scopes)
8  gs_client = gspread.authorize(cr)
9  # 開啟資料表
10 spreadsheet_key = '1lBlHPDYqwnQNiJrz-8nqPEd5H6Q4w0PaKasrrjojCNI'
11 sheet = gs_client.open_by_key(spreadsheet_key)
12 # 開啟工作簿
13 wks = sheet.sheet1
14 # 清除所有內容
15 wks.clear()
16 # 新增列
17 listtitle=["姓名","電話"]
18 wks.append_row(listtitle)  # 標題
19 listdata=["chiou","0937-1234567"]
20 wks.append_row(listdata)   # 資料內容
```

程式說明

- **1-2** import 相關的模組。
- **4** 設定 Google 服務帳戶所產生的 json 金鑰檔的路徑與名稱，建議將這個檔放置在與程式同一個資料夾中，這裡就只要設定檔名即可。
- **5** 設定程式可以操作的範圍。因為要用的是 Google 試算表，設定範圍是「https://spreadsheets.google.com/feeds」。
- **7** 以 ServiceAccountCredentials 模組的 from_json_keyfile_name 方法建立憑證。其中兩個參數為金鑰檔的路徑與名稱及程式操作範圍。
- **8** 接著依據憑證建立連線物件：gs_client。
- **10-11** 設定要連線的 Google 試算表 ID：spreadsheet_key，使用 gs_client 連線物件登入試算表。
- **11** 開啟試算表中的第一個工作簿：sheet1。

- 15　　清除所有的內容。
- 17-20　以 append_row() 新增二列資料，資料內容必須是串列。

執行結果：

請自行新增並設定 Google 試算表資料

目前的範例中的 Google 試算表的設定資料是參考的內容，並無法正確執行。在操作以上範例時，請依說明設定 Google Sheet API、建立金鑰、服務帳號，再新增 Google 試算表、設定權限，最後將相關資料置換原始碼內相對的位置，程式才能正確執行喔！

memo

13

數據資料視覺化

13.1 繪製折線圖：plot

Matplotlib 是 Python 在 2D 繪圖領域使用最廣泛的模組，它能讓使用者很輕鬆地將資料圖形化，並且提供多樣化的輸出格式。

13.1.1 Matplotlib 模組的使用

Matplotlib 模組在使用前必須先安裝，(Anaconda 中預設已安裝)，語法如下：

```
pip install matplotlib
```

使用 Matplotlib 繪圖首先要匯入 Matplotlib 模組，由於大部分繪圖功能是在「matplotlib.pyplot」中，因此通常會在匯入「matplotlib.pyplot」時設定一個簡短的別名，方便往後輸入，例如將別名取為「plt」：

```
import matplotlib.pyplot as plt
```

13.1.2 繪製折線圖

折線圖 是以 **plot** 函數繪製，語法為：

```
plt.plot(x 座標串列 , y 座標串列 [, 其他參數 ])
```

折線圖最重要的根據 x、y 座標繪圖，所以在繪製之前必須先將 x、y 座標資料存在串列中，例如繪製 6 個點：

```
listx = [1,5,7,9,13,16]
listy = [15,50,80,40,70,50]
```

注意：x 座標串列及 y 座標串列的元素數目必須相同，否則執行時會產生錯誤。

例如以 listx 及 listy 串列繪圖：

```
plt.plot(listx, listy)
```

繪圖後不會自動顯示，必須要用 show 函數顯示，例如：

```
plt.show()
```

程式碼：**plot1.py**

```
import matplotlib.pyplot as plt

listx = [1,5,7,9,13,16]
listy = [15,50,80,40,70,50]
plt.plot(listx, listy)
plt.show()
```

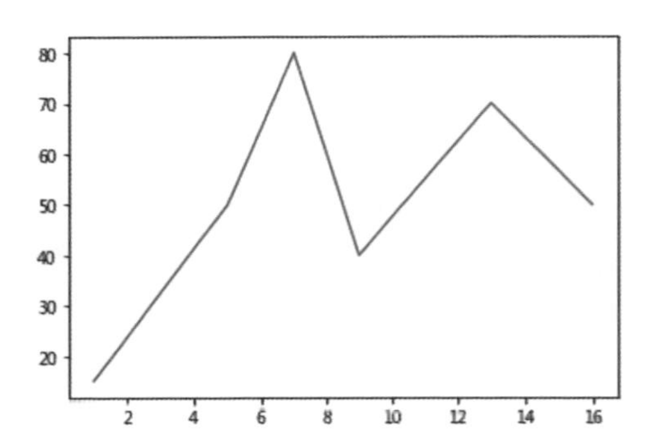

13.1.3 設定線條及圖例

繪圖時除了 x、y 軸串列參數之外，最重要的要素之一就是線條，下面是與線條相關常用的設定參數：

- **linewidth** or **lw**：設定線條寬度，預設為 1.0，例如設定線條寬度為 5.0：linewidth=5.0。
- **color**：設定線條顏色，預設為藍色，例如設定線條顏色為紅色：color="r" 或 color="red"。

顏色	代表值	顏色	代表值
藍	b, blue	青	c, cyan
紅	r, red	洋紅	m, magenta
綠	g, green	黑	k, black
黃	y, yellow	白	w, white

- **linestyle** or **ls**：設定線條樣式，設定值有「-」(實線)、「--」(虛線)、「-.」(虛點線)及「:」(點線)，預設為「-」。

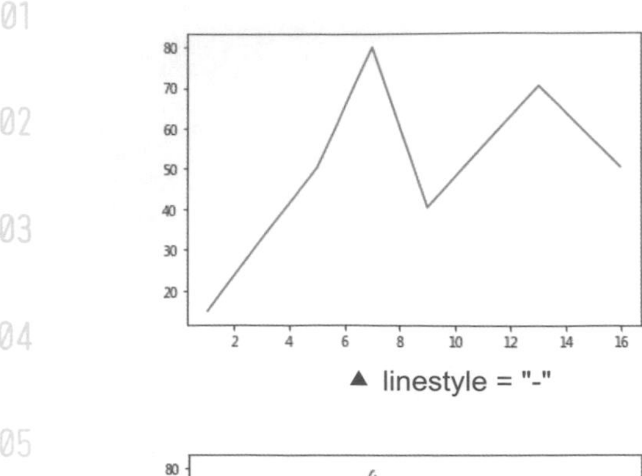

▲ linestyle = "-"

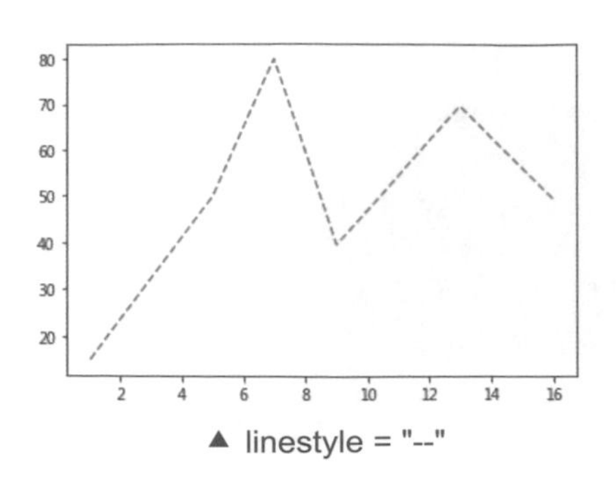

▲ linestyle = "--"

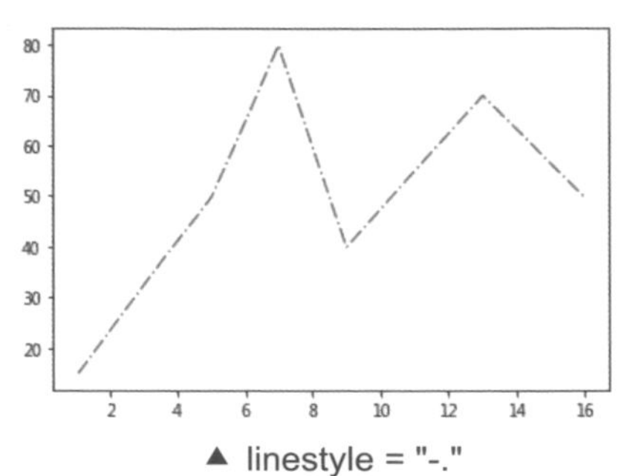

▲ linestyle = "-."

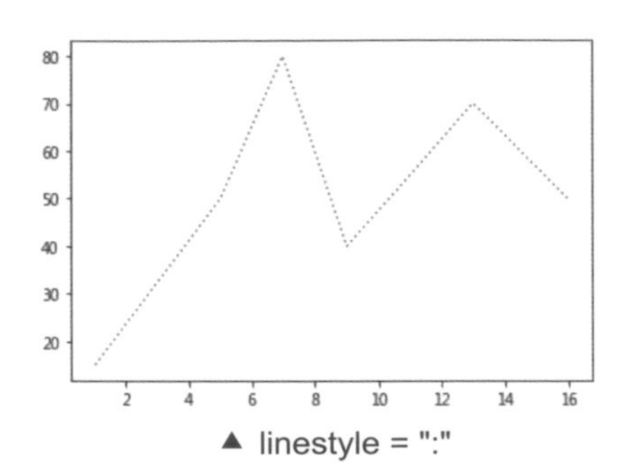

▲ linestyle = ":"

■ **marker**：設定標記樣式，設定值如下：

符號	說明	符號	說明
"." "o" "*"	點、圓、星	"h" "H"	六邊形 1,2
"v" "^"	正倒三角形	"d" "D"	鑽形 小 , 大
"<" ">"	左右三角形	"+" "x"	十字、叉叉
"s"	矩形	"_" "|"	橫線、直線
"p"	五角形	"1","2","3","4"	上下左右人字形

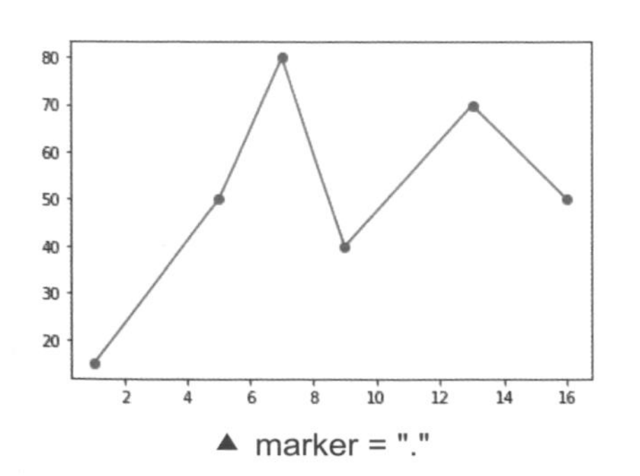

▲ marker = "."

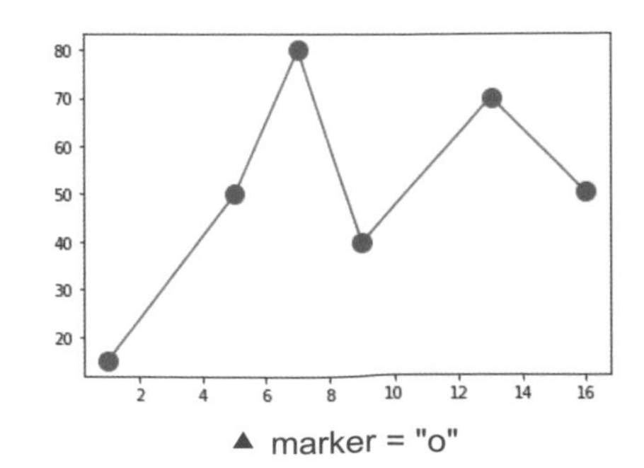

▲ marker = "o"

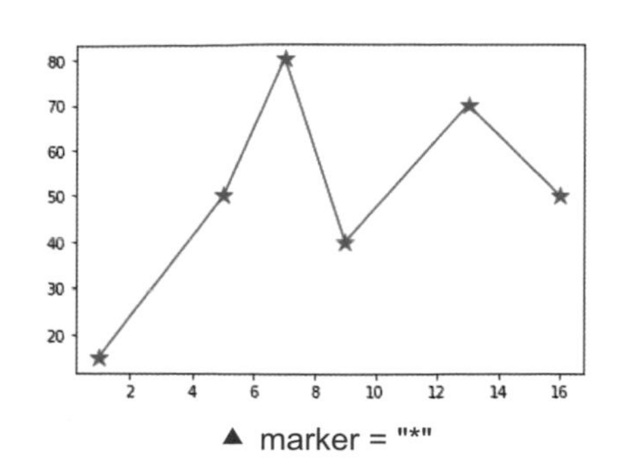
▲ marker = "*"

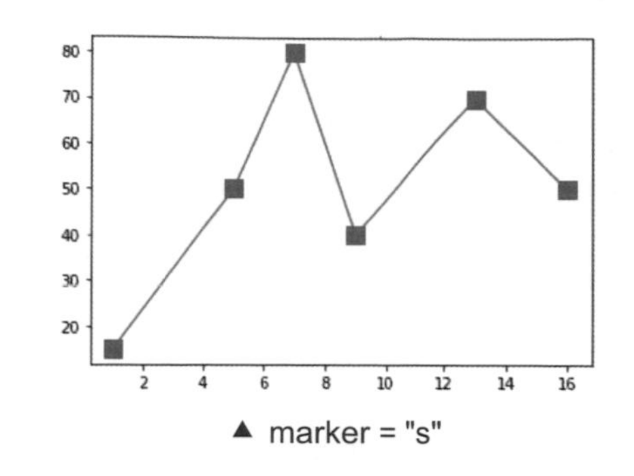
▲ marker = "s"

- **markersize** or **ms**：標記大小，例如設定標記為 12 點：ms=12。
- **color、linestyle、marker 組合字串**：這三個設定值的字串可以直接合併設定，例如設定綠色、虛線、星狀標記為「"g--*"」：

```
plt.plot(listx, listy, 'g--*')
```

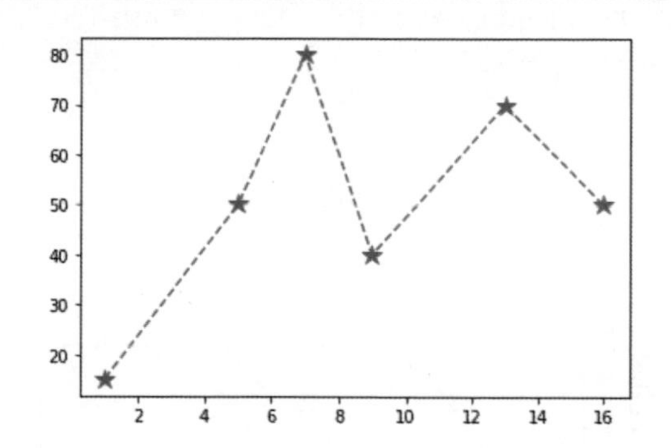

- **label**：設定圖例名稱，例如設定圖例名稱為「label」：label="label"。此屬性需搭配 **legend** 函數才有效果。

```
plt.plot(listx, listy, color="red", lw="2.0", ls="--", label="label")
plt.legend()
```

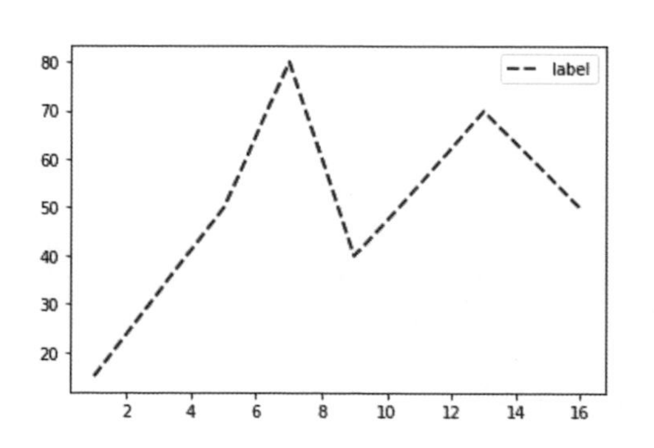

13.1.4 設定標題

圖形繪製完成後，可對圖表做一些設定，如圖表標題、x 及 y 座標標題等，讓觀看圖表者更容易了解圖表的意義。

設定圖表標題、x 及 y 座標標題的語法如下，如果不設定 fontsize，大小會一樣：

```
plt.title( 圖表標題 (,fontsize= 點數 ))
plt.xlabel(x 座標標題 (,fontsize= 點數 ))
plt.ylabel(y 座標標題 (,fontsize= 點數 ))
```

例如分別設定圖表及 x、y 座標的標題：

程式碼：plot2.py

```
...
plt.title("Chart Title", fontsize=20)    # 圖表標題
plt.xlabel("X-Label", fontsize=14)       # x 座標標題
plt.ylabel("Y-Label", fontsize=14)       # y 座標標題
...
```

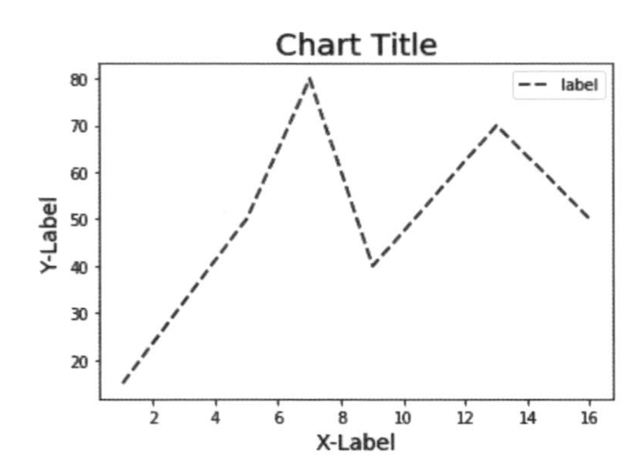

13.1.5 設定座標範圍

如果沒有指定 x 及 y 座標範圍，系統會根據資料判斷最適合的 x 及 y 座標範圍。設計者可以自行設定 x 及 y 座標範圍，語法為：

```
plt.xlim( 起始值 , 終止值 )   # 設定 x 座標範圍
plt.ylim( 起始值 , 終止值 )   # 設定 y 座標範圍
```

例如設定 x 座標範圍為 0 到 100，y 座標範圍為 0 到 20：

程式碼：plot3.py

```
...
plt.xlim(0, 20)  # 設定 x 座標範圍
plt.ylim(0, 100)  # 設定 y 座標範圍
...
```

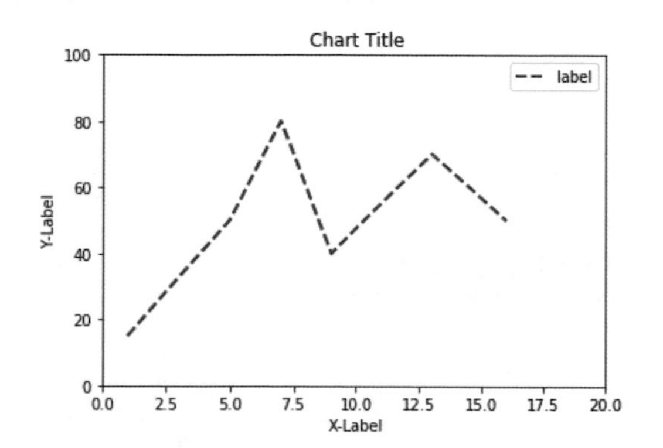

13.1.6 設定格線

為圖表加上格線的語法如下：

```
plt.grid(True)
```

也可以進一步設定格線的顏色、寬度、樣式及透明度，例如：

```
plt.grid(color='red', linestyle=':', linewidth=1, alpha=0.5)
```

程式碼：plot4.py

```
...
plt.grid(color='black', linestyle=":", linewidth='1', alpha=0.5)
...
```

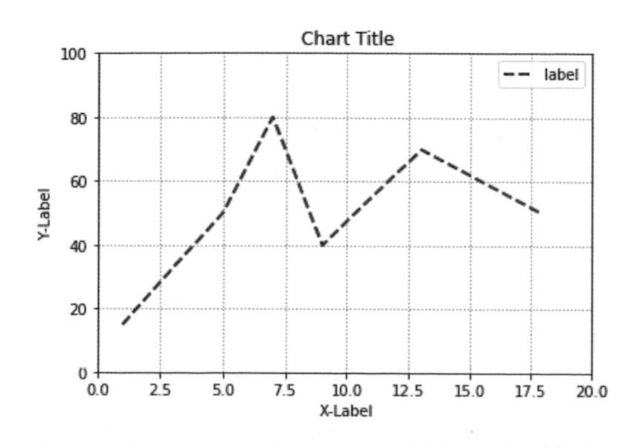

01 02 03 04 05 06 07 08 09 10 11 12 13 14 15 16 17

13.1.7 同時繪製多組資料

一個圖表中可以繪製多組資料的線條，如果沒有設定線條顏色，系統會自行設定不同顏色繪圖。例如繪製 2 組數據的線條：

程式碼：plot5.py

```
...
listx1 = [1,5,7,9,13,16]
listy1 = [15,50,80,40,70,50]
plt.plot(listx1, listy1, 'r-.s')
listx2 = [2,6,8,11,14,16]
listy2 = [10,40,30,50,80,60]
plt.plot(listx2, listy2, 'y-s')
plt.show()
```

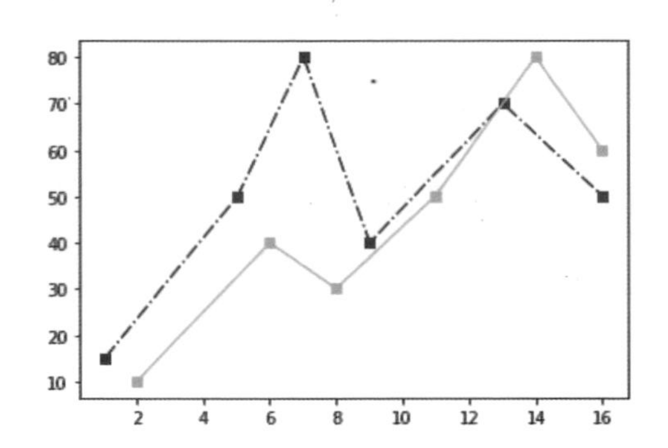

其實多組數據可以一起繪圖，因為每個線條的數據、樣式都不同，其語法為：

```
plt.plot(x1 串列 , y1 串列 , 樣式 1, x2 串列 , y2 串列 , 樣式 2, ... )
```

程式碼：plot6.py

```
...
listx1 = [1,5,7,9,13,16]
listy1 = [15,50,80,40,70,50]
listx2 = [2,6,8,11,14,16]
listy2 = [10,40,30,50,80,60]
plt.plot(listx1, listy1, 'r-.s', listx2, listy2, 'y-s')
plt.show()
```

13.1.8 設定座標刻度

在以下的圖表中，x 座標範圍為 0 到 5000，在預設的狀態下 Matplotlib 自動以 500 為間距加上了刻度。但如果想要自訂座標刻度，語法為：

```
plt.xticks( 串列 )   # 設定 x 座標刻度
plt.yticks( 串列 )   # 設定 y 座標刻度
```

也可設定座標刻度的格式，例如要設定 x，y 座標的刻度，字型 12 點，紅色的文字，語法為：

```
plt.tick_params(axis='both', labelsize='12', color='red')
```

程式碼：plot7.py

```
...
listx = [1000,2000,3000,4000,5000]
listy = [15,50,80,70,50]
plt.plot(listx, listy)
plt.xticks(listx)
plt.tick_params(axis='both', labelsize=16, color='red')
plt.show()
```

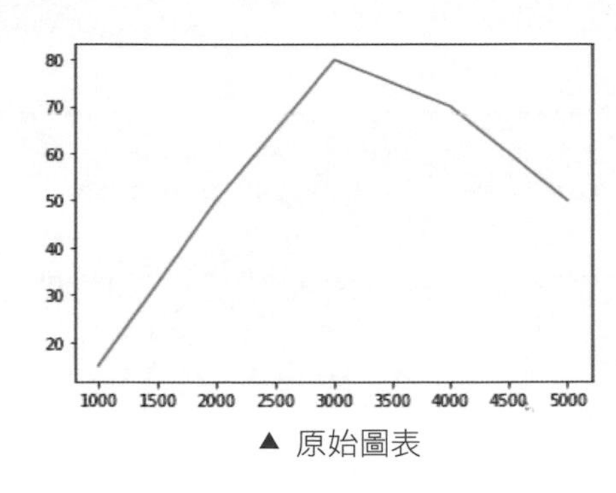

▲ 原始圖表

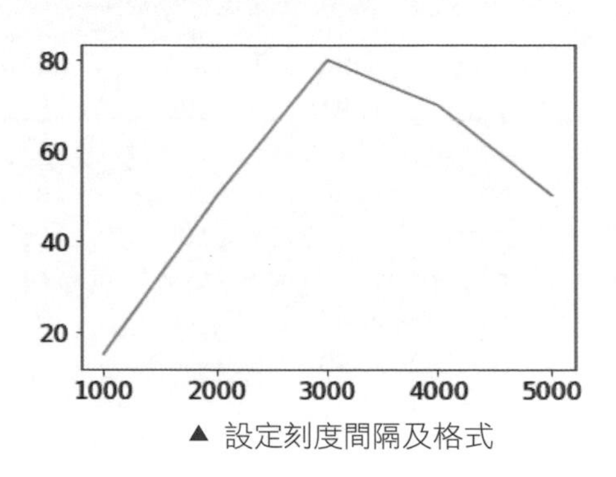

▲ 設定刻度間隔及格式

01
02
03
04
05
06
07
08
09
10
11
12
13
14
15
16
17

範例：繪製折線圖

繪製折線圖並設定各種圖表特性。

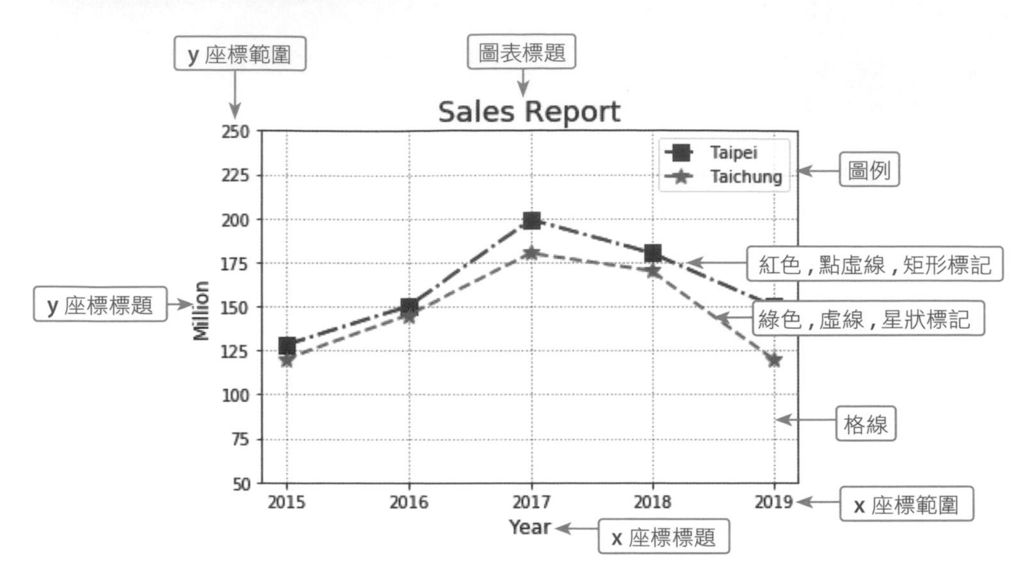

程式碼：**plot8.py**

```
1   import matplotlib.pyplot as plt
2   year = [2015,2016,2017,2018,2019]
3   city1 = [128,150,199,180,150]
4   plt.plot(year, city1, 'r-.s', lw=2, ms=10, label="Taipei")
5   city2 = [120,145,180,170,120]
6   plt.plot(year, city2, 'g--*', lw=2, ms=10, label="Taichung")
7   plt.legend()
8   plt.ylim(50, 250)
9   plt.xticks(year)
10  plt.title("Sales Report", fontsize=18)
11  plt.xlabel("Year", fontsize=12)
12  plt.ylabel("Million", fontsize=12)
13  plt.grid(color='k', ls=':', lw=1, alpha=0.5)
14  plt.show()
```

程式說明

- 1　匯入模組並設定別名。
- 2　以 year 年度做為共用的 x 座標資料串列
- 3-4　畫第 1 個折線圖：紅色、點虛線、矩形標記、線寬 2、標記大小 10、圖例為「Taipei」。

- 5-6　畫第 2 個折線圖：綠色、虛線、星形標記、線寬 2、標記大小 10、圖例為「Taichung」。
- 7　顯示圖例。
- 8　設定 y 座標範圍。
- 9　設定 x 座標刻度間隔。
- 10-12　設定圖表標題及 x、y 座標標題。
- 13　加上格線：黑色、點狀線、線寬 1、透明度 0.5。
- 14　顯示圖表。

13.1.9 Matplotlib 圖表顯示中文

Matplotlib 預設無法顯示中文，那是因為在模組設定檔中並沒有配置中文字型。如果將剛才的範例圖表中的所有文字都換成中文，會發現文字都以方塊呈現而無法顯示。如果要能顯示中文，就必須自行加入中文字型後再重新產生配置檔案。這樣的操作不但複雜，而且當程式在沒有設定過的電腦上跑時，所有的配置又將失效。

此時可以使用 Matplotlib 的 rcParam 的函數修改預設配置，即能讓圖表裡的中文字正常顯示。請在原來的程式碼中加入以下的設定：

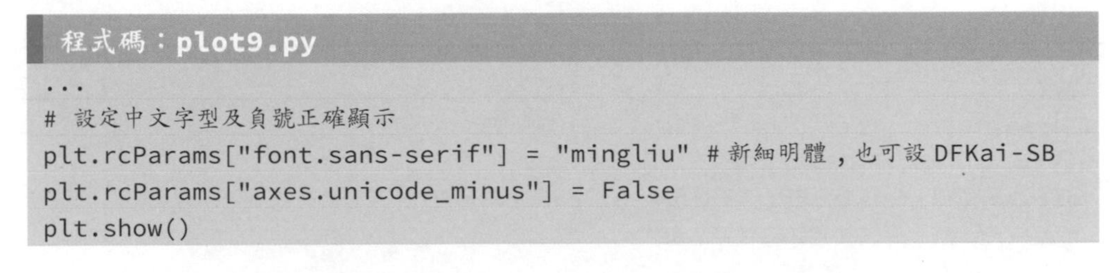

程式碼：plot9.py

```
...
# 設定中文字型及負號正確顯示
plt.rcParams["font.sans-serif"] = "mingliu" # 新細明體，也可設 DFKai-SB
plt.rcParams["axes.unicode_minus"] = False
plt.show()
```

如下原來圖表中無法正確顯示的文字，都成功的變成中文了喔！

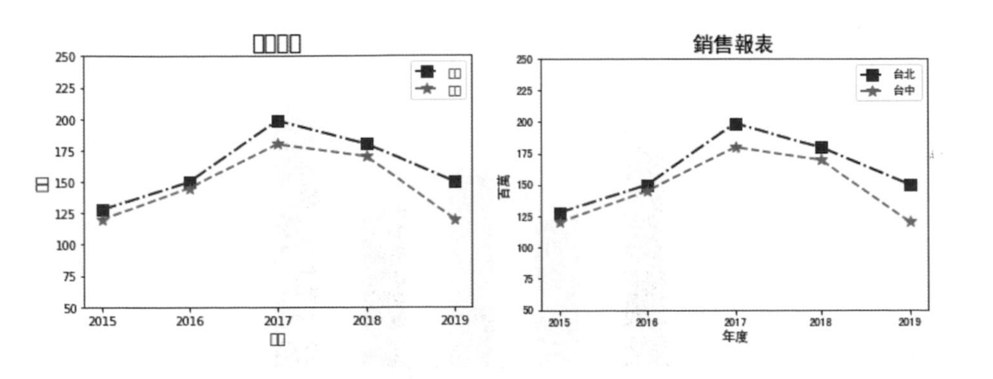

13.2 繪製長條圖：bar

13.2.1 繪製長條圖

長條圖 是以 **bar** 函數繪製，語法為：

```
plt.bar(x 座標串列 , y 座標串列 , width=0.8, bottom=0[, 其他參數 ])
```

繪圖時除了 x、y 座標串列參數之外，呈現每個項目的矩形是重點，常用參數有：

- **width**：設定每個項目矩形的寬度。以二個刻度之間的距離為基準，用百分比為單位來設定。不設定時預設值為 0.8。
- **bottom**：設定每個項目矩形 y 座標的起始位置，不設定時預設值為 0。
- **color**：設定每個項目矩形的顏色，設定值與折線圖相同，預設為藍色。例如設定紅色可以為 "r" 或 "red"。如果設定值為 "rgb"，代表會以紅、綠、藍依序循環顯示每個項目矩形的顏色。
- **label**：設定每個項目圖例名稱，此屬性需搭配 **legend** 函數才有效果。

本範例將要用長條圖呈現每個課程的選修人數：

程式碼：bar1.py

```
...
listx = ['c','c++','c#','java','python']
listy = [45,28,38,32,50]
plt.bar(listx, listy, width=0.5, color='rgb')
plt.title(" 資訊程式課程選修人數 ")
plt.xlabel(" 程式課程 ")
plt.ylabel(" 選修人數 ")
...
```

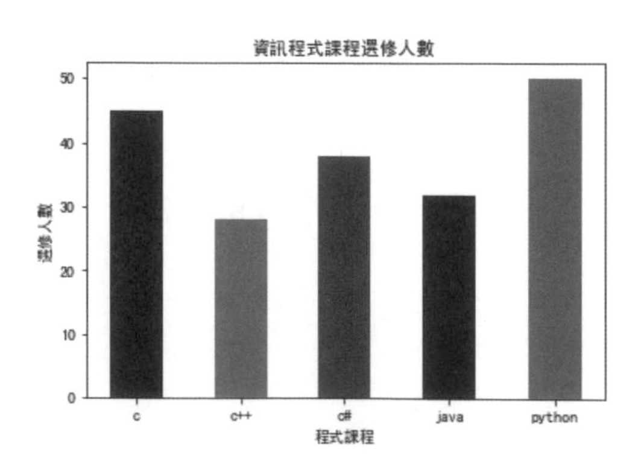

13.2.2 繪製橫條圖

橫條圖 是以 **barh** 函數繪製，語法為：

```
plt.barh(y 座標串列 , x 座標串列 , height=0.8, left=0[, 其他參數 ])
```

橫條圖基本上與長條圖相似，但因為方向不同，所有參數就必須倒過來。繪圖時除了設定矩形樣式的參數與長條圖相同外，還需特別注意：

- **y 座標串列**：顯示每個項目的名稱串列或是序列串列。
- **x 座標串列**：顯示每個項目的數值串列。
- **height**：設定每個項目矩形的高度。以二個刻度之間的距離為基準，用百分比為單位來設定。不設定時預設值為 0.8。
- **left**：設定每個項目矩形 x 座標的起始位置，不設定時預設值為 0。

本範例將要用橫條圖呈現每個課程的選修人數：

程式碼：bar2.py

```
...
listy = ['c','c++','c#','java','python']
listx = [45,28,38,32,50]
plt.barh(listy, listx, height=0.5, color='rgb')
plt.title(" 資訊程式課程選修人數 ")
plt.xlabel(" 程式課程 ")
plt.ylabel(" 選修人數 ")
...
```

顯示結果：

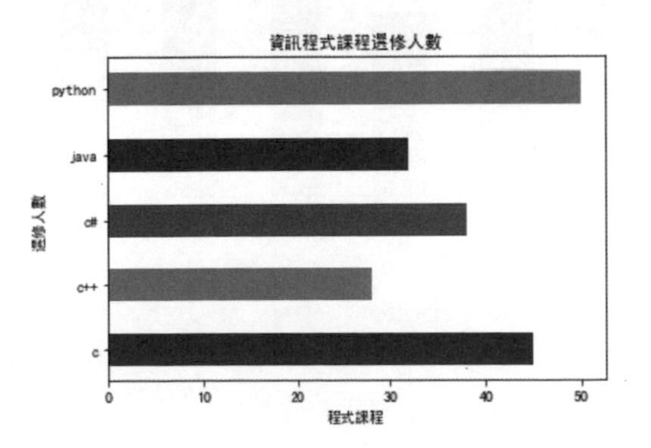

13.2.3 繪製堆疊長條圖

當資料中的每個項目都還能分出子項目時，可以在繪製長條圖用堆疊的方式，在每個項目的矩形中顯示出每個子項目的比重。

這時就必須要應用到 bottom 屬性，完成第一組長條圖後，在繪製第二組長條圖時，可將 y 軸的起點設定為第一組資料的 y 軸高度。

在範例中將要用堆疊長條圖來表現每個課程中選修人數，並顯示男女的比重：

程式碼：bar3.py

```
...
listx = ['c','c++','c#','java','python']
listy1 = [25,20,20,16,28]
listy2 = [20,8,18,16,22]
plt.bar(listx, listy1, width=0.5, label='男')
plt.bar(listx, listy2, width=0.5, bottom=listy1, label='女')
plt.legend()
plt.title("資訊程式課程選修人數")
plt.xlabel("程式課程")
plt.ylabel("選修人數")
...
```

顯示結果：

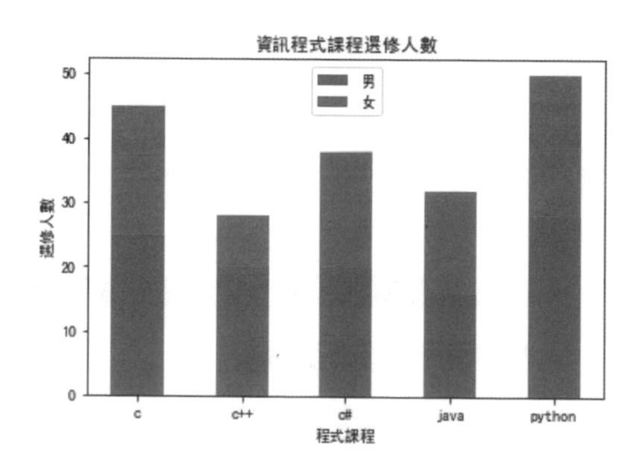

繪製第一組資料時，並沒有設定 bottom，所以預設由 y 座標為 0 處由下往上繪製。而第二組資料時，因為要接著第一組資料結束處，所以起始點 bottom 必須為第一組資料的高度，才能讓二組資料完美堆疊顯示。

13.2.4 繪製並列長條圖

長條圖的資料會在每個項目用並列的方式呈現多個子項目，即能很快的在每個項目中檢視每個子項目數目的大小。

長條圖每個 x 座標的刻度間距是相等的，當繪製每個項目的矩形時，預設會以刻度為寬度的中心點，但分成多個子項目時就會交疊在一起。所以每個項目中子項目在刻度上的起始位置就很重要。

在範例中將要用並列長條圖來表現每個課程中選修人數，並比較男女的人數：

程式碼：**bar4.py**

```
...
3     width = 0.25
4     listx = ['c','c++','c#','java','python']
5     listx1 = [x - width/2 for x in range(len(listx))]
6     listx2 = [x + width/2 for x in range(len(listx))]
7     listy1 = [25,20,20,16,28]
8     listy2 = [20,8,18,16,22]
9     plt.bar(listx1, listy1, width, label='男')
10    plt.bar(listx2, listy2, width, label='女')
11    plt.xticks(range(len(listx)), labels=listx)
...
```

顯示結果：

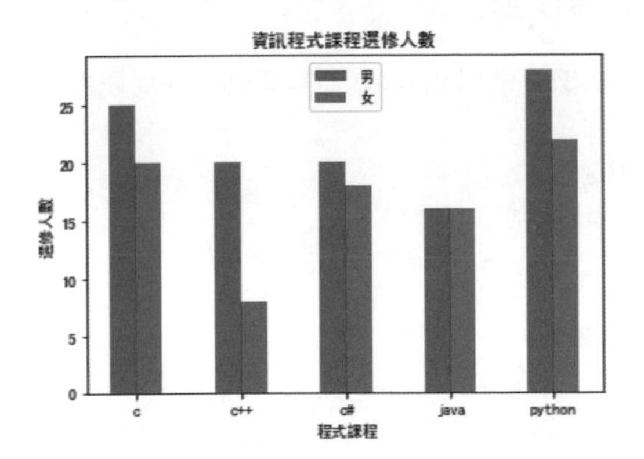

程式說明

- 3　　設定每個項目的寬度 (再由子項目分)。
- 4　　設定項目串列。

- 5　設定第一組子項目的串列：「男」在 x 座標刻度出現位置。基本上這個串序會以項目序列當作預設值。但在範例中有二組子項目，所以這個子項目要向左移動「項目寬度 / 2」的距離，才不會與第二組子項目交疊。這裡使用 **串列綜合表達式** 的函數將子項目串列中的值逐一進行向左移動的運算。
- 6　設定第二組子項目的串列：「女」在 x 座標刻度出現位置，這個子項目要向右移動「項目寬度 / 2」的距離，才不會與第一組子項目交疊。
- 11　在並列長條圖 x 刻度的標籤，因為有子項目，所以會以項目的序列等距來顯示。但範例是希望能呈現文字型態的程式名稱，所以利用 xticks() 的函數設定用項目串列來取代顯示。

認識串列綜合表達式

如果想要將串列中的元素一一進行相同的運算後取代原來的串列，或是形成另一個串列，可以使用 **串列綜合表達式**：

```
[表達式 for 元素 in 串列 (if 條件式)]
```

串列綜合表達式的運算方式就是依序由串列中取出元素，送到表達式中進行運算後組合成串列值返回。如果有設條件式，在取出元素時要看是否符合條件式。因為回傳一定是串列，所以最外層一定是：「[...]」左右中括號。

例如商品未稅價格 (price) 資料如下：

```
price = [30, 40, 50, 80, 100]
```

想要計算商品的含稅 (5%) 價格 (tprice) 資料串列，可以使用 fot list 迴圈：

```
tprice = []
for item in price:
    tprice.append(item * 1.05)
print(tprice)    #[31.5, 42.0, 52.5, 84.0, 105.0]
```

使用串列綜合表達式可以簡化程式為：

```
tprice = [ item * 1.05 for item in price]
print(tprice)    #[31.5, 42.0, 52.5, 84.0, 105.0]
```

13.3 繪製圓餅圖：pie

圓餅圖 是以 **pie** 函數繪製，語法為：

```
plt.pie( 資料串列 [, 其他串列參數 ])
```

資料串列 是數值串列，為圓餅圖的資料，為必要參數。其他常用的參數有：

- **labels**：每一個項目標題組成的串列。
- **colors**：每一個項目顏色字元組成字串或是串列，如 'rgb' 或 ['r', 'g', 'b']。
- **explode**：每一個項目凸出距離數字組成的串列，「0」表示正常顯示。下圖顯示第一部分不同凸出值的效果。

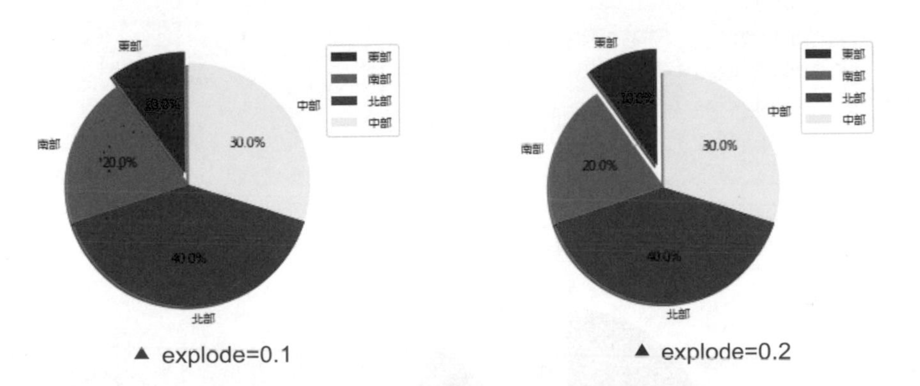

▲ explode=0.1　　▲ explode=0.2

- **labeldistance**：項目標題與圓心的距離是半徑的多少倍，例如「1.1」表示項目標題與圓心的距離是半徑的 1.1 倍。
- **autopct**：項目百分比的格式，語法為「% 格式 %%」，例如「%2.1f%%」表示整數 2 位數，小數 1 位數。
- **pctdistance**：百分比文字與圓心的距離是半徑的多少倍。
- **shadow**：布林值，True 表示圖形有陰影，False 表示圖形沒有陰影。
- **startangle**：開始繪圖的起始角度，繪圖會以逆時針旋轉計算角度。

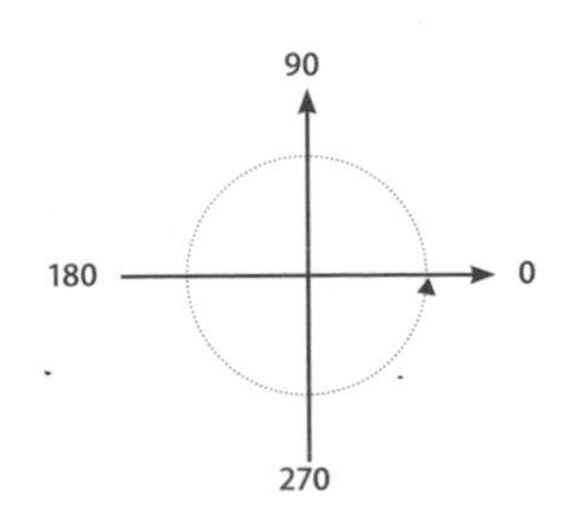

圓餅圖的展示效果很好，但僅適合少量資料呈現，若將圓餅圖分割太多塊，比例太低資料會看不清楚。

程式碼：pie.py

```
...
3     sizes = [25, 30, 15, 10]
4     labels = [" 北部 ", " 西部 ", " 南部 ", " 東部 "]
5     colors = ["red", "green", "blue", "yellow"]
6     explode = (0, 0, 0.2, 0)
7     plt.pie(sizes,
8        explode = explode,
9        labels = labels,
10       colors = colors,
11       labeldistance = 1.1,
12       autopct = "%2.1f%%",
13       pctdistance = 0.6,
14       shadow = True,
15       startangle = 90)
...
```

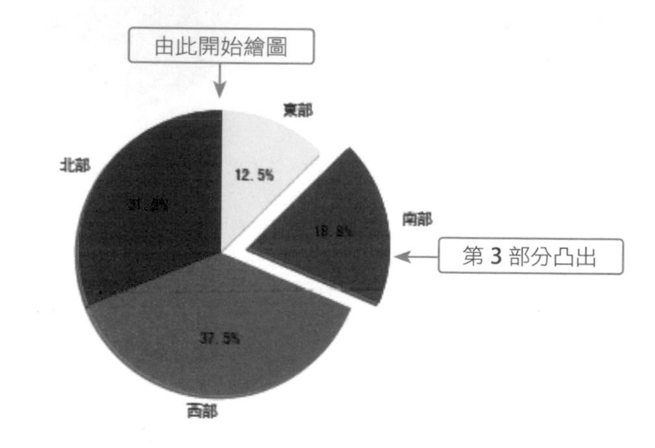

程式說明

- 3　資料串列。
- 4　項目標題串列。
- 5　項目顏色串列。
- 6　凸出距離數值串列，第 3 部分會凸出，數值 0.2。
- 15　由 90 度開始繪製

13.4 設定圖表區：figure

當繪製折線圖、長條圖或圓餅圖時，其實 Matplotlib.pyplot 會自動產生圖表區，再於其中繪製圖表。因為沒有特別的設定，圖表區都會以預設的大小、解析度、顏色等屬性來佈置圖表區。

圖表區是以 **figure** 類別來建立，語法為：

```
plt.figure([ 設定屬性參數 ])
```

如果沒有設定參數則會以預設值建立圖表區，以下為常用的參數：

- **figsize**：設定方式為串列：[寬 , 高]，單位為英吋，預設值為 [6.4, 4.8]。
- **dip**：設定解析度，單位為每英吋的點數 (Dots per inch)。
- **facecolor**：設定背景顏色，預設值為白色 (white)。
- **edgecolor**：設定邊線顏色，預設值為白色 (white)。
- **frameon**：布林值，設定是否有邊框，預設值為 True。
- **tight_layout**：布林值，設定多個圖表間是否有邊界，預設值為 False。

以下新增二個圖表區，一個用預設值，一個自訂屬性：

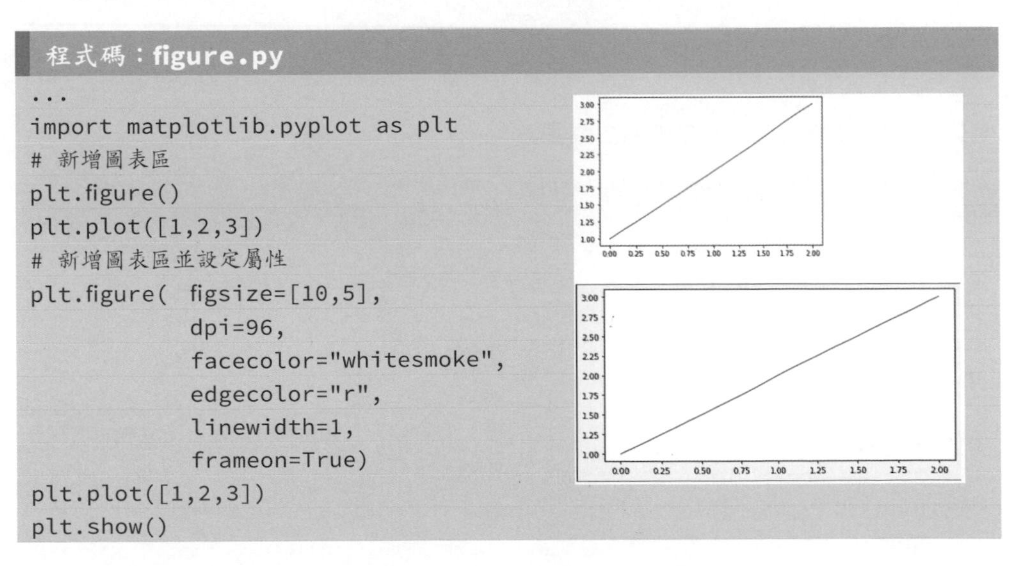

程式碼：figure.py

```
...
import matplotlib.pyplot as plt
# 新增圖表區
plt.figure()
plt.plot([1,2,3])
# 新增圖表區並設定屬性
plt.figure( figsize=[10,5],
            dpi=96,
            facecolor="whitesmoke",
            edgecolor="r",
            linewidth=1,
            frameon=True)
plt.plot([1,2,3])
plt.show()
```


可以在結果中看到，雖然在二個圖表區中所繪製的圖表與數據都相同，但有設定屬性的圖表區顯示的結果就比沒有設定用預設值差了很多。

13.5 在圖表區加入多張圖表：subplot、axes

如果在顯示資料時需要多張不同的圖表，可以在圖表區可以同時加入，並依需求排列顯示。

13.5.1 用欄列排列多張圖表：subplot

在圖表區用欄列方式加入多張圖表可以使用 subplot 函數，語法為：

```
plt.subplot(橫列數, 直欄數, 圖表索引值)
```

例如要在圖表區加入 2 列 1 欄的二張圖表：

程式碼：subplot1.py

```
import matplotlib.pyplot as plt
plt.figure(figsize=[8,8])
plt.subplot(211)
plt.title(label='Chart 1', fontsize=20)
plt.plot([1,2,3],'r:o')

plt.subplot(212)
plt.title(label='Chart 2', fontsize=20)
plt.plot([1,2,3],'g--o')
plt.show()
```

例如要在圖表區加入 1 列 2 欄的二張圖表：

程式碼：subplot2.py

```
import matplotlib.pyplot as plt
plt.figure(figsize=[8,8])
plt.subplot(121)
plt.title(label='Chart 1', fontsize=20)
plt.plot([1,2,3],'r:o')

plt.subplot(122)
plt.title(label='Chart 2', fontsize=20)
plt.plot([1,2,3],'g--o')
plt.show()
```

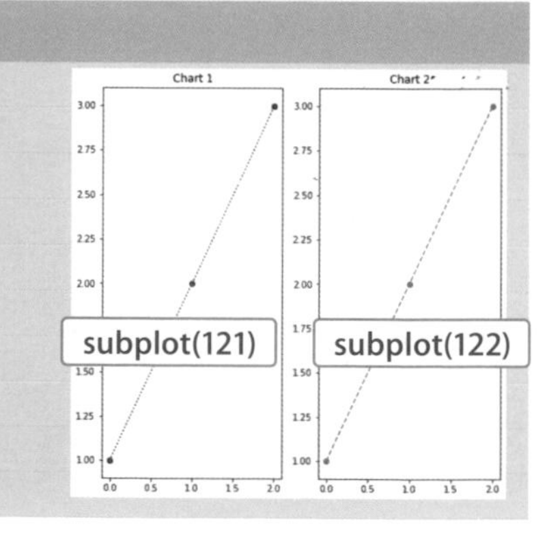

再多張的圖表也沒問題，例如要在圖表區加入 2 列 2 欄的四張圖表：

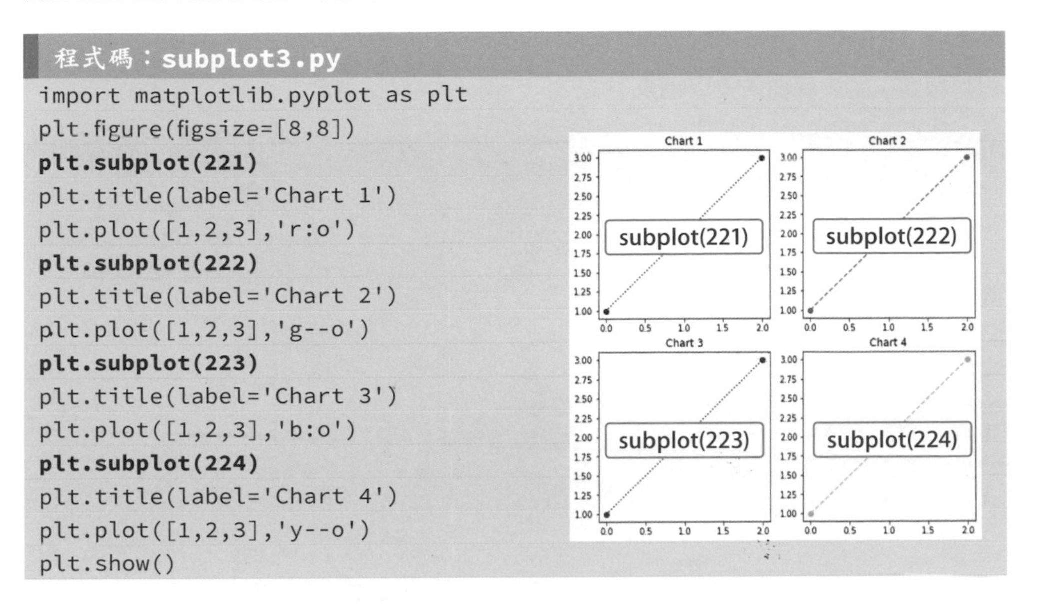

程式碼：subplot3.py

```
import matplotlib.pyplot as plt
plt.figure(figsize=[8,8])
plt.subplot(221)
plt.title(label='Chart 1')
plt.plot([1,2,3],'r:o')
plt.subplot(222)
plt.title(label='Chart 2')
plt.plot([1,2,3],'g--o')
plt.subplot(223)
plt.title(label='Chart 3')
plt.plot([1,2,3],'b:o')
plt.subplot(224)
plt.title(label='Chart 4')
plt.plot([1,2,3],'y--o')
plt.show()
```


13.5.2 用相對位置排列多張圖表：axes

在圖表區用相對位置的方式加入多張圖表可以使用 axes 函數，語法為：

```
plt.axes([ 與左邊界距離 , 與下邊界距離 , 寬 , 高 ])
```

axes 是以圖表區的左下角為原點，前二個數字分別是離左方與下方的邊界距離，後二個數字是這個圖表的寬高。而這 4 個數值都是以圖表區的寬高為基準，用 0 到 1 之間的浮點數做為計算，例如圖表的寬度是圖表區的一半，值為 0.5。

例如要在圖表區加入二張左右排列的圖表：

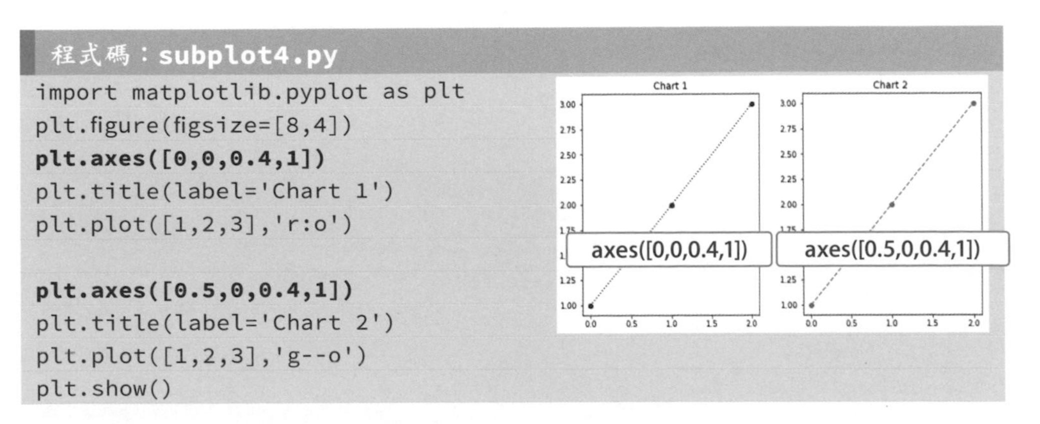

程式碼：subplot4.py

```
import matplotlib.pyplot as plt
plt.figure(figsize=[8,4])
plt.axes([0,0,0.4,1])
plt.title(label='Chart 1')
plt.plot([1,2,3],'r:o')

plt.axes([0.5,0,0.4,1])
plt.title(label='Chart 2')
plt.plot([1,2,3],'g--o')
plt.show()
```

因為 axes 是用相對位置來加入圖表，在設定上不會有相互排擠的狀況出現。而且圖表之間可以彼此交疊，所以能發揮更多的彈性。

例如想要在圖表區加入子母圖表：

程式碼：**subplot5.py**

```
import matplotlib.pyplot as plt
plt.figure(figsize=[8,4])
plt.axes([0,0,0.8,1])
plt.title(label='Chart 1')
plt.plot([1,2,3],'r:o')

plt.axes([0.55,0.1,0.2,0.2])
plt.title(label='Chart 2')
plt.plot([1,2,3],'g--o')
plt.show()
```

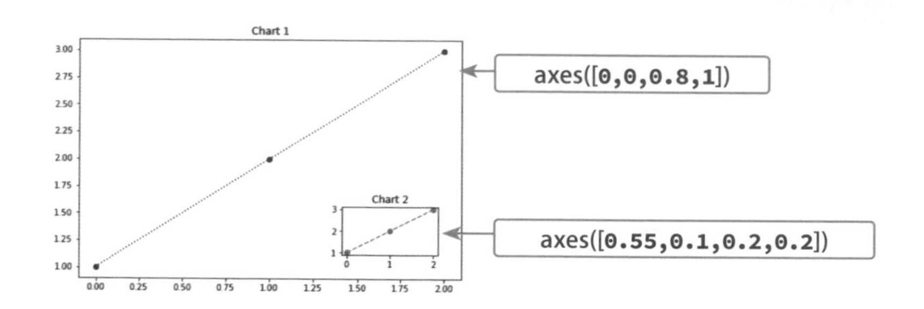

13.6 實戰：台灣股市股價走勢圖

想到資訊圖表，股票市場的股價走勢圖是讓人印象深刻的代表。這個專題要介紹使用 twstock 台灣股市資訊模組來收集指定公司的股價，並且繪製相關資訊圖表。

13.6.1 台灣股市資訊模組：twstock

twstock 是台灣股市的專用模組，可以讀取指定股票的歷史記錄、股票分析和即時股票的買賣資訊等。

使用 pip 即可安裝 twstock 模組，語法為：

```
pip install twstock
```

使用 twstock 模組必須先含入模組程式庫，語法為：

```
import twstock
```

查詢歷史股票資料

twstock 模組利用 Stock 方法查詢個股歷史股票資料，語法為：

```
歷史股票資料變數 = twstock.Stock('股票代號')
```

例如設定變數名稱為 stock，查詢鴻海股票 (代碼 2317) 的歷史資料，預設會讀取近 31 日的歷史記錄。

```
stock = twstock.Stock('2317')
```

利用 Stock 物件的屬性即可以讀取指定的歷史資料。Stock 物件的屬性：

屬性	說明
date	日期 (datetime.datetime)
capacity	總成交股數 (單位：股)
turnover	總成交金額 (單位：元)
open	開盤價
high	最高價

屬性	說明
low	最低價
price	收盤價
close	收盤價
change	漲跌價差
transaction	成交筆數

例如顯示「鴻海」最近 31 筆收盤價資料：

程式碼：twstock1.py

```
import twstock
# 以鴻海的股票代號建立 Stock 物件
stock = twstock.Stock('2317')
print(stock.price)
```

顯示結果：

```
[92.5, 91.4, 89.6, 89.9, 90.6, 89.8, 88.5, 88.6, 90.0, 89.5,
89.9, 90.5, 91.0, 90.3, 91.3, 91.0, 91.0, 91.6, 91.6, 92.4, 92.2,
 91.1, 91.5, 90.9, 91.0, 90.8, 91.5, 90.9, 90.8, 90.8, 91.6]
```

傳回結果為串列，可使用串列語法擷取部分資料，例如顯示最近 1 日開盤價、最高價、最低價、收盤價：

程式碼：twstock2.py

```
...
print("日期：",stock.date[-1])
print("開盤價：",stock.open[-1])
print("最高價：",stock.high[-1])
print("最低價：",stock.low[-1])
print("收盤價：",stock.price[-1]
```

顯示結果：

```
日期：2020-01-03 00:00:00
開盤價：91.4
最高價：92.2
最低價：90.8
收盤價：91.6
```

Stock 物件也提供下列 fetch 方法，可以讀取指定期間的歷史資料。

方法	傳回資料
fetch(西元年 , 月)	傳回參數指定月份的資料。
fetch_31()	傳回最近 31 日的資料。
fetch_from(西元年 , 月)	傳回參數指定月份到現在的資料。

例如：以 fetch、fetch_31 和 fetch_from 方法讀取資料：

程式碼：**twstock3.py**

```
...
# 取得 2019 年 12 月的資料
stocklist = stock.fetch(2019,12)
for s in stocklist:
    print(s.date.strftime('%Y-%m-%d'), end='\t')
    print(s.open, end='\t')
    print(s.high, end='\t')
    print(s.low, end='\t')
    print(s.close)
```

顯示結果：

```
2019-12-02      88.6    89.3    86.8    88.6
2019-12-03      88.3    90.3    87.8    90.0
2019-12-04      90.0    90.0    88.7    89.5
...
2019-12-31      90.7    91.4    90.7    90.8
```

查詢股票即時交易資訊

twstock 模組利用 realtime.get() 方法查詢個股即時股票資訊，語法為：

```
即時個股資料變數 = twstock.realtime.get('股票代號')
```

例如設定變數名稱為 real，查詢鴻海股票 (代碼 2317) 的即時交易資訊：

```
real = twstock.realtime.get('2317') # 鴻海股票即時交易資訊
```

傳回資料為字典格式資料：

```
{'timestamp': 1578033000.0,
   'info': {
      'code': '2317',
      'channel': '2317.tw',
      'name': '鴻海',
      'fullname': '鴻海精密工業股份有限公司',
      'time': '2020-01-03 14:30:00'},
      'realtime': {
         'latest_trade_price': '91.60',
         'trade_volume': '2406',
         'accumulate_trade_volume': '37546',
         'best_bid_price': ['91.50', '91.40', '91.30', '91.20'],
```

```
            'best_bid_volume': ['38', '2', '64', '293', '227'],
            'best_ask_price': ['91.60', '91.70', '91.80', '91.90'],
            'best_ask_volume': ['258', '799', '820', '1133', '2874'],
            'open': '91.40',
            'high': '92.20',
            'low': '90.80'},
        'success': True}
```

傳回資訊包括公司基本資料、即時股價、成交量、委買及委賣資料、開盤價、盤中最高及最低價，以及此次查詢是否成功。

主要股票資料都在「realtime」欄位中，例如即時股價就在「realtime」欄位的「latest_trade_price」欄位，顯示即時股價的程式碼為：

```
print(real['realtime']['latest_trade_price'])
```

傳回資訊的倒數第二個欄位為「success」，此欄位為 True 表示傳回資訊正確，如果是 False 表示發生錯誤，同時將錯誤訊息存於「rtmessage」欄位。程式設計者通常會先檢查此欄位，若為 True 才處理傳回資料，程式碼為：

```
if real['success']:
    處理股票資料程式碼
else:
    print('錯誤：' + real['rtmessage'])
```

下面範例顯示 twstock 模組取得的部分資料和股票名稱：

程式碼：twstock4.py

```
import twstock
# 鴻海股票即時交易資訊
real = twstock.realtime.get('2317')
if real['success']:  #如果讀取成功
    print('即時股票資料：',real['info']['name'])
    print('開盤價：',real['realtime']['open'], end=', ')
    print('最高價：',real['realtime']['high'], end=', ')
    print('最低價：',real['realtime']['low'], end=', ')
    print('目前股價：',real['realtime']['latest_trade_price'])
else:
    print('錯誤：' + real['rtmessage'])
```

顯示結果：

```
即時股票資料：鴻海
開盤價：91.40, 最高價：92.20, 最低價：90.80, 目前股價：91.60
```

13.6.2 台灣股市個股單月股價走勢圖

在這個專題中將使用 twstock 模組，即時擷取指定股票單月的股價資訊，再利用 matplotlib 繪製走勢圖。

範例：繪製折線圖

以鴻海 (2317) 股票為例，取得 2019 年 12 月每天的股價資訊繪製當月股價走勢圖：

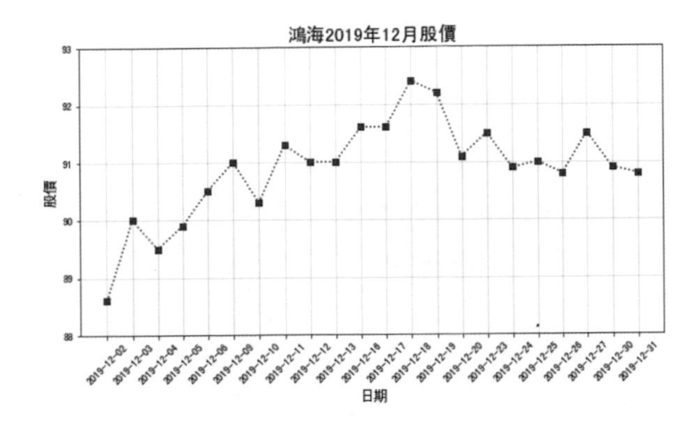

程式碼：twstock5.py

```
1	import matplotlib.pyplot as plt
2	import twstock
3	# 以鴻海的股票代號建立 Stock 物件
4	stock = twstock.Stock('2317')
5	# 取得 2019 年 12 月的資料
6	stocklist = stock.fetch(2019,12)
7	listx = []
8	listy = []
9	for s in stocklist:
10	    listx.append(s.date.strftime('%Y-%m-%d'))
11	    listy.append(s.close)
12	
13	plt.figure(figsize=[10,5])
14	plt.title(' 鴻海 2019 年 12 月股價 ',fontsize=18)
15	plt.xlabel(" 日期 ",fontsize=14)
16	plt.ylabel(" 股價 ",fontsize=14)
17	plt.plot(listx, listy, 'r:s')
18	plt.xticks(rotation=45)
19	plt.grid('k:', alpha=0.5)
20	plt.ylim(88,93)
```

```
21    plt.yticks([88,89,90,91,92,93])
22    plt.rcParams["font.sans-serif"] = "mingliu"
23    plt.rcParams["axes.unicode_minus"] = False
24
25    plt.show()
```

程式說明

- 1　匯入 matplot.pyplot 模組並設定別名。
- 2　匯入 twstock 模組
- 4　以取得鴻海股票代碼新增 stock 物件。
- 6　利用 stock 物件取得 2019 年 12 月的股價資料：stocklist。
- 7-8　設定 listx，listy 來儲存每日的收盤價及日期。
- 9-11　利用迴圈將股價資訊中的收盤一一存入 listx，listy。其中日期資料格式為 datetime，利用 strftime('%Y-%m-%d') 取出年月日組合後再進行儲存。
- 13　設定圖表區的大小。
- 14-16　設定圖表標題、x 座標標題、y 座標標題。
- 17　用 listx、listy 畫出股價的折線圖：紅色、點虛線、矩形標記。
- 18　因為日期在 X 座標的標題列上會交疊，這裡使用 xticks() 設定屬性「rotation=45」，讓標題可以旋轉 45 度。
- 19　設定圖表的格線：黑色、點狀線、透明度 0.5。
- 20　設定 y 座標數值範圍。
- 21　設定 y 座標刻度間隔。
- 22-23　設定中文及負號能正確顯示。
- 25　顯示圖表。

14

Numpy 與 Pandas

Numpy 陣列建立

- 認識 Numpy 陣列
- 建立一維、多維陣列
- 改變陣列形狀：reshape()

Numpy 陣列取值

- 一維、多維陣列取值
- 產生隨機資料
- 讀取檔案取值

Numpy 的運算功能

- Numpy 陣列運算
- Numpy 常用的計算及統計函數
- Numpy 的排序

Pandas Series

Pandas DataFrame 的建立

- 建立 DataFrame
- 利用字典建立 DataFrame
- 利用 Series 建立 DataFrame

Pandas DataFrame 資料取值

- DataFrame 基本取值
- 以索引及欄位名稱取得資料：loc
- 以索引及欄位編號取得資料：iloc
- 取得最前或最後數列資料

Pandas DataFrame 資料操作

- DataFrame 資料排序
- DataFrame 資料修改
- 刪除 DataFrame 資料

Pandas 資料存取

- 使用 Pandas 讀取資料
- 使用 Pandas 儲存資料

Pandas 繪圖應用

- plot 繪圖方法
- 繪製長條圖、橫條圖、堆疊圖
- 繪製折線圖
- 繪製圓餅圖

14.1 Numpy 陣列建立

Python 在處理龐大資料時，效能的表現一直是許多人詬病的弱點。Numpy 的出現為 Python 帶來莫大的助益，除了支援多重維度陣列與矩陣的運算，也提供了相關運算的數學函數庫。因此，在 Python 上與資料科學相關的重要模組，如 Pandas、SciPy、Scikit-learn 等，都是以 Numpy 為基礎來擴展。如果想要為學習其他科學相關套件打好堅實的基礎，Numpy 可是不能忽略的重點！

14.1.1 認識 Numpy 陣列

Numpy 使用多維陣列 ndarray (N-dimensional array) 來取代 Python 的串列資料，是一個可以裝載相同類型資料的多維容器，維度的大小及資料類型分別由 ndim、shape 及 dtype 屬性來定義。

基本上會以一維陣列為向量 (vector)，二維陣列為矩陣 (matrix)，而一維陣列到多維陣列的各軸向 (axis) 的數量來代表陣列的形狀 (shape)。

中文的「行列」之亂

在陣列的矩陣之中，到底哪邊是行，哪邊是列呢？在中文的世界中對於行列的翻譯方式眾多，無論是直行橫列或直列橫行都有人使用，甚至是跟原來的認知相反！

	col (column)			
row	1	2	3	4
	5	6	7	8

為了方便說明，本書會直接使用英文，橫為 row，直為 col 或 column。

以下圖為例分別說明：

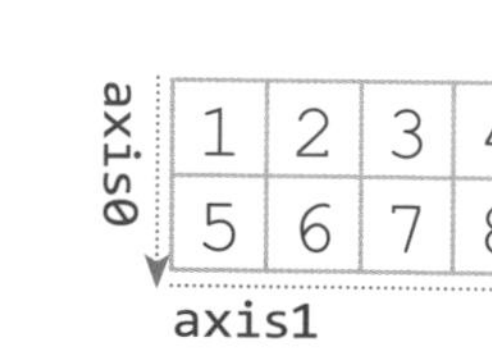

- **1 維陣列**：因為只有一軸，所以只需要一個軸向的數量，也就是 col 的數量。在上圖中有 4 個 col，所以形狀就是 shape(4,)。

- **2 維陣列**：有 row 跟 col 二軸，其軸向順序就為 row 數量→ col 數量。在上圖中有 2 個 row、4 個 col，所以形狀就是 shape(2,4)。

- **3 維陣列**：是由多個用 row 跟 col 形成的矩陣組合起來，其軸向順序即為矩陣數量→ row 數量→ col 數量。在上圖中有 3 個矩陣、2 個 row、4 個 col，所以形狀就是 shape(3,2,4)。

14.1.2 建立一維陣列

匯入 Numpy 模組

使用前請先匯入 Numpy 模組，為了能方便使用請設定別名 np：

```
import numpy as np
```

建立陣列：array()

可以使用 array 函數，利用串列 (list) 或是元組 (tuple) 來建立一維陣列。

程式碼：np1.py

```
import numpy as np
np1 = np.array([1,2,3,4]) # 使用 list
np2 = np.array((5,6,7,8)) # 使用 tuple
print(np1)
print(np2)
print(type(np1), type(np2))
```

執行結果：

```
[1 2 3 4]
[5 6 7 8]
<class 'numpy.ndarray'> <class 'numpy.ndarray'>
```

完成了陣列建立後，可以看到 Numpy 將傳入的資料都化為了 ndarray 資料型態。

設定陣列資料格式：dtype

在建立陣列的同時，可以設定 dtype 參數來設定資料的格式，例如：

程式碼：np2.py

```
import numpy as np
na = np.array([1,2,3,4], dtype=int)
print(na)
na = np.array([1,2,3,4], dtype=float)
print(na)
```

執行結果：

```
[1 2 3 4]
[1. 2. 3. 4.]
```

原來的陣列中的數值都是整數 (int)，設定 dtype=float 之後，所有的值都轉變成浮點數 (float)。

建立有序整數陣列：arange()

arange 函式與 range 函數的方法相似，可以建立等距的整數陣列，語法如下：

```
numpy.arange([ 起始值 , ] 終止值 [, 間隔值 ])
```

要注意的是：使用 arange 函數設定範圍，沒有起始值是由 0 開始，設定的終止值是指到終止值前，不包含終止值喔！例如，要取得由 0~30 之間的偶數做為陣列：

程式碼：np3.py

```
import numpy as np
na = np.arange(0, 31, 2)
print(na)
```

執行結果：

```
[ 0  2  4  6  8 10 12 14 16 18 20 22 24 26 28 30]
```

建立等距陣列：linspace()

linspace 函數可以設定一個範圍的等距陣列，語法如下：

```
numpy.linspace( 起始值 , 終止值 , 元素個數 )
```

要注意的是：linspace 函數返回值陣列的元素是 float，設定的範圍有包含起始值及終止值。例如，要由 1~15 之間等距的 3 個元素所組成的陣列：

程式碼：np4.py

```
import numpy as np
na = np.linspace(1, 15, 3)
print(na)
```

執行結果：

```
[ 1.  8. 15.]
```

建立同值陣列：zeros() 及 ones()

zeros 函數可以根據設定的形狀建立全部都是 0 的陣列，例如：

程式碼：np5.py

```
import numpy as np
a = np.zeros((5,))
print(a)
```

執行結果：

```
[0. 0. 0. 0. 0.]
```

ones 函數可以根據設定的形狀建立全部都是 1 的陣列，例如：

程式碼：np6.py

```
import numpy as np
b = np.ones((5,))
print(b)
```

執行結果：

```
[1. 1. 1. 1. 1.]
```

01 02 03 04 05 06 07 08 09 10 11 12 13 14 15 16 17

14.1.3 建立多維陣列

可以使用 array 函數將多維的串列建立成多維的陣列，屬性 ndim 顯示陣列的維度，shape 顯示陣列的維度形狀，size 顯示陣列內所有的元素數量。例如：用多維串列建立一個 3 x 5 (3 row 5 col) 的陣列：

程式碼：np8.py

```
import numpy as np
listdata = [[1,2,3,4,5],
            [6,7,8,9,10],
            [11,12,13,14,15]]
na = np.array(listdata)
print(na)
print('維度', na.ndim)
print('形狀', na.shape)
print('數量', na.size)
```

執行結果：

```
[[ 1  2  3  4  5]
 [ 6  7  8  9 10]
 [11 12 13 14 15]]
維度 2
形狀 (3, 5)
數量 15
```

14.1.4 改變陣列形狀：reshape()

另一種快速建立多維陣列的方式，可以在建立一維陣列後利用 reshape 函數改變陣列的形狀。例如用 arange 函數建立一個 1 x 16 一維陣列，再利用 reshape 函數改變成 4 x 4 的二維陣列：

程式碼：np9.py

```
import numpy as np
adata = np.arange(1,17)
print(adata)
bdata = adata.reshape(4,4)
print(bdata)
```

執行結果：

```
[ 1  2  3  4  5  6  7  8  9 10 11 12 13 14 15 16]
[[ 1  2  3  4]
 [ 5  6  7  8]
 [ 9 10 11 12]
 [13 14 15 16]]
```

14.2 Numpy 陣列取值

Numpy 設定陣列值之後，可依不同狀況按照下列方式取值。

14.2.1 一維陣列取值

一維陣列中元素排列的順序就是取值的方式，而這個順序就是索引。語法為：

```
一維陣列變數 [ 索引 ]
```

也能用起始及終止索引來取得一個範圍的值，語法為：

```
一維陣列變數 [ 起始索引 : 終止索引 [: 間隔值 ]]
```

例如：

程式碼：np10.py

```
1   import numpy as np
2   na = np.arange(0,6)
3   print(na)              #[0 1 2 3 4 5]
4   print(na[0])           #0
5   print(na[5])           #5
6   print(na[1:5])         #[1 2 3 4]
7   print(na[1:5:2])       #[1 3]
8   print(na[5:1:-1])      #[5 4 3 2]
9   print(na[:])           #[0 1 2 3 4 5]
10  print(na[:3])          #[0 1 2]
11  print(na[3:])          #[3 4 5]
```

程式說明

- 1-2　匯入 Numpy 模組，設定一個由 0 到 5 的整數陣列：na。
- 4-5　取得 na 陣列中索引為 0 及 5 的值。
- 6　取得 na 陣列中索引由 1 到 5，但不包含 5 的範圍值。
- 7　在 na 陣列裡索引由 1 到 5(不包含 5) 範圍裡，每 2 個取一次值。
- 8　取得 na 陣列中索引由 5 到 1(不包含 1) 範圍值。間隔值為負數時代表由右至左取值。
- 9　取得 na 陣列所有值，當起始及終止值為空時代表從頭到尾取值。
- 10　取得 na 陣列中索引由頭到 3(不包含 3) 的範圍值。
- 11　取得 na 陣列中索引由 3 到尾的範圍值。

14.2.2 多維陣列取值

多維陣列取值時的狀況較為複雜，會以矩陣數、row 及 col 中的數以索引或索引範圍取值。例如，這裡定義一個 4 x 4 的陣列：

程式碼：np11.py

```
import numpy as np
na = np.arange(1, 17).reshape(4, 4)
```

陣列的內容會是：

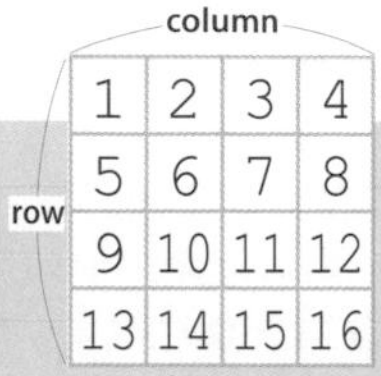

```
[[ 1  2  3  4]
 [ 5  6  7  8]
 [ 9 10 11 12]
 [13 14 15 16]]
```


1. 可以用座標的方式來取得值，如 row 索引 2，col 索引 3 的值：

```
na[2, 3]        #12
```

2. 可以用 row 及 col 的範圍來取值：

```
na[1, 1:3]        #[6,7]
na[1:3, 2]        #[7,11]
na[1:3, 1:3]      #[[6,7],[7,11]]
na[::2, ::2]      #[[1,3],[9,11]]
na[:, 2]        #[3,7,11,15]
na[1, :]        #[5,6,7,8]
na[:, :]        # 矩陣全部
```

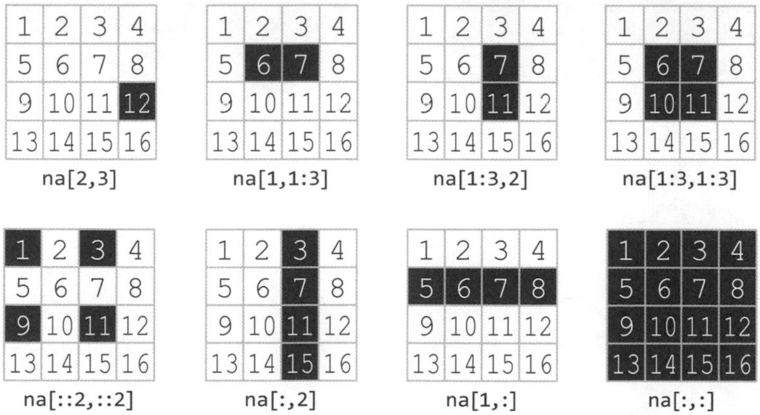

na[2,3]　na[1,1:3]　na[1:3,2]　na[1:3,1:3]

na[::2,::2]　na[:,2]　na[1,:]　na[:,:]

18 19 20 21 22 23 24 25 26 27 28 29 30 31 32 33

01 02 03 04 05 06 07 08 09 10 11 12 13 14 15 16 17

14.2.3 產生隨機資料

Numpy.ramdom 模組提供了很多方式來生成隨機的資料，以下是常用的函數：

名稱	功能
rand(d0,d1...dn)	依設定維度形狀，返回 0~1 之間的隨機浮點數資料。
randn(d0,d1...dn)	依設定維度形狀，返回標準常態分佈的隨機浮點數資料。
randint(最低 [, 最高 , size])	依設定值範圍 (包含最低，不含最高) 返回隨機整數資料，size 可設定返回資料的維度形狀。
random(size) random_sample(size) sample(size)	依設定的維度形狀 size 返回隨機資料，返回 0~1 之間的隨機浮點數資料。
choice(陣列 , size [, replace])	在指定的陣列中取值，依設定的維度形狀 size 返回隨機資料；陣列若是整數時，結果為 arange(整數) 設定陣列；replace=False 會返回不重複的資料。

這裡的 size 的設定即為陣列的形狀，其格式可以為串列或是元組。

程式碼：np12.py

```
import numpy as np
print('1. 產生 2x3 0~1 之間的隨機浮點數 \n',
      np.random.rand(2,3))
print('2. 產生 2x3 常態分佈的隨機浮點數 \n',
      np.random.randn(2,3))
print('3. 產生 0~4( 不含 5) 隨機整數 \n',
      np.random.randint(5))
print('4. 產生 2~4( 不含 5)5 個隨機整數 \n',
      np.random.randint(2,5,[5]))
print('5. 產生 3 個 0~1 之間的隨機浮點數 \n',
      np.random.random(3),'\n',
      np.random.random_sample(3),'\n',
      np.random.sample(3))
print('6. 產生 0~4( 不含 5)2x3 的隨機整數 \n',
      np.random.choice(5,[2,3]))
print('7. 產生 0~42( 不含 43)6 個不重複的隨機整數 \n',
      np.random.choice(43,6,replace=False))
```

執行結果：

```
1. 產生2x3 0~1之間的隨機浮點數
 [[0.77185776 0.85837104 0.87672381]
 [0.86029198 0.22605082 0.91611349]]
2. 產生2x3常態分佈的隨機浮點數
 [[-0.05665222  0.136168    0.91163853]
 [-0.171322    0.33846805  0.55338849]]
3. 產生0~4(不含5)隨機整數
 1
4. 產生2~4(不含5)5個隨機整數
 [4 3 4 3 4]
5. 產生3個 0~1之間的隨機浮點數
 [0.52351593 0.455371   0.25330059]
 [0.26999685 0.97634927 0.54749694]
 [0.16553015 0.75919511 0.97973754]
6. 產生0~4(不含5)2x3的隨機整數
 [[4 0 2]
 [1 1 2]]
7. 產生0~42(不含43)6個不重複的隨機整數
 [10 41  2 16 36  3]
```

14.2.4 讀取檔案取值

在實務中，使用者常將大量的數據儲存在檔案之中，最常見的就是 csv 檔。Numpy 可以使用 genformtxt 函數讀取檔案，將內容轉化為陣列。語法如下：

```
np.genfromtxt(資料檔名稱, delimiter=分隔符號, skip_header=略過列數)
```

例如，在 <scores.csv> 中有本班 30 位同學的國文、英文、數學三科的成績，以下將利用 Numpy 讀入，並展示其陣列的形狀。

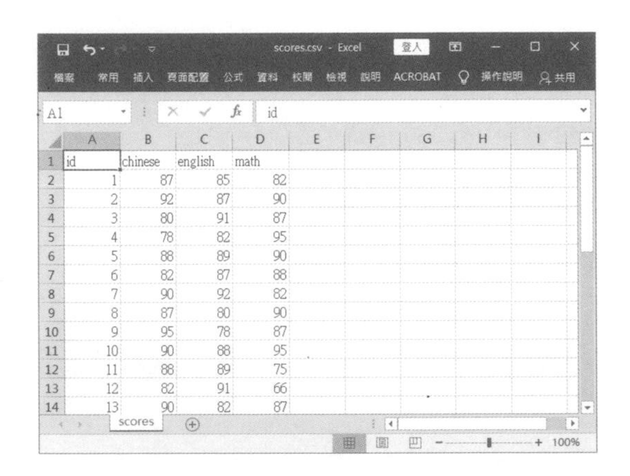

id	chinese	english	math
1	87	85	82
2	92	87	90
3	80	91	87
4	78	82	95
5	88	89	90
6	82	87	88
7	90	92	82
8	87	80	90
9	95	78	87
10	90	88	95
11	88	89	75
12	82	91	66
13	90	82	87

程式碼：np13.py

```
import numpy as np
a = np.genfromtxt('scores.csv', delimiter=',', skip_header=1)
print(a.shape)
```

執行結果：

```
(30, 4)
```

結果顯示取得的資料陣列的形狀是 30 row、4 col，也就是有 30 個同學的資料，每個同學記錄了座號 (id)、國文 (chinese)、英文 (english)、數學 (math) 4 個欄位資料。因為檔案中第一列是表頭，設定「skip_header=1」就是要略過這一列，才能正確的再往下讀取。

14.3 Numpy 的運算功能

Numpy 除了在處理多重維度陣列與矩陣的運算功力有目共睹，Numpy 也提供了許多實用的數學函數，對於數據的計算有很大的幫助。

14.3.1 Numpy 陣列運算

Numpy 能對於陣列中元素值進行運算功能，加速並簡化使用串列或元組利用迴圈處理的方式。像是對於陣列所有元素進行加減乘除、加上判斷，甚至將二個陣列進行運算。例如，這裡定義二個 3 x 3 的陣列 a 與 b：

程式碼：np14.py

```
import numpy as np
a = np.arange(1,10).reshape(3,3)
b = np.arange(10,19).reshape(3,3)
print('a 陣列內容：\n', a)
print('b 陣列內容：\n', b)
```

顯示結果：

```
a 陣列內容：
 [[1 2 3]
  [4 5 6]
  [7 8 9]]
b 陣列內容：
 [[10 11 12]
  [13 14 15]
  [16 17 18]]
```

對單一陣列進行運算

1. 將 a 陣列中所有元素都加上一個值：

```
print('a 陣列元素都加值：\n', a + 1)
```

顯示結果：

```
a 陣列元素都加值：
 [[ 2  3  4]
  [ 5  6  7]
  [ 8  9 10]]
```

2. 將 a 陣列中所有元素都乘以 2 次方：

```
print('a 陣列元素都平方：\n', a ** 2)
```

顯示結果：

```
a 陣列元素都平方：
 [[ 1  4  9]
  [16 25 36]
  [49 64 81]]
```

3. 將 a 陣列中所有元素都加上判斷式，會返回為布林值：

```
print('a 陣列元素加判斷：\n', a < 5)
```

顯示結果：

```
a 陣列元素加判斷：
 [[ True  True  True]
  [ True False False]
  [False False False]]
```

取出指定陣列的元素進行運算

運算除了可以對於全部元素進行，也可以取出指定陣列中的元素再進行。

例如將 a 陣列中第一個 row 或第一個 col 加上值：

```
print('a 陣列取出第一個 row 都加 1：\n', a[0,:] + 1)
print('a 陣列取出第一個 col 都加 1：\n', a[:,0] + 1)
```

顯示結果：

```
a 陣列取出第一個 row 都加 1：
 [2 3 4]
a 陣列取出第一個 col 都加 1：
 [2 5 8]
```

對多個陣列進行運算

1. 將 a、b 陣列中對應元素相加、相乘，要注意陣列的形狀要相同：

```
print('a b 陣列對應元素相加：\n', a + b)
print('a b 陣列對應元素相乘：\n', a * b)
```

顯示結果：

```
a b 陣列對應元素相加：
 [[11 13 15]
  [17 19 21]
  [23 25 27]]
a b 陣列對應元素相乘：
 [[ 10  22  36]
  [ 52  70  90]
  [112 136 162]]
```

以二個陣列相加為例，如圖可以看到運算的方式即是將對應的元素相加即可。

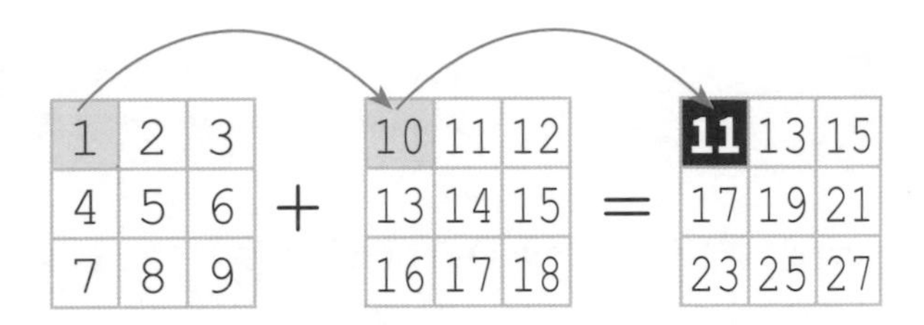

2. 將 a、b 陣列進行內積計算，要使用 dot 函數：

```
print('a b 陣列內積計算：\n', np.dot(a,b))
```

顯示結果：

```
a b 陣列內積：
 [[ 84  90  96]
  [201 216 231]
  [318 342 366]]
```

陣列的內積計算是第一個陣列的 row 與第二個陣列的 col 交疊之處，是以該 row 及 col 的相對索引數字二二相乘之和。以下以內積結果第一個 row 三個數為例，分別是由第一個陣列第一個 row，分別與第二個陣列的三個 col 二二相乘的和。

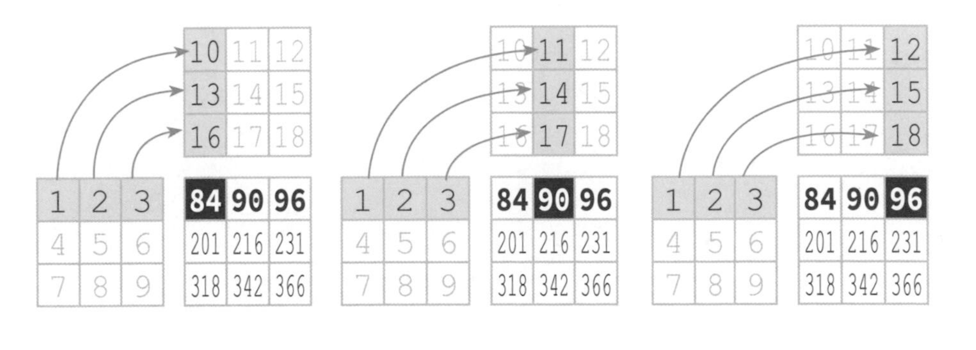

14.3.2 Numpy 常用的計算及統計函數

下表是常用的 Numpy 計算及統計函數：

名稱	說明
sum	加總
prod	乘積
mean	平均值
min	最小值
max	最大值
std	標準差
var	變異數

名稱	說明
median	中位數
argmin	最小元素值索引
argmax	最大元素值索引
cumsum	陣列元素累加
cumprod	陣列元素累積
percentile	以百分比顯示陣列中的指定值
ptp	最大值與最小值的差

若函式中沒有設定 axis 軸向的方向，運算時無論是形狀為何，都是以所有的元素值內容進行統計，如果有設定 axis 軸向時，則以該軸向進行運算。

程式碼：np15.py

```
import numpy as np
a = np.arange(1,10).reshape(3,3)
print(' 陣列的內容：\n', a)
print('1. 最小值與最大值：\n',
      np.min(a), np.max(a))
print('2. 每一直行最小值與最大值：\n',
      np.min(a, axis=0), np.max(a, axis=0))
print('3. 每一橫列最小值與最大值：\n',
      np.min(a, axis=1), np.max(a, axis=1))
print('4. 加總、乘積及平均值：\n',
      np.sum(a), np.prod(a), np.mean(a))
print('5. 每一直行加總、乘積與平均值：\n',
      np.sum(a, axis=0), np.prod(a, axis=0), np.mean(a, axis=0))
print('6. 每一橫列加總、乘積與平均值：\n',
      np.sum(a, axis=1), np.prod(a, axis=1), np.mean(a, axis=1))
```

執行結果：

```
陣列的內容：
 [[1 2 3]
  [4 5 6]
  [7 8 9]]
1. 最小值與最大值：
 1 9
2. 每一直行最小值與最大值：
 [1 2 3] [7 8 9]
3. 每一橫列最小值與最大值：
 [1 4 7] [3 6 9]
4. 加總、乘積及平均值：
 45 362880 5.0
5. 每一直行加總、乘積與平均值：
 [12 15 18] [ 28  80 162] [4. 5. 6.]
6. 每一橫列加總、乘積與平均值：
 [ 6 15 24] [  6 120 504] [2. 5. 8.]
```


其他較為專業的統計函數，如 std 標準差、var 變異數、median 中位數、percentile 百分比值、ptp 最大最小差值使用方法也很方便：

程式碼：np16.py

```
import numpy as np
a = np.random.randint(100,size=50)
print('陣列的內容：', a)
print('1. 標準差：', np.std(a))
print('2. 變異數：', np.var(a))
print('3. 中位數：', np.median(a))
print('4. 百分比值：', np.percentile(a, 80))
print('5. 最大最小差值：', np.ptp(a))
```

執行結果：

```
陣列的內容：[38 43 60 61 26 83 81 31 57 30  4 89 66 77 99 62 42
49 71 14 96 85 73  3 74 59 72 39 60  8 54  7 41 37  1  2 47 73
20 52 38 90 41 75 72 85 85 12  9 67]
1. 標準差：27.042189260487028
2. 變異數：731.28
3. 中位數：55.5
4. 百分比值：82.2
5. 最大最小差值：98
```

14.3.3 Numpy 的排序

Numpy 可以使用 sort 及 argsot 函數進行元素的數值及索引的排序。

一維陣列的排序

1. **numpy.sort()**：可以對陣列中的值進行排序並將結果返回。
2. **numpy.argsort()**：可以對陣列中的值進行排序並將索引返回。

例如：

程式碼：np17.py

```
1    import numpy as np
2    a = np.random.choice(50, size=10, replace=False)
3    print('排序前的陣列：', a)
4    print('排序後的陣列：', np.sort(a))
5    print('排序後的索引：', np.argsort(a))
6    # 用索引到陣列取值
7    for i in np.argsort(a):
8        print(a[i], end=',')
```

執行結果：

```
排序前的陣列：[45 28 21 47 11 26 30 22 15 16]
排序後的陣列：[11 15 16 21 22 26 28 30 45 47]
排序後的索引：[4 8 9 2 7 5 1 6 0 3]
11,15,16,21,22,26,28,30,45,47,
```

程式說明

- 1-2　匯入 Numpy 模組，新增一個有 10 個不重複元素的陣列，其元素值都小於 50。
- 3　顯示陣列內容。
- 4　使用 sort 函數將陣列排序回傳。
- 5　使用 argsort 函數將陣列排序值的索引回傳。
- 7-8　利用排序後的元素值的索引，由陣列中將值一一取出。

多維陣列的排序

多維陣列的排序方式，可以利用 axis 軸向來設定，例如：

程式碼：np18.py

```
1	import numpy as np
2	a = np.random.randint(0,10,(3,5))
3	print('原陣列內容：')
4	print(a)
5	print('將每一直行進行排序：')
6	print(np.sort(a, axis=0))
7	print('將每一橫列進行排序：')
8	print(np.sort(a, axis=1))
```

執行結果：

```
原陣列內容：
[[2 4 1 6 2]
 [2 2 4 6 9]
 [5 1 6 0 9]]
將每一直行進行排序：
[[2 1 1 0 2]
 [2 2 4 6 9]
 [5 4 6 6 9]]
將每一橫列進行排序：
[[1 2 2 4 6]
 [2 2 4 6 9]
 [0 1 5 6 9]]
```

程式說明

- 1-2　匯入 Numpy 模組，新增 3 x 5 形狀的二維陣列，其元素值都是 0-10(不含 10) 的隨機整數。
- 3-4　顯示原陣列內容。
- 5-6　將 axis=0，也就是每一直行進行排序。
- 7-8　將 axis=1，也就是每一橫列進行排序。

01
02
03
04
05
06
07
08
09
10
11
12
13
14
15
16
17

14.4 Pandas Series

Pandas 是一個基於 Numpy，用來進行資料處理及分析的強大工具，它不僅提供了 Series、DataFrame 等十分容易使用的資料結構物件，並且提供了許多好用的工具、函數與功能。

14.4.1 使用串列建立 Series

匯入 Pandas

Pandas 模組在使用前請先匯入，為了能方便使用請設定別名 pd：

```
import pandas as pd
```

新增 Series 物件

Pandas 的 Series 是一維的資料陣列，新增的語法為：

```
pd.Series( 資料 [,index = 索引 ])
```

資料可用串列 (list)、元組 (tuple)、字典 (dictionary) 或 Numpy 的陣列，其中 index 參數是可選填的，預設為整數串列。

程式碼：se1.py

```
import pandas as pd
se = pd.Series([1,2,3,4,5])
print(se)            # 顯示 Series
print(se.values)     # 顯示值
print(se.index)      # 顯示索引
```

執行結果：

```
0    1
1    2
2    3
3    4
4    5
dtype: int64
[1 2 3 4 5]
RangeIndex(start=0, stop=5, step=1)
```

完成了陣列建立後，可以看到 Series 物件輸出時除了看到定義的值與資料型態之外，Pandas 還自動為每個值加上了索引。如果加上 values 屬性會顯示 Series 物件的陣列值，加上 index 屬性會顯示目前索引狀況。

以相關索引取值

跟 Numpy 一樣，Series 可以使用相關索引來顯示值，例如：

程式碼：se2.py

```
import pandas as pd
se = pd.Series([1,2,3,4,5])
print(se[2])
print(se[2:5])
```

執行結果：

```
3
2    3
3    4
4    5
dtype: int64
```

自訂索引及取值

在新增 Series 物件時，程式會自動幫每個元素加上索引值。預設這個索引值會是整數，設定時可以用 index 參數自訂為其他的類型資料，如字串作為索引。例如：

程式碼：se3.py

```
import pandas as pd
se = pd.Series([1,2,3,4,5], index=['a','b','c','d','e'])
print(se)
print(se['b'])
```

執行結果：

```
a    1
b    2
c    3
d    4
e    5
dtype: int64
2
```

較為特別的是，雖然索引是字串，仍可用二個字串的範圍取出相關的資料，例如：

```
print(se['c':'d'])
```

執行結果：

```
c     3
d     4
dtype: int64
```

14.4.2 使用字典建立 Series

如果使用字典來建立 Series，字典的鍵 (Key) 就會轉換為 Series 的索引，而字典的值 (Value) 就會成為 Series 的資料。

程式碼：se4.py

```
import pandas as pd
dict1 = {'Taipei': '台北', 'Taichung': '台中', 'Kaohsiung': '高雄'}
se = pd.Series(dict1)
print(se)              # 顯示 Series
print(se.values)       # 顯示值
print(se.index)        # 顯示索引
print(se['Taipei'])  # 用索引取值
```

執行結果：

```
Taipei       台北
Taichung     台中
Kaohsiung    高雄
dtype: object
['台北' '台中' '高雄']
Index(['Taipei', 'Taichung', 'Kaohsiung'], dtype='object')
台北
```

使用字典新增 Series 物件，字典的鍵成為索引，值成為資料。取出 Series 的值時，可以直接用字典的鍵即可取出相對的值，也可以用二個鍵的範圍取出相關的資料，例如：

```
print(se['Taichung':'Kaohsiung'])
```

執行結果：

```
Taichung     台中
Kaohsiung    高雄
dtype: object
```

14.5 Pandas DataFrame 的建立

Pandas 的 DataFrame 是二維的資料陣列，與 Excel 的工作表相同，是使用索引列與欄位組合起來的資料內容。

14.5.1 建立 DataFrame

新增 DataFrame 物件

Pandas 的 DataFrame 新增的語法為：

```
pd.DataFrame( 資料 [,index = 索引 , columns = 欄位 ])
```

資料可用串列 (list)、元組 (tuple)、字典 (dictionary)、Numpy 陣列，或是組合 Series 物件成為資料來源。index 索引是工作表橫向的列號，columns 是直向的欄位名稱。如果沒有填寫，預設會自動填入由 0 開始的整數串列。

例如，建立一個 4 位學生，每人有 5 科成績的 DataFrame，這裡使用一個二維的串列的資料當作資料來源：

程式碼：df1.py

```
import pandas as pd
df = pd.DataFrame([[65,92,78,83,70],
                   [90,72,76,93,56],
                   [81,85,91,89,77],
                   [79,53,47,94,80]])
print(df)
```

執行結果：

```
    0   1   2   3   4    <- columns
0  65  92  78  83  70
1  90  72  76  93  56
2  81  85  91  89  77
3  79  53  47  94  80
^ index
```

在新增 DataFrame 物件中，因為沒有設定 index 與 columns，會自動加上整數串列來取代。

01 02 03 04 05 06 07 08 09 10 11 12 13 14 15 16 17

設定 index 與 coloumns

index 與 columns 可以在新增 DataFrame 時依照需求自行設定，例如在剛才的範例中，想要設定學生的姓名為 index，而各科的科目為 columns：

程式碼：df2.py

```
import pandas as pd
df = pd.DataFrame([[65,92,78,83,70],
                   [90,72,76,93,56],
                   [81,85,91,89,77],
                   [79,53,47,94,80]],
                   index=['王小明','李小美','陳大同','林小玉'],
                   columns=['國文','英文','數學','自然','社會'])
print(df)
```

執行結果：

```
       國文  英文  數學  自然  社會
王小明  65   92   78   83   70
李小美  90   72   76   93   56
陳大同  81   85   91   89   77
林小玉  79   53   47   94   80
```

14.5.2 利用字典建立 DataFrame

字典建立 DataFrame 也是常用的方式，以剛才的範例來說，改寫成以字典資料格式來新增 DataFrame 的方法如下：

程式碼：df3.py

```
import pandas as pd
scores = {'國文':{'王小明':65,'李小美':90,'陳大同':81,'林小玉':79},
          '英文':{'王小明':92,'李小美':72,'陳大同':85,'林小玉':53},
          '數學':{'王小明':78,'李小美':76,'陳大同':91,'林小玉':47},
          '自然':{'王小明':83,'李小美':93,'陳大同':89,'林小玉':94},
          '社會':{'王小明':70,'李小美':56,'陳大同':94,'林小玉':80}}
df = pd.DataFrame(scores)
print(df)
```

執行結果與原範例相同。

可以注意的是，在結果中字典的鍵會自動成為 DataFrame 的 columns 欄名。

14.5.3 利用 Series 建立 DataFrame

DataFrame 物件其實是 Series 物件的集合，若有多個 Series 物件可以利用以下方式建立 DataFrame：

利用 Series 物件組合成字典

DataFrame 可以由 Series 組成的字典資料來新增，例如：

程式碼：df4.py

```
import pandas as pd
se1 = pd.Series({'王小明':65,'李小美':90,'陳大同':81,'林小玉':79})
se2 = pd.Series({'王小明':92,'李小美':72,'陳大同':85,'林小玉':53})
se3 = pd.Series({'王小明':78,'李小美':76,'陳大同':91,'林小玉':47})
se4 = pd.Series({'王小明':83,'李小美':93,'陳大同':89,'林小玉':94})
se5 = pd.Series({'王小明':70,'李小美':56,'陳大同':94,'林小玉':80})
df = pd.DataFrame({ '國文':se1,'英文':se2,'數學':se3,'自然':se4,
                    '社會':se5} )
print(df)
```

執行結果與原範例相同。

使用 concat 函數合併 Series 物件

可以使用 Pandas 的 concat 函數將多個 Series 合併成 DataFrame，例如：

程式碼：df5.py

```
import pandas as pd
se1 = pd.Series({'王小明':65,'李小美':90,'陳大同':81,'林小玉':79})
se2 = pd.Series({'王小明':92,'李小美':72,'陳大同':85,'林小玉':53})
se3 = pd.Series({'王小明':78,'李小美':76,'陳大同':91,'林小玉':47})
se4 = pd.Series({'王小明':83,'李小美':93,'陳大同':89,'林小玉':94})
se5 = pd.Series({'王小明':70,'李小美':56,'陳大同':94,'林小玉':80})
df = pd.concat([se1,se2,se3,se4,se5], axis=1)
df.columns=['國文','英文','數學','自然','社會']
print(df)
```

執行結果與原範例相同。

使用 concat 函數合併時預設 axis = 0，會將二個 Series 上下合併，這並不是我們想要的結果。這裡設定 axis = 1，Series 會以相同的鍵進行左右合併。另外，因為合併後並沒有設定 columns，所以再將科目以串列格式設定到 columns 屬性中。

01
02
03
04
05
06
07
08
09
10
11
12
13
14
15
16
17

14.6 Pandas DataFrame 資料取值

在 Pandas 的 DataFrame 可以應用以下的方式取值。

14.6.1 DataFrame 基本取值

延續剛才學生的成績 DataFrame 為例：

程式碼：df6.py

```
import pandas as pd
scores = {'國文':{'王小明':65,'李小美':90,'陳大同':81,'林小玉':79},
          '英文':{'王小明':92,'李小美':72,'陳大同':85,'林小玉':53},
          '數學':{'王小明':78,'李小美':76,'陳大同':91,'林小玉':47},
          '自然':{'王小明':83,'李小美':93,'陳大同':89,'林小玉':94},
          '社會':{'王小明':70,'李小美':56,'陳大同':94,'林小玉':80}}
df = pd.DataFrame(scores)
```

	國文	英文	數學	自然	社會
王小明	65	92	78	83	70
李小美	90	72	76	93	56
陳大同	81	85	91	89	77
林小玉	79	53	47	94	80

以欄位名稱取值

1. 利用 columns 的欄位名稱取得該欄的值，語法如下：

```
df[欄位名稱]
```

例如取得所有學生自然科成績：

```
df["自然"]
```

執行結果：

```
王小明    83
李小美    93
陳大同    89
林小玉    94
Name: 自然, dtype: int64
```

18 19 20 21 22 23 24 25 26 27 28 29 30 31 32 33

2. 若要取得 2 個以上欄位資料，則需將欄位名稱化為串列，語法為：

```
df[[欄位名稱1, 欄位名稱2, ...]]
```

例如取得所有學生的國文、數學及自然科成績：

```
df[["國文", "數學", "自然"]]
```

執行結果：

```
       國文  數學  自然
王小明  65   78   83
李小美  90   76   93
陳大同  81   91   89
林小玉  79   47   94
```

3. 也可以使用行資料進行邏輯運算來取得資料，例如取得國文科成績 80 分以上 (含) 的所有學生成績：

```
df[df["國文"] >= 80]
```

執行結果：

```
       國文  英文  數學  自然  社會
李小美  90   72   76   93   56
陳大同  81   85   91   89   94
```

以 values 屬性取得資料

1. DataFrame 的 values 屬性可取得全部資料，返回是一個二維串列。

```
df.values
```

執行結果：

```
[[65 92 78 83 70]
 [90 72 76 93 56]
 [81 85 91 89 94]
 [79 53 47 94 80]]
```

2. 由返回的二維串列取值時可以用索引值，例如要取得第 2 位學生成績：

```
df.values[1]
```

執行結果：

```
[90 72 76 93 56]
```

3. 取得第 2 位學生的英文成績 (第 3 個科目) 的語法為：

```
df.values[1][2]
```

執行結果：

```
76
```

14.6.2 以索引及欄位名稱取得資料：loc

1. loc 可直接以索引及欄位名稱取得資料，不但很容易理解，使用上也較為方便。

```
df.loc[ 索引名稱 , 欄位名稱 ]
```

索引編號及名稱 → 列；欄位編號及名稱 → 欄

	0 國文	1 英文	2 數學	3 自然	4 社會
0 王小明	65	92	78	83	70
1 李小美	90	72	76	93	56
2 陳大同	81	85	91	89	77
3 林小玉	79	53	47	94	80

例如要取得 **林小玉** 的 **社會** 科目成績：

```
df.loc["林小玉", "社會"]
```

2. 若要取得多個索引名稱或欄位名稱項目的資料，必須將多個項目名稱分別組合成串列，例如：「["數學","自然"]」。

例如取得學生 **王小明** 的 **國文** 及 **社會** 科目所有成績：

```
df.loc["王小明", ["國文","社會"]]
```

例如取得學生 **王小明**、**李小美** 的 **數學**、**自然** 科目成績：

```
df.loc[["王小明", "李小美"], ["數學", "自然"]]
```

3. 若是想取得二個索引名稱或欄位名稱之間的項目資料，則在項目名稱間以冒號「:」加以連結；若是要取得所有索引或所有欄位，則直接以冒號「:」表示。

例如取得學生 **王小明** 到 **陳大同** 的 **數學** 到 **社會** 科目成績：

```
df.loc["王小明":"陳大同", "數學":"社會"]
```

例如取得學生 **陳大同** 的 **所有** 成績：

```
df.loc["陳大同", :]
```

例如取得 **從頭到李小美** 的學生，他們的 **數學** 到 **社會** 科目成績：

```
df.loc[:"李小美", "數學":"社會"]
```

例如取得 **李小美到最後** 的學生，他們的 **數學** 到 **社會** 科目成績：

```
df.loc["李小美":, "數學":"社會"]
```

14.6.3 以索引及欄位編號取得資料：iloc

iloc 可直接以索引及欄位的索引編號 (由 0 開始) 取得資料，使用的語法為：

```
df.iloc[索引編號, 欄位編號]
```

iloc 的使用方式與 loc 大致相同，只要將索引及欄位的「名稱」改為「編號」即可。

1. 例如要取得 **林小玉** 的 **社會** 科目成績：

```
df.iloc[3, 4]
```

2. 例如取得學生 **王小明** 的 **國文** 及 **社會** 科目所有成績：

```
df.iloc[0, [0, 4]]
```

3. 例如取得學生 **王小明**、**李小美** 的 **數學**、**自然** 科目成績：

```
df.iloc[[0, 1], [2, 3]]
```

若是要取得二個索引編號或欄位編號之間的範圍資料，是用「啟始編號：終止編號」來表示，因為是不包含終止編號所代表的項目，所以設定時終止編號要加 1。

1. 例如取得學生 **王小明** 到 **陳大同** 的 **數學** 到 **社會** 科目成績：

```
df.iloc[0:3, 2:5]
```

2. 例如取得學生 **陳大同** 的 **所有** 成績：

```
df.iloc[2, :]
```

3. 例如取得 **從頭到李小美** 的學生，他們的 **數學** 到 **社會** 科目成績：

```
df.iloc[:2, 2:5]
```

4. 例如取得 **李小美到最後** 的學生，他們的 **數學** 到 **社會** 科目成績：

```
df.iloc[1:, 2:5]
```

01
02
03
04
05
06
07
08
09
10
11
12
13
14
15
16
17

14.6.4 取得最前或最後數列資料

1. 如果要取得最前面幾列資料，可使用 head 方法，語法為：

```
df.head([n])
```

參數 n 可有可無，表示取得最前面 n 列資料，若省略預設取得 5 筆資料。例如取得最前面 2 個學生成績：

```
df.head(2)
```

執行結果：

	國文	數學	自然
王小明	65	78	83
李小美	90	76	93

2. 若要取得最後面幾列資料，則使用 tail 方法，語法為：

```
df.tail([n])
```

使用方法與 head 相同。例如取得最後面 2 個學生成績：

```
df.tail(2)
```

執行結果：

	國文	數學	自然
陳大同	81	91	89
林小玉	79	47	94

14.7 Pandas DataFrame 資料操作

14.7.1 DataFrame 資料排序

Pandas 提供 2 種方法對 DataFrame 資料排序。

依值排序：sort_values()

第 1 種是根據資料數值排序，語法為：

```
df.sort_values(by = 欄位 [, ascending = 布林值 ])
```

- **by**：做為排序值的欄位名稱。
- **ascending**：可省略，True 表示遞增排序 (預設值)，False 表示遞減排序。

例如以數學成績做遞減排序：

程式碼：df7.py

```
...
df.sort_values(by=" 數學 ", ascending=False)
```

執行結果：

	國文	英文	數學	自然	社會
陳大同	81	85	91	89	94
王小明	65	92	78	83	[illegible]
李小美	90	72	76	93	[illegible]
林小玉	79	53	47	94	80

由大到小排序

依索引排序：sort_index()

第 2 種是根據軸向 (橫列或直欄) 排序，語法為：

```
df.sort_index(axis= 軸向編號 [, ascending= 布林值 ])
```

axis 為軸向編號，0 表示依索引名稱 (橫列) 排序，1 表示依欄位名稱 (直欄) 排序。

例如按照直欄遞增排序：

```
df.sort_index(axis=0)
```

01 02 03 04 05 06 07 08 09 10 11 12 13 14 15 16 17

14.7.2 DataFrame 資料修改

要修改 DataFrame 的資料非常簡單，只要先指定的資料項目所在位置，再設定指定值即可。

例如修改 **王小明** 的 **數學** 成績為 90：

```
df.loc["王小明"]["數學"] = 90
```

或修改 **王小明** 的 **全部** 成績皆為 80：

```
df.loc["王小明", :] = 80
```

14.7.3 刪除 DataFrame 資料

DataFrame 可以使用 drop 方法來刪除資料，語法為：

```
資料變數 = df.drop(索引或欄位名稱 [, axis=軸向編號])
```

axis 為軸向編號，0 表示依索引名稱 (橫列) 刪除，1 表示依欄位名稱 (直欄) 刪除。若沒有填寫，預設值為 0。

刪除橫列或直欄的資料

例如刪除 **王小明** 的成績：

```
df.drop("王小明")
```

執行結果：

	國文	英文	數學	自然	社會
李小美	90	72	76	93	56
陳大同	81	85	91	89	94
林小玉	79	53	47	94	80

刪除所有人 **數學** 成績：

```
df.drop("數學", axis=1)
```

執行結果：

	國文	英文	自然	社會
王小明	65	92	83	70
李小美	90	72	93	56
陳大同	81	85	89	94
林小玉	79	53	94	80

18 19 20 21 22 23 24 25 26 27 28 29 30 31 32 33

若刪除的行或列超過 1 個，需以串列做為參數，例如刪除 **數學** 及 **自然** 成績：

```
df.drop(["數學", "自然"], axis=1)
```

執行結果：

```
       國文  英文  社會
王小明   65    92    70
李小美   90    72    56
陳大同   81    85    94
林小玉   79    53    80
```

刪除連續列欄範圍的資料

如果刪除的列或欄項目很多且連續，可使用刪除「範圍」方式處理。

1. 刪除連續橫列的選取語法為：

```
df.drop(df.index[啟始編號:終止編號][, axis=軸向編號])
```

指定二個索引編號之間的範圍資料，是用「啟始編號：終止編號」來表示，因為是不包含終止編號所代表的項目，所以設定時終止編號要加 1。

例如要刪除 2 ~ 4 位的成績：

```
df.drop(df.index[1:4])
```

執行結果：

```
       國文  英文  數學  自然  社會
王小明   65    92    78    83    70
```

2. 刪除連續直欄的語法為：

```
df.drop(df.columns[啟始編號:終止編號][, axis=軸向編號])
```

例如刪除 **英文、數學、自然** 的成績：

```
df.drop(df.columns[1:4], axis=1)
```

執行結果：

```
       國文  社會
王小明   65    70
李小美   90    56
陳大同   81    94
林小玉   79    80
```

14.8 Pandas 資料存取

Pandas 可以從 CSV、Excel、資料庫，或是從網頁中擷取表格資料，匯入 Pandas 後再對資料進行修改、排序等處理，甚至可以繪製統計圖表。

14.8.1 使用 Pandas 讀取資料

Pandas 常用的匯入資料方法有：

方法	說明
read_csv	匯入表格式文字資料 (*.csv)。
read_excel	匯入 Microsoft Excel 資料 (*.xlsx)。
read_sql	匯入 SQLite 資料庫資料 (*.sqlite)。
read_json	匯入 Json 格式文字資料 (*.json)。
read_html	匯入網頁中表格資料 (*.html)。

讀取 CSV 檔案

Pandas 使用 read_csv 函數來匯入檔案內容，語法為：

```
pandas.read_csv(檔案名稱 [, header=欄位列 , index_col=索引欄 ,
                encoding=編碼 , sep=分隔符號 ])
```

例如，在下圖中 <scores2.csv> 第一個橫列是欄位列，第一個直欄是索引欄。這裡使用 read_csv 函數進行讀取：

	A	B	C	D	E	F	G
1		國文	英文	數學	自然	社會	
2	王小明	65	92	78	83	70	
3	李小美	90	72	76	93	56	
4	陳大同	81	85	91	89	94	
5	林小玉	79	53	47	94	80	
6							

程式碼：read_csv.py

```
import pandas as pd
data = pd.read_csv("scores2.csv", header=0, index_col=0)
print(data)
print(type(data))
```

執行結果：

```
       國文  英文  數學  自然  社會
王小明  65    92    78    83    70
李小美  90    72    76    93    56
陳大同  81    85    91    89    94
林小玉  79    53    47    94    80
<class 'pandas.core.frame.DataFrame'>
```

讀取進來的內容已經成為 Pandas 的 DataFrame 資料了！

讀取 html 網頁檔案

Pandas 使用 read_html 函數來讀取網頁中的表格，返回值會是串列，語法為：

```
pandas.read_html( 網頁位址 [, header= 欄位列 , index_col= 索引欄 ,
                    encoding= 編碼 , keep_default_na= 布林值 ])
```

較特別的參數是 keep_default_na，設定是否去除空白值 (NaN)。

例如，想讀取 TIOBE 網站程式語言排行榜 (https://www.tiobe.com/tiobe-index)：

程式碼：read_html.py

```
import pandas as pd
url = 'https://www.tiobe.com/tiobe-index/'
tables = pd.read_html(url, header=0, keep_default_na=False)
print(tables[0])
```

執行結果：

```
    Jan 2020  Jan 2019 Change  Programming Language  Ratings Change.1
0          1         1                         Java  16.896%   -0.01%
1          2         2                            C  15.773%   +2.44%
2          3         3                       Python   9.704%   +1.41%
3          4         4                          C++   5.574%   -2.58%
4          5         7                           C#   5.349%   +2.07%
5          6         5            Visual Basic .NET   5.287%   -1.17%
6          7         6                   JavaScript   2.451%   -0.85%
7          8         8                          PHP   2.405%   -0.28%
8          9        15                        Swift   1.795%   +0.61%
9         10         9                          SQL   1.504%   -0.77%
10        11        18                         Ruby   1.063%   -0.03%
...
```

14.8.2 使用 Pandas 儲存資料

Pandas 的 DataFrame 資料可以儲存在檔案中，它的資料儲存方法如下：

方法	說明
to_csv	將資料儲存為表格式文字資料 (*.csv)。
to_excel	將資料儲存為 Microsoft Excel 資料 (*.xlsx)。
to_sql	將資料儲存為 SQLite 資料庫資料 (*.sqlite)。
to_json	將資料儲存為 Json 格式文字資料 (*.json)。
to_html	將資料儲存為網頁中表格資料 (*.html)。

Pandas 使用 to_csv 函數來儲存檔案，語法為：

```
pandas.to_csv(檔案名稱 [, header=布林值 , index=布林值 ,
                    encoding=編碼 , sep=分隔符號 ])
```

參數 header 及 index 的設定值，預設是 True，代表是否要保留欄位列或索引欄。

例如，建立 DataFrame 資料後將資料儲存在 <scores3.csv> 檔，設定編碼是「utf-8-sig」，即是在存檔時讓 BOM 分離處理。

程式碼：to_csv.py

```
import pandas as pd
scores = {'國文':{'王小明':65,'李小美':90,'陳大同':81,'林小玉':79},
          '英文':{'王小明':92,'李小美':72,'陳大同':85,'林小玉':53},
          '數學':{'王小明':78,'李小美':76,'陳大同':91,'林小玉':47},
          '自然':{'王小明':83,'李小美':93,'陳大同':89,'林小玉':94},
          '社會':{'王小明':70,'李小美':56,'陳大同':94,'林小玉':80}}
df = pd.DataFrame(scores)
df.to_csv('scores3.csv', encoding='utf-8-sig')
```

儲存的 <scores3.csv> 檔如下：

	A	B	C	D	E	F	G
1		國文	英文	數學	自然	社會	
2	王小明	65	92	78	83	70	
3	李小美	90	72	76	93	56	
4	陳大同	81	85	91	89	94	
5	林小玉	79	53	47	94	80	
6							

14.9 Pandas 繪圖應用

Pandas 除了可以用來讀取、儲存、分析資料，還可以快速的繪製圖表，非常實用。

14.9.1 plot 繪圖方法

Pandas 模組是以 DataFrame 資料的 plot 方法繪製圖形，語法為：

```
DataFrame.plot()
```

可使用的參數非常多，常用的參數整理於下表：

參數	功能	預設值
kind	設定繪圖模式，例如折線圖、長條圖等。	line (折線圖)
title	設定繪製圖形的標題。	None
legend	設定是否顯示圖示說明。	True
grid	設定是否顯示格線。	False
xlim	設定繪製圖形 x 軸的刻度範圍。	None
ylim	設定繪製圖形 y 軸的刻度範圍。	None
xticks	設定繪製圖形 x 軸的刻度值。	None
yticks	設定繪製圖形 y 軸的刻度值。	None
x	設定繪製圖形的 x 軸資料。	None
y	設定繪製圖形的 y 軸資料。	None
fontsize	設定繪製圖形 x、y 軸刻度的字體大小。	None
figsize	設定繪製圖形的的長度及寬度。	None

kind 參數設定繪圖模式，常用的圖形模式整理如下：

參數值	圖形	參數值	圖形
line	折線圖	bar	長條圖
hist	直方圖	barh	橫條圖
scatter	散點圖	pie	圓餅圖

14.9.2 繪製長條圖、橫條圖、堆疊圖

在範例中新增公司北中南三區 2015 到 2019 年的分區銷售資料，分別繪製長條圖、橫條圖及堆疊圖：

程式碼：plot1.py

```
1    import pandas as pd
2    import matplotlib.pyplot as plt
3    # 設定中文字型及負號正確顯示
4    plt.rcParams["font.sans-serif"] = "mingliu"
5    plt.rcParams["axes.unicode_minus"] = False
6
7    df = pd.DataFrame([[250,320,300,312,280],
                        [280,300,280,290,310],
                        [220,280,250,305,250]],
                        index=['北部','中部','南部'],
                        columns=[2015,2016,2017,2018,2019])
8
9    g1 = df.plot(kind='bar', title='長條圖', figsize=[10,5])
10   g2 = df.plot(kind='barh', title='橫條圖', figsize=[10,5])
11   g3 = df.plot(kind='bar', stacked=True, title='堆疊圖',
                figsize=[10,5])
```

執行結果：

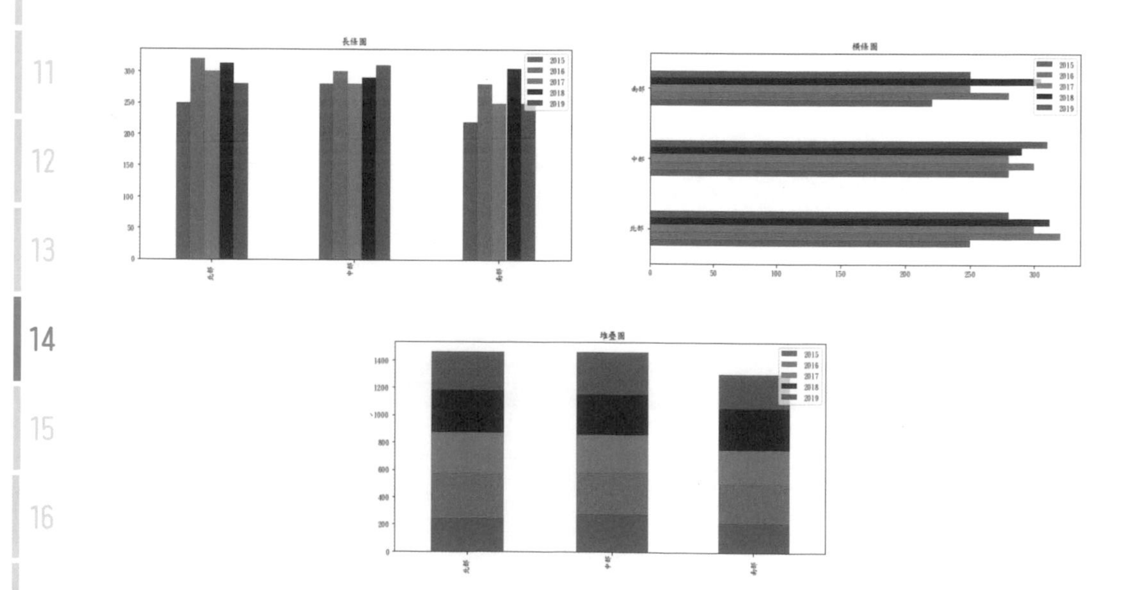

程式說明

- 1-2　匯入 pandas、matplotlib.pyplot 模組並設定別名。
- 4-5　利用 matplotlib 模組的功能修正中文顯示問題。
- 7　建立公司分區各年度銷售資料 DataFrame。
- 9　繪製長條圖。
- 10　繪製橫條圖。
- 11　繪製堆疊圖，其實就是長條圖加上 stacked=True 參數。

14.9.3 繪製折線圖

範例中將公司北中南三區 2015 到 2019 年的分區銷售資料分別繪製成折線圖：

程式碼：plot2.py

```
...
7      g1 = df.iloc[0].plot(kind='line', legend=True,
                            xticks=range(2015,2020),
                            title='公司分區年度銷售表',
                            figsize=[10,5])
8      g1 = df.iloc[1].plot(kind='line',
                            legend=True,
                            xticks=range(2015,2020))
9      g1 = df.iloc[2].plot(kind='line',
                            legend=True,
                            xticks=range(2015,2020))
```

執行結果：

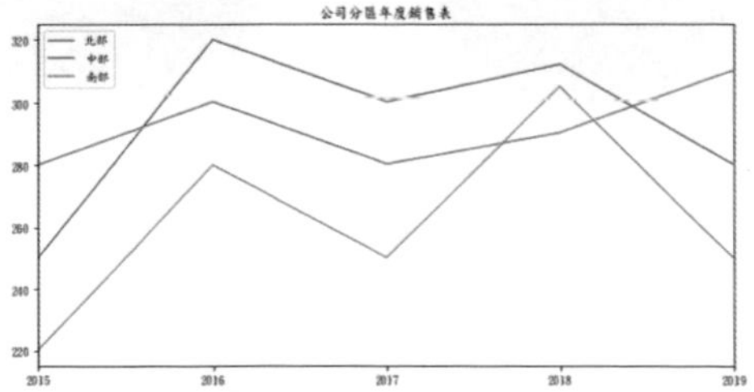

程式說明

- 7　以 df.iloc[0] 調出北區資料進行折線圖繪製。
- 8　以 df.iloc[1] 調出中區資料進行折線圖繪製。
- 9　以 df.iloc[2] 調出南區資料進行折線圖繪製。

14.9.4 繪製圓餅圖

範例中將公司北中南三區 2015 到 2019 年的分區銷售資料分別繪製成圓餅圖：

程式碼：plot3.py

```
...
7     df = pd.DataFrame([[250,320,300,312,280],
                          [280,300,280,290,310],
                        [220,280,250,305,250]],
                          index=['北部','中部','南部'],
                        columns=[2015,2016,2017,2018,2019])
8     df.plot(kind='pie', subplots=True, figsize=[20,20])
```

執行結果：

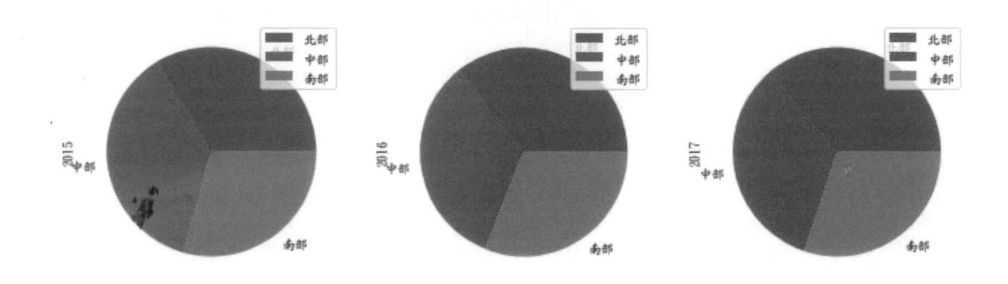

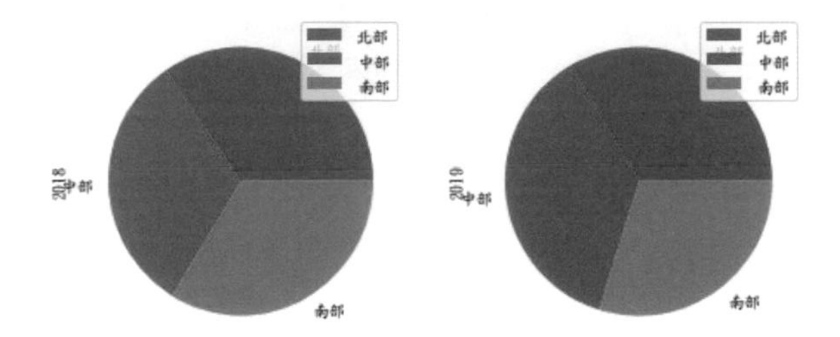

程式說明

- 7　建立公司分區各年度銷售資料 DataFrame。
- 8　繪製圓餅圖，加上 subplot=True 參數，會讓多張圖表放置在同一個區域之中。

15

Pandas 資料分析

資料預處理

- 查看資料詳細資訊
- 空值資料處理
- 刪除重複資料

資料合併

- 資料附加
- 資料串接
- 資料融合

樞紐分析表

- 樞紐分析表語法
- 樞紐分析表實作

實戰：鐵達尼號生存機率預測

- 鐵達尼號資料預處理
- 鐵達尼號樞紐分析

15.1 資料預處理

進行資料分析時，分析結果的好壞取決於資料的好壞。很多原始資料存在資料缺失的問題，Pandas 提供功能強大的模組，可以幫助我們透過查看資料、空值資料的刪除或填補、處理重複資料等，得到清晰而適合分析的資料。

15.1.1 查看資料詳細資訊

因為 Pandas 的執行結果在 Spyder 中各欄位資料常無法對齊，容易造成閱讀障礙，因此本章範例以 Jupyter Notebook 做為程式編輯器。

將本章範例檔案複製到 <c:\Users\ 帳號名稱 > 中，<pandasAnalysis.ipynb>i 為本章範例程式檔案。

本節以 <score1.csv> 為示範，讀取資料檔案的程式為：

```
import pandas as pd
import numpy as np
df1 = pd.read_csv('score1.csv')
df1.head()
```

此為學生成績檔案，有 50 位學生，每人 4 科成績，並有一些缺失值。

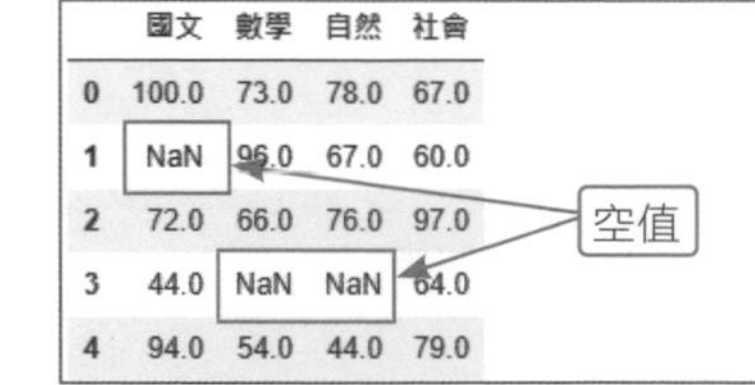

	國文	數學	自然	社會
0	100.0	73.0	78.0	67.0
1	NaN	96.0	67.0	60.0
2	72.0	66.0	76.0	97.0
3	44.0	NaN	NaN	64.0
4	94.0	54.0	44.0	79.0

查看資料結構

查看資料結構的語法為：

```
DataFrame 變數 .shape
```

例如 DataFrame 變數為 df1：

```
df1.shape
```

傳回值為 (列數 , 行數) 的元組：

```
資料結構：

(50, 4)
```

此處傳回值為 50 列 4 行，表示有 50 位學生，4 個科目。

查看資料資訊

資料資訊包括列、行相關資訊及記憶體佔用情況，語法為：

```
DataFrame 變數 .info()
```

例如 DataFrame 變數為 df1：

```
df1.info()
```

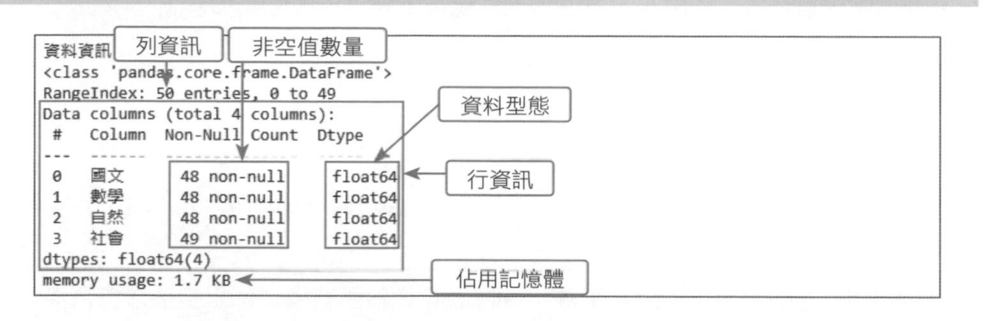

```
資料資訊
<class 'pandas.core.frame.DataFrame'>
RangeIndex: 50 entries, 0 to 49
Data columns (total 4 columns):
 #   Column  Non-Null Count  Dtype
---  ------  --------------  -----
 0   國文    48 non-null     float64
 1   數學    48 non-null     float64
 2   自然    48 non-null     float64
 3   社會    49 non-null     float64
dtypes: float64(4)
memory usage: 1.7 KB
```


由上面「非空值數量」資訊可看出國文科、數學科、自然科有 2 個空值 (50-48=2)，社會科有 1 個空值。

「資料型態」指出 4 個欄位都是 float64 數值。

查看資料描述

資料描述是對各行資料進行各項統計，包括資料個數、平均值、標準差、最大值、最小值及排序後第 25%、50%、75% 的值。此項統計只針對數值資料 (整數及浮點數) 進行統計。語法為：

```
DataFrame 變數 .describe()
```

例如 DataFrame 變數為 df1：

```
df1.describe()
```

資料描述：

	國文	數學	自然	社會
count	48.000000	48.000000	48.000000	49.000000
mean	68.562500	69.104167	67.291667	73.510204
std	18.833996	16.463033	16.113901	17.207220
min	42.000000	40.000000	42.000000	40.000000
25%	49.750000	57.750000	54.750000	62.000000
50%	70.500000	67.500000	65.500000	76.000000
75%	82.500000	82.250000	78.250000	87.000000
max	100.000000	100.000000	100.000000	100.000000

15.1.2 空值資料處理

資料中常會有些欄位的資料有缺失，稱為「空值」資料。例如蒐集個人資料時，部分受訪者不願意個人收入曝光，就略過收入欄位不填，形成空值資料。

查詢空值資料

要查詢資料中空值所在位置的語法為：

```
空值變數 = DataFrame 變數 .isnull(). 空值型態 (axis='columns')
DataFrame 變數 [ 空值變數 ]
```

- **空值型態**：空值型態可能值有兩種：「all」表示資料所有欄位都是空值才符合條件，「any」表示資料任何欄位有空值就符合條件。

例如空值變數為 null1，任何欄位有空值的資料：(3 筆資料符合條件)

```
null1 = df1.isnull().any(axis='columns')
df1[null1]
```

含有任何空值的資料：

	國文	數學	自然	社會
1	NaN	96.0	67.0	60.0
3	44.0	NaN	NaN	64.0
5	NaN	NaN	NaN	NaN

所有欄位都是空值的資料為：(1 筆資料符合條件)

```
null1 = df1.isnull().all(axis='columns')
df1[null1]
```

含有全部空值的資料：

	國文	數學	自然	社會
5	NaN	NaN	NaN	NaN

空值資料移除

處理空值資料最簡單的方式是將含有空值的資料刪除。這種方式適用於資料數量龐大的情況，因為資料很多，刪除少量含有空值的資料不會影響資料分析結果。

刪除空值資料的語法為：

```
DataFrame 變數 .dropna(how= 空值型態 , thresh= 數值 , subset= 欄位名稱串列 )
```

- **how**：此參數可有可無，可能值有兩種：「all」表示資料所有欄位都是空值才刪除資料，「any」表示資料任何欄位有空值就刪除資料，預設值為 any。
- **thresh**：此參數可有可無，表示非空值欄位小於參數值就刪除資料。
- **subset**：此參數可有可無，參數值是欄位名稱組成的串列，表示在串列中的欄位若有空值就刪除資料。

例如 DataFrame 變數為 df1，刪除任何含空值的資料：(刪除索引 1、3、5 的資料)

```
df1.dropna()
```

	國文	數學	自然	社會
0	100.0	73.0	78.0	67.0
2	72.0	66.0	76.0	97.0
4	94.0	54.0	44.0	79.0
6	99.0	66.0	86.0	83.0
7	72.0	66.0	76.0	97.0
8	73.0	50.0	55.0	96.0

刪除所有欄位都是空值的資料：(刪除索引 5 的資料)

```
df1.dropna(how='all')
```

	國文	數學	自然	社會
0	100.0	73.0	78.0	67.0
1	NaN	96.0	67.0	60.0
2	72.0	66.0	76.0	97.0
3	44.0	NaN	NaN	64.0
4	94.0	54.0	44.0	79.0
6	99.0	66.0	86.0	83.0
7	72.0	66.0	76.0	97.0

刪除非空值資料小於 3 的資料：(刪除索引 3、5 的資料。索引 1 有 3 個非空值，不小於 3，所以不會刪除)

```
df1.dropna(thresh=3)
```

	國文	數學	自然	社會
0	100.0	73.0	78.0	67.0
1	NaN	96.0	67.0	60.0
2	72.0	66.0	76.0	97.0
4	94.0	54.0	44.0	79.0
6	99.0	66.0	86.0	83.0
7	72.0	66.0	76.0	97.0

刪除國文科含空值的資料：(刪除索引 1、5 的資料)

```
df1.dropna(subset=['國文'])
```

	國文	數學	自然	社會
0	100.0	73.0	78.0	67.0
2	72.0	66.0	76.0	97.0
3	44.0	NaN	NaN	64.0
4	94.0	54.0	44.0	79.0
6	99.0	66.0	86.0	83.0
7	72.0	66.0	76.0	97.0

空值資料填補

如果資料數量不多，希望所有資料都能保留，就要給予空值資料適當的值，避免資料分析時產生錯誤。

空值資料填補的語法為：

```
DataFrame 變數 .fillna(value= 數值 , method= 填充位置 , axis= 列或行 )
```

- **value**：此參數可以是固定數值，也可以是 DataFrame 的統計函數如平均值 mean()、中位數 median()、最大值 max()、最小值 min() 等。例如考試成績常會填補平均值，如此資料分析時就不會影響平均成績。設定此參數時，「value=」可以省略。
- **method**：此參數設定以鄰近資料來填補。參數值為「backfill」或「bfill」表示以下一個資料填補，參數值為「ffill」或「pad」表示以上一個資料填補。
- **axis**：若有設定 method 參數則可以此參數設定填補是列或行。參數值為「index」或「0」表示以列資料填補，參數值為「columns」或「1」表示以行資料填補。預設值為 index。

注意：value 及 method 參數只能設定一個，若兩個都設定，執行會產生錯誤。

例如 DataFrame 變數為 df1，將所有空值資料變更為該科目的平均值：

```
df1.fillna(value=df1.mean())
```

	國文	數學	自然	社會
0	100.0000	73.000000	78.000000	67.000000
1	68.5625	96.000000	67.000000	60.000000
2	72.0000	66.000000	76.000000	97.000000
3	44.0000	69.104167	67.291667	64.000000
4	94.0000	54.000000	44.000000	79.000000
5	68.5625	69.104167	67.291667	73.510204
6	99.0000	66.000000	86.000000	83.000000
7	72.0000	66.000000	76.000000	97.000000

將所有空值資料變更為下一個列資料：

```
df1.fillna(method='backfill')
```

	國文	數學	自然	社會
0	100.0	73.0	78.0	67.0
1	72.0	96.0	67.0	60.0
2	72.0	66.0	76.0	97.0
3	44.0	54.0	44.0	64.0
4	94.0	54.0	44.0	79.0
5	99.0	66.0	86.0	83.0
6	99.0	66.0	86.0	83.0
7	72.0	66.0	76.0	97.0

也可以僅填補指定欄位的資料，語法為：

```
DataFrame 變數 [ 欄位名稱 ].fillna(value= 數值 , method= 填充位置 , axis= 列或行 )
```

例如將國文科空值資料變更 60，自然科空值資料變更 50：

```
df1[' 國文 '].fillna(value=60, inplace=True)
df1[' 自然 '].fillna(value=50, inplace=True)
```

	國文	數學	自然	社會
0	100.0	73.0	78.0	67.0
1	60.0	96.0	67.0	60.0
2	72.0	66.0	76.0	97.0
3	44.0	NaN	50.0	64.0
4	94.0	54.0	44.0	79.0
5	60.0	NaN	50.0	NaN
6	99.0	66.0	86.0	83.0
7	72.0	66.0	76.0	97.0

因為此種方式的傳回值只有該欄位資料，因此以「inplace=True」在原始資料 df1 中修改資料。

15.1.3 刪除重複資料

有時資料中會有完全相同的資料，可以將其刪除，語法為：

```
DataFrame 變數 .drop_duplicates(keep: 刪除型態 , ignore_index= 布林值 )
```

- **keep**：此參數可有可無，是設定要保留哪一筆資料。可能值有三種：「first」表示保留第一個重複資料，其餘刪除，「last」表示保留最後一個重複資料，其餘刪除，「False」表示不保留，刪除全部重複資料。預設值為 first。
- **ignore_index**：此參數可有可無，是設定刪除後是否重新建立索引值：True 表示重新建立索引，False 表示不會重新建立索引。預設值為 False。

例如 DataFrame 變數為 df1，原始資料中索引 2 及 7 的資料完全相同，保留第一個重複資料 (索引 2)，其餘刪除並重新建立索引：

```
df1 = pd.read_csv('score1.csv')
df1.drop_duplicates(ignore_index=True)
```

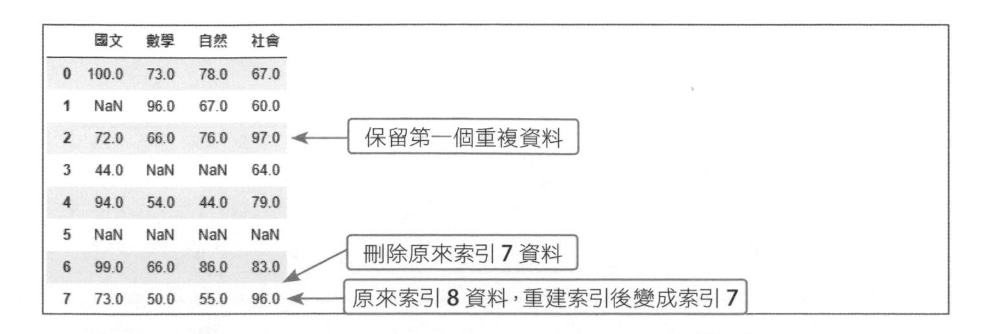

	國文	數學	自然	社會
0	100.0	73.0	78.0	67.0
1	NaN	96.0	67.0	60.0
2	72.0	66.0	76.0	97.0
3	44.0	NaN	NaN	64.0
4	94.0	54.0	44.0	79.0
5	NaN	NaN	NaN	NaN
6	99.0	66.0	86.0	83.0
7	73.0	50.0	55.0	96.0

(此處程式重新載入資料檔案，是因前面操作使用「inplace=True」修改了 df1，所以此處載入檔案讓 df1 恢復原始資料。)

15.2 資料合併

蒐集資料有許多管道，因此資料常會分布在不同檔案中，可以使用 Pandas 讀取後，再將資料合併。Pandas 提供 append (資料附加)、concat (資料串接) 及 merge (資料融合) 進行資料合併。

本節使用的資料如下：

	座號	國文	數學	自然
0	1	58	40	45
1	2	48	46	55
2	3	81	89	74

▲ score2_1.csv

	座號	國文	數學	自然
0	4	43	51	75
1	5	69	60	73

▲ score2_2.csv

	座號	國文	數學	社會
0	4	100	42	95
1	5	78	90	47
2	6	98	58	67

▲ score2_3.csv

	座號	英文	社會	公民
0	1	63	72	96
1	2	52	50	71
2	3	46	71	59
3	4	96	48	43
4	5	72	53	64

▲ score2_4csv

	座號	英文	社會	公民
0	1	63	72	96
1	1	96	48	43
2	1	72	53	64
3	2	52	50	71
4	3	46	71	59

▲ score2_5.csv

	座號	英文	數學	公民
0	1	63	72	96
1	2	52	50	71
2	3	46	71	59
3	4	96	48	43
4	5	72	53	64

▲ score2_6.csv

15.2.1 資料附加

資料附加是最簡單的資料合併方法，功能是將資料加在原始資料後方。

資料附加的語法為：

```
DataFrame 變數 1.append(DataFrame 變數 2, ignore_index= 布林值 )
```

- **ignore_index**：此參數可有可無，是設定資料附加後是否重新建立索引值：True 表示重新建立索引，False 表示不會重新建立索引。預設值為 False。

例如將 <score2_2.csv> 附加到 <score2_1.csv> 之後並重新建立索引：

```
df1 = pd.read_csv('score2_1.csv')
df2 = pd.read_csv('score2_2.csv')
df1.append(df2, ignore_index=True)
```

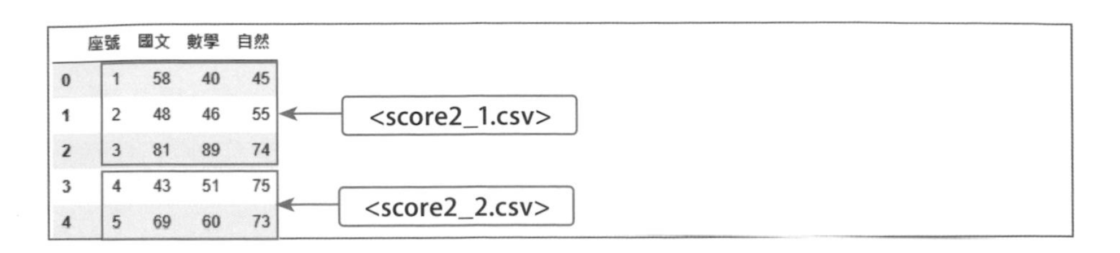

	座號	國文	數學	自然
0	1	58	40	45
1	2	48	46	55
2	3	81	89	74
3	4	43	51	75
4	5	69	60	73

資料附加時若有欄位不相符時，會保留所有欄位，原始資料中沒有的欄位資料會以空值填充。例如將 <score2_3.csv> 附加到 <score2_1.csv> 之後：<score2_1.csv> 有國文、數學、自然三科，<score2_3.csv> 有國文、數學、社會三科，則附加後自然及社會科都會保留，原來沒有的資料會以空值填充。

```
df1 = pd.read_csv('score2_1.csv')
df2 = pd.read_csv('score2_3.csv')
df1.append(df2, ignore_index=True)
```

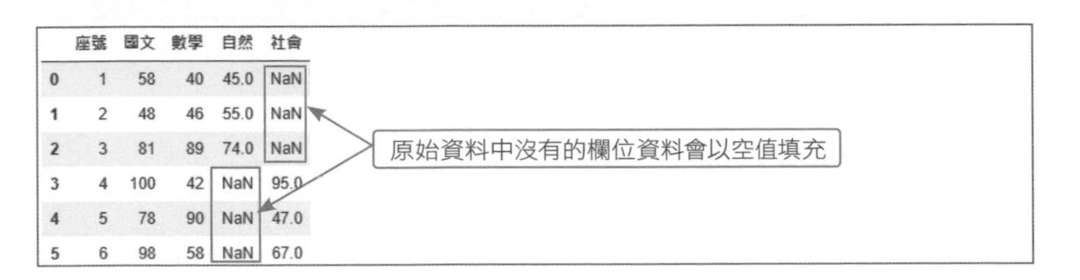

	座號	國文	數學	自然	社會
0	1	58	40	45.0	NaN
1	2	48	46	55.0	NaN
2	3	81	89	74.0	NaN
3	4	100	42	NaN	95.0
4	5	78	90	NaN	47.0
5	6	98	58	NaN	67.0

15.2.2 資料串接

資料串接的功能與資料附加雷同，也是將資料加在原始資料後方，只是多了參數可以指定欄位合併的方式。

資料串接的語法為：

```
pd.concat([DataFrame 變數 1,DataFrame 變數 2], ignore_index= 布林值 , join= 合併方式 )
```

- **ignore_index**：此參數可有可無，是設定資料附加後是否重新建立索引值。
- **join**：此參數可有可無，可能值有兩種：

  outer：意義為「聯集」，會保留所有欄位與 append 效果相同。此為預設值。

  inner：意義為「交集」，只會保留共同欄位資料。

例如將 <score2_2.csv> 串接到 <score2_1.csv> 之後並重新建立索引：

```
df1 = pd.read_csv('score2_1.csv')
df2 = pd.read_csv('score2_2.csv')
pd.concat([df1,df2], ignore_index=True)
```

結果與資料附加完全相同。

若將 <score2_3.csv> 串接到 <score2_1.csv> 之後且設 join 參數為 inner（交集）：<score2_1.csv> 有國文、數學、自然三科，<score2_3.csv> 有國文、數學、社會三科，則串接後只有共同的國文及數學科會保留。

```
df1 = pd.read_csv('score2_1.csv')
df2 = pd.read_csv('score2_3.csv')
pd.concat([df1,df2], ignore_index=True, join='inner')
```

	座號	國文	數學
0	1	58	40
1	2	48	46
2	3	81	89
3	4	100	42
4	5	78	90
5	6	98	58

共同的欄位才會保留

15.2.3 資料融合

資料融合是功能最強大的資料合併方式，也是使用最多的資料合併方式。

資料融合的語法為：

```
pd.merge(DataFrame 變數 1, DataFrame 變數 2, left_on= 欄位 , right_on= 欄位 ,
    on= 欄位 , suffixes=[ 後綴 1, 後綴 2,……], how= 合併方式 )
```

- **left_on**：此參數可有可無，設定第一個資料集合併欄位基準。
- **right_on**：此參數可有可無，設定第二個資料集合併欄位基準。
- **on**：此參數可有可無，設定兩個資料集共同合併欄位基準。
- **suffixes**：此參數可有可無，設定值是一個串列。如果要合併的資料集有相同名稱的欄位，此設定值是為合併後的相同名稱欄位加上後綴文字做為區別。

- **how**：此參數可有可無，可能值有四種：

  outer：意義為「聯集」，會保留所有欄位。

  inner：意義為「交集」，只會保留共同欄位資料。此為預設值。

  left：保留第一個資料集所有欄位資料。

  right：保留第二個資料集所有欄位資料。

一對一融合

將 <score2_1.csv> 與 <score2_4.csv> 融合：<score2_1.csv> 有國文、數學、自然三科，<score2_4.csv> 有英文、社會、公民三科，系統會自動以共同的「座號」欄位進行融合。預設是以「inner (交集)」融合，即共同的座號才保留。

```
df1 = pd.read_csv('score2_1.csv')
df2 = pd.read_csv('score2_4.csv')
pd.merge(df1,df2) # 一對一
```

	座號	國文	數學	自然	英文	社會	公民
0	1	58	40	45	63	72	96
1	2	48	46	55	52	50	71
2	3	81	89	74	46	71	59

保留座號欄位的共同部分

若是要以「outer (聯集)」融合，可加入「how='outer'」參數：所有座號都保留，缺失的欄位資料以空值填充。

```
df1 = pd.read_csv('score2_1.csv')
df2 = pd.read_csv('score2_4.csv')
pd.merge(df1,df2, how='outer')
```

	座號	國文	數學	自然	英文	社會	公民
0	1	58.0	40.0	45.0	63	72	96
1	2	48.0	46.0	55.0	52	50	71
2	3	81.0	89.0	74.0	46	71	59
3	4	NaN	NaN	NaN	96	48	43
4	5	NaN	NaN	NaN	72	53	64

保留所有座號欄位

填補空值

01
02
03
04
05
06
07
08
09
10
11
12
13
14
15
16
17

多對一融合

將 <score2_1.csv> 與 <score2_5.csv> 融合：<score2_1.csv> 有一個座號 1 的資料，<score2_5.csv> 有三個座號 1 的資料，融合後會保留三個座號 1 的資料，且複製 <score2_1.csv> 座號 1 的資料來補足。

```
df1 = pd.read_csv('score2_1.csv')
df2 = pd.read_csv('score2_5.csv')
pd.merge(df1,df2) # 多對一
```

	座號	國文	數學	自然	英文	社會	公民
0	1	58	40	45	63	72	96
1	1	58	40	45	96	48	43
2	1	58	40	45	72	53	64
3	2	48	46	55	52	50	71
4	3	81	89	74	46	71	59

保留三個座號 1 資料

複製資料填補

指定融合參考欄位

將 <score2_1.csv> 與 <score2_6.csv> 融合：這兩個資料集有座號及數學兩個共同欄位，此時必須以 left_on 及 right_on 參數指定融合參考欄位，系統才能進行融合。例如以「座號」進行融合，融合後系統會自動為相同的欄位名稱後面加上「_x」及「_y」後綴做為區別：

```
df1 = pd.read_csv('score2_1.csv')
df2 = pd.read_csv('score2_6.csv')
pd.merge(df1,df2, left_on='座號', right_on='座號')
```

	座號	國文	數學_x	自然	英文	數學_y	公民
0	1	58	40	45	63	72	96
1	2	48	46	55	52	50	71
2	3	81	89	74	46	71	59

18
19
20
21
22
23
24
25
26
27
28
29
30
31
32
33

自訂欄位名稱後綴文字

上面範例系統自動為相同欄位名稱加上的後綴常不符需求，可使用「suffixes」參數自行設定後綴文字。例如將前面範例後綴改為「_自」及「_社」，表示自然組數學及社會組數學：

```
df1 = pd.read_csv('score2_1.csv')
df2 = pd.read_csv('score2_6.csv')
pd.merge(df1,df2, left_on='座號', right_on='座號', suffixes=['_自','_社'])
```

	座號	國文	數學_自	自然	英文	數學_社	公民
0	1	58	40	45	63	72	96
1	2	48	46	55	52	50	71
2	3	81	89	74	46	71	59

若是 left_on 及 right_on 參數指定的欄位名稱相同，可使用「on」參數來簡化程式。下面程式執行結果與上面程式相同：

```
df1 = pd.read_csv('score2_1.csv')
df2 = pd.read_csv('score2_6.csv')
pd.merge(df1,df2, on='座號', suffixes=['_自','_社'])
```

01 02 03 04 05 06 07 08 09 10 11 12 13 14 15 16 17

15.3 樞紐分析表

「樞紐分析表」是具有交互功能的表格，可以將資料分成群組、以不同的方式來檢視。善用樞紐分析表的功能，可以顯示不同的資料檢視，進而比較、顯示且分析資料。樞紐分析表可以動態改變版面配置，以便按照不同方式分析資料；也可以重新安排欄、列標籤和篩選欄位。

15.3.1 樞紐分析表語法

樞紐分析表的語法為：

```
pd.pivot_table(DataFrame 變數 , index= 列欄位 , columns= 行欄位 ,
    values= 分析欄位 , margins= 布林值 , margins_name= 字串 ,
    aggfunc= 統計項目 , fill_value= 值 , dropna= 布林值 )
```

- **index**：此參數為必要參數，是一個串列，功能是設定要分析的「列」欄位。若有多個列欄位，結果會以巢狀方式呈現。
- **columns**：此參數可有可無，是一個串列，功能是設定要分析的「行」欄位。若有多個行欄位，結果會以巢狀方式呈現。
- **values** ：此參數可有可無，是一個串列，功能是設定要進行統計的欄位。
- **margins**：此參數可有可無，True 時表示要計算總和，False 時表示不要計算總和。預設值為 False。
- **margins_name**：此參數可有可無，當 margins 參數為 True 時才有效，功能是設定總和欄位的名稱。預設值為「All」。
- **aggfunc**：此參數可有可無，是一個串列，功能是設定要統計的項目。常用的統計項目有 mean (平均)、sum (總和)、max (最大值)、min (最小值)、count (次數)。預設值為 mean。
- **fill_value**：此參數可有可無，功能是設定資料為空值時以此設定值填充。預設值為 None。
- **dropna** ：此參數可有可無，True 時表示要刪除空值資料，False 時表示不刪除空值資料。預設值為 True。

15.3.2 樞紐分析表實作

本節的資料集是商品銷售 (<sale.csv>)：共有 100 筆資料，4 個欄位。「業務員」欄位有三位：張三安、李四友、王五信；「商品」欄位有三種：冰箱、電視、筆電。

```
df1 = pd.read_csv('sale.csv')
df1.head()
```

	業務員	商品	數量	價格
0	張三安	冰箱	90	12600
1	張三安	冰箱	222	19700
2	李四友	電視	240	19800
3	張三安	筆電	93	17600
4	王五信	冰箱	185	17900

例如下面程式會以「業務員」分組統計資料：沒有設定 values 參數，則除了「業務員」以外的欄位都會統計，預設統計項目為「平均值」。此處可看到每個業務員的各項統計資料。

文字資料無法進行統計運算，因此樞紐分析表不會包含文字資料欄位 (此處「商品」欄位為文字資料)。

```
pd.pivot_table(df1, index=['業務員'])
```

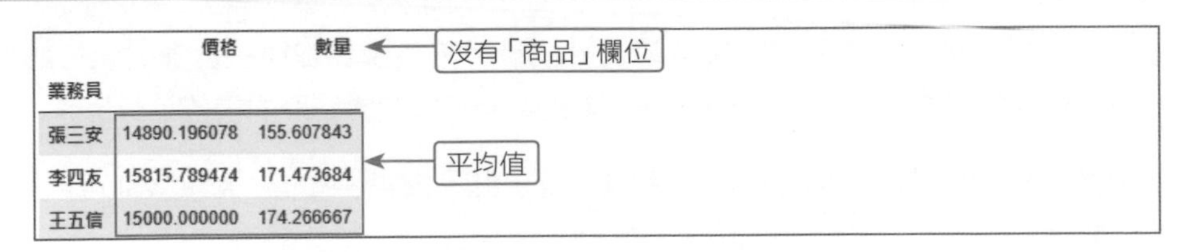

業務員	價格	數量
張三安	14890.196078	155.607843
李四友	15815.789474	171.473684
王五信	15000.000000	174.266667

例如將「列」欄位設為「業務員」及「商品」，則「業務員」及「商品」會以巢狀分組進行分析：可看到每個業務員對每項商品的各項統計資料。

```
pd.pivot_table(df1, index=['業務員', '商品'])
```

業務員	商品	價格	數量
張三安	冰箱	14472.000000	143.320000
	筆電	15877.777778	181.444444
	電視	14982.352941	160.000000
李四友	冰箱	14775.000000	197.750000
	筆電	15620.000000	197.400000
	電視	16330.000000	148.000000
王五信	冰箱	15293.333333	178.066667
	筆電	14262.500000	205.625000
	電視	15214.285714	130.285714

業務員及商品以巢狀分組

將「列」欄位設為「業務員」，「行」欄位設為「商品」：統計資料與上一範例完全相同，但版面配置已不一樣，將「商品」項目移到「行」標題。

```
pd.pivot_table(df1, index=['業務員'], columns=['商品'])
```

	價格			數量		
商品	冰箱	筆電	電視	冰箱	筆電	電視
業務員						
張三安	14472.000000	15877.777778	14982.352941	143.320000	181.444444	160.000000
李四友	14775.000000	15620.000000	16330.000000	197.750000	197.400000	148.000000
王五信	15293.333333	14262.500000	15214.285714	178.066667	205.625000	130.285714

如果資料的欄位很多，對每一個欄位都進行統計，不但會耗費很多資源，執行結果也是一個龐大的表格，不易閱讀。values 參數功能是設定要統計的欄位。

例如列欄位及行欄位設定與上一範例相同，僅統計「價格」欄位：設定 values 參數值為「價格」。

```
pd.pivot_table(df1, index=['業務員'], columns=['商品'], values=['價格'])
```

	價格		
商品	冰箱	筆電	電視
業務員			
張三安	14472.000000	15877.777778	14982.352941
李四友	14775.000000	15620.000000	16330.000000
王五信	15293.333333	14262.500000	15214.285714

再來為統計資料加上「總和」：設定 margins 參數值為「True」。

18 19 20 21 22 23 24 25 26 27 28 29 30 31 32 33

```
pd.pivot_table(df1, index=['業務員'], columns=['商品'],
    values=['數量'], margins=True)
```

	數量			
商品	冰箱	筆電	電視	All
業務員				
張三安	143.320000	181.444444	160.000000	155.607843
李四友	197.750000	197.400000	148.000000	171.473684
王五信	178.066667	205.625000	130.285714	174.266667
All	160.113636	193.863636	150.352941	164.220000

列與行的總和

總和的標題預設為「All」，可使用 margins_name 參數自訂總和標題：設定 margins_name 參數值為「總計」：

```
pd.pivot_table(df1, index=['業務員'], columns=['商品'],
    values=['數量'], margins=True, margins_name='總計')
```

	數量			
商品	冰箱	筆電	電視	總計
業務員				
張三安	143.320000	181.444444	160.000000	155.607843
李四友	197.750000	197.400000	148.000000	171.473684
王五信	178.066667	205.625000	130.285714	174.266667
總計	160.113636	193.863636	150.352941	164.220000

預設的統計項目是「平均數」，還有許多統計項目可以選擇，aggfunc 參數功能是設定要統計的項目。

例如列欄位、行欄位及統計欄位設定與上一範例相同，要統計最大值、最小值及總和：設定 aggfunc 參數值為「max,min,sum」。

```
pd.pivot_table(df1, index=['業務員'], columns=['商品'],
    values=['數量'], aggfunc=['max','min','sum'])
```

	max			min			sum		
	數量			數量			數量		
商品	冰箱	筆電	電視	冰箱	筆電	電視	冰箱	筆電	電視
業務員									
張三安	285	284	242	53	60	32	3583	1633	2720
李四友	272	294	287	84	44	65	791	987	1480
王五信	297	294	191	37	115	46	2671	1645	912

三種統計資料

15.4 實戰：鐵達尼號生存機率預測

鐵達尼號預測生還機率是 Kaggle 最有名的機器學習競賽之一，其資料集數量適中，欄位不算多，很適合做為資料分析初學者使用。

15.4.1 鐵達尼號資料預處理

本章範例鐵達尼號資料檔案有兩個：<titanic1.csv> 及 <titanic2.csv>。

資料融合

資料分析第一步是觀察資料內容：以 Pandas 分別讀取資料檔，以 head 方法查看資料欄位及前 5 筆資料。

```
df1 = pd.read_csv('titanic1.csv')
df1.head()
df2 = pd.read_csv('.csv')
df2.head()
```

	row.names	pclass	survived	name	age	embarked
0	1	1st	1	Allen, Miss Elisabeth Walton	29.0000	Southampton
1	2	1st	0	Allison, Miss Helen Loraine	2.0000	Southampton
2	3	1st	0	Allison, Mr Hudson Joshua Creighton	30.0000	Southampton
3	4	1st	0	Allison, Mrs Hudson J.C. (Bessie Waldo Daniels)	25.0000	Southampton
4	5	1st	1	Allison, Master Hudson Trevor	0.9167	Southampton

titanic1.csv

	row.names	home.dest	room	ticket	boat	sex
0	1	St Louis, MO	B-5	24160 L221	2	female
1	2	Montreal, PQ / Chesterville, ON	C26	NaN	NaN	female
2	3	Montreal, PQ / Chesterville, ON	C26	NaN	(135)	male
3	4	Montreal, PQ / Chesterville, ON	C26	NaN	NaN	female
4	5	Montreal, PQ / Chesterville, ON	C22	NaN	11	male

titanic2.csv

兩者有共同欄位「row.names」，可用此欄位將兩個資料融合，融合後再以 info 方法查看資料結構：

```
dft = pd.merge(df1, df2, on='row.names')
dft.info()
```

資料集有 1313 筆資料，11 個欄位，age、embarked 等 6 個欄位有缺失值。

```
<class 'pandas.core.frame.DataFrame'>
Int64Index: 1313 entries, 0 to 1312
Data columns (total 11 columns):
 #   Column     Non-Null Count  Dtype
---  ------     --------------  -----
 0   row.names  1313 non-null   int64
 1   pclass     1313 non-null   object
 2   survived   1313 non-null   int64
 3   name       1313 non-null   object
 4   age        633 non-null    float64
 5   embarked   821 non-null    object
 6   home.dest  754 non-null    object
 7   room       77 non-null     object
 8   ticket     69 non-null     object
 9   boat       347 non-null    object
 10  sex        1313 non-null   object
dtypes: float64(1), int64(2), object(8)
memory usage: 123.1+ KB
```

有 1313 筆資料

每筆資料 11 個欄位

這些欄位有缺失值

空值填充

此資料集主要是分析與存活率相關的資訊，因此僅對 pclass（社經地位）、survived（存活率）、age（年齡）、embarked（登船地點）、sex（性別）五個欄位進行分析，其中 age 及 embarked 有缺失值。因資料數量不多，所以使用空值填補處理。

年齡欄位是數值資料，未來分析時常會以年齡平均值做為分析對象，因此使用「平均值」來填補空值：

```
dft['age'].fillna(value=dft['age'].mean(), inplace=True)
```

登船地點欄位是文字資料，觀察資料可發現許多相鄰資料的登船地點相同，因此使用「向前填充」（以前一個值填充）方式來填補空值：

```
dft['embarked'].fillna(method='ffill', inplace=True)
```

空值填充執行後再以 info 方法查看是否填充完成：

```
 #   Column     Non-Null Count  Dtype
---  ------     --------------  -----
 0   row.names  1313 non-null   int64
 1   pclass     1313 non-null   object
 2   survived   1313 non-null   int64
 3   name       1313 non-null   object
 4   age        1313 non-null   float64
 5   embarked   1313 non-null   object
 6   home.dest  754 non-null    object
 7   room       77 non-null     object
 8   ticket     69 non-null     object
```

空值填補完成

15.4.2 鐵達尼號樞紐分析

資料預處理完成後，就可以使用樞紐分析表取得感興趣的分析資料。想要分析的資料因人而異，下面是一些分析資料的範例。

注意：因樞紐分析表是以數值進行各項統計，values 參數是設定要進行統計的欄位，所以 values 參數值必須是數值欄位，若設為文字欄位會產生錯誤。

性別與存活率

```
pd.pivot_table(dft, index=['sex'], values=['survived'], margins=True)
```

	survived
sex	
female	0.663067
male	0.167059
All	0.341965

女性存活率
男性存活率
總存活率

女性存活率約為男性存活率四倍，原因可能是女性優先搭船逃生。

性別、社經地位與存活率

```
pd.pivot_table(dft, index=['sex'], columns=['pclass'],
    values=['survived'], margins=True)
```

	survived			
pclass	1st	2nd	3rd	All
sex				
female	0.937063	0.878505	0.370892	0.663067
male	0.329609	0.144509	0.116466	0.167059
All	0.599379	0.425000	0.192686	0.341965

女性、上流社會
男性、底層社會

pclass 欄位代表了乘客的社會經濟階層地位，1 = 1st 為上流社會，2 = 2nd 為中產階級，3 = 3rd 為底層社會。由結果分析看來，社經地位越好則存活率越高 (1st > 2nd > 3rd)，表示社經地位越高，越有機會先上救生艇。存活率最高的「女性、上流社會」是存活率最低的「男性、底層社會」八倍多。

存活率與年齡

```
pd.pivot_table(dft, index=['survived'], values=['age'], margins=True)
```

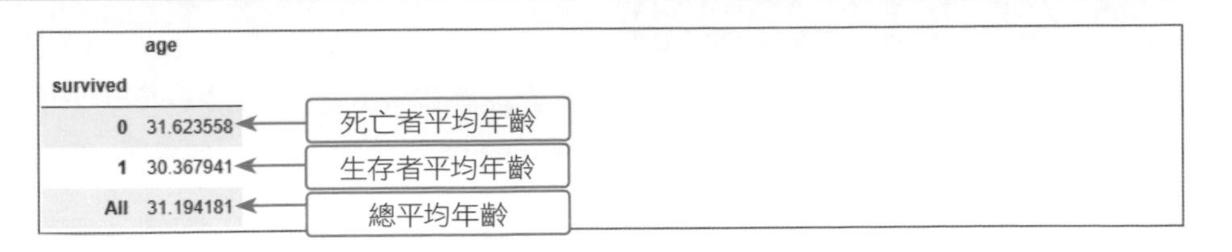

	age
survived	
0	31.623558
1	30.367941
All	31.194181

survived 欄位值為 1 表示生存，0 表示死亡。死亡者平均年齡略大於生存者。

存活率、社經地位與年齡

```
pd.pivot_table(dft, index=['survived'], columns=['pclass'],
    values=['age'], margins=True)
```

	age			
pclass	1st	2nd	3rd	All
survived				
0	40.024462	31.538746	29.759338	31.623558
1	35.214521	25.572544	27.705624	30.367941
All	37.141485	29.003110	29.363616	31.194181

上流社會 (1st) 階層的平均年齡較其他階層大，原因應該是經濟較佳者的年齡較大，而其他階層的平均年齡差不多。

所有階層的死亡者平均年齡都較生存者大，但上流社會與中產階級 (2nd) 的差距較大，而底層社會 (3rd) 階層的差距較小。

登船地點與存活率

```
pd.pivot_table(dft, index=['embarked'], values=['survived'], margins=True)
```

	survived
embarked	
Cherbourg	0.583732
Queenstown	0.304348
Southampton	0.295841
All	0.341965

在 Cherbourg 登船的存活率高於另外兩個地點，原因可能是 Cherbourg 為經濟較為發達的城市，在此登船者的經濟情況較佳。

登船地點、存活率與年齡統計

```
pd.pivot_table(dft, index=['embarked'], columns=['survived'],
    values=['age'], aggfunc=['mean','max','count'], margins=True)
```

	mean			max			count		
	age			age			age		
survived	0	1	All	0	1	All	0	1	All
embarked									
Cherbourg	35.397726	33.398140	34.230503	71.0	64.0	71.0	87	122	209
Queenstown	31.578886	25.527740	29.737233	65.0	37.0	65.0	32	14	46
Southampton	31.184735	29.403336	30.657724	71.0	69.0	71.0	745	313	1058
All	31.623558	30.367941	31.194181	71.0	69.0	71.0	864	449	1313

年齡統計除了平均值外，加上最大值及資料個數：可看出生存者最大年齡為 69 歲，死亡者最大年齡為 71 歲。資料個數統計得到生存者為 449 人，死亡者為 864 人。

16

Flask 網站開發

01
02
03
04
05
06
07
08
09
10
11
12
13
14
15
16
17

16.1 基本 Flask 網站應用程式

提到網站相關的程式語言，最常被提及的就是 PHP、ASP 等伺服器語言。Python 可以架設網站嗎？相信這是 Python 學習者非常關心的課題。

Python 最為人稱道的特性就是可藉由安裝各種模組不斷擴充其功能，當然也不乏網站架構的模組：如 Django、Flask、Pyramid、Bottle 等，而 Flask 是輕量型網站框架，檔案結構簡單但功能相當完整。

16.1.1 Flask 的特點

Flask 網站框架將自己定位在微小專案上，是一個針對簡單需求和小型應用的微型架構。Flask 吸收了其他架構的優點，因此廣受使用者喜愛，具有下列特點：

- **免費網站框架**：使用 Flask 開發網站不需支付任何費用。
- **內建伺服器和偵錯器**：Flask 本身就建置了伺服器，使用 Flask 開發網站時，不必將網頁程式上傳到外部網頁伺服器 (如 Apache 等) 測試，只要啟動內建伺服器即可觀看網頁。
- **功能強大的偵錯器**：有經驗的開發者都明白偵錯工具的重要性，好的偵錯工具將使開發效率大幅提升。Flask 伺服器具備偵錯工具，且預設處於偵錯狀態，若執行時發生錯誤，會自動將錯誤資訊傳送給用戶端。
- **使用 Unicode 編碼**：編碼格式是網頁開發者的頭疼問題，若處理不好網頁會呈現亂碼。現在網頁幾乎都是 Unicode 編碼，Flask 預設會自動加入一個 UTF-8 編碼格式的 HTTP Head，使開發者無需擔心編碼的問題。
- **使用 Jinja2 模板 (Template)**：Jinja2 模板是由 Django 模板發展而來，效能比 Django 模板更好。Flask 採用 Jinja2 模板做為網頁模板呈現模式，可以製作出更豐富多元的網頁。
- **可與 Python 單元測試緊密結合**：單元測試的功能是保障函式在指定的輸入狀態時，可以獲得預想的輸出，若不符合要求時，會提醒開發者進行檢查。Flask 提供了 test_client() 函式測試介面，可與 Python 附帶的單元測試架構 unitest 緊密結合，進行驗證。

18 19 20 21 22 23 24 25 26 27 28 29 30 31 32 33

16.1.2 Flask 程式架構

安裝 Anaconda 時預設已安裝 Flask 模組，不必再進行安裝。

Flask 程式的基本架構為：

```
from flask import Flask
app = Flask(__name__)

路由一
路由二
...

if __name__ == '__main__':
    app.run()
```

前兩列程式為匯入 Flask 模組，然後建立 Flask 物件。

最後兩列為執行本 Flask 程式。

建立「路由 (route)」

「路由」是 Flask 程式主體，建立路由的語法為：

```
@app.route('網頁路徑')
def 函式名稱():
    處理程式
```

第一列程式設定在瀏覽器網址列的位址：「@」稱為「裝飾器 (decorator)」，功能是將本列網頁位址與下一列函式結合在一起，即在瀏覽器網址列輸入本位址就會執行下一列定義的函式。

「網頁路徑」是網站位址後面的路徑，如網站主機位址為「http://127.0.0.1:5000」，網頁路徑為「/append」，則網頁位址為「http://127.0.0.1:5000/append」。

若網頁路徑設為「/」，則表示為網站首頁，即上面例子的「http://127.0.0.1:5000」。

「函式名稱」可以任意指定。通常會將「函式名稱」與「網頁路徑」取相同名稱，這樣就容易得知該函式對應的網頁路徑。

hello.py

```
1 from flask import Flask
2 app = Flask(__name__)
3
4 @app.route('/hello')
5 def hello():
6     return '歡迎來到 Flask!'
7
8 if __name__ == '__main__':
9     app.run()
```

程式說明

- 4　　設網頁路徑為「/hello」。
- 5-6　建立函式返回文字訊息。

執行 Flask 程式

將本章範例程式複製到硬碟，此處以複製到 <d:/flask> 資料夾為例：在命令提示字元視窗切換到 <d:/flask> 資料夾，執行「python hello.py」就會啟動內建伺服器，系統會提示伺服器位址為「http://127.0.0.1:5000/」。

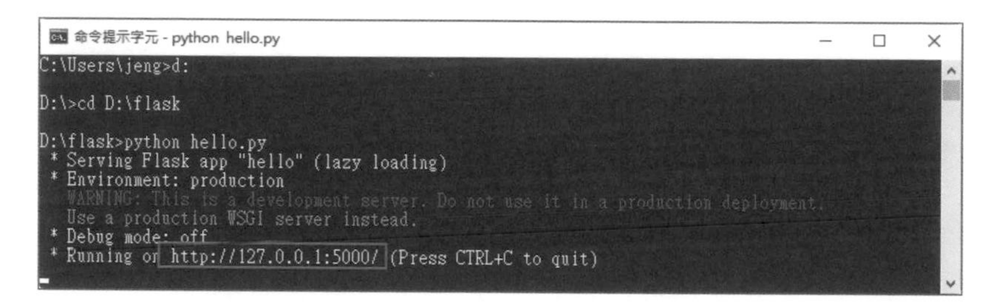

瀏覽器網址列輸入「http://127.0.0.1:5000/hello」的畫面：

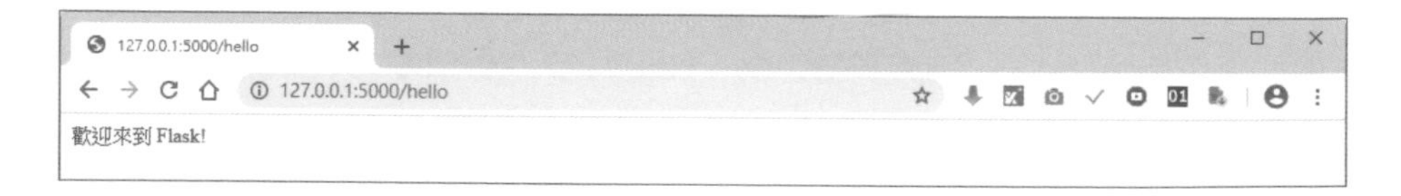

多網址對應相同函式

有時網站需要不同網址顯示相同內容，例如通常只輸入伺服器位址「http://127.0.0.1:5000/」或加上網頁路徑「index」都會顯示首頁。多網址對應相同函式的路由語法為：

```
@app.route('網頁路徑一')
@app.route('網頁路徑二')
...
def 函式名稱():
    處理程式
```

index.py

```
...
 4 @app.route('/')
 5 @app.route('/index')
 6 def index():
 7     return '這是本網站首頁!'
...
```

程式說明

■ 4-5　　網頁路徑為「/」及「/index」都會執行 index 函式。

如果原來伺服器仍在執行，在命令提示字元視窗按 **Ctrl + C** 可結束伺服器運行。執行「python index.py」啟動伺服器，瀏覽器網址列輸入「http://127.0.0.1:5000」或「http://127.0.0.1:5000/index」都會顯示首頁。

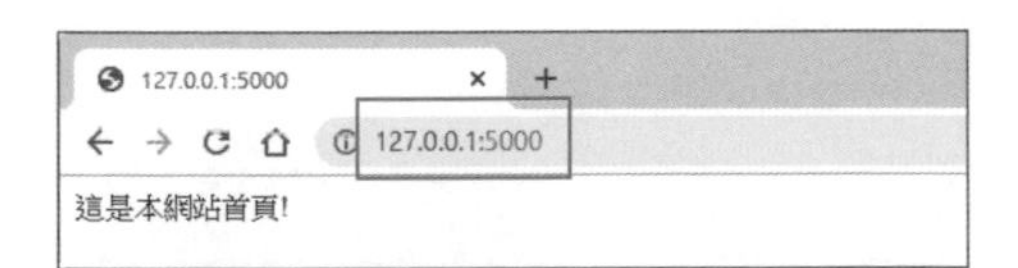

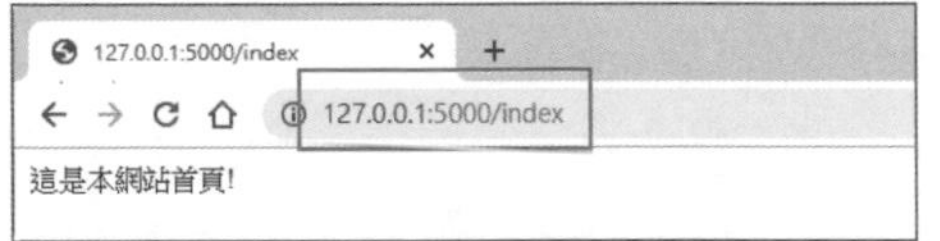

app.run() 參數

app.run() 有三個參數，其意義為：

- **host**：設定伺服器監聽的位址，只有此參數設定的位址才能連上 Flask 伺服器，預設值為「127.0.0.1」。若設為「0.0.0.0.」表示監聽所有位址，即所有位址都能連上 Flask 伺服器。當網站開發完成時，需將此參數設為「0.0.0.0.」，則所有人都能瀏覽網站。
- **port**：設定埠號，預設值為「5000」。
- **debug**：設定是否顯示錯誤訊息，預設值為「True」。當網站開發完成時，需將此參數設為「False」，否則網站會有極大安全疑慮。

app.run() 範例：

```
app.run(host='0.0.0.0', port=80, debug=False)
```

16.1.3 路由參數傳遞

大部分網頁並非靜態網頁，網頁內容可能會需要動態變化，此時就可由路由傳送參數給網頁處理。路由傳遞參數的語法為：

```
@app.route('網頁路徑/<資料型態一：參數一>/<資料型態二：參數二>/……)
```

參數以「<」及「>」符號包圍。

Flask 提供的「資料型態」如下表：

資料型態	說明
string	可輸入任何字串，此為預設值。
int	可輸入整數。
float	可輸入浮點數。
path	可輸入包含「/」字元的路徑名稱。

參數的資料型態可以省略，預設值為「string」。

例如傳遞字串型態參數「name」到 hello 網址：

```
@app.route('/hello/<string:name>')
def hello(name):
    處理程式
```

hello2.py

```
...
 4 @app.route('/hello/<name>')
 5 def hello(name):
 6     return '{}，歡迎來到 Flask!'.format(name)
...
```

執行 hello2.py，瀏覽器網址列輸入「http://127.0.0.1:5000/hello/ 張三」，參數值「張三」會顯示於網頁中。需特別注意，若路由中設定參數，則網址列必須有相符的參數值，否則如右下圖會產生錯誤。

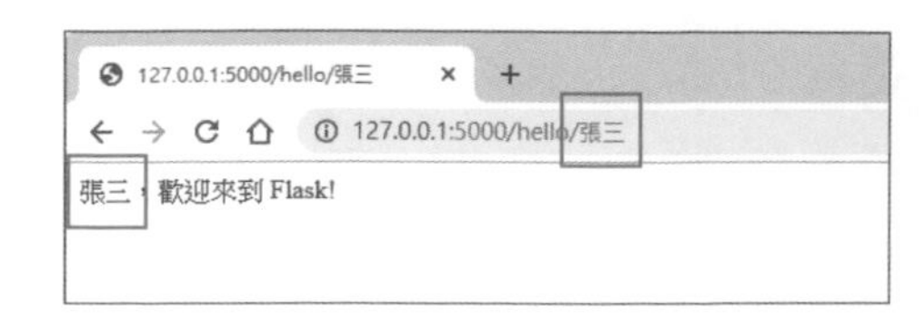

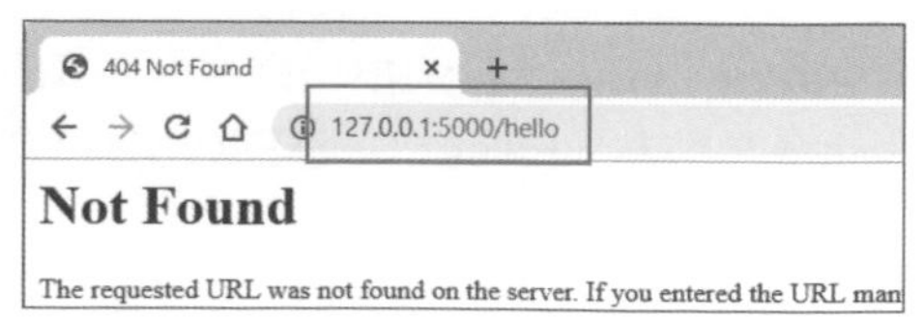

16.2 使用模板

上一節網頁僅回傳簡單的文字，實際網站中，伺服器通常是以 HTML 網頁與瀏覽器互動。要使用 Python 產生 HTML 網頁將是一件繁複的工作，因此 Flask 提供了模板 (Template) 功能，可以直接顯示 HTML 檔案，如此可大幅簡化產生網頁的工作。

16.2.1 靜態網頁檔

Flask 使用 render_template 模組讀取網頁檔。首先要匯入 render_template 模組：

```
from flask import render_template
```

接著就可使用 render_template 讀取網頁檔，語法為：

```
render_template('網頁檔案名稱')
```

例如讀取 <hello.html> 網頁檔：

```
render_template('hello.html')
```

Flask 的網頁檔案需放在 Flask 程式路徑的 <templates> 資料夾中，系統才能讀取。

template1.py

```
...
 4 from flask import render_template
 5 @app.route('/hello')
 6 def hello():
 7     return render_template('hello.html')
...
```

<hello.html> 位於 <templates> 資料夾中，程式碼為：

templates\hello.html

```
 1 <!DOCTYPE html>
 2 <html>
 3 <head>
 4     <meta charset='utf-8'>
 5     <title>第一個模版</title>
 6 </head>
 7 <body>
```

```
 8 <h1> Flask 網站 </h1>
 9   <h2> 歡迎光臨！ </h2>
10   <h4> 2019 年 11 月 12 日 </h4>
11 </body>
12 </html>
```

執行後網址輸入「127.0.0.1:5000/hello」的結果：

16.2.2 傳送參數及變數給網頁檔

如果要在網頁檔中顯示動態網網頁內容，可用參數或變數傳送給網頁檔做為網頁內容。傳送參數首先需在路由中設定參數，設定方法在前一節已說明：例如在 hello 網頁傳送 name 字串參數：

```
@app.route('/hello/<string:name>')
```

接著在 render_template 中加入第二個參數，語法為：

```
render_template('網頁檔案名稱', **locals())
```

「**locals()」是指傳送所有參數及區域變數。

網頁檔要如何接收呢？在網頁檔中接收參數的方法是將參數名稱以「{{」及「}}」包圍起來，例如接收 name 參數的語法為：

```
{{name}}
```

接收變數的語法和參數相同。

template2.py

```
...
 4 from flask import render_template
 5 from datetime import datetime
 6 @app.route('/hello/<string:name>')
 7 def hello(name):
```

```
8        now = datetime.now()
9        return render_template('hello2.html', **locals())
...
```

程式說明

- 6　　傳送 name 字串參數。
- 8　　建立變數 now 儲存現在時間。

template\hello2.html

```
...
 7 <body>
 8 <h1> Flask 網站 </h1>
 9   <h2> {{name}}，歡迎光臨！ </h2>
10   <h4> 現在時刻：{{now}} </h4>
11 </body>
...
```

程式說明

- 9　　接收 name 參數。
- 10　　接收 now 變數。

執行後網址輸入「127.0.0.1:5000/hello/ 李四」的結果：

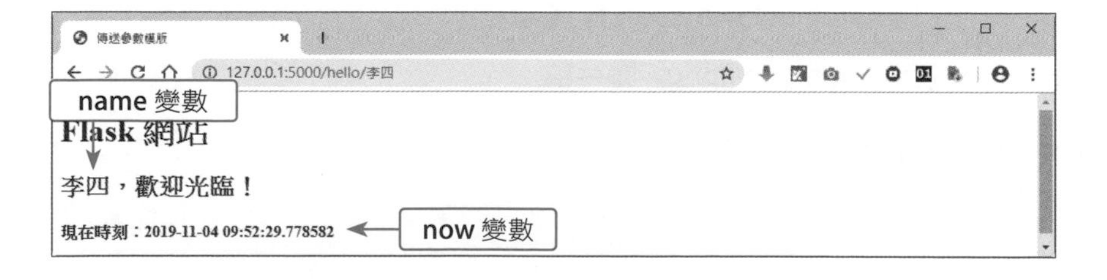

16.2.3 網頁檔使用靜態檔案

網頁中常會使用一些靜態檔案，如圖片、樣式檔案等。一般會將靜態檔案置於 <static> 資料夾中。在網頁檔中使用 <static> 資料夾中檔案的語法為：

```
{{ url_for('static', filename= 靜態檔案名稱 ) }}
```

例如使用 <static/ball.png> 圖片檔：

```
{{ url_for('static', filename='ball.png') }}
```

範例 <template3.py> 與 <template2.py> 大致相同，不同處只有開啟 <hello3.html> 網頁檔。

template\hello3.html

```
1  <!DOCTYPE html>
2  <html>
3  <head>
4      <meta charset='utf-8'>
5      <title>使用靜態檔案模版</title>
6      <link rel="stylesheet" href="{{ url_for('static',
           filename='style1.css') }}">
7  </head>
8  <body>
9   <h1> Flask 網站
10      <img src="{{ url_for('static', filename='ball.png') }}"
            width="32" height="32" />
11  </h1>
12      <h2> {{name}}，歡迎光臨！ </h2>
13      <h4> 現在時刻：{{now}} </h4>
14  </body>
15  </html>
```

程式說明

- 6　使用 <static/style1.css> 樣式檔。
- 10　使用 <static/ball.png> 圖片檔。

<style1.css> 設定 <h4> 的文字為紅色。

static\style1.css

```
1 h4 {
2  color:red;
3 }
```

執行後網址輸入「127.0.0.1:5000/hello/ 李四」的結果：

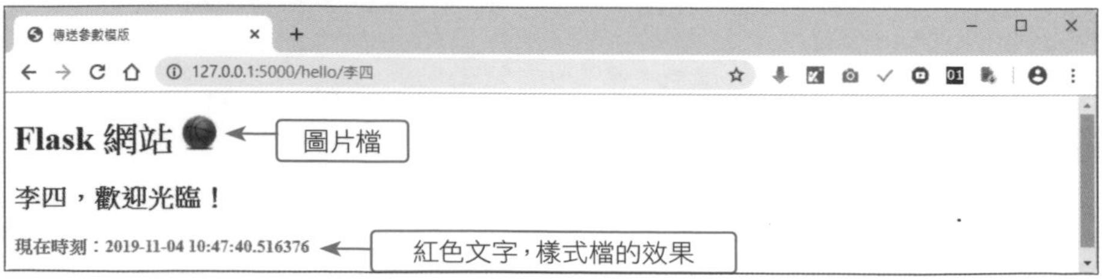

傳送參數模版
127.0.0.1:5000/hello/李四

Flask 網站 ← 圖片檔

李四，歡迎光臨！

現在時刻：2019-11-04 10:47:40.516376 ← 紅色文字，樣式檔的效果

16.3 Template 語言

Template 模版有自己的語言，可以顯示變數，同時也有 if 條件指令和 for 迴圈指令，也可以加上註解。

Template 模版的組成：

名稱	說明	範例
變量	將 views 傳送內容顯示在模版指定的位置上。	{{username}}
標籤	if 條件指令和 for 迴圈指令。	{% if found %} { % for item in items %}
單行註解	語法：{# 註解文字 #}。	{# 這是註解文字 #}
文字	HTML 標籤或文字。	<title> 顯示的模版 </title>

16.3.1 變量

變量就是要顯示的變數，變數可以是一般的變數，也可以使用字典變數或串列，分別以「{{ 變數 }}」、「{{ 字典變數 . 鍵 }}」、「{{ 串列 . 索引 }}」語法來表示。請特別注意：在模版中使用的語法和 Python 並不相同，下表為其對照。

變量類型	Template 語法	Python 語法	說明
字典	{{dict1.name}}	dict1[name]	name 是字典的鍵。
方法	{{obj1.show}}	obj1.show()	show() 是 obj1 物件的方法。
串列	{{list1.0}}	list1[0]	list1 是串列。例如： list1=["a","b","c"]。

下面例子示範傳遞字典及串列到網頁模板。

variable.py

```
...
 4 from flask import render_template
 5 @app.route('/variable')
 6 def variable():
 7     student = {'學號':'874523', '姓名':'張三', '性別':'男'}
 8     fruit = ['蘋果', '香蕉', '芭樂', '百香果']
```

```
9     return render_template('variable.html', **locals())
...
```

程式說明

- 7　　建立字典。
- 8　　建立串列。

template\variable.html

```
...
 7 <body>
 8     <h4>姓名：{{student.姓名}}</h4>
 9     <h4>最喜歡的水果：{{fruit.1}}</h4>
10 </body>
...
```

程式說明

- 8　　取得 student 字典中鍵為「姓名」的值。
- 9　　取得 fruit 串列的第二個元素值。

執行後網址輸入「127.0.0.1:5000/variable」的結果：

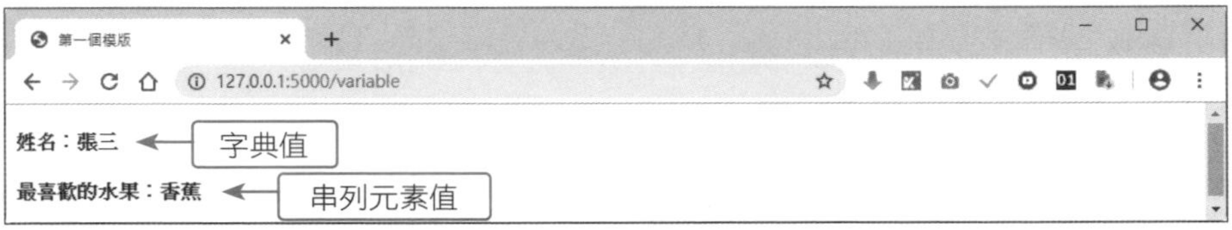

第一個模版
127.0.0.1:5000/variable
姓名：張三 ← 字典值
最喜歡的水果：香蕉 ← 串列元素值

16.3.2 標籤

Template 模版的條件判斷指令和迴圈指令稱為標籤，有 if 條件指令和 for 迴圈指令。

條件指令

if 條件指令依條件是否成立執行對應的程式區塊，有單向、雙向和多向共 3 種條件判斷式。

單向判斷式

單向條件判斷式是最簡單的條件判斷式，當條件成立時就執行程式區塊，若條件不成立，將不執行程式區塊。語法為：

```
{% if 條件 %}
    程式區塊
{% endif %}
```

例如：如果成績 score 大於等於 60 分顯示「及格」。

```
{% if score >= 60 %}
    及格
{% endif %}
```

雙向判斷式

雙向條件判斷式則是條件成立時執行程式區塊一，否則執行程式區塊二。語法為：

```
{% if 條件 %}
    程式區塊一
{% else %}
    程式區塊二
{% endif %}
```

例如：如果成績 score 大於等於 60 分顯示「及格」，否則顯示「不及格」。

```
{% if score >= 60 %}
    及格
{% else %}
    不及格
{% endif %}
```

多向判斷式

多向條件判斷式則是在多個條件中，擇一執行，如果條件成立，就執行相對應的程式區塊，如果所有條件都不成立，則執行 else 後面的程式區塊，若省略 else 敘述，當所有條件都不成立時，將不執行任何程式區塊。語法為：

```
{% if 條件一 %}
    程式區塊一
{% elif 條件二 %}
    程式區塊二
{% elif 條件三 %}
    程式區塊三
    ...
[{% else %}
    程式區塊 else]
{% endif %}
```

例如：如果成績 score 大於等於 90 分顯示「優等」，大於等於 80 分且小於 90 分顯示「甲等」，大於等於 70 分且小於 80 分顯示「乙等」，大於等於 60 分且小於 70 分顯示「丙等」，小於 60 分顯示「丁等」。

```
{% if score >= 90 %}
    優等
{% elif score >=80 %}
    甲等
{% elif score >=70 %}
    乙等
{% elif score >=60 %}
    丙等
{% else %}
    丁等
{% endif %}
```

for 迴圈指令

for 迴圈可以依序讀取串列元素，並執行程式區塊，語法為：

```
{% for 變數 in 串列 %}
    程式區塊
```

例如：定義 list1 串列為 list1 = range(1,6)。

```
list1 = range(1,6)
```

在樣版中以 for 迴圈顯示 list1，執行結果為「1,2,3,4,5,」。

```
{% for i in list1 %}
    {{i}},
{% endfor %}
```

範例：模版中接收串列資料並依序顯示

本範例以串列方式建立 persons 串列模擬從資料庫中取出資料，該串列中包含 3 筆字典型別資料。

show.py

```
...
 4 from flask import render_template
 5 @app.route('/show')
 6 def show():
```

```
7       person1={"name":"Amy","phone":"049-1234567","age":20}
8       person2={"name":"Jack","phone":"02-4455666","age":25}
9       person3={"name":"Nacy","phone":"04-9876543","age":17}
10      persons=[person1,person2,person3]
11      return render_template('show.html', **locals())
...
```

templates\show.html

```
...
 7 <body>
 8     <h3>
 9     {% for person in persons%}
10         <ul>
11             <li> 姓名：{{person.name}}</li>
12             <li> 手機：{{person.phone}}</li>
13             <li> 年齡：{{person.age}}</li>
14         </ul>
15     {% endfor %}
16     </h3>
17 </body>
...
```

程式說明

- 9-15　以 for 迴圈逐一顯示資料。

執行後開啟「http://127.0.0.1:5000/show」，將會依序顯示串列中的資料。

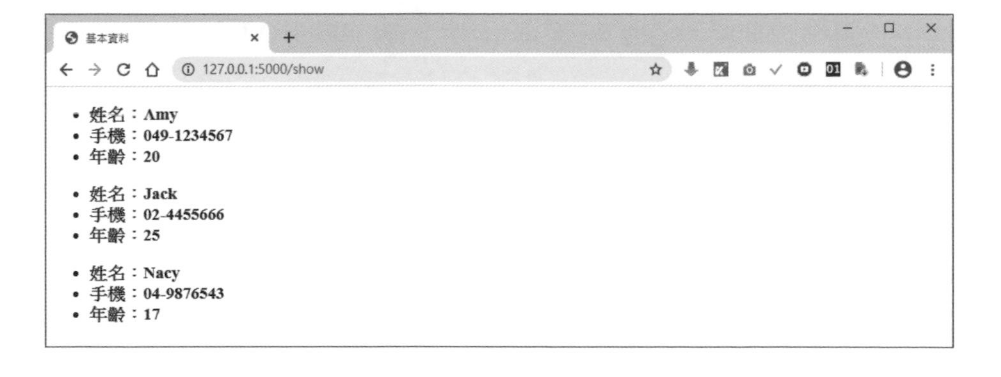

01 02 03 04 05 06 07 08 09 10 11 12 13 14 15 16 17

16.4 以 GET 及 POST 傳送資料

網頁中最常用來傳送資料的方式就是 GET 及 POST，本節說明 Flask 中如何以 GET 及 POST 來傳送資料。

16.4.1 以 GET 傳送資料

前面提過使用設定路由傳遞參數值的方法，但此方法對於傳遞大量參數值時不甚方便：必須自行記憶參數順序，很容易造成參數值傳送錯誤，使用 GET 方式傳遞參數可為參數命名，與參數的順序無關。

以 GET 傳送參數值的方法是將要傳送的參數置於網址後面，第一個參數以「?」符號連接，第二個以後的參數都以「&」符號連接，語法為：

```
網址 ? 參數 1= 值 1& 參數 2= 值 2& 參數 3= 值 3...
```

例如：傳送 name 及 tel 參數。

```
http://127.0.0.1:5000/test?name=david&tel=0987654321
```

Flask 如何接收以 GET 方式傳送的參數資料呢？首先是在路由中以 methods 設定以 GET 傳送參數，語法為：

```
@app.route('/ 網頁路徑 ', methods=['GET'])
```

因為 Flask 是以 request 模組取得參數值，因此要匯入 request 模組：

```
from flask import request
```

匯入 request 模組後就可用「args.get」方法取得 GET 參數值，語法為：

```
request.args.get(' 參數名稱 ')
```

例如取得 name 參數值：

```
request.args.get('name')
```

下面範例會以 GET 方式傳送 name 及 city 參數給 <get1.html> 網頁。

get1.py

```
 1 from flask import Flask
 2 from flask import request
 3 app = Flask(__name__)
 4 
 5 from flask import render_template
 6 @app.route('/get1', methods=['GET'])
 7 def get1():
 8     name = request.args.get('name')
 9     city = request.args.get('city')
10     return render_template('get1.html', **locals())
...
```

程式說明

- 2　　匯入 request 模組。
- 6　　以 GET 方式建立路由。
- 8-9　　取得 GET 方式傳送的參數值存於變數。

template\get1.html

```
...
 7 <body>
 8 <h1> Flask 網站 </h1>
 9   <h2> 歡迎來自 {{city}} 的 {{name}} 光臨本網站！ </h2>
10 </body>
...
```

程式說明

- 9　　接收 city 及 name 變數。

執行後網址輸入「127.0.0.1:5000/get1?name= 林大山 &city= 高雄」的結果：

16.4.2 以 POST 傳送資料

無論是以路由或 GET 方式傳送資料給網頁，其傳送的資料都會暴露在網址列中，形成網頁安全很大的漏洞，如果傳送重要資料如帳號、密碼等，等於將機密資料告訴所有人。

POST 方式傳送的資料不會顯示於網址列，是相當安全的資料傳送方式。

網頁中最常使用 POST 的方法是以表單 (Form) 形式讓使用者輸入資料，再將表單以 POST 方式傳送。在網頁中建立表單並傳送處理函式給 Flask 的語法為：

```
<form method='post' action="{{ url_for('處理函式名稱') }}">
    表單內容程式
</form>
```

「method='post'」表示以 POST 方式送出表單，「action="{{ url_for('處理函式名稱') }}"」設定在 Flask 中處理傳送資料的函式。

Flask 必須建立對應的路由及處理函式，語法為：

```
@app.route('/網頁路徑', methods=['POST'])
def 處理函式名稱():
    處理 POST 資料程式碼
```

為了方便識別，通常會將「網頁路徑」與「處理函式名稱」設為相同。

Flask 要取得 POST 參數值，也要匯入 request 模組：

```
from flask import request
```

匯入 request 模組後就以「values」方法取得 POST 參數值，語法為：

```
request.values('參數名稱')
```

例如取得 name 參數值：

```
request.values('name')
```

下面範例 <post1.html> 會以 POST 方式傳送 username 及 password 參數給 Flask 處理。

template\post1.html

```
...
 7 <body>
 8 <h1> Flask 網站 </h1>
 9     <form method='post' action="{{ url_for('submit') }}">
10         <p> 帳號：<input type='text' name='username' /></p>
11         <p> 密碼：<input type='text' name='password' /></p>
12         <p><button type='submit'> 確定 </button></p>
13     </form>
14 </body>
15 </html>
```

程式說明

- 9-13　建立表單。
- 9　設定表單以 POST 方式送出，Flask 的處理函式名稱為 submit。
- 10-11　建立輸入帳號及密碼的欄位。
- 12　建立送出表單的按鈕。

post1.py

```
 1 from flask import Flask
 2 from flask import request
 3 app = Flask(__name__)
 4 
 5 from flask import render_template
 6 @app.route('/post1')
 7 def post1():
 8     return render_template('post1.html')
 9 
10 @app.route('/submit', methods=['POST'])
11 def submit():
12     username = request.values['username']
13     password = request.values['password']
14     if username=='david' and password=='1234':
15         return '歡迎光臨本網站！'
16     else:
17         return '帳號或密碼錯誤！'
...
```

程式說明

- 2　匯入 request 模組。
- 6-8　設定「http://127.0.0.1:5000/post1」顯示表單。
- 10-17　處理 <post1.html> 送出表單程式。
- 12-13　取得 POST 傳送的帳號及密碼資料存於變數。
- 14-15　若帳號及密碼都正確則顯示「歡迎光臨本網站！」訊息。
- 16-17　若帳號或密碼錯誤則顯示「帳號或密碼錯誤！」訊息。

執行後網址輸入「127.0.0.1:5000/post1」會顯示表單，輸入正確的帳號及密碼 (david 及 1234)，按 **確定** 鈕就顯示「歡迎光臨本網站！」訊息。

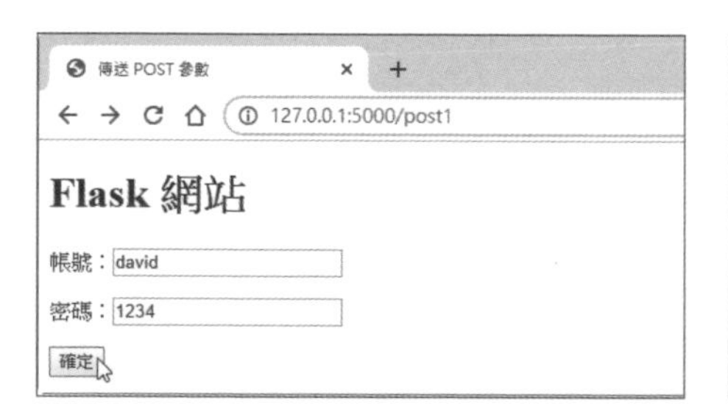

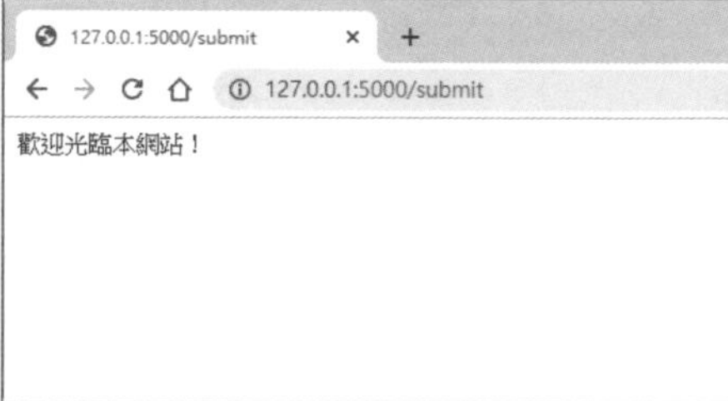

若輸入的帳號或密碼錯誤，按 **確定** 鈕就顯示「帳號或密碼錯誤！」訊息。

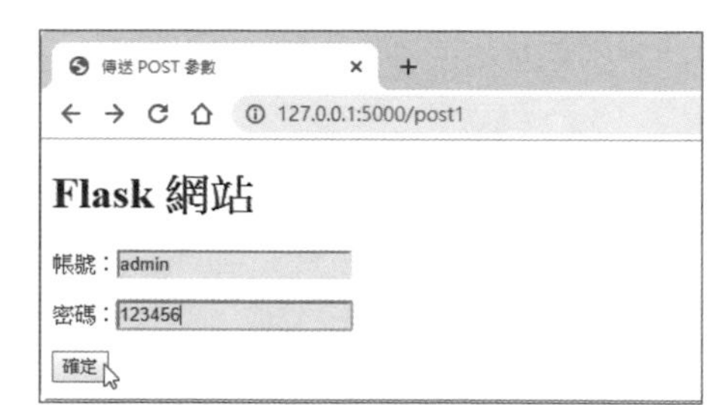

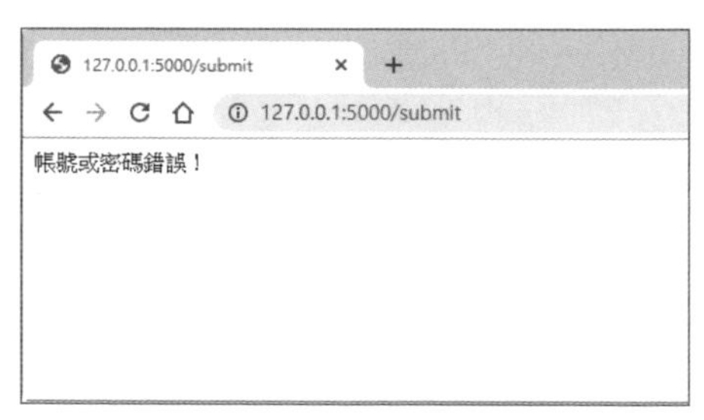

17

Flask 建立 Web API 及 Heroku 部署

01 02 03 04 05 06 07 08 09 10 11 12 13 14 15 16 17

17.1 建立縣市天氣資料 Web API

Web API 是目前很夯的話題，尤其是政府公開資料很多都以 Web API 提供資料給普羅大眾使用。他人提供的 Web API 資料常不符個人需求，若是能自行建立 Web API，就能隨心所欲控制取得的資料。

輕量形網頁框架 Flask 非常適合開發 Web API，本節利用 Flask 建立縣市天氣 API，可以輕鬆取得縣市目前天氣資料。

17.1.1 縣市氣象公開資料

氣象局公開資料授權碼

中央氣象局公開資料平台提供多種氣象資料讓民眾使用，為了避免資料被濫用，必須先在氣象局網站註冊並取得授權碼才能使用氣象資料。

開啟中央氣象局會員登入網頁「https://pweb.cwb.gov.tw/CWBMEMBER2/」，按 **加入氣象會員** 鈕申請會員，請遵照指示完成會員申請程序。

LUIS: App Endpoint Settings
中央氣象局氣象會員登入
https://pweb.cwb.gov.tw/CWBMEMBER2/
氣象會員服務
歡迎您, 請登入 !!
會員首頁
個人化網頁
修改會員資料
電子報訂閱
許可證申請
儀器檢校
檢調應用
預約氣象
登出
中央氣象局氣象會員登入
郵件帳號
密碼
確認送出
加入氣象會員
忘記密碼
加入會員或快速使用
若您還沒有氣象會員
FB帳號登入後立即
氣象會員服務說明
可同時享有多項服務
1.個人化網頁，開闢
2.訂閱氣象電子報。
要訂閱者請前往「
3.預約氣象，訂閱
預報資訊服務。

開啟中央氣象局公開資料網頁「https://opendata.cwb.gov.tw/index」，按 **登入 / 註冊** 鈕登入公開資料網站：於 **會員登入** 對話方塊輸入中央氣象局會員的帳號及密碼，核選 **我不是機器人**，按 **登入** 鈕。

登入後點選右上角 **會員資訊**，於下拉式選單點選 **API 授權碼**，在 **API 授權碼** 頁面按 **取得授權碼** 鈕，右方就會出現一長串紅色文字，這就是氣象局公開資料授權碼，複製授權碼以便在程式中使用。

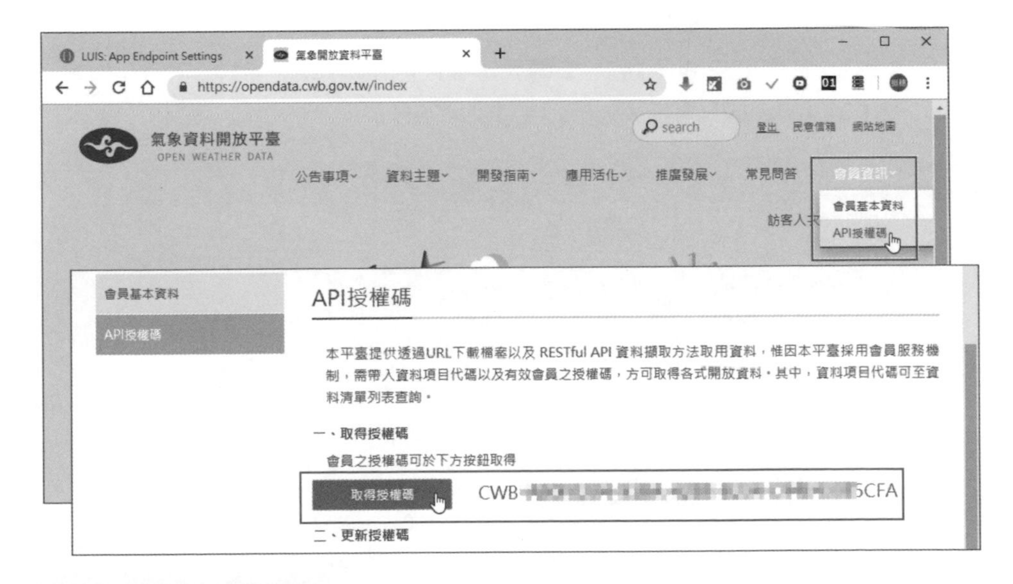

取得氣象資料語法

有了氣象局公開資料 API 授權碼，就可以利用氣象局提供的 API 來取得氣象資料，語法為：

```
http://opendata.cwb.gov.tw/opendataapi?dataid= 資料代碼 &
    authorizationkey= 授權碼
```

- **資料代碼**：天氣資料類型，例如「F-A0012-001」為中文海面天氣預報，「F-C0032-001」為中文一般天氣預報 - 今明 36 小時天氣預報等。資料代碼意義請參考 https://opendata.cwb.gov.tw/opendatadoc/MFC/ForecastElement.pdf。本範例使用的天氣資料為「F-C0032-001」。
- **授權碼**：氣象局公開資料 API 授權碼。

此處要使用 36 小時天氣預報資料，於瀏覽器網址列輸入「http://opendata.cwb.gov.tw/opendataapi?dataid=F-C0032-001&authorizationkey= 授權碼」即可取得即時天氣資料 <F-C0032-001.xml>。

讀者可查看 <F-C0032-001.xml> 資料內容：地區是以縣市為單位，如臺北市、新北市等，天氣資料包含 36 小時天氣狀況 (Wx)、最高溫度 (MaxT)、最低溫度 (MinT)、舒適度 (CI)、降雨機率 (PoP)。

17.1.2 解析天氣資料

下面範例會由 <F-C0032-001.xml> 取得高雄市天氣資料顯示，讀者可對照本章範例 <F-C0032-001.xml> 檔的內容。

程式碼：weatherdata.py

```
1 import requests
2 try:
3     import xml.etree.cElementTree as et
4 except ImportError:
5     import xml.etree.ElementTree as et
6 
7 user_key = 授權碼
8 doc_name = "F-C0032-001"
9 
10 api_link = "http://opendata.cwb.gov.tw/opendataapi?dataid=%s&
      authorizationkey=%s" % (doc_name,user_key)
11 report = requests.get(api_link).text
12 #print(report)
13 xml_namespace = "{urn:cwb:gov:tw:cwbcommon:0.1}"
14 root = et.fromstring(report)
15 dataset = root.find(xml_namespace + 'dataset')
```

```
16 locations_info = dataset.findall(xml_namespace + 'location')
17 # 取得 <location> Elements, 每個 location 就表示一個縣市資料
18 location = '高雄市'
19 target_idx = -1
20 for idx,ele in enumerate(locations_info):
21     locationName = ele[0].text # 取得縣市名
22     if locationName == location:  #找到要查詢的縣市
23         target_idx = idx
24         break
25 if target_idx != -1:
26     show = ''
27     tlist = ['天氣狀況', '最高溫', '最低溫', '舒適度', '降雨機率']
28     for i in range(5):
29         element = locations_info[target_idx][i+1]
            #取得weatherElement
30         timeblock = element[1] # 取出目前時間點的資料
31         data = timeblock[2][0].text
32         show = show + tlist[i] + ':' + data + '\n'
33     print(show)
34 else:
35     print('無此縣市資料！')
```

程式說明

- 1-5　匯入讀取網頁及分析 XML 結構的模組。
- 8　36 小時天氣預報的資料代碼。
- 10　氣象局公開資料 API。
- 11　取得 XML 格式氣象資料。
- 12　若移除註解可顯示完整氣象資料。
- 13　設定 namespace。因為 XML 文件第 2 列做下列設定，讀取時配合 namespace 設定：

```
<cwbopendata xmlns="urn:cwb:gov:tw:cwbcommon:0.1">
```

- 14　以 xml.etree.ElementTree 模組取得 XML 文件根目錄。
- 15　所有天氣資料皆位於 dataset 標籤中：以 find 方法取得 dataset 標籤內容。
- 16　每一個 location 標籤是一個縣市天氣資料：以 findall 取得所有 location 標籤內容。locations_info 是一個串列，每個元素是一個縣市天氣資料。
- 18　要查詢的縣市名稱。

- 19　target_idx 變數儲存查詢縣市名稱在 locations_info 串列中的索引值。初始值設為 -1，25 列程式檢查 target_idx 若為 -1，表示查詢的縣市名稱不存在。
- 20-24　逐一檢查查詢縣市名稱是否存在。
- 21　取得 XML 文件的縣市名稱。
- 22-24　如果查詢縣市名稱存在就記錄它在 locations_info 串列中的索引值，同時結束迴圈。
- 25　檢查 target_idx 若不為 -1，表示查詢縣市名稱存在。
- 27　設定天氣資料項目標題。
- 28-32　逐一處理天氣資料。
- 29　取得 weatherElement 標籤內容。location 標籤包含 locationName 及 5 個 weatherElement 標籤，從第二個元素開始才是 weatherElement 標籤。

```
...
<location> ← locations_info[target_idx]
    <locationName> 臺北市 </locationName> ← locations_info[target_idx][0]
    <weatherElement> ← locations_info[target_idx][1]
        <elementName>Wx</elementName>
         ...
    </weatherElement>
    <weatherElement> ← locations_info[target_idx][2]
        <elementName>MaxT</elementName>
       ...
     </weatherElement>
  ...
```

- 30　取得第一個 time 標籤內容。
- 31　取得天氣資料值。
- 32　組合顯示天氣資料字串。

```
<weatherElement>
    <elementName>Wx</elementName> ← element[0]
    <time> ← element[1]
        <startTime>2019-06-15T12:00:00+08:00</startTime> ← timeblock[0]
        <endTime>2019-06-15T18:00:00+08:00</endTime> ← timeblock[1]
        <parameter> ← timeblock[2]
            <parameterName> 晴時多雲 </parameterName> ← timeblock[2][0]
            <parameterValue>2</parameterValue>
        </parameter>
    </time>
```

執行結果：

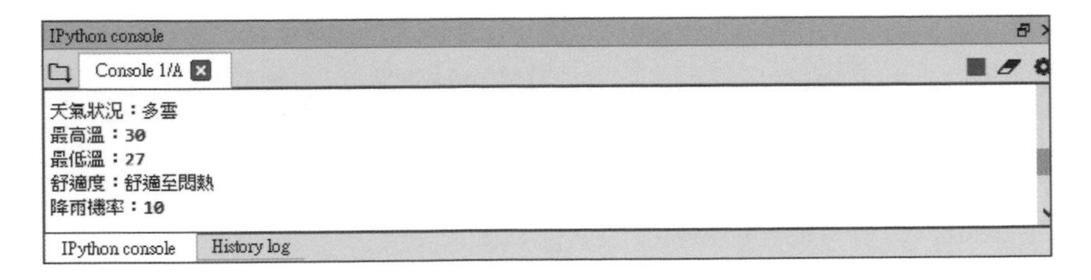

17.1.3 縣市天氣資料 Web API

了解如何取得縣市氣象資料後，就可利用 Flask 框架製作 Web API 了！

縣市天氣資料 Web API 需注意兩件事：

- **縣市名稱以參數傳送**：要取得哪一個縣市的氣象資料，只要在網址列以參數指定即可。為符合一般人使用習慣，縣市名稱皆輸入兩個字的名稱，如臺北、桃園等。另外，一般人常會將「臺」輸入為「台」，因此輸入「臺」或「台」皆可。
- **輸出資料格式**：Web API 常以 JSON、XML 等資料格式輸出，方便取得資料者使用。此處以 JSON 格式輸出。

weather.py

```
1 from flask import Flask
2 app = Flask(__name__)
3
4 import requests
5 try:
6     import xml.etree.cElementTree as et
7 except ImportError:
8     import xml.etree.ElementTree as et
9 @app.route('/weather/<city>')
10 def weather(city):
11     user_key = 授權碼
12     doc_name = "F-C0032-001"
13
14     cities = ["臺北","新北","桃園","臺中","臺南","高雄",
           "基隆","新竹","嘉義"]  # 市
15     counties = ["苗栗","彰化","南投","雲林","屏東","宜蘭",
           "花蓮","臺東","澎湖","金門","連江"]  # 縣
```

```
16
17      showdata = ''
18      flagcity = False  # 檢查是否為縣市名稱
19      city = city.replace('台', '臺')  # 氣象局資料使用「臺」
20      if city in cities:  # 加上「市」
21          city += '市'
22          flagcity = True
23      elif city in counties:  # 加上「縣」
24          city += '縣'
25          flagcity = True
26      if flagcity:  # 是縣市名稱
27          # 由氣象局 API 取得氣象資料
28          api_link = "http://opendata.cwb.gov.tw/opendataapi?
              dataid=%s&authorizationkey=%s" % (doc_name,user_key)
29          report = requests.get(api_link).text
30          xml_namespace = "{urn:cwb:gov:tw:cwbcommon:0.1}"
31          root = et.fromstring(report)
32          dataset = root.find(xml_namespace + 'dataset')
33          locations_info = dataset.findall(xml_namespace + 'location')
34          target_idx = -1
35          # 取得 <location> Elements,每個 location 就表示一個縣市資料
36          for idx,ele in enumerate(locations_info):
37              locationName = ele[0].text # 取得縣市名
38              if locationName == city:
39                  target_idx = idx
40                  break
41          # 挑選出目前想要 location 的氣象資料
42          tlist = ['天氣狀況', '最高溫', '最低溫', '舒適度', '降雨機率']
43          showdata - '{'
44          for i in range(len(tlist)):
45              element = locations_info[target_idx][i+1] # 取出 Wx (氣象描述)
46              timeblock = element[1] # 取出目前時間點的資料
47              data = timeblock[2][0].text
48              showdata = showdata + '"' + tlist[i] + '":"' + data + '", '
49          showdata = showdata[:-2] + "}" # 移除最後一個換行
50      else:
51          showdata = '縣市名稱不存在!'
52      return showdata
53
54  if __name__ == '__main__':
55      app.run()
```

程式說明

- 14-15　氣象資料縣市名稱有「市」或「縣」，使用者輸入時大多沒有加「市」或「縣」，因此建立「市」或「縣」串列，在 20-25 列程式將使用者輸入的縣市名稱加上「市」或「縣」，以符合氣象資料。
- 17　showdata 變數儲存傳回值，初始值設為空字串。
- 18　flagcity 記錄參數 city 是否符合縣市名稱。
- 19　氣象資料縣市名稱中的「臺」，使用者常輸入為「台」，此列程式將「台」轉換為「臺」。
- 20-22　若縣市名稱在「市」串列中，則將縣市名稱加上「市」。
- 23-25　若縣市名稱在「縣」串列中，則將縣市名稱加上「縣」。
- 26　如果縣市名稱正確就執行 27-49 列程式。
- 28-48　由氣象局公開資料取得查詢縣市的各項天氣資料，程式解說請參考前一節說明。
- 43　字典資料以「{」字元開始。
- 49　組合 showdata 字串時會在每個項目最後加上「, 」兩個字元，此列程式移除最後兩個字元，再加上字典結束字元「}」。
- 50-51　如果不符合縣市名稱，將無法取得天氣資料，回覆使用者「縣市名稱不存在！」。

於命令提示字元視窗切換到 Flask 程式資料夾，執行「python weather.py」，在瀏覽器輸入「http://127.0.0.1:5000/weather/ 台北」就傳回台北地區天氣資料：

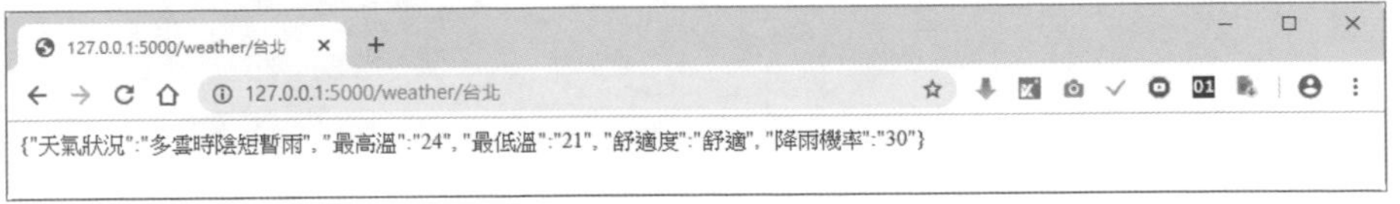

若參數值不是兩個字的縣市名稱，會顯示「縣市名稱不存在！」。

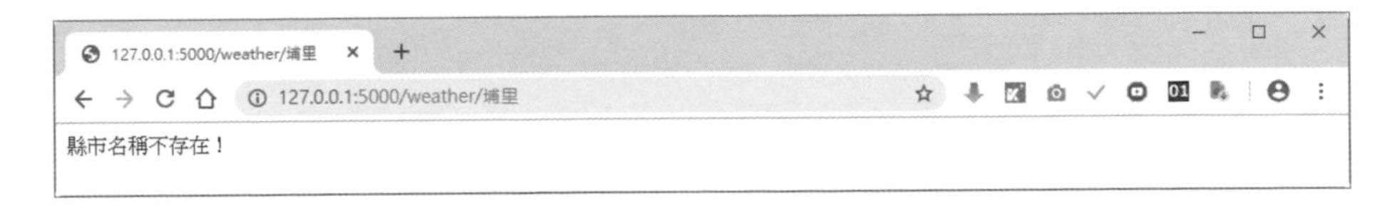

17.2 部署 Web API 到 Heroku

Web API 必須部署在網頁伺服器中，所有人才能連接伺服器使用 Web API。自行架設網頁伺服器不僅需耗費大量的時間及金錢，後續管理更要花費不少精力。將網站置於 PaaS (Platform as a Service) 網路服務平台是目前大多數網站開發者的選擇，PaaS 將網站視為一個應用程式，只要調整網站的結構符合 PaaS 的規則，系統就可正常運行。PaaS 的優點是開發者只需專注於網站的功能，其餘主機相關事宜都由 PaaS 去操心。

目前 Google、Microsoft Azure、Amazon 及 Heroku 都有提供 PaaS 服務，其中 Heroku 有提供免費方案，最適合一般使用者利用。

17.2.1 安裝 Git 版本管理軟體

Heroku 使用 Git 版本管理軟體進行網站部署，因此必須安裝 Git 版本管理軟體。

開啟 Git 官網「https://git-scm.com/」，點選 **Download x.x.x for Windows** 鈕下載 Git 安裝程式。

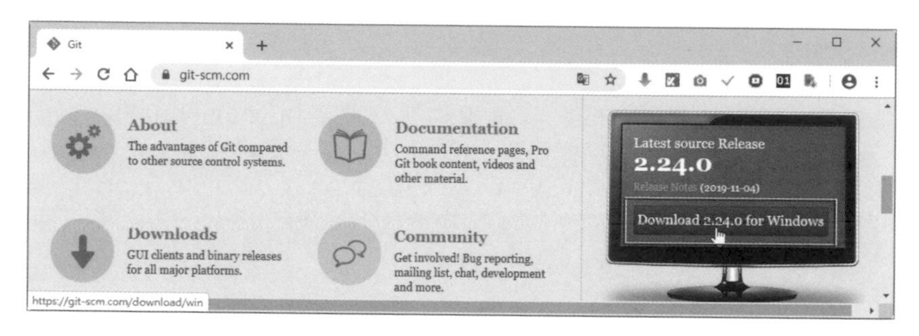

於下載檔案 (目前為 Git-2.24.0-64-bit.exe) 按滑鼠左鍵兩下執行：

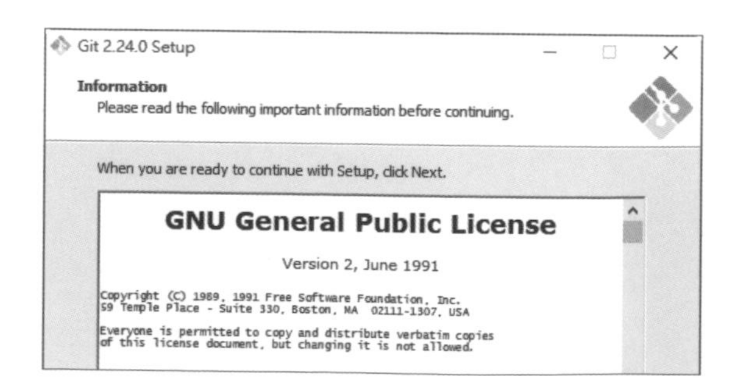

按 4 次 **Next** 鈕到設定文字編輯器頁面，可在下拉式選單中選取熟悉的文字編輯器。(如 Notepad++、Visual Studio Code 等)

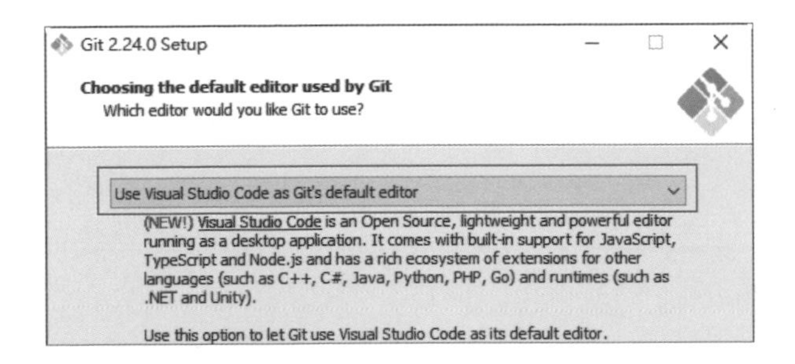

再按 7 次 **Next** 鈕後按 **Install** 鈕開始安裝，安裝完成後按 **Finish** 鈕完成安裝。

第一次使用 Git 時需設定基本資料 (使用者名稱及電子郵件)：在命令提示字元視窗輸入下列命令。

```
git config --global user.name "使用者名稱"
git config --global user.email "電子郵件"
```

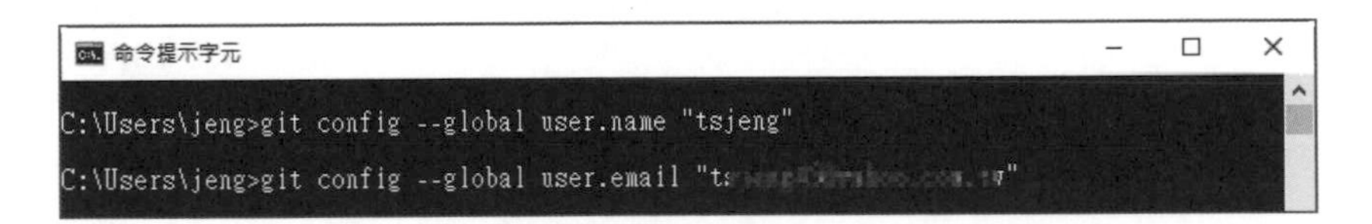

17.2.2 建立 Heroku 應用程式

要使用 Heroku 服務必須先註冊帳號：開啟「https://www.heroku.com/」網頁，按 **SIGN UP FOR FREE** 鈕進入建立免費帳號頁面。填寫所有欄位資料，核選 **我不是機器人**，按 **CREATE FREE ACCOUNT** 鈕建立免費帳號。

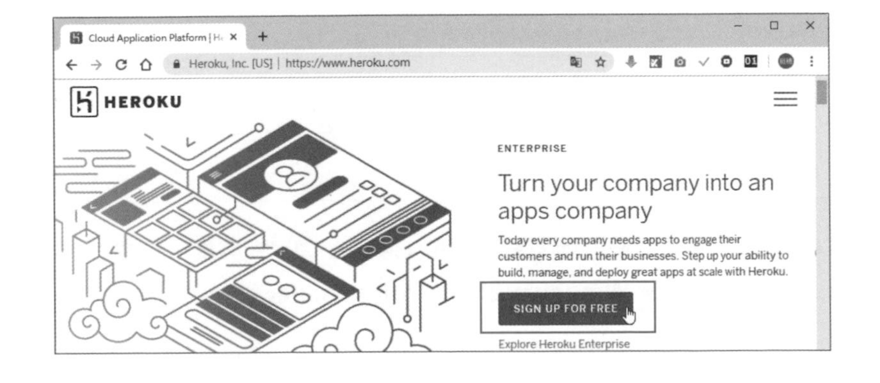

建立帳號後，按 **LOG IN** 鈕登入。按 **Create New App** 建立應用程式，用來放置網站內容。**App Name** 欄位輸入應用程式名稱，Heroku 使用此名稱做為網址名稱，因此不可與其他使用者的應用程式名稱重覆，且只能使用小寫字母、數字及「-」字元。使用者輸入名稱後，系統會告知該名稱是否可用，此處輸入「weathflask」。按 **Create app** 鈕建立應用程式。(讀者不可再使用 weathflask，請輸入其他名稱。)

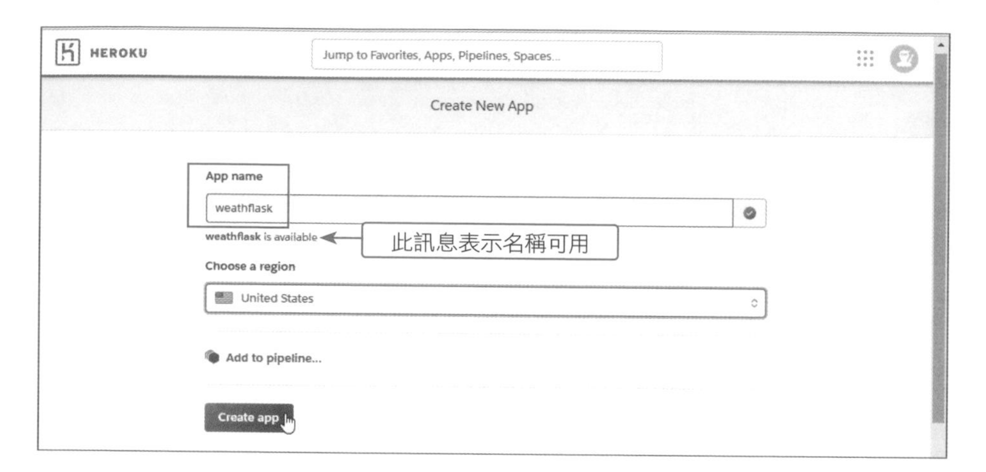

17.2.3 安裝 Heroku CLI

Heroku 使用 Git 版本管理軟體進行網站部署，Heroku 官方撰寫了 Heroku CLI 套裝軟體，方便使用者利用 Git 將檔案與 Heroku 伺服器同步。

應用程式建立完成後，會切換到應用程式管理頁面，將網頁向下捲到 **Deploy using Heroku Git** 處，點選 **Heroku CLI** 連結。

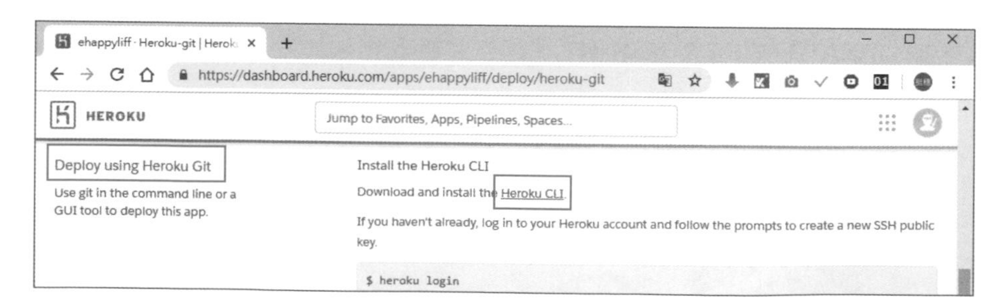

Heroku CLI 下載頁面可下載各種系統使用的 Heroku CLI 安裝檔，此處以 64 位元的 Windows 系統為例：點選 **Windows** 處的 **64 bit installer** 鈕。

在下載的 <heroku-x64.exe> 按滑鼠左鍵兩下就開始安裝：按 **Next** 鈕再按 **Install** 鈕就完成安裝。

17.2.4 建置空白虛擬環境

Python 環境使用一段時間後會安裝許多模組，如果部署應用程式時將這些模組一併部署到伺服器的話，不但會佔據大量伺服器空間，也可能影響伺服器執行效率，因此部署專案時，最好先新增一個空白虛擬環境，將要部署的應用程式置於此空白虛擬環境，再安裝應用程式所需的模組，就可達到最佳部署狀態。

Python 安裝時並未加入建立虛擬環境的模組，在命令提示字元視窗執行下面命令安裝建立虛擬環境的模組：

```
pip install virtualenv
```

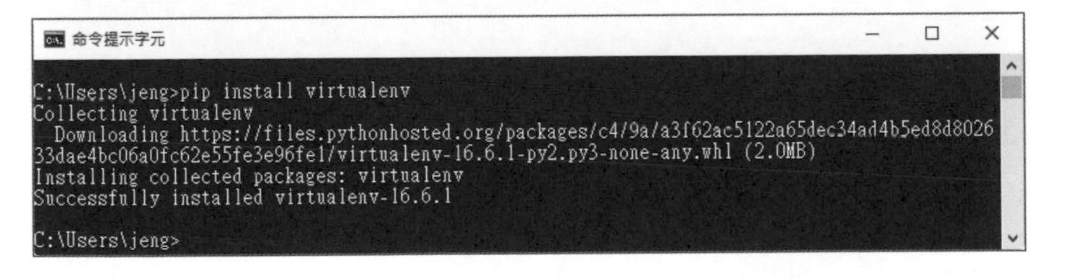

切換到 C 磁碟機根目錄，以 virtualenv 指令建立 herokuenv 虛擬環境：

```
cd c:\
virtualenv herokuenv
```

系統會新增 <herokuenv> 資料夾，並建立虛擬環境所需的程式檔案：

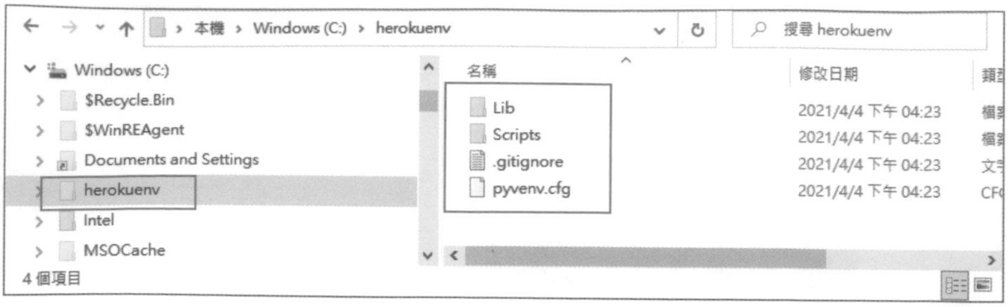

切換到 <herokuenv> 資料夾，以 activate 指令啟動虛擬環境：

```
cd herokuenv
Scripts\activate
```

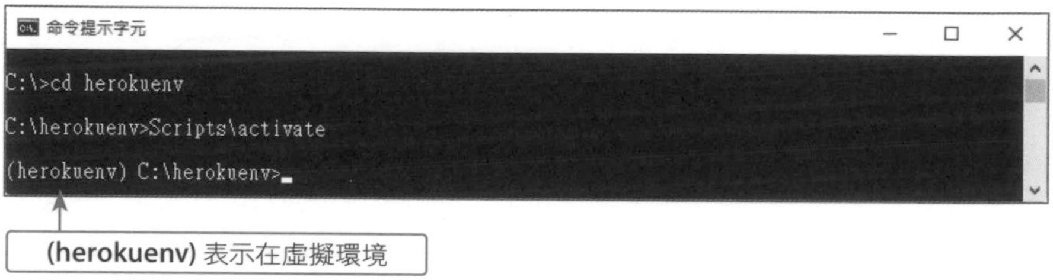

```
C:\>cd herokuenv

C:\herokuenv>Scripts\activate

(herokuenv) C:\herokuenv>
```

(herokuenv) 表示在虛擬環境

在 **命令提示字元** 視窗以下列命令安裝 Flask 模組：

```
pip install flask==1.1.2
```

Flask 網頁為 Web 類型，執行環境使用 gunicorn 伺服器，需要使用 gunicorn 模組，以下列命令安裝：

```
pip install gunicorn==19.9.0
```

天氣 Web API 還需要使用 requests 模組，以下列命令安裝：

```
pip install requests==2.22.0
```

如果程式還有使用其他模組就一一安裝。

可以使用顯示安裝模組指令查看模組是否已經安裝完成：

```
pip list
```

```
命令提示字元
(herokuenv) C:\herokuenv>pip list
Package      Version
------------ ---------
certifi      2019.9.11
chardet      3.0.4
Click        7.0
Flask        1.1.2
gunicorn     19.9.0
idna         2.8
itsdangerous 1.1.0
Jinja2       2.10.3
MarkupSafe   1.1.1
pip          19.3.1
requests     2.22.0
setuptools   41.6.0
urllib3      1.25.6
Werkzeug     0.16.0
wheel        0.33.6
```

已安裝 Flask 模組

已安裝 gunicorn 模組

已安裝 requests 模組

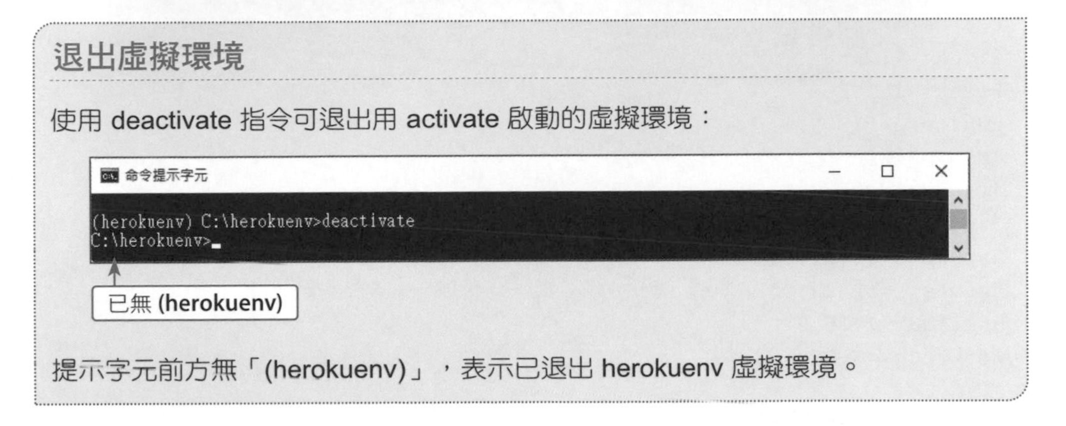

退出虛擬環境
使用 deactivate 指令可退出用 activate 啟動的虛擬環境：
命令提示字元
(herokuenv) C:\herokuenv>deactivate
C:\herokuenv>
已無 (herokuenv)
提示字元前方無「(herokuenv)」，表示已退出 herokuenv 虛擬環境。

17.2.5 建立上傳檔案結構

在 <C:/herokuenv> 資料夾新增 <weather> 資料夾做為要部署到 Heroku 的應用程式根目錄。<weather> 資料夾除了 Web API 程式檔 <weather.py> 外，還要包含三個檔案：<requirements.txt>、<Procfile> 及 <runtime.txt> 檔。

複製 Web API 程式檔 <weather.py> 到 <C:/herokuenv/weather> 資料夾中。

<requirements.txt>

部署專案時，Heroku 如何知道該安裝哪些模組呢？ Heroku 是根據網站根目錄中 <requirements.txt> 檔中所列的模組名稱及版本安裝模組，我們只要將目前虛擬環境中所有已安裝的模組名稱匯出即可：在 **命令提示字元** 視窗執行下列命令：

```
cd C:/herokuenv/weather
pip freeze > requirements.txt
```

```
命令提示字元
(herokuenv) C:\herokuenv>cd C:/herokuenv/weather

(herokuenv) C:\herokuenv\weather>pip freeze > requirements.txt

(herokuenv) C:\herokuenv\weather>
```

第 1 列切換到應用程式根目錄，第 2 列將虛擬環境中已安裝的模組名稱匯出到 <requirements.txt> 文字檔。此處 <requirements.txt> 檔的內容為：

```
certifi==2019.9.11
chardet==3.0.4
Click==7.0
Flask==1.1.2
gunicorn==19.9.0
idna==2.8
itsdangerous==1.1.0
Jinja2==2.10.3
MarkupSafe==1.1.1
requests==2.22.0
urllib3==1.25.6
Werkzeug==0.16.0
```

建立 <Procfile>

<Procfile> 檔是告訴 Heroku 伺服器種類及主程式名稱。<Procfile> 檔的內容為：

```
web: gunicorn weather:app
```

建立 <runtime.txt>

網站根目錄中的 <runtime.txt> 檔是告訴 Heroku 使用的 Python 版本。

<runtime.txt> 檔的內容為：

```
python-3.7.9
```

「3.7.9」為 Python 版本。

17.2.6 部署到到 Heroku

將部署的檔案都準備齊全後，就可利用 Git 將檔案上傳到 Heroku 伺服器了！

於 **命令提示字元** 視窗切換到部署檔案資料夾 (<C:/herokuenv/weather>)，輸入下列指令：

```
heroku login
```

按任意鍵會在瀏覽器開啟 Heroku 登入網頁，按 **Log in** 鈕登入。

如果網頁是登入狀態，會自動登入；若不是登入狀態，則輸入 Heroku 帳號及密碼進行登入。

接著在本機新建一個 Git 倉庫 (repository)，於命令提示字元視窗執行下列命令：

```
git init
```

再將此 Git 倉庫與 Heroku 伺服器的 weathflask 應用程式建立連結：

```
heroku git:remote -a weathflask
```

將專案所有檔案加入 Git 追蹤：

```
git add .
```

```
命令提示字元 - heroku login - heroku git:remote -a weatherflask2
C:\herokuenv\weather>git init
Initialized empty Git repository in C:/herokuenv/weather/.git/

C:\herokuenv\weather>heroku git:remote -a weathflask
set git remote heroku to https://git.heroku.com/weathflask.git

C:\herokuenv\weather>git add .
```

LF 與 CRLF 的不同

執行「git add .」有時會出現訊息，告知會將檔案中的「LF」轉換為「CRLF」。

LF (line feed, \n) 是 UNIX 系統的換行符號，而 CRLF (carriage return line feed, \r\n) 則是 Windows 系統的換行符號。

將所有追縱的檔案加入 Git 倉庫，並將此次執行動作命名為「init commit」：

```
git commit -m "init commit"
```

如此就可以將檔索上傳到 Heroku 了：

```
git push heroku master
```

Heroku 會先根據 <requirements.txt> 安裝模組，接著會上傳 Git 倉庫中的檔案，一段時間後就完成部署。

部署完成後的 Heroku 首頁網址為「https://weathflask.herokuapp.com/」，使用 Web API 的網址為「https://weathflask.herokuapp.com/weather/ 縣市名稱」。例如取得台北市天氣資料的 Web API 網址為「https://weathflask.herokuapp.com/weather/ 台北」：

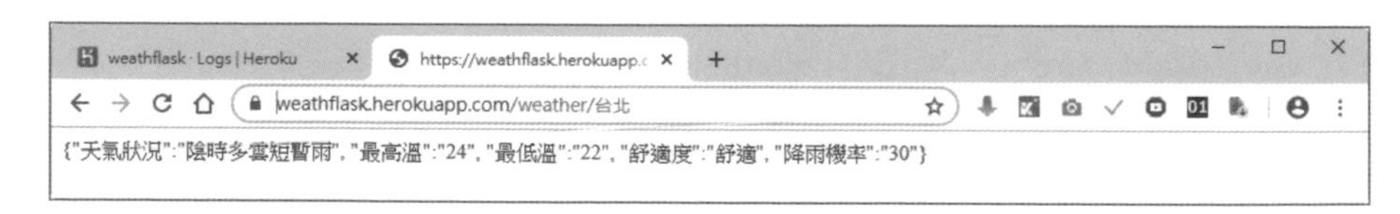

17.2.7 部署後修改應用程式內容

應用程式部署一段時間後，可能需要修正或新增一些功能，要如何修改 Heroku 伺服器的應用程式內容呢？ Heroku 使用 Git 做部署工具，因此只要在本機修改應用程式內容後更新 Git 倉庫，重新上傳檔案就可更新 Heroku 伺服器應用程式內容，同時 Git 會記錄每次更新所修改的內容。

以天氣資料 Web API 為例，重新部署 Heroku 伺服器內容的操作為：

於 **命令提示字元** 視窗切換到應用程式資料夾 <C:/herokuenv/weather>，登入 Heroku 伺服器：

```
heroku login
```

進行所有檔案追縱：

```
git add .
```

將檔案加入 Git 倉庫，名稱可自行命名，例如「second modify」：

```
git commit -am "second modify"
```

最後將檔案上傳到 Heroku 就完成應用程式內容更新：

```
git push heroku master
```

應用程式任何部分有變更時，只要重新部署就能同步伺服器的內容。

17.3 實戰：縣市天氣查詢系統

Web API 部署到伺服器後，有需要的人都可以利用部署網址取得資料，無論開發者使用何種程式語言都可輕易使用這些資料開發應用程式。本節利用 Python 語言製作一個簡易的縣市天氣應用程式。

17.3.1 Tkinter 的下拉選單元件

縣市天氣應用程式使用 Tkinter 的下拉選單 (Combobox) 元件讓使用者選取縣市。建立下拉選單元件的語法為：

```
元件名稱 = Combobox(容器名稱, 參數1, 參數2, ……)
```

較重要的參數是「textvariable」，此參數為設定或讀取下拉選單中使用者選取的選項值：set() 為設定選取值，get() 為讀取選取值。

另一個重要參數為「value」，資料型態是元組，此參數設定下拉選單的選項。

例如元件名稱為 cb，容器名稱為 win：

```
cbVar = StringVar()
cb = Combobox(win, textvariable=cbVar, value=("籃球","排球","足球"))
```

下拉選單元件常用的方法有兩個：一個是「current」，功能是設定下拉選單的預設選項，其語法為：

```
元件名稱.current(索引值)
```

索引值為 0 表示預設第 1 個選項，索引值為 1 表示預設第 2 個選項，依此類推。

另一個重要方法是「bind」，功能是設定使用者選取選項後執行的函式，語法為：

```
元件名稱.bind('<<ComboboxSelected>>', 函式名稱)
```

例如使用者選取選項後執行 selected 函式：

```
def selected(event):
    處理程式碼

cb.bind('<<ComboboxSelected>>', selected)
```

下面範例示範下拉選單元件的用法。

程式執行時預設選項為第一個項目「籃球」，下方也顯示「籃球」；使用者點選「足球」後，下方會顯示點選的「足球」。

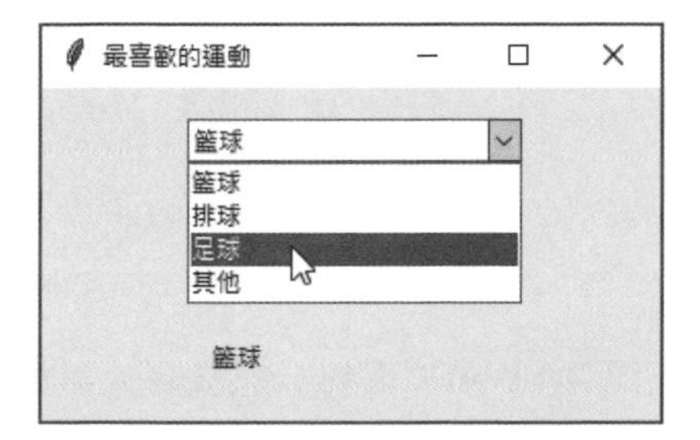

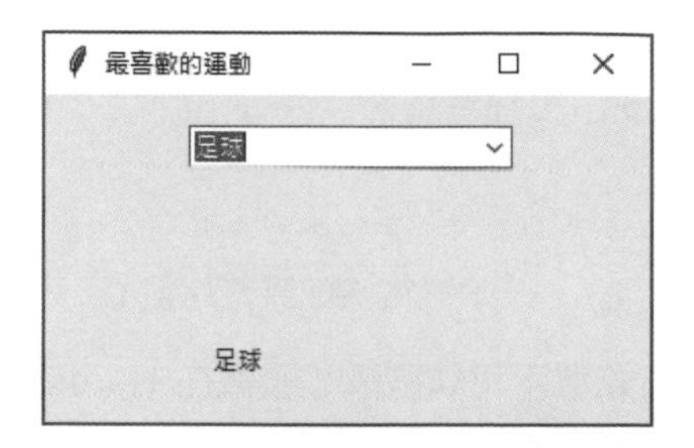

combobox.py

```
1 from tkinter import *
2 from tkinter.ttk import *
3
4 def selected(event):
5     labelVar.set(cbVar.get())
6
7 win = Tk()
8 win.title('最喜歡的運動')
9 win.geometry('300x160')
10
11 cbVar = StringVar()
12 cb = Combobox(win, textvariable=cbVar)
13 cb['value'] = ("籃球","排球","足球","其他")  #設定選項
14 cb.current(0)  #預設第一個選項
15 cb.bind('<<ComboboxSelected>>', selected)  #設定選取選項後執行的程式
16 cb.place(x=70, y=15)
17
18 labelVar = StringVar()
19 labelShow = Label(win, textvariable=labelVar)
20 labelVar.set(cbVar.get())
21 labelShow.place(x=80, y=120)
22
23 win.mainloop()
```

程式說明

- 4-5　使用者點選下拉選單的選項後執行此函式：在標籤元件中顯示點選的項目。
- 11-12　建立下拉選單元件。

- 13　設定下拉選單的選項。
- 14　設定預設選項為第一個項目。
- 15　設定使用者點選下拉選單項目就執行 selected 函式。
- 18-21　建立標籤元件。

17.3.2 縣市天氣應用程式

縣市天氣應用程式是讀取部署在 Heroku 的天氣 Web API 資料，然後將天氣資料顯示於標籤元件中。

使用者在下拉選單點選縣市名稱，下方就會顯示該縣市的天氣資料。

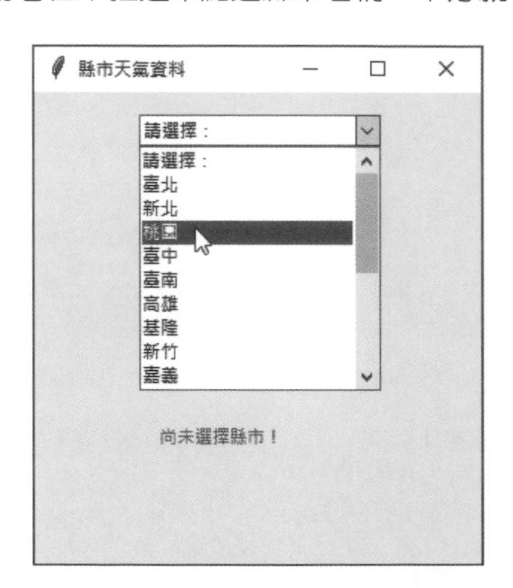

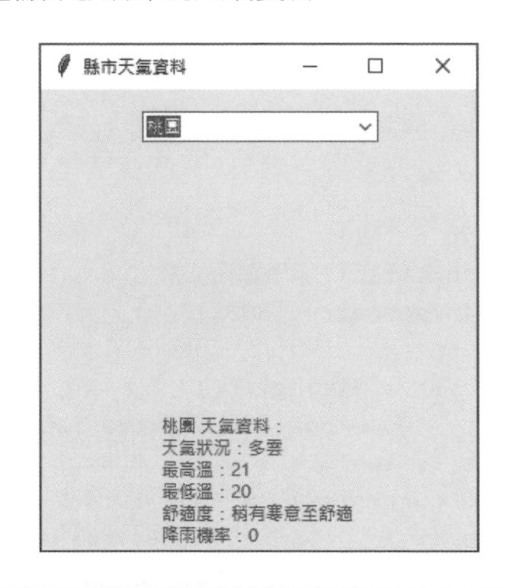

weatherapp.py

```
1 from tkinter import *
2 from tkinter.ttk import *
3 import requests
4
5 def showWeather(event):  # 下拉選單選取選項後執行的程式
6     city = cbVar.get()  # 使用者選取的選項
7     if city != '請選擇：':  # 選擇縣市
8         report = requests.get('Heruko 網址 /weather/' + city)
              .text  # 取得 Web API 資料
9         jsondata = eval(report)  # 轉換為字典
10        showdata = city + ' 天氣資料：\n'
11        showdata += ' 天氣狀況：' + jsondata[' 天氣狀況 '] + '\n'
```

```
12          showdata += '最高溫：' + jsondata['最高溫'] + '\n'
13          showdata += '最低溫：' + jsondata['最低溫'] + '\n'
14          showdata += '舒適度：' + jsondata['舒適度'] + '\n'
15          showdata += '降雨機率：' + jsondata['降雨機率'] + '\n'
16          labelVar.set(showdata)
17      else:
18          labelVar.set('請選擇縣市！')
19
20 win = Tk()
21 win.title('縣市天氣資料')
22 win.geometry('300x350')
23
24 cbVar = StringVar()
25 cb = Combobox(win, textvariable=cbVar)  #下拉選單元件
26 cb['value'] = ("請選擇：","臺北","新北","桃園","臺中","臺南","高雄",
       "基隆","新竹","嘉義","苗栗","彰化","南投","雲林","嘉義","屏東",
       "宜蘭","花蓮","臺東","澎湖","金門","連江")  #設定選項
27 cb.current(0)  #預設第一個選項
28 cb.bind('<<ComboboxSelected>>', showWeather)  #設定選取選項後執行的程式
29 cb.place(x=70, y=15)
30
31 labelVar = StringVar()
32 labelShow = Label(win, foreground='red', justify='left',
       textvariable=labelVar)  #標籤元件
33 labelVar.set('尚未選擇縣市！')
34 labelShow.place(x=80, y=220)
35
36 win.mainloop()
```

程式說明

- 6　取得使用者選取的選項值，即縣市名稱。
- 7　若使用者點選縣市名稱就執行 7-15 列程式。
- 8　取得 Web API 選取縣市的天氣資料。
- 9　將資料轉換為字典格式。
- 10-16　將資料組合成字串並在標籤元件顯示。
- 17-18　若使用者點選第一個選項就顯示需選取縣市名稱訊息。

memo

18

LINE Bot 申請設定及開發

LINE 開發者管理控制台
- 申請 LINE 開發者帳號
- 註冊 LINE Bot 使用服務的流程
- 新增第一個 LINE Bot
- 加入 LINE Bot 做朋友

實戰：「鸚鵡」LINE Bot 開發
- 取得 LINE Bot API 程式所需資訊
- 安裝 LINE Bot SDK
- 使用 Flask 建立網站
- 使用 ngrok 建立 https 伺服器
- 設定 LINE Bot 的 Webhook URL

18.1 LINE 開發者管理控制台

LINE Bot 開發的第一步就是申請開發者帳號並進行設定，並熟悉各個設定位置，有助於程式開發時使用。

18.1.1 申請 LINE 開發者帳號

開啟「https://developers.line.biz/」網頁，按右上角 **Log in** 鈕進行登入。

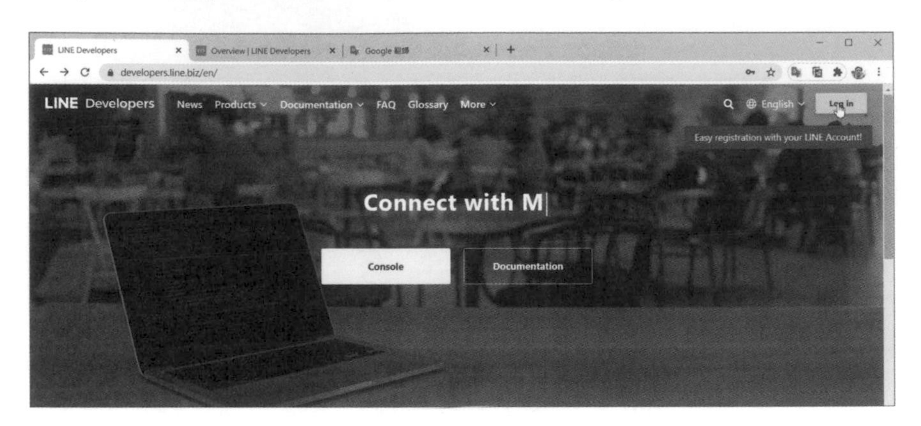

請按 **Log in with LINE account** 鈕，接著輸入 LINE 帳號及密碼後按 **登入** 鈕。

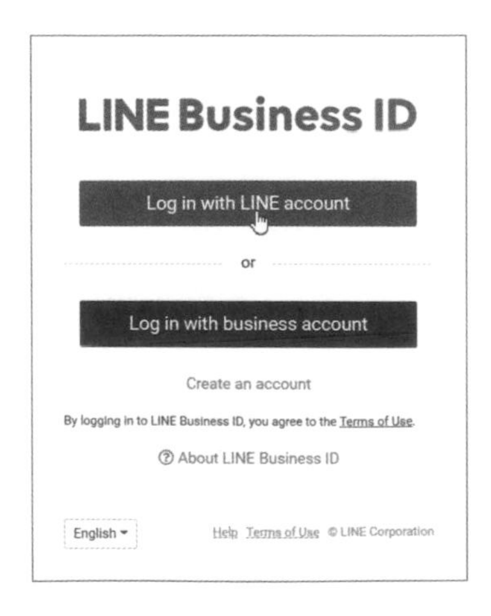

若是第一次申請，請輸入自訂的帳號名稱及密碼，再核選 **I have read and agreed to the LINE Developers Agreement** 後按 **Create my account** 鈕。

如此即可完成 LINE 開發者帳號的申請，並進入 LINE 開發者管理控制台。

18.1.2 註冊 LINE Bot 使用服務的流程

在 LINE 開發者管理控制台上可以設定 Provider 和 Channel：

1. **Provider** 可以用個人、公司或組織的身份來設定為服務提供者，並依此註冊多個 LINE 平台提供的功能。Provider 的名稱會顯示在用戶加入的同意畫面上，用戶可以根據這個名稱識別服務提供者。如果不是測試或學習時的作品，建議要用正式的名稱。

2. **Channel** 為 LINE 平台提供的功能，常見的如協助其他網站或 App 應用程式認證登入者身份的 LINE login，或是 LINE Bot 機器人開發要使用的 Messaging API。

LINE Bot 的開發會使用到 LINE 平台所提供的 Messaging API，註冊的流程如下：

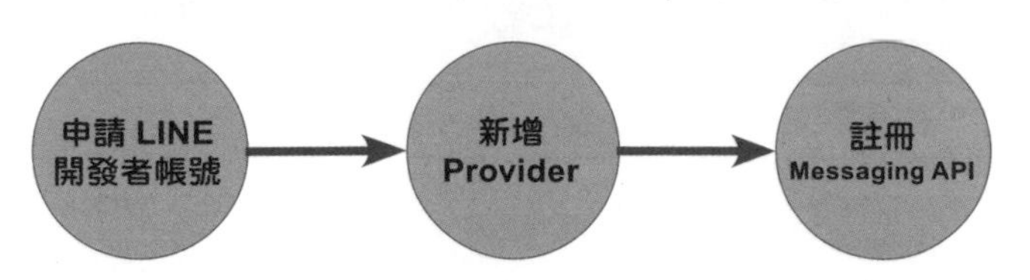

18.1.3 新增第一個 LINE Bot

接著請按照下述步驟新增並設定 Provider 及 Channel：

1. 請按下 **Create a new provider** 鈕，在顯示的視窗的 Provider name 欄位輸入服務提供者名稱，再按下 **Create** 鈕。

2. 請按下 **Create a Messaging API channel**，準備建立一個 LINE Bot 的服務。

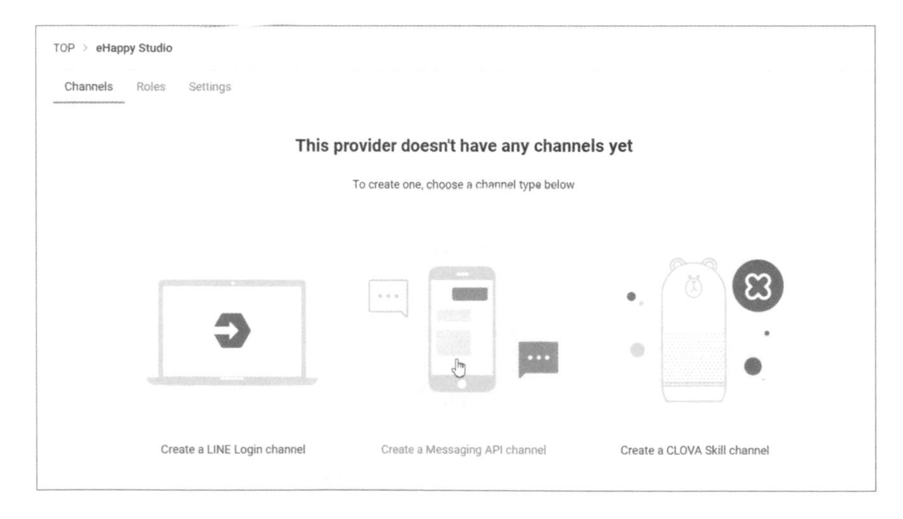

3. 進入 **Create Channel** 表單後 **Channel Type** 及 **Provider** 都會自動填入。請點選 **Channel icon** 中圖示下方 **Register**，於 **開啟** 對話方塊中選取圖示檔案，即會上傳檔案，同時 **Channel icon** 欄會顯示圖示的圖形。

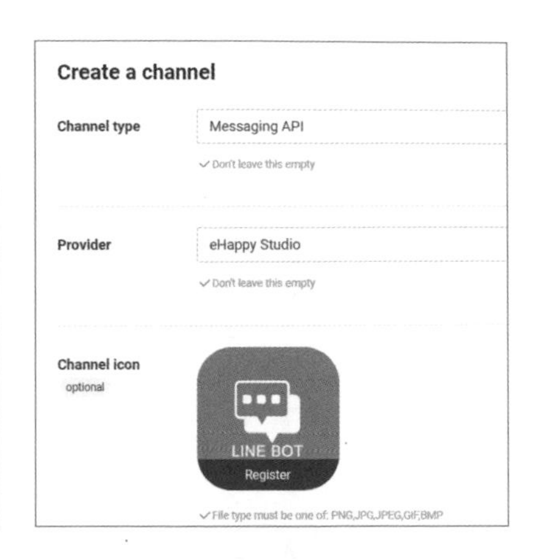

4. **Channel name** 欄輸入 LINE Bot 名稱，此處輸入「ehappyTest1」，**Channel description** 欄輸入 LINE Bot 說明，這兩個欄位都是必須輸入的欄位。LINE Bot 名稱七天內不能修改。

5. **Category** 及 **Subcategory** 選取 LINE Bot 的分類及子分類，再輸入 **Email**。

6. 接著核選兩個帳號權限，按 **Create** 鈕後在版權頁按 **同意** 鈕建立 LINE Bot，建立完成後就會進入 LINE Bot 設定頁面。

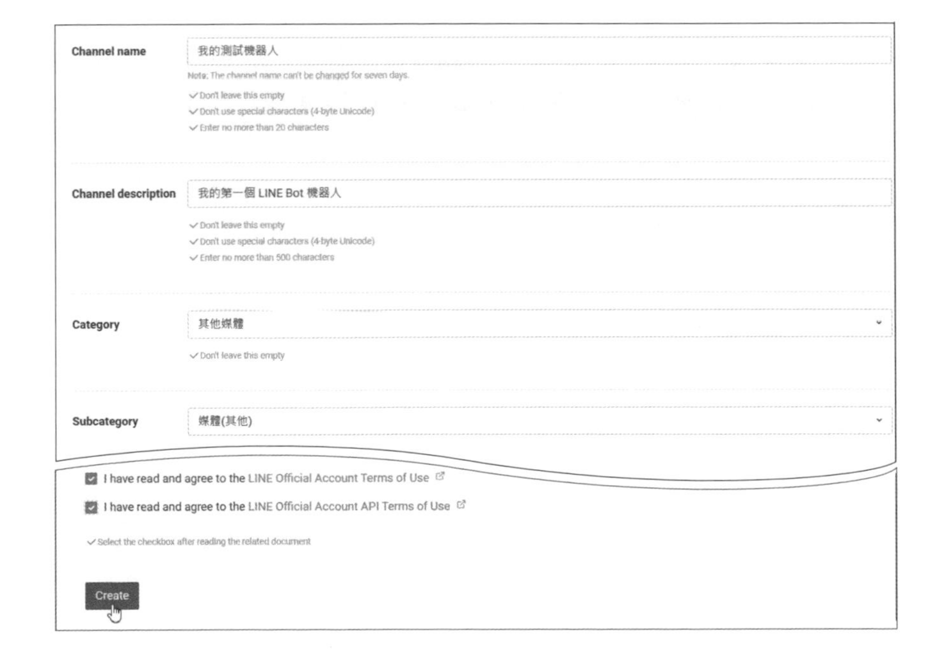

7. 切換到 **Messaging API** 頁籤 **Auto-reply messages** 及 **Greeting messages** 欄位預設值都是 **Enabled**，表示 LINE Bot 會自動發送歡迎及回覆訊息。由於這些訊息未來要依需求自行設計，所以必須將兩個欄位值都改為 **停用**。按 **Auto-reply messages** 或 **Greeting messages** 欄右方 **Edit** 鈕進行設定。

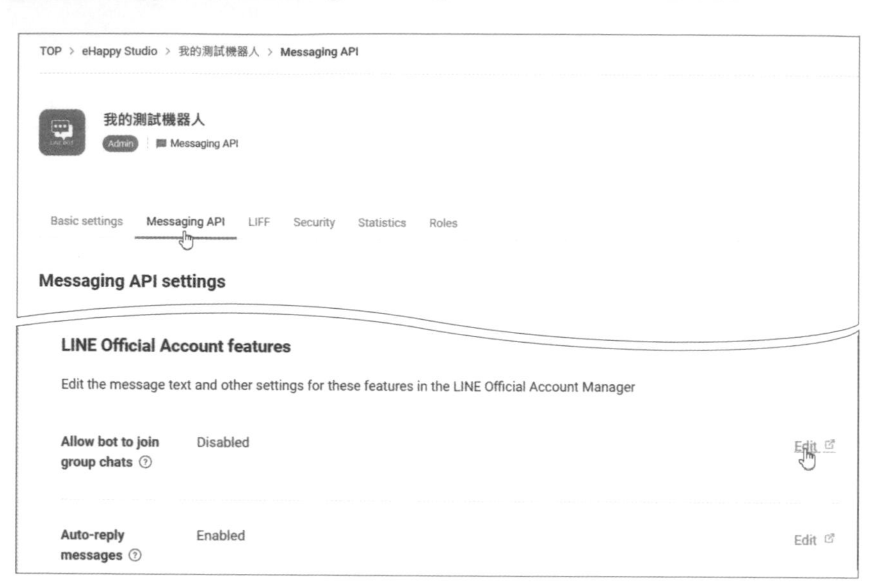

8. 此時會另外開啟一個頁面到 **LINE 官方帳號管理畫面**，在 **回應設定** 的分類中核選 **加入好友的歡迎訊息** 及 **自動回應訊息** 右方的 **停用** 核取方塊。

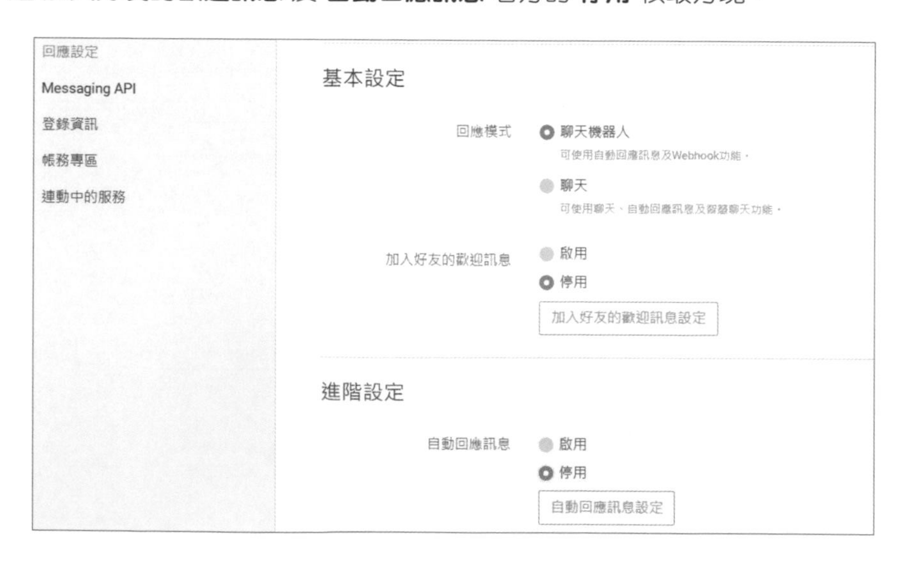

18.1.4 加入 LINE Bot 做朋友

在 LINE 開發者頁面建立 LINE Bot 後，使用者就可在 LINE 中將該 LINE Bot 加入朋友清單，開始與 LINE Bot 對話。

請開啟手機中的 LINE App，開啟掃描鏡頭掃描 **Messaging API** 頁籤 **QR code** 欄位的 QR code，點選 **加入** 讓 LINE Bot 成為好友，再點選 **聊天** 與 LINE Bot 對話。

因為 LINE Bot 自動回應功能已經關閉，LINE Bot 不會自動回應訊息，但可見到訊息「已讀」標記，可見 LINE Bot 已成功讀取我們發送的訊息。回到 LINE 主頁面，LINE Bot 顯示於在好友清單中。

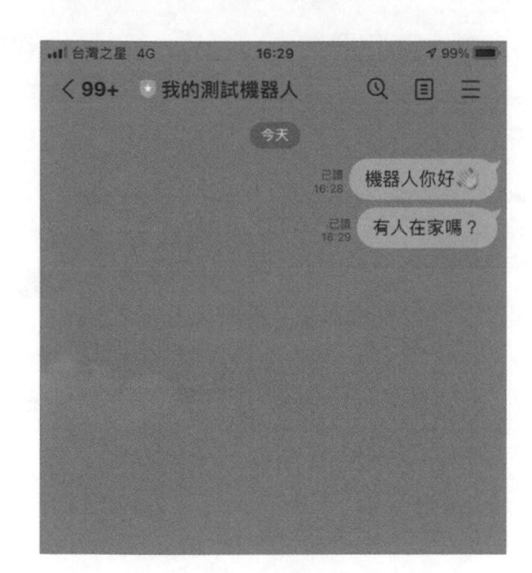

01 02 03 04 05 06 07 08 09 10 11 12 13 14 15 16 17

18.2 實戰：「鸚鵡」LINE Bot 開發

LINE Bot 與使用者互動最簡單的範例，就是使用者傳訊息給 LINE Bot，LINE Bot 就回覆相同訊息給使用者，就像鸚鵡學人說話一樣，通常戲稱為「鸚鵡」LINE Bot 。

18.2.1 取得 LINE Bot API 程式所需資訊

開發 LINE Bot 應用程式前需要先安裝 LINE Bot SDK，連結 API 時需要 LINE Bot 的 Channel secret 及 Channel access token 資訊，API 程式才能正常運作。

1. 請建立一個新的 LINE Bot。
2. 開啟 LINE Bot (預設為 **Basic settings)**，記錄 **Channel secret** 欄位的值備用。若這個值不小心被其他人知道，可按右方 **Issue** 鈕產生新的 **Channel secret** 值。
3. 切換到 **Messaging API** 頁籤，**Channel access token** 在建立 LINE Bot 時預設不會自動建立，按右方 **Issue** 鈕。記錄產生的 **Channel access token** 值備用。

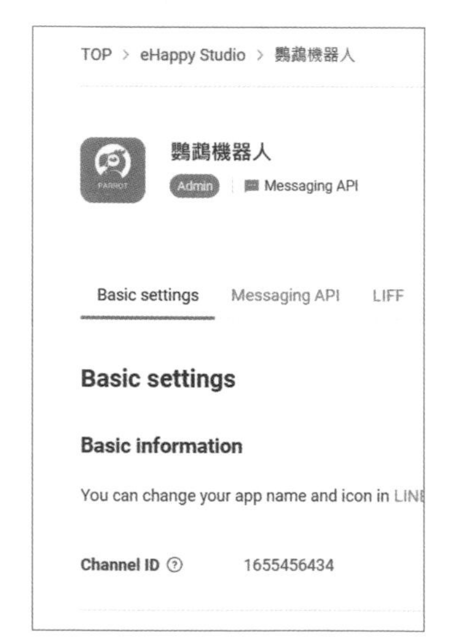

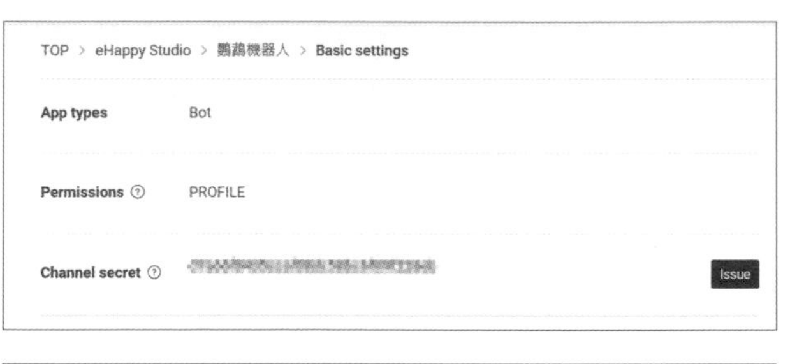

18 19 20 21 22 23 24 25 26 27 28 29 30 31 32 33

18.2.2 安裝 LINE Bot SDK

要使用 LINE Bot API 讓 LINE Bot 與使用者互動，必須安裝 LINE Bot SDK 才能在程式中加入 LINE Bot API。安裝 LINE Bot SDK 是在命令視窗執行下列命令：

```
pip install line-bot-sdk==1.19.0
```

18.2.3 使用 Flask 建立網站

使用 LINE Bot 必須建立網站伺服器，此處使用 Flask 模組。

Flask 程式需使用前一節記錄之 LINE Bot 的 Channel access token 及 Channel secret 資訊。使用下面程式時，記得將第 9 及 10 列換為使用者的 Channel access token 及 Channel secret。

程式碼：linebotTest.py

```
1 from flask import Flask
2 app = Flask(__name__)
3
4 from flask import request, abort
5 from linebot import  LineBotApi, WebhookHandler
6 from linebot.exceptions import InvalidSignatureError
7 from linebot.models import MessageEvent,
     TextMessage, TextSendMessage
8
9 line_bot_api = LineBotApi('你的Channel access token')
10 handler = WebhookHandler('你的Channel secret')
11
12 @app.route("/callback", methods=['POST'])
13 def callback():
14     signature = request.headers['X-Line-Signature']
15     body = request.get_data(as_text=True)
16     try:
17         handler.handle(body, signature)
18     except InvalidSignatureError:
19         abort(400)
20     return 'OK'
21
22 @handler.add(MessageEvent, message=TextMessage)
23 def handle_message(event):
```

```
24     line_bot_api.reply_message(event.reply_token,
           TextSendMessage(text=event.message.text))
25
26 if __name__ == '__main__':
27     app.run()
```

程式說明

- 9-10　設定 Channel secret 及 Channel access token 資訊。
- 12-20　建立 callback 路由，檢查 LINE Bot 的資料是否正確。
- 22-24　如果接到使用者傳送的訊息，就將接到的文字訊息傳回。

18.2.4 使用 ngrok 建立 https 伺服器

LINE Bot 使用 webhook url 做為伺服器連結，webhook url 有兩個需求：

- 必須是一個網址 (不能是 IP 位址)。
- 通訊協定必須是「https」。

自架網站服務的工程很大，尤其又要建立「https」的通訊協定就更不容易。這裡將採用 ngrok 來建置本機的測試環境。ngrok 是一個代理伺服器，可以為本機網頁伺服器建立一個安全的對外通道，不但可以建立 http 伺服器，也可以建立 https 伺服器，完全符合 LINE Bot 伺服器的需求。

首先到「https://ngrok.com/download」網頁，按 Download for Windows 鈕下載使用者系統的壓縮檔：

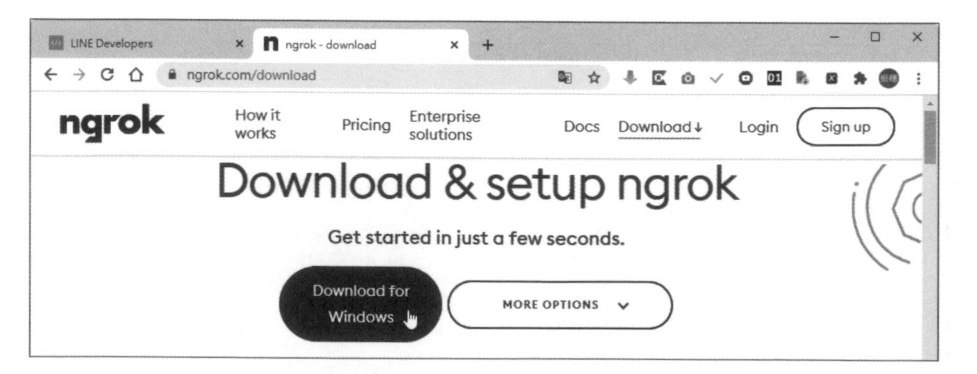

將下載的檔解壓縮後會產生執行檔：<ngrok.exe>，請將它複製到 <linebotTest.py> 程式所在的資料夾。

啟動本機伺服器

執行程式就會啟動內建伺服器，系統會提示伺服器位址為「http://127.0.0.1:5000/」，特別注意：Flask 伺服器預設的埠位為「5000」。

啟動 ngrok 伺服器

啟動 ngrok 伺服器的語法為：

```
ngrok http 埠位號碼
```

請開啟另一個命令提示字元視窗，切換到 <linebotTest.py> 程式所在資料夾，以「ngrok http 5000」命令啟動 ngrok 伺服器，外部連結到內部的埠位 5000 的服務：

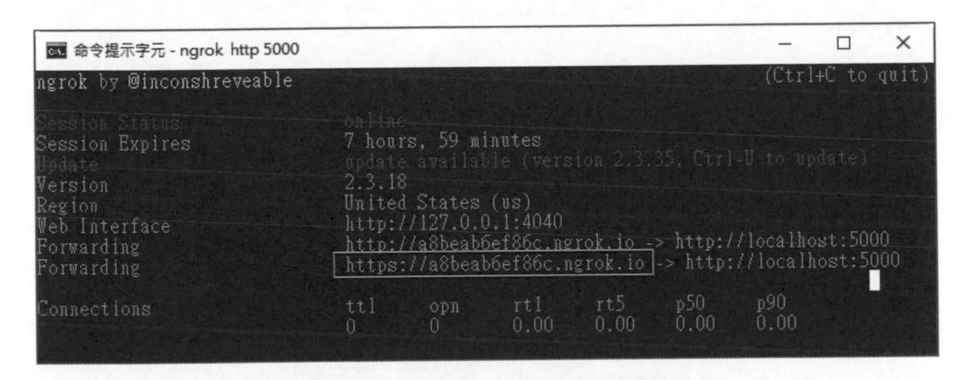

請記錄執行畫面中 https 的網址 (此處為 https://a8beab6ef86c.ngrok.io)。

18.2.5 設定 LINE Bot 的 Webhook URL

建立完成 ngrok 伺服器後，要將 LINE Bot 的 Webhook URL 設為 ngrok 伺服器的 https 伺服器網址，LINE Bot 就能回應使用者訊息了！

開啟 LINE Bot 設定頁面 **Messaging API** 頁籤，LINE Bot 預設並未設定 **Webhook URL** 值，按 **Edit** 鈕更改設定值。

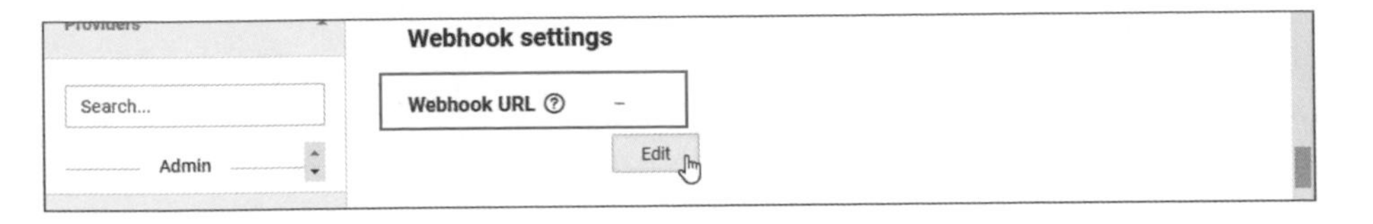

在 **Webhook URL** 欄位輸入「https://ngrok 伺服器 /callback」網址 (此處為 https://a8beab6ef86c.ngrok.io/callback)，然後 **Update** 鈕更新設定值。

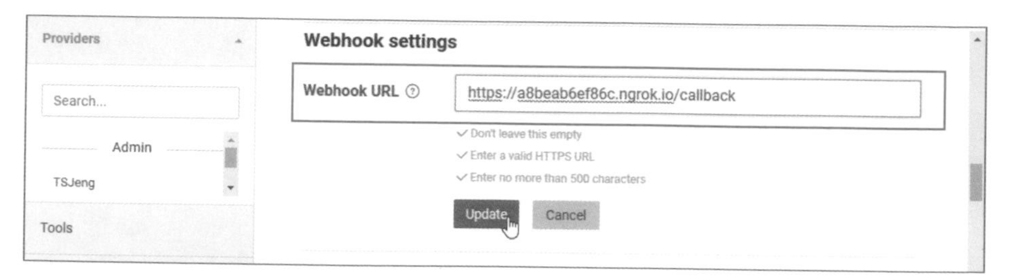

Use webhook 欄位預設值為 **Disabled**，按右方鈕即更改為啟用。

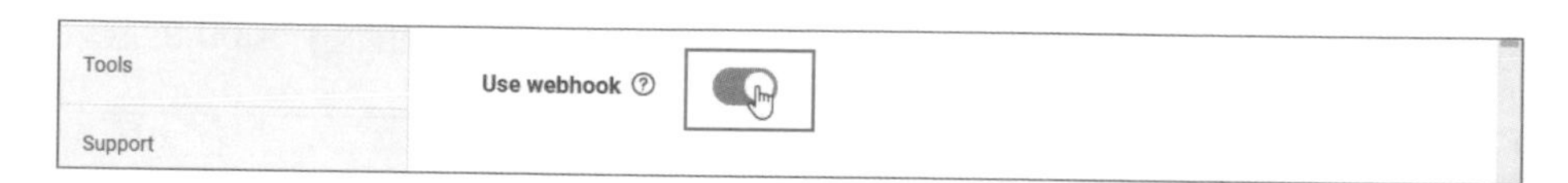

如此就完成建立「鸚鵡」LINE Bot 了！在 LINE 中輸入訊息，LINE Bot 會回應相同訊息。

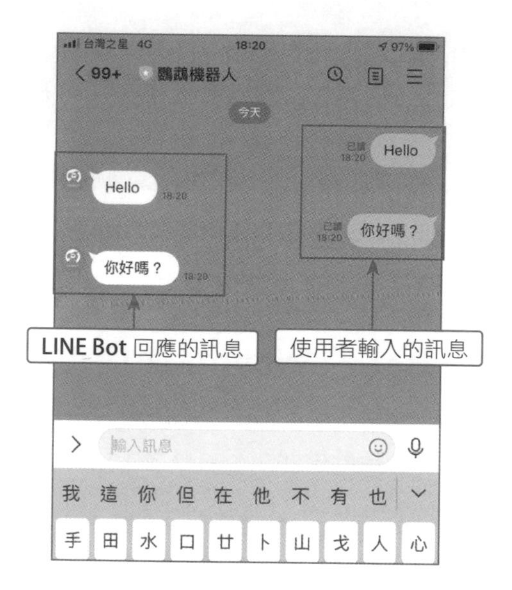

重設 Webhook URL

ngrok 伺服器重新啟動後，其網址就會改變，因此每次重新啟動 ngrok 伺服器，就必須到 LINE Bot 設定頁面修改 Webhook URL 值。

19

Django 網站開發

19.1 Django 是什麼？

相較於 Flask 網站框架，Django 功能更加強大，不但內建資料庫系統，更具備資料庫後台管理系統，可使用圖形介面操作資料庫，是目前功能最齊全、使用人數最多的 Python 網站框架。

19.1.1 Django 的由來

2003 年秋天，任職於美國堪薩斯州 Lawrence Journal-World 報社的程式設計師 Adrian Holovaty 和 Simon Willison，開發了一套節省時間的網站框架。2005 年 7 月，當 Django 開發完成時，它已經用來製作了很多個 World Online 的站點，World Online 主管決定在 BSD 授權條款下釋出。

Django 的主要目標是使得開發複雜、資料庫驅動的網站變得簡單。Django 是以比利時爵士音樂家 Django Reinhardt 命名，Django Reinhardt 以優雅演奏著稱，Django 網站框架期待開發網站可以像演奏爵士樂一樣優雅。

19.1.2 Django 的優勢

Django 能夠被大多數 Python 使用者接受，是因為它具有下列優勢：

- **完全免費**：使用 Django 開發網站不需支付任何費用。
- **完整的文件資源**：Django 擁有完整的線上文件，使用者遇到問題可以隨時查閱線上文件解決問題。(https://docs.djangoproject.com)

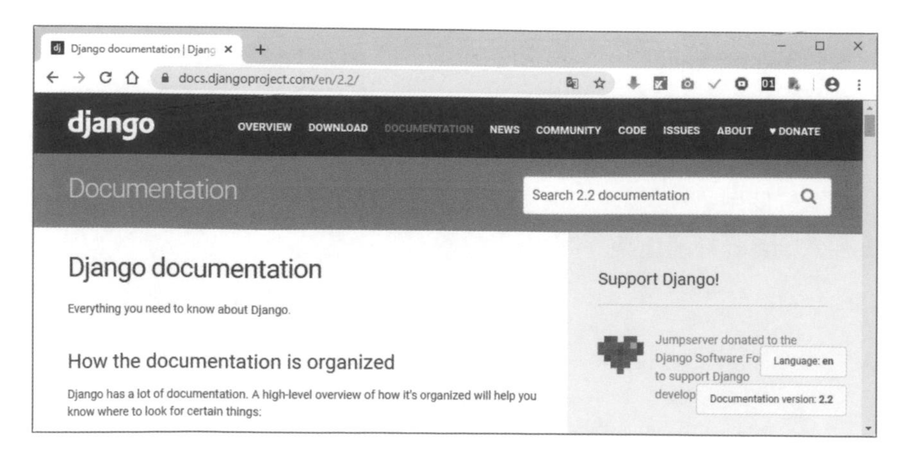

■ **使用 MTV 架構**：Django 採用 MTV (model-template-view) 架構，類似其他語言的 MVC 架構，將程式與介面設計分離，大幅提升開發效率。

■ **具備資料庫元件**：Django 內建 SQLite 資料庫，不必另外安裝元件就可將資料存於資料庫並且操作資料庫。

■ **強大的錯誤訊息顯示**：開發過程中若執行時產生錯誤，Django 會顯示相當完整的訊息告知使用者，讓使用者清楚得知錯誤發生的原因，可以快速除錯。

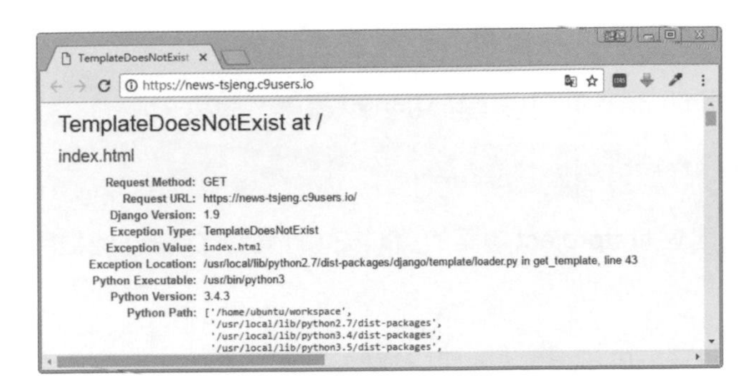

19.1.3 安裝 Django 模組

安裝 Django 模組的指令為：

```
pip install django==3.1.7
```

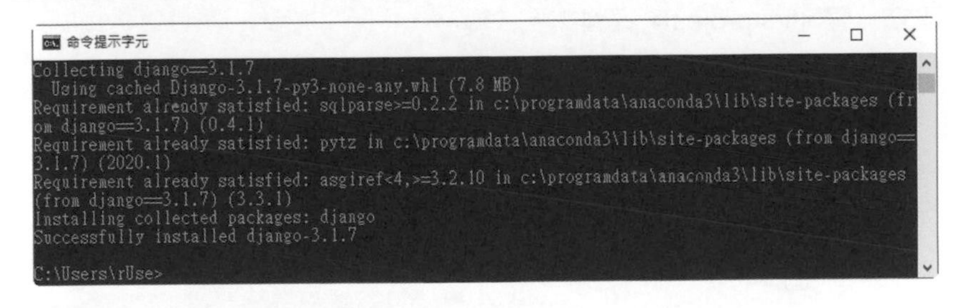

使用「pip list」可看到 Django 模組已在安裝模組列表中。

```
diff-match-patch          20200713
distributed               2.30.1
Django                    3.1.7
docutils                  0.16
entrypoints               0.3
et-xmlfile                1.0.1
```

如此就完成 Django 網站開發環境建置，可以開始建立 Django 網站專案了！

01 02 03 04 05 06 07 08 09 10 11 12 13 14 15 16 17

19.2 建立 Django 專案

Django 專案有特定的檔案結構，建立 Django 網站時必須遵照其架構，否則執行時會產生錯誤。Django 模組提供了建立 Django 專案架構的指令，設計者可以輕鬆建立完整的 Django 專案。

19.2.1 建立 Django 專案語法

Django 模組安裝完成後，即可以建立 Django 專案。語法：

```
django-admin startproject 專案名稱
```

例如：切換到要建立 firstproject 專案的資料夾 (此處以 D 磁碟機根目錄為例)，建立 firstproject 專案。

```
django-admin startproject firstproject
```

專案建立完成會在目前資料夾建立 <firstproject> 資料夾，同時在 <firstproject> 資料夾下也建立一個 <firstproject> 資料夾。

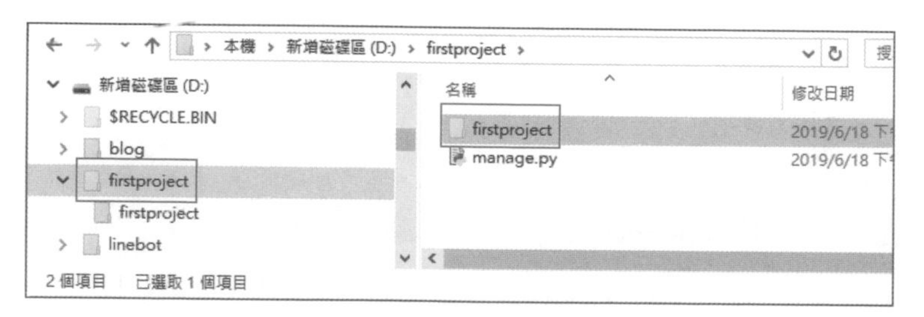

在 D 磁碟機根目錄以「cd firstproject」切換到 <firstproject> 資料夾，這個動作其實就是進入 firstproject 專案。

```
cd firstproject
```

可看到 firstproject 專案的架構如下：

```
\firstproject
|______manege.py
|______\firstproject
        |—— __init__.py
        |—— asgi.py
        |—— settings.py
        |—— urls.py
        |—— wsgi.py
```

各檔案用途說明如下：

檔案或目錄	說明
上層 firstproject 資料夾	本專案的主目錄。
manage.py	Python 命令檔，提供專案管理的功能，包含建立 app、啟動 Server 和 Shell 等。
下層 firstproject 資料夾	包含專案設定、url 配置、網頁伺服器介面設定檔。
__init.py__	一個空檔，使得該資料夾 (本例為最下層的 firstproject 資料夾) 成為一個 Python package。
asgi.py	asgi 網頁伺服器和 Django 的介面設定檔。
settings.py	本專案的設定檔。
urls.py	url 配置檔。
wsgi.py	wsgi 網頁伺服器和 Django 的介面設定檔。

19.2.2 建立 Application 應用程式

Application 應用程式相當於 Project 專案的元件，簡稱為 app，而且是可以當作其他專案的模組，每個 Project 專案可以建立一個或多個 Application 應用程式。

建立 Application 應用程式的語法：

```
python manage.py startapp 應用程式名稱
```

例如：建立 myapp 應用程式。

```
python manage.py startapp myapp
```

18 19 20 21 22 23 24 25 26 27 28 29 30 31 32 33

```
命令提示字元
D:\firstproject>python manage.py startapp myapp

D:\firstproject>
```

myapp 應用程式建立完成會在該專案中 (最上層的 firstproject) 建立 <myapp> 資料夾，其檔案架構如下：

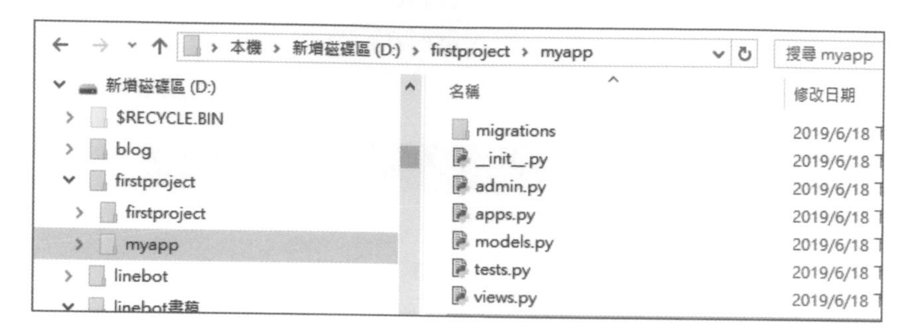

建立 <templates> 資料夾

Django 是使用 MTV 的架構，將顯示的模版 (其實就是 .html 檔)，放置在 <templates> 資料夾中，因此必須在專案的最上層目錄下建立 <templates> 資料夾。

```
md templates
```

建立 <static> 資料夾

Django 會將使用的圖形檔、CSS 或 JavaScript 檔案，除了以網址的方式儲存在網站上，也常以本機的方式儲存在 <static> 資料夾中，因此必須在專案的最上層目錄下建立 <static> 資料夾作為本機儲存的路徑。

```
md static
```

請注意：這兩個目錄是建立在專案的最上層目錄，和 myapp 應用程式是平行的：

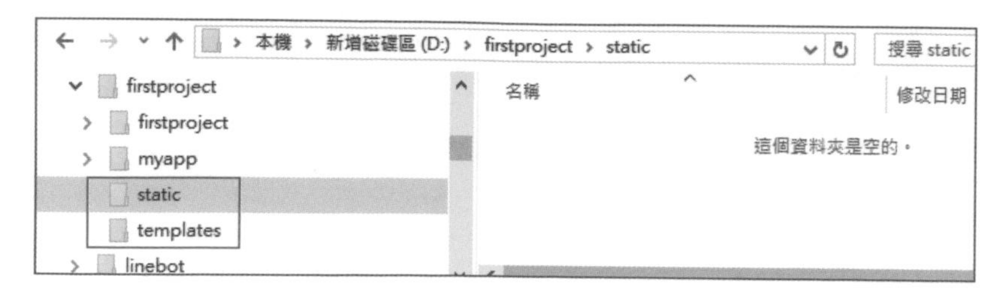

19.3 視圖 (view) 與 URL

19.3.1 環境設定

<settings.py> 是整個專案的環境設定檔，新建的專案都必須先作設定，請打開 <settings.py> 檔案，如下完成設定。

除錯模式設定

第 26 列以「DEBUG = True」預設為除錯模式，執行時會輸出錯誤訊息方便除錯，但在真正上線部署時，請記得將此模式設定改為 False，增加網站的安全。

```
26   DEBUG = True
```

加入 Application 應用程式

在 INSTALLED_APPS 中，已有許多預設加入的 app，請將新建的 myapp 加入 INSTALLED_APPS 串列中 (第 40 列)。

```
33  INSTALLED_APPS = [
34      'django.contrib.admin',
35      'django.contrib.auth',
36      'django.contrib.contenttypes',
37      'django.contrib.sessions',
38      'django.contrib.messages',
39      'django.contrib.staticfiles',
40      'myapp', # 新增的 app
41  ]
```

設定 Template 路徑

Django 是使用 MTV 架構，將顯示的模版 (其實就是 .html 檔) 放置在 templates 資料夾中，因此必須在 TEMPLATES 的 DIRS 區塊中設定其路徑，BASE_DIR 是專案的最上層目錄，本例為 firstproject，所以 TEMPLATES 為專案的最上層目錄下的 <templates> 目錄，即 firstproject\templates，這個目錄前面已經建立過。

```
55  TEMPLATES = [
56      {
57      'BACKEND': 'django.template.backends.django.DjangoTemplates',
58      'DIRS': [BASE_DIR / 'templates'], # 加上 templates 路徑
59          'APP_DIRS': True,
......
```

設定語系和時區

預設語系為英文語系，請更改為中文語系，台北時區。

```
107  LANGUAGE_CODE = 'zh-hant'   # 改為繁體中文
109  TIME_ZONE = 'Asia/Taipei'   # 改為台北時區
```

設定 static 靜態檔的路徑

static 目錄儲存本機中的圖形檔、CSS 或 JavaScript 檔案，因此必須加入 122~124 列 STATICFILES_DIRS 並設定其路徑，BASE_DIR 是專案的最上層目錄，本例為 firstproject，所以 STATICFILES_DIRS 為專案的最上層目錄下的 <static> 目錄，即 firstproject\static，這個目錄已在前面建立過。

```
121  STATIC_URL = '/static/'
122  STATICFILES_DIRS = [    # 加入 static 路徑
123      BASE_DIR / 'static',
124  ]
```

19.3.2 以伺服器瀏覽網頁

啟動伺服器

以 manage.py 即可啟動 Server，語法為：

```
python manage.py runserver
```

```
命令提示字元 - python manage.py runserver
D:\firstproject>python manage.py runserver
Watching for file changes with StatReloader
Performing system checks...

System check identified no issues (0 silenced).

You have 18 unapplied migration(s). Your project may not work properly until you apply
 the migrations for app(s): admin, auth, contenttypes, sessions.
Run 'python manage.py migrate' to apply them.
March 29, 2021 - 21:27:30
Django version 3.1.7, using settings 'firstproject.settings'
Starting development server at http://127.0.0.1:8000/
Quit the server with CTRL-BREAK.
```

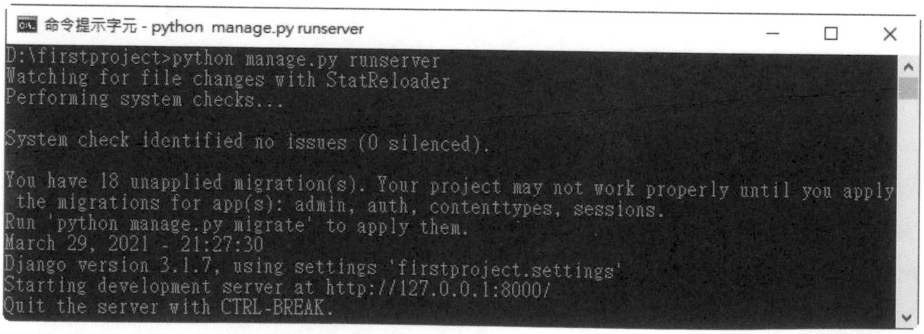

瀏覽網頁

開啟瀏覽器輸入「http://127.0.0.1:8000 」即可以看到本地端的網頁。

19.3.3 設定 urls.py

Django 的程式架構是採用 urlpattern 網址和函式對照方式，主要有兩個步驟：

1. 設定 <urls.py> 檔 urlpatterns 串列中 url 網址和函式的對照。

2. 在 <views.py> 中撰寫函式。

開啟第二層 <firstproject> 目錄下的 <urls.py>。

firstproject\urls.py

```
from django.contrib import admin
from django.urls import path

urlpatterns = [
    path('admin/', admin.site.urls),
]
```

在 urlpatterns 串列中預設已經建立「path('admin/', admin.site.urls)」，表示瀏覽「127.0.0.1:8000/admin/」這個網址，將會執行 admin.site.urls 函式，因為 admin.site.urls 函式在 django.contrib 模組的 admin 中，因此必須 import 進來。

```
from django.contrib import admin
```

url 語法

urlpatterns 串列中 url 設定網址和函式的對照，語法如下：

```
path( 網址 , 函式 ),
```

網址是指加在「127.0.0.1:8000/」後面的網址，通常由網址名稱及參數組合而成：

```
網址名稱 /< 資料型態一 : 參數一 >/< 資料型態二 : 參數二 >/……
```

「<……>」為參數。若「網址名稱」為空字串 (「''」) 表示為首頁 (127.0.0.1:8000/)。

例如：加入「127.0.0.1:8000/hello/」網址，參數為字串型態，參數名稱為 name，執行 hello 函式。

```
path('hello/<str:name>/', hello),
```

即瀏覽「127.0.0.1:8000/hello/david/」這個網址，就會執行 hello 函式，並且傳送「david」參數值給 hello 函式。

了解之後，請在 <urls.py> 中加入下列程式碼。

firstproject\urls.py

```
from django.contrib import admin
from django.urls import path
from myapp.views import sayhello

urlpatterns = [
    path('admin/', admin.site.urls),
    path('', sayhello),
]
```

瀏覽「127.0.0.1:8000/」這個網址，就會執行 hello 函式。

由於 sayhello 函式定義在 myapp 應用程式的 <views.py> 檔中，因此必須以「from myapp.views import sayhello」加入該模組。

19.3.4 定義函式

所有函式都定義在 myapp 應用程式中的 <views.py> 檔中，請開啟 <myapp> 資料夾中的 <views.py> 檔，加入 sayhello() 自訂函式，該函式規定必須接收一個參數 (本例為 request)，在本函式中並未使用到這個參數。在 sayhello() 自訂函式中定義以 HttpResponse 函式顯示「Hello Django!」訊息，由於使用 HttpResponse 函式，因此必須以「from django.http import HttpResponse」加入這個模組。

```
myapp\views.py
…略
from django.http import HttpResponse
def sayhello(request):
    return HttpResponse("Hello Django!")
```

完成之後，瀏覽「127.0.0.1:8000/」這個網頁，可看到如下的畫面。

網址可以直接傳送參數，例如：瀏覽「127.0.0.1:8000/hello2/ 李小明」這個網址，會顯示「Hello 李小明」，也就是要傳送參數「李小明」。

```
firstproject\urls.py
…略
from myapp.views import sayhello,hello2

urlpatterns = [
    …略
    path('hello2/<str:username>', hello2),
]
```

由於 hello2 定義在 <views.py> 中，使用時要記得 import 進來。

最後再定義 hello2 自訂程序，並以 username 接收參數。

```
myapp\views.py
…略
from django.http import HttpResponse
…略
def hello2(request,username):
    return HttpResponse("Hello " + username)
```

執行結果：

127.0.0.1:8000/hello2/李小明

Hello 李小明

01 02 03 04 05 06 07 08 09 10 11 12 13 14 15 16 17

19.3.5 模版的使用

前面的範例是使用 HttpResponse 函式顯示網頁內容，現在我們要改用模版的觀念，將顯示內容放在 .html 檔案中。請在 templates 資料夾新增 <hello3.html>，內容如下：

templates\hello3.html

```
<!DOCTYPE html>
<html>
<head>
    <meta charset='utf-8'>
    <title> 第一個模版 </title>
</head>
<body>
    <h1> 歡迎光臨：{{username}} </h1>
    <h2> 現在時刻：{{now}} </h2>
</body>
</html>
```

模版中讀取變數的語法為：

```
{{ 變數 }}
```

以 {{username}}、{{now}} 將 username 和 now 變數顯示出來。

定義 <urls.py> 中瀏覽「hello3/xxx/」執行 hello3 自訂程序，如下：

firstproject\urls.py

```
from myapp.views import sayhello,sayhello2,hello3
urlpatterns = [
    …略
    path('hello3/<str:username>', hello3),
]
```

最後再定義 hello3 自訂程序，並以 username 接收參數，然後使用 render 函式呼叫顯示 <hello3.htm> 模版，同時將參數傳遞給 <hello3.html> 模版。

myapp\views.py

```
from django.shortcuts import render
from datetime import datetime
def hello3(request,username):
    now=datetime.now()
    return render(request,"hello3.html",locals())
```

「now=datetime.now()」取得現在的日期時間，使用時必須以 from datetime import datetime 加入模組。

render 函式中，第 1 個參數 request 傳遞 GET 或 POST 送出的資料。第 2 個參數為模版名稱，第 3 個參數 locals() 表示要傳遞所有區域變數。使用時必須以 from django.shortcuts import render 加入模組。

本例會傳遞 username 和 now 變數，如果不傳遞參數時也可以省略第 3 個參數。完成後執行「127.0.0.1:8000/hello3/David」，顯示結果如下：

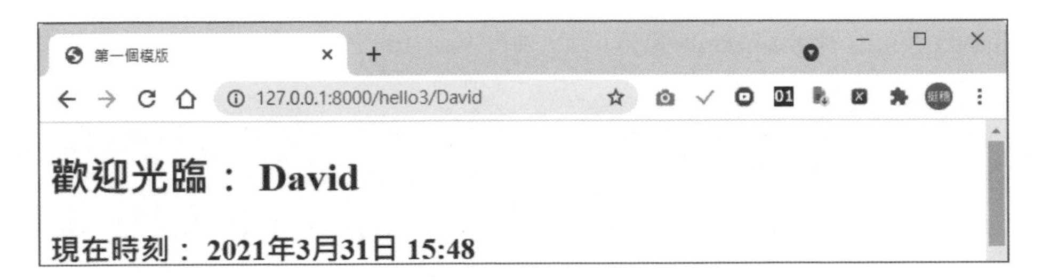

19.3.6 加入 static 靜態檔案

網站中的圖形檔、CSS 或 JavaScript 檔案，如果是以網站內儲存的方式，稱為靜態檔案，為了方便管理，這些檔案會放置在 static 資料夾中，有時還會在 static 資料夾中建立 images、css、javascript 子目錄分別管理圖形檔、CSS 或 JavaScript 檔案。

在 <settings.py> 設定檔的 122~124 列 STATICFILES_DIRS 已設定專案下的 static 為靜態檔案路徑。

```
121  STATIC_URL = '/static/'
122  STATICFILES_DIRS = [     # 加入 static 路徑
123      BASE_DIR / 'static',
124  ]
```

但是光宣告還不夠，要在網頁上顯示圖片或設定 css 樣式靜態檔案，還必須在 .html 檔中以「{% load staticfiles %}」宣告使用靜態檔案，同時以「{% static 靜態檔案 %}」格式設定靜態檔案的路徑，以實例說明如下：

請在 <static> 資料夾新增一個 <images> 資料夾，並將 <ball.png> 圖片檔放在 <images> 資料夾中，同時新增一個 <css> 資料夾，然後將 <style.css> 檔放在 <css> 資料夾。

定義 url，瀏覽 hello4/xxx/ 執行 hello4 自訂程序，如下：

firstproject\urls.py

```
from myapp.views import sayhello,hello2,hello3,hello4

urlpatterns = [
    …略
    path('hello4/<str:username>', hello4),
]
```

再定義 hello4 自訂程序，以 username 接收參數，然後以 render 函式呼叫模版，同時將參數傳遞給 <hello4.html> 模版。

myapp\views.py

```
def hello4(request,username):
    now=datetime.now()
    return render(request,"hello4.html",locals())
```

請在 templates 資料夾新增 <hello4.html>，內容如下：

templates\hello4.html

```
<!DOCTYPE html>
<html>
<head>
    <meta charset='utf-8'>
    <title>顯示圖片的模版</title>
    {% load static %}
    <link href="{% static "css/style.css" %}" rel="stylesheet"
        type="text/css" />
</head>
<body>
    <div id="home">
        <img src="{% static "images/ball.png" %}" alt="歡迎光臨"
            width="32" height="32" />
        <span class="info">歡迎光臨：{{username}}</span>
        <h2>現在時刻：{{now}} </h2>
    </div>
</body>
</html>
```

模版中以「{% load static %}」宣告使用靜態檔案，每個 .html 只需要宣告一次即可，「href="{% static "css/style.css" %}」表示使用 <css/style.css> 檔案，同理「src="{% static "images/ball.png" %}"」表示使用 <images/ball.png> 檔案。請注意：這些檔案必須放在對應目錄中。

<style.css> 定義 info 類別樣式，如下：

```
static\css\style.css
.info {
    color:red;
    font-size: 1.5em;
}
```

完成後執行「127.0.0.1:8000/hello4/David」，顯示結果如下：

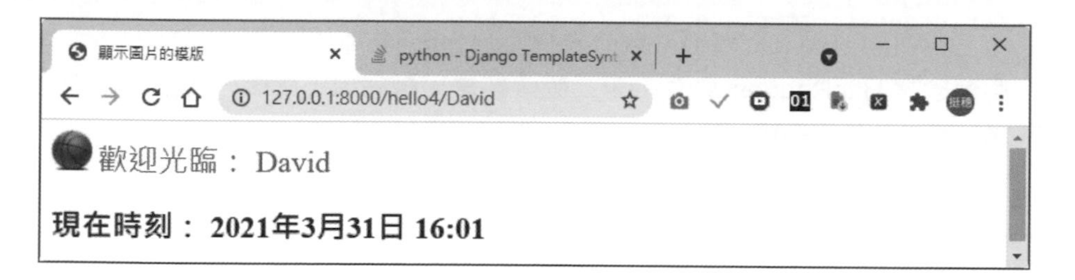

19.4 視圖、模版與 Template 語言

接著以實例來說明視圖 (View) 和模版 (Template)。

19.4.1 傳遞變數到 Template 模板檔案

在 View 視圖可以使用 render 函式傳遞字典給顯示的模版。

使用 render 函式，必須 import 該模組，系統預設已經「from django.shortcuts import render」加入模組，因此可以直接使用 render 函式。

render 的語法如下：

```
render(request, template_name, locals())
```

第一個參數是 HttpRequest 物件，第二個參數是模板名稱，最後一個參數是傳遞所有區域變數給顯示的模版。

例如：傳遞所有區域變數給顯示模版 <dice.html>。

傳遞區域變數 no 和區域字典變數 dict1 給顯示模版 <dice.html>。經過 locals() 函式轉換後會建立「{"no":1 , "dict1":{"name":"Amy","age":20} } 」的字典。

```
no=1
dict1={"name":"Amy","age":20}
return render(request,"dice.html",locals())
```

模版顯示變數

由於 locals() 將所有區域變數轉換成字典，在模版中要顯示 locals() 字典的內容，就可用讀取字典的語法來讀取它。

在模版中可以顯示接收的變數，必須以「變數」為鍵，語法如下：

```
{{ 變數 }}
```

例如：顯示變數 no。(註：no=1 已由 locals() 轉換為 {"no":1})

```
{{no}}
```

如果是字典變數，前面必須加上字典變數名稱，語法如下：

```
{{ 字典變數 . 鍵 }}
```

例如：顯示 dict1 字典 name 鍵的鍵值內容，由於「dict1={"name":"Amy","age":20}」已由 locals() 轉換為「"dict1":{"name":"Amy","age":20}」字典，因此可用下列語法取得 name 鍵的鍵值內容。

```
{{ dict1.name}}
```

如果是串列變數，則以「串列變數 . 索引」的格式取得。例如：顯示 list1 串列的第 1 個元素內容。

```
{{ list1.0}}
```

範例：使用 locals() 傳遞變數到 Template 模板

請執行「http://127.0.0.1:8000/dice」，將會以亂數 1~6 分別顯示 3 個骰子點數。

擲骰子(二)
127.0.0.1:8000/dice
點數一： 2
點數二： 2
點數三： 5

render() 中以 locals() 傳遞所有的區域變數給 <dice.html> 模版。因使用亂數 random 模組，需以「import random」加入亂數模組。

myapp\views.py

```
…略
import random
…略
def dice(request):
    no1=random.randint(1,6)    # 1~6
    no2=random.randint(1,6)    # 1~6
    no3=random.randint(1,6)    # 1~6
    # 使用 locals() 傳遞所有的區域變數
    return render(request,"dice.html",locals())
```

在 <dice.html> 模版中以 {{no1}}、{{no2}}、{{no3}} 顯示變數。

templates\dice.html

```
<!DOCTYPE html>
<html>
<head>
```

01 02 03 04 05 06 07 08 09 10 11 12 13 14 15 16 17

```
    <meta charset='utf-8'>
    <title> 擲骰子 </title>
</head>
<body>
    <h3> 點數一：{{no1}} </h3>
    <h3> 點數二：{{no2}} </h3>
    <h3> 點數三：{{no3}} </h3>
</body>
</html>
```

19.4.2 Template 語言 - 變量

Template 模版有自己的語言，可以顯示變數，同時也有 if 條件指令和 for 迴圈指令，也可以加上註解。

Template 模版的組成：

名稱	說明	範例
變量	將 views 傳送內容顯示在模版指定的位置上。	{{username}}
標籤	if 條件指令和 for 迴圈指令。	{% if found %} { % for item in items %}
單行註解	語法：{# 註解文字 #}。	{# 這是註解文字 #}
多行註解	語法：{% comment %} 註解文字一 註解文字二 … {% endcomment %}	{{% comment %} 註解文字第一列 … 註解文字第 n 列 {% endcomment %
文字	HTML 標籤或文字。	<title> 顯示的模版 </title>

變量就是要顯示的變數，變數可以是一般變數，也可以使用字典變數或串列，分別以「{{ 變數 }}」、「{{ 字典變數 . 鍵 }}」、「{{ 串列 . 索引 }}」語法來表示。

18 19 20 21 22 23 24 25 26 27 28 29 30 31 32 33

19.4.3 Template 語言 - 標籤

Template 的條件判斷指令和迴圈指令稱為「標籤」，有 if 條件指令和 for 迴圈指令。

條件指令

if 條件指令依條件是否成立執行對應的程式區塊，有單向、雙向和多向 3 種判斷式。

單向條件判斷式是最簡單的條件判斷式，當條件成立時就執行程式區塊。語法為：

```
{% if 條件 %}
    程式區塊
{% endif %}
```

雙向條件判斷式則是條件成立時執行程式區塊一，否則執行程式區塊二。語法為：

```
{% if 條件 %}
    程式區塊一
{% else %}
    程式區塊二
{% endif %}
```

多向條件判斷式則是在多個條件中，擇一執行，如果條件成立，就執行相對應的程式區塊，如果所有條件都不成立，則執行 else 後面的程式區塊，若省略 else 敘述，當所有條件都不成立時，將不執行任何程式區塊。語法為：

```
{% if 條件一 %}
    程式區塊一
{% elif 條件二 %}
    程式區塊二
{% elif 條件三 %}
    程式區塊三
    ...
[{% else %}
    程式區塊 else]
{% endif %}
```

for 迴圈指令

for 迴圈可以依序讀取串列元素，並執行程式區塊，若串列中沒有任何資料，則會執行 empty 中的程式區塊。語法：

```
{% for 變數 in 串列 %}
    程式區塊
[{% empty %}]
    程式區塊 empty
{% endfor %}
```

例如：定義 list1 串列為 list1 = range(1,6)。

```
def show(request):
    list1 = range(1,6)
    return render(request,"show.html",locals())
```

在樣版中以 for 迴圈顯示 list1，執行結果為「1,2,3,4,5,」。

```
{% for i in list1 %}
    {{i}},
{% empty %}
    沒有任何資料
{% endfor %}
```

如果 list1 為空的串列，即 list1=[]，執行「{% for i in list1 %}」時因為條件不成立，將執行「{% empty %}」中的區塊。

例如：定義 list1 為空的串列。

```
def show(request):
    list1 = []
    return render(request,"show.html",locals())
```

在樣版中以上面的 for 迴圈顯示 list1，執行結果為「沒有任何資料」。

forloop 變量及其屬性

Template 的 for 迴圈提供 forloop 變量，當作計數器。

forloop 屬性如下：

forloop 屬性	說明
forloop.counter	由 1 開始遞增到迭代總數。
forloop.counter0	由 0 開始遞增到迭代總數。
forloop.revcounter	由串列元素總數開始遞減到 1。
forloop.revcounter0	由串列元素總數開始遞減到 0。
forloop.first	判斷是否是第一次 for 迴圈，其值為 True 或 False。
forloop.last	判斷是否是最後一次 for 迴圈，其值為 True 或 False。
forloop.parentloop	父迴圈 (上一層迴圈) 的 foorloop。

範例：顯示員工資料

請執行「http://127.0.0.1:8000/show」，將會依序顯示員工資料。

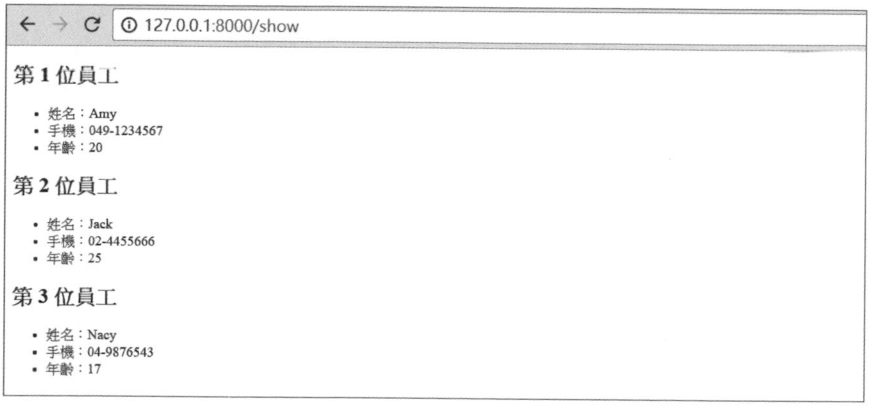

127.0.0.1:8000/show

第 1 位員工

- 姓名：Amy
- 手機：049-1234567
- 年齡：20

第 2 位員工

- 姓名：Jack
- 手機：02-4455666
- 年齡：25

第 3 位員工

- 姓名：Nacy
- 手機：04-9876543
- 年齡：17

由於本單元中還未講解資料庫，因此先以串列方式建立 persons 串列模擬從資料庫中取出資料，該串列中包含 3 筆字典型別資料。

myapp\views.py

```
def show(request):
    person1={"name":"Amy","phone":"049-1234567","age":20}
    person2={"name":"Jack","phone":"02-4455666","age":25}
    person3={"name":"Nacy","phone":"04-9876543","age":17}
    persons=[person1,person2,person3]
    return render(request,"show.html",locals())
```

網頁模板程式碼：

templates\show.html

```
...
{% for person in persons %}
   <h2> 第 {{forloop.counter}} 位員工 </h2>
   <ul>
      <li> 姓名：{{person.name}}</li>
      <li> 手機：{{person.phone}}</li>
      <li> 年齡：{{person.age}}</li>
   </ul>
{% endfor %}
...
```

01
02
03
04
05
06
07
08
09
10
11
12
13
14
15
16
17

19.5 以 GET 及 POST 傳送資料

與 Flask 相同，Django 也可用 GET 及 POST 傳送資料。本節說明 Django 中如何以 GET 及 POST 來傳送資料。

19.5.1 以 GET 傳送資料

Django 通常使用 urlpattern 來傳遞參數值，但此方法對於傳遞大量參數值時不甚方便：必須自行記憶參數順序，很容易造成參數值傳送錯誤，使用 GET 方式傳遞參數可為參數命名，與參數的順序無關。

以 GET 傳送參數值的方法是將要傳送的參數置於網址後面，第一個參數以「?」符號連接，第二個以後的參數都以「&」符號連接，語法為：

```
網址 ? 參數 1= 值 1& 參數 2= 值 2& 參數 3= 值 3...
```

例如：傳送 name 及 tel 參數。

```
http://127.0.0.1:5000/test?name=david&tel=0987654321
```

Django 如何接收以 GET 方式傳送的參數資料呢？使用 request 模組的 GET 方法即可取得 GET 參數值，語法為：

```
request.GET[' 參數名稱 ']
```

例如取得 name 參數值：

```
request.GET['name']
```

範例：使用 GET 傳遞參數值

請執行「http://127.0.0.1:8000/djget?name= 柯大帥 &city= 台北」，會傳送 name 及 city 參數值在網頁中顯示。

myapp\views.py

```
...
34 def djget(request):
35     name = request.GET['name']
36     city = request.GET['city']
37     return render(request,"djget.html",locals())
...
```

程式說明

- 35-36　取得 GET 方式傳送的 name 及 city 參數值存於變數。

templates\djget.html

```
...
 7 <body>
 8 <h1> Django 網站 </h1>
 9   <h2> 歡迎來自 {{city}} 的 {{name}} 光臨本網站！ </h2>
10 </body>
...
```

程式說明

- 9　使用 city 及 name 變數。

01 02 03 04 05 06 07 08 09 10 11 12 13 14 15 16 17

19.5.2 以 POST 傳送資料

無論是以 urlpattern 或 GET 方式傳送資料給網頁，其傳送的資料都會暴露在網址列中，形成網頁安全很大的漏洞，如果傳送重要資料如帳號、密碼等，等於將機密資料告訴所有人。

POST 方式傳送的資料不會顯示於網址列，是相當安全的資料傳送方式。

網頁中最常使用 POST 的方法是以表單 (Form) 形式讓使用者輸入資料，再將表單以 POST 方式傳送。在網頁中建立表單並傳送處理函式給 Django 的語法為：

```
<form method='post' action="url 網址 ">
    {% csrf_token %}
    表單內容程式
</form>
```

「method='post'」表示以 POST 方式送出表單，「action=" url 網址 "」設定在 Django 中處理傳送資料的函式。

「{% csrf_token %}」是加入 CSRF 驗證，Django 中所有以 POST 方式送出資料的表單，都要加入「{% csrf_token %}」以增加安全性，如果沒有加入在送出表單時會產生下面錯誤：

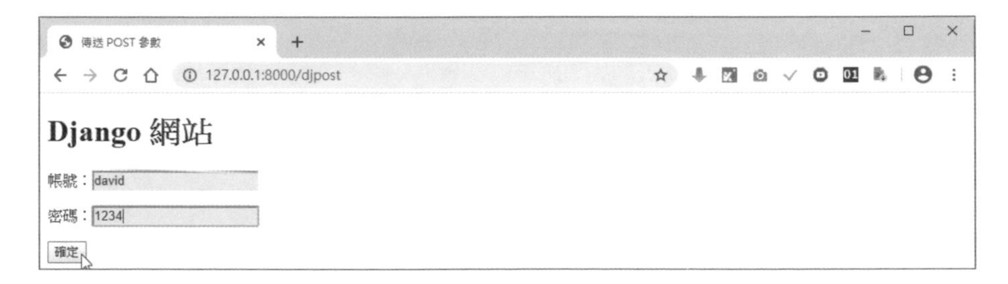

Django 使用 request 模組的 POST 方法取得 POST 參數值，語法為：

```
request.POST[' 參數名稱 ']
```

例如取得 name 參數值：

```
request.POST['name']
```

範例：使用 POST 傳遞參數值

執行後網址輸入「127.0.0.1:8000/djpost」會顯示表單，輸入正確的帳號及密碼 (david 及 1234)，按 **確定** 鈕就顯示「歡迎光臨本網站！」訊息。

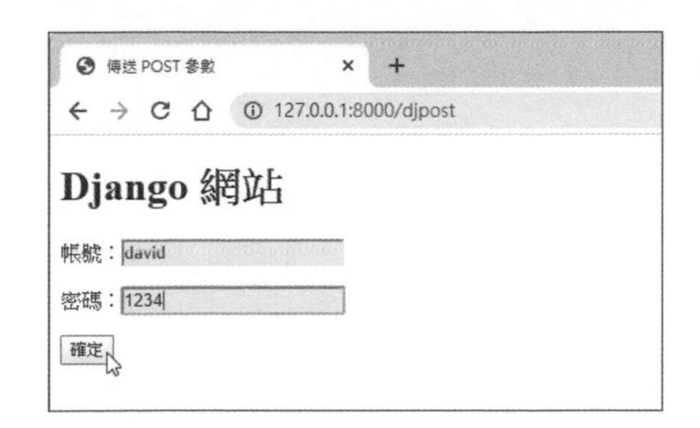

若輸入的帳號或密碼錯誤，按 **確定** 鈕就顯示「帳號或密碼錯誤！」訊息。

templates\djpost.html

```
...
 7 <body>
 8 <h1> Django 網站 </h1>
 9     <form method='post' action="/djpost">
10          {% csrf_token %}
11         <p> 帳號：<input type='text' name='username' /></p>
12         <p> 密碼：<input type='text' name='password' /></p>
13         <p><button type='submit'> 確定 </button></p>
14     </form>
15 </body>
16 </html>
```

程式說明

- 9-14　建立表單。
- 9　設定表單以 POST 方式送出，Django 的處理 url 網址為「/djpost」。

- 10　　加入處理 CSRF 程式碼。
- 11-12　　建立輸入帳號及密碼的欄位。
- 13　　建立送出表單的按鈕。

myapp\views.py

```
...
39 def djpost(request):
40     if request.method == 'POST':
41         username = request.POST['username']
42         password = request.POST['password']
43         if username=='david' and password=='1234':
44             return HttpResponse('歡迎光臨本網站！')
45         else:
46             return HttpResponse('帳號或密碼錯誤！')
47     else:
48         return render(request,"djpost.html",locals())
```

程式說明

- 40　　如果是以「POST」方式送出資料，就執行 41-44 列程式。
- 41-42　　取得 POST 傳送的帳號及密碼資料存於變數。
- 43-44　　若帳號及密碼都正確則顯示「歡迎光臨本網站！」訊息。
- 45-46　　若帳號或密碼錯誤則顯示「帳號或密碼錯誤！」訊息。
- 47-48　　如果不是以「POST」方式送出資料，就顯示表單讓使用者輸入資料。

20

Django 資料庫連結與應用

20.1 Django 資料庫

網站通常必須搭配資料庫一起使用，因為資料庫可以提供更多資源，Django 預設是以 Model 方式操作資料庫，也就是以 class 類別建立 Model，再透過 Model 操作資料庫和資料表，這就是 MTV 架構中的 Model。這樣的優點是程式不直接面對資料庫，而是以 Model 為中介，以後要更改資料庫系統，就可以不必更改程式內容，而只需要更改 Model 的定義即可。

20.1.1 使用 Django 資料庫

要在 Django 中使用資料庫，有下列幾個重要的步驟：

1. 在 <model.py> 檔中定義 class 類別，每一個類別相當於一個資料表。
2. 在 class 類別中定義變數，每一個變數相當於一個資料表欄位。
3. 以「python manage.py makemigrations」建立資料庫和 Django 間的中介檔。
4. 以「python manage.py migrate」同步更新資料庫內容。
5. 在 Python 程式中存取資料庫。

20.1.2 建立 Django 專案

為了方便說明，請將本章範例原始檔的 students 專案複製到 D 磁碟機根目錄操作。

students 專案已建立了 studentsapp 應用程式、templates 和 static 資料夾，<templates> 已加入專案要使用的模版檔，同時也完成 <settings.py> 的設定。studentsapp 應用程式中 <views.py> 的程式碼也已全部撰寫完成。

urlpatterns 中定義下列自訂函式。

students\urls.py

```
from django.contrib import admin
from django.urls import path
from studentsapp import views

urlpatterns = [
    path('admin/', admin.site.urls),
```

```
        path('listone/', views.listone),
    path('listall/', views.listall),
    path('listall2/', views.listall2),
]
```


20.1.3 常用資料欄位及屬性

下面是 Django 資料庫常用的欄位格式，更詳細的說明可參考官方文件，網址：「https://docs.djangoproject.com/en/3.1/ref/models/fields/」。

models.Model 常用的欄位

models.Model 常用的欄位如下表：

欄位格式	參數	說明
BooleanField		True 或 False，用於 checkbox 輸入資料。
CharField	max_length：最大字串長度	用於單行輸入字串資料。
DateField	auto_now：物件儲存時自動取得目前的日期。 auto_now_add：只有在物件建立時才加入目前的日期。	日期格式，即 datetime.date。
DateTimeField	auto_now：物件儲存時自動取得目前的日期時間。 auto_now_add：只有在物件建立時才加入目前的日期時間。	日期時間格式，即 datetime.datetime。
EmailField	max_length：最大字串長度，規定是 254 個字元。	電子郵件。
FloatField		浮點數。
IntegerField		整數，範圍是 -2147483648~2147483647。
PositiveIntegerField		正整數，範圍是 0 ~ 2147483647。
TextField		多行輸入字串資料，用於 表單的 textarea 欄位。

models.Model 欄位的屬性

models.Model 欄位的屬性如下表：

欄位選項	說明
null	欄位是否可為 null 值，預設為 False。
blank	欄位是否可為空白內容，預設為 False。

choices	設定 select 欄位的選項。例如：以 items 元祖定義選項，例如：
	class student(models.Model):
	    items = (('JUNIOR', 'Junior'),('SENIOR', 'Senior'),)
	    year_in_school = models.CharField(choices=items ,)

default	欄位預設值。
editable	設定此欄位是否可顯示，預設為 True。
primary_key	設定此欄位是否為主鍵，預設為 False。
unique	設定此欄位是否為唯一值，預設為 False。

20.1.4 定義資料模型

本章範例資料表包含姓名、性別、生日、郵件帳號、電話及地址六個欄位。

姓名	性別	生日	郵件帳號	電話	地址
李采茜	F	1987年4月4日	elven@superstar.com	0922988876	台北市濟洲北路12號
許佩琪	F	1987年7月1日	jinglun@superstar.com	0918181111	台北市敦化南路93號5樓
陳建佑	M	1987年8月11日	sugie@superstar.com	0914530768	台北市中央路201號7樓
趙宏志	M	1984年6月20日	shane@superstar.com	0946820035	台北市建國路177號6樓
羅俊翔	M	1988年2月15日	ivy@superstar.com	0920981230	台北市忠孝東路520號6樓
李佳妮	F	1987年5月5日	zhong@superstar.com	0951983366	台北市三民路1巷10號
林聖文	M	1985年8月30日	lala@superstar.com	0918123456	台北市仁愛路100號
邱心怡	F	1986年12月10日	crystal@superstar.com	0907408965	台北市民族路204號

建立資料模型

開啟 studentsapp 專案下的 <models.py> 檔，該檔預設以「from django.db import models」加入 models 模組，因此可以直接使用 models 模組。

首先建立 student 類別，建立的類別必須以「class student(models.Model)」繼承 models.Model，然後在 student 類別建立欄位。

18 19 20 21 22 23 24 25 26 27 28 29 30 31 32 33

studentsapp\models.py

```
from django.db import models

class student(models.Model):
    cName = models.CharField(max_length=20, null=False)
    cSex = models.CharField(max_length=2, default='M', null=False)
    cBirthday = models.DateField(null=False)
    cEmail = models.EmailField(max_length=100, blank=True, default='')
    cPhone = models.CharField(max_length=50, blank=True, default='')
    cAddr = models.CharField(max_length=255,blank=True, default='')

    def __str__(self):
        return self.cName
```

「cName = models.CharField(max_length=20, null=False) 」建立字串型別欄位，最大長度為 20 個字元，欄位不可空白。

cSex 以「default='M'」設定預設值為「M」。

「cBirthday = models.DateField(null=False)」建立日期型別欄位，欄位不可空白。

「cEmail = models.EmailField(max_length=100, blank=True, default='')」 建 立 email 型別欄位，最大長度為 100 個字元，欄位可空白，預設值為空字串。

cPhone、cAddr 也都以 models.CharField 建立，欄位可空白，預設值為空字串。

每一筆資料在管理介面中顯示的內容是以下列程式定義，以「return self.cName」表示顯示 cName 欄位。

```
    def __str__(self):
        return self.cName
```

建立 migration 資料檔

資料庫模型建立完成後，必須將建立資料表的架構和版本記錄下來，以利以後的追蹤。切換到 <students> 資料夾，在 **命令提示字元** 視窗輸入下列指令。

```
python manage.py makemigrations
```

makemigrations 完成之後會在應用程式資料夾 <studentsapp> 下產生 <migrations> 資料夾。

模型與資料庫同步

接著對專案中所有應用程式進行 migrate，migrate 會根據 migrations 的記錄，將模型同步到資料庫。語法：

```
python manage.py migrate
```

更改 <model.py> 檔後必須 migrate

專案開發過程中，如果更改了 <model.py> 檔中資料庫的定義，記得必須再建立 migrations 資料檔，再將模型同步到資料庫。

```
python manage.py makemigrations
python manage.py migrate
```

20.2 admin 後台管理與 ModelAdmin 類別

migrate 成功後會在專案根目錄下建立 <db.sqlite3> 資料庫，利用 admin 管理後台可以管理 <db.sqlite3> 資料庫，包括新增、修改或刪除資料。

20.2.1 admin 後台管理

請開啟專案 app 資料夾（本例為 studentsapp）的 <admin.py> 檔，加入下列程式列表中兩行粗體程式，以 register 方法將建立的資料模型向 admin 註冊。因為 student 定義在 <studentsapp\models.py> 檔案中，因此必須以「from studentsapp.models import student」加入該模組。

studentsapp\admin.py

```
from django.contrib import admin
from studentsapp.models import student

# Register your models here.
admin.site.register(student)
```

啟動本機伺服器，輸入「127.0.0.1:8000/admin/」這個網址，將會開啟 admin 的登入畫面。

建立管理者帳號和密碼

必須先建立管理者的帳號和密碼才能登入。請以 **Ctrl + C** 鍵關閉伺服器，回到 **命令提示字元** 視窗，輸入下列指令，然後輸入帳號、Email 和密碼，此處專案的管理者帳號設為「admin」，密碼設為「a123456!」。

```
python manage.py createsuperuser
```

啟動伺服器，輸入「127.0.0.1:8000/admin/」，輸入帳號和密碼後，將會進入 Django 管理頁面，其中的 Students 就是我們向 admin 註冊的資料表。

Django 管理
歡迎，ADMIN. 檢視網站 / 變更密碼 / 登出
網站管理
STUDENTSAPP
Students ＋新增 變更
認證與授權
使用者 ＋新增 變更
最近的動作
我的動作
李采茜
Student
林聖文

新增資料

按 **新增** 鈕，進入資料輸入的頁面，輸入資料後按 **儲存** 鈕。

新增 student
CName： 李采茜
CSex： F
CBirthday： 1987/04/04 今天
CEmail： elven@superstar.com
CPhone： 0922988876
CAddr： 台北市濟洲北路12號
儲存並新增另一個 儲存並繼續編輯 儲存

資料儲存後會回到管理頁面，新增的資料會以 cName 欄位顯示，因為我們在 <model.py> 中做了以下設定，因此會顯示 cName 欄位。

```
    def __str__(self):
        return self.cName
```

點選指定的資料即可編輯該筆資料，進入資料編輯頁面後可以修改或刪除該筆資料，按 **新增 STUDENT +** 鈕可以新增更多資料。

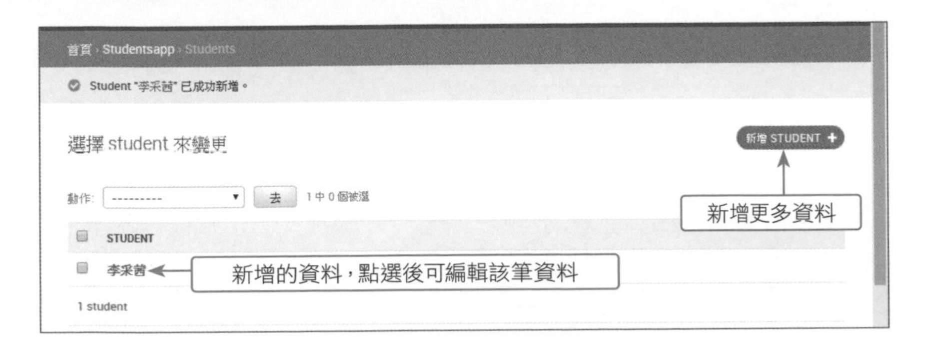

了解後，按 **新增 STUDENT +** 鈕輸入多筆資料，完成畫面如下。

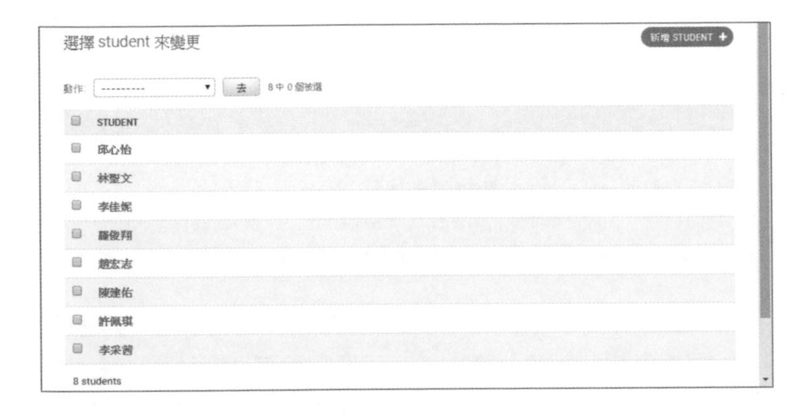

20.2.2 定義 ModelAdmin 類別

在 Admin 管理介面中可以設定顯示多個欄位資料，也可以依指定欄位過濾資料、搜尋或排序。

顯示多個欄位

如果想要在 Admin 管理介面中以列表方式顯示更多欄位，就必須在 <admin.py> 中定義 ModelAdmin 類別，再以 list_display 定義顯示的欄位，然後透過 register 註冊。

例如：定義 studentAdmin 類別，此類別必須繼承 admin.ModelAdmin 類別，並以 list_display 定義顯示 id、cName、cSex、cBirthday、cEmail、cPhone 和 cAddr 欄位。(註：id 是系統自動產生的欄位，它的值會每次遞增 1。)

studentsapp\admin.py

```
1  from django.contrib import admin
2  from studentsapp.models import student
3
4  # class studentAdmin(admin.ModelAdmin):
5      # 第三種方式，加入 ModelAdmin 類別，定義顯示欄位、欄位過濾資料、搜尋和排序
6  #    list_display=('id','cName','cSex','cBirthday','cEmail','cPhone','cAddr')
7  #   list_filter=('cName','cSex')
8  #   search_fields=('cName',)
9  #   ordering=('id',)
10
11 # admin.site.register(student,studentAdmin)
12
13
14 # 第一種方式，未加入 ModelAdmin 類別
15 # admin.site.register(student)
16
17 # 第二種方式，加入 ModelAdmin 類別，定義顯示欄位
18 class studentAdmin(admin.ModelAdmin):
19     list_display=('id','cName','cSex','cBirthday','cEmail','cPhone','cAddr')
20 admin.site.register(student,studentAdmin)
```

為了方便對照，我們將本專案完成後的三種設定方式都呈現出來，第三種方式會在下一單元說明，如果讀者想執行第一種方式，只要刪除第 15 列的註解，在 18 ~20 列加上 # 註解即可。第二種方式加入 studentAdmin 類別定義的 Admin 管理介面如下，點選第一個 ID 欄位內容就可以進入資料編輯的頁面。

ID	CNAME	CSEX	CBIRTHDAY	CEMAIL	CPHONE	CADDR
8	邱心怡	F	1986年12月10日	crystal@superstar.com	0907408965	台北市民族路204號
7	林聖文	M	1985年8月30日	lala@superstar.com	0918123456	台北市仁愛路100號
6	李佳妮	F	1987年5月5日	zhong@superstar.com	0951983366	台北市三民路1巷10號
5	羅俊翔	M	1988年2月15日	ivy@superstar.com	0920981230	台北市忠孝東路520號6樓
4	趙宏志	M	1984年6月20日	shane@superstar.com	0946820035	台北市建國路177號6樓
3	陳建佑	M	1987年8月11日	sugie@superstar.com	0914530768	台北市中央路201號7樓
2	許佩琪	F	1987年7月1日	jinglun@superstar.com	0918181111	台北市敦化南路93號5樓
1	李采茜	F	1987年4月4日	elven@superstar.com	0922988876	台北市濱洲北路12號

8 students

資料過濾

list_filter 可以建立過濾欄位。例如：「list_filter=('cName','cSex')」以 cName 和 cSex 欄位建立過濾欄位。注意：過濾欄位必須使用串列或元組，完成後會在右方出現過濾的欄位。

依欄位搜尋

search_fields 可以設定依指定的欄位搜尋。例如：「search_fields=('cName',)」依 cName 欄位搜尋，搜尋欄位必須使用串列或元組，完成後會在上方出現文字方塊，輸入資料後按 **搜尋** 鈕，即會依 cName 欄位搜尋。

排序

ordering 可以依指定的欄位排序，例如：「ordering=('id',)」依 id 欄位遞增排序，排序欄位必須使用串列或元組。如果加上「-」則可設定為遞減排序，例如：「ordering=('-id',)」。

範例：使用 ModelAdmin 類別

建立 studentAdmin 類別，定義資料顯示欄位、資料過濾欄位、資料搜尋欄位和資料排序欄位。

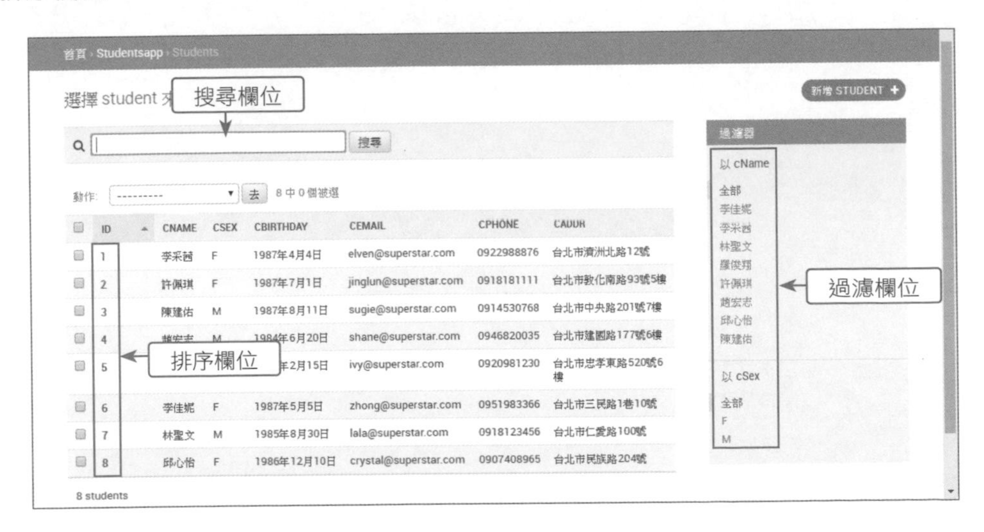

studentsapp\admin.py

```
1  from django.contrib import admin
2  from studentsapp.models import student
3
4  class studentAdmin(admin.ModelAdmin):
5      # 第三種方式，加入 ModelAdmin 類別，定義顯示欄位、欄位過濾資料、搜尋和排序
6  list_display=('id','cName','cSex','cBirthday','cEmail','cPhone','cAddr')
7  list_filter=('cName','cSex')
8  search_fields=('cName',)
9  ordering=('id',)
10
11 admin.site.register(student,studentAdmin)
```

為何「127.0.0.1:8000/admin/」會啟動登入畫面

專案建立後預設已建立下列 url，因此輸入「127.0.0.1:8000/admin/」這個網址，將會執行「admin.site.urls」函式，開啟 admin 的登入畫面。

admin.site.urls 函式定義在 django.contrib 模組的 admin 中，必須加入該模組。

```
from django.contrib import admin
from django.urls import path

urlpatterns = [
    path('admin/', admin.site.urls),
]
```

20.3 資料庫查詢

利用 models 模組的 objects.get() 和 objects.all() 方法可以讀取資料。

20.3.1 objects.get() 方法

objects.get() 方法可以取得一筆資料，語法：

```
資料表 .objects.get( 查詢條件 )
```

objects.get() 查詢成功會傳回 1 筆資料，如果回傳的是多筆資料或是資料不存在，都會產生錯誤，因此通常會以 try/except 捕捉錯誤。

範例：以 Template 樣版顯示資料

執行「http://127.0.0.1:8000/listone/」以 get() 方法取得 student 資料表中「cName="李采茜"」的資料，並以 <listone.html> 樣版顯示這筆資料。

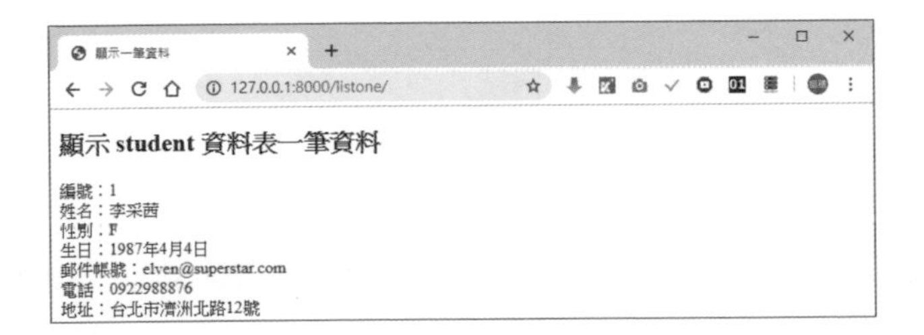

由於 student 類別定義在專案 app 資料夾的 <models.py> 檔中，記得以「from studentsapp.models import student」加入模組，讀取的資料儲存在 unit 變數，再傳送給 <listone.html> 模版顯示。

studentsapp\views.py

```
from django.shortcuts import render
from studentsapp.models import student

def listone(request):
    try:
        unit = student.objects.get(cName="李采茜") #讀取一筆資料
    except:
        errormessage = " (讀取錯誤!)"
    return render(request, "listone.html", locals())
```

在 <listone.html> 樣版顯示一筆資料。

templates\listone.html

```
1   <!DOCTYPE html>
2   <html>
3     <head>
4        <title>顯示一筆資料</title>
5     </head>
6     <body>
7        <h2>顯示 student 資料表一筆資料{{errormessage}}</h2>
8       編號：{{ unit.id }} <br />
9       姓名：{{ unit.cName }}  <br />
10      性別：{{ unit.cSex }}  <br />
11      生日：{{ unit.cBirthday}}  <br />
12      郵件帳號：{{unit.cEmail }}  <br />
13      電話：{{ unit.cPhone }}  <br />
14      地址：{{ unit.cAddr}}  <br />
15    </body>
16  </html>
```

程式說明

- 7　{{ errormessage }} 顯示錯誤訊息。
- 8　{{ unit.id }} 顯示自動編號的 id 欄位。
- 9-14　顯示其他欄位。

20.3.2 objects.all() 方法

objects.all() 可以讀取資料表中所有資料，傳回是 QuerySet 型別的資料，類似串列：

```
資料表 .objects.all()
```

例如：讀取 student 資料表所有資料。

```
student.objects.all()
```

也可以將資料以「order_by(" 欄位 ") 」依指定的欄位排序，預設是遞增排序，若欄位前加上「-」則是遞減排序。例如：依 id 欄位遞減排序。(id 是系統自動產生的欄位)

```
students = student.objects.all().order_by('-id')
```

資料取得後就可以透過 Template 樣版顯示。

範例：以 Template 樣版顯示全部資料

執行「http://127.0.0.1:8000/listall/」以 all() 方法取得 student 資料表所有資料，並以 <listall.html> 樣版顯示。

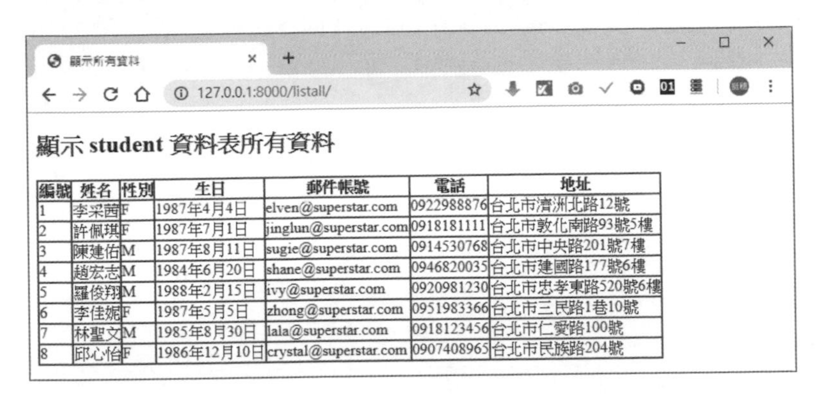

編號	姓名	性別	生日	郵件帳號	電話	地址
1	李采茜	F	1987年4月4日	elven@superstar.com	0922988876	台北市濟洲北路12號
2	許佩琪	F	1987年7月1日	jinglun@superstar.com	0918181111	台北市敦化南路93號5樓
3	陳建佑	M	1987年8月11日	sugie@superstar.com	0914530768	台北市中央路201號7樓
4	趙宏志	M	1984年6月20日	shane@superstar.com	0946820035	台北市建國路177號6樓
5	羅俊翔	M	1988年2月15日	ivy@superstar.com	0920981230	台北市忠孝東路520號6樓
6	李佳妮	F	1987年5月5日	zhong@superstar.com	0951983366	台北市三民路1巷10號
7	林聖文	M	1985年8月30日	lala@superstar.com	0918123456	台北市仁愛路100號
8	邱心怡	F	1986年12月10日	crystal@superstar.com	0907408965	台北市民族路204號

讀取 student 資料表所有資料，並依 id 欄位遞增排序，然後將 students 串列傳送給 <listall.html> 模版顯示。

studentsapp\views.py

```python
from django.shortcuts import render
from studentsapp.models import student

def listall(request):
    students = student.objects.all().order_by('id') #讀取資料表, 依 id 遞增排序
    return render(request, "listall.html", locals())
```

在 <listall.html> 模版透過 for 迴圈配合表格逐一顯示資料。

templates\listall.html

```html
1  <!DOCTYPE html>
2  <html>
3  <head>
4      <title>顯示所有資料</title>
5  </head>
6  <body>
7      <h2>顯示 student 資料表所有資料</h2>
8      <table border="1" cellpadding="0" cellspacing="0">
9          <th>編號</th><th>姓名</th><th>性別</th><th>生日</th>
10         <th>郵件帳號</th><th>電話</th><th>地址</th>
```

```
11          {% for student in students %}
12              <tr>
13                  <td>{{ student.id }} </td>
14                  <td>{{ student.cName }} </td>
15                  <td>{{ student.cSex}} </td>
16                  <td>{{ student.cBirthday }} </td>
17                  <td>{{ student.cEmail }} </td>
18                  <td>{{ student.cPhone}} </td>
19                  <td>{{ student.cAddr }} </td>
20              </tr>
21          {% endfor %}
22      </table>
23  </body>
24  </html
```

程式說明

- 8-22　建立表格。
- 9-10　建立表格標題。
- 11-21　以 for 迴圈逐一取得 students 串列資料。
- 13　{{ student.id }} 顯示編號欄位。
- 14-19　顯示其他欄位。

以 Ctrl + F5 更新 cache 資料

開啟不同專案時，常因 cache 使得新開啟專案的版面仍然使用之前的 css 版面及資料，造成版面錯亂，建議開啟新專案執行前，先以 **Ctrl + F5** 更新 cache 資料。

20.3.3 建立網頁基礎模版

網站中各網頁通常會有相同的部分，以維持網站一致性風格，例如同樣的頁首及頁尾。在實務上通常會將相同的部分抽離出來，另外建立為基礎模版，然後在各網頁中繼承基礎模版，未來若需要修改這些共同的部分，只要修改基礎模版即可。

將共同的部分分離出來：先使用「{% block 名稱 %}{% endblock %}」定義區塊，而在呼叫模版時必須以「{% extends 基礎模版 %}」繼承基礎模版，並設定 block 區塊內容。

為了方便對照，以 <listall.html> 樣版為例，將它拆開為 <base.html> 基礎模版和 <listall2.html> 呼叫模版。

<base.html> 基礎模版建立 <html> 標籤包含 <head>、<body> 架構，並以 block 定義 title、content 區塊。

templates\base.html

```
1  <!-- base.html -->
2  <!DOCTYPE html>
3  <html>
4  <head>
5     {% block title %}{% endblock %}
6  </head>
7  <body>
8     {% block content %} {% endblock %}
9  </body>
10 </html>
```

程式說明

- 5　　以 block 定義 title 區塊。
- 7-9　　在 body 中定義 content 區塊。

<listall2.html> 繼承 <base.html> 基礎模版，並建立 title、content 區塊。

templates\listall2.html

```
1  {% extends 'base.html' %}
2  {% block title %}<title>顯示所有資料</title>{% endblock %}
3  {% block content %}
4  <h2 align="left">顯示 student 資料表所有資料</h2>
5  <table border="1" cellpadding="0" cellspacing="0">
```

```
6   <th> 編號 </th><th> 姓名 </th><th> 性別 </th><th> 生日 </th>
7   <th> 郵件帳號 </th><th> 電話 </th><th> 地址 </th>
8   {% for student in students %}
9       <tr>
10          <td>{{ student.id }} </td>
11          <td>{{ student.cName }} </td>
12          <td>{{ student.cSex}} </td>
13          <td>{{ student.cBirthday }} </td>
14          <td>{{ student.cEmail }} </td>
15          <td>{{ student.cPhone}} </td>
16          <td>{{ student.cAddr }} </td>
17      </tr>
18  {% endfor %}
19  </table>
20  {% endblock %}
```

程式說明

- 1　　繼承 <base.html> 基礎模版。
- 2　　建立 title 區塊。
- 3-20　建立 content 區塊。
- 4　　設定網頁主題。
- 5-19　建立表格顯示所有資料。

執行「http://127.0.0.1:8000/listall2/」的結果與「http://127.0.0.1:8000/listall/」完全相同。

20.4 資料庫管理

資料建置完成後，除了查詢資料外，常常需要對資料庫進行新增、修改及刪除資料記錄等操作。

20.4.1 新增資料

首先在 <urls.py> 中加入資料管理的連結：

students\urls.py

```
...
urlpatterns = [
   ...
    path('insert/', views.insert),
    path('modify/', views.modify),
    path('delete/', views.delete),
]
```

Django 利用資料表的 objects.create 方法新增一筆資料，語法為：

```
記錄變數 = 資料表 .objects.create( 欄位 1= 值 1, 欄位 2= 值 2,...)
```

例如在本章範例 student 資料表中新增一筆資料，記錄變數為 unit：

```
unit = student.objects.create(cName=' 李四 ', cSex='M',
   cBirthday='1990-11-17', cEmail='david@gmail.com',
   cPhone='0987453453', cAddr=' 台中市仁愛路 1 號 ')
```

注意日期格式 (cBirthday) 需為「yyyy-mm-dd」。

接著再以存檔命令將新增的資料寫入資料庫，語法為：

```
記錄變數 .save()
```

例如將記錄變數 unit 寫入資料庫：

```
unit.save()
```

這樣就完成在資料庫新增一筆資料了，比 SQL 語法簡潔得多！

範例：新增學生資料

執行後網址輸入「127.0.0.1:8000/insert/」會顯示表單，輸入各項資料後按 **確定** 鈕就會新增一筆資料。

新增資料
127.0.0.1:8000/insert/
新增資料
姓名：林三和
性別：M
生日：1990-11-17
郵件：david@gmail.com
電話：0987453453
地址：台中市仁愛路1號
確定

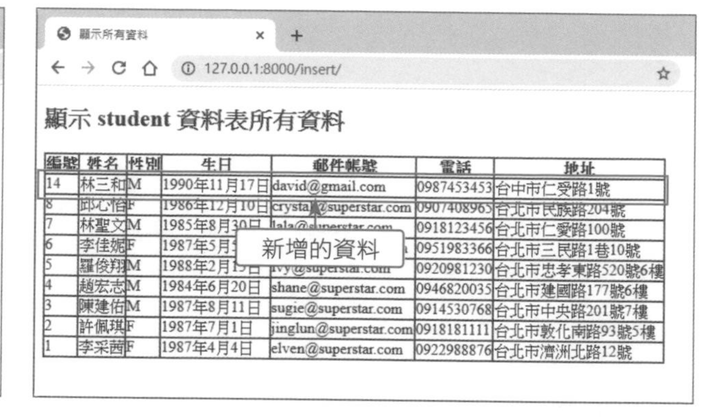

編號	姓名	性別	生日	郵件帳號	電話	地址
14	林三和	M	1990年11月17日	david@gmail.com	0987453453	台中市仁愛路1號
8	邱心怡	F	1986年12月10日	crysta[illegible]@superstar.com	0907408965	台北市民族路204號
7	林聖文	M	1985年8月30日	lala@superstar.com	0918123456	台北市仁愛路100號
6	李佳妮	F	1987年5月[illegible]	[illegible]	0951983366	台北市三民路1巷10號
5	羅俊翔	M	1988年2月1[illegible]日	ivy@superstar.com	0920981230	台北市忠孝東路520號6樓
4	趙宏志	M	1984年6月20日	shane@superstar.com	0946820035	台北市建國路177號6樓
3	陳建佑	M	1987年8月11日	sugie@superstar.com	0914530768	台北市中央路201號7樓
2	許佩琪	F	1987年7月1日	jinglun@superstar.com	0918181111	台北市敦化南路93號5樓
1	李采茜	F	1987年4月4日	elven@superstar.com	0922988876	台北市濟洲北路12號

templates\insert.html

```
...
 7 <body>
 8     <h2> 新增資料 </h2>
 9     <form method='post' action="/insert/">
10         {% csrf_token %}
11         <p> 姓名：<input type='text' name='name' /></p>
12         <p> 性別：<input type='text' name='sex' /></p>
13         <p> 生日：<input type='text' name='birthday' /></p>
14         <p> 郵件：<input type='text' name='email' /></p>
15         <p> 電話：<input type='text' name='phone' /></p>
16         <p> 地址：<input type='text' name='addr' /></p>
17         <p><button type='submit'> 確定 </button></p>
18     </form>
19 </body>
20 </html>
```

程式說明

- 9　　設定表單以 POST 方式送出，Django 的處理 url 網址為「/insert/」。
- 10　　加入處理 CSRF 程式碼。
- 11-16　　建立輸入資料的欄位。
- 17　　建立送出表單的按鈕。

studentsapp\views.py

```
...
15 def insert(request):  # 新增資料
16     if request.method == 'POST':
17         cName = request.POST['name']
18         cSex =  request.POST['sex']
19         cBirthday =  request.POST['birthday']
20         cEmail = request.POST['email']
21         cPhone =  request.POST['phone']
22         cAddr =  request.POST['addr']
23         unit = student.objects.create(cName=cName, cSex=cSex,
               cBirthday=cBirthday, cEmail=cEmail,cPhone=cPhone,
               cAddr=cAddr)
24         unit.save()  # 寫入資料庫
25         students = student.objects.all().order_by('-id')  # 依 id 遞減排序
26         return render(request, "listall.html", locals())
27     else:
28         return render(request,"insert.html",locals())
...
```

程式說明

- 16　如果是以「POST」方式送出資料，就執行 17-26 列程式。
- 17-22　取得 POST 傳送的欄位資料存於變數。
- 23-24　新增一筆資料並寫入資料庫。
- 25-26　顯示所有資料：資料以 id 遞減排序，新增的資料會在第一筆。
- 27-28　如果不是以「POST」方式送出資料，就顯示表單讓使用者輸入資料。

20.4.2 修改資料

修改資料的第一步是先取得要修改資料的資料記錄，語法為：

```
記錄變數 = 資料表 .objects.get( 條件 )
```

「條件」格式通常是「欄位名稱 = 值」。

例如在本章範例 student 資料表中取得「姓名」欄位值為「張三」的資料記錄，記錄變數為 unit：

```
unit = student.objects.get(cName=' 張三 ')
```

接著逐一設定要修改的欄位值，語法為：

```
記錄變數 . 欄位名稱 1 = 值 1
記錄變數 . 欄位名稱 2 = 值 2
...
```

例如修改記錄變數 unit 的 cName 及 cAddr 欄位：

```
unit.cName = '張四平'
unit.cAddr = '台北市信義路 234 號'
```

最後再以存檔命令將修改的資料變數寫入資料庫，語法為：

```
unit.save()
```

範例：修改學生資料

本範例以 GET 傳送學生姓名來修改學生資料。執行後網址輸入「127.0.0.1:8000/modify/?name= 林三和」就會顯示林三和的資料表單，修改資料後按 **確定** 鈕就會將修改的資料寫入資料庫。

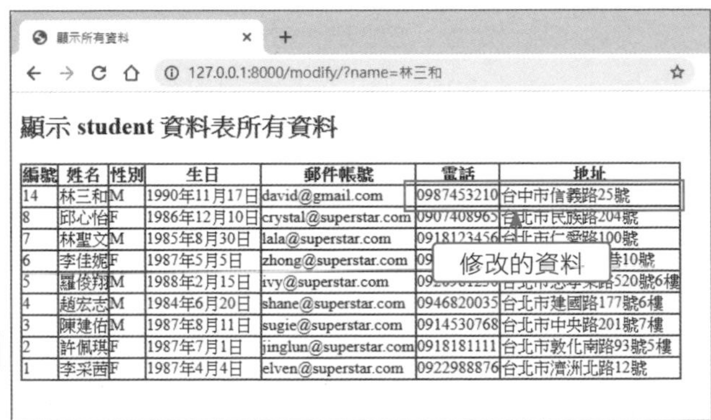

編號	姓名	性別	生日	郵件帳號	電話	地址
14	林三和	M	1990年11月17日	david@gmail.com	0987453210	台中市信義路25號
8	邱心怡	F	1986年12月10日	crystal@superstar.com	0907408965	台北市民族路204號
7	林聖文	M	1985年8月30日	lala@superstar.com	0918123456	台北市仁愛路100號
6	李佳妮	F	1987年5月5日	zhong@superstar.com	[illegible]	[illegible]
5	羅俊翔	M	1988年2月15日	ivy@superstar.com	[illegible]	[illegible]
4	趙宏志	M	1984年6月20日	shane@superstar.com	0946820035	台北市建國路177號6樓
3	陳建佑	M	1987年8月11日	sugie@superstar.com	0914530768	台北市中央路201號7樓
2	許佩琪	F	1987年7月1日	jinglun@superstar.com	0918181111	台北市敦化南路93號5樓
1	李采茜	F	1987年4月4日	elven@superstar.com	0922988876	台北市濟洲北路12號

templates\modify.html

```
...
 7 <body>
 8 <h2> 新增資料 </h2>
 9     <form method='post' action="/modify/?name={{name}}">
10         {% csrf_token %}
11         <p> 姓名：<input type='text' name='name' value={{name}}></p>
12         <p> 性別：<input type='text' name='sex' value={{sex}}></p>
13         <p> 生日：<input type='text' name='birthday' value={{birthday}}></p>
```

```
14            <p> 郵件：<input type='text' name='email' value={{email}}></p>
15            <p> 電話：<input type='text' name='phone' value={{phone}}></p>
16            <p> 地址：<input type='text' name='addr' value={{addr}}></p>
17            <p><button type='submit'> 確定 </button></p>
18        </form>
19 </body>
20 </html>
20 </html>
```

程式說明

- 9　設定 Django 的處理 url 網址為「/modify/?name={{name}}」，「{{name}}」即 GET 傳送的學生姓名。
- 11-16　建立輸入資料的欄位，且顯示學生資料。
- 17　建立送出表單的按鈕。

studentsapp\views.py

```
...
30 def modify(request):  # 修改資料
31     name = request.GET['name']
32     unit = student.objects.get(cName=name)
33     if request.method == 'POST':
34         unit.cName = request.POST['name']
35         unit.cSex = request.POST['sex']
36         birthday = request.POST['birthday']
37         birthday = ((birthday.replace(' 年 ','-')).
               replace(' 月 ','-')).replace(' 日 ','')
38         unit.cBirthday = birthday
39         unit.cEmail = request.POST['email']
40         unit.cPhone = request.POST['phone']
41         unit.cAddr = request.POST['addr']
42         unit.save()  # 寫入資料庫
43         students = student.objects.all().order_by('-id') # 依 id 遞減排序
44         return render(request, "listall.html", locals())
45     else:
46         sex = unit.cSex
47         birthday = unit.cBirthday
48         email = unit.cEmail
49         phone = unit.cPhone
50         addr = unit.cAddr
51         return render(request,"modify.html",locals())
...
```

程式說明

- 31　取得 GET 傳送的學生姓名。
- 32　取出要修改資料學生的資料記錄。
- 33　如果是以「POST」方式送出資料，就執行 34-44 列程式。
- 34-41　取得 POST 傳送的欄位資料存於變數。
- 36　取得 POST 傳送的生日欄位資料。
- 37　生日欄位資料格式轉換：傳送的生日欄位資料格式為「yyyy 年 mm 月 dd 日」，而寫入資料庫的日期格式需為「yyyy-mm-dd」，否則寫入資料庫時會產生錯誤。
  本列程式將「年、月」轉換為「-」，同時移除「日」。
- 42　將資料寫入資料庫。
- 43-44　顯示所有資料。
- 45　如果不是以「POST」方式送出資料，就執行 46-51 列程式。
- 46-50　讀取學生資料存於變數
- 51　顯示包含學生資料的表單讓使用者修改資料。

20.4.3 刪除資料

刪除資料與修改資料相同，首先是取得要刪除資料的資料記錄，語法為：

```
記錄變數 = 資料表 .objects.get( 條件 )
```

接著以 delete 方法刪除資料記錄就完成了，語法為：

```
記錄變數 .delete()
```

例如刪除記錄變數 unit：

```
unit.delete()
```

範例：刪除學生資料

本範例以 GET 傳送學生姓名來刪除學生資料。執行後網址輸入「127.0.0.1:8000/delete/?name= 林三和」就會刪除資料表中林三和的資料記錄。

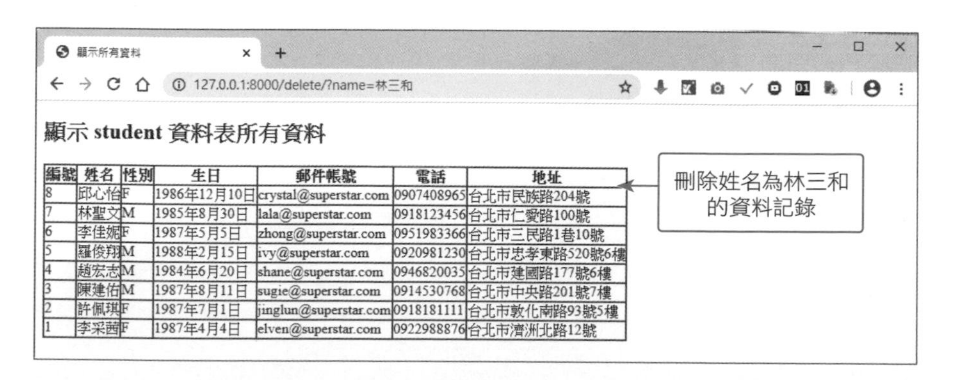

編號	姓名	性別	生日	郵件帳號	電話	地址
8	邱心怡	F	1986年12月10日	crystal@superstar.com	0907408965	台北市民族路204號
7	林聖文	M	1985年8月30日	lala@superstar.com	0918123456	台北市仁愛路100號
6	李佳妮	F	1987年5月5日	zhong@superstar.com	0951983366	台北市三民路1巷10號
5	羅俊翔	M	1988年2月15日	ivy@superstar.com	0920981230	台北市忠孝東路520號6樓
4	趙宏志	M	1984年6月20日	shane@superstar.com	0946820035	台北市建國路177號6樓
3	陳建佑	M	1987年8月11日	sugie@superstar.com	0914530768	台北市中央路201號7樓
2	許佩琪	F	1987年7月1日	jinglun@superstar.com	0918181111	台北市敦化南路93號5樓
1	李采茜	F	1987年4月4日	elven@superstar.com	0922988876	台北市濟洲北路12號

studentsapp\views.py

```
...
53 def delete(request,id=None):  # 刪除資料
54     name = request.GET['name']
55     unit = student.objects.get(cName=name)
56     unit.delete()
57     students = student.objects.all().order_by('-id')
58     return render(request, "listall.html", locals())
...
```

程式說明

- 54　　取得 GET 傳送的學生姓名。
- 55　　取出要刪除資料學生的資料記錄。
- 56　　刪除資料記錄。
- 57-58　顯示所有資料。

memo

21

Django 專題實戰及 Heruko 部署

21.1 實戰：Django 新聞公告系統

幾乎每一個網站都會使用新聞公告系統，可以將網站最新訊息快速告知所有瀏覽者。Django 內建完整新增、修改、刪除資料庫管理功能，本新聞公告系統使用內建資料庫管理功能，輕鬆建立系統。

21.1.1 新聞公告系統介紹

如果資料庫沒有資料會顯示提示訊息：

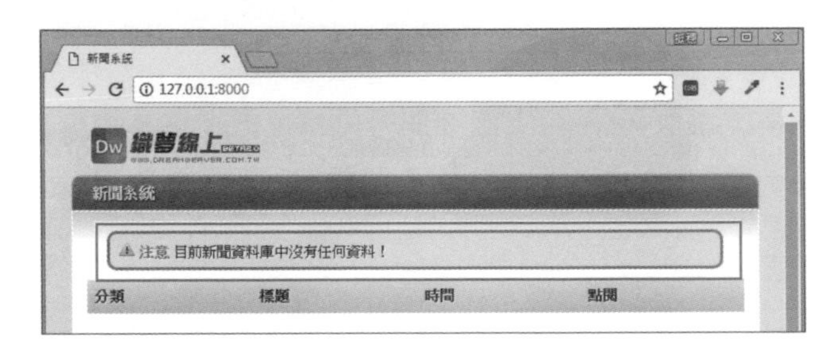

若資料庫有資料就以列表顯示資料，點選資料列會進入詳細資料頁面：

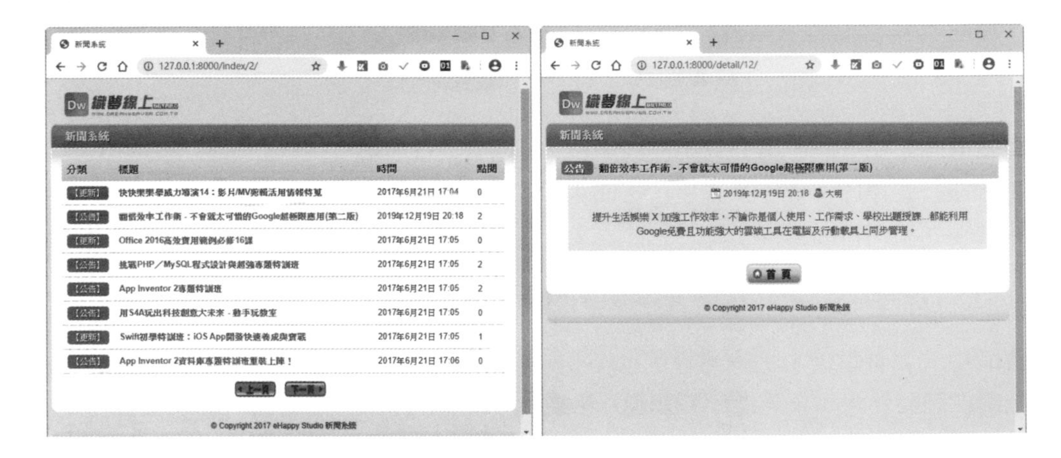

21.1.2 內建管理系統介紹

本新聞公告系統的管理介面使用 Django 內建的管理功能，使用者若要發布、編輯或刪除新聞內容，可以登入內建管理系統進行管理。管理者帳號為「admin」，密碼皆為「a123456!」。

將本書範例 <news> 資料夾複製到硬碟中，在 **命令提示字元** 視窗中切換到 <news> 資料夾，執行「python manage.py runserver」啟動本機伺服器。

在瀏覽器輸入「http://127.0.0.1:8000/admin」開啟登入頁面，輸入帳號及密碼後就可管理資料庫。本專案已預先建立 18 筆資料，如果要發布新聞可點選 **News units** 資料表右方的 **新增** 鈕：

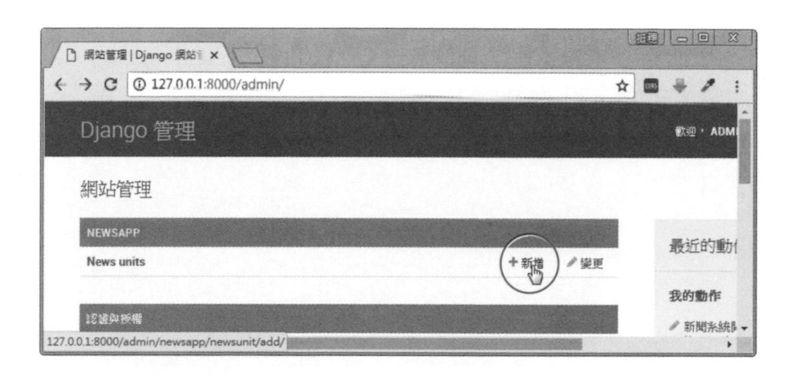

Catego 欄位輸入 **公告**、**更新**、**活動**、**其他** 四者之一。

Enabled 欄位預設沒有核選，即使建立新聞資料也不會在新聞列表中顯示，必須核選此欄位才會顯示新聞。

如果一筆資料輸入完成還要繼續輸入下一筆，可按 **儲存並新增另一個** 鈕，會開啟新的空白資料頁面讓使用者繼續輸入；若不再輸入，可按 **儲存** 鈕關閉輸入頁面。

若要修改或刪除新聞，可在新聞列表中點選該則新聞，於 **變更 news unit** 頁面操作：修改各欄位資料後按 **儲存** 鈕就會將修改的資料存入資料庫，按 **刪除** 鈕後再按 **是的，我確定** 鈕就刪除該則新聞。

內建管理系統設定檔

內建管理系統設定檔 <admin.py> 預設不會顯示 <models.py> 建立的資料表，必須在 <admin.py> 註冊才會顯示。

newsapp\admin.py

```
1 from django.contrib import admin
2 from newsapp.models import NewsUnit
3
4 admin.site.register(NewsUnit)
```

21.1.3 新聞公告系統資料庫結構

資料庫結構定義在 <models.py> 中，內含兩個資料表 NewsUnit：

newsapp\models.py

```
1 from django.db import models
2
3 class NewsUnit(models.Model):  #新聞資料表
4  catego = modelsmodels.CharField(max_length=10, null=False)  #類別關聯
5  nickname = models.CharField(max_length=20, null=False)  #暱稱
6  title = models.CharField(max_length=50, null=False)  #標題
7  message = models.TextField(null=False)  #內容
```

```
 8 pubtime = models.DateTimeField(auto_now=True)  #發布時間
 9 enabled = models.BooleanField(default=False)  #是否顯示
10 press = models.IntegerField(default=0)  #點擊次數
11 def __str__(self):
12    return self.title
```

NewsUnit 資料表儲存新聞資料，catego、nickname、title、message、pubtime 分別儲存新聞類別、發布者暱稱、新聞標題、內容及發布時間。pubtime 欄位以「auto_now=True」參數取得系統目前時間做為欄位值。

enabled 欄位是布林值，設為 True 值時會顯示，False 時則會隱藏；此欄位預設值為 False，表示需等管理者審核透過才會顯示。press 欄位記錄使用者點擊次數，使用者點選該則新聞會將此欄位值加 1。

21.1.4 Url 配置檔

Url 配置檔 <urls.py> 指定網址列執行的函式。新聞公告系統只有新聞列表頁面 (首頁) 及詳細頁面，<urls.py> 內容為：

news\urls.py

```
......
16 from django.contrib import admin
17 from django.urls import path
18 from newsapp import views
19
20 urlpatterns = [
21 path('', views.index),  #不帶參數的首頁 ( 預設第 1 頁 )
22 path('index/<pageindex>/', views.index),  #帶參數的首頁
23 path('detail/<detailid>/', views.detail),  #詳細頁面
24 path('admin/', admin.site.urls),
25 ]
```

程式說明

- 21　列指定「127.0.0.1:8000」時執行 index 函式 (首頁)，未帶任何參數會顯示第 1 頁列表。
- 22　指定「127.0.0.1:8000/index/<pageindex>」(pageindex 為整數) 時執行 index 函式，pageindex=1 時顯示上一頁，pageindex=2 時顯示下一頁，pageindex=3 表示由詳細頁面返回首頁。
- 23　指定「127.0.0.1:8000/detail/<pageindex>」時執行 detail 函式，pageindex 表示顯示「id=pageindex」的資料。

01 02 03 04 05 06 07 08 09 10 11 12 13 14 15 16 17

21.1.5 建立網頁基礎模版

網站中各網頁通常會具有相同的部分，例如同樣的頁首及頁尾，以維持網站一致性風格。如果在每一個網頁中都撰寫這些共同的部分，不但大幅增加網頁程式碼的份量，更造成維護網站的負擔：若日後要修改網站風格，也必須修改每一個網頁的程式碼，基礎模版可以解決此問題。將各網頁相同的部分儲存為基礎模版，然後在各網頁中繼承基礎模版，未來若需要修改這些共同的部分，只要修改基礎模版即可。

新聞公告系統的基礎模版為網頁上方的標題及下方的版權部分，將其儲存為 <base.html> 檔：

templates\base.html

```
1 <!DOCTYPE html>
2 <html>
3 <head>
4 <meta charset='utf-8'>
5 <title>新聞系統</title>
6 {% load static %}
7 <link href="{% static "style.css" %}" rel="stylesheet"
        type="text/css" />
8 </head>
9 <body>
10 <div id="warp">
11    <div id="header">
12        <div class="logo">
13          <img src="{% static "images/DWonline.png" %}" width="180"
                  height="40" alt="news" />
14        </div>
15    </div>
16    <div class="headings">
17        <h2>新聞系統</h2>
18    </div>
19    {% block content %}{% endblock %}
20    <div id="footer">&copy; Copyright 2017 eHappy Studio 新聞系統</div>
21 </div>
22 </body>
23 </html>
```

第 11-18 列為網頁上方的標題，第 20 列為網頁下方的版權，第 19 列為網頁要加入的內容。

21.1.6 首頁處理函式及模版

使用者以「http://127.0.0.1:8000」執行本範例，或在首頁按 **上一頁**、**下一頁** 鈕，或在詳細頁面按 **首頁** 鈕，都會執行 <views.py> 中的 index 函式載入 <index.html> 網頁。

newsapp\views.py

```
1 from django.shortcuts import render
2 from newsapp import models
3 import math
4
5 page1 = 1  #目前頁面
6
7 def index(request, pageindex=None):
8 global page1  #重複開啟本網頁時需保留 page1 的值
9 pagesize = 8  #每頁顯示的資料筆數
10 newsall = models.NewsUnit.objects.all().order_by('-id')
        #讀取新聞資料表，依時間遞減排序
11 datasize = len(newsall)  #新聞筆數
12 totpage = math.ceil(datasize / pagesize)  #總頁數
13 if pageindex==None:  #無參數
14    page1 = 1
15    newsunits = models.NewsUnit.objects.
          filter(enabled=True).order_by('-id')[:pagesize]
16 elif pageindex=='1':  #上一頁
17    start = (page1-2)*pagesize  #該頁第 1 筆資料
18    if start >= 0:  #有前頁資料就顯示
19       newsunits = models.NewsUnit.objects.filter(enabled=True).
             order_by('-id')[start:(start+pagesize)]
```

01 02 03 04 05 06 07 08 09 10 11 12 13 14 15 16 17

```
20          page1 -= 1
21  elif pageindex=='2':  #下一頁
22      start = page1*pagesize  #該頁第1筆資料
23      if start < datasize:  #有下頁資料就顯示
24          newsunits = models.NewsUnit.objects.filter(enabled=True).
                order_by('-id')[start:(start+pagesize)]
25          page1 += 1
26  elif pageindex=='3':  #由詳細頁面返回首頁
27      start = (page1-1)*pagesize  #取得原有頁面第1筆資料
28      newsunits = models.NewsUnit.objects.filter(enabled=True).
            order_by('-id')[start:(start+pagesize)]
29
30  currentpage = page1  #將目頁前頁面以區域變數傳回html
31  return render(request, "index.html", locals())
......
```

程式說明

- 3　因為第 12 列使用「math.ceil」方法，此處需匯入 math 模組。
- 5　設定開始時顯示第 1 頁新聞列表。
- 8　將顯示頁數 page1 設為全域變數，如此重整網頁時可保留 page1 的變數值。
- 9　設定每頁顯示 8 筆新聞資料，第 10 列依 id 值遞減排序讀取新聞資料，即日期越晚的新聞排在越前面。
- 11　以串列的 len 方法取得共有多少則新聞。
- 12　計算全部頁數：以新聞筆數除以每頁筆數就可得到全部頁數，「math.ceil」會將小數以無條件進位方式得到整數，例如「1.2 頁」會以「2 頁」計算。
- 13-15　為進入本網站時會以不帶參數方式執行 index 函式，因此顯示第 1 頁 (page1=1)，15 列最後的「[:pagesize]」會取出前 8 筆資料。
- 16-20　為使用者按 **上一頁** 鈕執行的程式：每一頁第 1 筆資料的索引值為「(page1-1)*pagesize」，例如第一頁第 1 筆資料的索引值為 0 (「(1-1)*8=0」)，所以第 17 列計算上一頁第 1 筆資料的索引值為「(page1-2)*pagesize」。
- 18-20　判斷如果上一頁第 1 筆資料的索引值存在 (不為負值)，就在 19 列以「[start:(start+pagesize)] 取出上一頁資料顯示，20 列將顯示頁數減 1。
- 21-25　為使用者按 **下一頁** 鈕執行的程式：其程式邏輯與 16-20 列相同，只是改為下一頁資料。

■ 26-28　為使用者在詳細頁面按 **首頁** 鈕返回首頁的程式：27 列以「(page1-1)*pagesize」取得使用者切換到詳細頁面前的第 1 筆資料索引值 然後在 28 列取出該頁資料並顯示。

■ 30-31　將全域變數 page1 的值設定給區域變數 currentpage：因為 31 列的「locals()」只能傳送區域變數到 <index.html> 網頁，所以此處必須使用 currentpage 區域變數將目前頁數傳送給 <index.html>。

templates\index.html

```
1 {% extends "base.html" %}
2 {% load static %}
3 {% block content %}
4 <div class="contentbox">
5     <table width="100%">
6     <tr>
7       <th align="left"> 分類 </th>
8       <th align="left"> 標題 </th>
9       <th align="left"> 時間 </th>
10      <th align="left"> 點閱 </th>
11    </tr>
12    {% for unit in newsunits %}
13       <tr class="alt">
14          <td><div class="typeblock">【{{ unit.catego }}】</div></td>
15          <td><a href="/detail/{{unit.id}}/">{{ unit.title }}</a></td>
16          <td>{{ unit.pubtime }}</td>
17          <td>{{ unit.press }}</td>
18       </tr>
19    {% empty %}
20       <div class="status warning">
21          <p><img src="{% static "images/icon_warning.png" %}"
                  alt="Warning" /><span> 注意 </span>
                  目前新聞資料庫中沒有任何資料！</p>
22       </div>
23    {% endfor %}
24    </table>
25    <div class="topfunction">
26       {% if currentpage > 1 %}
27          <a href="/index/1/" title=" 上一頁 ">
28          <img src="{% static "images/prevpage.png" %}" alt=" 上一頁 "
                  width="64" height="24" /></a>
29       {% endif %}
```

01 02 03 04 05 06 07 08 09 10 11 12 13 14 15 16 17

```
30         {% if currentpage < totpage %}
31            <a href="/index/2/" title=" 下一頁 ">
32            <img src="{% static "images/nextpage.png" %}" alt=" 下一頁 "
                    width="64" height="24" /></a>
33         {% endif %}
34      </div>
35  </div>
36  {% endblock %}
```

程式說明

- 1　繼承 <base.html> 基礎模版。
- 2　如果網頁中有使用 <static> 資料夾的靜態檔案，必須「{% load static %}」載入靜態檔。
- 4-35　為網頁內容。
- 6-11　建立表格標題。
- 12-18　逐筆顯示 <views.py> 中 index 函式以 newsunits 變數傳送過來的資料。
- 14　顯示類別。
- 15　顯示標題，使用者點選標題會切換到詳細頁面並傳送該新聞的 id 值 (「/detail/{{unit.id}}/」)。
- 16　顯示發布時間。
- 17　顯示點擊次數。
- 19-23　若傳送過來的是空串列 (無資料)，就顯示「資料庫中無資料」訊息。
- 25-34　顯示 **上一頁** 及 **下一頁** 按鈕：currentpage 變數為目前頁數，totpage 變數為總頁數。
- 26-29　判斷目前頁數大於 1 才顯示 **上一頁** 鈕。
- 27　「/index/1/」表示執行 index 函式時傳遞參數「1」。
- 30-33　判斷目前頁數小於總頁數才顯示 **下一頁** 鈕。
- 31　「/index/2/」表示執行 index 函式時傳遞參數「2」。

21.1.7 詳細頁面處理函式及模版

使用者在首頁點選新聞標題就會執行 <views.py> 中的 detail 函式載入 <detail.html> 網頁。

newsapp\views.py

```
......
33 def detail(request, detailid=None):
34 unit = models.NewsUnit.objects.get(id=detailid)  #根據參數取出資料
35 category = unit.catego
36 title = unit.title
37 pubtime = unit.pubtime
38 nickname = unit.nickname
39 message = unit.message
40 unit.press += 1  #點擊數加1
41 unit.save()  #儲存資料
42
43 return render(request, "detail.html", locals())
```

程式說明

- 34　根據參數 detailid 由 NewsUnit 資料表取出資料。
- 35-39　分別以區域變數取得資料類別、標題、發布時間、暱稱及內容，然後在 43 列以「locals()」將區域變數傳回 <detail.html>。
- 40-41　將點擊數欄位值 (press) 加 1 並更新資料庫。

newsapp\detail.html

```
1 {% extends "base.html" %}
2 {% load static %}
3 {% block content %}
4 <div class="contentbox">
5    <table width="100%">
6    <tr>
7       <th align="left"><span class="typeblock">{{category}}
                </span>  {{title}}</th>
8    </tr>
9    <tr>
10      <td>
11       <span class="newsinfo">
12          <img src="{% static "images/date.png" %}" alt=""
               width="16" height="16" /> {{pubtime}} 
```

```
13          <img src="{% static "images/user.png" %}" alt=""
                width="16" height="16" /> {{nickname}}
14          <p>  {{message}}</p>
15        </span>
16       </td>
17     </tr>
18     </table>
19     <div class="topfunction">
20        <a href="/index/3/" title="返回首頁">
21        <img src="{% static "images/home.png" %}" alt="返回首頁"
               width="86" height="32" /></a>
22     </div>
23 </div>
24 {% endblock %}
```

程式說明

- 6-8　顯示類別及標題。
- 12-13　顯示發布日期及發布者暱稱，12 列「src="{% static "images/date.png" %}"」使用靜態檔案，所以第 2 列加入「{% load static %}」。
- 14　顯示新聞內容。
- 19-22　顯示 **首頁** 按鈕。
- 20　「/index/3/」表示執行 index 函式回到首頁時傳遞參數「3」。

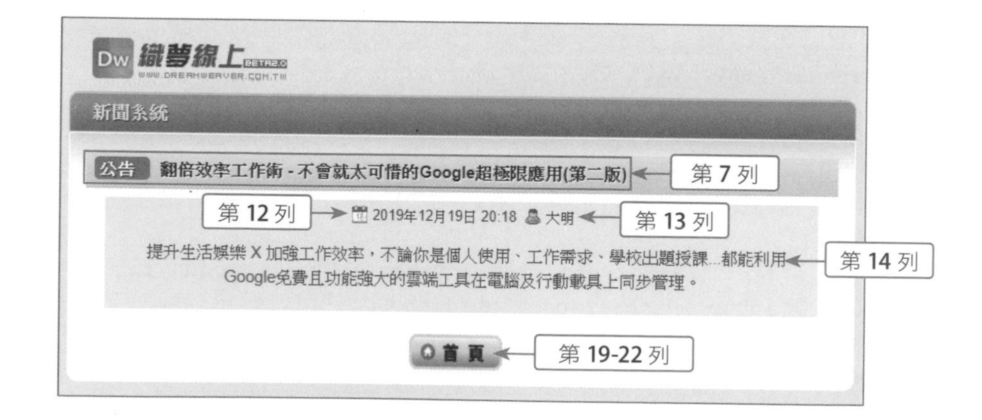

21.2 部署 Django 專案到 Heroku

使用 Django 設計好的網站可以部署到 Heroku 伺服器上，讓所有人都可以使用。本節以新聞系統專案示範如何將 Django 專案部署到 Heroku。

21.2.1 建置空白虛擬環境

如果未執行過 17.2 節「安裝 Git 版本管理軟體」、「建立 Heroku 應用程式」及「安裝 Heroku CLI」，請參考該節安裝 Git 及 Heroku CLI 軟體，並在 Heroku 伺服器建立「newsdjan」應用程式。

首先建立空白虛擬環境：若尚未安裝建立虛擬環境的 virtualenv 模組，在命令提示字元視窗執行下面命令安裝：

```
pip install virtualenv
```

切換到 C 磁碟機根目錄，以 virtualenv 指令建立 herokuenv1 虛擬環境：(因 herokuenv 虛擬環境名稱已在 Flask 部署使用過，此處取一個新名稱)

```
cd c:\
virtualenv herokuenv1
```

系統會新增 <herokuenv1> 資料夾，並建立虛擬環境所需的程式檔案。

切換到 <herokuenv1> 資料夾，以 activate 指令啟動虛擬環境：

```
cd herokuenv1
Scripts\activate
```

在 **命令提示字元** 視窗以下列命令安裝 Django 模組：

```
pip install django==3.1.7
```

如果專案還有使用其他模組就一一安裝。(本專案未使用其他模組，故不需安裝)

最後複製新聞系統專案 <news> 資料夾到 <herokuenv1> 中，並更改名稱為 <newshero>，表示要將此資料夾部署到 Heroku 伺服器。

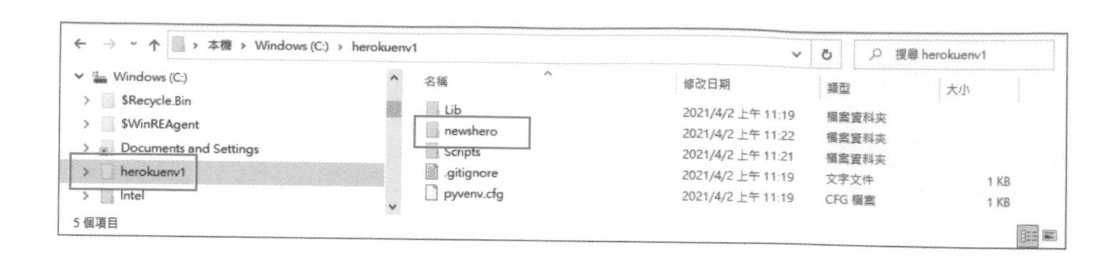

21.2.2 建立上傳檔案結構

開發專案時的設定與部署在伺服器中專案的設定有許多差異，例如開發專案時會在 <setting.py> 設定「DEBUG = True」，方便程式除錯；部署在伺服器時需改為「DEBUG = False」，否則會造成安全上極大的漏洞。

安裝模組

首先安裝在 Heroku 伺服器執行 Django 專案要用到的模組：在 **命令提示字元** 視窗 herokuenv1 虛擬環境中，以下列命令安裝模組：

```
pip install dj-database-url dj-static gunicorn psycopg2
```

- **dj-database-url**：Heroku 處理資料庫的模組。
- **dj-static**：Heroku 處理靜態檔案的模組。
- **gunicorn**：Heroku 伺服器輔助模組。
- **psycopg2**：Python 的 PostgreSQL 資料庫模組。

建立 <requirements.txt>

Heroku 是根據網站根目錄中 <requirements.txt> 檔中所列的模組名稱及版本安裝模組：在 **命令提示字元** 視窗執行下列命令：

```
cd c:\herokuenv1\newshero
pip freeze > requirements.txt
```

此處 <requirements.txt> 檔的內容為：

```
asgiref==3.3.1
dj-database-url==0.5.0
dj-static==0.0.6
Django==3.1.7
```

```
gunicorn==20.1.0
psycopg2==2.8.6
pytz==2021.1
sqlparse==0.4.1
static3==0.7.0
```

建立 <Procfile>

專案根目錄中 <Procfile> 檔是告訴 Heroku 啟動專案的方式。在 <newshero> 資料夾新增一個 <Procfile> 檔案，輸入下列文字：

```
web: gunicorn --pythonpath news news.wsgi
```

「web」是啟用網頁應用，「gunicorn --pythonpath news news.wsgi」，會根據 <news> 資料夾的 <urls.py> 設定開啟指定網頁。

建立 <runtime.txt>

網站根目錄中 <runtime.txt> 檔是告訴 Heroku 使用的 Python 版本。在 <newshero> 資料夾新增一個 <runtime.txt> 檔案，輸入下列文字：

```
python-3.7.9
```

「3.7.9」為 Python 版本。

建立 <prod_settings.py>

在 Heroku 中使用的設定有些會與本機執行的設定不相同，最好的方式是另外建立一個 Heroku 使用的設定檔，此設定檔先匯入本機執行的所有設定，再撰寫 Heroku 中特有的設定。為了方便匯入原有設定，新增的設定檔最好與 <settings.py> 在同一個資料夾。

例如新的設定檔名稱為 <prod_settings.py>：在 <news> 資料夾建立 <prod_settings.py> 檔，其內容為：

```
from .settings import *
STATIC_ROOT = 'staticfiles'
SECURE_PROXY_SSL_HEADER = ('HTTP_X_FORWARDED_PROTO', 'https')
ALLOWED_HOSTS = ['*']
DEBUG = False
```

第 1 列為匯入 <settings.py> 中所有設定，第 2 列設定靜態檔案根目錄位置，第 3 列設定 HTTPS 連線方式，第 4 列讓所有瀏覽器都能瀏覽本網站，第 5 列關閉程式除錯功能。

建立 <.gitignore>

為了避免浪費 Heroku 儲存空間，一些不必要的檔案可以不必上傳到 Heroku 伺器。在專案根目錄的 <.gitignore> 檔內列出的檔案及資料夾，部署時將不會上傳到 Heroku。

在 <newshero> 資料夾新增一個 <.gitignore> 檔案，輸入下列文字：

```
*.pyc
__pycache__
staticfiles
```

在檔案總管中建立 <.gitignore> 檔的方法

在檔案總管中按滑鼠右鍵，再點選 **新增 / Text Document** 建立文字檔案，輸入「 .gitignore」時會出現沒有檔案名稱的錯誤而無法建立檔案，此時只要輸入「.gitignore.」(即最後多加一個「.」)，就可產生 <.gitignore> 空白文字檔。

修改 <wsgi.py>

Heroku 處理靜態檔案的方式與本機不相同，因此要修改 <wsgi.py> 檔內容，使其符合 Heroku 靜態檔案處理方式：(粗體字為修改部分)

```
......
import os
from django.core.wsgi import get_wsgi_application
from dj_static import Cling

os.environ.setdefault("DJANGO_SETTINGS_MODULE", "news.settings")
application = Cling(get_wsgi_application())
```

最後完成的專案檔案結構為：

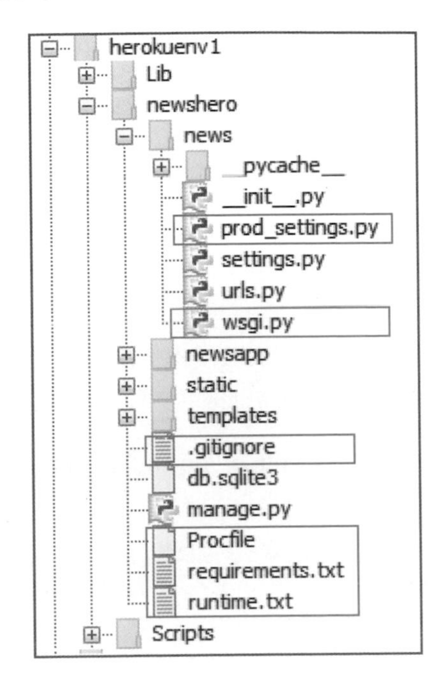

21.2.3 上傳專案到 Heroku

將部署到 Heroku 的檔案都準備齊全後，就可利用 Git 將檔案上傳到 Heroku 伺服器。

首先於 **命令提示字元** 視窗切換到專案檔案資料夾 (newshero)，輸入下列指令：

```
heroku login
```

按任意鍵在 Heroku 登入網頁完成登入。

接著在本機新建一個 Git 倉庫 (repository) 來存放專案檔案：

```
git init
```

再將此 Git 倉庫與 Heroku 伺服器的 ehappyinvoice 應用程式建立連結：

```
heroku git:remote -a newsdjan
```

設定 Heroku 使用 <news> 資料夾的 <prod_settings.py> 檔案內容做為網站設定值：

```
heroku config:set DJANGO_SETTINGS_MODULE=news.prod_settings
```

將專案所有檔案加入 Git 追蹤：

```
git add .
```

將所有追蹤的檔案加入 Git 倉庫，並將此次執行動作命名為「init commit」：

```
git commit -am "init commit"
```

如此就可以將檔索上傳到 Heroku 了：

```
git push heroku master
```

Heroku 會先根據 <requirements.txt> 安裝模組，接著會上傳 Git 倉庫中的檔案 (會排除 <.gitignore> 列舉的檔案)，一段時間後就完成專案部署。

部署完成後的 Heroku 首頁網址為「https://newsdjan.herokuapp.com/」，開啟該網頁即可使用新聞系統。

22

機器學習：特徵提取

22.1 認識機器學習

機器學習已經走入我們的生活，從 FB (臉書) 到手機地圖，包括我們所看到的新聞，都有機器學習技術的身影。

22.1.1 機器學習是什麼？

1959 年，麻省理工學院工程師亞瑟塞繆爾 (Arthur Samuel) 創造了「機器學習」一詞，將機器學習描述為「使計算機在沒有明確程式的情況下進行學習」。百度百科將機器學習解釋為「機器學習是一門跨領域的學科，是一種能夠讓機器模仿人類學習能力的一種學科。」

機器學習的蓬勃發展是因為網際網路的出現，網際網路提供了一大批累積的資料，有了這麼多訊息，必須找到一種方法，將這些資訊組織成有意義的模式，而機器學習就扮演了重要的角色。大量的資料為機器學習演算法提供「燃料」，使這些演算法能夠獲得一種預測未來行為的方法。購物網站的商品推薦功能就是最常見的例子，它會讀取您的偏好和購買習慣，然後向您推薦您可能感興趣的其他產品。

機器學習、人工智慧與深度學習有何差異呢？簡單的說，人工智慧包含機器學習，而機器學習包含深度學習，如下圖：

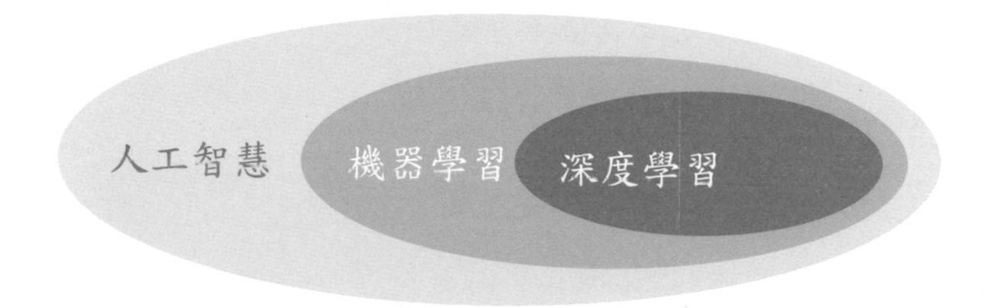

人工智慧的範圍最大，舉凡電腦模仿人類思考進而模擬人類的能力或行為都屬於人工智慧的範疇。機器學習是從資料中學習模型，是實現人工智慧的方法之一，近年在人工智慧的相關研究中，發展最快、研究數量最多的就是機器學習。深度學習是機器學習的演算法之一，利用多層的非線性資料進行學習，剛開始在圖像辨識領域效果非常卓著而廣受注目，現在已廣泛應用於各種領域。

22.1.2 機器學習類別

人類是如何學習的？基本上是從各種經驗中學習，可以是在正規的學校接受教育，也可以自行蒐集資料學習，然後歸納成自己的人生智慧、行為依據。

機器要如何學習呢？學習本質雖與人類接近，只是機器是從大量資料中找出規律、從中學習，在下次面對類似狀況時，就能做出判斷。機器靠演算法分析及歸納，效果可能遠遠超過人類。

機器學習主要有兩種訓練方式：**監督式學習 (Supervised learning)** 與 **非監督式學習 (Unsupervised learning)**。

監督式學習

監督式學習類似正規學校教育，會告訴機器正確答案是什麼，有人類當家教老師手把手調教，讓機器從標準答案、已存在的模式中學習。提供機器學習的資料稱為「特徵值」，做為答案的資料稱為「目標值」。

監督式學習主要分為兩類：**分類 (Classification)** 及**回歸 (Regression)**。

分類 是指目標值不是連續值 (也稱為「離散值」)，而是表示屬性的資料。例如提供電腦用戶的月收入、房產、年齡等特徵值資料，再提供用戶是否得到貸款的目標值資料，讓電腦進行機器學習並建立模型，往後只要將新的月收入、房產、年齡等資料輸入模型，便能預測該用戶是否能得到貸款。

回歸 是指目標值是連續值的機器學習。仍以貸款為例：提供電腦用戶的月收入、房產、年齡等特徵值資料，而目標值資料提供的是用戶的貸款額度，即用戶貸到多少錢，而此貸款額度是連續數值。建立模型後，往後只要將新的月收入、房產、年齡等資料輸入模型，便能預測該用戶能貸到多少金額。

常用的監督式學習有 **K 近鄰**、**樸素貝葉斯**、**決策樹** 等。

非監督式學習

非監督式學習類似自我學習，沒有告訴機器正確答案是什麼，讓機器自己從資料中發現模式。例如某銀行提供電腦客戶的存款、信用評等、消費筆數、消費額度等特徵值資料，利用機器學習將客戶分為一般用戶、優質用戶及 VIP 用戶，此時並未提供分群的條件，完全由機器學習決定分群，這就是非監督式學習。

常用的非監督式學習有 **K-means**。

22.1.3 機器學習應用

機器學習目前已經在各行各業中實際應用，整理如下：

- **圖像識別**：機器學習最常見的用途之一就是圖像識別。例如用於手機的人臉檢測、指紋識別等。
- **語音識別**：語音識別是將語音翻譯成文字的過程。例如語音撥號、影片字幕製作、語音助理等。
- **醫療診斷**：在醫學診斷中，機器學習主要運用在確定某種疾病的存在，對其進行準確的識別，透過分析患者的數據來提高醫學診斷的準確性。機器學習可根據某些醫學測試 (例如血壓、溫度和各種血液測試) 或醫學診斷 (例如醫學圖像) 的結果，以及關於患者的基本身體訊息 (年齡、性別、體重等) 來縮小患者可能所患疾病的範圍。
- **統計套利**：在金融領域，統計套利指的是短期內涉及大量證券的自動交易策略，採用機器學習方法可獲得指數套利的策略。
- **學習關聯**：學習關聯是對產品之間各種關聯進行深入研究的過程。機器學習研究人們購買的產品之間的關聯，稱為購物籃分析，有助於向客戶推薦相關產品。客戶購買它的可能性更高，它也可以幫助組合產品獲得更好的銷售。
- **分類**：分類是把每個人從被研究的人群中分成許多類的過程。例如在銀行決定發放貸款之前，透過考慮客戶的收入、年齡、儲蓄和財務歷史等因素，使用機器學習評估客戶償還貸款的能力。
- **提取**：「提取」是從非結構化資料中取得結構訊息的過程，例如從網頁、文章、部落格、商業報告、電子郵件等提取資料產生輸出。現在，「提取」已經成為大數據行業的關鍵。
- **回歸**：回歸分析較常應用在數值的預測，例如溫度預測、 預測股價波動、市場房價行情預測等。

18
19
20
21
22
23
24
25
26
27
28
29
30
31
32
33

22.2 文字特徵處理

機器學習只能處理數值資料，如果訓練的資料中包含文字，必須將文字資料處理為數值資料，才能交給機器學習演算法進行訓練。

22.2.1 資料集特性

資料集檔案

資料集通常不會以如 MySQL、MongoD 等資料庫的形式儲存，其原因為：

- **讀取效能差**：資料集的數量動輒數萬甚至數百萬筆，而處理時常會一次讀取全部資料，但資料庫在讀取龐大資料時的效能很差。
- **格式不符需求**：機器學習多半只處理字串及數值資料，資料庫多元資料型態只是徒增格式轉換的困擾。

資料集大部分是以文字檔方式儲存，而 Pandas 是處理資料集最常用的工具，因此能夠被 Pandas 讀取的格式最佳，例如 CSV 格式就是最常使用的資料集檔案格式。

資料集結構

機器學習主要分為監督學習與非監督學習：監督學習的資料集結構是特徵值及目標值，就是以特徵值做為訓練資料，訓練的目的是取得目標值。非監督學習的資料集結構只有特徵值而沒有目標值，訓練目的是讓機器自行學習。本書機器學習是以監督學習為主，因此資料集結構包含特徵值及目標值。

例如下面資料集：

身高	體重	膚色	頭髮長度	性別
180	78	黑	5	男
162	46	黃	30	女
158	42	黃	26	女
174	67	白	4	男
160	58	黃	12	男

我們希望以身高、體重、膚色及髮長來預測性別，則身高、體重、膚色及髮長為特徵值，性別為目標值。

資料集來源

目前較常用的資料集來源有：

- **Kaggle**：是眾多科學家共同提供的大數據競賽平台，因此其資料多半是真實數據，資料相當可靠且資料集數量龐大。
- **UCI**：是加州大學歐文分校 (University of CaliforniaIrvine) 提出用於機器學習的資料集庫，蒐集了數百個資料集，包括科學、生活、經濟等領域。
- **scikit-learn 自帶資料集**：本書是使用 scikit-learn 模組做為機器學習模組，scikit-learn 模組本身就有許多資料集，這些資料集通常資料量較小，方便機器學習初學者使用。

22.2.2 字串特徵處理

機器學習訓練是一連串複雜的數學演算，只能對數值進行運算。如果特徵值是文字資料，必須先處理為數值資料才能進行機器學習訓練。

scikit-learn 模組簡介

能進行機器學習訓練的工具很多，本書使用的工具是 scikit-learn 模組。

scikit-learn，又寫作 sklearn，是一個公開原始碼的 python 語言機器學習模組。scikit-learn 透過 NumPy、 SciPy 和 Matplotlib 等 python 數值計算模組實現高效的演算法應用，並且涵蓋了幾乎所有主流機器學習演算法。

機器學習是分析蒐集到的資料，根據資料特徵選擇適合的演算法，調整演算法的參數，得到需要的訊息，從而實現演算法效率和效果之間的平衡。而 sklearn，正是這樣一個可以幫助我們高效實現演算法應用的模組。

scikit-learn 的說明文件非常詳細完善，初學者很容易就上手，且包含豐富的 API，是目前最受歡迎的機器學習模組之一。scikit-learn 常用的 API 包括分類、回歸、聚類、降維、模型選擇、預處理等。

Anaconda 預設已安裝 scikit-learn 模組，不需自行安裝。

字典特徵抽取

如果資料是字典格式且其為文字資料，就可使用字典特徵抽取將文字資料轉換為數值。首先匯入 scikit-learn 的字典特徵抽取模組：

```
from sklearn.feature_extraction import DictVectorizer
```

接著建立 DictVectorizer 物件，語法為：

```
字典變數 = DictVectorizer(sparse= 布林值 )
```

- **sparse**：若值為 True 則傳回值為 sparse 格式，False 則為串列格式，預設值為 True。(sparse 格式後面會說明)

例如字典變數為 dict，傳回值為串列格式：

```
dict = DictVectorizer(sparse=False)
```

使用 DictVectorizer 物件的 fit_transform 方法即可進行轉換：

```
數值變數 = 字典變數 .fit_transform( 字典串列 )
```

例如數值變數為 data，字典變數為 dict：

```
data = dict.fit_transform([{'膚色':'黃','身高':176},
    {'膚色':'白','身高':183}, {'膚色':'黑','身高':158}])
```

傳回值 data 為：

```
[[ 0.   1.   0.  176.]
 [ 1.   0.   0.  183.]
 [ 0.   0.   1.  158.]]
```


可見到數值資料部分沒有改變，而文字資料已用數值表示了。

但此數值又代表什麼意思呢？ DictVectorizer 物件的 get_feature_names 方法可取得結果串列各元素的意義，語法為：

```
字典變數 .get_feature_names()
```

例如：

```
dict.get_feature_names()
```

上面範例的傳回值為：

```
['膚色=白', '膚色=黃', '膚色=黑', '身高']
```

可見系統是將每一個文字資料建立為一個串列元素，此處文字資料有 3 個 (黃、白、黑)，故建立 3 個元素，數值資料則保留原設定。

元素為 0 表示該元素不存在，元素為 1 表示該元素存在。對照第一筆資料 [0. 1. 0. 176.]：第二個元素為 1 表示「黃」，第四個元素表示身高為 176。

one-hot 編碼

one-hot 在數位電路中被用來表示一種特殊的位元組合，在一個位元組裏，僅容許單一位元是 1，其他位元都必須是 0，one-hot 的意思就是只能有一個 1 (hot)。機器學習中，one-hot 編碼在指定的串列或陣列裡，只能有一個元素是 1，其他元素都必須是 0。例如上面範例中，膚色的編碼就是 one-hot 編碼，某人的膚色只有一個，所以必然只有一個元素為 1。

```
[  1.   0.   0. ] -> 白色
[  0.   1.   0. ] -> 黃色
[  0.   0.   1. ] -> 黑色
```

機器學習大部分都採用 one-hot 編碼，其最大優點是可消除數值的大小關係，讓每一個元素都處於相等地位。由於機器學習是使用各種數學運算來達到學習目的，而數值大小在運算中常會影響運算結果而導致結果產生較大的誤差，使用 one-hot 編碼後每個元素值皆為 1，即可得到正確運算結果。

one-hot 編碼的缺點是當串列或陣列的元素龐大時，會佔用極大的記憶體資源。例如若有 100 個元素，一般記錄元素索引只要 1 個位元組，而使用 one-hot 編碼則需要 100 個位元組。

程式碼：onehot.py

```
1 from sklearn.feature_extraction import DictVectorizer
2
3 dict = DictVectorizer(sparse=False)
4 data = dict.fit_transform([{'膚色':'黃','身高':176},
5                            {'膚色':'白','身高':183},
6                            {'膚色':'黑','身高':158}])
7 print('one-hot 編碼：')
```

```
 8 print(data)
 9 print('特徵名稱：')
10 print(dict.get_feature_names())
```

執行結果：

```
one-hot編碼：
[[  0.   1.   0. 176.]
 [  1.   0.   0. 183.]
 [  0.   0.   1. 158.]]
特徵名稱：
['膚色=白', '膚色=黃', '膚色=黑', '身高']
```

sparse 格式

如果建立 DictVectorizer 物件時未設定 sparse 參數值或將 sparse 參數值設為 True，則傳回值為 sparse 格式：

```
  (0, 1) 1.0
  (0, 3) 176.0
  (1, 0) 1.0
  (1, 3) 183.0
  (2, 2) 1.0
  (2, 3) 158.0
```

sparse 格式僅指出有值的位置，例如「(0, 1) 1.0」表示串列 (0, 1) 位置的值為 1.0，即黃色；「(0, 3) 176.0」表示串列 (0, 3) 位置的值為 176.0，即身高為 176。

sparse 格式較節省記憶體，但可讀性較差。

22.2.3 文句特徵處理

scikit-learn 另外提供對於「文句」特徵處理功能。文句特徵處理會將文句依照「空格」分解為單詞，並統計各單詞的數量。

英文文句特徵處理

首先匯入 scikit-learn 的文句特徵處理模組：

```
from sklearn.feature_extraction.text import CountVectorizer
```

接著建立 CountVectorizer 物件，語法為：

```
文句變數 = CountVectorizer()
```

例如文句變數為 cv：

```
cv = CountVectorizer()
```

使用 CountVectorizer 物件的 fit_transform 方法即可進行轉換：

```
數值變數 = 文句變數 .fit_transform( 文句串列 )
```

例如數值變數為 data，文句變數為 cv：

```
data = cv.fit_transform(['code is is easy, i like python',
    'code is too hard, i dislike python'])
```

傳回值 data 為 sparse 格式，若要顯示成易閱讀的格式，要以 toarray 方法轉換為陣列格式：

```
data.toarray()
```

上面範例的傳回值為：

```
[[1 0 1 0 2 1 1 0]
 [1 1 0 1 1 0 1 1]]
```

這是二維陣列，每一個文句處理為一個一維陣列。要了解數值代表的意義需以 get_feature_names 方法取得各數值的意義：

```
cv.get_feature_names()
```

傳回值為：

```
['code', 'dislike', 'easy', 'hard', 'is', 'like', 'python', 'too']
```

這是所有文句單詞組成的陣列。注意：這些單詞並不包括單一字母的單詞，例如「i」、「a」等。例如上面範例文句中的「i」就不在單詞陣列中。

對照第一個文句傳回值：

```
[1 0 1 0 2 1 1 0]
```

18 19 20 21 22 23 24 25 26 27 28 29 30 31 32 33

意思是有 1 個 code、0 個 dislike、……、2 個 is、……。這樣就統計了每一個文句的單詞及其單詞數量。

程式碼：engSentence.py

```
1 from sklearn.feature_extraction.text import CountVectorizer
2
3 cv = CountVectorizer()
4 data = cv.fit_transform(['code is is easy, i like python',
      'code is too hard, i dislike python'])
5 print('one-hot 編碼：')
6 print(data.toarray())
7 print('特徵名稱：')
8 print(cv.get_feature_names())
```

執行結果：

```
Console 1/A
one-hot編碼：
[[1 0 1 0 2 1 1 0]
 [1 1 0 1 1 0 1 1]]
特徵名稱：
['code', 'dislike', 'easy', 'hard', 'is', 'like', 'python', 'too']
```

為什麼要統計單詞數量呢？這是為了後續的應用。例如要判斷某則新聞是屬於哪個類型，可由其包含特定單詞數量的多寡來決定。

中文文句特徵處理

scikit-learn 的 CountVectorizer 物件是否也可以處理中文文句呢？很不幸，因中文文句的單詞並沒有以空格分開，所以 CountVectorizer 物件無法處理中文文句。如果要使用 CountVectorizer 物件處理中文文句，可用中文分詞模組 (例如 jiega) 將中文文句分詞，再將各單詞以空格分開，這樣就符合 CountVectorizer 物件的條件，可以進行單詞統計了！ (jieba 模組詳細使用方法將在後面章節說明)

首先在命令提示字元視窗以下列命令安裝 jiega 模組：

```
pip install jieba==0.42.1
```

接著匯入 jiega 模組：

```
import jieba
```

01 02 03 04 05 06 07 08 09 10 11 12 13 14 15 16 17

然後利用 cut 方法進行分詞，分詞後的傳回值為產生器，需轉換為串列，語法為：

```
串列變數 = list(jieba.cut( 中文文句 ))
```

例如串列變數為 t1：

```
t1 = list(jieba.cut('今天台北天氣晴朗，風景區擠滿了人潮。'))
```

然後利用 join 方法將單詞以空格分開的方式結合起來，語法為：

```
中文變數 = ' '.join( 串列變數 )
```

例如中文變數為 c1，串列變數為 t1：

```
c1 = ' '.join(t1)
```

再將每一個中文文句分詞組成串列傳給 CountVectorizer 物件處理即可

程式碼：chiSentence.py

```
1 from sklearn.feature_extraction.text import CountVectorizer
2 import jieba
3
4 t1 = list(jieba.cut('今天台北天氣晴朗，風景區擠滿了人潮。'))
5 t2 = list(jieba.cut('台北的天氣常常下雨。'))
6 c1 = ' '.join(t1)
7 print('第一句分詞：{}'.format(c1))
8 c2 = ' '.join(t2)
9 print('第二句分詞：{}'.format(c2))
10
11 cv = CountVectorizer()
12 data = cv.fit_transform([c1, c2])
13 print('one-hot 編碼：')
14 print(data.toarray())
15 print('特徵名稱：')
16 print(cv.get_feature_names())
```

程式說明

- 7,9　顯示兩個中文文句分詞結果。
- 12　進行中文詞句編碼轉換。

執行結果：

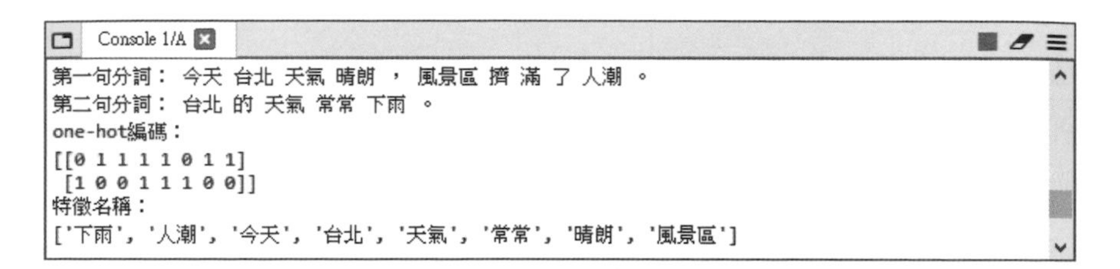
Console 1/A
第一句分詞： 今天 台北 天氣 晴朗 ， 風景區 擠 滿 了 人潮 。
第二句分詞： 台北 的 天氣 常常 下雨 。
one-hot編碼：
[[0 1 1 1 1 1 0 1 1]
 [1 0 0 1 1 1 1 0 0]]
特徵名稱：
['下雨', '人潮', '今天', '台北', '天氣', '常常', '晴朗', '風景區']

同樣的，中文一個字的單詞不會被統計，所以標點符號自然就消失了。

22.2.4 tf-idf 文句處理

CountVectorizer 物件統計單詞數量的方式有一個問題：每一個單詞的重要性都相等，這樣很容易造成錯誤結果，例如中文文句中常會使用「因為、所以、我們、你們」等單詞，若兩篇文章這些單詞數量接近，我們能說這兩篇文章內容相似嗎？ tf-idf 文句處理就是針對此問題進行改善的演算法。

tf-idf 演算法包含 tf 及 idf 兩部分，其意義為：

- **tf**：term frequence，單詞頻率。表示單詞在一個文句中出現的次數。
- **idf**：inverse document frequence，逆文件頻率。表示有出現單詞文句數量：如果出現的文句數量越大，表示此單詞重要性越低。例如共有 100 個文句，「因為」單詞在 80 個文句都出現，表示「因為」單詞重要性很低；「匯率」單詞在 3 個文句中出現，表示「匯率」單詞重要性較高。

要使用 tf-idf 首先匯入 scikit-learn 的 tf-idf 模組：

```
from sklearn.feature_extraction.text import TfidfVectorizer
```

接著建立 TfidfVectorizer 物件，語法為：

```
文句變數 = TfidfVectorizer()
```

例如文句變數為 tf：

```
tf = TfidfVectorizer()
```

其餘用法與 CountVectorizer 物件相同。

下面程式碼是前一範例處理兩句中文文句，改用 tf-idf 處理：(粗體為與前一範例不同的程式碼)

程式碼：**tfidf.py**

```
1 from sklearn.feature_extraction.text import TfidfVectorizer
2 import jieba
3
4 t1 = list(jieba.cut('今天台北天氣晴朗，風景區擠滿了人潮。'))
5 t2 = list(jieba.cut('台北的天氣常常下雨。'))
6 c1 = ' '.join(t1)
7 c2 = ' '.join(t2)
8
9 tf = TfidfVectorizer()
10 data = tf.fit_transform([c1, c2])
11 print('one-hot 編碼：')
12 print(data.toarray())
13 print('特徵名稱：')
14 print(tf.get_feature_names())
```

執行結果：

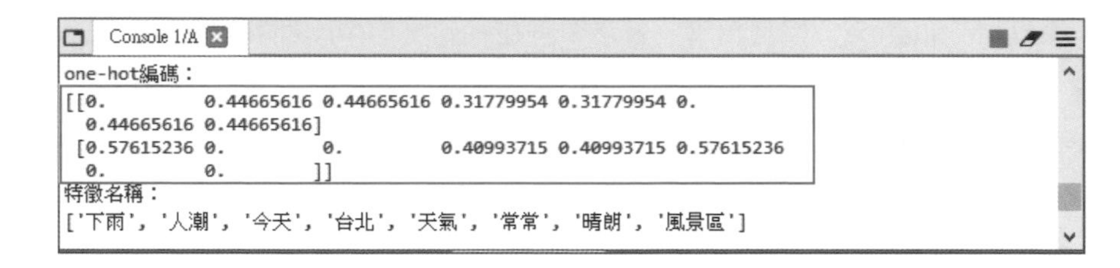

可看到各個單詞的重要性不同，數值越大者其重要性越高。此處因單詞很少，許多數值都相同。

22.3 數值標準縮放

當特徵的單位或者大小相差較大，就容易影響訓練結果，使得一些演算法無法學習到其它的特徵，所以要將不同規格的資料轉換到同一規格。透過一些轉換運算將特徵資料轉換成更加適合演算法的特徵數據過程，稱為「數值標準縮放」，常用的方法有歸一化或標準化。

22.3.1 數值資料歸一化

歸一化是透過對原始數值資料進行變換，把資料轉換為 0 到 1 之間。雖然 scikit-learn 的歸一化運算可轉換到任兩個數值之間，但一般都使用 0 到 1 之間。

歸一化的轉換公式為：

```
轉換值 = ( 原始值 - 最小值 ) / ( 最大值 - 最小值 )
```

因為「原始值 - 最小值」必定小於或等於「最大值 - 最小值」，所以轉換值在 0 到 1 之間。

以下表個人特徵值為例：

身高	體重	年齡	年收入
156	56	34	800000
180	73	21	620000
175	76	18	1000000
148	46	26	430000

第一個人「身高」轉換為：

```
(156 - 148) / (180 - 148) = 0.25
```

要使用歸一化轉換首先要匯入 scikit-learn 的歸一化模組：

```
from sklearn.preprocessing import MinMaxScaler
```

接著建立 MinMaxScaler 物件，語法為：

```
歸一化變數 = MinMaxScaler()
```

例如歸一化變數為 mm：

```
mm = MinMaxScaler()
```

然後用 MinMaxScaler 物件的 fit_transform 方法轉換，語法為：

```
轉換變數 = 歸一化變數 .fit_transform( 數值資料串列 )
```

程式碼：minmax.py

```
1 from sklearn.preprocessing import MinMaxScaler
2
3 mm = MinMaxScaler()
4 data = mm.fit_transform([[156,56,34,800000],
5                          [180,73,21,620000],
6                          [175,76,18,1000000],
7                          [148,46,26,430000]])
8 print(data)
```

執行結果：

```
Console 1/A
[[0.25       0.33333333 1.         0.64912281]
 [1.         0.9        0.1875     0.33333333]
 [0.84375    1.         0.         1.        ]
 [0.         0.         0.5        0.        ]]
```

可看到所有數值都在 0 到 1 之間。

為什麼要進行歸一化呢？主要目的是要讓各特徵值的重要性都相同。由上面範例資料可看出，「年收入」的數值較其他特徵值大的多，也就是年收入的重要性遠較其他特徵值大，年收入略有變動，訓練結果就會有很大不同，而其他特徵值的變動幾乎可以忽略。歸一化後各特徵值的數值大小都差不多，所以每一個特徵值的重要性就幾乎相同了！

22.3.2 數值資料標準化

歸一化的最大缺點是若資料中含有異常資料時，將對轉換後的資料造成巨大錯誤。所謂「異常資料」，是指不合理的資料，異常資料常是建立資料時輸入錯誤造成，而在資料量龐大時，異常資料並不容易被發現。例如某人身高誤輸入為「1600」(輸入時多加一個「0」)，經歸一化轉換後的結果將出現嚴重錯誤：除了此異常身高為「1」外，其餘所有身高數值將會小於「0.1」。歸一化只適合資料量較小或確定沒有異常資料的情況。

18 19 20 21 22 23 24 25 26 27 28 29 30 31 32 33

數值資料標準化可克服此異常資料的缺失，降低異常資料的影響。

標準化的轉換公式為：

```
轉換值 = ( 原始值 - 平均值 ) / 標準差
```

標準差的計算公式為：

$$標準差 = \sqrt{\frac{\sum(原始值 - 平均值)^2}{原始值數量}}$$

「∑」是總和。

要使用標準化轉換首先匯入 scikit-learn 的標準化模組：

```
from sklearn.preprocessing import StandardScaler
```

接著建立 StandardScaler 物件，語法為：

```
標準化變數 = StandardScaler()
```

其用法與歸一化 MinMaxScaler 物件相同。

程式碼：standard.py

```
1 from sklearn.preprocessing import StandardScaler
2
3 std = StandardScaler()
4 data = std.fit_transform([[156,56,34,800000],
5                           [180,73,21,620000],
6                           [175,76,18,1000000],
7                           [148,46,26,430000]])
8 print(data)
```

執行結果：

```
Console 1/A
[[-0.66393226 -0.54806097  1.52715344  0.41400554]
 [ 1.15713908  0.83224073 -0.61911626 -0.437663  ]
 [ 0.77774922  1.07582339 -1.11440926  1.36030392]
 [-1.27095604 -1.36000315  0.20637209 -1.33664646]]
```

傳回值有正有負，特徵值總和為 0：有 68% 特徵值在一個正負標準差內，95% 特徵值在兩個正負標準差內。

歸一化與標準化差別

歸一化的優點是原理簡單，易於了解，運算速率極快。缺點是容易受異常資料影響，通常僅適用於沒有異常資料的情況。一般在下列兩種情境多使用歸一化：資料及特徵數量不多時，可用人工判斷有無異常資料；或者是處理圖形資料時，因圖形特徵為像素，而像素特徵值通常在 0 到 255 之間，不會有異常資料。

標準化的優缺點與歸一化相反。標準化的優點是異常資料的影響很小，因為標準化的運算基礎是平均值及標準差，當資料數量龐大時，少數異常資料經過平均運算後，平均值及標準差的數值不會有太大改變。缺點是計算較歸一化繁雜，因此運算耗費的時間較長且較耗費資源。

如果使用者無法判斷適當的數值縮放方式時，建議採用標準化方式。

22.3.3 fit 及 transform 運算

前面提到資料轉換，包括字典特徵抽取、文句特徵抽取、歸一化、標準化，都是使用 fit_transform 方法就可完成資料轉換過程。scikit-learn 另外還提供了 fit 及 transform 方法，這兩個方法與 fit_transform 方法有何不同呢？

- **fit**：取得資料進行轉換前的各種準備資訊。以標準化為例，標準化轉換資料是以平均值及標準差為基礎，fit 的功能就是計算各特徵的平均值及標準差。
- **transform**：以 fit 取得的各種準備資訊進行資料轉換。
- **fit_transform**：同時執行 fit 及 transform 功能。

既然 fit_transform 已經包含 fit 及 transform 功能，為什麼還要將 fit 及 transform 功能獨立出來呢？主要的原因有兩項。

首先是效能問題。仍舊以標準化為例：標準化中最耗費資源的部分就是取得平均值及標準差，也就是 fit 功能。如果有多個雷同的資料集要進行資料轉換，fit 運算可以只執行一次，後面再執行多次 transform 運算轉換資料即可。結論是如果只有一個資料集要進行資料轉換，直接使用 fit_transform 即可，前面的範例都是此種狀況；若是有多個資料集要進行資料轉換，可先進行一次 fit 運算，再執行多次 transform 運算轉換資料。

最主要的原因是機器學習的需求。scikit-learn 模組的主要功能是用於機器學習，機器學習的資料主要分為訓練資料、驗證資料及預測資料 (後面內容會詳細說明)，這三者資料需要數值縮放時，必須以同樣標準進行縮放，否則無法得到正確結果。如果三者都進行 fit_transform 運算，就會以各自的平均值及標準差進行轉換而造成錯誤結果，因此要先以訓練資料進行 fit 運算，然後分別對訓練資料、驗證資料及預測資料進行 transform 運算，如此就能得到正確的數值縮放。

01 02 03 04 05 06 07 08 09 10 11 12 13 14 15 16 17

22.4 特徵降維：特徵選擇

許多資料集中的特徵數量非常多，會耗費相當多計算資源，有時甚至導致電腦停止運作，此時需要減少特徵的數量，稱為「特徵降維」。特徵降維一般常用的方法是特徵選擇。

特徵選擇是指找出哪些特徵對訓練結果沒有影響或影響極小，即可移除這些特徵。例如前面以身高、體重、膚色及髮長來預測性別的資料集，依照男性通常較高、較重、短髮判斷，「膚色」特徵對於性別幾乎沒有影響，因此可以移除「膚色」特徵。

實際應用的資料集，其特徵數量常有幾十個，資料數量更常達數十萬筆，要在如此龐大的資料集中找到影響最小的特徵，幾乎是不可能的事。scikit-learn 提供以「方差」運算做為特徵選擇的工具。

資料集方差的計算公式為：

$$方差 = \frac{\sum(原始值 - 平均值)^2}{原始值數量}$$

方差就是標準差的平方。

方差的意義為資料的集中程度：方差越小表示資料越集中，依此特徵做出預測的可能性就越低，即此特徵的重要性就越低。考慮極端情況：方差為 0 表示所有「原始值 - 平均值」皆為 0，即所有原始值都等於平均值，故所有特徵值都相同，那麼此特徵值就完全沒有作用了！方差較大表示特徵值差異性較大，我們就可以利用這些差異性來進行判斷。

要使用 scikit-learn 特徵選擇功能首先要匯入特徵選擇模組：

```
from sklearn.feature_selection import VarianceThreshold
```

接著建立 VarianceThreshold 物件，語法為：

```
方差變數 = VarianceThreshold(threshold=數值)
```

- **threshold**：設定方差小於等於此參數值的特徵會被移除。預設值為 0，即預設所有特徵值都相同的特徵才會被移除。

例如方差變數為 vari，方差小於等於 0.1 的特徵會被移除：

```
vari = VarianceThreshold(threshold=0.1)
```

然後用 VarianceThreshold 物件的 fit_transform 方法轉換，語法為：

```
轉換變數 = 方差變數 .fit_transform( 數值資料串列 )
```

為了讓各特徵有相同重要性，進行特徵選擇前通常會先進行特徵數值縮放。

例如資料集如下：

特徵 1	特徵 2	特徵 3	特徵 4
3	2	61	10000
3	8	54	12000
3	4	60	10500
3	1	58	11000

下面程式是先將上述資料集進行歸一化處理，再進行特徵選擇：

程式碼：choose.py

```
 1 from sklearn.preprocessing import MinMaxScaler
 2 from sklearn.feature_selection import VarianceThreshold
 3 
 4 mm = MinMaxScaler()
 5 data = mm.fit_transform([[3,2,61,10000],
 6                          [3,8,54,12000],
 7                          [3,4,60,10500],
 8                          [3,1,58,11000]])
 9 print('原始特徵：')
10 print(data)
11 vari = VarianceThreshold(threshold=0.0)
12 # vari = VarianceThreshold(threshold=0.14)
13 data2 = vari.fit_transform(data)
14 print('特徵選擇後：')
15 print(data2)
```

程式說明

- 4-5　資料歸一化。
- 11-13　進行特徵選擇。
- 11　方差小於等於 0 的特徵會被移除。
- 12　方差小於等於 0.14 的特徵會被移除。

執行結果：

```
原始特徵：
[[0.         0.14285714 1.         0.        ]
 [0.         1.         0.         1.        ]
 [0.         0.42857143 0.85714286 0.25      ]
 [0.         0.         0.57142857 0.5       ]]
特徵選擇後：
[[0.14285714 1.         0.        ]
 [1.         0.         1.        ]
 [0.42857143 0.85714286 0.25      ]
 [0.         0.57142857 0.5       ]]
```

原始特徵值

特徵選擇後移除特徵值 1

在 threshold 參數值為 0 時，只有特徵值 1 被移除。

若執行第 12 列 threshold 參數值為 0.14 的執行結果為：

```
原始特徵：
[[0.         0.14285714 1.         0.        ]
 [0.         1.         0.         1.        ]
 [0.         0.42857143 0.85714286 0.25      ]
 [0.         0.         0.57142857 0.5       ]]
特徵選擇後：
[[0.14285714 1.        ]
 [1.         0.        ]
 [0.42857143 0.85714286]
 [0.         0.57142857]]
```

特徵值 1 和特徵 4 都被移除。

23

機器學習：分類及迴歸演算法

scikit-learn 資料集

資料集種類

資料集分割

K 近鄰演算法

K 近鄰演算法原理

實戰：鳶尾花分類演算法應用

模型儲存與讀取

樸素貝葉斯演算法

樸素貝葉斯演算法原理

實戰：新聞類別判斷

迴歸演算法

線性迴歸演算法原理

正規方程法線性迴歸

梯度下降法線性迴歸

23.1 scikit-learn 資料集

進行機器學習時，需要資料集做為訓練及驗證的資料，為了方便初學者學習，scikit-learn 本身就包含了許多資料集。

23.1.1 資料集種類

scikit-learn 資料集分為小規模資料集及大規模資料集兩種：小規模資料集是安裝 scikit-learn 模組時已包含在 scikit-learn 模組中，其資料數量較少；大規模資料集則是需要由網路上下載，其資料數量較多。

小規模資料集

小規模資料集的模組為「load_ 名稱」，例如鳶尾花資料集為 load_iris、波士頓房價資料集為 load_boston。

首先匯入資料集模組，語法為：

```
from sklearn.datasets import 資料集模組
```

例如匯入鳶尾花資料集模組：

```
from sklearn.datasets import load_iris
```

然後取得鳶尾花資料集，語法為：

```
資料集變數 = 資料集模組 ()
```

例如資料集變數為 iris，匯入鳶尾花資料集模組：

```
iris = load_iris()
```

資料集變數有下列常用的屬性：

- **data**：特徵值串列。
- **target**：目標值串列。
- **DESCR**：資料集描述。說明資料集特徵值及目標值的意義。
- **feature_names**：特徵欄位名稱。
- **target_names**：目標值名稱。

注意：不是每一個資料集都有上面全部屬性，例如新聞資料集由於資料是新聞文章，沒有 feature_names 屬性。

下面範例載入鳶尾花資料集，並顯示常用屬性：

程式碼：irisdata.py

```
1 from sklearn.datasets import load_iris
2 
3 iris = load_iris()
4 print('特徵值：')
5 print(iris.data[0:3])
6 print('目標值：')
7 print(iris.target)
8 print('特徵名稱：')
9 print(iris.feature_names)
10 print('目標名稱：')
11 print(iris.target_names)
```

程式說明

- 4-5　鳶尾花資料集有 150 筆資料，每筆資料有 4 個特徵：分別為花萼的長、寬及花瓣的長、寬。此處僅顯示前 3 筆資料。
- 6-7　目標值為 3 種鳶尾花的類別：0 為 setosa、1 為 versicolor、2 為 virginica。共有 150 個目標值。
- 8-9　傳回的特徵名稱為花萼的長、寬及花瓣的長、寬。
- 10-11　傳回的目標名稱為 3 種鳶尾花名稱。

執行結果：

```
Console 1/A
特徵值：
[[5.1 3.5 1.4 0.2]
 [4.9 3.  1.4 0.2]
 [4.7 3.2 1.3 0.2]]
目標值：
[0 0 0 0 0 0 0 0 0 0 0 0 0 0 0 0 0 0 0 0 0 0 0 0 0 0 0 0 0 0 0 0 0 0 0 0 0
 0 0 0 0 0 0 0 0 0 0 0 0 0 1 1 1 1 1 1 1 1 1 1 1 1 1 1 1 1 1 1 1 1 1 1 1 1
 1 1 1 1 1 1 1 1 1 1 1 1 1 1 1 1 1 1 1 1 1 1 1 1 1 1 2 2 2 2 2 2 2 2 2 2 2
 2 2 2 2 2 2 2 2 2 2 2 2 2 2 2 2 2 2 2 2 2 2 2 2 2 2 2 2 2 2 2 2 2 2 2 2 2
 2 2]
特徵名稱：
['sepal length (cm)', 'sepal width (cm)', 'petal length (cm)', 'petal width (cm)']
目標名稱：
['setosa' 'versicolor' 'virginica']
```

大規模資料集

大規模資料集的模組為「fetch_ 名稱」，例如新聞資料集為 fetch_20newsgroups。

大規模資料集的用法與小規模資料集大致相同，例如匯入新聞資料集模組：

```
from sklearn.datasets import fetch_20newsgroups
```

然後取得新聞資料集，此處語法略有不同，語法為：

```
資料集變數 = 資料集模組(data_home= 存檔路徑 , subset= 資料種類 )
```

- **data_home**：此參數設定下載的資料集檔案儲存路徑，若設為「None」表示存於系統預設路徑。預設值為 None。
- **subset**：此參數設定下載資料集的種類，可能值有三種：
  train：只下載訓練資料。
  test：只下載測試資料。
  all：下載全部資料。(包含訓練及測試資料)

例如資料集變數為 news，下載全部資料並存於 <data> 資料夾：

```
news = fetch_20newsgroups(data_home='data', subset='all')
```

執行此列程式時，系統會檢視儲存路徑中是否已有資料集檔案存在，若沒有就會由網路下載並存於指定路徑。

下面範例會下載並載入新聞資料集全部資料，顯示目標值及目標名稱，因資料是新聞文章，沒有特徵值，此處僅顯示第一篇新聞：

程式碼：newsdata.py

```
1 from sklearn.datasets import fetch_20newsgroups
2 
3 news = fetch_20newsgroups(data_home='data', subset='all')
4 print('目標值：')
5 print(news.target)
6 print('目標名稱：')
7 print(news.target_names)
8 print('第一篇新聞內容：')
9 print(news.data[0])
```

程式說明

- 4-5　目標值是 0 至 19 的數值，代表新聞分類。
- 6-7　目標名稱則是各分類名稱。

執行結果：

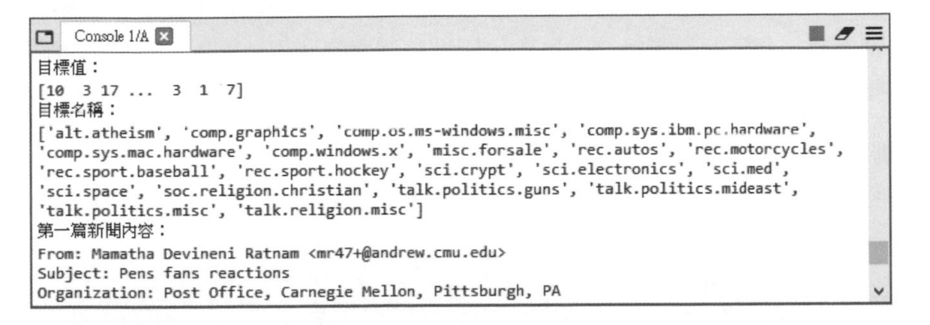

執行後可見到下載的資料集檔案 <20news-bydate_py3.pkz> 存於 <data> 資料夾。

23.1.2 資料集分割

在機器學習中，我們如何知道一個訓練的模型其效果好不好呢？最簡單的方式是拿一些已知答案的資料對模型進行測試，因此通常會將資料集以隨機方式分為兩部分：訓練資料及測試資料。

在 scikit-learn 中，我們不必手動進行資料集分割，scikit-learn 提供 train_test_split 可隨機分割資料集。首先匯入模組：

```
from sklearn.model_selection import train_test_split
```

train_test_split 進行資料集分割的語法為：

```
訓練特徵 , 測試特徵 , 訓練目標 , 測試目標 = train_test_split( 原始特徵 ,
    原始目標 , test_size= 數值 , random_state= 數值 )
```

- **訓練特徵 , 測試特徵 , 訓練目標 , 測試目標**：分割後傳回的訓練及測試資料。
- **原始特徵 , 原始目標**：分割前的原始資料。
- **test_size**：設定測試資料的比例，通常數值在 0.1 到 0.3 之間。
- **random_state**：亂數種子。預設每次分割的資料是隨機產生的，故每次都不相同。若設定此參數，則相同的亂數種子值會產生相同的分割資料。此參數的用途是使用者希望以相同資料進行訓練以比較模型準確度時使用，大部分情況會省略此參數設定。

例如訓練特徵、測試特徵、訓練目標、測試目標分別為 x_train、x_test、y_train、y_test，原始特徵、原始目標分別為 iris.data、iris.target，分割 20% 原始資料為測試資料：

```
x_train, x_test, y_train, y_test = train_test_split(iris.data,
    iris.target, test_size=0.2)
```

下面範例將鳶尾花資料集的 20% 原始資料分割為測試資料，並顯示各資料的數量：

程式碼：splitdata.py

```
1 from sklearn.datasets import load_iris
2 from sklearn.model_selection import train_test_split
3
4 iris = load_iris()
5 print('原始_特徵:{}, 原始_目標:{}'.format(iris.data.shape, iris.target.shape))
6 x_train, x_test, y_train, y_test = train_test_split(
     iris.data, iris.target, test_size=0.2)
7 print('訓練_特徵:{}, 訓練_目標:{}'.format(x_train.shape, y_train.shape))
8 print('測試_特徵:{}, 測試_目標:{}'.format(x_test.shape, y_test.shape))
```

執行結果：

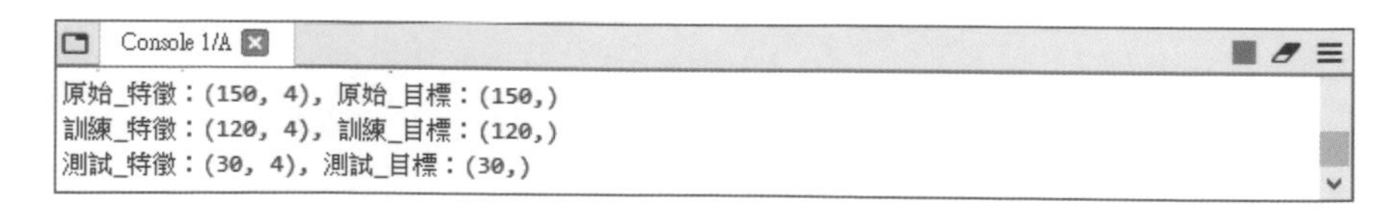

```
Console 1/A
原始_特徵:(150, 4), 原始_目標:(150,)
訓練_特徵:(120, 4), 訓練_目標:(120,)
測試_特徵:(30, 4), 測試_目標:(30,)
```

可見到原始資料為 150 筆，分割後訓練資料為 120 筆 (80%)，測試資料為 30 筆 (20%)。目標值「(150,)」表示 150x1 的二維陣列，即 150 筆資料，1 個目標值。

23.2 K 近鄰演算法

終於要實作演算法了！演算法分為分類演算法及迴歸演算法：分類演算法是目標值為不連續數值時使用，例如手寫數字分類、貸款資格判定等；迴歸演算法是目標值為連續數值時使用，例如房價預測、股價預測等。

K 近鄰演算法是最簡單的分類演算法。

23.2.1 K 近鄰演算法原理

有句諺語：「物以類聚，人以群分」，這就是 K 近鄰演算法的思想核心，利用此原理對資料進行分類。

K 近鄰演算法是指若一個資料在特徵空間中的 k 個最相似 (即特徵空間中最鄰近) 資料的大多數屬於某一個類別，則該資料也屬於這個類別。例如某人不知居住地是屬於哪一個行政區，於是他請 100 個朋友告知居住地及行政區，他選出 5 個離他最近的朋友，由此 5 個朋友居住地最多的行政區做為他的居住地行政區。

K 近鄰演算法最重要的計算是如何算出資料的距離，一般是採用歐式距離。歐式距離的計算公式為：

$$\text{歐式距離} = \sqrt{\sum(\text{特徵值差})^2}$$

例如資料有 3 個特徵，第一個資料為 A，其特徵為 a1、a2、a3，第二個資料為 B，其特徵為 b1、b2、b3，則 A 與 B 的歐式距離為：

$$\sqrt{(a1-b1)^2 + (a2-b2)^2 + (a3-b3)^2}$$

歐式距離越小，表示資料越相似。

注意：特徵的數值大小會影響歐式距離，因此如果各特徵值的差異較大時，在 K 近鄰演算法計算歐式距離前，需將資料進行特徵值標準化。

優點及缺點

K 近鄰演算法的優點是原理簡單，非常容易理解，使用也非常方便。

K 近鄰演算法的缺點是計算量非常龐大，每一個資料要進行預測都要與全部資料計算距離並排序，才能找到距離最短的 K 個資料。其次是 K 值大小會影響分類結果，而最佳 K 值則沒有一定規則，必須從實際測試獲得。

23.2.2 實戰：鳶尾花分類演算法應用

在 scikit-learn 要使用 K 近鄰演算法，首先匯入模組：

```
from sklearn.neighbors import KNeighborsClassifier
```

接著建立 KNeighborsClassifier 物件，語法為：

```
近鄰變數 = KNeighborsClassifier(n_neighbors= 數值 , algorithm= 演算法 ,
    weights= 權重 )
```

- **n_neighbors**：此參數即「K」值，就是設定取幾個最接近的資料。
- **algorithm**：設定使用的演算法，可能的值有 auto、ball_tree、kd_tree 及 brute。如果設為「auto」，表示由系統根據資料特性自動判斷使用何種演算法。預設值為 auto。
- **weights**：設定資料的權重。可能值有：
  uniform：所有資料的權重都相同。預設值為 uniform。
  distance：歐式距離越小的資料，其權重越大。

例如近鄰變數為 knn，取 10 個最接近值進行判斷：

```
knn = KNeighborsClassifier(n_neighbors=10)
```

然後就可利用 fit 方法進行訓練，語法為：

```
近鄰變數 .fit( 訓練資料 , 訓練目標值 )
```

例如近鄰變數為 knn，訓練資料為 x_train，訓練目標值為 y_train：

```
knn.fit(x_train, y_train)
```

18 19 20 21 22 23 24 25 26 27 28 29 30 31 32 33

訓練完成後可使用 predict 方法對未知資料進行預測，語法為：

```
預測變數 = 近鄰變數 .predict( 預測資料 )
```

例如預測變數為 y_predict，預測資料為 x_test：

```
y_predict = knn.predict(x_test)
```

或者使用 score 方法對未知資料進行預測，並計算準確率，語法為：

```
準確率變數 = 近鄰變數 .score( 預測資料 , 預測目標值 )
```

例如準確率變數為 score，預測資料為 x_test，預測目標值為 y_test：

```
score = knn.score(x_test, y_test)
```

下面範例將鳶尾花資料集的 20% 原始資料做為測試資料，80% 原始資料做為訓練資料，然後以訓練資料進行訓練，訓練後以測試資料進行預測並計算準確率：

程式碼：iris.py

```
 1 from sklearn.datasets import load_iris
 2 from sklearn.model_selection import train_test_split
 3 from sklearn.neighbors import KNeighborsClassifier
 4 from sklearn.preprocessing import StandardScaler
 5 
 6 iris = load_iris()
 7 x_train , x_test , y_train , y_test = train_test_split(
      iris.data,iris.target,test_size=0.2)
 8 std = StandardScaler()
 9 x_train = std.fit_transform(x_train)
10 x_test = std.transform(x_test)
11 knn = KNeighborsClassifier(n_neighbors=5)
12 knn.fit(x_train, y_train)
13 y_predict = knn.predict(x_test)
14 print('預測結果：{}'.format(y_predict))
15 print('準確率：{}'.format(knn.score(x_test, y_test)))
```

程式說明

- 6　讀取鳶尾花資料集。
- 7　分割訓練資料及測試資料。
- 8-10　進行標準化。

- 11-12　進行訓練。
- 13-14　進行預測並顯示結果。
- 15　計算準確率並顯示結果。

執行結果：

```
預測結果：[0 2 2 1 0 2 2 0 1 1 1 0 1 2 0 0 1 2 1 2 1 0 2 2 2 1 1 2 0 2]
準確率：0.9666666666666667
```

準確率相當高，達到 0.97。

因為訓練資料及測試資料是隨機選取，因此每次執行的準確率可能不相同，有時準確率甚至會達到 1.0。

23.2.3 模型儲存與讀取

模型建立完成後可儲存起來，以後就不必每次重複訓練，只需載入模型就可對未知資料進行預測了！

儲存模型

儲存及讀取的模組為 joblib，此模組 Colab 預設已安裝，只需匯入即可：

```
import joblib
```

使用 joblib 的 dump 方法就可儲存模型，語法為：

```
joblib.dump( 演算法物件變數 , 儲存路徑 )
```

例如演算法物件變數為 knn，儲存路徑為 <iris.pkl>（通常模型的附加檔名為「pkl」）：

```
joblib.dump(knn, 'iris.pkl')
```

下面範例會將鳶尾花訓練模型存於 <data/iris.pkl> 檔：

程式碼：savemodel.py

```
1 from sklearn.datasets import load_iris
2 from sklearn.model_selection import train_test_split
3 from sklearn.neighbors import KNeighborsClassifier
```

```
 4 from sklearn.preprocessing import StandardScaler
 5 import joblib
 6
 7 iris = load_iris()
 8 x_train , x_test , y_train , y_test = train_test_split(
       iris.data,iris.target,test_size=0.2)
 9 std = StandardScaler()
10 x_train = std.fit_transform(x_train)
11 x_test = std.transform(x_test)
12 knn = KNeighborsClassifier(n_neighbors=5)
13 knn.fit(x_train, y_train)
14 joblib.dump(knn, 'data/iris.pkl')
```

執行後可見到模型檔案 <iris.pkl> 存於 <data> 資料夾。

讀取模型

讀取模型則使用 joblib 的 load 方法，語法為：

```
模型變數 = joblib.load( 儲存路徑 )
```

例如模型變數為 knnmodel，儲存路徑為 iris.pkl：

```
knnmodel = joblib.load('iris.pkl')
```

下面範例讀取 <data/iris.pkl> 模型檔對測試資料進行預測並計算準確率。

程式碼：loadmodel.py

```
1 from sklearn.datasets import load_iris
2 from sklearn.model_selection import train_test_split
3 from sklearn.preprocessing import StandardScaler
4 import joblib
5
6 iris = load_iris()
7 x_train , x_test , y_train , y_test = train_test_split(
      iris.data,iris.target,test_size=0.2)
```

```
 8 std = StandardScaler()
 9 x_train = std.fit_transform(x_train)
10 x_test = std.transform(x_test)
11 knnmodel = joblib.load('data/iris.pkl')
12 score = knnmodel.score(x_test, y_test)
13 print(score)
```

執行結果：

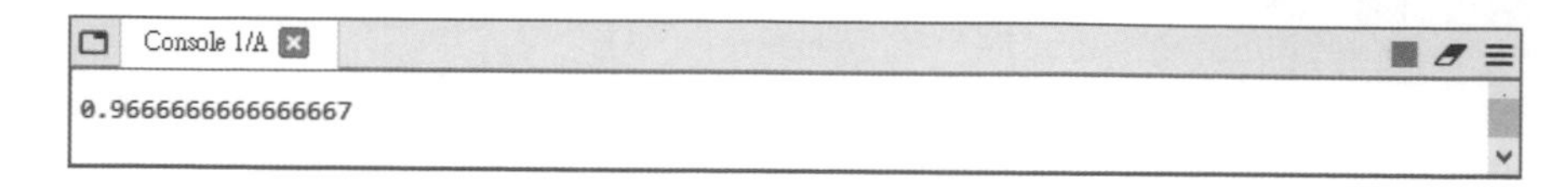

使用模型檔需特別注意資料標準化問題：如果建立模型時資料有進行標準化，則使用模型時也必須進行相同標準化，否則會造成不正確的執行結果。使用者可嘗試移除第 8 到 10 列程式碼 (標準化程式碼)，執行的正確率會僅剩約 0.3 至 0.4。

23.3 樸素貝葉斯演算法

樸素意義為特徵獨立，即特徵之間沒有關聯，貝葉斯 (Naive Bayes) 演算法是一種基於機率理論的分類演算法。樸素貝葉斯演算法常用於文章分類機器學習，例如判斷新聞類別、過濾垃圾郵件等。

23.3.1 樸素貝葉斯演算法原理

樸素貝葉斯演算法是根據資料各個特徵計算每個類別的機率，機率最大的類別就是該資料的類別。貝葉斯演算法計算機率的公式相當複雜，我們將其簡化為下面較易理解的公式：(此簡化公式不影響貝葉斯演算法分類結果)

```
P(Ri) = P(Ci) x P(A1|Ci) x P(A2|Ci) x ……
```

- **$P(R_i)$**：第 i 個類別的機率。
- **$P(C_i)$**：第 i 個類別在原始資料中的比率。
- **$P(A_1|C_i)$**：第 1 個特徵在第 i 個類別的比率。同理，$P(A_2|C_i)$ 為第 2 個特徵在第 i 個類別的比率，依此類推。

以一個推銷員推銷商品的範例說明：下表是某推銷員客戶及是否賣出商品的資料：

客戶	性別	年齡	已婚	賣出商品
1	男	21	是	否
2	男	28	否	是
3	女	62	是	否
4	男	19	否	否
5	女	27	是	是
6	女	35	是	是
7	女	42	否	是

將「年齡」特徵值分為三個區間方便計算比率：40 歲以上、30 歲 (含) 到 40 歲 (含)、30 歲以下。

目標值為「賣出商品」，有 2 個類別：賣出商品 (R_1) 及未賣出商品 (R_2)。

18 19 20 21 22 23 24 25 26 27 28 29 30 31 32 33

01 02 03 04 05 06 07 08 09 10 11 12 13 14 15 16 17

現在有一個客戶資料為男性、26 歲、已婚，要判斷是否會賣出商品。

首先計算賣出商品類別的機率 $P(R_1)$：(粗體為合乎預測客戶的資料)

客戶	性別	年齡	已婚	賣出商品
2	**男**	**28**	否	是
5	女	**27**	**是**	是
6	女	35	**是**	是
7	女	42	否	是

- $P(C_1)$：賣出商品類別在原始資料中的比率：4/7。
- $P(A_1|C_1)$：性別特徵在賣出商品類別的比率：1/4。
- $P(A_2|C_1)$：年齡特徵在賣出商品類別的比率：2/4。
- $P(A_3|C_1)$：已婚特徵在賣出商品類別的比率：2/4。

```
P(R1) = (4/7) x (1/4) x (2/4) x (2/4) = 0.035714
```

再計算未賣出商品類別的機率 $P(R_2)$：

客戶	性別	年齡	已婚	賣出商品
1	**男**	**21**	**是**	否
3	女	62	**是**	否
4	**男**	19	否	否

- $P(C_2)$：未賣出商品類別在原始資料中的比率：3/7。
- $P(A_1|C_2)$：性別特徵在未賣出商品類別的比率：2/3。
- $P(A_2|C_2)$：年齡特徵在未賣出商品類別的比率：1/3。
- $P(A_3|C_2)$：已婚特徵在未賣出商品類別的比率：2/3。

```
P(R2) = (3/7) x (2/3) x (1/3) x (2/3) = 0.063492
```

未賣出商品類別的機率大於賣出商品類別的機率，所以判斷為未賣出商品類別。

貝葉斯演算法有個重大問題，就是當某個特徵在第 i 個類別的比率為 0 時，根據上述公式其 $P(R_i)$ 就為 0，這顯然不合理，解決方法是當某個特徵在第 i 個類別的比率為 0 時，就給它一個預設值，通常為 1。

18
19
20
21
22
23
24
25
26
27
28
29
30
31
32
33

23.3.2 實戰：新聞類別判斷

在 scikit-learn 要使用樸素貝葉斯演算法，首先匯入模組：

```
from sklearn.naive_bayes import MultinomialNB
```

接著建立 MultinomialNB 物件，語法為：

```
貝葉斯變數 = MultinomialNB(alpha= 數值 )
```

■ **alpha**：拉普拉斯平滑係數。此係數是修正當某個特徵在第 i 個類別的比率為 0 時，會使第 i 個類別的機率為 0 的缺失。預設值為 1。

例如貝葉斯變數為 mlt，拉普拉斯平滑係數值為 1：

```
mlt = MultinomialNB(alpha=1.0)
```

然後就可利用 fit 方法進行訓練，語法為：

```
貝葉斯變數 .fit( 訓練資料 , 訓練目標值 )
```

例如貝葉斯變數為 mlt，訓練資料為 x_train，訓練目標值為 y_train：

```
mlt.fit(x_train, y_train)
```

訓練完成後可使用 predict 方法對未知資料進行預測，語法為：

```
預測變數 = 貝葉斯變數 .predict( 預測資料 )
```

例如預測變數為 y_predict，預測資料為 x_test：

```
y_predict = mlt.predict(x_test)
```

或者使用 score 方法對未知資料進行預測，並計算準確率，語法為：

```
準確率變數 = 貝葉斯變數 .score( 預測資料 , 預測目標值 )
```

例如準確率變數為 score，預測資料為 x_test，預測目標值為 y_test：

```
score = mlt.score(x_test, y_test)
```

scikit-learn 的大規模資料集 fetch_20newsgroups 包含 18000 餘篇英文新聞，新聞共分為 20 類別。

下面範例將 fetch_20newsgroups 資料集的 20% 原始資料做為測試資料，80% 原始資料做為訓練資料，訓練後以測試資料進行預測並計算準確率：

程式碼：twstock1.py

```
 1 from sklearn.datasets import fetch_20newsgroups
 2 from sklearn.model_selection import train_test_split
 3 from sklearn.feature_extraction.text import TfidfVectorizer
 4 from sklearn.naive_bayes import MultinomialNB
 5
 6 news = fetch_20newsgroups(subset='all')
 7 x_train, x_test, y_train, y_test = train_test_split(
       news.data, news.target, test_size=0.20)
 8 tf = TfidfVectorizer()
 9 x_train = tf.fit_transform(x_train)
10 x_test = tf.transform(x_test)
11 mlt = MultinomialNB(alpha=1.0)
12 mlt.fit(x_train, y_train)
13 score = mlt.score(x_test, y_test)
14 print(score)
```

程式說明

- 5　　載入完整新聞資料集。
- 7-9　　對訓練資料及測試資料建 tf-idf 詞庫。
- 10-11　　進行樸素貝葉斯演算法訓練。
- 12-13　　對測試資料進行預測並計算準確率。

執行結果準備率大約 0.86，這對於文章分類的準確度算相當高。

優點及缺點

樸素貝葉斯演算法的優點是其理論源自於古典數學理論，有穩定的分類效率，而且對缺失資料不太敏感，演算法也比較簡單。樸素貝葉斯演算法的分類準確度高，速度快。

樸素貝葉斯演算法的缺點是適用於特徵獨立的情況，如果特徵之間有較高的相關性，其準確度會下降。

18
19
20
21
22
23
24
25
26
27
28
29
30
31
32
33

23.4 迴歸演算法

如果目標值為連續數值時需使用迴歸演算法進行機器學習訓練及預測，線性迴歸演算法是最簡單的迴歸演算法。

23.4.1 線性迴歸演算法原理

線性迴歸演算法是在已知資料點中找出規律，畫出一條最接近資料點的直線，再以此直線對未知資料進行預測的演算法。

以下面的例子說明：先生想購買一顆 1.1 克拉的鑽石送給太太，作為結婚十週年的禮物。到珠寶店後發現無現貨可買，但店家可幫忙代購。先生向店家詢問價錢以便提款，但珠寶店因未賣過此重量鑽石無法回答，於是先生向珠寶店索取過去鑽石重量與價錢資料自行估算，將鑽石重量與價錢資料繪製圖形如下，再自行畫一條最接近資料點的直線，於是估計 1.1 克拉鑽石大約 26 萬元。

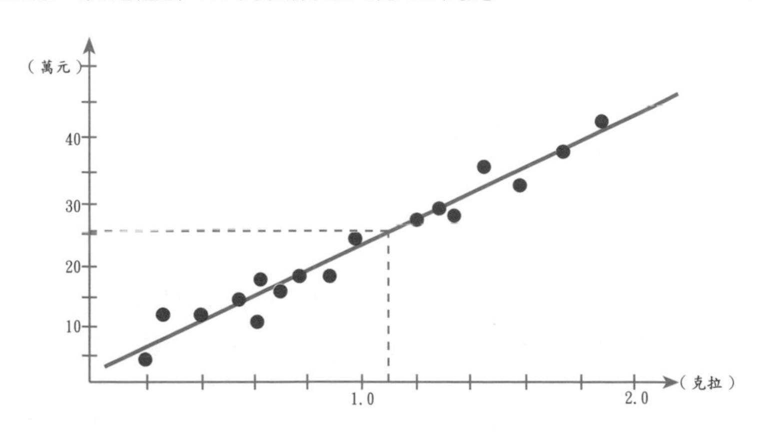

此方法的關鍵是機器學習如何找到最接近資料點的直線呢？

損失函數

找到最接近資料點直線的方法是利用損失函數計算預測值與真實值的誤差，誤差最小時就是最佳直線。最常用的損失函數為最小方差。

數學上的直線方程式為：

```
y = wx + b
```

w 稱為權重，b 稱為偏置：此時問題變成如何找到最適當直線的 w 及 b 呢？方法是將資料點 (x) 逐一代入直線方程式求出預測值 (y)，然後計算每一個預測值與真實值差的平方總和，此總和稱為「方差」。

$$方差 = \sum(預測值 - 真實值)^2$$

不斷改變 w 及 b 的值，方差最小時的 w 及 b 值就是最佳直線。

上面是一個特徵的情況，如果是多個特徵時該如何呢？以前面鑽石的例子來說，影響鑽石價格的因素不是只有重量而已，鑽石的顏色、純度、切割等都會影響價格。在多特徵的線性迴歸演算法中，只要將所有特徵結合在一起即可，例如多個特徵值分別為 x_1、x_2、……，則其方程式為：

$$y = w_1x_1 + w_2x_2 + \cdots\cdots + b$$

同樣將所有資料點代入方程式，找到最小方差的 w_1、w_2、……、b 即可。

線性迴歸演算法中找到最小方差權重值及偏置值常用的方法，有正規方程法及梯度下降法。

23.4.2 正規方程法線性迴歸

正規方程法是最簡單的線性迴歸演算法，它利用特徵值矩陣的轉置及反矩陣複雜運算直接計算出最佳權重值及偏置值。

正規方程法線性迴歸僅適用於特徵數量較少的情況，因反矩陣運算的複雜度很高，當特徵較多時，正規方程法會耗費非常龐大的計算資源與時間，並可能無法計算出最佳權重值及偏置值。

使用線性迴歸演算法時，各特徵的數值大小會影響結果，因此訓練前需將各特徵值進行標準化。

在 scikit-learn 要使用正規方程法線性迴歸，首先匯入模組：

```
from sklearn.linear_model import LinearRegression
```

接著建立 LinearRegression 物件，語法為：

```
正規變數 = LinearRegression()
```

例如正規變數為 lr：

```
lr = LinearRegression()
```

然後就可利用 fit 方法進行訓練，語法為：

```
正規變數 .fit( 訓練資料 , 訓練目標值 )
```

例如正規變數為 lr，訓練資料為 x_train，訓練目標值為 y_train：

```
lr.fit(x_train, y_train)
```

訓練完成後即可得到最佳權重值及偏置值：權重值存於正規變數的「coef_」屬性，偏置值存於正規變數的「intercept_」屬性。

訓練完成後可使用 predict 方法對未知資料進行預測，語法為：

```
預測變數 = 正規變數 .predict( 預測資料 )
```

例如預測變數為 y_predict，預測資料為 x_test：

```
y_predict = lr.predict(x_test)
```

迴歸演算法因為目標值是連續數值，預測值不太可能完全等於真實值，因此無法計算準確率。迴歸演算法評估模型的性能是以誤差大小來判斷，即方差越小則性能越好。scikit-learn 計算平均方差的模組為 mean_squared_error，首先匯入模組：

```
from sklearn.metrics import mean_squared_error
```

計算平均方差的語法為：

```
mean_squared_error( 真實目標值 , 預測值 )
```

例如真實目標值為 y_test，預測值為 y_predict：

```
mean_squared_error(y_test, y_predict)
```

以波士頓房價預測做為範例：資料集包含 13 個特徵，目標值是房價。

下面範例將波士頓房價資料集的 20% 原始資料做為測試資料，80% 原始資料做為訓練資料，然後以正規方程法進行訓練，訓練後取得權重值及偏置值。接著對測試資料進行預測，列印前 5 筆預測值與真實值對照。最後，計算平均方差。

程式碼：linearRegress.py

```
1 from sklearn.model_selection import train_test_split
2 from sklearn.linear_model import LinearRegression
3 from sklearn.datasets import load_boston
4 from sklearn.preprocessing import StandardScaler
5 from sklearn.metrics import mean_squared_error
6
7 boston = load_boston()
8 x_train, x_test, y_train, y_test = train_test_split(boston.data,
     boston.target, test_size=0.2, random_state=1)
9 std_x = StandardScaler()
10 x_train = std_x.fit_transform(x_train)
11 x_test = std_x.transform(x_test)
12 std_y = StandardScaler()
13 y_train = std_y.fit_transform(y_train.reshape(-1, 1))
14 y_test = std_y.transform(y_test.reshape(-1, 1))
15 lr = LinearRegression()
16 lr.fit(x_train, y_train)
17 print('權重值：{}'.format(lr.coef_))
18 print('偏置值：{}\n'.format(lr.intercept_))
19
20 y_predict = std_y.inverse_transform(lr.predict(x_test))
21 y_real = std_y.inverse_transform(y_test)
22 for i in range(5):
23     print('預測值{}:{}，真實值:{}'.format(i+1, y_predict[i], y_real[i]))
24 merror = mean_squared_error(y_real, y_predict)
25 print('平均方差：{}'.format(merror))
```

程式說明

- 2　匯入正規方程法線性迴歸模組。
- 5　匯入計算平均方差誤差模組。
- 8　注意加入參數「random_state=1」，這樣每次分割的資料都會相同。這是為了與下一小節梯度下降比較模型性能而設：因為必須使用相同資料訓練的模型做比較，才能確認其比較結果是正確的。
- 9-11　對特徵資料進行標準化。
- 12-14　對目標資料進行標準化。傳入標準化的資料必須是二維，而目標資料是一維，「.reshape(-1, 1)」是將一維資料轉成二維，若未經此轉換執行時會產生錯誤。

- 15-16　進行正規方程法線性迴歸。
- 17-18　顯示權重值及偏置值。因為有 13 個特徵，所以有 13 個權重值及 1 個偏置值。
- 20　「lr.predict(x_test)」是對測試資料進行預測，因為訓練時是以標準化後的資料進行訓練，所以預測資料也是標準化的資料，必須以「inverse_transform」恢復為原來資料。
- 21　還原測試資料目標值 (真實值)。
- 22-23　顯示前 5 筆預測值及真實值。由下面執行結果可看出預測值並不十分準確，主要原因是資料數量不多所致。
- 24-25　計算平均方差。

執行結果：

```
Console 1/A
權重值：[[-0.11423212  0.15024881  0.01397184  0.06400066 -0.25435371  0.23708002
   0.01413291 -0.35365172  0.29454282 -0.20892797 -0.23842907  0.07447545
  -0.4367576 ]]
偏置值：[1.9136024e-15]

預測值1：[32.65503184]，真實值：[28.2]
預測值2：[28.0934953]，真實值：[23.9]
預測值3：[18.02901829]，真實值：[16.6]
預測值4：[21.47671576]，真實值：[22.]
預測值5：[18.8254387]，真實值：[20.8]
平均方差：23.380836480270215
```

23.4.3 梯度下降法線性迴歸

正規方程法線性迴歸僅適用於特徵數量較少的情況，而梯度下降法則無論特徵數量多寡都適用。

因為損失函數 (平均方差) 是預設值與真實值差的平方，即損失函數是一個二次方程式，而二次方程式的圖形是拋物線，方差最小的地方就是拋物線的谷底，我們只要找到谷底的權重值及偏置值就完成機器學習。

梯度下降法就像是在下山，先走一步後看看此處有沒有比較矮，若有就繼續往前走一步，沒有則倒退，藉由這樣慢慢地走到山谷。

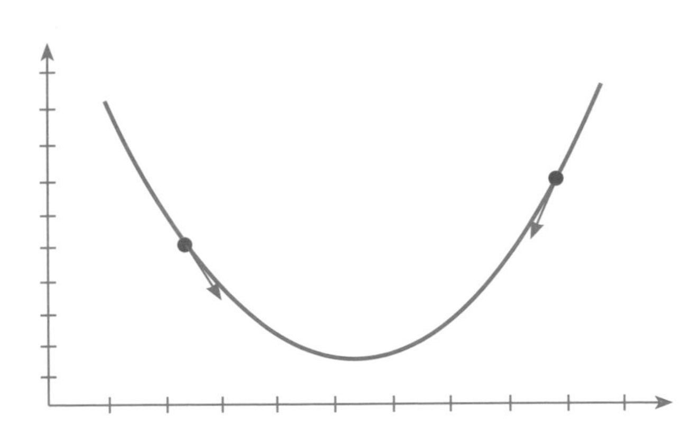

以一個特徵值來說明梯度下降法：開始時以亂數隨機設定 w 及 b 值，此時計算平均方差；然後將 w 值略為增加後計算平均方差，若平均方差變小則將此增加的 w 值做為新的 w 值，若平均方差變大則將原 w 值略減小做為新的 w 值；b 值也做相同操作。以新的 w 值及 b 值計算平均方差，重複剛才操作，直到平均方差無法變小為止，這就是最小平均方差，此時的 w 值及 b 值即為最佳權重值及偏置值。

在 scikit-learn 要使用梯度下降法線性迴歸，首先匯入模組：

```
from sklearn.linear_model import SGDRegressor
```

接著建立 SGDRegressor 物件，語法為：

```
梯度變數 = LinearRegression()
```

例如梯度變數為 sgd：

```
sgd = SGDRegressor()
```

然後就可利用 fit 方法進行訓練，語法為：

```
梯度變數 .fit( 訓練資料 , 訓練目標值 )
```

例如梯度變數為 sgd，訓練資料為 x_train，訓練目標值為 y_train：

```
sgd.fit(x_train, y_train)
```

訓練完成後即可得到最佳權重值及偏置值：權重值存於正規變數的「coef_」屬性，偏置值存於正規變數的「intercept_」屬性。

訓練完成後可使用 predict 方法對未知資料進行預測，語法為：

```
預測變數 = 梯度變數 .predict( 預測資料 )
```

例如預測變數為 y_predict，預測資料為 x_test：

```
y_predict = sgd.predict(x_test)
```

下面範例與前一小節的正規方程法線性迴歸完全相同，只是改用梯度下降法訓練及預測：

程式碼：twstock1.py

```
1 from sklearn.model_selection import train_test_split
2 from sklearn.linear_model import SGDRegressor
3 from sklearn.datasets import load_boston
4 from sklearn.preprocessing import StandardScaler
5 from sklearn.metrics import mean_squared_error
6
7 boston = load_boston()
8 x_train, x_test, y_train, y_test = train_test_split(boston.data,
     boston.target, test_size=0.2, random_state=1)
9 std_x = StandardScaler()
10 x_train = std_x.fit_transform(x_train)
11 x_test = std_x.transform(x_test)
12 std_y = StandardScaler()
13 y_train = std_y.fit_transform(y_train.reshape(-1, 1))
14 y_test = std_y.transform(y_test.reshape(-1, 1))
15 sgd = SGDRegressor()
16 sgd.fit(x_train, y_train)
17 print('權重值：{}'.format(sgd.coef_))
18 print('偏置值：{}\n'.format(sgd.intercept_))
19
20 y_predict = std_y.inverse_transform(sgd.predict(x_test))
21 y_real = std_y.inverse_transform(y_test)
22 for i in range(5):
23   print('預測值：{}，真實值：{}'.format(y_predict[i], y_real[i]))
24   merror = mean_squared_error(y_real, y_predict)
25 print('平均方差：{}'.format(merror))
```

程式說明

- 2　　匯入梯度下降法線性迴歸模組。
- 8　　此處加入參數「random_state=1」，分割的資料會與前一小節正規方程法相同。
- 15-16　　進行梯度下降法線性迴歸。

執行結果：

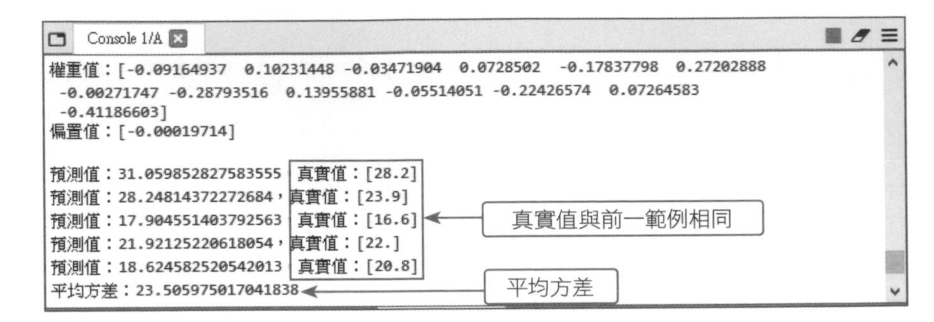

此範例的特徵數量不大 (13 個)，梯度下降法與正規方程法的平均方差誤差非常接近。

24

深度學習起點：多層感知器（MLP）

24.1 認識多層感知器 (MLP)

24.1.1 認識神經網路

這是一個長寬各 28 像素的手寫數字圖片，但是人類的大腦很神奇，可以輕鬆地辨識出這個數字。而且當我們換上代表相同數字的其他手寫圖片，即使內容前後組成有所差異，也都能被輕易地辨識出來。

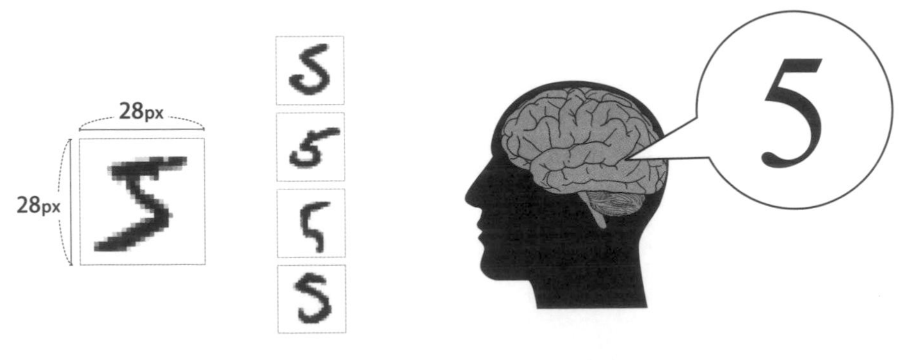

不過當我們希望寫個程式來重現這樣的能力，這在瞬間就會變成非常困難的任務！神經網路的加入是讓機器學習解決這個問題的很好途徑，但你了解它是怎麼運作的嗎？這裡我們將用簡單方式說明神經網路，了解它完整的模樣。

神經元的運作

神經網路 (Neural Network) 一如其名，是由人類大腦神經結構的運作借鏡而來，在機器學習的世界中，神經元就像是大腦的神經細胞，是神經網路最基礎的結構，在它們相互結合下，建構整個龐大的運作網路，實現學習、處理及預測等功能。

神經元是彼此相連的，以下是單獨取出單一神經元的運作模型，每個神經元中都有一個 **閥值**，它的功能是設下一個門檻，如果所接收的訊號值運算後大於這個門檻，神經元就會被觸發，將接收的值經由 **激勵函式** 轉換，輸出到下一個神經元。

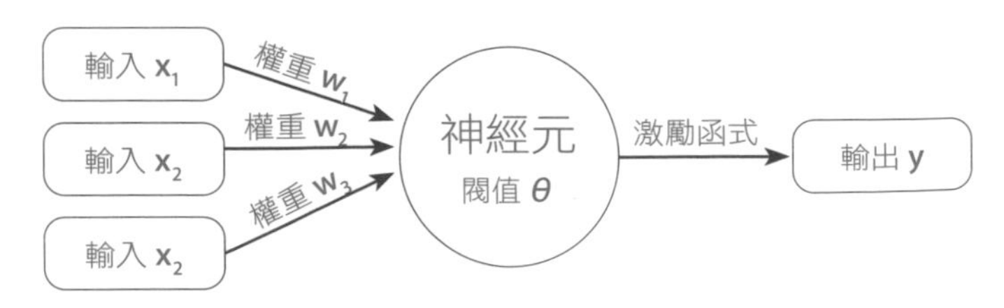

▲ 單一神經元模型：單層感知器

其中接收的訊號值就是由其他神經元傳遞過來的多個 **輸入值 (x)** 乘上相關的 **權重 (w)** 再與 **閥值 (θ)** 比較的動作，是很重要的關鍵，**機器學習就是在調整每個輸入值與所配置的權重**。訊號值越大越容易觸發神經元，對於神經網路運作的影響也越大。反之，訊號值越小影響就越小，而太小的訊號甚至可以忽略來節省運算的資源，讓輸出值的誤差降到最小，這個調整轉換輸出值的方式就是 **激勵函式**。

感知器的模型

感知器 (Perceptron) 就是模仿人類大腦皮層中神經網路模型進行學習的機制，所以傳遞訊號的神經元都是按層排列。單一神經元模型就是最單純的 **單層感知器**。為了解決更複雜的問題，於是發展出由接收輸入訊號的 **輸入層** 與產生輸出信號的 **輸出層** 所建構的 **2 層感知器**。

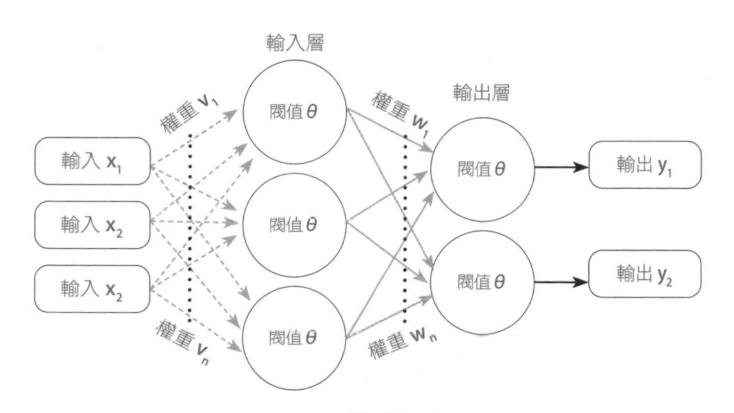

▲ 2 層感知器

為了提高學習的準確率，神經網路更發展到有一個 **輸入層**、一個或多個 **隱藏層** 及一個 **輸出層** 的 **多層感知器** (MLP，Multilayer Perceptron)。

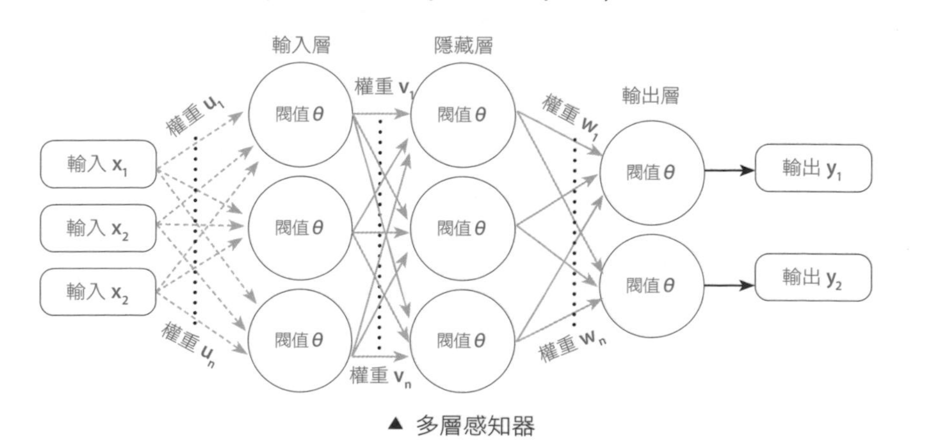

▲ 多層感知器

24.1.2 多層感知器的運作

介紹了神經元、感知器後，接著我們就利用手寫數字辨別來說明多層感知器大致的運作方式。

多層感知器的模型

神經元在接收輸入訊號後可以想像它是儲存了一個數字的容器，其值介於 0 到 1 之間。以 28 * 28 像素的手寫辨識圖片來說，每個像素就是一個神經元，也就是一張圖片在 **輸入層** 總共有 784 個神經元，每個神經元都儲存了一個數字來代表對應像素的灰階值，數值的範圍介於 0 跟 1 之間。而灰階值 0 代表黑色，1 代表白色，這些數字我們稱為 **激勵值**，數值越大則該神經元就越亮。在輸入時要將矩陣平面化 (將 28 列前後相接成一列)，也就是這 784 個神經元組成了神經網路的第一層。

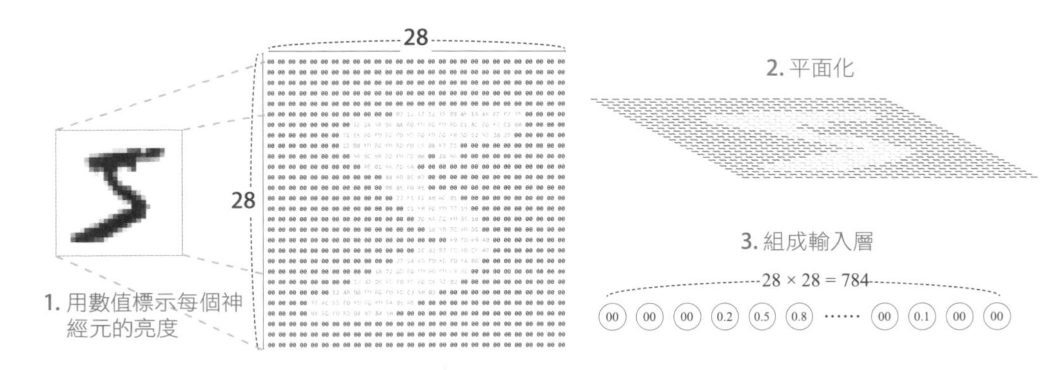

完成了輸入層，先不管其他層的內容，我們來看看它最右方的 **輸出層**，也就是最後判斷的結果，其中有 10 個神經元，各代表了數字 0 到 9，其中也有代表的激勵值。

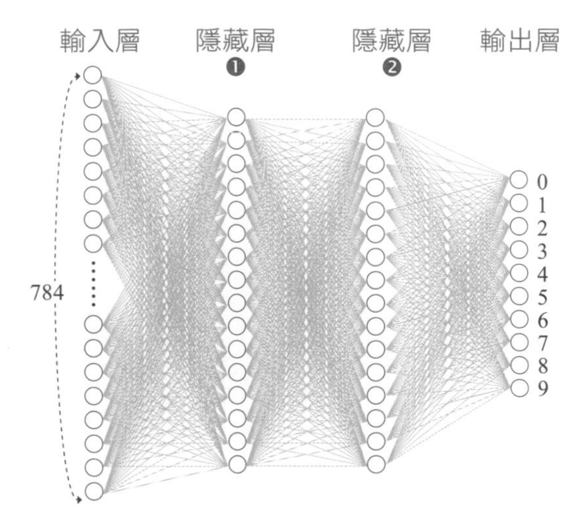

為了方便說明，在這裡我們設計了二個 **隱藏層**，每層有 16 個神經元。在真實的案例中可依據需求設置調整隱藏層與神經元的數量。

多層感知器的流程

不同以往的資料處理技術，在神經網路中每一層神經元中激勵值操作的結果會影響下一層的激勵值，一層一層之間激勵值的傳遞最後輸出判斷的結果，它的本質是在模仿人類大腦細胞被激發，引發其他神經細胞的連鎖反應。

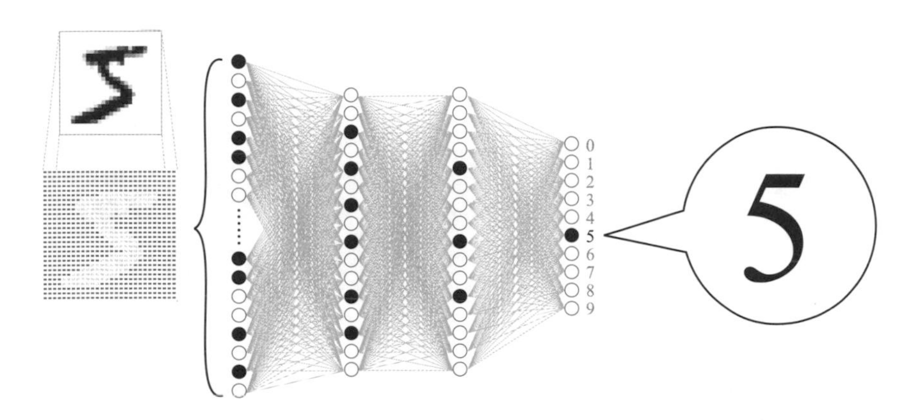

而激勵值是如何在各層之間傳遞的呢？而隱藏層又是如何運作的呢？再回到剛才的問題，在辨識手寫數字圖片時，可以將文字拆解成各個筆劃較好處理。

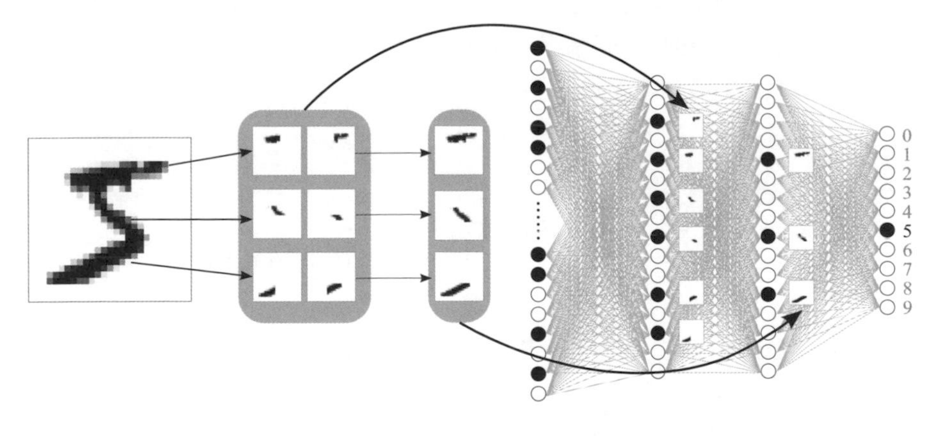

在理想的狀態下我們會希望在第二層的神經元能辨識各別不同的筆劃，也就是對應到某個筆劃的神經元激勵值趨近於 1 而被點亮，再到下一層時能連接其他的部份再將合併後的對應神經元點亮，最終到輸出層時就能將代表結果數字的神經元點亮，得到最後的答案。

各層傳遞的數學模型

其中每一層神經元中激勵值的傳遞方式，第一步是把該層每個神經元的值 (a) 乘上藉由訓練所得到的 **權重** (w) 再全部加總起來。接著要設置一個觸發神經元啟動的閥值門檻，這裡稱為 **偏置** (Bias)，請將剛才的權重值總合減去偏置值。因為計算的結果可能為任何數，但我們必須將這個結果壓縮限制在 0 與 1 之間，這裡就要透過一些函式進行處理，也就所謂的 **激勵函式** (Activation Functions)。

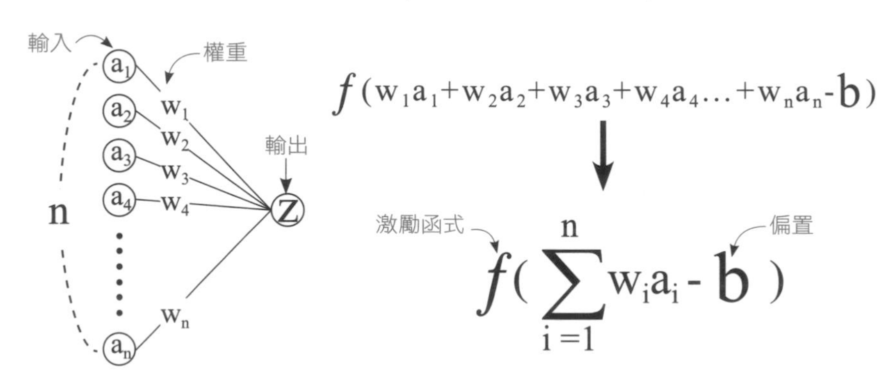

機器學習的目的

以上的動作只是第一層的所有神經元傳遞到下一個神經元的動作，試想以剛才手寫數字圖片辨識來說，輸入層有 784 個神經元，那到第一個隱藏層有 16 個神經元，就必須有 784 x 16 個權重與 16 個偏置，整個過程有一個輸入層、二個隱藏層、一個輸出層，至少就會超過 13,000 個必須要調整的參數。

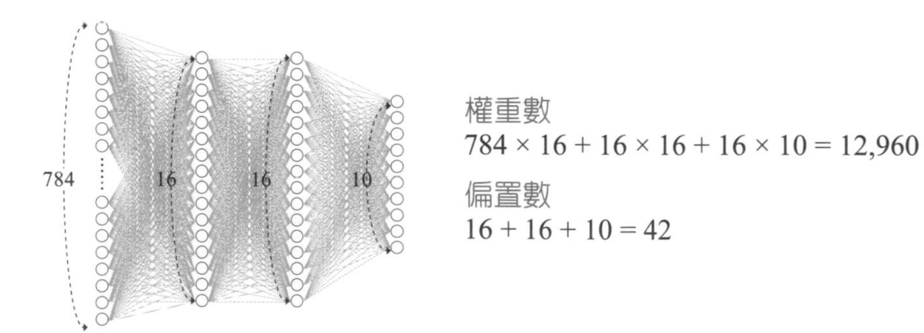

機器學習的意義，就是要利用電腦在這一大堆參數中進行運算調整，最後能夠得到正確的結果。想像一下，如果你要手動的調整這些權重與偏置數，那是多麼大的一個工程啊！

24.2 Mnist 資料集

Mnist 資料集 (Modified National Institute of Standards and Technology database)，是由紐約大學 Yann LeCun 教授蒐集整理許多人 0 到 9 的手寫數字圖片所形成的資料集，其中包含了 60,000 筆的訓練資料，10,000 筆的測試資料。在 Mnist 資料集中，每一筆資料都是由 images (數字圖片) 和 labels (數字標記) 組成的單色圖片資料，很適合機器學習的初學者，練習建立模型、訓練和預測。

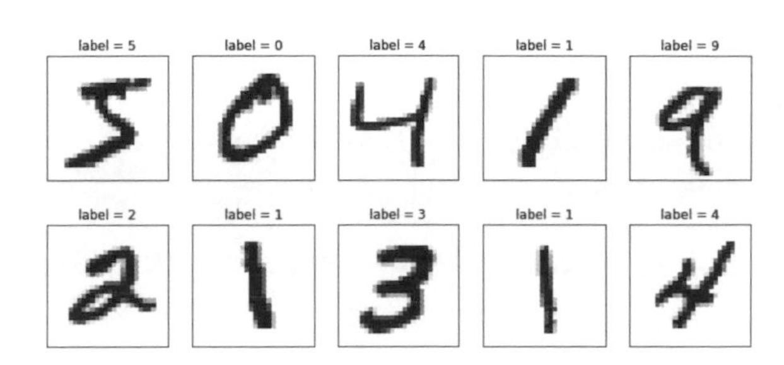

Mnist 資料集的應用範圍很廣，除了進行機器學習的練習，還可以真正使用在生活中，例如用來辨識支票的手寫金額、電話號碼、車牌號碼，甚至可以改考卷呢！

24.2.1 安裝機器學習模組

安裝 TensorFlow

TensorFlow 是 Google 開發的機器學習模組，也是目前使用人數最多的機器學習模組。安裝 TensorFlow 模組的語法為：

```
pip install tensorflow==2.4.1
```

安裝 Keras

Keras 是基於 TensorFlow 的深度學習框架，可以大幅簡化 TensorFlow 的程式複雜度。安裝 Keras 模組的語法為：

```
pip install keras==2.4.3
```

18 19 20 21 22 23 24 25 26 27 28 29 30 31 32 33

24.2.2 下載與讀取 Mnist 資料集

下載 Mnist 資料集

在 Python 中透過 Keras 就可以下載 Mnist 資料集，請先匯入 mnist 模組，再利用 mnist 模組的 load_data 方法，即可載入資料，語法如下：

```
from keras.datasets import mnist
(train_feature, train_label), (test_feature, test_label) = mnist.load_data()
```

dlMnist.py

```
1 from keras.datasets import mnist
2 (train_feature, train_label), (test_feature, test_label) =
      mnist.load_data()
```

mnist.load_data() 第一次執行會將資料下載到使用者目錄下的 <.keras\datasets> 目錄中，檔名為 <mnist.npz>。

讀取 Mnist 資料集

第二次以後執行則會先檢查 Mnist 資料集的檔案是否已經存在，如果已經存在就不再重複下載。由於只需要從已經下載檔案中載入資料，因此執行速度會快很多。載入資料後分別放在 (train_feature, train_label) 和 (test_feature, test_label) 變數中，其中 (train_feature, train_label) 是訓練資料，(test_feature, test_label) 是測試資料。

24.2.3 查看訓練資料

Mnist 訓練資料是由單色的數字圖片 (images) 和數字圖片標記值 (labels) 所組成，兩者都是 60,000 筆。每一筆單色的數字圖片是一個 28*28 的圖片檔，標記值則是一個 0~9 的數字。示意如下：

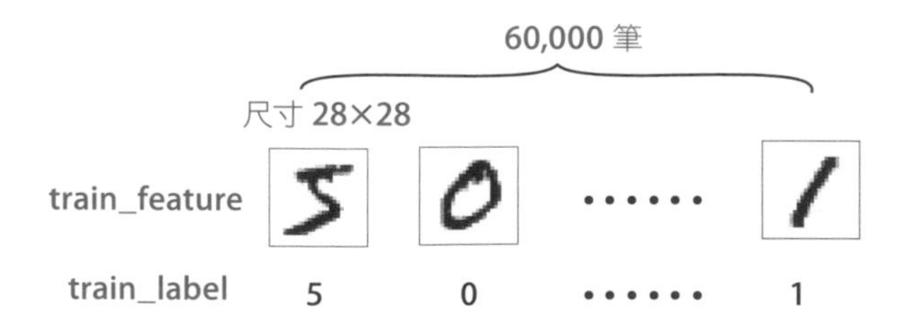

查看多筆訓練資料

下面函式可顯示數字圖片及標記值，可方便觀察 Mnist 資料：

graphMnist.py

```
1  import matplotlib.pyplot as plt
2  from keras.datasets import mnist
3  (train_feature, train_label), (test_feature, test_label) = mnist.load_data()
4
5  def show_images_labels_predictions(images,labels,start_id,num=10):
6      plt.gcf().set_size_inches(12, 14)
7      if num>25: num=25
8      for i in range(num):
9          ax=plt.subplot(5,5, i+1)
10         ax.imshow(images[start_id], cmap='binary')  #顯示黑白圖片
11         title = 'label = ' + str(labels[start_id])
12         ax.set_title(title,fontsize=12)  # X,Y 軸不顯示刻度
13         ax.set_xticks([]);ax.set_yticks([])
14         start_id+=1
15     plt.show()
16
17 show_images_labels_predictions(train_feature,train_label,[],0,10)
```

程式說明

- 5　參數 images 是數字圖片，labels 是標記值。start_id 是開始顯示的索引編號，num 是要顯示的圖片數量。
- 7　最多可顯示 25 張，預設為 10 張。
- 8-14　逐筆取得圖片及標記值。
- 17　顯示 Mnist 前 10 筆資料。

執行結果：

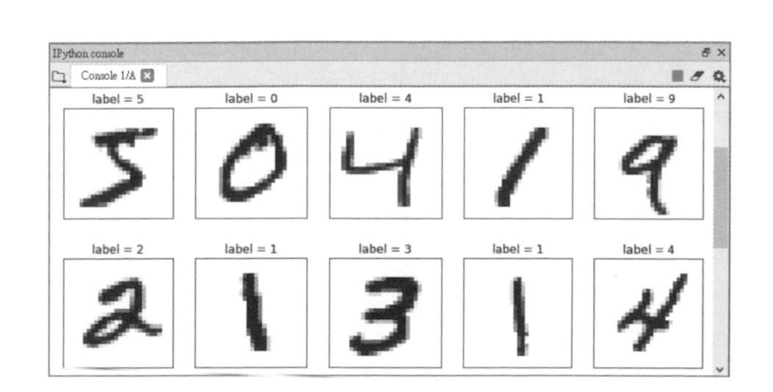

24.3 訓練 Mnist 手寫數字圖片辨識模型

本章將建立多層感知器模型，並以 Mnist 手寫數字圖片資料集，訓練模型、評估準確率並儲存，然後利用訓練的模型，辨識 Mnist 手寫數字圖片。

24.3.1 多層感知器訓練和預測

多層感知器的重點在於訓練與預測，Mnist 資料集在這二個階段的重要工作如下：

訓練 (Train)

Mnist 資料集共有 60,000 筆訓練資料，將訓練資料的 Feature (數字圖片特徵值) 和 Label (數字標記值) 都先經過預處理，作為多層感知器的輸入、輸出，然後進行模型訓練。

預測 (Predict)

模型訓練完成以後就可以用來作預測，將要預測的數字圖片，先經過預處理變成 Feature(數字圖片特徵值)，就可送給模型作預測，得到 0~9 數字的預測結果。

也可以將訓練好的模型儲存起來，以後就不需重複訓練，如果要在其他程式中使用，只要載入儲存的模型就可以進行預測。

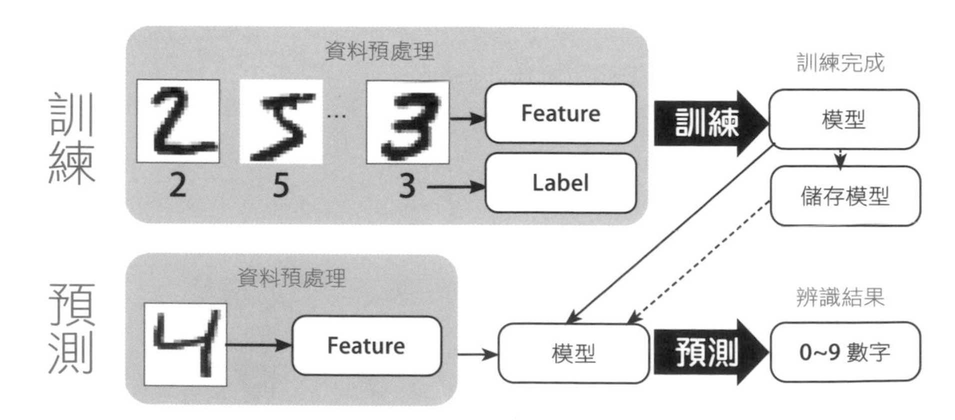

24.3.2 多層感知器手寫數字圖片辨識流程

以多層感知器進行 Mnist 手寫數字圖片訓練和預測的步驟如下：

❶ 資料預處理
將 Feature 特徵值換為 784 個 float 數字的 1 維向量，並將 float 數字標準化，將 Label 轉換為 One-Hot Encoding 編碼。
❷ 建立多層感知器模型
建立含有輸入、隱藏、輸出層的模型。
❸ 訓練模型
以訓練資料的 Feature 和 Label，執行指定次數的訓練。
❹ 評估模型準確率
使用測試資料，評估模型準確率。
❺ 圖片預測
以訓練完成的模型，對想要測試的數字圖片進行預測。

24.3.3 資料預處理

Feature 資料預處理

Feature (數字圖片特徵值) 就是模型中輸入神經元輸入的資料，每一個 Mnist 數字圖片都是一張 28*28 的 2 維向量圖片，必須轉換為 784 個 float 數字的 1 維向量，並將 float 數字標準化，當作輸入神經元的輸入，才能增加模型訓練的效率。因此，總共需要 784 個輸入。

1. 以 reshape() 函式將 28*28 的數字圖片轉換為 784 個數字的 1 維向量，再以 astype 函式將每個數字都轉換為 float 數字，語法為：

```
train_feature_vector =train_feature.reshape(len(train_feature),
  784).astype('float32')
```

2. 前一步驟的圖片資料為 0~255 的數字，將 0~255 的數字，除以 255 得到 0~1 之間浮點數，稱為標準化 (Normalize)，標準化之後可以提高模型預測的準確度，增加訓練效率。

```
train_feature_normalize = train_feature_vector/255
```

graphManage.py

```
1 from keras.datasets import mnist
2 (train_feature, train_label), (test_feature, test_label) = mnist.load_data()
3
4 train_feature_vector =train_feature.reshape(len(train_feature),
    784).astype('float32')
5 #print(train_feature_vector[0])
6 train_feature_normalize = train_feature_vector/255
7 print(train_feature_normalize[0])
```

執行結果：(若移除第 5 列註解，可顯示未標準化前的值)

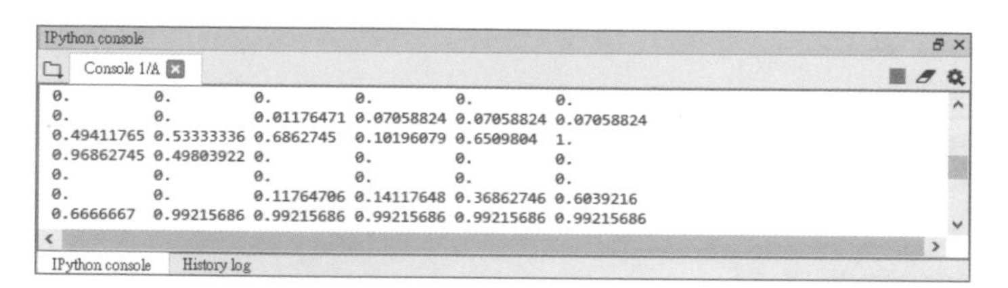

Label 資料預處理

Label (數字圖片標記值) 原本是 0~9 的數字，為了增加模型效率，神經元輸出比較常採用 One-Hot Encoding 編碼 (一位有效編碼) 的方式，輸出的所有位元中只有 1 個是 1，其餘都是 0。使用 np_utils.to_categorical 方法可以將數字轉換成 One-Hot Encoding 編碼，語法為：

```
train_label_onehot = np_utils.to_categorical(train_label)
```

0~9 的數字的 One-Hot Encoding 編碼如下：

真實值	0	1	2	3	4	5	6	7	8	9
0	1	0	0	0	0	0	0	0	0	0
1	0	1	0	0	0	0	0	0	0	0
2	0	0	1	0	0	0	0	0	0	0
...										
9	0	0	0	0	0	0	0	0	0	1

18 19 20 21 22 23 24 25 26 27 28 29 30 31 32 33

labelManage.py

```
1 from keras.utils import np_utils
2 from keras.datasets import mnist
3 (train_feature, train_label), (test_feature, test_label) = mnist.load_data()
4
5 print(train_label[0:5])
6 train_label_onehot = np_utils.to_categorical(train_label)
7 print(train_label_onehot[0:5])
```

程式說明

- 5　顯示前 5 筆 Label 原始標記值。
- 7　顯示前 5 筆經轉換的 One-Hot Encoding 編碼值。

執行結果：

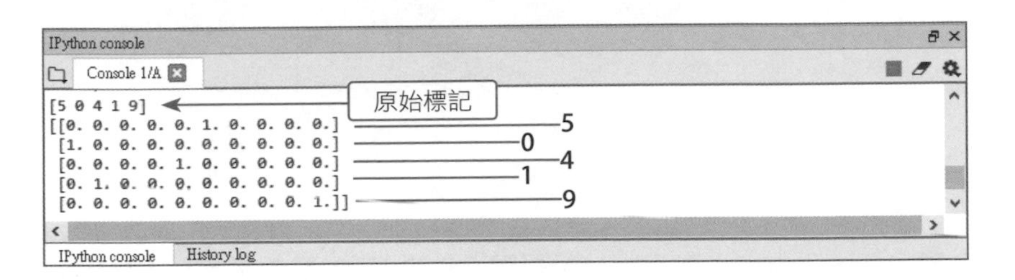

01 02 03 04 05 06 07 08 09 10 11 12 13 14 15 16 17

24.3.4 建立多層感知器模型

多層感知器模型

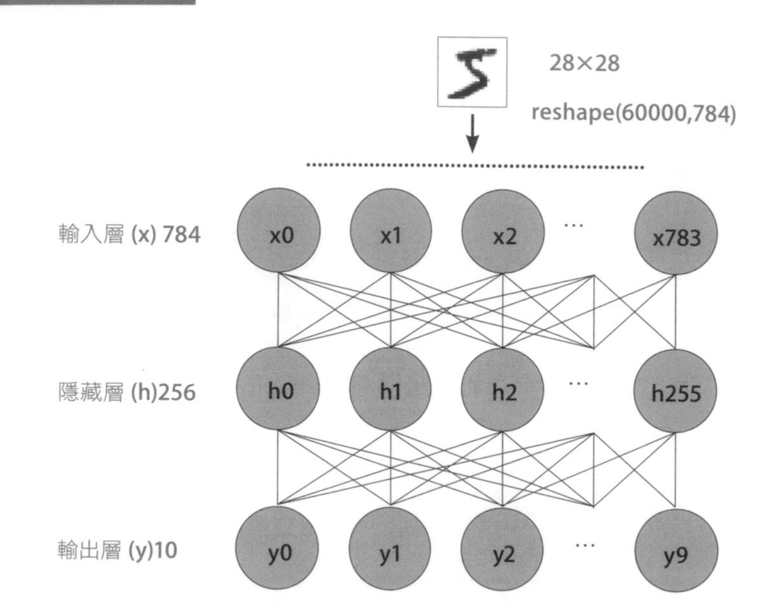

1. **輸入層**：每一個 Mnist 數字圖片是一張 28*28 的 2 維向量圖片，再以 reshape 將 2 維轉換為 784 個 float 數字的 1 維向量，並將 float 數字標準化，當作輸入神經元的輸入，因此，總共需要 784 個輸入神經元。

2. **隱藏層**：輸入層和輸出層中間的內部神經元，稱為隱藏層，隱藏層可以只有 1 層，也可以是多層。

3. **輸出層**：預測的結果就是輸出層，就是 0~9 共有 10 個數字，代表有 10 個神經元。

接著建立一個較簡單的多層感知器模型：輸入層 (x) 共有 784 個神經元、只有一個隱藏層 (h) 共有 256 個神經元、輸出層 (y) 有 10 個神經元的模型。

建立 Sequential 模型

匯入 Sequential 模組後即可用 Sequential 建立模型。

```
from keras.models import Sequential
model = Sequential()
```

建立輸入層和隱藏層

以 add 方法可以增加輸入層和隱藏層，Dense 為上下層緊密連結的神經網路層：

```
from keras.layers import Dense
model.add(Dense(units=256,
                input_dim=784,
                kernel_initializer='normal',
                activation='relu'))
```

參數 units=256 代表隱藏層神經元數目有 256 個、input_dim=784 代表輸入層神經元數目有 784 個，kernel_initializer='normal' 代表使用常態分佈的亂數初始化權重 (weight) 和偏置 (bias)，activation='relu' 代表使用激勵函式為 relu。

建立輸出層

輸出層語法與輸入、隱藏層雷同，只是沒有輸入層神經元數目，語法為：

```
model.add(Dense(units=10,
                kernel_initializer='normal',
                activation='softmax'))
```

參數 units=10 代表輸出層神經元數目有 10 個，輸入層不需要設定，它會自動連結上一層的輸入層的 256 個神經元，使用常態分佈的亂數初始化權重 (weight) 和偏置 (bias)，激勵函式為 softmax。

24.3.5 訓練模型

設定模型的訓練方式

訓練中必須以 compile 方法定義 Loss 損失函式、Optimizer 最佳化方法和 metrics 評估準確率方法，Keras 提供許多內建的方法，可以當作訓練參數，例如：

```
model.compile(loss='categorical_crossentropy',
              optimizer='adam', metrics=['accuracy'])
```

- **loss='categorical_crossentropy'**：設定損失函式為 categorical_crossentropy。
- **optimizer='adam'**：設定最優化方法為 adam。
- **metrics=['accuracy']**：設定評估模型方式為 accuracy 準確率。

01 02 03 04 05 06 07 08 09 10 11 12 13 14 15 16 17

進行訓練

fit 方法可以進行訓練，訓練時必須設定訓練資料和標籤。語法如下：

```
model.fit(x= 特徵值 , y= 標記值 , validation_split = 驗證資料百分比 ,
          epochs= 訓練次數 , batch_size= 每批次有多少筆 ,verbose = n)
```

- **x,y**：設定訓練特徵值和標記值，這兩個參數是必須的。
- **validation_split**：設定驗證資料百分比，例如 0.2 表示將訓練資料保留 20% 當作驗證資料。省略時將不保留驗證資料，全部資料都會作訓練用。
- **epochs**：訓練次數，省略時只訓練 1 次。
- **batch_size**：設定每批次讀取多少筆資料。
- **verbose**：設定是否顯示訓練過程，0 不顯示、1 詳細顯示、2 簡易顯示。

例如：以 (train_feature_normalize,train_label_onehot) 為訓練特徵值和標記，訓練資料保留 20% 作驗證，也就是說會有 0.8 * 60,000 = 48,000 筆資料作為訓練資料、0.2 * 60,000 = 12,000 筆資料作為驗證資料。訓練 10 次，每批次讀取 200 筆資料，顯示簡易的訓練過程。

```
model.fit(x=train_feature_normalize, y=train_label_onehot,
   validation_split=0.2, epochs=10, batch_size=200,verbose=2)
```

24.3.6 評估準確率

evaluate 方法可以評估模型的損失函式誤差值和準確率，它會傳回串列，第 1 個元素為損失函式誤差值，第 2 個元素為準確率。

例如：使用測試資料評估模型的準確率。

```
scores = model.evaluate(test_feature_normalize, test_label_onehot)
```

綜合以上所述，訓練 Mnist 手寫數字圖片辨識模型完整程式碼為：

Mnist_1.py

```
1 import numpy as np
2 from keras.utils import np_utils
3 np.random.seed(10)
4 from keras.datasets import mnist
```

```
 5 from keras.models import Sequential
 6 from keras.layers import Dense
 7
 8 (train_feature, train_label), (test_feature, test_label) = mnist.load_data()
 9 train_feature_vector =train_feature.reshape(len(train_feature),
      784).astype('float32')
10 test_feature_vector = test_feature.reshape(len( test_feature),
      784).astype('float32')
11 train_feature_normalize = train_feature_vector/255
12 test_feature_normalize = test_feature_vector/255
13 train_label_onehot = np_utils.to_categorical(train_label)
14 test_label_onehot = np_utils.to_categorical(test_label)
15
16 model = Sequential()  #建立模型
17 model.add(Dense(units=256,  #輸入層：784, 隱藏層：256
18                 input_dim=784,
19                 kernel_initializer='normal',
20                 activation='relu'))
21 model.add(Dense(units=10,  #輸出層：10
22                 kernel_initializer='normal',
23                 activation='softmax'))
24 model.compile(loss='categorical_crossentropy',
25               optimizer='adam', metrics=['accuracy'])
26 model.fit(x=train_feature_normalize, y=train_label_onehot,
27           validation_split=0.2, epochs=10, batch_size=200,verbose=2)
28 scores = model.evaluate(test_feature_normalize,
                           test_label_onehot)  #評估準確率
29 print('\n準確率=',scores[1])
```

程式說明

- 8　建立訓練資料和測試資料，包括訓練特徵集、訓練標記和測試特徵集、測試標記。
- 9-10　將訓練與測試特徵值換為 784 個 float 數字的 1 維向量。
- 11-12　將訓練與測試特徵值標準化。
- 13-14　將訓練與測試標記轉換為 One-Hot Encoding 編碼。
- 16　建立模型。
- 17-20　模型中加入神經元數目有 784 個的輸入層、神經元數目有 256 個的隱藏層，使用 normal 初始化 weight 權重與 bias 偏置值，激活函式使用 relu。

- **21-23** 模型中加入神經元數目有 10 個的輸出層、使用常態分佈的亂數初始化權重 (weight) 和偏置 (bias)，激勵函式為 softmax。
- **24-25** 定義 Loss 損失函式、Optimizer 最佳化方法和 metrics 評估準確率方法。
- **26-27** 以 (train_feature_normalize,train_label_onehot) 為訓練特徵值和標籤，訓練資料保留 20% 作驗證，訓練 10 次，每批次讀取 200 筆資料，顯示簡易的訓練過程。
- **28-29** 以 test_feature_normalize 評估準確率。

執行結果：

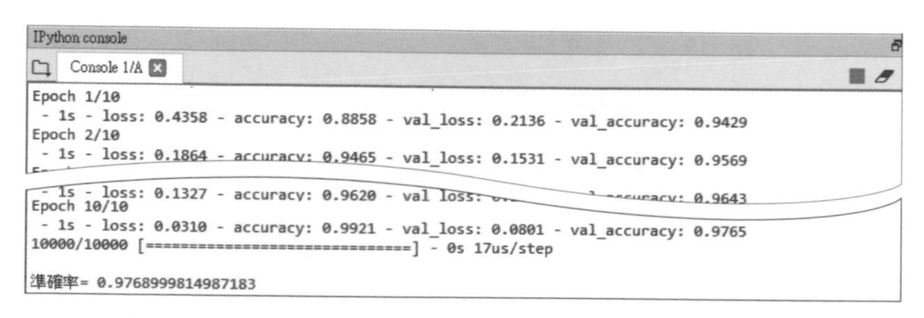

```
IPython console
Console 1/A
Epoch 1/10
 - 1s - loss: 0.4358 - accuracy: 0.8858 - val_loss: 0.2136 - val_accuracy: 0.9429
Epoch 2/10
 - 1s - loss: 0.1864 - accuracy: 0.9465 - val_loss: 0.1531 - val_accuracy: 0.9569
 - 1s - loss: 0.1327 - accuracy: 0.9620 - val_loss: ... 0.9643
Epoch 10/10
 - 1s - loss: 0.0310 - accuracy: 0.9921 - val_loss: 0.0801 - val_accuracy: 0.9765
10000/10000 [==============================] - 0s 17us/step

準確率= 0.9768999814987183
```

- **loss**：使用訓練資料，得到的損失函式誤差值 (值越小代表準確率越高)。
- **accuracy**：使用訓練資料，得到的評估準確率 (值在 0~1 之間，越大代表準確率越高)。
- **val_loss**：使用驗證資料，得到的損失函式誤差值 (越小代表準確率越高)。
- **val_accuracy**：使用驗證資料，得到的評估準確率 (值在 0~1 之間，越大代表準確率越高)。

讀者可調整 27 列的參數值再訓練，觀察訓練時間及準確率的變化。

24.4 模型儲存與預測

在資料訓練完成後所產生的模型可以儲存起來，以後就不用再花費時間重新訓練，在其他程式要預測時只要載入儲存的模型即可。

24.4.1 模型儲存

Keras 使用 HDF5 檔案系統來儲存模型，模型儲存一般使用 .h5 為副檔名，語法：

```
model.save( 檔名 )
```

例如：將模型存為 <Mnist_mlp_model.h5> 檔。

```
model.save('Mnist_mlp_model.h5')
```

範例：將訓練完成的模型儲存為 <Mnist_mlp_model.h5> 檔。

程式碼：Mnist_saveModel.py

```
...
30 model.save('Mnist_mlp_model.h5')
31 print("Mnist_mlp_model.h5 模型儲存完畢！")
```

程式說明

- 1-29　與 <Mnist_1.py> 完全相同，即訓練產生模型。
- 30　儲存模型。

24.4.2 模型載入及 Mnist 資料預測

當訓練資料很龐大時，訓練一次可能需要很長的時間，這時就可以直接載入已訓練好的模型作為預測，減少重複訓練的時間。

記得先以「from keras.models import load_model」匯入相關模組，再利用以下的語法載入模型：

```
load_model( 檔名 )
```

例如：載入前面儲存的 <Mnist_mlp_model.h5> 模型檔。

```
load_model('Mnist_mlp_model.h5')
```

載入模型的目的是要使用模型進行預測。Mnist 資料集已含有測試圖片資料，下面範例是對 Mnist 測試圖片進行預測。

程式碼：Mnist_loadModel.py

```
1 from keras.datasets import mnist
2 import matplotlib.pyplot as plt
3 from keras.models import load_model
4
5 def show_images_labels_predictions(images,labels,predictions,
     start_id,num=10):
6     plt.gcf().set_size_inches(12, 14)
7     if num>25: num=25
8     for i in range(0, num):
9         ax=plt.subplot(5,5, i+1)
10        ax.imshow(images[start_id], cmap='binary')  #顯示黑白圖片
11        if( len(predictions) > 0 ) :  #有傳入預測資料
12            title = 'ai = ' + str(predictions[start_id])
13            # 預測正確顯示(o), 錯誤顯示(x)
14            title += (' (o)' if predictions[start_id]==
                  labels[start_id] else ' (x)')
15            title += '\nlabel = ' + str(labels[start_id])
16        else :  #沒有傳入預測資料
17            title = 'label = ' + str(labels[start_id])
18        ax.set_title(title,fontsize=12)  #X,Y 軸不顯示刻度
19        ax.set_xticks([]);ax.set_yticks([])
20        start_id+=1
21    plt.show()
22
23 (train_feature, train_label), (test_feature, test_label) = mnist.load_data()
24 test_feature_vector = test_feature.reshape(len( test_feature),
     784).astype('float32')
25 test_feature_normalize = test_feature_vector/255
26 model = load_model('Mnist_mlp_model.h5')
27
28 prediction=model.predict_classes(test_feature_normalize)  # 預測
29 show_images_labels_predictions(test_feature,test_label,prediction,0)
```

程式說明

- 3　　匯入 load_model 方法。
- 5-21　　show_images_labels_predictions 函式可顯示預測值及預測是否正確。
- 5　　predictions 參數傳入預測資料串列。

- 11-15　處理有傳入預測資料的程式碼。
- 12　顯示預測值。
- 14　將預測值與原始標記值比較：若相同表示預測正確，輸出「o」；若不同表示預測錯誤，輸出「x」。
- 15　顯示預測資料原始標記值。
- 23-25　進行預測資料前處理。
- 26　載入 <Mnist_mlp_model.h5> 模型檔。
- 28　進行預測。
- 29　顯示前 10 筆預測結果。

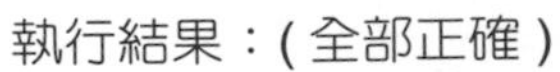
執行結果：(全部正確)

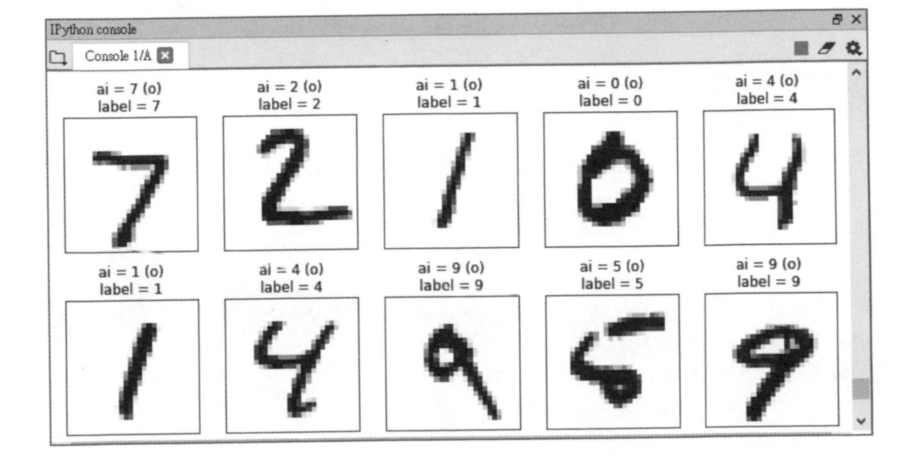

01 02 03 04 05 06 07 08 09 10 11 12 13 14 15 16 17

24.4.3 預測自製數字圖片

前面範例預測的圖片是 Mnist 測試資料的數字圖片，現在我們要改用自己準備的數字圖片來預測，請注意這些圖片都已製作成 28*28 的灰階圖片，圖片檔名中第 1 個字元為圖片的真實值，例如：「9_1.jpg」、「9_2.jpg」的真實值為 9。

範例：載入訓練完成的 <Mnist_mlp_model.h5> 模型檔，預測 <imagedata> 目錄的數字圖片。<imagedata> 數字圖片檔和檔名：

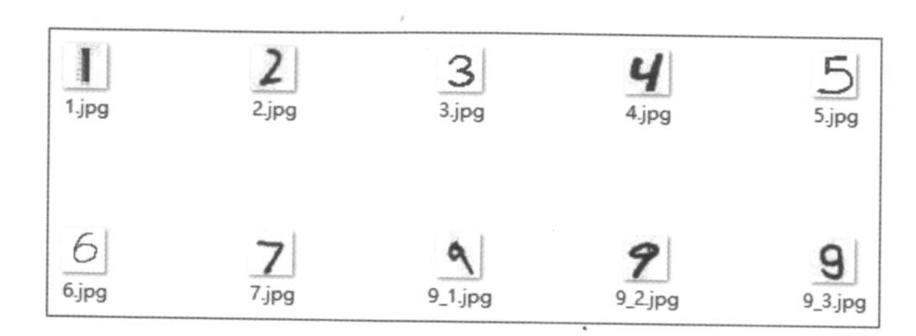

安裝 opencv

本範例會使用到 opencv，如果尚未安裝請開啟 Anaconda Prompt 視窗安裝：

```
pip install opencv-python==4.5.1.48
```

程式碼：Mnist_Predict.py

```
1 import numpy as np
2 import matplotlib.pyplot as plt
3 from keras.models import load_model
4 import glob,cv2
5
6 def show_images_labels_predictions(images,labels,predictions,
      start_id,num=10):
...
24 files = glob.glob("imagedata\*.jpg")  #建立測試資料
25 test_feature=[]
26 test_label=[]
27 for file in files:
28     img=cv2.imread(file)
29     img=cv2.cvtColor(img,cv2.COLOR_BGR2GRAY)  #灰階
30     _, img = cv2.threshold(img, 120, 255,
           cv2.THRESH_BINARY_INV) #轉為反相黑白
31     test_feature.append(img)
32     label=file[10:11]  #"imagedata\1.jpg" 第 10 個字元 1 為 label
33     test_label.append(int(label))
```

```
34
35 test_feature=np.array(test_feature) # 串列轉為矩陣
36 test_label=np.array(test_label)     # 串列轉為矩陣
37 test_feature_vector = test_feature.reshape(len( test_feature),
      784).astype('float32')
38 test_feature_normalize = test_feature_vector/255
39 model = load_model('Mnist_mlp_model.h5')
40
41 prediction=model.predict_classes(test_feature_normalize)
42 show_images_labels_predictions(test_feature,test_label,
      prediction,0,len(test_feature))
```

程式說明

- 1-4　匯入相關模組。
- 24-33　將數字圖片加入 test_feature 串列，真實值加入 test_label 串列。
- 28-30　載入圖片後作灰階、反相黑白處理。
- 32　例如圖片檔名為 <imagedata\9_1.jpg> 的真實值為 9，可以 file[10:11] 取得該字元。
- 33　真實值必須換為 int。
- 35-36　將串列轉為矩陣。
- 41-42　預測自已的數字圖片並顯示預測結果。

執行結果：

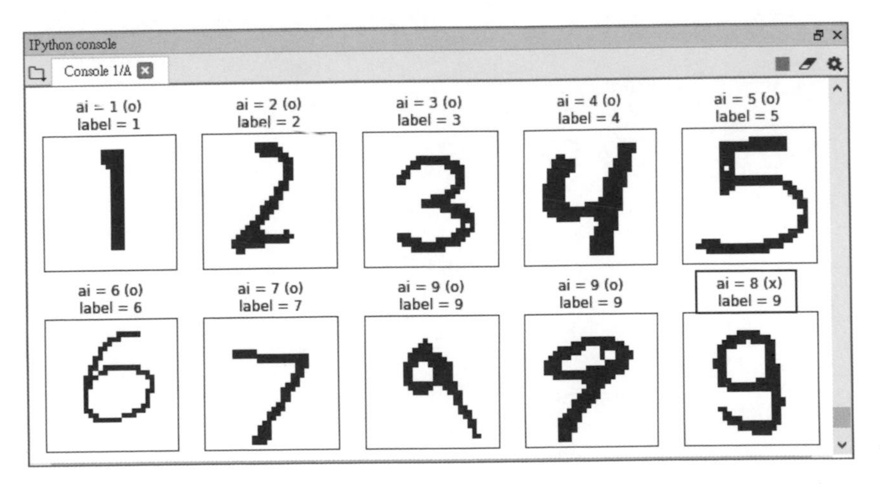

只有最後一個圖片「9」錯誤 (預測值為「8」)，其餘都預測正確。

memo

25

深度學習重點：CNN 及 RNN

25.1 卷積神經網路 (CNN) 基本結構

卷積神經網路 (Convolutional Neural Network) 簡稱 CNN，它是目前深度神經網路 (Deep Neural Network) 領域發展的主力，在圖片辨別上甚至可以做到比人類還精準的程度。

25.1.1 卷積神經網路結構圖

和多層感知器相比較，卷積神經網路增加 **卷積層 1、池化層 1、卷積層 2、池化層 2**，提取特徵後再以 **平坦層** 將特徵輸入神經網路中。

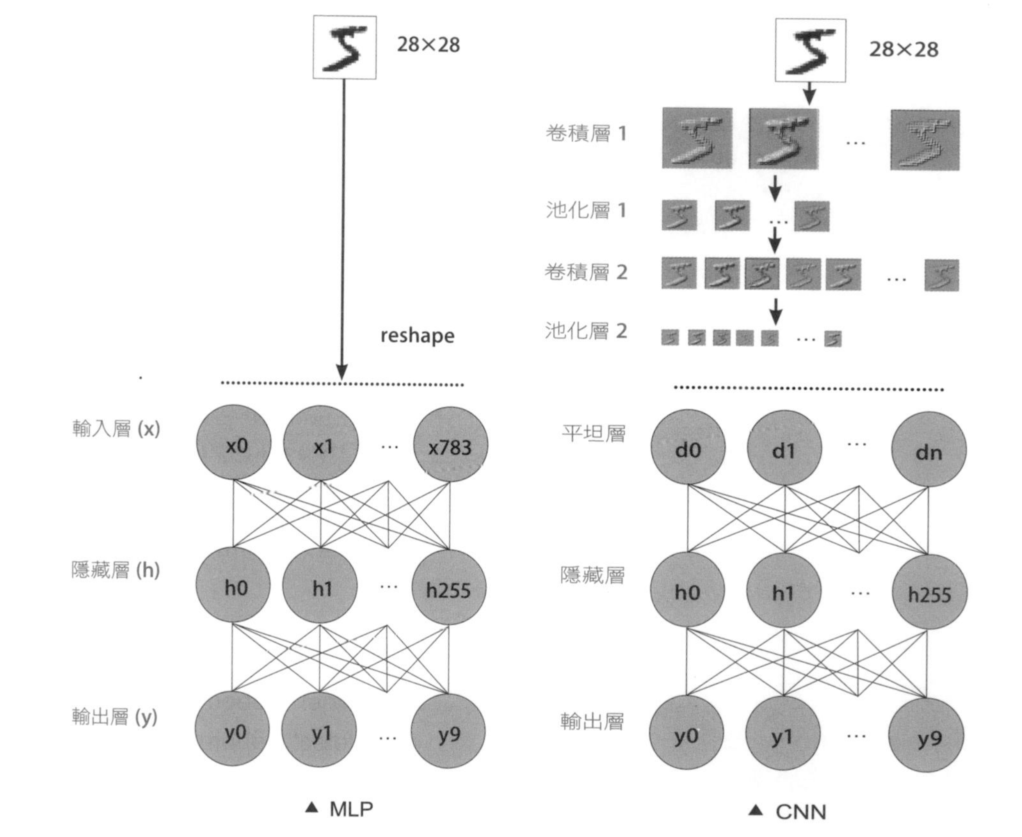

▲ MLP　　▲ CNN

■ 上面右圖中最上方有卷積層 1、池化層 1、卷積層 2、池化層 2，將原始的圖片以卷積、池化處理，產生更多稱為特徵的小圖片，作為輸入的神經元。

■ 平坦層相當多層感知器的輸入層，可以將特徵輸入神經網路中。

25.1.2 卷積層 (Convolution Layer)

卷積就是將原始圖片與特定的濾鏡 (Feature Detector) 做卷積運算，可以將卷積運算看成是原始圖片濾鏡特效的處理，filters 可以設定濾鏡數目，kernel_size 可以設定濾鏡 (filter) 大小，每一個濾鏡都會以亂數處理的方式產生不同的卷積運算，因此可以得到不同的濾鏡特效效果，增加圖片的數量。

以「model.add(Conv2D())」語法可以加入卷積層。例如：加入 10 個濾鏡，濾鏡大小為 3*3，原始圖片大小 28*28 的卷積層。

```
model.add(Conv2D(filters=10,
                 kernel_size=(3,3),
                 padding='same',
                 input_shape=(28,28,1),
                 activation='relu'))
```

- filters：設定濾鏡個數，每一個 filter 都會產生不同的濾鏡特效效果。
- kernel_size：設定濾鏡 (filter) 大小，一般為 5*5 或 3*3 的大小。
- padding：設定卷積運算圖片大小，padding='same' 設定得到與原始圖片相同大小的卷積運算圖片。
- input_shape：設定原始圖片的大小，(28,28,1) 表示每一張圖片的大小為 28*28。
- activation：設定激勵函式，relu 函式會將小於 0 的資訊設定為 0。

上例因為有 10 個濾鏡，因此會產生 10 張 28*28 的卷積運算圖片。

25.1.3 池化層 (Pooling Layer)

池化層 (Pooling Layer) 是採用 Max Pooling，就是只挑出矩陣當中的最大值，相當於只挑出圖片局部最明顯的特徵，這樣就可以將卷積層產生的卷積運算圖片縮減。

以「model.add(MaxPooling2D())」可以加入池化層，pool_size 設定縮減的比率。例如：加入可將卷積運算圖片大小縮減一半的池化層 (長、寬各縮減一半)。

```
model.add(MaxPooling2D(pool_size=(2, 2)))
```

以前面範例，原來 10 張 28*28 的卷積運算圖片，經過 pool_size=(2, 2) 的池化處理就會得到 10 張 14*14 的卷積運算圖片，如果是使用 pool_size=(4, 4) 的池化處理則會得到 10 張 7*7 的卷積運算圖片。

25.1.4 第 2 次的卷積、池化處理

為了增加訓練效果，一般會使用兩次的卷積、池化處理。也就是再建立卷積層 2、池化層 2，作第 2 次的卷積、池化處理。

建立卷積層 2

卷積層 2 會繼續處理池化層 1 中池化處理完的圖片，但只會依 filters 濾鏡個數產生設定的圖片數量，不會改變圖片的大小。

例如：加入 20 個濾鏡，濾鏡大小為 3*3 的第 2 個卷積層。

```
model.add(Conv2D(filters=20,
                 kernel_size=(3,3),
                 padding='same',
                 activation='relu'))
```

繼續前面範例：池化處理得到 10 張 14*14 的圖片，以 filters=20 設定 20 個濾鏡，經過卷積層 2 處理後將會應生 20 張 14*14 的卷積運算圖片。

建立池化層 2

同樣方式，可再將卷積運算圖片以池化層 2 作縮減，池化後圖片數量不會減少。

例如：建立可將卷積層 2 的圖片大小縮減一半的池化層。

```
model.add(MaxPooling2D(pool_size=(2, 2)))
```

以前面範例，原來 20 張 14*14 的卷積運算圖片，經過 pool_size=(2, 2) 池化處理就會得到 20 張 7*7 的圖片。

平坦層、隱藏層與輸出層

1. **平坦層**：輸入神經元的數目就可由 20*7*7=980 得到，透過平坦層將特徵輸入神經網路中。
2. **隱藏層**：可包含多個隱藏神經元，可以只使用一層，也可以使用多層增加訓練效果。
3. **輸出層**：輸出神經元為 0~9 共 10 個。

25.2 卷積神經網路實戰：Mnist 手寫數字圖片辨識

本章將建立卷積神經網路模型，並以 Mnist 手寫數字圖片資料集，訓練模型、評估準確率並儲存，然後利用訓練的模型，辨識 Mnist 手寫數字圖片。

25.2.1 Mnist 手寫數字圖片辨識卷積神經網路模型

Mnist 手寫數字圖片辨識卷積神經網路模型如下圖：

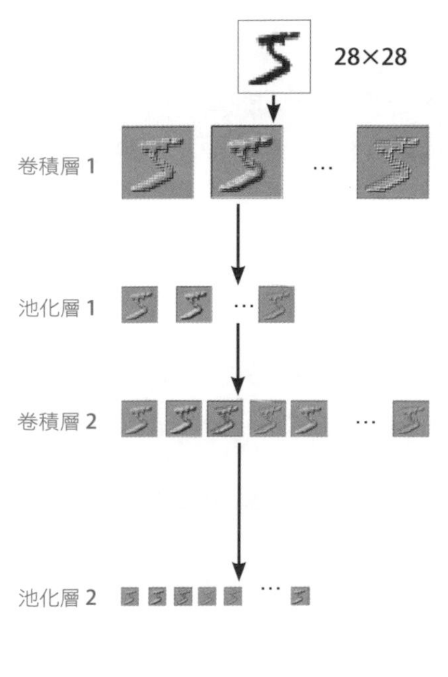


```
# 卷積層 1：10 個 28*28 卷積圖片
Conv2D(filters=10,
       kernel_size=(3,3),
       padding='same',
       input_shape=(28,28,1),
        activation='relu')

# 池化層 1：10 個 14*14 圖片
MaxPooling2D(pool_size=(2, 2))

# 卷積層 2：20 個 14*14 卷積圖片
Conv2D(filters=20,
       kernel_size=(3,3),
       padding='same',
        activation='relu')

# 池化層 2：20 個 7*7 圖片
MaxPooling2D(pool_size=(2, 2))

# 建立平坦層：20*7*7=980 個神經元
Flatten()

# 建立隱藏層：256 個神經元
Dense(256, activation='relu')

# 建立輸出層：10 個神經元
Dense(10,activation='softmax')
```

01 02 03 04 05 06 07 08 09 10 11 12 13 14 15 16 17

25.2.2 建立及儲存卷積神經網路模型

卷積神經網路資料載入及預處理的程序都和前一章多層感知器相同，不同處在於卷積神經網路需建立卷積層和池化層。

此處將建立一個含有兩個卷積層、兩個池化層以及一個平坦層、一個隱藏層和一個輸出層的卷積神經網路模型。

匯入相關模組

匯入 Sequential 模組用來建立模型，Conv2D、MaxPooling2D、Flatten 及 Dense 即可建立卷積、池化、平坦、隱藏和輸出層。

```
from keras.models import Sequential
from keras.layers import Conv2D,MaxPooling2D,Flatten,Dense
```

建立 Sequential 模型

首先以 Sequential 建立模型。

```
model = Sequential()
```

建立卷積層 1

以 model.add(Conv2D()) 加入卷積層，將原始圖片作濾鏡特效處理。例如：加入 10 個濾鏡，濾鏡大小為 3*3，原始圖片大小 28*28 的卷積層。

```
model.add(Conv2D(filters=10,
                 kernel_size=(3,3),
                 padding='same',
                 input_shape=(28,28,1),
                 activation='relu'))
```

參數 filters=10 代表設定 10 個濾鏡，kernel_size=(3,3) 代表濾鏡大小為 3*3，padding='same' 設定得到與原始圖片相同大小的卷積運算圖片。

input_shape=(28,28,1) 設定原始圖片的大小為 28*28，activation='relu' 設定使用激勵函式為 relu。

因為有 10 個濾鏡，因此會產生 10 張 28*28 的卷積運算圖片。

建立池化層 1

以 model.add(MaxPooling2D()) 加入可將卷積圖片大小縮減一半的池化層。

```
model.add(MaxPooling2D(pool_size=(2, 2)))
```

原來 10 張 28*28 的卷積運算圖片，經過 pool_size=(2, 2) 的池化處理後得到 10 張 14*14 的卷積運算圖片。

建立卷積層 2

再加入 20 個濾鏡，濾鏡大小為 3*3，卷積運算圖片與原始圖片相同大小的卷積層。

```
model.add(Conv2D(filters=20,
                 kernel_size=(3,3),
                 padding='same',
                 activation='relu'))
```

因為有 20 個濾鏡，因此會產生 20 張 14*14 的卷積運算圖片。

建立池化層 2

再加入可將卷積圖片大小縮減一半的池化層。

```
model.add(MaxPooling2D(pool_size=(2, 2)))
```

原來 20 張 14*14 的卷積運算圖片，經過 pool_size=(2, 2) 的池化處理後得到 20 張 7*7 的卷積運算圖片。

建立平坦層

以 model.add(Flatten()) 加入平坦層，平坦層會將從池化層 2 得到的 20 張 7*7 的卷積運算圖片，轉換成 20*7*7=980 的一維向量，也就是 980 個 flloat 數字，這就是輸入神經元的數目。

```
model.add(Flatten())
```

建立隱藏層

建立含有 256 個神經元數目隱藏層，輸入層不需要設定，它會自動連結上一層的輸入層的 980 個神經元，激勵函式為 relu。

```
model.add(Dense(units=256, activation='relu'))
```

01 02 03 04 05 06 07 08 09 10 11 12 13 14 15 16 17

建立輸出層

建立含有 10 個神經元數目的輸出層，輸入層不需要設定，它會自動連結上一層的輸入層的 256 個神經元，激勵函式為 softmax。

```
model.add(Dense(units=10,activation='softmax'))
```

建立好卷積神經網路模型後，其訓練及儲存模型的方法和前一章多層感知器完全一樣，不再贅述。

建立、訓練及儲存卷積神經網路模型的完整程式碼為：

程式碼：CNN_saveModel.py

```
 1 from keras.utils import np_utils
 2 from keras.datasets import mnist
 3 from keras.models import Sequential
 4 from keras.layers import Conv2D,MaxPooling2D,Flatten,Dense
 5
 6 (train_feature, train_label),(test_feature, test_label) = mnist.load_data()
 7 train_feature_vector =train_feature.reshape(len(train_feature),
      28,28,1).astype('float32')
 8 test_feature_vector = test_feature.reshape(len( test_feature),
      28,28,1).astype('float32')
 9 train_feature_normalize = train_feature_vector/255
10 test_feature_normalize = test_feature_vector/255
11 train_label_onehot = np_utils.to_categorical(train_label)
12 test_label_onehot = np_utils.to_categorical(test_label)
13
14 model = Sequential()  #建立模型
15 model.add(Conv2D(filters=10,  #建立卷積層 1
16                  kernel_size=(5,5),
17                  padding='same',
18                  input_shape=(28,28,1),
19                  activation='relu'))
20
21 model.add(MaxPooling2D(pool_size=(2, 2)))  #建立池化層 1(10,14,14)
22 model.add(Conv2D(filters=20,  #建立卷積層 2
23                  kernel_size=(5,5),
24                  padding='same',
25                  activation='relu'))
26 model.add(MaxPooling2D(pool_size=(2, 2)))  #建立池化層 2(20,7,7)
```

```
27 model.add(Flatten())  #建立平坦層：20*7*7=980 個神經元
28 model.add(Dense(units=256, activation='relu'))  #建立隱藏層
29 model.add(Dense(units=10,activation='softmax'))  #建立輸出層
30
31 model.compile(loss='categorical_crossentropy',  #定義訓練方式
32               optimizer='adam', metrics=['accuracy'])
33 model.fit(x=train_feature_normalize,y=train_label_onehot,  #進行訓練
34           validation_split=0.2,epochs=10, batch_size=200,verbose=2)
35 scores = model.evaluate(test_feature_normalize, test_label_onehot)
36 print('\n 準確率 =',scores[1])
37 model.save('Mnist_cnn_model.h5')  #儲存模型
38 print("\nMnist_cnn_model.h5 模型儲存完畢！")
```

程式說明

- 7-8　將訓練特徵值和測試特徵值分別轉換為 (60000,28,28,1)、(10000,28,28,1) 的 4 維向量，並將型別轉換為 float。
- 9-10　將訓練特徵值和測試特徵值標準化。
- 11-12　將訓練和測試標記轉換為 One-Hot Encoding 編碼。
- 14　建立模型。
- 15-19　建立 10 個濾鏡，濾鏡大小為 3*3，原始圖片大小 28*28 的卷積層 1。
- 21　建立可將卷積運算圖片大小縮減一半的池化層 1。
- 22-25　建立 20 個濾鏡，濾鏡大小為 3*3，圖片大小 14*14 的卷積層 2。
- 26　建立可將卷積層 2 運算後的圖片大小縮減一半的池化層 2。
- 27　建立含有 20*7*7=980 個輸入神經元的平坦層。
- 28　建立含有 256 個神經元數目隱藏層。
- 29　建立含有 10 個神經元數目的輸出層。
- 31-32　定義 Loss 損失函式、Optimizer 最佳化方法和 metrics 評估準確率方法。
- 33-34　以 (train_feature_normalize,train_label_onehot) 為訓練特徵值和標籤，訓練資料保留 20% 作驗證，訓練 10 次，每批次讀取 200 筆資料，顯示簡易的訓練過程。
- 35-36　以 test_feature_normalize 評估準確率。
- 37　儲存訓練完成的模型。

執行結果：

```
IPython console
Console 1/A
Epoch 1/10
 - 14s - loss: 0.3126 - accuracy: 0.9096 - val_loss: 0.0947 - val_accuracy: 0.9713
Epoch 2/10
 - 14s - loss: 0.0810 - accuracy: 0.9752 - val_loss: 0.0655 - val_accuracy: 0.9800
Epoch 3/10
 - 14s - loss: 0.0553 - accuracy: 0.9827 - val_loss: ... - val_accuracy: 0.9834
Epoch 10/10
 - 15s - loss: 0.0136 - accuracy: 0.9958 - val_loss: 0.0396 - val_accuracy: 0.9885
10000/10000 [==============================] - 1s 124us/step

準確率= 0.9900000095367432  <-- 準確率極高

Mnist_cnn_model.h5 模型儲存完畢!
```

訓練速度比前一章多層感知器慢了好幾倍，觀察其準確率比多層感知器高了不少，已接近 1 了！

25.2.3 預測自製數字圖片

如同多層感知器模型，建立的卷積神經網路模型真正的用途是要預測自製的數字圖片，看是否能準確預測。

範例：載入訓練完成的 <Mnist_cnn_model.h5> 模型檔，預測 <imagedata> 目錄的數字圖片。

程式碼大部分與 <Mnist_Predict.py> 相同，只有處理輸入層的矩陣維度不同。

程式碼：CNN_Predict.py

```
...
35 test_feature=np.array(test_feature) # 串列轉為矩陣
36 test_label=np.array(test_label)     # 串列轉為矩陣
37 test_feature_vector = test_feature.reshape(len(test_feature),
       28,28,1).astype('float32')
38 test_feature_normalize = test_feature_vector/255
39 model = load_model('Mnist_cnn_model.h5')
40
41 prediction=model.predict_classes(test_feature_normalize)
42 show_images_labels_predictions(test_feature,test_label,
       prediction,0,len(test_feature))
```

程式說明

- 37　　輸入為 28x28 的矩陣。

執行結果：

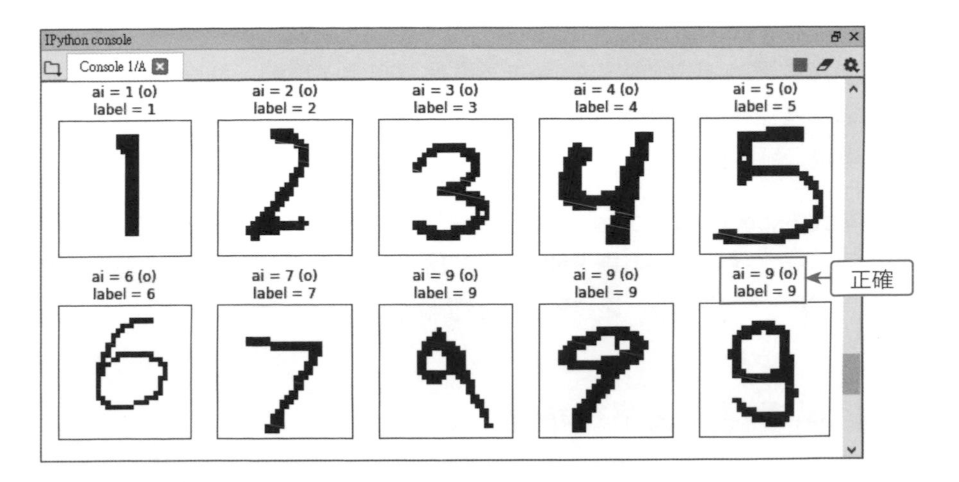

前一章多層感知器模型預測自製圖片時，第 10 張圖預測錯誤，而此處卷積神經網路模型預測結果則完成正確。

25.3 循環神經網路 (RNN) 基本結構

有些人工智慧處理的問題，例如語言的表達是具有順序性的，通常必須考慮前後文的關係。當朋友說他家住在「埔里鎮」，在「鎮公所上班」，我們就可以理解朋友是在「埔里鎮公所上班」。

循環神經網路 (Recurrent Neural Network) 簡稱 RNN，它是「自然語言處理」領域最常使用的神經網路模型，因為 RNN 前面的輸入和後面的輸入具有關連性，因此最適合如語言翻譯、情緒分析、氣象預測、股票交易等。

25.3.1 循環神經網路結構圖

循環神經網路中主要有三種模型，分別是 Simple RNN、LSTM 和 GRU。因為 Simple RNN 太簡單，效果不夠好，記不住長期的事情，所以又發展出長短期記憶網路 (LSTM)，然後 LSTM 又被簡化為閘式循環網路 (GRU)。

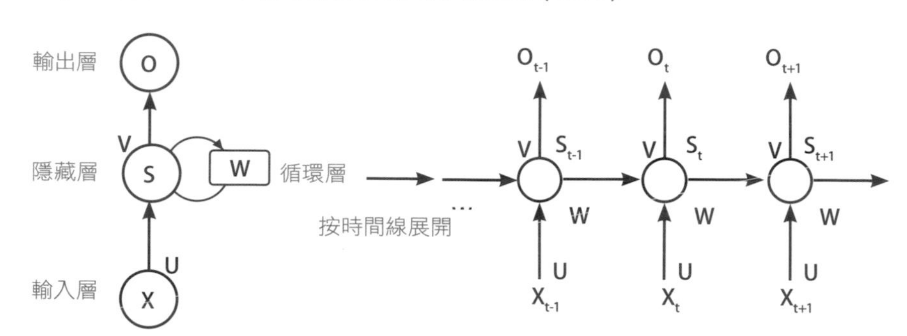

▲ RNN 時間線展開圖

如上圖共有三個時間點依序是 t-1、t、t+1，在 t 的時間點：

1. X_t 是神經網路 t 時間點的輸入，O_t 是神經網路 t 時間點的輸出。
2. (U,V,W) 都是神經網路共用的參數，W 參數是神經網路 t-1 時間點的輸出，並且也作為神經網路 t 時間點的輸入。
3. S_t 是隱藏狀態，代表神經網路上的記憶，是神經網路目前時間點的輸入 X_t，加上上個時間點的狀態 S_{t-1}，再加上 U 與 W 的參數，共同評估的結果：

$$S_t = f(U*X_t + W*S_{t-1})$$

簡單的說就是前面的狀態會影響現在的狀態，現在的狀態也會影響以後的狀態。

25.3.2 Simple RNN 層

以 Mnist 資料集圖片為例：Mnist 資料集原始圖片大小為 28*28，RNN 將一張圖片看成是序列化數據，每一行當作一個輸入單元，因此輸入像素大小 INPUT_SIZE = 28，總共需讀取 28 次，所以設定步長 TIME_STEPS = 28。

建立 Simple RNN 層

匯入 SimpleRNN 模組，即可以 add(SimpleRNN()) 加入 Simple RNN 層，語法：

```
from keras.layers.recurrent import SimpleRNN
model.add(SimpleRNN(
    input_shape=(TIME_STEPS,INPUT_SIZE),
    units=CELL_SIZE,
    unroll= 布林值 ,
))
```

- **input_shape**：設定每一筆資料讀取次數，每次讀取多少個像素，也就是每一筆輸入資料的維度 (shape)。
- **TIME_STEPS：**總共讀取多少個時間點的數據，也稱為 input_length，以 Mnist 資料集原始圖片大小為 28*28 為例，如果一次讀取一行需要 28 次。
- **INPUT_SIZE**：每次每一行讀取多少個像素，也就是輸入資料的維度 (input_dim)。
- **units**：CELL_SIZE 表示隱藏層的神經元數目。
- **unroll：**True 計算時會展開結構，展開可以縮短計算時間，但它會占用更多的記憶體，False 不展開結構，它將使用符號循環，預設為 False。

建立輸出層

然後加入輸出層：

```
model.add(Dense(units=OUTPUT_SIZE,
                kernel_initializer='normal',
                activation=' 激勵函式 '))
```

- **units=OUTPUT_SIZE**：設定輸出神經元數目。
- **kernel_initializer='normal'**：代表使用常態分佈的亂數。
- **activation=' 激勵函式**：設定激勵函式。

01
02
03
04
05
06
07
08
09
10
11
12
13
14
15
16
17

TIME_STEPS 和 INPUT_SIZE 參數說明

參數 input_shape=(TIME_STEPS,INPUT_SIZE) 的意義較不易理解，說明如下：

假如 X 陣列含有 [X_1,X_2, …,X_{10}]共 10 組資料，每輸入一筆資料就必須輸入 10 次，這 10 次就是 TIME_STEPS，即 TIME_STEPS=10，也可以 input_length=10 表示。簡單的說就是用 [X_{n-9}, …,X_{n-1},X_n] 預測 X_{n+1} 時刻的值。

假設 X_1=[1,2,3]、X_2=[4,5,6] 時…，也就是說 X 陣列元素每筆資料的長度是 3 ，這時 INPUT_SIZE 就是 3，即 INPUT_SIZE=3，也可以 input_dim=3 表示。

因此 X 陣列 (矩陣) 的 input_shape = (10,3)。

簡單的判別方法，假設訓練資料每一筆的維度為 (m,n)，則 input_shape=(m,n)，例如：設定 train 每筆資料的維度為 (10,1)。

```
train = train.reshape(len(train),10,1)
```

則必須設定 input_shape=(10,1)。

25.3.3 長短期記憶 (LSTM)

由於 Simple RNN 記憶效果不夠好，記不住長期的事情，所以又發展出 **長短期記憶** (Long Short Term Memory) 循環神經網路，簡稱 LSTM。這是一種特殊的循環神經網路，它的記憶能力比 Simple RNN 要出色許多。

建立 LSTM 循環神經網路

匯入 LSTM 模組，即可以 add(LSTM()) 加入 LSTM 循環神經網路，語法：

```
from keras.layers.recurrent import LSTM
model.add(LSTM(
    input_shape=(TIME_STEPS, INPUT_SIZE),
    units=CELL_SIZE,
    unroll= 布林值 ,
))
```

參數說明和 Simple RNN 相同。

 25.4 實戰：市場股價預測

本節將建立循環神經網路模型，先從證券交易所取得股票資料訓練模型，然後儲存訓練完成的模型，最後利用模型預測股價。

25.4.1 蒐集股票資料

本章範例中附上已從證券交易所取得的股票資料：<twstock20xx.csv> 為全年股票資料，例如 <twstock2018.csv> 為 2018 年股票資料；<twstock_all.csv> 則為 2015 到 2018 年全部股票資料，本範例是以 <twstock_all.csv> 為訓練及測試資料。(取得股票資料的方法請參考碁峰資訊出版的《Python 機器學習與深度學習特訓班》或《Python 大數據特訓班》)。

股票資料檔案的結構為：

twstock_all.csv

	日期,	成交股數,	成交金額,	開盤價,	最高價,	最低價,	收盤價	漲跌價差,	成交筆數
2	2015-01-05,	25369082,	2210737580,	87.8,	87.8,	86.9,	87.2,	-0.7,	12695
3	2015-01-06,	65967122,	5611395850,	86.0,	86.0,	84.5,	84.5,	-2.7,	33773
4	2015-01-07,	33872596,	2884075500,	84.3,	85.8,	84.3,	85.2,	0.7,	15794
5	2015-01-08,	31001877,	2683506287,	85.9,	87.0,	85.7,	86.9,	1.7,	14395
6	2015-01-09,	22801642,	1984878503,	87.3,	87.8,	86.5,	86.5,	-0.4,	11266

本範例是以「收盤價」做為訓練及預測的資料。

25.4.2 股票資料前處理

取得收盤價資料

由證券交易所取得的股票資料包含的資料繁多，本範例只使用其中收盤價資料做為訓練及預測，因此先將收盤價資料抽取出來。

首先利用 pandas 模組讀取全部股票資料：

```
import pandas as pd
df = pd.read_csv('twstock_all.csv', encoding='big5')
```

然後取得其中「收盤價」欄位的資料存於 dfprice 變數中：

```
dfprice=pd.DataFrame(df['收盤價'])
```

建立 RNN 資料串列

循環神經網路模型與資料的時間序列有關，本範例利用前面 10 天的收盤價來預測第 11 天的收盤價，所以需以前面 10 天的收盤價做為「特徵」，第 11 天的收盤價做為 Label。

建立一個二維串列：每個第一維元素有 11 個值，前 10 個值為前面 10 天的收盤價，即「特徵」，第 11 個值為第 11 天的收盤價，即 Label。以 <twstock_all.csv> 股票資料為例：

twstock_all.csv

	日期	成交股數	成交金額	開盤價	最高價	最低價	收盤價	漲跌價差	成交筆數
2	2015-01-05	25369082	2210737580	87.8	87.8	86.9	87.2	-0.7	12695
3	2015-01-06	65967122	5611395850	86.0	86.0	84.5	84.5	-2.7	33773
4	2015-01-07	33872596	2884075500	84.3	85.8	84.3	85.2	0.7	15794
5	2015-01-08	31001877	2683506287	85.9	87.0	85.7	86.9	1.7	14395
6	2015-01-09	22801642	1984878503	87.3	87.8	86.5	86.5	-0.4	11266
7	2015-01-12	23027874	1986395964	86.5	87.2	85.7	85.7	-0.8	13167
8	2015-01-13	26434792	2268498342	85.0	86.3	85.0	86.3	0.6	11160
9	2015-01-14	22512063	1927952125	86.5	86.5	85.2	85.3	-1.0	10834
10	2015-01-15	32395438	2755105791	85.3	85.7	84.7	84.8	-0.5	14919
11	2015-01-16	41931979	3535425223	84.8	84.9	84.0	84.1	-0.7	20439
12	2015-01-19	30077553	2526370052	84.2	84.9	83.0	83.7	-0.4	16469
13	2015-01-20	27837373	2350704232	83.7	85.0	83.3	84.7	1.0	13963
14	2015-01-21	31835104	2708110544	85.2	85.5	84.7	85.3	0.6	12531

產生的串列為：(請對照上圖資料)

```
[[87.2, 84.5, 85.2, 86.9, 86.5, 85.7, 86.3, 85.3, 84.8, 84.1, 83.7],
 [84.5, 85.2, 86.9, 86.5, 85.7, 86.3, 85.3, 84.8, 84.1, 83.7, 84.7],
 ...
]
```

特徵　　Label

建立此串列的程式碼為：

```
data = []
for i in range(len(data_all) - 10):
    data.append(data_all[i: i + 10 + 1])
```

data 為建立的 RNN 資料串列，data_all 為原始股票資料。

分割訓練及測試資料

以 <twstock_all.csv> 股票資料為例：原始資料有 974 筆，建立的 RNN 串列有 964 個元素 (974-10=964)。我們將資料分為兩部分：95% 做為訓練用，5% 做為訓練完模型的預測用，以觀察模型的優劣。

首先將資料分為特徵串列及 Label 串列：

```
reshaped_data = np.array(data).astype('float64')
x = reshaped_data[:, :-1]   # 第 1 至第 10 個欄位為特徵
y = reshaped_data[:, -1]    # 第 11 個欄位為 Label
```

然後計算訓練資料的數量：

```
split_boundary = int(reshaped_data.shape[0] * 0.95)
```

實際訓練資料數量為 int(964*0.95) = 915 筆，測試資料有 49 筆。

最後取得訓練及測試資料的特徵及 Label 串列：

```
train_x = x[: split_boundary]  # 訓練特徵資料
test_x = x[split_boundary:]  #test 特徵資料
train_y = y[: split_boundary] # 訓練 label 資料
test_y = y[split_boundary:]   #test 的 label 資料
```

25.4.3 建立及儲存卷積神經網路模型

此處將建立含有一個 LSTM 層和一個輸出層的 LSTM 循環神經網路模型。

匯入相關模組

匯入 Sequential 模組用來建立模型，LSTM 及 Dense 即可建立 LSTM 層和輸出層。

```
from keras.models import Sequential
from keras.layers import LSTM, Dense
```

建立 Sequential 模型

首先以 Sequential 建立模型。

```
model = Sequential()
```

建立 LSTM 層

以 model.add(LSTM()) 加入 LSTM 層，含有 256 個神經元的隱藏層，input_shape=(10,1) 的模型，TIME_STEPS=10、INPUT_SIZE=1。

```
model.add(LSTM(input_shape=(10,1),
               units=256,
               unroll=False))
```

建立輸出層

然後建立含有 1 個神經元數目的輸出層。

```
model.add(Dense(units=1))
```

建立好卷積神經網路模型後，其訓練及儲存模型的方法和多層感知器完全一樣，不再贅述。

建立、訓練及儲存循環神經網路模型的完整程式碼為：

程式碼：**stock_rnn_savemodel.py**

```
1 import pandas as pd
2 import numpy as np
3 from sklearn.preprocessing import MinMaxScaler
4 from keras.models import Sequential
5 from keras.layers import LSTM, Dense
6
7 sequence_length = 10  # 特徵資料個數
8 split = 0.95  # 訓練資料比率
9
10 pd.options.mode.chained_assignment = None  # 取消顯示 pandas 資料重設警告
11 filename = 'twstock_all.csv'
12 df = pd.read_csv(filename, encoding='big5')  # 以 pandas 讀取檔案
13 dfprice=pd.DataFrame(df['收盤價'])
14
15 data_all = np.array(dfprice).astype(float)  # 轉為浮點型別矩陣
16 scaler = MinMaxScaler()
17 data_all = scaler.fit_transform(data_all)  # 將數據縮放為 0~1 之間
18 data = []
19 for i in range(len(data_all) - sequence_length):
20     data.append(data_all[i: i + sequence_length + 1])  # 每筆 data 資料有 11 欄
```

```
21 reshaped_data = np.array(data).astype('float64')
22 x = reshaped_data[:, :-1]  # 第 1 至第 10 個欄位為特徵
23 y = reshaped_data[:, -1]   # 第 11 個欄位為 Label
24 split_boundary = int(reshaped_data.shape[0] * split) # 訓練資料量
25 train_x = x[: split_boundary]  # 訓練特徵資料
26 test_x = x[split_boundary:]  #test 特徵資料
27 train_y = y[: split_boundary]  # 訓練 label 資料
28 test_y = y[split_boundary:]   #test 的 label 資料
29
30 model = Sequential()
31 model.add(LSTM(input_shape=(sequence_length,1),units=256,
       unroll=False))  #LSTM 層
32 model.add(Dense(units=1)) # 輸出層：1 個神經元
33 model.compile(loss="mse", optimizer="adam", metrics=['accuracy'])
34 model.fit(train_x, train_y, batch_size=100, epochs=300,
       validation_split=0.1,verbose=2)
35
36 model.save('Stock_rnn_model.h5')  # 儲存模型
37 print("\nStock_rnn_model.h5 模型儲存完畢！")
```

程式說明

- 7　設定特徵資料個數。
- 8　設定訓練資料佔全部資料的比率。
- 11　股票資料檔案名稱。
- 12-13　取得股票收盤價資料。
- 15　將股票收盤價資料轉為浮點數型別矩陣。
- 16-17　將資料標準化。
- 18-20　建立 RNN 資料串列。
- 21　將 RNN 資料串列轉為浮點數型別矩陣。
- 22-23　建立特徵及 Label 串列。
- 24　計算訓練資料數量。
- 25-28　建立訓練及測試的特徵與 Label 資料。
- 30-32　建立 LSTM 層及輸出層模型。
- 33　定義 Loss 損失函式、Optimizer 最佳化方法和 metrics 評估準確率方法。
- 34　進行訓練。
- 36　儲存訓練完成的模型。

25.4.4 預測股票收盤價

模型建立完成後，可用此模型預測收盤價。

範例：載入訓練完成的 <Stock_rnn_model.h5> 模型檔，預測前一小節建立的測試收盤價資料，並與真實值做比較。

程式碼大部分與 <stock_rnn_savemodel.py> 相同，不同處為預測及繪圖部分。

程式碼：stock_rnn_predict.py

```
...
30 model = load_model('Stock_rnn_model.h5')
31 predict = model.predict(test_x)
32 predict = np.reshape(predict, (predict.size, )) # 轉換為 1 維矩陣
33 predict = scaler.inverse_transform([[i] for i in predict]) # 還原
34 test_y = scaler.inverse_transform(test_y)  # 還原
35
36 plt.plot(predict, 'b:')  # 預測
37 plt.plot(test_y, 'r-')  # 收盤價
38 plt.legend(['predict', 'realdata'])
39 plt.show()
```

程式說明

- 30　載入模型。
- 31　進行預測。
- 32-33　將預測值還原為原始值。
- 34　將真實資料還原為原始值。
- 36-39　繪製預測值及真實資料值圖形。

執行結果：

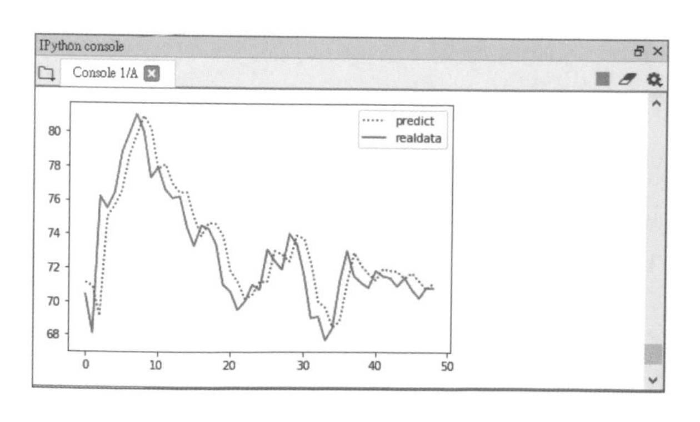

26

機器學習雲端平台：Azure

電腦視覺資源

- 建立 Azure 帳號
- 建立電腦視覺資源
- Azure 程式基本語法
- 實戰：辨識印刷體文字
- 實戰：辨識手寫文字
- 實戰：分析遠端圖片
- 實戰：分析本機圖片
- 實戰：辨識圖片地標或名人

臉部辨識資源

- 實戰：臉部偵測
- 實戰：人臉比對

文字語言翻譯資源

- 實戰：語言識別
- 實戰：文字翻譯

01 02 03 04 05 06 07 08 09 10 11 12 13 14 15 16 17

26.1 電腦視覺資源

微軟 (Microsoft) 在機器學習領域已深耕多年，累積了相當多為人津津樂道的功能。雖然大部分微軟提供的應用都要收費，但只要註冊，微軟就提供 200 美元額度讓新手測試，若需大量使用時再進行付費。

本節說明使用量相當大的「電腦視覺」資源，包括辨識圖片中的文字，分析圖片內容及判斷地標圖片等功能。

26.1.1 建立 Azure 帳號

建立 Microsoft 帳號

使用微軟機器學習功能的第一步是要有 Microsoft 帳號，如果沒有 Microsoft 帳號，就先建立一個 Microsoft 帳號：在瀏覽器開啟「https://login.live.com/login.srf?lw=1」Microsoft 登入頁面，按 **立即建立新帳戶** 連結，然後按照說明填寫表單、輸入密碼等，完成新帳號建立程序。

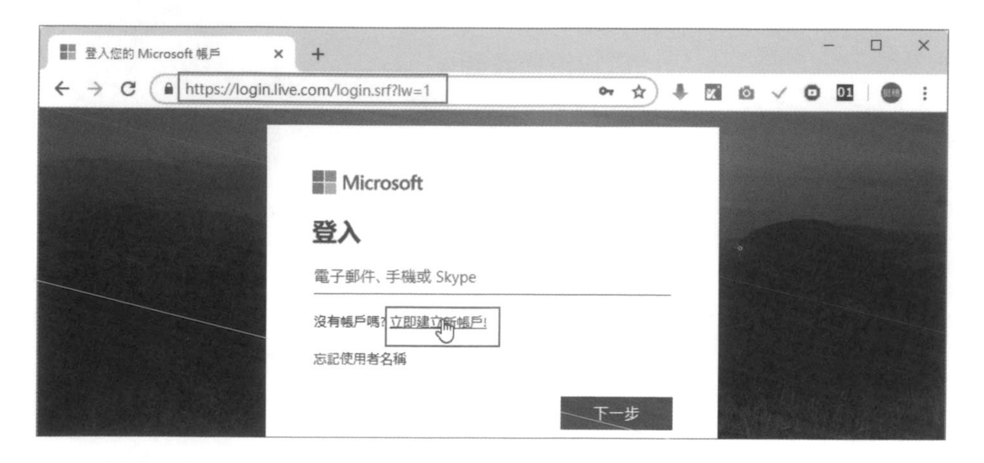

建立 Azure 帳號

於 Microsoft 登入頁面以新帳號登入，再切換到 Azure 帳號申請頁面「https://azure.microsoft.com/zh-tw/free/」，按 **Start free** 鈕建立免費 Azure 帳號。

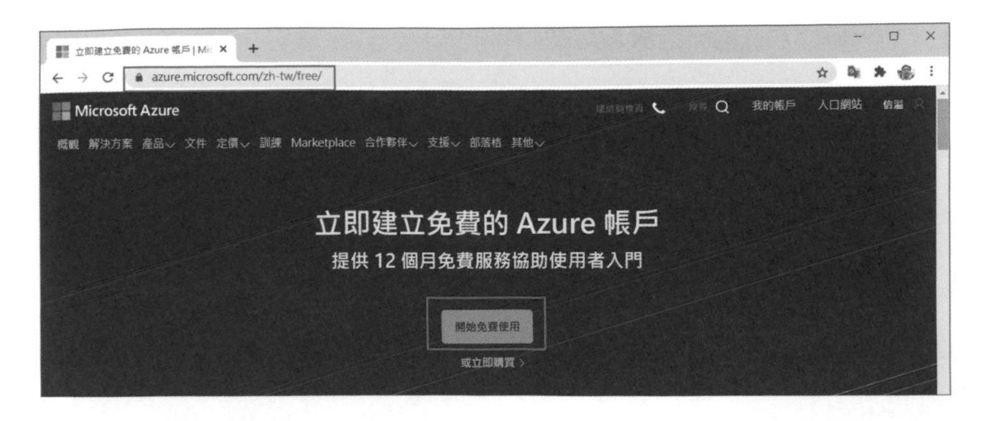

為了慎重，系統會要求輸入申請者密碼 (Microsoft 帳號的密碼)，再按 **登入** 鈕：

接著按照指示填寫各種基本資料，最重要的是需輸入真實信用卡資料才能透過申請。申請 Azure 帳號成功後，Microsoft 會扣款美金 1 元，將來 Microsoft 會退還這筆扣款。當見到下圖畫面就表示 Azure 帳號建立成功，按 **Go to the portal** 鈕即可開始使用 Microsoft 提供的各種機器學習功能了！

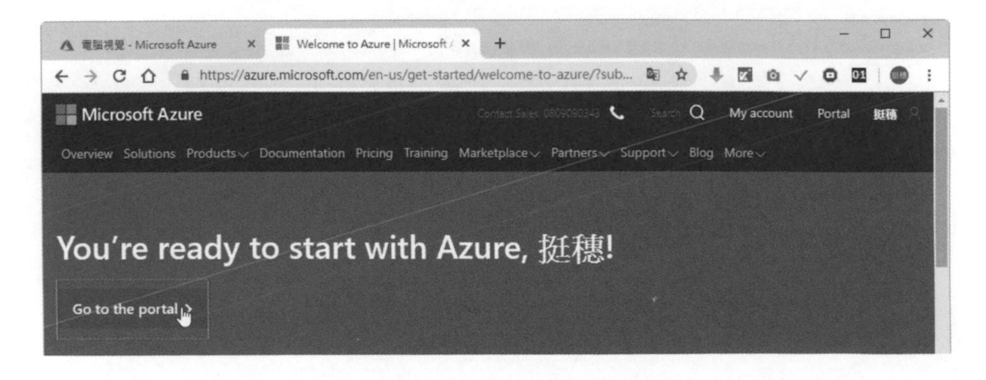

26.1.2 建立電腦視覺資源

Azure 是以「資源」來計算每個帳號使用機器學習功能的數量，藉以核算該帳號的費用，因此要使用指定的機器學習功能之前，需先建立該功能的「資源」，建立的「資源」會包含「金鑰」(key) 及「端點」(endpoint，即機器學習功能 API 的位址)，使用者即可利用「金鑰」及「端點」執行該機器學習功能。

本節是執行「電腦視覺」認知服務功能，請依以下步驟建立「電腦視覺」資源：

新建 Azure 帳號後按 **Go to the portal** 鈕，或開啟首頁「https://portal.azure.com/#home」，點選 **建立資源**，搜尋欄位輸入「vision」，然後在下方點選 **Computer Vision** 項目，再於 **電腦視覺** 頁面按 **建立** 鈕。

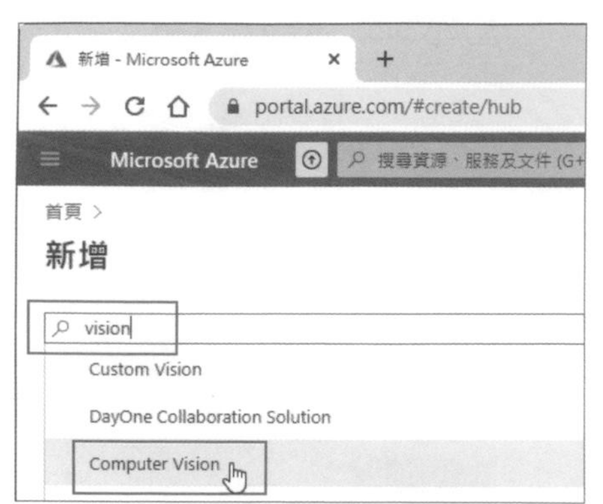

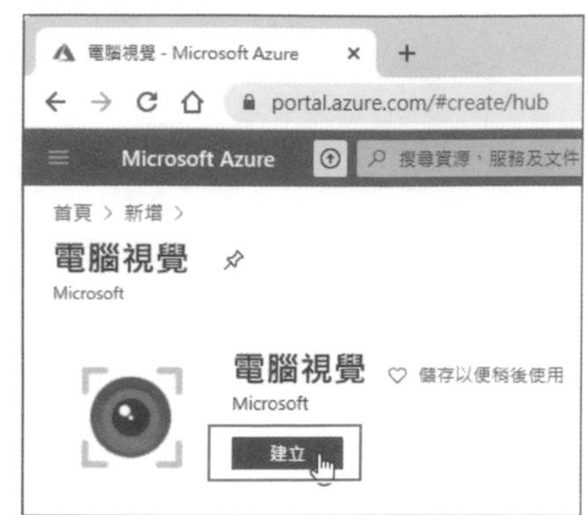

訂用帳戶 欄選 **Free Trial** (免費)，**資源群組** 欄按下方 **新建** 鈕，於對話方塊 **名稱** 欄輸入資源群組名稱後按 **確定** 鈕。 **區域** 欄選 **東南亞**，**名稱** 欄輸入自訂資源名稱，**定價層** 點選 **Free F0** 後按 **檢閱 + 建立** 鈕，接著在 **驗證成功** 頁面按 **建立** 鈕建立電腦視覺資源。

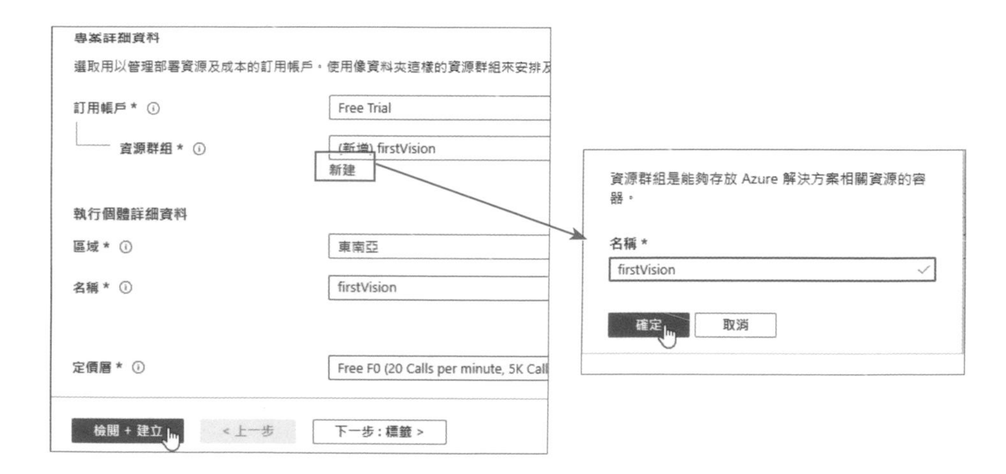

建立資源需花費一段時間，建立完成會發通知告知使用者，點選上方 🔔 通知圖示可觀看通知訊息。點選 **前往資源** 鈕。

點選左方 **金鑰與端點**，每個資源提供兩組金鑰，使用任何一組皆可，按右方 📋 鈕可複製金鑰。複製任一組金鑰備用。

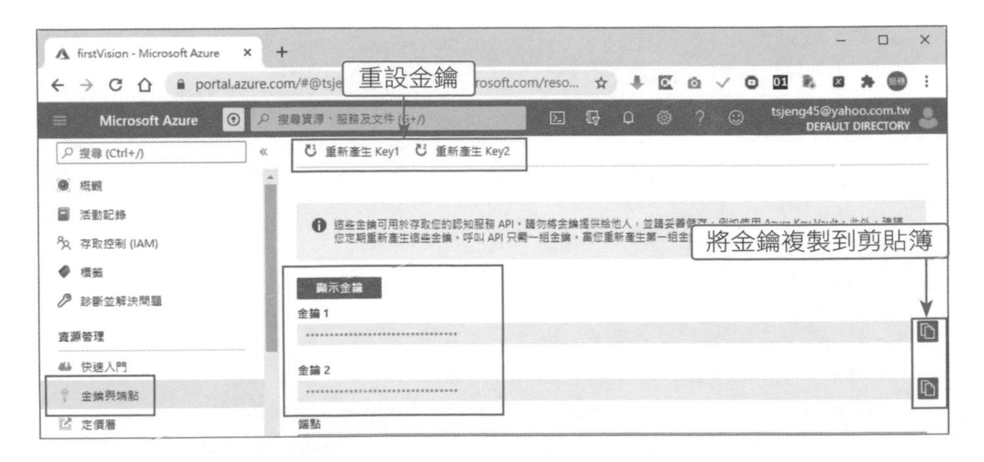

點選左方 **概觀**，右方 **端點** 下方資料即為電腦視覺資源的端點網址，將滑鼠移到網址的文字時，文字右方會出現 📋 按鈕，點選此按鈕會將端點網址複製到剪貼簿。

查看金鑰及端點

新增資源後，會產生這個資源專屬的金鑰及端點網址，若要使用這個端點網址下的 API 服務，就必須利用這個金鑰。所以在程式中要呼叫 Azure 中的 API 服務，這組金鑰及端點網址就十分重要。若要查詢服務使用的金鑰及端點，就要登入 Azure 首頁，在下方 **最近的資源** 會顯示最近使用過的服務及資源群組，點選服務名稱就可開啟該資源頁面。

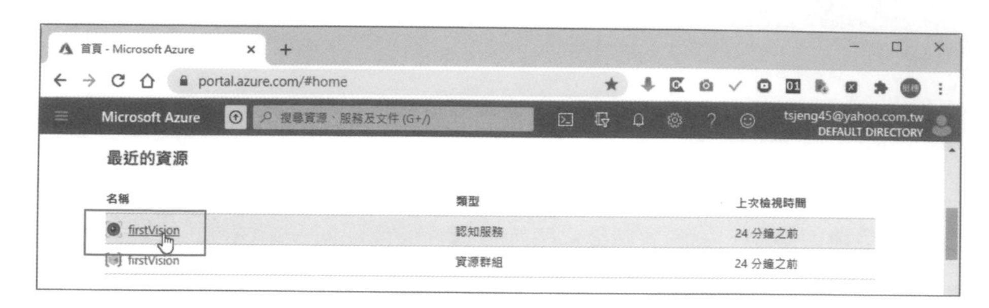

26.1.3 使用 Azure API 程式基本語法

在程式中使用 Azure API 服務的基本語法為：

```
1    subscription_key = " 金鑰 "
2    endpoint   = " 端點 "
3    api_url = endpoint + " 資源功能路徑 "
4    headers = {'Ocp-Apim-Subscription-Key': subscription_key,
                                                    項目 : 值 , …}
5    params   = { 項目一 : 值一 , 項目二 : 值二 , …}
6    data     = { 項目一 : 值一 , 項目二 : 值二 , …}
7    response = requests.post(ocr_url, headers=headers,
                                   params=params, json=data)
8    result = response.json()
```

程式說明

- 1-2　基本語法中的變數名稱可自行設定。這裡使用 subscription_key 儲存金鑰，endpoint 儲存端點網址。
- 3　API 服務的呼叫網址會利用使用者端點網址再加上資源功能路徑，例如「vision/v3.0/ocr」表示辨識圖片文字，「/vision/v3.0/analyze」表示分析圖片內容。
- 5-6　params 代表的是用 URL 傳遞的參數，data 代表用 post 傳遞的資料。
- 7　requests 用 post 的方式將資料傳遞到 API 服務的網址。
- 8　將傳回結果轉換為 JSON 格式，使用者可分析傳回值做後續處理。

26.1.4 實戰：辨識印刷體文字

辨識印刷體文字功能是利用光學字元辨識 (OCR) 來擷取圖片中的印刷文字，不但會傳回辨識出的文字，也會傳回每個文字在圖片中的座標位置。此功能可應用於名片文字辨識、招牌文字辨識、車牌辨識等。

程式碼：ocr1.py

```
1   import requests
2   import matplotlib.pyplot as plt
3   from matplotlib.patches import Rectangle
4   from PIL import Image
5   from io import BytesIO
6   
7   subscription_key = "你的電腦視覺資源金鑰"     # 金鑰
8   endpoint = "你的電腦視覺資源端點網址"          # 端點
9   ocr_url = endpoint + "vision/v3.0/ocr"     #ocr 功能
10  image_url = "https://i.imgur.com/ptMvd6w.png"  # 遠端圖片
11  headers = {'Ocp-Apim-Subscription-Key': subscription_key}
12  params  = {'language': 'unk', 'detectOrientation':
                                   'true'}  # 自動偵測文字類別及方向
13  data    = {'url': image_url}
14  response = requests.post(ocr_url, headers=headers,
                                   params=params, json=data)
15  analysis = response.json()
16  #print(analysis)  # 列印結果
17  
18  #line_infos 串列儲存所有文字的坐標
19  line_infos = []
20  for region in analysis["regions"]:
21      line_infos.append(region["lines"])
22  word_infos = []
23  for line in line_infos:
24      for word_metadata in line:
25          for word_info in word_metadata["words"]:
26              word_infos.append(word_info)
27  # 框選所有文字
28  plt.figure(figsize=(12, 12))
29  image = Image.open(BytesIO(requests.get(image_url).content))
30  ax = plt.imshow(image, alpha=0.5)
31  for word in word_infos:
32      bbox = [int(num) for num in word["boundingBox"].split(",")]
33      #text = word["text"]
```

```
34        origin = (bbox[0], bbox[1])
35        patch  = Rectangle(origin, bbox[2], bbox[3], fill=False,
                                   linewidth=2, color='r')
36        ax.axes.add_patch(patch)
37    plt.axis("off")  # 隱藏坐標軸
```

程式說明

- 1-5　載入模組。
- 7-15　Azure API 服務基本語法，「vision/v3.0/ocr」是使用 OCR 功能。
- 10　要辨識的圖片需使用儲存於遠端空間的圖片。
- 12　「'language': 'unk'」設定自動偵測語言種類，下表為常用的語言種類代碼。「'detectOrientation': 'true'」設定自動偵測文字的方向。

語言	代碼	語言	代碼	語言	代碼
自動偵測	unk	zh-Hant	繁體中文	zh-Hans	簡體中文
en	英文	ja	日文	ko	韓文
fr	法文	nl	荷蘭文	el	希臘文
de	德文	es	西班牙文	ar	阿拉伯文

- 16　若將此列前方「#」移除，程式會顯示傳回值。為免干擾執行結果，故將此列註解，讀者若要觀看傳回值，可移除註解字元「#」。本章程式皆採此種方式處理傳回值。
- 19-26　將傳回值中的文字座標逐一存入 word_infos 串列。
- 28-37　依據 word_infos 串列資料逐一將文字框選起來。

執行結果：

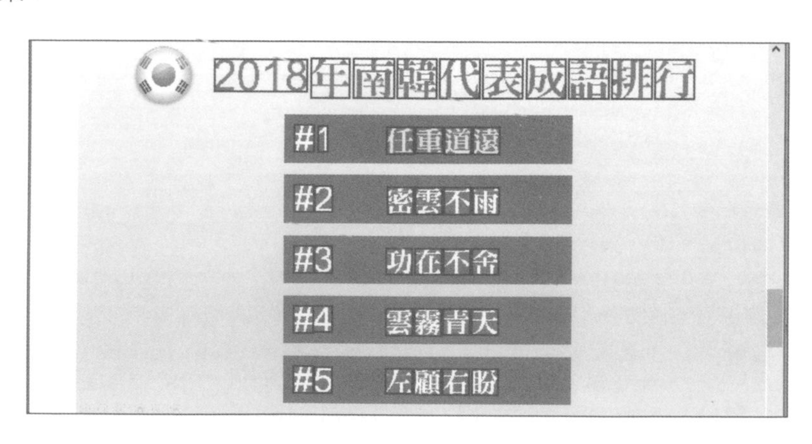

將 16 列程式註解移除後顯示的傳回值為：


```
{'language': 'zh-Hant', 'textAngle': 0.0, 'orientation': 'Up', 'regions':
[{'boundingBox': '569,122,2008,167', 'lines':
[{'boundingBox': '569,122,2008,167', 'words': [
{'boundingBox': '569,129,388,132', 'text': '2018'},
{'boundingBox': '973,122,162,167', 'text': '年'},
{'boundingBox': '1152,122,165,165', 'text': '南'},
.........
```


傳回值第 1 列偵測語言種類為繁體中文 (zh-Hant)，文字方向為向上 (Up)。

第 3 列指出所有文字存於「words」的串列中，第 4 列開始為識別的文字資料：boundingBox 是座標資料，text 是識別的文字結果。

26.1.5 實戰：辨識手寫文字

辨識手寫文字功能與辨識印刷體文字功能的原理及使用方法類似，只是此功能是用於辨識手寫的文字。目前此功能尚未支援中文辨識，下面範例為辨識英文。

程式碼：ocr2.py

```
......
10    text_recognition_url = endpoint + "/vision/v3.0/read/analyze"
                                                      # 文字辨識功能
11    image_url = "https://i.imgur.com/VYLTAUV.jpg"
12    headers = {'Ocp-Apim-Subscription-Key': subscription_key}
13    data    = {'url': image_url}
14    response = requests.post(text_recognition_url, headers=headers,
                                                  json=data)
15
16    analysis = {}
17    flag = True   # 記錄是否辨識完成 ,False 為辨識完成
18    while (flag):
19        response_final = requests.get(response.
                    headers["Operation-Location"], headers=headers)
20        analysis = response_final.json()  # 取得回傳值
21        #print(analysis)  # 顯示回傳值
22        if ("analyzeResult" in analysis): flag= False
                                    # 回傳值有「analyzeResult」表示完成
23        if ("status" in analysis and analysis['status']
                                  == 'failed'): flag= False  # 辨識失敗
24        time.sleep(1)  # 辨識需時間 , 每 1 秒讀一次回傳值
```

```
25
26    polygons=[]  #取得每列坐標
27    if ("analyzeResult" in analysis):
28        polygons = []
29        for line in analysis["analyzeResult"]["readResults"][0]["lines"]:
30            polygons.append((line["boundingBox"], line["text"]))
31
32    #框選及列印每列文字
33    plt.figure(figsize=(12, 12))
34    image = Image.open(BytesIO(requests.get(image_url).content))
35    ax = plt.imshow(image)
36    for polygon in polygons:
37        vertices = []
38        for i in range(0, len(polygon[0]), 2):
39            vertices.append((polygon[0][i], polygon[0][i+1]))
40        text = polygon[1]  #取得文字
41        patch = Polygon(vertices, closed=True, fill=False, linewidth=2,
                                                              color='r')
42        ax.axes.add_patch(patch)
43        plt.text(vertices[0][0], vertices[0][1], text, fontsize=20,
                                    va="top", color='b')  #列印文字
44    plt.axis("off")
```

程式說明

- 10 「/vision/v3.0/read/analyze」為功能名稱。
- 16-24 此辨識花費的時間較長，需每隔一秒檢查傳回值判斷是否辨識完成。
- 16 analysis 變數儲存傳回值。
- 17 flag 布林變數儲存是否辨識完成：True 表示辨識未完成，False 表示辨識完成。
- 22 若回傳值中包含「analyzeResult」表示辨識完成。
- 23 若回傳值的「status」項目為 failed 表示辨識失敗。
- 24 每隔一秒檢查傳回值一次。
- 26-30 取得每列文字的座標。辨識手寫文字功能座標回傳值與辨識印刷體文字 (矩形) 不同，此處傳回多邊形 (polygon)。
- 33-44 框選每列文字，並將文字以藍色文字在圖形中印出。
- 40 取得每列文字。
- 44 列在圖形中印出文字。

執行結果：

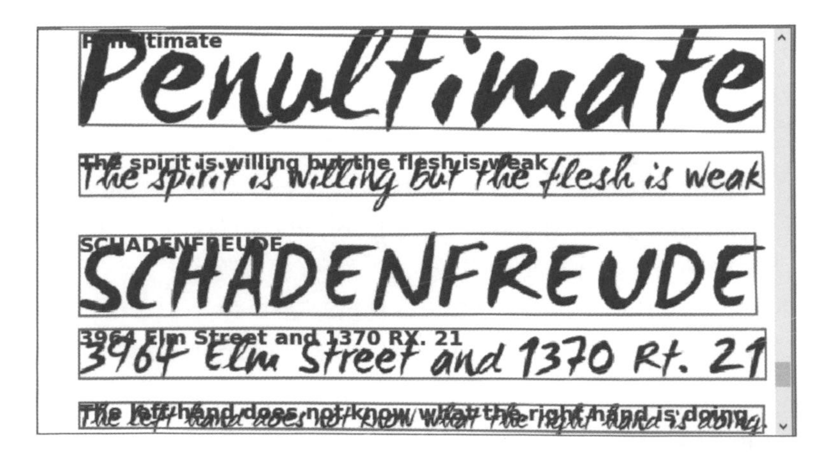

傳回值請自行查看 (請先移除第 21 列程式註解)。

26.1.6 實戰：分析遠端圖片

分析遠端圖片功能會對指定的遠端圖片內容進行分析，可以得知圖片中包含的各種物件，如人、動物、汽車、樹木等，然後對圖片進行分類，並給予具體的描述。

此功能可應用於為使用者篩選特定事物的圖片，例如在眾多圖片中選出有建築物的圖片、有河流的圖片等。

程式碼：**imgAnalyze1.py**

```
......
8     analyze_url = endpoint + "/vision/v3.0/analyze"
9     image_url = "https://i.imgur.com/r9R6Dzt.jpg"
10    headers = {'Ocp-Apim-Subscription-Key': subscription_key }
11    params  = {'visualFeatures': 'Categories,Description,Color'}
12    data    = {'url': image_url}
13    response = requests.post(analyze_url, headers=headers,
                                              params=params, json=data)
14    analysis = response.json()
15    #print(analysis)
16
17    #顯示圖片及圖片描述
18    image_caption = analysis["description"]["captions"][0]["text"]
                                                              #取得圖片描述
19    image = Image.open(BytesIO(requests.get(image_url).content))
```

```
20    plt.imshow(image)
21    plt.axis("off")
22    _ = plt.title(image_caption, size="x-large", y=-0.1)   # 顯示圖片描述
```

程式說明

- 8　「/vision/v3.0/analyze」為功能名稱。
- 11　設定傳回哪些資料，此處為傳回所有資料。例如「{'visualFeatures': 'Description'}」則僅傳回 Description 項目的資料。各項目內容為：
  Categories：傳回圖片種類，如戶外、街道等。
  Description：傳回圖片描述及包含的物件等。
  Color：傳回圖片主要色系、背景色系等。
- 18-22　顯示圖片及圖片描述。
- 18　取得圖片描述。
  Description 項目的傳回值如下，可知描述為「analysis["description"]["captions"][0]["text"]：

```
'description': {                                      圖片描述
'tags': ['building', 'outdoor', 'person', 'people', 'street',……],
'captions': [{'text': 'a group of people walking on a city street',
'confidence': 0.9787938106734789}]},
```

- 22　在圖形下方顯示圖片描述。「y=-0.1」表示在圖形下方。

執行結果：

a group of people walking on a city street ← 圖片描述

圖片描述無法以中文描述，我們可以搭配本章後面介紹的「翻譯」功能，將描述文字翻譯為中文再顯示。

26.1.7 實戰：分析本機圖片

分析本機圖片功能與分析遠端圖片功能的使用方法完全相同，只是圖片可使用本機圖片。

由於 Azure 機器學習功能是由 Azure 伺服器執行，絕大多數功能所需的檔案是儲存於雲端，分析本機圖片是少數可處理本機檔案的功能之一。 此功能不需將圖片檔上傳到雲端再處理，對於要分析大量本機圖片時相當方便。

程式碼：imgAnalyze2.py

```
......
6       subscription_key = "你的電腦視覺資源金鑰"       # 金鑰
7       endpoint = "你的電腦視覺資源端點網址"           # 端點
8       analyze_url = endpoint + "/vision/v3.0/analyze"
9       image_path = "media/street.jpg"  # 本機圖片檔路徑
10      image_data = open(image_path, "rb").read()  # 讀取圖片檔
11      headers = {'Ocp-Apim-Subscription-Key': subscription_key,
12                 'Content-Type': 'application/octet-stream'}
13      params = {'visualFeatures': 'Categories,Description,Color'}
14      response = requests.post(analyze_url, headers=headers,
                                 params=params, data=image_data)
15      analysis = response.json()
16      #print(analysis)
17
18      #顯示圖片及圖片描述
19      image_caption = analysis["description"]["captions"][0]["text"]
20      image = Image.open(BytesIO(image_data))
21      plt.imshow(image)
22      plt.axis("off")
23      _ = plt.title(image_caption, size="x-large", y=-0.1))
```

程式說明

- 9-10　讀取本機圖片檔案。
- 11-12　注意 headers 參數要加入「'Content-Type': 'application/octet-stream'」，表示要使用二進位數據傳輸，伺服器會將客戶端資料以附件方式保存。
- 20-21　直接讀取本機圖片檔顯示。

傳回值與執行結果皆和前一範例相同。

18 19 20 21 22 23 24 25 26 27 28 29 30 31 32 33

01 02 03 04 05 06 07 08 09 10 11 12 13 14 15 16 17

26.1.8 實戰：辨識圖片地標或名人

辨識圖片地標或名人會偵測圖片中的建築、人物等與資料庫比對。在資料庫中包含了世界上許多知名的地標及名人的圖像，如果符合就傳回該地標或名人的名稱。辨識地標或名人是以不同參數指定查詢的對象，下面範例為辨識地標。

程式碼：landmark1.py

```
......
6     subscription_key = "你的電腦視覺資源金鑰"      # 金鑰
7     endpoint = "你的電腦視覺資源端點網址"          # 端點
8     landmark_analyze_url = endpoint +
                          "/vision/v3.0/models/landmarks/analyze"
9     image_url = "https://i.imgur.com/xZHkCDm.jpg"  # 台北 101
10    headers = {'Ocp-Apim-Subscription-Key': subscription_key}
11    params = {'model': 'landmarks'}
12    data     = {'url': image_url}
13    response = requests.post(landmark_analyze_url, headers=headers,
                          params=params, json=data)
14    analysis = response.json()
15    #print(analysis)
16
17    if len(analysis["result"]["landmarks"]) > 0:  # 如果有地標
18        landmark_name = analysis["result"]
                          ["landmarks"][0]["name"]  # 取得地標名稱
19        image = Image.open(BytesIO(requests.get(image_url).content))
20        plt.imshow(image)
21        plt.axis("off")
22        _ = plt.title(landmark_name, size="x-large", y=-0.1)
23    else:  # 未傳回地標
24        print("無法辨識地標")
```

程式說明

- **8**　「/vision/v3.0/models/landmarks/analyze」為功能名稱。
- **11**　「'model': 'landmarks'」表示要辨識地標，若要辨識名人則需改為「'model': 'celebrities'」。
- **17-24**　如果辨識結果沒有地標會傳回空串列，所以需檢查是否有偵測到地標，若有就在 18-22 列顯示圖片及地標名稱，若未偵測到地標就顯示「無法辨識地標」訊息。

■ 18　　偵測到地標的傳回值為：

```
{'result':                地標名稱
  {'landmarks':
    [{'name': 'Taipei 101', 'confidence': 0.9963931441307068}]}
```

因此可用「analysis["result"]["landmarks"][0]["name"]」取得地標名稱。

執行結果：

Taipei 101

<landmark2.py> 為辨識名人的範例，只要將 <landmark1.py> 第 8 列功能網址改為：

```
"/vision/v3.0/models/celebrities/analyze"
```

第 9 列程式改為包含名人的圖片 (此範例為美國前總統歐巴馬)，第 11、17、18 列程式中的「landmarks」改為「celebrities」即可。

<landmark2.py> 的執行結果：

Barack Obama

26.2 臉部辨識資源

目前已有許多手機使用「刷臉」做為開機的方式，大為提高手機的安全性及便利性。臉部偵測及比對是最為一般人熟悉的機器學習功能。

Azure 的臉部資源提供臉部偵測、人臉比對、臉部分組、人員識別 (臉部與資料庫中的人員人臉比對) 等功能。

26.2.1 實戰：臉部偵測

首先建立臉部資源：開啟 Azure 首頁「https://portal.azure.com/#home」，點選 **建立資源**，搜尋欄位輸入「face」，然後在下方點選 **Face** 項目，再於 **臉部** 頁面按 **建立** 鈕。**訂用帳戶** 欄選 **Free Trial** (免費)，**資源群組** 欄按下方 **新建** 鈕，於對話方塊 **名稱** 欄輸入資源群組名稱後按 **確定** 鈕。 **區域** 欄選 **東南亞**，**名稱** 欄輸入自訂資源名稱，**定價層** 點選**免費 F0** 後按 **檢閱 + 建立** 鈕，接著在 **驗證成功** 頁面按 **建立** 鈕建立臉部資源。

點選 **前往資源** 鈕，複製資源 key 及端點網址備用。

Azure 的臉部偵測功能非常強大，不僅能偵測出圖片中臉部的位置，還能告知臉部的性別、年齡、表情、眼鏡、化妝等資訊。

臉部偵測傳回全部屬性值示例：

```
{'faceId': '9037ebbf-a16d-4ff8-a991-71c6802c1c50',
'faceRectangle': {'top': 136, 'left': 140, 'width': 135, 'height': 135},
'faceAttributes': {
'smile': 0.0,
'headPose': {'pitch': -5.7, 'roll': -8.5, 'yaw': 1.1},
'gender': 'male',
'age': 49.0,
'facialHair': {'moustache': 0.1, 'beard': 0.1, 'sideburns': 0.1},
'glasses': 'NoGlasses',
'emotion': {'anger': 0.0, 'contempt': 0.001, 'disgust': 0.0,
      'fear': 0.0, 'happiness': 0.0, 'neutral': 0.995,
      'sadness': 0.003, 'surprise': 0.0},
'blur': {'blurLevel': 'low', 'value': 0.06},
'exposure': {'exposureLevel': 'goodExposure', 'value': 0.58},
'noise': {'noiseLevel': 'low', 'value': 0.0},
'makeup': {'eyeMakeup': False, 'lipMakeup': False},
'accessories': [],
'occlusion': {'foreheadOccluded': False,……},
'hair': {'bald': 0.06, 'invisible': False, 'hairColor':
       [{'color': 'black', 'confidence': 1.0}, ……
```

- **faceId**：臉部圖形 Id，做為識別此臉部的依據，下一小節範例會使用此 Id。
- **faceRectangle**：臉部圖形的矩形座標。
- **smile**：是否微笑。
- **headPose**：頭部姿勢。
- **gender**：性別，男或女。
- **age**：年齡。
- **facialHair**：鬍子，包括下巴、鼻下及兩鬢的鬍鬚。
- **glasses**：是否戴眼鏡。
- **emotion**：情緒，包括生氣、鄙視、厭惡、恐懼、快樂、悲傷、驚訝 ... 等。
- **blur**：臉部模糊程度。
- **exposure**：臉部曝光程度。
- **noise**：臉部雜點程度。
- **makeup**：是否化妝。

- **accessories**：臉部的飾品。
- **occlusion**：前額是否皺起，嘴巴、眼睛是否閉起來。
- **hair**：是否禿頭及頭髮顏色。

程式碼：faceRecog1.py

```
......
 7 subscription_key = "你的人臉資源 key"
 8 face_base_url = "https://southeastasia.api.cognitive.
     microsoft.com/face/v1.0/"
 9 face_url = face_base_url + 'detect'
10 image_url = "https://image.freepik.com/free-photo/group-
           asian-male-female-friends-posing-together_1098-20702.jpg"
11 headers = {'Ocp-Apim-Subscription-Key': subscription_key}
12 params = {
13     'returnFaceId': 'true',
14     'returnFaceLandmarks': 'false',
15     'returnFaceAttributes': 'age,gender,headPose,smile,
           facialHair,glasses,emotion,hair,makeup,occlusion,
           accessories,blur,exposure,noise',
16 }
17 data    = {'url': image_url}
18 response = requests.post(face_url, headers=headers,
     params=params, json=data)
19 result = response.json()
20 #print(result)
21 
22 # 框選臉部及顯示部分資訊
23 image_file = BytesIO(requests.get(image_url).content)
24 image = Image.open(image_file)
25 plt.figure(figsize=(8,8))
26 ax = plt.imshow(image)
27 for face in result:
28       fr = face["faceRectangle"]  # 取得臉部佳標
29       fa = face["faceAttributes"]  # 取得臉部屬性
30       origin = (fr["left"], fr["top"])
31       p = patches.Rectangle(origin, fr["width"], fr["height"],
           fill=False, linewidth=2, color='b')  # 畫出矩形
32       ax.axes.add_patch(p)
33       plt.text(origin[0], origin[1], "%s, %d"%(fa["gender"],
           fa["age"]), fontsize=20, weight="bold", va="bottom",
           color='r')  # 顯示資訊
34 plt.axis("off")
```

程式說明

- 7　　此處需使用臉部資源的 key。
- 9　　「detect」為功能名稱。
- 15　　設定傳回值要取得的屬性。此處設定全部屬性方便觀察傳回的屬性值，實際應用時可改為需要的屬性即可。
- 23-34　　顯示原始圖片，在圖片中框選臉部及顯示部分資訊。

執行結果：

26.2.2 實戰：人臉比對

Azure 的人臉比對功能會對兩個偵測到的臉部進行比對，它會評估兩張臉孔是否屬於同一人，這就是一般所謂的「刷臉」功能。 此功能在安全性應用時非常有用，例如刷臉打卡系統、刷臉登入系統等。

前一小節提及 Azure 偵測到臉部圖形後會給該臉部圖形設定一個 FaceId，人臉比對功能就是針對兩個 FaceId 進行比對。下面範例將臉部偵測及人臉比對都撰寫成函式，如此就可重複呼叫函式執行指定功能。

程式碼：faceVerify1.py

```
1 def getFaceId(image_url):   # 取得臉部 Id
2     face_url = face_base_url + 'detect'
3     params = {
```

```
4          'returnFaceId': 'true',
5          'returnFaceLandmarks': 'false',
6          'returnFaceAttributes': 'age',
7      }
8      data     = {'url': image_url}
9      response = requests.post(face_url, headers=headers,
           params=params, json=data)
10     faces = response.json()
11     return faces[0]['faceId']
12
13 def verifyFace(faceid1, faceid2):  # 比對臉部是否相同
14     face_url = face_base_url + 'verify'
15     data     = {
16         'faceId1': faceid1,
17         'faceId2': faceid2,
18     }
19     response = requests.post(face_url, headers=headers, json=data)
20     result = response.json()
21     #print(result)
22     if result['isIdentical']== True:  # 臉部相同
23         return '兩張相片為同一人！'
24     else:  # 臉部不同
25         return '兩張相片為不同人！'
26
27 import requests
28
29 subscription_key = "你的人臉資源 key"
30 face_base_url = "https://southeastasia.api.cognitive.
       microsoft.com/face/v1.0/"
31 headers = {'Ocp-Apim-Subscription-Key': subscription_key}
32
33 girl1 = getFaceId("https://i.imgur.com/ZmeJH08.png")  #girl 照片一
34 girl2 = getFaceId("https://i.imgur.com/RBpYZSQ.png")  #girl 照片二
35 girl3 = getFaceId("https://i.imgur.com/HtoGSA2.png")  #girl 照片三
36 print('傳入相同人員的不同照片：' + verifyFace(girl1, girl2))
37 print('\n傳入不同人員的照片：' + verifyFace(girl1, girl3))
```

程式說明

- 1-11　傳入圖片後傳回臉部 FaceId 的函式。
- 11　FaceId 在偵測功能傳回值的「FaceId」欄位 (詳見前一小節)。

- 13-25　傳入兩個 FaceId 後比對是否為同一人臉部的函式。
- 14　「verify」為比對功能名稱。
- 21　比對的傳回值示例：

```
{'isIdentical': True, 'confidence': 0.74663}
```

- 22-25　由傳回值的「isIdentical」欄位判斷是否同一人臉部。
- 33-35　上傳相同人員及不同人員的照片。
- 36-37　分別比對相同人員及不同人員的照片。

girl1　girl2　girl3

執行結果：

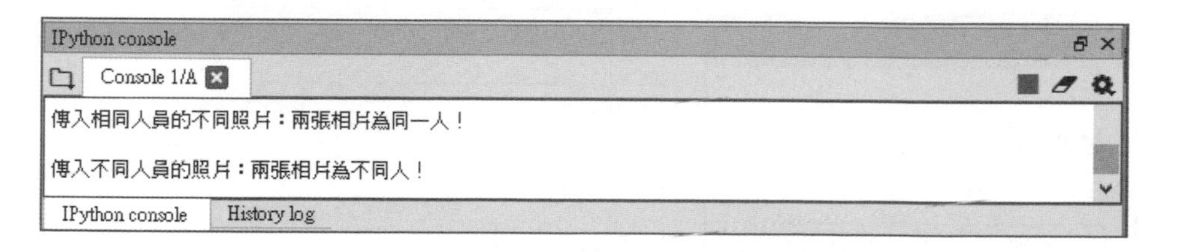
IPython console
Console 1/A
傳入相同人員的不同照片：兩張相片為同一人！
傳入不同人員的照片：兩張相片為不同人！
IPython console
History log

26.3 文字語言翻譯資源

Azure 翻譯文字資源是雲端式機器翻譯服務，可讓你透過 API 呼叫，近乎即時地翻譯文字。 此 API 採用先進的類神經機器翻譯技術，類神經機器翻譯 (NMT) 是高品質 AI 技術架構機器翻譯的新標準。目前 Azure 翻譯文字資源已支援 60 種以上的語言。

26.3.1 實戰：語言識別

首先建立翻譯文字資源：開啟 Azure 首頁「https://portal.azure.com/#home」，點選 **建立資源**，搜尋欄位輸入「translator」，然後在下方點選 **Translator** 項目，再於 **翻譯工具** 頁面按 **建立** 鈕。**訂用帳戶** 欄選 **Free Trial** (免費)，**資源群組** 欄按下方 **新建** 鈕，於對話方塊 **名稱** 欄輸入資源群組名稱後按 **確定** 鈕。 **Resource region** 欄選 **全域**，**名稱** 欄輸入自訂資源名稱，**定價層** 點選 **Free F0** 後按 **檢閱 + 建立** 鈕，接著在 **驗證成功** 頁面按 **建立** 鈕建立翻譯資源。點選 **前往資源** 鈕，複製資源 key 及端點網址備用。

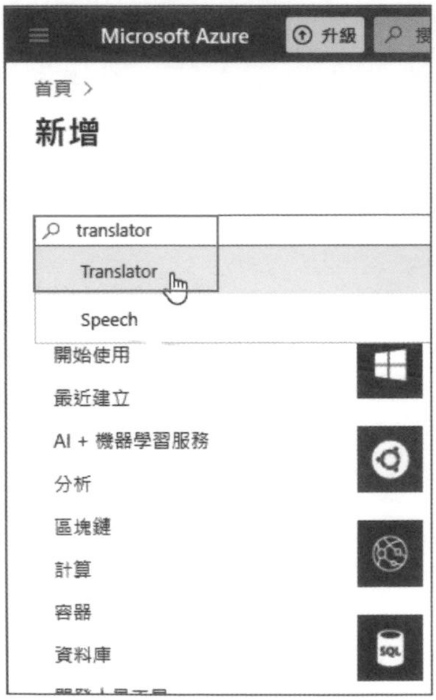

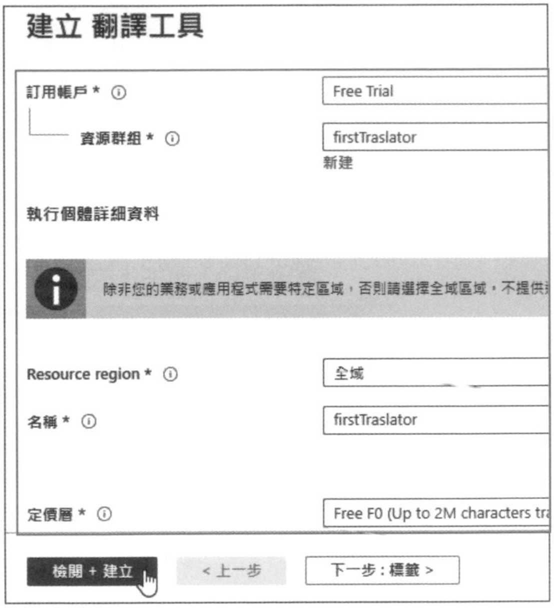

識別語言功能會偵測文句的語言類別，例如「今天天氣很好」的語言類別是繁體中文，「今日は天 がいい」的語言類別是日文等。

程式碼：language1.py

```
1 import  requests
2
3 subscription_key = "你的翻譯資源 key"
4 trans_base_url = "https://api.cognitive.microsofttranslator.com/"
5 trans_url = trans_base_url + 'detect?api-version=3.0'
6 headers = {'Ocp-Apim-Subscription-Key': subscription_key}
7 while True:
8     textinput = input('輸入文句 (直接按 Enter 鍵就結束程式)：')
9     if textinput != '':
10        data     = [{'text' : textinput}]
11        response = requests.post(trans_url, headers=headers, json=data)
12        result = response.json()
13        print('輸入文句語言：' + result[0]['language'])
14        #print(result)
15    else:
16        break
```

程式說明

- 3　此處需使用翻譯資源的 key。
- 7-16　以無窮迴圈讓使用者輸入文句來偵測文句的語言類別。

執行結果：

若將第 14 列程式移除註解以顯示傳回值，輸入繁體中文時的傳回值為：


```
[{'language': 'zh-Hant', 'score': 1.0, ……
'alternatives': [
 {'language': 'ja', 'score': 1.0, ……
```

傳回值除了包含最可能的主要語言外(通常這就是文句的語言),也在「alternatives」欄位傳回可能的其他語言,因為日文中有漢字,因此傳回值可能包含日文。使用英文時,傳回值會包含更多可能語言。

若是輸入韓文,則僅會傳回韓文,沒有其他可能語言:

```
[{'language': 'ko', 'score': 1.0, ……}]
```

26.3.2 實戰:文字翻譯

文字翻譯功能會將文字翻譯為指定語言的文字。系統會自動偵測原始文字的語言類別,使用此功能時只要設定翻譯後的語言即可。

程式碼:translate1.py

```
1 import  requests
2 
3 subscription_key = "你的翻譯資源 key"
4 trans_base_url = "https://api.cognitive.microsofttranslator.com/"
5 trans_url = trans_base_url + 'translate?api-version=3.0'
6 headers = {'Ocp-Apim-Subscription-Key': subscription_key}
7 params = '&to=en'  #翻譯為英文
8 while True:
9     textinput = input('輸入文句 (直接按 Enter 鍵就結束程式):')
10     if textinput != '':
11         data    = [{'text' : textinput}]
12         response = requests.post(trans_url, headers=headers,
               params=params, json=data)
13         result = response.json()
14         print('翻譯結果:' + result[0]['translations'][0]['text'])
15         #print(result)
16     else:
17         break
```

程式說明

■ 7　　設定翻譯後的語言為英文。

■ 14-15　輸入繁體中文的傳回值為：

```
[{'detectedLanguage':
    {'language': 'zh-Hant', 'score': 1.0},
  'translations':[
      {'text': 'The weather is good today', 'to': 'en'}
   ]
 }]
```

原始文字語言類別

翻譯結果

由上圖可知翻譯結果存於「result[0]['translations'][0]['text']」。

執行結果：

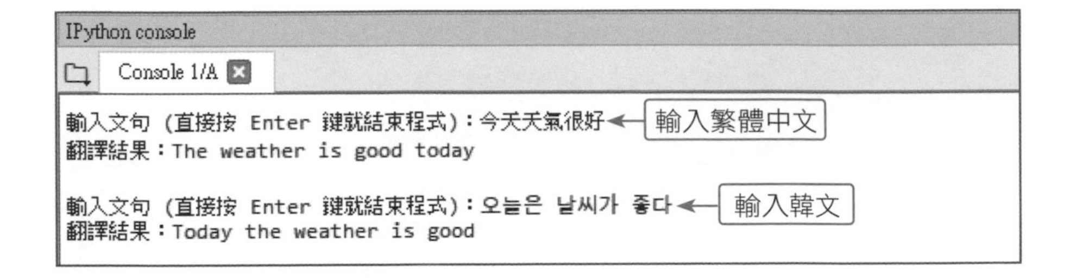

memo

27

自然語言處理 (NLP)

27.1 Jieba 模組

利用電腦進行文字分析研究時，通常需要先將文件中的句子進行斷詞，然後使用「詞」這個最小且有意義的單位來進行分析、整理，所以斷詞可以說是整個文字分析處理最基礎的工作。而 Jieba 模組是目前使用最多，效能最好的中文斷詞工具之一。

Jieba 模組中文名稱為「結巴」。Jieba 模組的作者把這個程式的名字取得很好，因為當將一句話斷成詞的時候，念起來就是結結巴巴的，讓人看到模組名稱就能了解模組的用途。

27.1.1 Jieba 模組基本用法

要使用 Jieba 模組進行斷詞，必須先安裝 Jieba 模組：開啟 Anaconda Prompt 命令視窗，輸入下列語法安裝 Jieba 模組。

```
pip install jieba==0.42.1
```

Jieba 模組斷詞的語法為：

```
jieba.cut( 要斷詞的文句 )
```

執行斷詞後，會傳回一個由文句斷開後產生的「字詞」組成的生成器 (generator)，例如下面程式碼中 breakword 的資料型態為生成器：

```
breakword = jieba.cut(' 我要喝水 ')
```

要觀看斷詞後產生的字詞有兩個方法，第一種是將生成器轉換為串列顯示，例如：

```
print(list(breakword))
```

結果為「[' 我要 ', ' 喝水 ']」。

第二種方法是以字串的「join」方法結合生成器內容後再顯示，例如：

```
print('|'.join(breakword))
```

結果為「我要 | 喝水」。

第二種方法顯示的字詞較清晰易理解，本書範例皆使用第二種方法。

18 19 20 21 22 23 24 25 26 27 28 29 30 31 32 33

程式碼：**jieba1.py**

```
1 import jieba
2
3 sentence = '我今天要到台北松山機場出差！'
4 breakword = jieba.cut(sentence)
5 print('|'.join(breakword))
```

執行結果：

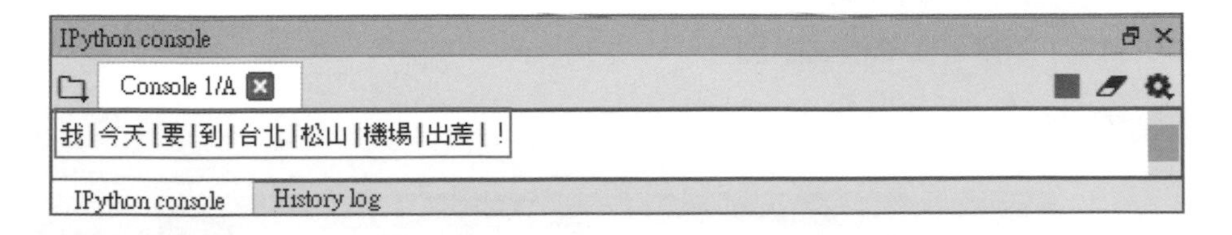
IPython console
Console 1/A
我|今天|要|到|台北|松山|機場|出差|！
IPython console
History log

斷詞模式

Jieba 模組的斷詞模式分為三種：

- **精確模式**：將文句以最精準的方式斷詞，適合做為文件分析，這是斷詞模式的預設值。語法為：

```
jieba.cut( 要斷詞的文句 , cut_all=False)
```

- **全文模式**：把句子中所有可以成詞的字詞都掃描出來，速度較快。語法為：

```
jieba.cut( 要斷詞的文句 , cut_all=True)
```

- **搜尋引擎模式**：在精確模式的基礎上對長詞再次切分，適合用於搜尋引擎斷詞。語法為：

```
jieba.cut_for_search( 要斷詞的文句 )
```

下面範例分別以三種模式對相同文句斷詞，並顯示斷詞結果。

程式碼：**jieba2.py**

```
1 import jieba
2
3 sentence = '我今天要到台北松山機場出差！'
4 breakword = jieba.cut(sentence, cut_all=False)
5 print('精確模式：' + '|'.join(breakword))
6
```

```
 7 breakword = jieba.cut(sentence, cut_all=True)
 8 print('全文模式：' + '|'.join(breakword))
 9
10 breakword = jieba.cut_for_search(sentence)
11 print('搜索引擎模式：' + '|'.join(breakword))
```

程式說明

- 4-5　以精確模式斷詞。
- 7-8　以全文模式斷詞。
- 10-11　以搜尋引擎模式斷詞。

執行結果：

由上面結果可看出全文模式斷詞準確度較精確模式及搜尋引擎模式差。

27.1.2 更改詞庫

台灣與中國使用的字詞存在許多差異，Jieba 模組為中國公司開發，預設的斷詞依據當然是以中國的字詞為準。好在 Jieba 模組具備相當大的彈性，可以更換或加入各種詞庫做為斷詞依據，如此就能適用不同地區需求。

預設詞庫

Jieba 模組中並未包含繁體中文詞庫，因此要先下載繁體中文詞庫。在瀏覽器開啟「https://raw.githubusercontent.com/fxsjy/jieba/master/extra_dict/dict.txt.big」網頁，按滑鼠右鍵，於快顯功能表點選 **另存新檔**。以預設的檔名「dict.txt.big.txt」存檔，就能將繁體中文詞庫存於本機中了！

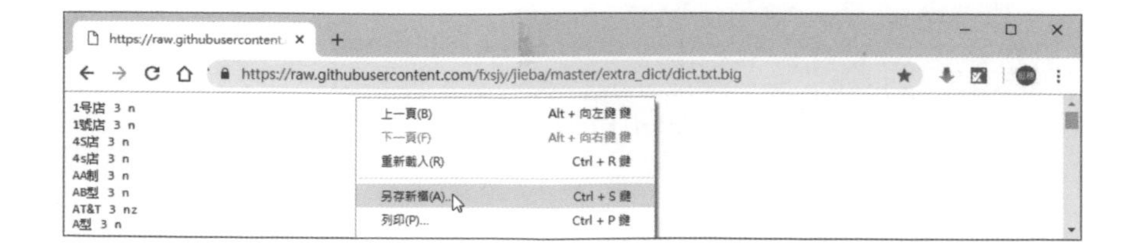

Jieba 模組設定預設詞庫的語法為：

```
jieba.set_dictionary( 預設詞庫檔案路徑 )
```

本書將詞庫檔案置於本章範例的 <dictionary> 資料夾中：先複製 <dict.txt.big.txt> 檔案到 <dictionary> 資料夾，然後在程式中以下列語法設定使用繁體中文詞庫，Jieba 模組就會以繁體中文詞庫進行斷詞：

```
jieba.set_dictionary('dictionary/dict.txt.big.txt')
```

程式碼：jieba3.py

```
1 import jieba
2 
3 jieba.set_dictionary('dictionary/dict.txt.big.txt')  # 設定繁體中文詞庫
4 
5 sentence = '我今天要到台北松山機場出差！'
6 breakword = jieba.cut(sentence, cut_all=False)
7 print('|'.join(breakword))
```

程式說明

■ 3　　設定預設使用繁體中文詞庫。

執行結果：

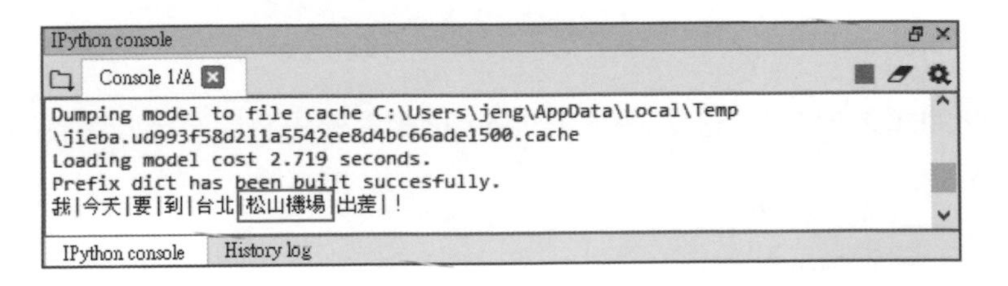

此範例與 <jieba1.py> 類似，只是使用的預設詞庫為繁體中文詞庫。在 <jieba1.py> 中，「松山」及「機場」被視為兩個詞，而此處則將「松山機場」視為一個詞，斷詞斷得更精準了！

01 02 03 04 05 06 07 08 09 10 11 12 13 14 15 16 17

自訂詞庫

有些字詞屬於「專有名詞」，通常不會包含在預設詞庫中，最常見的就是人名、地名等。例如下面範例包含了人名：

程式碼：**jieba4.py**

```
1 import jieba
2
3 jieba.set_dictionary('dictionary/dict.txt.big.txt')
4
5 sentence = '今天是元旦，總統蔡英文發表了元旦文告。'
6 breakword = jieba.cut(sentence, cut_all=False)
7 print('|'.join(breakword))
```

執行結果：

```
IPython console
Console 1/A
\jieba.ud993f58d211a5542ee8d4bc66ade1500.cache
Loading model cost 2.365 seconds.
Prefix dict has been built succesfully.
今天|是|元旦|，|總統|蔡|英文|發表|了|元旦|文告|。
IPython console    History log
```

由結果得知 Jieba 模組將人名「蔡英文」拆解為「蔡」及「英文」兩個詞了！

要解決這此問題是加入「自訂詞庫」，Jieba 模組會優先將自訂詞庫定義的字詞視為一個單詞。

自訂詞庫中的單詞格式為：

```
單詞內容 [ 詞頻 ] [ 詞性 ]
```

- **單詞內容**：詞庫中的單詞，如蔡英文、馬英九、韓國瑜等。
- **詞頻**：詞頻是一個整數，數值越大表示此單詞越優先被斷詞。此參數可有可無。
- **詞性**：詞性表示單詞種類，如 n 代表名詞、v 代表動詞等。此參數可有可無。

建立自訂詞庫的方法是在文字編輯器 (如記事本) 中逐一輸入單詞，存檔時務必以 UTF-8 格式存檔，否則執行時會產生錯誤 (記事本預設是以 ANSI 格式存檔)。此處配合後面範例，將檔案命名為「user_dict_test.txt」，存於本章範例的 <dictionary> 資料夾中。

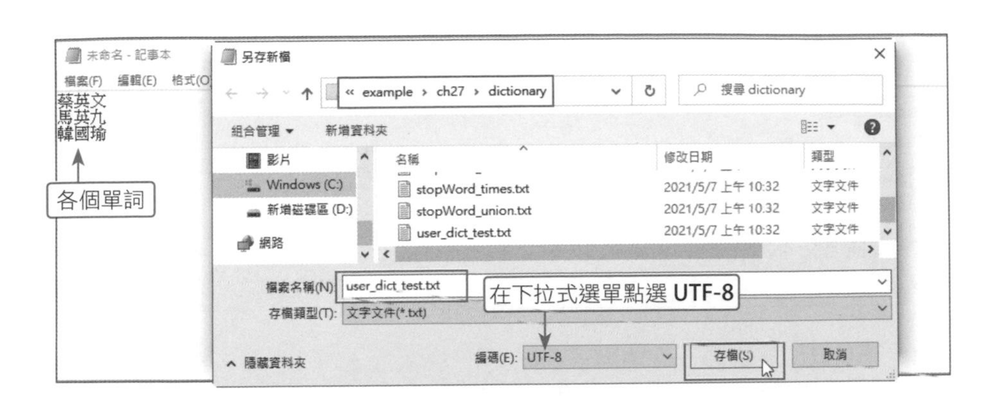

所有的詞庫都是文字檔且詞庫文字檔的格式必須是「UTF-8」，否則程式執行時會產生下列錯誤訊息：

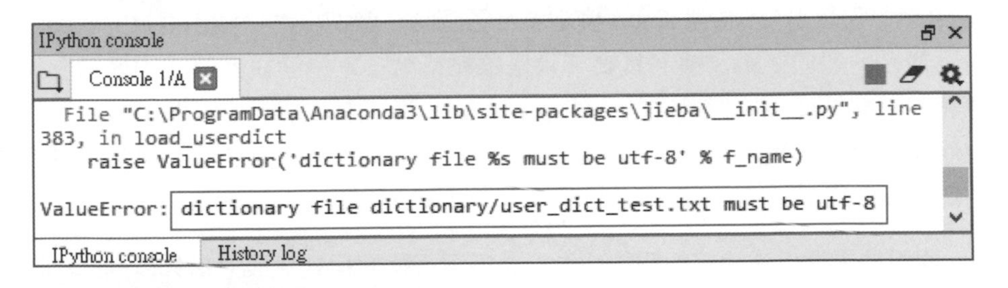

Jieba 模組設定自訂詞庫的語法為：

```
jieba.load_userdict( 自訂詞庫檔案路徑 )
```

例如設定使用上面建立的 <user_dict_test.txt> 做為自訂詞庫：

```
jieba.load_userdict('dictionary/user_dict_test.txt')
```

程式碼：jieba5.py

```
1 import jieba
2
3 jieba.set_dictionary('dictionary/dict.txt.big.txt')
4 jieba.load_userdict('dictionary/user_dict_test.txt')  # 設定自訂詞庫
5
6 sentence = '今天是元旦，總統蔡英文發表了元旦文告。'
7 breakword = jieba.cut(sentence, cut_all=False)
8 print('|'.join(breakword))
```

程式說明

■ 4　　設定使用 <user_dict_test.txt> 做為自訂詞庫。

執行結果：

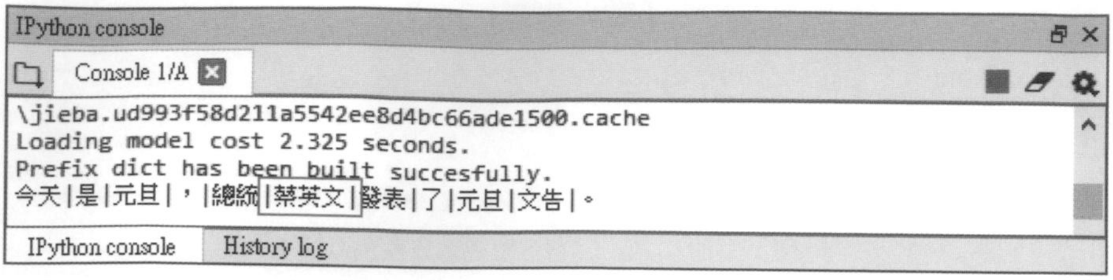
IPython console
Console 1/A
\jieba.ud993f58d211a5542ee8d4bc66ade1500.cache
Loading model cost 2.325 seconds.
Prefix dict has been built succesfully.
今天|是|元旦|，|總統|蔡英文|發表|了|元旦|文告|。
IPython console
History log

可看到「蔡英文」已斷為一個單詞了！

27.1.3 加入停用詞

眼尖的讀者可能已經注意到 Jieba 模組進行斷詞時，會把標點符號也視為一個單詞，這並不符合一般的使用習慣。其實不只是標點符號，下一節統計新聞中最常出現的詞語時，一些語助詞、連接詞如「的」、「啊」等，應該都不要視為單詞，否則會形成新聞中最常出現的詞語就是「的」單詞，讓統計變成毫無意義。這些需濾除的單詞稱為「停用詞」。

Jieba 模組並未提供濾除停用詞的功能，必須自行撰寫程式達成。首先以前一小節建立自訂詞庫的方法，在 <dictionary> 資料夾中建立 <stopWord_test.txt> 文字檔，內容為各種全型及半型的標點符號。記得存檔的格式要使用「UTF-8」，否則程式執行時會產生錯誤。

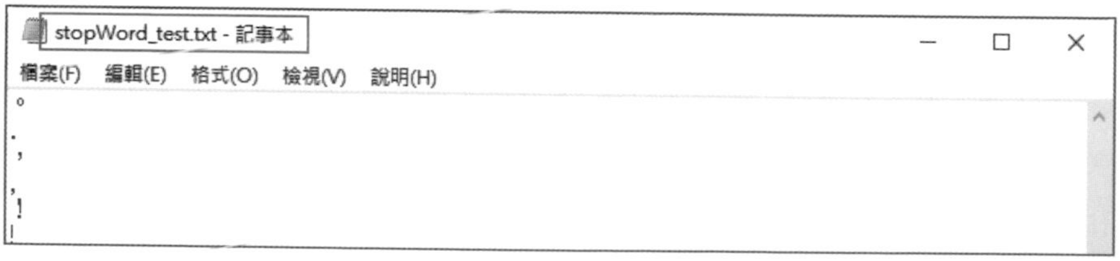
stopWord_test.txt - 記事本
檔案(F) 編輯(E) 格式(O) 檢視(V) 說明(H)
。
.
，
,
！
!

接著要讀取 <stopWord_test.txt> 檔中所有停用詞存於串列中，以便斷詞後的單詞能與停用詞比對，如果是停用詞就將該單詞移除。讀取 <stopWord_test.txt> 檔中所有停用詞存於 stops 串列的程式碼為：

```
with open('dictionary/stopWord_test.txt', 'r', encoding='utf-8-sig') as f:
    stops = f.read().split('\n')
```

注意讀取的編碼格式要使用「encoding='utf-8-sig'」。

因為 Windows 記事本存檔時會自動為文字檔加入文件前端代碼，稱為「BOM」，佔一個字元。這是一個看不見的字元，顯示檔案內容時並不會顯示。如果讀取檔案時沒有移除，將造成 stops 串列的第一個元素值不是「。」(句號)，而是 BOM 字元加上「。」，因此並不會移除句號；讀取檔案時若使用「encoding='utf-8-sig'」格式，會自動分離 BOM，使得 stops 串列的第一個元素值為正確停用詞「。」。

程式碼：jieba6.py

```
 1 import jieba
 2 
 3 jieba.set_dictionary('dictionary/dict.txt.big.txt')
 4 jieba.load_userdict('dictionary/user_dict_test.txt')
 5 with open('dictionary/stopWord_test.txt', 'r',
     encoding='utf-8-sig') as f:  #設定停用詞
 6     stops = f.read().split('\n')
 7 
 8 sentence = '今天是元旦，總統蔡英文發表了元旦文告。'
 9 breakword = jieba.cut(sentence, cut_all=False)
10 words = []
11 for word in breakword:  #拆解句子為字詞
12     if word not in stops:  #不是停用詞
13         words.append(word)
14 print('|'.join(words))
```

程式說明

- 5-6　讀取停用詞內容儲存於 stops 串列。
- 10-13　逐一檢查斷詞後的單詞，移除停用詞。
- 10　建一個空串列。
- 12-13　如果單詞不是停用詞就加入空串列中。

執行結果：

可見到執行結果已沒有標點符號。

27.2 文字雲

文字雲是關鍵詞的視覺化呈現，將各種關鍵詞的重要性透過字體大小及顏色來表現，讓觀看者一目了然。文字雲的形狀可以任意設定，更能增添文字雲千變萬化的魅力。

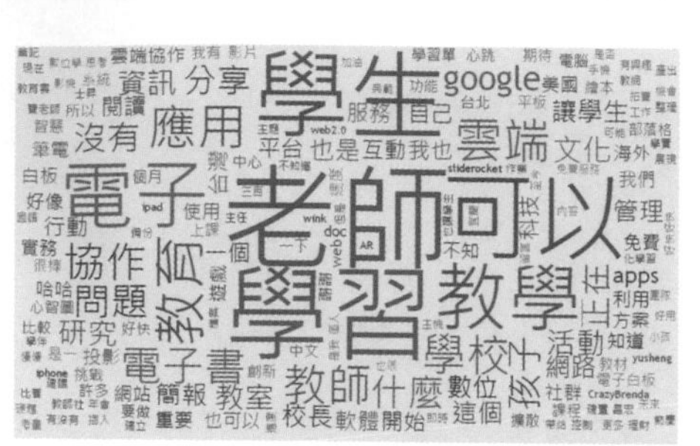

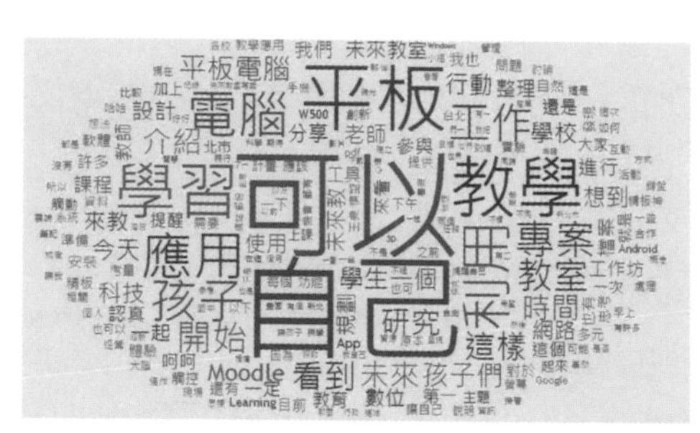

27.2.1 wordcloud 模組

wordcloud 模組的功能是建立文字雲，有了 wordcloud 模組，只要準備好資料，產生文字雲就是輕而易舉的事了！首先安裝 wordcloud 模組：開啟 Anaconda Prompt 命令視窗，輸入下列語法安裝 wordcloud 模組。

```
pip install wordcloud==1.8.1
```

按字詞頻率排序

繪製文字雲之前，需先對資料進行一些處理：文字雲是以字詞出現的次數做為繪製依據，因此要先將文字資料拆解為字詞，最方便的方法就是以 Jieba 模組進行字詞拆解。例如要處理的文字為：

```
text = '今天是好天氣，屬於晴朗天氣，今天是適合出遊的天氣'
```

以 Jieba 模組拆解後為：(Jieba 模組使用方法參考前一節)

```
今天 | 是 | 好 | 天氣 | ， | 屬於 | 晴朗 | 天氣 | ， | 今天 | 是 | 適合 | 出遊 | 的 | 天氣
```

然後將拆解後的字詞存於串列中 (例如串列名稱為 Words)：

```
Words = ['今天', '是', '好', '天氣', '，', '屬於', ……]
```

collections 模組的 Counter 方法可以統計串列中相同元素值出現的次數，Counter 方法的語法為：

```
Counter( 串列 )
```

例如上面 Words 串列進行 Counter 統計：

```
diction = Counter(Words)
```

傳回值是一個 Counter 字典，鍵是「字詞」，值是「次數」，而且會自動以「次數」做遞減排序，即次數出現越多的字詞會排在越前面。例如：diction 變數的統計結果為：

```
Counter({'天氣': 3, '今天': 2, '是': 2, '，': 2, '好': 1, ……})
```

表示「天氣」出現 3 次，「今天」出現 2 次等。

這樣統計好的資料就可以交給 wordcloud 模組繪製文字雲了！

文字雲的停用詞庫

文字雲是統計文件字詞的使用頻率，其停用詞不僅是標點符號或連接詞而已，一些較無意義的字詞通常也會列為停用詞而排除，例如然而、然後、任何等。此處蒐集了常用的停用詞存於 <stopWord_cloud.txt> 檔中 (共計 1221 個停用詞)，建議讀者製作文字雲時，可使用此停用詞檔。

即使已蒐集了相當數量的停用詞，繪製文字雲時仍可能會有漏網之停用詞，可在繪製之後再視情況加入停用詞 (下面範例會示範)。

wordcloud 模組基本語法

要使用 wordcloud 模組，當然要匯入 wordcloud 模組：

```
from wordcloud import WordCloud
```

接著建立 wordcloud 物件，語法為：

```
物件變數 = WordCloud( 參數 1= 值 1, 參數 2= 值 2, ……)
```

wordcloud 物件的參數很多，其中較重要的有下列三個：

- **background_color**：設定背景顏色。預設的背景顏色是黑色。
- **font_path**：設定使用的文字字型。預設的字型無法使用中文，如果要顯示中文，必須設定為中文字型，同時要包含字型路徑，較方便的方法是將中文字型檔複製到與目前程式相同的路徑，就可直接使用字型。

- **mask**：設定文字雲形狀。文字雲預設的形狀是長方形，wordcloud 模組允許使用任意圖形做為遮罩繪圖。注意圖形格式必須是 numpy，因此開啟圖形檔後要以「numpy.array」轉換格式。例如以 <heart.png> 圖形檔 (心形) 做為文字雲圖形：

```
import numpy as np
np.array(Image.open("heart.png"))
```

例如建立背景為白色、<msch.ttf> 中文字型、形狀為心形 (請先將 <msch.ttf> 及 <heart.png> 檔複製到同一程式資料夾) 的 wordcloud 物件，物件變數名稱為 wordcloud：

```
font = 'msch.ttf'
mask = np.array(Image.open("heart.png"))
wordcloud = WordCloud(background_color="white",mask=mask,
    font_path=font)
```

有了 wordcloud 物件後，就可使用 generate_from_frequencies 方法建立文字雲了，語法為：

```
wordcloud 物件變數 .generate_from_frequencies(frequencies= 資料 )
```

例如以 diction 資料建立文字雲：

```
wordcloud.generate_from_frequencies(frequencies=diction)
```

繪圖及存檔

以 wordcloud 模組產生的文字雲圖形可利用 matplotlib 顯示，語法為：

```
import matplotlib.pyplot as plt
plt.figure(figsize=( 寬度 , 高度 ))
plt.imshow(wordcloud 物件變數 )
plt.axis("off")
plt.show()
```

繪製的圖形可以儲存於檔案保存起來，語法為：

```
wordcloud 物件變數 .to_file( 檔案名稱 )
```

例如將圖形存於 <test_news_Wordcloud.png>：

```
wordcloud.to_file("test_Wordcloud.png")
```

18 19 20 21 22 23 24 25 26 27 28 29 30 31 32 33

繪製文字雲的文字數量不宜太少，下面範例分析一則新聞報導內容來繪製文字雲 (資料來源存於 <news1.txt> 中，讀者可自行開啟查看)：

程式碼：newsCloud1.py

```
1 from PIL import Image
2 import matplotlib.pyplot as plt
3 from wordcloud import WordCloud
4 import jieba
5 import numpy as np
6 from collections import Counter
7
8 text = open('news1.txt', "r",encoding="utf-8").read() #讀文字資料
9
10 jieba.set_dictionary('dictionary/dict.txt.big.txt')
11 with open('dictionary/stopWord_cloud.txt', 'r',
      encoding='utf-8-sig') as f:  #設定停用詞
12 #with open('dictionary/stopWord_cloudmod.txt',
      'r', encoding='utf-8-sig') as f:  #設定停用詞
13     stops = f.read().split('\n')
14 terms = []  #儲存字詞
15 for t in jieba.cut(text, cut_all=False):  #拆解句子為字詞
16     if t not in stops:  #不是停用詞
17         terms.append(t)
18 diction = Counter(terms)
19
20 font = 'msch.ttf'  #設定字型
21 #mask = np.array(Image.open("heart.png"))  #設定文字雲形狀
22 wordcloud = WordCloud(font_path=font)
23 #wordcloud = WordCloud(background_color="white",
      mask=mask,font_path=font)  #背景顏色預設黑色，改為白色
24 wordcloud.generate_from_frequencies(frequencies=diction) #產生文字雲
25
26 #產生圖片
27 plt.figure(figsize=(6,6))
28 plt.imshow(wordcloud)
29 plt.axis("off")
30 plt.show()
31
32 wordcloud.to_file("news_Wordcloud.png")  #存檔
```

程式說明

- 8 讀取文字檔做為繪製文字雲的資料。
- 10 設定繁體中文預設詞庫。
- 11-13 讀取停用詞。
- 14-17 使用 Jieba 模組拆解字詞。
- 18 計算字詞出現的頻率，並且遞減排序。
- 20 設定中文字型。
- 22 建立 wordcloud 物件。
- 24 產生文字雲。
- 27-30 顯示文字雲圖形。
- 32 將文字雲圖形存檔。

執行結果：

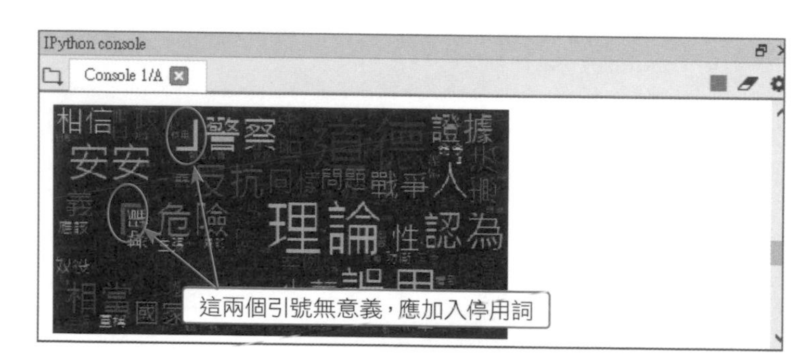

圖中兩個引號沒有意義，可加入停用詞予以去除。開啟 <stopWord_cloud.txt>，在第 1 及 2 列加入兩個引號，另存檔案為 <stopWord_cloudmod.txt>：

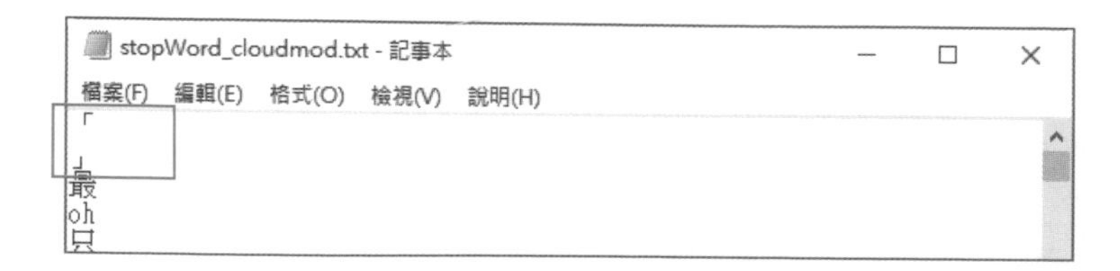

在 <newsCloud1.py> 註解 11 列，移除註解 12 列，使用 <stopWord_cloudmod.txt> 做為停用詞庫。

註解 22 列，移除註解 21、23 列，使用白色背景及心形圖案做為文字雲形狀。(修改後的程式為 <newsCloud2.py>)。

再執行程式的結果為：

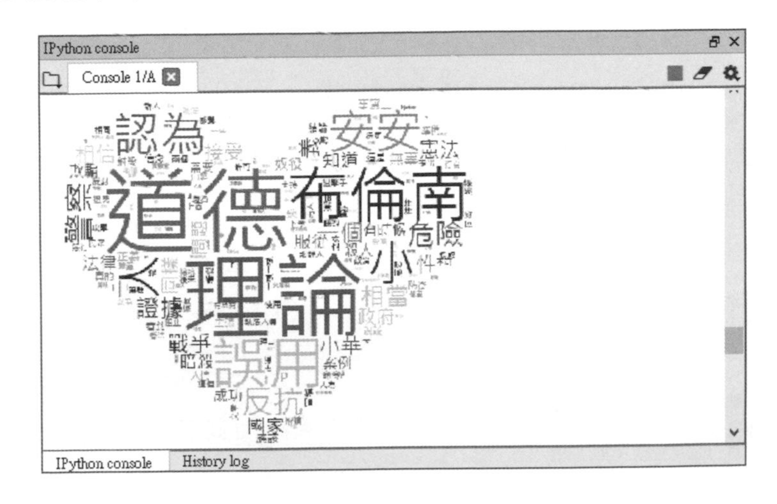

27.2.2 實戰：網路新聞網文字雲

文字雲常用於分析某些特定用途的字詞使用頻率，例如 PTT 某版最受歡迎的主題、某飯店評價最常出現的話語等。本節將使用 BeautifulSoup 模組的爬蟲技巧來擷取中時新聞網的新聞內容製作文字雲，藉以了解目前新聞中最常出現的字詞。

開啟「https://www.chinatimes.com/realtimenews/?chdtv」中時新聞網新聞列表網頁，此頁中有 20 則新聞列表，在第 1 則新聞標題上按滑鼠右鍵，點選 **檢查** 開啟開發人員工具觀察原始碼。

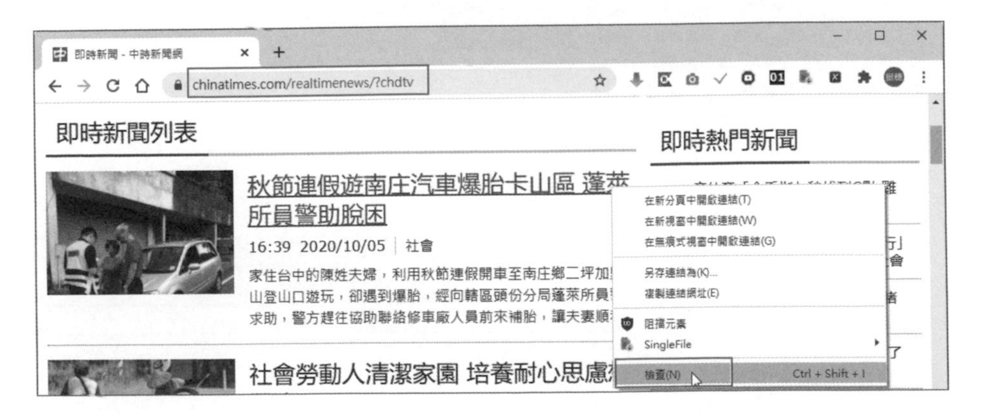

新聞內容的連結網址位於 class 為「article-list」的 section 區塊中，此區塊內 <a> 中的「href」屬性就是連結網址，此連結網址是相對路徑 (/realtimene

ws/20201005003937-260402)，絕對路徑網址需在前方加入伺服器網址「https://www.chinatimes.com」。取得所有新聞內容網址的程式碼為：

```
data1 = sp.select('.article-list a')
for d in data1:
    url = 'https://www.chinatimes.com' + d.get('href')
```

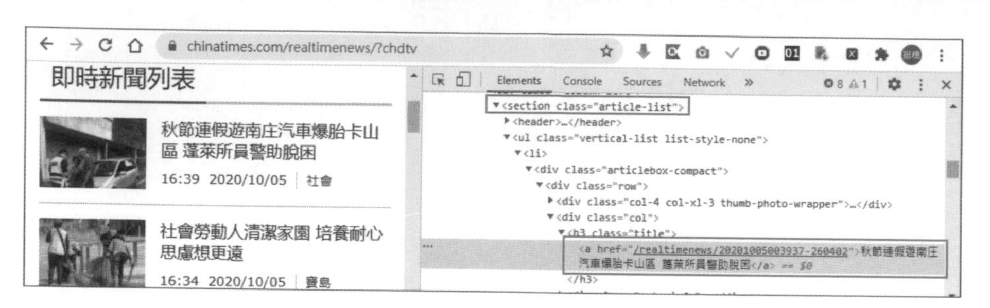

開啟任一則新聞內容網頁，在新聞內容上按滑鼠右鍵，點選 **檢查** 開啟開發人員工具，可見到新聞內容位於 class 為「article-body」的 <p> 標籤中，<p> 標籤有很多個，沒有內容的 <p> 標籤要捨棄。

讀取新聞內容的程式碼為：

```
data1 = sp.select('.article-body p')
for d in data1:
    if d.text != '':
        text_news += d.text
```

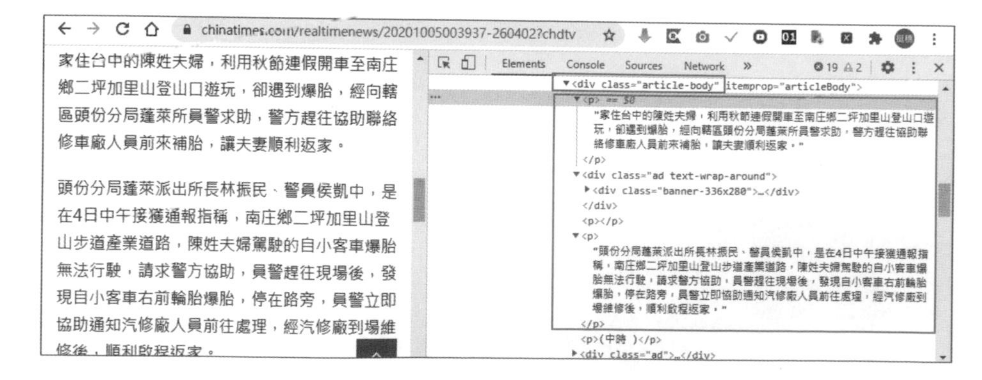

繪製中時新聞網新聞內容文字雲的程式為：

程式碼：timesNews.py

```
1 import requests
2 from bs4 import BeautifulSoup as soup
```

```
3 from PIL import Image
4 import matplotlib.pyplot as plt
5 from wordcloud import WordCloud
6 import jieba
7 import numpy as np
8 from collections import Counter
9
10 urls = []
11 url = 'https://www.chinatimes.com/realtimenews/?chdtv'  #聯合報新聞
12 html = requests.get(url)
13 sp = soup(html.text, 'html.parser')
14 data1 = sp.select('.article-list a')
15 for d in data1:  #取得新聞連結
16     url = 'https://www.chinatimes.com' + d.get('href')
17     if (len(url)>58) and (url not in urls):
18         urls.append('https://www.chinatimes.com' + d.get('href'))
19
20 text_news = ''
21 i = 1
22 for url in urls:  #逐一取得新聞
23     html = requests.get(url)
24     sp = soup(html.text, 'html.parser')
25     data1 = sp.select('.article-body p')  #新聞內容
26     print('處理第 {} 則新聞'.format(i))
27     for d in data1:
28         if d.text != '':  #有新聞內容
29             text_news += d.text
30     i += 1
31 text_news = text_news.replace('中時', '').replace('新聞網', '')
32 jieba.set_dictionary('dictionary/dict.txt.big.txt')
33 with open('dictionary/stopWord_times.txt', 'r',
     encoding='utf-8-sig') as f:  #設定停用詞
34     stops = f.read().split('\n')
35 terms = []  #儲存字詞
36 for t in jieba.cut(text_news, cut_all=False):  #拆解句子為字詞
37     if t not in stops:  #不是停用詞
38         terms.append(t)
39 diction = Counter(terms)
40
41 font = r'msyh.ttc'  #設定字型
42 mask = np.array(Image.open("heart.png"))  #設定文字雲形狀
43 unioncloud = WordCloud(background_color="white",mask=mask,
```

```
        font_path=font)  #背景顏色預設黑色，改為白色
44 unioncloud.generate_from_frequencies(frequencies=diction) #產生文字雲
45
46 #產生圖片
47 plt.figure(figsize=(6,6))
48 plt.imshow(unioncloud)
49 plt.axis("off")
50 plt.show()
51
52 unioncloud.to_file("times_Wordcloud.png")  #存檔
```

程式說明

- 10-18　取得所有新聞內容網址。
- 17-18　取得的網址有重複及非新聞內容網址，因為新聞內容網址格式為「https://www.chinatimes.com/realtimenews/20201005003937-260402」，因此檢查網址長度大於 58 且不重複才加入串列。
- 20-31　取得所有新聞內容。
- 26　處理需花費一段時間，此列顯示正在處理第幾則新聞。
- 31　每則新聞最後會有「中時」或「中時新聞網」文字，因此將其移除。
- 32-39　資料預處理：拆解為字詞並計算出現頻率及排序。
- 33　停用詞庫為 <stopWord_cloud.txt> 再加上本範例特有停用詞成為 <stopWord_times.txt>。
- 41-44　繪製文字雲。
- 47-52　顯示文字雲及存檔。

執行結果：

28

圖片批次處理：pillow

- 認識 pillow
  - pillow 的功能
  - pillow 圖形的像素顏色
  - 取得顏色像素
- 圖片基本操作
  - 讀取圖片檔
  - 建立新的圖片物件
- 圖片編輯
  - 更改圖片的大小
  - 圖片旋轉
  - 圖片翻轉
  - 圖片灰階處理
  - 圖片像素編輯
- 圖片切割、複製和合成
  - 圖片切割
  - 圖片複製
  - 圖片合成
- 圖片濾鏡
- 繪製圖形
- 大量圖片處理

01 02 03 04 05 06 07 08 09 10 11 12 13 14 15 16 17

28.1 認識 pillow

pillow (PIL) 是 Python 很強的圖片處理模組，由許多不同的模組所組成，可以很輕鬆地在 Python 程式裡進行圖片的處理。

28.1.1 pillow 的功能

pillow 具備以下的能力：

1. **數十種圖檔格式的讀寫能力**：支援常見的 JPEG、PNG、BMP、GIF、TIFF 等格式，也支援黑白、灰階、自訂調色盤、RGB true color、帶有透明屬性的 RBG true color、CMYK 等圖片模式。
2. **基本影像操作**：如裁切、平移、旋轉、改變尺寸、調置 (transpose)、剪下與貼上等。
3. **濾鏡功能**：使用濾鏡增強輪廓、邊緣、銳利度等效果，也可使圖片呈現模糊、浮雕、平滑等效果。
4. **繪製圖形**：可以在影像中繪製點、線、圖或橢圖、幾何形狀、填滿、文字等。

pillow 模組在安裝 Anaconda 時已自動安裝，只要匯入相關模組即可使用，例如匯入 Image 模組：

```
from PIL import Image
```

28.1.2 pillow 圖形的像素顏色

pillow 圖形的每一個像素 (pixel) 顏色通常是以 RGB 或 RGBA 來表示，分別代表紅色 (Red)、綠色 (Green)、藍色 (Blue) 和透明度 (Alpha)，它是由一個元組組成，每個數值介於 0~255 之間，其中透明度 0 表示完全透明，255 則是完全不透明。

表達顏色的方式有很多種：

1. 最簡便的方式是直接使用顏色的名稱，它是一個字串。例如："Blue"、"blue" 都代表藍色。

2. 使用 rgb() 或 rgba() 函式，函式中的參數可以使用 0~255 的數值，也可以使用百分比來設定。例如：rgb (255,0,0) 代表紅色、rgba (0,0,0,160) 代表黑色半透明 (透明度 160)，rgb (100%,0%,0%) 代表紅色、rgba (0%,0%,0%,80%) 代表黑色半透明 (透明度 80%)。

3. 使用顏色數字。例如："#ff0000" 代表紅色、"#000000a0" 代表黑色半透明 (透明度 160)。

28.1.3 取得顏色像素

匯入 ImageColor 模組後，即可以 getrgb() 方法將顏色轉換為元組，但 getrgb() 只能傳回 R、G、B 的值。語法：

```
getrgb( 顏色 )
```

另一個 getcolor() 方法則可以取得 R、G、B、A 的值。語法：

```
getcolor( 顏色 , 模式 )
```

參數模式 "RGB" 傳回 RGB 元組，"RGBA" 則會傳回 RGBA 元組。

範例：利用 getrgb()、getcolor() 方法將指定的顏色轉換為元組。

程式碼：ImageColor.py

```
from PIL import ImageColor
print(ImageColor.getrgb("#0000ff"))          #(0, 0, 255)
print(ImageColor.getrgb("rgb(0,0,255)"))     #(0, 0, 255)
print(ImageColor.getrgb("rgb(0%,0%,100%)")) #(0, 0, 255)
print(ImageColor.getrgb("Blue"))             #(0, 0, 255)

print(ImageColor.getcolor("#0000ff","RGB"))       #(0, 0, 255)
print(ImageColor.getcolor("rgb(0,0,255)","RGB")) #(0, 0, 255)
print(ImageColor.getcolor("rgb(0,0,255)","RGBA"))#(0, 0, 255, 255)
print(ImageColor.getcolor("Blue","RGBA"))        #(0, 0, 255, 255)
```

01 02 03 04 05 06 07 08 09 10 11 12 13 14 15 16 17

28.2 圖片基本操作

pillow 可以開啟並顯示 JPEG、PNG、BMP、GIF、TIFF 等格式檔案，也可以將圖片轉換儲存成不同格式的檔案。

28.2.1 讀取圖片檔

首先使用 pillow 模組的 open() 方法讀取圖片檔案，語法為：

```
圖片變數 = Image.open( 圖片路徑 )
```

例如開啟 <test.jpg> 後存於 img 變數：

```
img = Image.open("test.jpg")
```

使用 size 屬性可以取得圖片的寬度和高度，filename 屬性可以取得圖片的原始檔案名稱。

show() 方法可以顯示圖片，在 Windows 作業系統會以相片顯示器顯示圖片。

save() 方法可以儲存檔案，甚至也可以不同的格式儲存檔案。例如：將 jpg 檔案轉換存成 png 檔或 gif 檔。

範例：開啟 <img01.pjg> 檔並顯示，同時也顯示圖片的寬度、高度，原始檔案名稱。

程式碼：Image1.py

```
from PIL import Image
img = Image.open("img01.jpg")
img.show()
w,h=img.size
print(w,h) #320 240
filename=img.filename
print(filename) #img01.jpg
```

28.2.2 建立新的圖片物件

使用 new() 方法可以建立新的圖片，語法：

```
new(mode,size,color=0)
```

- **mode**："RGBA" 可以建立 png 檔，"RGB" 建立 jpg 檔。
- **size**：size 參數是一個元組，設定圖片的寬度和高度。
- **color**：設定顏色，預設為黑色。

範例：建立 300*200 的藍色圖片 <blue.jpg> 和透明的 <alpha.png> 檔案。

程式碼：Image2.py

```
from PIL import Image
img1 = Image.new("RGB",(300,200),"rgb(0,0,255)") # 藍色
img1.save("blue.jpg")

img2 = Image.new("RGBA",(300,200),"rgba(0,0,255,0)") # 透明
img2.save("alpha.png")
```

blue.jpg

alpha.png

<alpha.png> 檔案因為是透明的，開啟檔案後將看不到圖片。

01 02 03 04 05 06 07 08 09 10 11 12 13 14 15 16 17

28.3 圖片編輯

pillow 提供強大的圖片編輯功能，可以裁切、平移、旋轉、改變尺寸、轉置，將圖片以灰階處理，也可以編輯每一個像素 (pixel)，達成對圖片的特效處理，包括將灰階圖片轉換為黑白圖片。

28.3.1 更改圖片的大小

pillow 模組的 resize() 方法可重設圖形尺寸，語法為：

```
圖片變數 .resize(( 圖片寬度 , 圖片高度 ), 品質旗標 )
```

- **圖片寬度和圖片高度**：由一個元組組成。
- **品質旗標**：設定重設尺寸後的圖形品質，可能值有：

  Image.NEAREST：最低品質，此為預設值。
  Image.BILINEAR：雙線性取樣算法。
  Image.BICUBIC：三次樣條取樣算法。
  Image.ANTIALIAS：最高品質。

例如以最高品質將圖片大小重設為 (300,300)，並將結果存於 img1 變數：

```
img1 = img.resize((300, 300), Image.ANTIALIAS)
```

範例：將原始圖以兩倍寬度存為 <resize01.jpg> 檔，同時也以兩倍高度存為 <resize02.jpg> 檔。

程式碼：**Image3.py**

```
from PIL import Image
img = Image.open("img01.jpg")
w,h=img.size #320 240

img1=img.resize((w*2,h))
img1.save("resize01.jpg")
img2=img.resize((w,h*2))
img2.save("resize02.jpg")
```

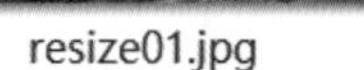
resize01.jpg

resize02.jpg

28.3.2 圖片旋轉

pillow 模組的 rotate() 方法可以旋轉圖片，旋轉後圖片的比率不會改變，多出的部份會以黑色取代。

範例：將原始圖分別旋轉 90、180 和 45 度。

程式碼：Image4.py

```
from PIL import Image
img = Image.open("img01.jpg")

img1=img.rotate(90) # 旋轉 90 度
img1.save("rotate01.jpg")
img.rotate(180).save("rotate02.jpg")# 旋轉 180 度
img.rotate(45).save("rotate03.jpg") # 旋轉 45 度
```

rotate01.jpg

rotate02.jpg

rotate03.jpg

01 02 03 04 05 06 07 08 09 10 11 12 13 14 15 16 17

28.3.3 圖片翻轉

pillow 模組的 transpose() 方法可將圖片做左右和上下的翻轉。

範例：將原始圖分別以左右和上下翻轉。

程式碼：Image5.py

```
from PIL import Image
img = Image.open("img01.jpg")

img.transpose(Image.FLIP_LEFT_RIGHT).save("transpose01.jpg")# 左右翻轉
img.transpose(Image.FLIP_TOP_BOTTOM).save("transpose02.jpg")# 上下翻轉
```

transpose01.jpg

transpose02.jpg

28.3.4 圖片灰階處理

pillow 模組的 convert('L') 可以將圖片轉換為灰階，每一個像素的值介於 0~255。

範例：將原始圖儲存為灰階的圖片。

程式碼：Image6.py

```
from PIL import Image
img = Image.open("img01.jpg")
imggray = img.convert('L') #轉換為灰階

imggray.save("gray01.jpg")
```

gray01.jpg

28.3.5 圖片像素編輯

pillow 模組的 getpixel() 方法可以取得圖片的像素 (pixel)，putpixel() 方法則可以設定像素的顏色。

getpixel 的語法：

```
getpixel((x,y))
```

參數 (x,y) 是 x,y 座標點的像素，它必須是一個元組。

putpixel 的語法：

```
putpixel((x,y),(r,g,b,a))
```

參數 (x,y) 是 x,y 座標點的像素，(r,g,b,a) 元組是設定的顏色。

範例：將原始圖轉成灰階，再儲存為黑白的圖片。

程式碼：Image7.py

```
from PIL import Image
img = Image.open("img01.jpg")
w,h=img.size #320 240
img = img.convert('L')  # 先轉換為灰階

for i in range(w):  #i 為每一列
    for j in range(h):  #j 為每一行
        if img.getpixel((i,j))<100:
            img.putpixel((i,j),(0))   # 設為黑色
        else:
            img.putpixel((i,j),(255)) # 設為白色
img.save("thresh.jpg")
```

thresh.jpg

28.4 圖片切割、複製和合成

pillow 除了對於圖片本身進行編輯，也可以對圖片進行切割、複製，甚至合成多張的圖片。

28.4.1 圖片切割

使用 crop 方法可以擷取指定範圍圖片，語法為：

```
圖片變數 .crop(( 左上角 x 座標 , 左上角 y 座標 , 右下角 x 座標 , 右下角 y 座標 ))
```

例如擷取 (50,50) 到 (200,200) 的圖片存於 img1 變數：

```
img1 = img.crop((50, 50, 200, 200))
```

範例：將原始圖片切割成 4 張圖片。

程式碼：Image8.py

```
from PIL import Image
img = Image.open("img01.jpg") # w,h=img.size #320 240
img1=img.crop((0,0,160,120))
img1.save("crop\crop01.jpg")
img.crop((161,0,320,120)).save("crop\crop02.jpg")
img.crop((0,121,160,240)).save("crop\crop03.jpg")
img.crop((161,121,320,240)).save("crop\crop04.jpg")
img.close()
```

crop01.jpg

crop02.jpg

crop03.jpg

crop04.jpg

28.4.2 圖片複製

copy 方法可以複製圖片，通常會在圖片合成前先複製圖片，避免破壞原來的圖片。

範例：複製原始圖片並儲存為 <imgcopy.png> 檔。

程式碼：**Image9.py**

```
from PIL import Image
img = Image.open("img01.jpg")
imgcopy=img.copy()
imgcopy.save("imgcopy.png")
```

28.4.3 圖片合成

使用 paste 方法可以將圖片插入指定的位置，達到圖片合成的效果。語法：

```
底圖圖片 .paste( 插入圖片 ,(x,y))
```

範例：截取圖片中的貓熊，改變尺寸後，一張貼在左上方，另一張左右翻轉後貼在正上方並將之存檔。

程式碼：**Image10.py**

```
from PIL import Image
img = Image.open("panda.jpg")
imgcopy=img.copy() # 複製
# 切割貓熊並改變尺寸
img1=imgcopy.crop((190,184,415,350)).resize((160,140))
imgcopy.paste(img1,(40,30)) # 貼上
img2=img1.transpose(Image.FLIP_LEFT_RIGHT)# 左右翻轉
imgcopy.paste(img2,(220,40))# 貼上
# imgcopy.show()
imgcopy.save("panda_paste.jpg")
```

panda_paste.jpg

28.5 圖片濾鏡

pillow 的 ImageFilter 模組提供濾鏡功能，可以使用 filter() 方法將圖片加上濾鏡效果。filter() 參數的功能如下：

- BLUR：模糊濾鏡，將圖片變模糊。
- CONTOUR：輪廓濾鏡，增強圖片中的輪廓。
- DETAIL：細節增強濾鏡，會使得圖片中細節更加明顯。
- EDGE_ENHANCE：邊緣增強濾鏡。
- EDGE_ENHANCE_MORE：深度邊緣增強濾鏡，會使得圖片邊緣更加明顯。
- EMBOSS：浮雕濾波濾鏡，會使圖片呈現浮雕效果。
- FIND_EDGES：邊緣資訊濾鏡，會找出圖片的邊緣資訊。
- SMOOTH：平滑濾鏡，會使圖片亮度平緩漸變。
- SMOOTH_MORE：深度平滑濾鏡。
- SHARPEN：銳化濾鏡，增強圖片邊緣及灰度強裂變化的部分，使圖片變得清晰。

範例：各種濾鏡效果並存檔。

程式碼：ImageFilter1.py

```
from PIL import Image,ImageFilter

img = Image.open("panda.jpg")

imgFilter=img.filter(ImageFilter.BLUR)    # 模擬
imgFilter.save("BLUR.jpg")
imgFilter=img.filter(ImageFilter.CONTOUR)# 輪廓
imgFilter.save("CONTOUR.jpg")
img.filter(ImageFilter.EMBOSS).save("EMBOSS.jpg")   # 浮雕
img.filter(ImageFilter.SHARPEN).save("SHARPEN.jpg")# 銳化
```

BLUR.jpg
CONTOUR.jpg
EMBOSS.jpg
SHARPEN.jpg

01 02 03 04 05 06 07 08 09 10 11 12 13 14 15 16 17

28.6 繪製圖形

pillow 中的 ImageDraw 模組可以繪製點、線、矩形、圓或橢圓、多邊形，也可以繪製文字。

匯入 ImageDraw 模組：

```
from PIL import ImageDraw
```

建立畫布

首先要以 Draw() 方法建立畫布，然後使用各種繪圖方法在畫布上畫圖，畫布座標是以左上角為 (0,0) 點，x 座標向右遞增，y 座標向下遞增。可以使用舊有的圖片當作畫布，例如：以 <img01.jpg> 當畫布。

```
from PIL import Image,ImageDraw
img = Image.open("img01.jpg")
drawimg=ImageDraw.Draw(img)
```

也可以建立新的畫布，例如：建立 400*300 淡灰色的畫布。

```
from PIL import Image,ImageDraw
img = Image.new("RGB",(400,300),"lightgray")
drawimg=ImageDraw.Draw(img)
```

繪點

point() 方法可以繪點，語法：

```
point([(x1,y1),...,(xn,yn)][,fill=None])
```

第一個參數是元組組成的串列，(x,y) 為點的座標，可以同時繪製多個點。fill 參數可以 RGBA() 設定顏色或是直接以字串設定顏色，省略時預設為白色。

繪直線

line() 方法可以繪直線，語法：

```
line([(x1,y1),...,(xn,yn)][,width,fill])
```

第一個參數是元組組成的串列，(x,y) 為各點的座標，line() 方法會將這些點連接起來，width 參數是線條寬度，省略時預設為 1，fill 參數可以 RGBA() 設定或是直接以字串設定顏色，省略時預設為白色。

範例：以 point() 方法在淡灰色畫布每隔 10 pixel 畫一個紅色的點，同時在畫布下半部從中心點到底線畫出寬度為 2、藍色的直線。

程式碼：**ImageDraw1.py**

```
from PIL import Image,ImageDraw
img = Image.new("RGB",(400,300),"lightgray") # 淡灰色
drawimg=ImageDraw.Draw(img)

# 繪點
for i in range(0,400,10):
    for j in range(0,300,10):
        drawimg.point([(i,j)],fill="red")
# 繪直線
for i in range(0,400,10):
    drawimg.line([(i,300),(200,150)],width=2,fill="blue")
img.show()
```

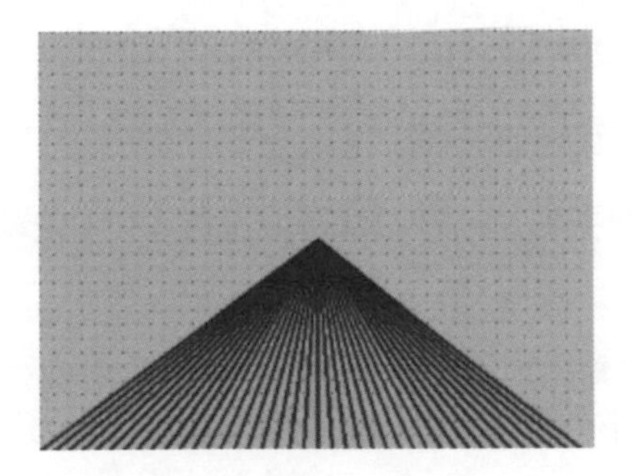

繪矩形

rectangle() 方法可以繪矩形，語法：

```
rectangle((left,top,right,bottom)[,fill,outline])
```

第一個參數是元組，(left,top)、(right,bottom) 是矩形左上角和右下角的座標，fill 參數表示內部填滿的顏色，可以 RGBA() 設定或是直接指定顏色，outline 則是矩形外框顏色。

繪圓或橢圓

ellipse() 方法可以繪圓或橢圓，語法：

```
ellipse((left,top,right,bottom)[,fill,outline])
```

第一個參數是元組，(left,top)、(right,bottom) 為包住橢圓外部的矩形左上角和右下角座標，fill 參數表示內部填滿的顏色，可以 RGBA() 設定或是直接指定顏色，outline 則是外框顏色。

繪多邊形

polygon() 方法可以繪多邊形，語法：

```
polygon([(x1,y1),...,(xn,yn)][,fill,outline])
```

第一個參數是元組組成的串列，(x,y) 為各點的座標，polygon() 方法會將這些點連接起來，fill 參數可以 RGBA() 設定或是直接指定顏色，outline 則是外框顏色。

繪文字

text() 方法可以繪文字，語法：

```
point((x1,y1),text[,fill,font])
```

第一個參數是元組組成的串列，(x,y) 為文字的位置、fill 參數可以 RGBA() 設定或是直接指定顏色。

font 可設定字型，省略時會用預設的字型。設定字型必須匯入 ImageFont 模組，並以 truefont() 方法設定字型和大小。在 Windows 系統字型位於 C:\Windows\Fonts 目錄中，可以下列方式查詢。

選擇指定的字型，按滑鼠右鍵選擇 **內容**，在 **內容** 視窗中選擇 **安全性** 標籤，然後按 **進階** 按鈕，在 **進階安全設定** 視窗的 **名稱** 欄位即為字型的檔案路徑。

18 19 20 21 22 23 24 25 26 27 28 29 30 31 32 33

例如：設定字型為「細明體」，大小為 16 像素。

```
from PIL import ImageFont
myfont=ImageFont.truetype("C:\Windows\Fonts\mingliu.ttc",16)
```

範例：以三角形繪製藍色屋頂、綠色矩形繪製房間、紅色圓繪製太陽、兩個白色橢圓繪製白雲，再以橘色繪製「e-happy」文字、中文細明體 16 大小的字型繪製「文淵閣工作室」文字。

程式碼：ImageDraw2.py

```
from PIL import Image,ImageDraw
from PIL import ImageFont

img = Image.new("RGB",(400,300),"lightgray") # 淡灰色
drawimg=ImageDraw.Draw(img)

# 繪多邊形
drawimg.polygon([(200,100),(350,150),(50,150)],fill="blue",outline="red")# 屋頂
# 繪矩形
drawimg.rectangle((100,150,300,250),fill="green",outline="black") # 房間
# 繪圓
drawimg.ellipse((300,40,350,90),fill="red")# 太陽
# 繪橢圓
drawimg.ellipse((60,80,100,100),fill="white") # 白雲一
drawimg.ellipse((100,60,130,80),fill="white") # 白雲二
# 繪文字
drawimg.text((120,170),"e-happy",fill="orange")
myfont=ImageFont.truetype("C:\Windows\Fonts\mingliu.ttc",16)# 文字一
drawimg.text((120,200)," 文淵閣工作室 ",fill="red",font=myfont) # 文字二
img.show()
img.save("house.png")
```

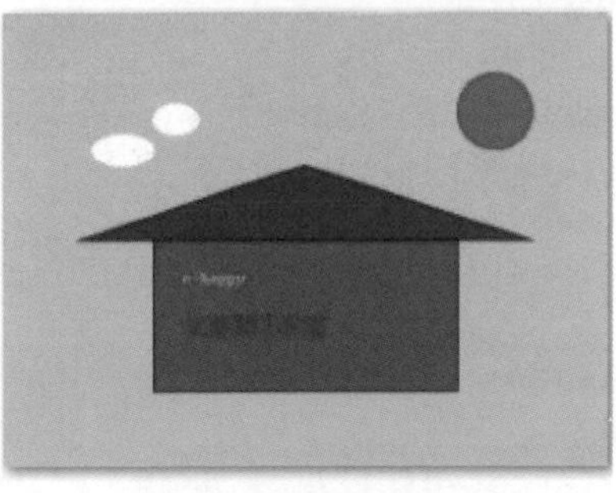

house.png

28.7 實戰：大量圖片處理

在電腦檔案的操作中，經常會有需要將大量的檔案重新命名，再分別整理到指定資料夾的需求。例如製作網頁時，為了網路傳輸速度考量，會將圖片的解析度降低、更改所有的圖檔為相同大小，或是將圖片轉換成另一種格式的檔案、圖片轉灰階等等。其實只要利用 pillow 超強的圖片處理功能，即可輕鬆的完成這些任務。

範例：大量圖片處理

將 pic 目錄中所有圖片，全部轉換為 800*600 大小，再另存為 .bmp 檔 (存在 bmp_photo 目錄)，同時也將全部圖片灰階處理後依編號存成 gray001.jpg、gray002.jpg…等檔案 (存在 gray_photo 目錄)。

程式碼：resize_bmp_gray.py

```
1   def emptydir(dirname):
2       if os.path.isdir(dirname):
3           shutil.rmtree(dirname)
4           sleep(1)  # 需延遲，否則會出錯
5       os.mkdir(dirname)
6
7   import PIL
8   from PIL import Image
9   import glob
10  import shutil, os
11  from time import sleep
12
13  image_dir="pic"
14  target_dir = 'bmp_photo'
15  target_dir2 = 'gray_photo'
16  emptydir(target_dir)
17  emptydir(target_dir2)
18  files=glob.glob(image_dir+"\*.jpg") + glob.glob(image_dir+"\*.png")
19  for i, f in enumerate(files):
20      img = Image.open(f)
21      img_new = img.resize((800, 600), PIL.Image.ANTIALIAS)
22      path,filename = f.split("\\") #路徑、檔名
23      name,ext = filename.split(".") #主檔名、副檔名
24      # 以 bmp 格式存檔
25      img_new.save(target_dir+'/' + name + '.bmp')
```

```
26
27         # 轉換為灰階
28         img_gray = img_new.convert('L')
29         # gray001.jpg、gray002.jpg...
30         outname = str("gray") + str('{:0>3d}').format(i+1) + '.jpg'
31         img_gray.save(target_dir2+'/'+outname)
32         print("{} 複製完成！".format(f))
33         img.close()
34
35     print('轉換尺寸及灰階處理結束！')
```

執行結果：

左下圖為主檔名不變，在 <bmp_photo> 目錄另存為 .bmp 檔，右下圖為先轉換為灰階後，在 <bmp_photo> 目錄另存為 gray001.jpg、gray002.jpg…檔。

程式說明

- 1-5　emptydir 自訂函式建立空的資料夾，若資料夾已存在，就先刪除再建立新資料夾。
- 2-3　若資料夾已存在，就先刪除該資料夾。
- 4　刪除資料夾需一些時間，所以延遲 1 秒。
- 5　建立資料夾。
- 7-11　匯入相關的模組。
- 13　設定來源圖片目錄。
- 14-15　設定圖片轉換後儲存的目錄。
- 16-17　建立目的資料夾。
- 18　讀取來源資料夾中所有圖片檔。
- 19-33　逐一將圖片檔案轉換尺寸、另存副檔名、轉灰階、另存為 jpg 檔。

- 21　轉換格式為 800x600 像素最高品質圖片。
- 22　以「\」字元將路徑檔名分割為路徑、檔名，例如：pic\panda.jpg 分割後 path=pic、filename=panda.jpg。
- 23　以「.」字元將檔名分割為主檔名、副檔名，例如：panda.jpg 分割後 name=panda、ext=jpg。
- 25　以 .bmp 儲存檔案。
- 28　轉換為灰階格式。
- 30　設定檔名為 gray001.jpg、gray001.jpg 等，「:0>3d」是以 3 位數字顯示，若不足 3 位數左邊補 0。
- 31　儲存檔案為 .jpg 檔。
- 32　顯示複製檔案過程。
- 33　關閉檔案。

29

電腦遊戲開發：PyGame

Pygame 入門教學

- Pygame 程式基本架構
- 基本繪圖
- 載入圖片
- 繪製文字

Pygame 動畫處理

- 動畫處理基本程式架構
- 水平移動的藍色球體
- 自由移動的藍色球體
- 角色類別 (Sprite)
- 碰撞偵測
- 鍵盤事件
- 滑鼠事件

實戰：打磚塊遊戲

- 應用程式總覽
- 球體、磚塊、滑板角色類別
- 自訂函式及主程式

01 02 03 04 05 06 07 08 09 10 11 12 13 14 15 16 17

29.1 Pygame 入門教學

Pygame 是專門為了開發遊戲所推出的 Python 模組。它是從 Simple Directmedia Layer (SDL) 延伸發展出來的。SDL 與 DirectX 類似，以精簡方式完成許多控制聲音、影像的基礎工作，大幅簡化程式碼，使開發遊戲工作更為容易。

29.1.1 Pygame 程式基本架構

首先在命令提示字元視窗以下列命令安裝 Pygame 模組：

```
pip install pygame==2.0.1
```

建立 Pygame 程式首先要匯入 Pygame 模組，語法為：

```
import pygame
```

然後啟動 Pygame 模組，語法為：

```
pygame.init()
```

接著建立繪圖視窗做為圖形顯示區域，語法為：

```
視窗變數 = pygame.display.set_mode( 視窗尺寸 )
```

例如建立一個寬 640、高 320 的繪圖視窗，存於 screen 變數：

```
screen = pygame.display.set_mode((640, 320))
```

繪圖視窗的原點 (0,0) 位於左上角，座標值向右、向下遞增：

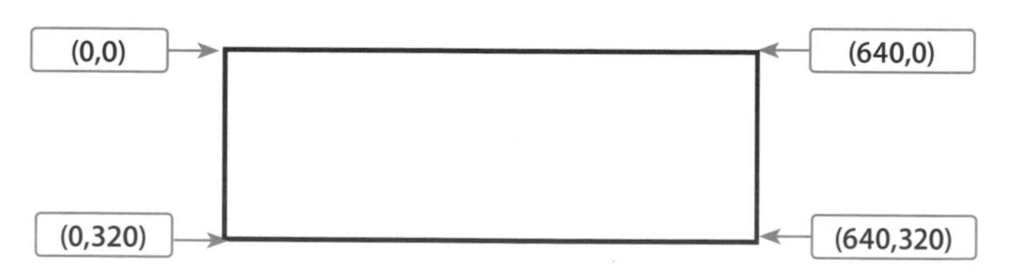

Pygame 模組的 display.set_caption 方法可設定視窗標題，例如：

```
pygame.display.set_caption(" 這是繪圖視窗標題 ")
```

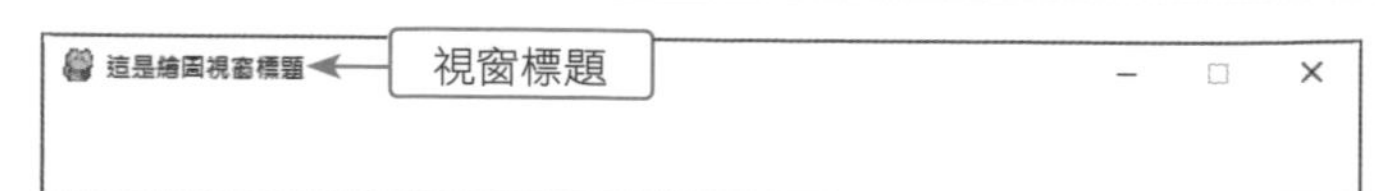

通常圖形不是直接畫在繪圖視窗中，而是在繪圖視窗建立一塊與繪圖視窗同樣大小的畫布，然後將圖形畫在畫布上。建立畫布的語法為：

```
畫布變數 = pygame.Surface(screen.get_size())
畫布變數 = 背景變數 .convert()
```

Surface 方法可建立畫布，「screen.get_size()」取得繪圖視窗尺寸，因此畫布會填滿繪圖視窗。畫布變數的 convert 方法可為畫布建立一個副本，加快畫布在繪圖視窗的顯示速度。例如建立 background 畫布變數：

```
background = pygame.Surface(screen.get_size())
background = background.convert()
```

畫布變數的 fill 方法的功能是為畫布填滿指定顏色，例如設定畫布為紅色：

```
background.fill((255,0,0))
```

建立畫布後不會在繪圖視窗中顯示，需以視窗變數的 blit 方法繪製於視窗中，語法為：

```
視窗變數 .blit( 畫布變數 , 繪製位置 )
```

例如將 background 畫布從繪圖視窗左上角 (0,0) 開始繪製，覆蓋整個視窗：

```
screen.blit(background, (0,0))
```

最後更新繪圖視窗內容，才能顯示繪製的圖形，語法為：

```
pygame.display.update()
```

偵測關閉繪圖視窗

使用者若是按繪圖視窗右上角 ✕ 鈕就會關閉繪圖視窗，結束程式執行，因此要以無窮迴圈檢查使用者是否按了 ✕ 鈕，程式碼為：

```
1 running = True
2 while running:
3     for event in pygame.event.get():
4         if event.type == pygame.QUIT:
5             running = False
6 pygame.quit()
```

當 running 為 True 時，會重覆執行 3-5 列程式檢查按鈕事件；若使用者按了 鈕會傳回「pygame.QUIT」，第 5 列程式將 running 設為 False 而跳出迴圈，第 6 列程式關閉繪圖視窗。

Pygame 程式基本架構整理為下面範例。

範例：Pygame 建立繪圖視窗

使用 Pygame 建立繪圖視窗，按 鈕會關閉視窗。

程式碼：basic.py

```
1 import pygame
2 pygame.init()  # 啟動 Pygame
3 screen = pygame.display.set_mode((640, 320))  # 建立繪圖視窗
4 pygame.display.set_caption(" 基本架構 ")  # 繪圖視窗標題
5 background = pygame.Surface(screen.get_size())  # 建立畫布
6 background = background.convert()
7 background.fill((255,255,255))  # 畫布為白色
8 screen.blit(background, (0,0))  # 在繪圖視窗繪製畫布
9 pygame.display.update()  # 更新繪圖視窗
10 running = True
11 while running:  # 無窮迴圈
12     for event in pygame.event.get():
13         if event.type == pygame.QUIT:  # 使用者按關閉鈕
14             running = False
15 pygame.quit()  # 關閉繪圖視窗
```

29.1.2 基本繪圖

繪製幾何圖形是遊戲模組的基本功能，設計者可將幾何圖形組合成遊戲角色。

繪製矩形：pygame.draw.rect

Pygame 繪製矩形的語法為：

```
pygame.draw.rect( 畫布 , 顏色 , [x 座標 , y 座標 , 寬度 , 高度 ], 線寬 )
```

- **顏色**：由 3 個 0 到 255 整數組成，如 (255,0,0) 為紅色，(0,255,0) 為綠色，(0,0,255) 為藍色。
- **線寬**：若線寬大於 0 表示矩形邊線寬度，等於 0 表示實心矩形，預設值為 0。

例如在 (100,100) 處以線寬為 2，繪製寬度 80、高度 50 的紅色矩形：

```
pygame.draw.rect(background, (255,0,0), [100, 100, 80, 50], 2)
```

繪製圓形：pygame.draw.circle

Pygame 繪製圓形的語法為：

```
pygame.draw.circle( 畫布 , 顏色 , (x 座標 , y 座標 ), 半徑 , 線寬 )
```

例如在 (100,100) 處繪製半徑 50 的藍色實心圓形：

```
pygame.draw.circle(background, (0,0,255), (100,100), 50, 0)
```

繪製橢圓形：pygame.draw.ellipse

Pygame 繪製橢圓形的語法為：

```
pygame.draw.ellipse( 畫布 , 顏色 , [x 座標 , y 座標 , x 直徑 , y 直徑 ], 線寬 )
```

例如在 (100,100) 處以線寬為 5，繪製 x 直徑 120、y 直徑 70 的綠色橢圓形：

```
pygame.draw.ellipse(background, (0,255,0), [100, 100, 120, 70], 5)
```

01 02 03 04 05 06 07 08 09 10 11 12 13 14 15 16 17

繪製圓弧：pygame.draw.arc

Pygame 繪製圓弧的語法為：

```
pygame.draw.arc(畫布,顏色,[x 座標,y 座標,x 直徑,y 直徑],起始角,結束角,線寬)
```

- **起始角及結束角**：單位為弳度，以右方為 0，逆時針旋轉遞增角度。

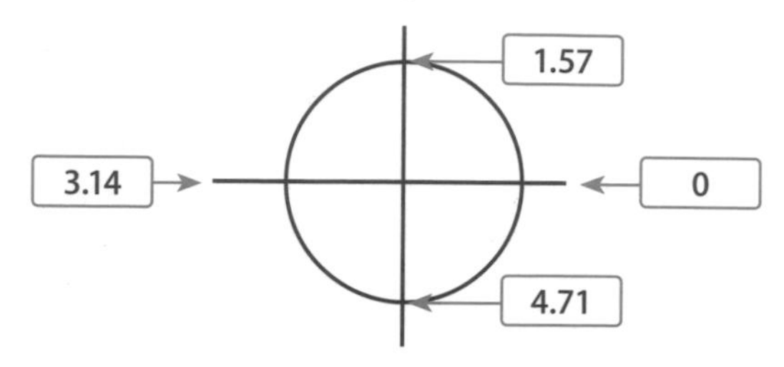

例如在 (300,150) 處以線寬為 5，繪製直徑為 150 的紅色半圓形：

```
pygame.draw.arc(background, (255,0,0), [300, 150, 150, 150],
    0, 3.14, 5)
```

繪製直線：pygame.draw.line

Pygame 繪製直線的語法為：

```
pygame.draw.line(畫布,顏色,(x 座標 1,y 座標 1),(x 座標 2,y 座標 2),線寬)
```

例如在以線寬為 3、 繪製由 (100,100) 到 (300,400) 的紫色直線：

```
pygame.draw.line(background,(255,0,255),(100,100),(300,400),3)
```

繪製多邊形：pygame.draw.polygon

Pygame 繪製多邊形的語法為：

```
pygame.draw.polygon(畫布,顏色,點座標串列,線寬)
```

例如繪製由 (200,100)、(100,300)、(300,300) 三點組成的藍色實心三角形：

```
points = [(200,100),(100,300),(300,300)]
pygame.draw.polygon(background,(0,0,255),points,0)
```

18 19 20 21 22 23 24 25 26 27 28 29 30 31 32 33

範例：基本繪圖 - 人臉

以基本繪圖功能繪製人臉。

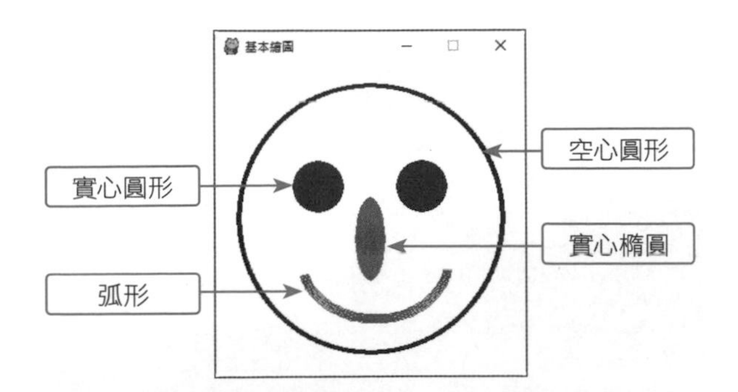

程式碼：basicplot.py

```
…略
 8 pygame.draw.circle(background, (0,0,0), (150,150), 130, 4)
 9 pygame.draw.circle(background, (0,0,255), (100,120), 25, 0)
10 pygame.draw.circle(background, (0,0,255), (200,120), 25, 0)
11 pygame.draw.ellipse(background, (255,0,255),[135, 130, 30, 80], 0)
12 pygame.draw.arc(background, (255,0,0), [80, 130, 150, 120],
       3.4, 6.1, 9)
…略
```

29.1.3 載入圖片

使用幾何繪圖無法畫出精緻圖形，若有現成圖片可載入 Pygame 中直接使用。載入圖片的語法為：

```
圖片變數 = pygame.image.load( 圖片檔案路徑 )
```

圖片載入後通常會以 convert 方法處理，增加繪製速度，語法為：

```
圖片變數 .convert()
```

例如載入 <media> 資料夾 <img01.jpg> 圖片檔存於 image 變數：

```
image = pygame.image.load("media\\img01.jpg")
image.convert()
```

Pygame 可載入的圖片類型有 JPG、PNG、GIF、BMP、PCX、TIF、LBM 等。如果圖片經過去背處理，Pygame 顯示圖片時會呈現去背效果。

範例：顯示載入圖片

載入圖片並顯示，右方為具有去背效果的圖片。

程式碼：loadpic.py

```
…略
 7 background.fill((0,255,0))
 8 image = pygame.image.load("media\\img01.jpg")
 9 image.convert()
10 compass = pygame.image.load("media\\compass.png")
11 compass.convert()
12 background.blit(image, (20,10))
13 background.blit(compass, (400,50))
…略
```

程式說明

- 7　　設定背景為綠色，方便觀察去背效果。
- 8-11　　載入 <media> 資料夾 <img01.jpg> 及 <compass.png> 圖片。
- 12-13　　繪製兩張圖片，其中 <compass.png> 圖片有去背效果。

29.1.4 繪製文字

Pygame 可用繪圖的方式繪製文字，如此就可將文字與圖形合為一體。繪製文字前需先指定文字字體，語法為：

```
字體變數 = pygame.font.Font( 字型檔案 , 字體尺寸 )
```

- **字型檔案**：如果要顯示中文及英文，字型檔案需用中文字體，並將字型檔案置於 Python 程式相同資料夾。本章中文字型使用新細明體 (<mingliu.ttc>)。

Pygame 繪製文字的語法為：

```
文字變數 = 字體變數 .render( 文字 , 平滑值 , 文字顏色 , 背景顏色 )
```

- **平滑值**：布林值，True 表示平滑文字，文字較美觀但繪製較費時；False 表示文字可能有鋸齒，繪製速度較快。

例如繪製中文及英文文字：(<plottext.py>)

```
…略
background.fill((0,255,0))  # 背景為綠色
font1 = pygame.font.Font("mingliu.ttc", 24)  # 新細明體
text1 = font1.render(" 顯示中文 ", True, (255,0,0),
    (255,255,255))  # 中文 , 不同背景色
background.blit(text1, (20,10))
text2 = font1.render("Show english.", True,
    (0,0,255), (0,255,0))  # 英文 , 相同背景色
background.blit(text2, (20,50))
…略
```

執行結果：

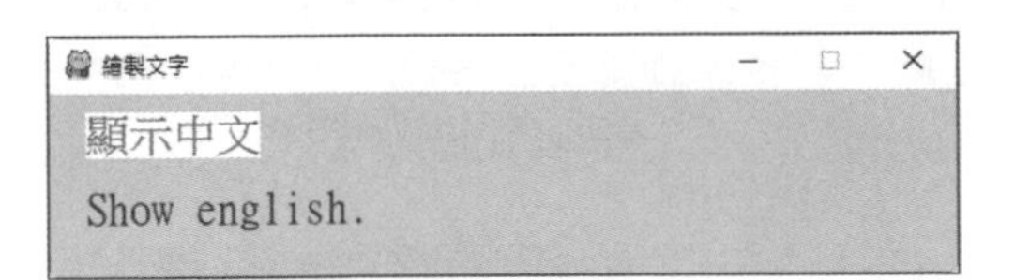

01 02 03 04 05 06 07 08 09 10 11 12 13 14 15 16 17

29.2 Pygame 動畫處理

動畫是遊戲不可或缺的要素，在遊戲中，只有角色動起來，遊戲才會擁有生命，但動畫也是遊戲設計者最感頭痛的部分。Pygame 模組透過不斷重新繪製繪圖視窗，短短幾列程式就讓圖片動起來了！

29.2.1 動畫處理基本程式架構

Pygame 基本程式架構中，最後是以無窮迴圈檢查使用者是否按 ☒ 鈕關閉繪圖視窗，設計者可將不斷重新繪製繪圖視窗的程式碼置於此無窮迴圈內。動畫處理的基本程式架構為：(<basicmotion.py>)

```
…略
 7 background.fill((255,255,255))
 8 
 9 clock = pygame.time.Clock()  #建立時間元件
10 running = True
11 while running:
12     clock.tick(30)  #每秒執行 30 次
13     for event in pygame.event.get():
14         if event.type == pygame.QUIT:
15             running = False
16     screen.blit(background, (0,0))  #清除繪圖視窗
17 
18     pygame.display.update()  #更新繪圖視窗
19 pygame.quit()  #關閉繪圖視窗
```

第 9 列建立 clock 元件，第 12 列利用此元件的 tick 方法設定每秒重繪次數，此處設為每秒重繪 30 次。重繪次數越多動畫會越流暢，但 CPU 負擔越重，如果超過負荷，程式可能當機。如無特殊需求，一般設為「30」。

第 16 列以 background 背景畫布覆蓋繪圖視窗，會將繪圖視窗中所有內容清除，讓設計者重新繪製。

設計者可將一次性工作如建立幾何圖形、載入圖片、變數初值設定等程式碼置於第 8 列，再將移動後繪製圖片的程式碼置於第 17 列，相當於圖片一秒會移動 30 次，造成流暢的動畫效果。

29.2.2 水平移動的藍色球體

以一個水平移動的藍色球體簡單動畫說明動畫處理程式。

範例：藍色球體水平移動

開始時藍色球體位於水平中央位置並向右移動，碰到右邊界時會反彈向左移動，碰到左邊界時也會反彈向右移動。

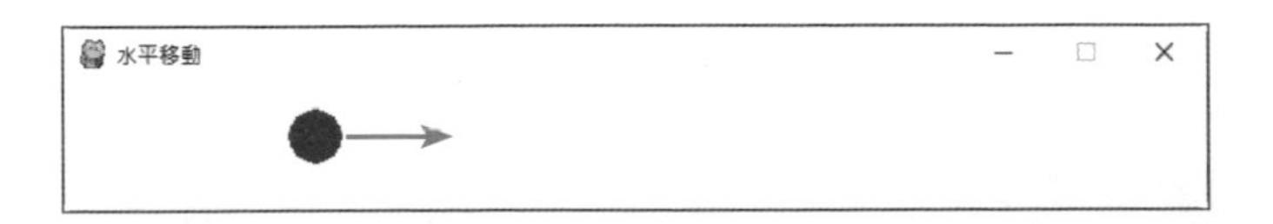

程式碼：horizontalmotion.py

```
…略
 8 ball = pygame.Surface((30,30))  #建立球矩形繪圖區
 9 ball.fill((255,255,255))  #矩形區塊背景為白色
10 pygame.draw.circle(ball, (0,0,255), (15,15), 15, 0)  #畫藍色球
11 rect1 = ball.get_rect()  #取得球矩形區塊
12 rect1.center = (320,45)  #球起始位置
13 x, y = rect1.topleft  #球左上角座標
14 dx = 3  #球運動速度
15 clock = pygame.time.Clock()
16 running = True
17 while running:
18     clock.tick(30)  #每秒執行30次
19     for event in pygame.event.get():
20         if event.type == pygame.QUIT:
21             running = False
22     screen.blit(background, (0,0))  #清除繪圖視窗
23     x += dx  #改變水平位置
24     rect1.center = (x,y)
25     if(rect1.left <= 0 or rect1.right >= screen.get_width()): #到達左右邊界
26         dx *= -1
27     screen.blit(ball, rect1.topleft)
28     pygame.display.update()
29 pygame.quit()
```

程式說明

- 8-14　執行一次性工作：建立球體及設定變數。
- 8-9　建立球體繪圖區並將背景設為與 bacjground 背景色相同 (白色)，繪製球體時才不會呈現矩形底色。

- 10　　繪製藍色球。
- 11-12　　取得球體矩形區塊並設定球體起始位置。
- 13　　取得球體左上角座標，用 blit 方法繪圖時以此點做為球體位置。
- 14　　設定球體運動速度，數值越大，速度越快。
- 23-27　　繪製動畫，每秒畫 30 次：改變球體位置後重繪。
- 23　　改變球體水平位置：dx 為正時向右，dx 為負時向左。
- 24　　更新位置。
- 25-26　　球體碰到左、右邊界時改變 dx 正、負號即可改變球體移動方向。
- 27　　重新繪製球體。

29.2.3 自由移動的藍色球體

一般球體不是在單一方向移動，而是可以任意方向移動，此時就要將移動速度拆為水平速度及垂直速度，控制水平、垂直速度就能控制移動方向。水平及垂直速度可用三角函數取得，計算方式如下圖：

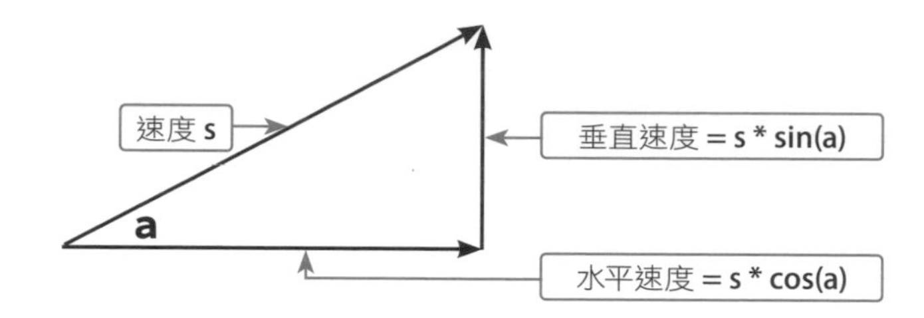

設定移動方向與水平線的夾角 a，即可用 cos、sin 函數取得水平、垂直速度。

範例：藍色球體自由移動

開始時藍色球體以隨機角度向右上方移動，撞到邊緣會反彈繼續移動。

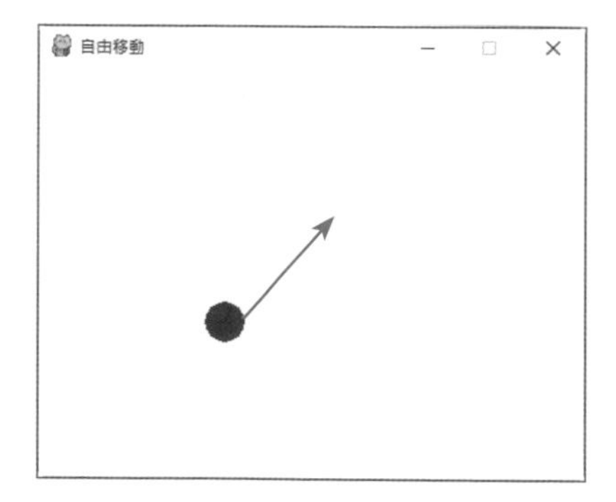

18 19 20 21 22 23 24 25 26 27 28 29 30 31 32 33

程式碼：freemotion.py

```
…略
14 direction = random.randint(20,70)  #起始角度
15 radian = math.radians(direction)  #轉為徑度
16 dx = 5 * math.cos(radian)  #球水平運動速度
17 dy = -5 * math.sin(radian)  #球垂直運動速度
…略
25      screen.blit(background, (0,0))  #清除繪圖視窗
26      x += dx  #改變水平位置
27      y += dy  #改變垂直位置
28      rect1.center = (x,y)
29      if(rect1.left <= 0 or rect1.right >=
            screen.get_width()): #到達左右邊界
30          dx *= -1  #水平速度變號
31      elif(rect1.top <= 5 or rect1.bottom >=
            screen.get_height()-5): #到達上下邊界
32          dy *= -1  #垂直速度變號
33      screen.blit(ball, rect1.topleft)
34      pygame.display.update()
35 pygame.quit()
```

程式說明

- 1-13　與前一範例相同：建立藍色球體。
- 14　以亂數設定起始角度，如此每次執行程式球體移動路徑才會不同。
- 15　三角函數的參數單位是徑度，此列程式將角度度數轉換為徑度。
- 16-17　計算水平、垂直速度，因向右上方移動，所以垂直速度為負值。
- 26-27　同時改變水平及垂直位移，就會讓球在指定方向移動。
- 29-30　撞到左、右邊界就將水平速度變號。
- 31-32　撞到上、下邊界就將垂直速度變號。

29.2.4 角色類別 (Sprite)

Pygame 遊戲中有許多元件會重覆使用，例如射擊太空船遊戲。外星太空船可能多達數十艘，只要建立「角色類別」，即可創造多個相同物件。

Pygame 角色類別是最被遊戲設計者稱道的功能，它不但能複製多個物件，還能進行動畫繪製、碰撞偵測等。建立角色類別的基本語法為：

```
class 角色名稱 (pygame.sprite.Sprite):
    屬性 1 = 值 1
    屬性 2 = 值 2
    …………
    def __init__(self, 參數 1, 參數 2, ……):
        pygame.sprite.Sprite.__init__(self)
        程式碼
```

屬性 1、屬性 2、……可有可無，通常做為類別中不同函式的共用變數。

「__init__」為類別建構式，類別中一定要有此函式，建立物件時會執行此函式，僅執行一次，通常用於建立圖形、載入圖片、初始化變數值等。

類別中可自行撰寫特定功能函式，例如繪製動畫功能，再於物件中呼叫。

以角色類別建立的角色物件無法直接在畫布中顯示，必須加入角色群組才能繪製。建立角色群組的語法為：

```
角色群組名稱 = pygame.sprite.Group()
```

使用角色群組的 add 方法可將角色物件加入角色群組，語法為：

```
角色群組名稱 .add( 角色物件 )
```

角色群組中可包含多個角色物件。最後使用角色群組的 draw 方法可將群組內全部角色物件繪製到畫布上，語法為：

```
角色群組名稱 .draw( 畫布 )
```

以前一範例自由移動的球體為例，說明建立球體角色類別程式。

範例：以角色製作自由移動球體

紅色及藍色球體角色會獨立自由移動，碰到邊界會反彈。

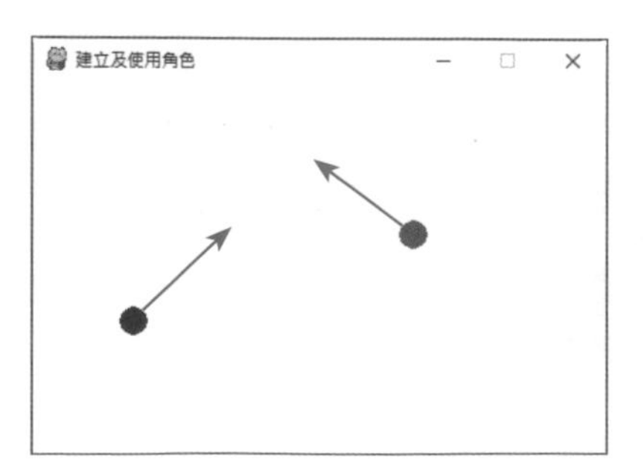

程式碼：sprite.py

```
1 import pygame, random, math
2
3 class Ball(pygame.sprite.Sprite):
4     dx = 0  #x 位移量
5     dy = 0  #y 位移量
6     x = 0  # 球 x 座標
7     y = 0  # 球 y 座標
8
9     def __init__(self, speed, srx, sry, radium, color):
10        pygame.sprite.Sprite.__init__(self)
11        self.x = srx
12        self.y = sry
13        self.image = pygame.Surface([radium*2, radium*2]) # 繪製球體
14        self.image.fill((255,255,255))
15        pygame.draw.circle(self.image, color, (radium,radium), radium, 0)
16        self.rect = self.image.get_rect()  # 取得球體區域
17        self.rect.center = (srx,sry)  # 初始位置
18        direction = random.randint(20,70)  # 移動角度
19        radian = math.radians(direction)  # 角度轉為弳度
20        self.dx = speed * math.cos(radian)  # 球水平運動速度
21        self.dy = -speed * math.sin(radian)  # 球垂直運動速度
22
23    def update(self):
24        self.x += self.dx  # 計算球新餘標
25        self.y += self.dy
26        self.rect.x = self.x  # 移動球圖形
27        self.rect.y = self.y
28        if(self.rect.left <= 0 or self.rect.right >=
               screen.get_width()):  # 到達左右邊界
29          self.dx *= -1  # 水平速度變號
30        elif(self.rect.top <= 5 or self.rect.bottom >=
               screen.get_height()-5):  # 到達上下邊界
31          self.dy *= -1  # 垂直速度變號
```

程式說明

- 3　角色類別名稱為 Ball。
- 4-7　x、y 位移量及球的 x、y 座標在 update 函式也要使用，故設為屬性。
- 9　參數 speed 為球體移動速度，srx、sry 為球體初始位置，radium 為球體半徑，color 為球體顏色。
- 11-12　設定 x、y 屬性值為參數 srx、sry，即球體位置。

01 02 03 04 05 06 07 08 09 10 11 12 13 14 15 16 17

- 13-17　畫出球體圖形並設定初始位置。
- 18-21　以亂數取得初始移動角度並計算水平、垂直移動速度。
- 23-31　自訂球體移動功能函式：update 函式。
- 24-27　計算球體新位置並將球體移到新位置。
- 28-31　碰到邊界反彈。

程式碼：sprite.py（續）

```
…略
39 allsprite = pygame.sprite.Group()  #建立角色群組
40 ball1 = Ball(8, 100, 100, 20, 20, (0,0,255))  #建立藍色球物件
41 allsprite.add(ball1)  #加入角色群組
42 ball2 = Ball(6, 200, 250, 20, 20, (255,0,0))  #建立紅色球物件
43 allsprite.add(ball2)
…略
51      screen.blit(background, (0,0))  #清除繪圖視窗
52      ball1.update()  #物件更新
53      ball2.update()
54      allsprite.draw(screen)
55      pygame.display.update()
56 pygame.quit()
```

程式說明

- 39　建立角色群組變數 allsprite。
- 40-43　建立兩個球體 (藍色及紅色) 並加入角色群組。
- 52-53　每秒執行球體移動函式 (update)30 次。
- 54　繪製所有球體角色 (藍色及紅色球體)。

29.2.5 碰撞偵測

角色物件提供了數個碰撞偵測方法，可對角色物件碰撞做各種不同形式的偵測，較常用的碰撞偵測有兩種：

角色物件與角色物件的碰撞

偵測兩個角色物件的碰撞使用 collide_rect 方法，語法為：

```
偵測變數 = pygame.sprite.collide_rect(角色物件1, 角色物件2)
```

- **偵測變數**：布林值，True 表示兩角色物件發生碰撞，False 表示沒有碰撞。

角色物件與角色群組的碰撞

偵測一個角色物件與角色群組的碰撞使用 spritecollide 方法，語法為：

```
偵測變數 = pygame.sprite.spritecollide( 角色物件 , 角色群組 , 移除值 )
```

- **偵測變數**：傳回在角色群組中發生碰撞的角色物件串列，由串列長度可知是否發生碰撞：串列長度為 0 表示未發生碰撞，大於 0 表示發生碰撞。
- **移除值**：布林值，True 表示會將發生碰撞的角色物件從角色群組中移除，False 表示不從角色群組中移除。

下面範例使用前一小節建立的球體角色說明兩個角色物件碰撞，角色物件與角色群組碰撞則在下一節「實戰：打磚塊遊戲」中再說明。

範例：球體物件碰撞

紅色及藍色球體角色會獨立自由移動，碰到邊界會反彈，互撞也會反彈。

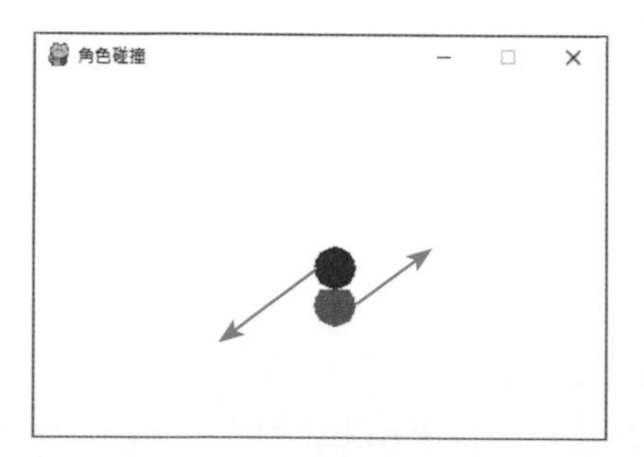

Ball 角色類別新增 collidebounce 函式，做為發生碰撞時的處理程式碼。

程式碼：collide.py

```
1 import pygame, random, math
2
3 class Ball(pygame.sprite.Sprite):
…略
33     def collidebounce(self):
34         self.dx *= -1
```

程式說明

- 33-34　球體碰撞後水平速度變號造成反彈。

無窮迴圈中加入偵測碰撞程式碼。

程式碼：collide.py（續）

```
…略
55      ball1.update()  #物件更新
56      ball2.update()
57      allsprite.draw(screen)
58      result = pygame.sprite.collide_rect(ball1, ball2)
59      if result == True:
60          ball1.collidebounce()
61          ball2.collidebounce()
62      pygame.display.update()
63 pygame.quit()
```

程式說明

- 58　　進行兩球體物件碰撞偵測。
- 59　　傳回值為 True 表示發生碰撞，執行 60-61 列。
- 60-61　　兩球體都反彈。

29.2.6 鍵盤事件

使用者可透過鍵盤按鍵來操控遊戲中角色運作，取得鍵盤事件的方法有兩種：

pygame.KEYDOWN、pygame.KEYUP 事件

pygame.KEYDOWN 是當使用者按下鍵盤時觸發，pygame.KEYUP 是當使用放開鍵盤時觸發，語法為：

```
for event in pygame.event.get():
    if event.type == 鍵盤事件:
        if event.key == pygame.鍵盤常數:
            處理程式碼
```

- **鍵盤事件**：pygame.KEYDOWN 或 pygame.KEYUP。
- **鍵盤常數**：每個按鍵都有對應的鍵盤常數，如「0」按鍵的鍵盤常數為「K_0」。

pygame.key.get_pressed 事件

pygame.key.get_pressed 會傳回當前所有按鍵狀態的串列，若指定鍵的值為 True 就表示該鍵被按，語法為：

```
按鍵變數 = pygame.key.get_pressed()
if 按鍵變數 [pygame. 鍵盤常數 ]:
    處理程式碼
```

常用的按鍵與鍵盤常數對應表：

按鍵	鍵盤常數	按鍵	鍵盤常數
0 到 9	K_0 到 K_9	向上鍵	K_UP
a 到 z	K_a 到 K_z	向下鍵	K_DOWN
F1 到 F12	K_F1 到 K_F12	向右鍵	K_RIGHT
空白鍵	K_SPACE	向左鍵	K_LEFT
Enter 鍵	K_RETURN	Esc 鍵	K_ESCAPE
定位鍵	K_TAB	後退鍵	K_BACKSPACE
「+」鍵	K_PLUS	「-」鍵	K_MINUS
「Insert」鍵	K_INSERT	「Home」鍵	K_HOME
「End」鍵	K_END	「Caps Lock」鍵	K_CAPSLOCK
右方「Shift」鍵	K_RSHIFT	「PgUp」鍵	K_PAGEUP
左方「Shift」鍵	K_LSHIFT	「PgDn」鍵	K_PAGEDOWN
右方「Ctrl」鍵	K_RCTRL	右方「Alt」鍵	K_RALT
左方「Ctrl」鍵	K_LCTRL	左方「Alt」鍵	K_LALT

範例：鍵盤控制球體移動

按鍵盤向右鍵，藍球會向右移動，按住向右鍵不放球體會快速向右移動，若到達邊界則停止移動；按向左鍵藍球會向左移動，操作方式與向右鍵相同。

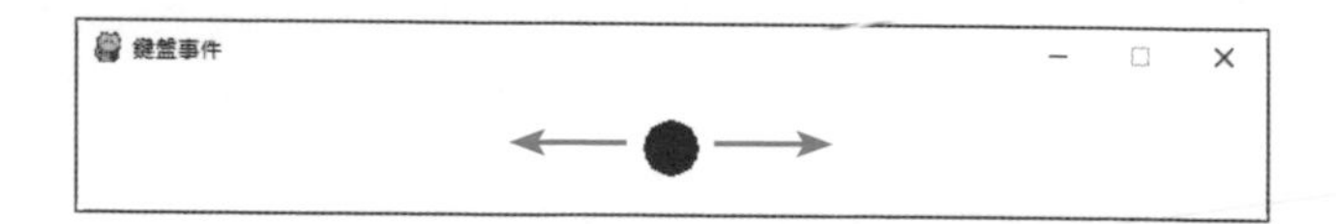

程式碼：keyevent.py

```
…略
22      keys = pygame.key.get_pressed()  # 檢查按鍵被按
23      if keys[pygame.K_RIGHT] and rect1.right <
            screen.get_width():  # 按向右鍵且未達右邊界
```

```
24            rect1.centerx += dx   #向右移動
25        elif keys[pygame.K_LEFT] and rect1.left > 0:
              #按向左鍵且未達左邊界
26            rect1.centerx -= dx   #向左移動
27        screen.blit(background, (0,0))  #清除繪圖視窗
28        screen.blit(ball, rect1.topleft)
29        pygame.display.update()
30 pygame.quit()
```

程式說明

- 22　　取得所有按鍵狀態。
- 23-24　　使用者按向右鍵且球尚未到達右邊界就將球向右移動。
- 25-26　　使用者按向左鍵且球尚未到達左邊界就將球向左移動。

29.2.7 滑鼠事件

使用者除了可透過鍵盤按鍵來操控遊戲中角色，也可透過滑鼠來操控。滑鼠事件分為按鈕事件及滑動事件兩大類：

滑鼠按鈕事件

pygame.mouse.get_pressed 會傳回滑鼠按鈕狀態串列，若指定按鈕的值為 True 就表示該按鈕被按，語法為：

```
按鈕變數 = pygame.mouse.get_pressed()
if 按鈕變數 [ 按鈕索引 ]:
    處理程式碼
```

- **按鈕索引**：0 表示按滑鼠左鍵，1 表示按滑鼠滾輪，2 表示按滑鼠右鍵。

滑鼠滑動事件

pygame.mouse.get_pos 會傳回目前滑鼠位置座標串列，語法為：

```
位置變數 = pygame.mouse.get_pos()
```

- **位置變數**：串列第一個元素為 x 座標，第二個元素為 y 座標。

範例：藍色球隨滑鼠移動

開始時藍色球不會移動，按滑鼠左鍵後滑動滑鼠，球會跟著滑鼠移動；按滑鼠右鍵後，球不會跟著滑鼠移動。

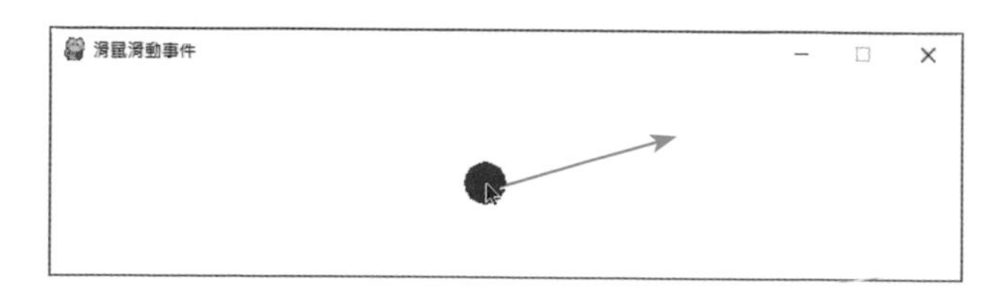

程式碼：mouseevent.py

```
…略
16 playing = False  # 開始時球不能移動
17 while running:
18     clock.tick(30)  # 每秒執行 30 次
19     for event in pygame.event.get():
20         if event.type == pygame.QUIT:
21             running = False
22     buttons = pygame.mouse.get_pressed()
23     if buttons[0]:  # 按滑鼠左鍵後球可移動
24         playing = True
25     elif buttons[2]:  # 按滑鼠右鍵後球不能移動
26         playing = False
27     if playing == True:  # 球可移動狀態
28         mouses = pygame.mouse.get_pos()  # 取得滑鼠座標
29         rect1.centerx = mouses[0]  # 移動滑鼠
30         rect1.centery = mouses[1]
…略
```

程式說明

- 16　playing 做為球是否可移動旗標：True 為可移動，False 不可移動。
- 22　檢查滑鼠按鈕是否被按。
- 23-24　按滑鼠左鍵就設 playing 為 True，表示球體可移動。
- 25-26　按滑鼠右鍵就設 playing 為 False，表示球體不能移動。
- 27-30　若 playing 為 True 就取得滑鼠座標，球體移到滑鼠位置。

29.3 實戰：打磚塊遊戲

三十餘年前，街頭電玩遊戲機中最流行的遊戲就是「打磚塊」。時至今日，雖然網路連線遊戲日新月異，「打磚塊」這款小遊戲仍在許多人心中佔有一席之地，本專題製作一個簡單的打磚塊遊戲。

29.3.1 應用程式總覽

開始時下方會顯示「按滑鼠左鍵開始遊戲！」訊息，使用者按滑鼠左鍵就顯示遊戲畫面。使用者移動滑鼠控制滑板，滑板只能左右移動，位置與滑鼠 x 座標相同；共有 60 個磚塊，被球撞到的磚塊會消失，同時分數會增加，球撞到磚塊及滑板會發出不同音效。

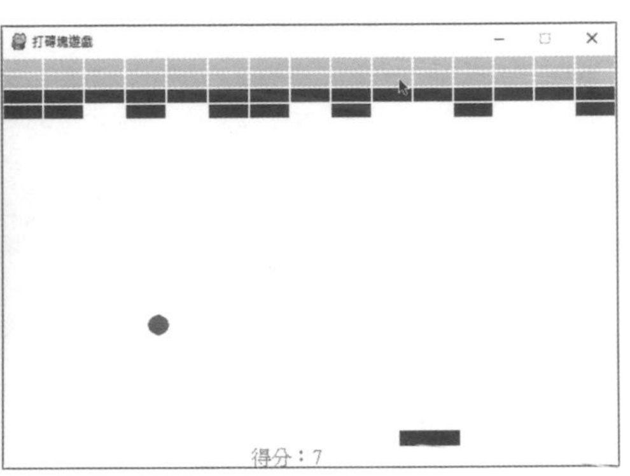

如果球體碰到下邊界就表示球體已出界，顯示「失敗，再接再勵！」訊息並結束程式；若全部磚塊都消失則顯示「恭喜，挑戰成功！」訊息並結束程式。

打磚塊遊戲

失敗，再接再勵！

打磚塊遊戲

恭喜，挑戰成功！

29.3.2 球體、磚塊、滑板角色類別

本遊戲主角是球體、磚塊及滑板，都設計為角色類別。首先是球體角色，與前面「角色類別 (Sprite)」節的球體角色類似：

程式碼：brickgame.py

```
1 import pygame, random, math, time
2
3 class Ball(pygame.sprite.Sprite):  #球體角色
4     dx = 0  #x 位移量
5     dy = 0  #y 位移量
6     x = 0  # 球 x 座標
7     y = 0  # 球 y 座標
8     direction = 0  #球移動方向
9     speed = 0  # 球移動速度
10
11     def __init__(self, sp, srx, sry, radium, color):
12         pygame.sprite.Sprite.__init__(self)
13         self.speed = sp
14         self.x = srx
15         self.y = sry
16         self.image = pygame.Surface([radium*2, radium*2]) #繪製球體
17         self.image.fill((255,255,255))
18         pygame.draw.circle(self.image, color, (radium,radium), radium, 0)
19         self.rect = self.image.get_rect()  #取得球體區域
20         self.rect.center = (srx,sry)  #初始位置
21         self.direction = random.randint(40,70)  #移動角度
22
23     def update(self):  #球體移動
24         radian = math.radians(self.direction)  #角度轉為弳度
25         self.dx = self.speed * math.cos(radian)  #球水平運動速度
26         self.dy = -self.speed * math.sin(radian)  #球垂直運動速度
27         self.x += self.dx  #計算球新座標
28         self.y += self.dy
29         self.rect.x = self.x  #移動球圖形
30         self.rect.y = self.y
31         if(self.rect.left <= 0 or self.rect.right >=
               screen.get_width()-10):  #到達左右邊界
32             self.bouncelr()
33         elif(self.rect.top <= 10):  #到達上邊界
```

```
34                  self.rect.top = 10
35                  self.bounceup()
36              if(self.rect.bottom >= screen.get_height()-10):
                    #到達下邊界出界
37                  return True
38              else:
39                  return False
40
41          def bounceup(self):  #上邊界反彈
42              self.direction = 360 - self.direction
43
44          def bouncelr(self):  #左右邊界反彈
45              self.direction = (180 - self.direction) % 360
46
```

程式說明

- 11-21　建立球體圖形、設定初始位置、隨機設定起始移動方向。
- 23-39　球體移動自訂函式。
- 24-26　根據移動方向計算水平及垂直速度。
- 27-30　計算球體新座標並移到新位置。
- 31-32　球體碰到左、右邊界時進行反彈。
- 33-35　球體碰到上邊界時進行反彈：34 列在碰到上邊界時設其 y 座標為 10，避免連續碰撞上邊界。
- 36-39　若球體碰到下邊界就傳回 True 表示球出界，否則傳回 False 表示球未出界。
- 41-42　球體碰到上邊界時的反彈處理函式：「反彈角度 = 360 度 - 原來角度」。例如下圖原來角度為 30 度，反彈角度為 330 度。

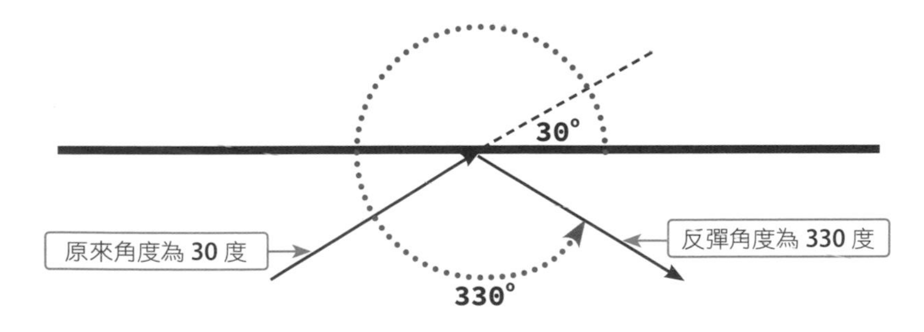

■ 44-45　球體碰到左、右邊界時的反彈處理函式：「反彈角度 =180 度 - 原來角度」。因為反彈角度可能得到負值，所以再用除以 360 的餘數將其轉為正數。例如下圖原來角度為 30 度，反彈角度為 150 度。

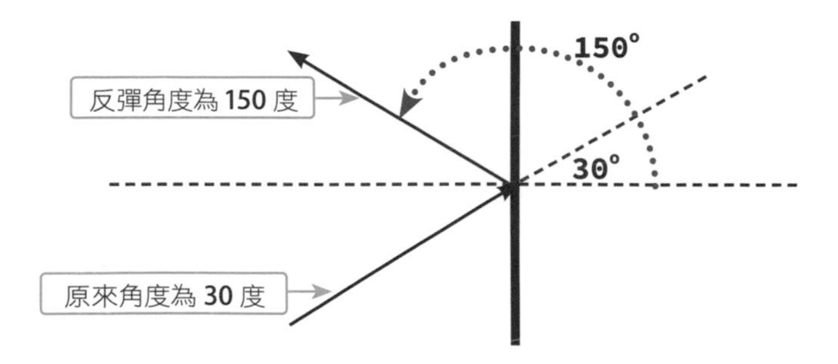

磚塊及滑板類別程式碼為：

程式碼：brickgame.py（續）

```
47 class Brick(pygame.sprite.Sprite):  # 磚塊角色
48     def __init__(self, color, x, y):
49         pygame.sprite.Sprite.__init__(self)
50         self.image = pygame.Surface([38, 13])  # 磚塊 38x13
51         self.image.fill(color)
52         self.rect = self.image.get_rect()
53         self.rect.x = x
54         self.rect.y = y
55 
56 class Pad(pygame.sprite.Sprite):  # 滑板角色
57     def __init__(self):
58         pygame.sprite.Sprite.__init__(self)
59         self.image = pygame.image.load("media\\pad.png") # 滑板圖片
60         self.image.convert()
61         self.rect = self.image.get_rect()
62         self.rect.x = int((screen.get_width() -
                  self.rect.width)/2) # 滑板位置
63         self.rect.y = screen.get_height() -
                  self.rect.height - 20
64 
65     def update(self):  # 滑板位置隨滑鼠移動
66         pos = pygame.mouse.get_pos()  # 取得滑鼠座標
67         self.rect.x = pos[0]  # 滑鼠 x 座標
68         if self.rect.x > screen.get_width() -
                  self.rect.width:  # 不要移出右邊界
69             self.rect.x = screen.get_width() - self.rect.width
70 
```

01 02 03 04 05 06 07 08 09 10 11 12 13 14 15 16 17

程式說明

- 47-54　磚塊角色類別：建立磚塊圖形並設定初始位置，參數 color 為磚塊顏色，x、y 為磚塊初始位置。
- 56-69　滑板角色類別。
- 59　滑板使用 <pad.png> 圖片做為滑板圖形。
- 65-69　滑板隨滑鼠移動位置自訂函式：滑板的 y 座標不會改變，故不需設定，僅在 67 列設定 x 座標即可。

29.3.3 自訂函式及主程式

球出界或全部磚塊消失都會結束程式，撰寫 gameover 自訂函式來結束程式。

程式碼：brickgame.py（續）

```
71 def gameover(message):  # 結束程式
72     global running
73     text = font1.render(message, 1, (255,0,255))  # 顯示訊息
74     screen.blit(text, (screen.get_width()/2-100,screen.get_height()/2-20))
75     pygame.display.update()  # 更新畫面
76     time.sleep(3)  # 暫停 3 秒
77     running = False  # 結束程式
78
```

程式說明

- 71　參數 message 是要顯示的訊息文字。
- 72 及 77　設定主程式 running 為 False 可結束程式，所以要宣告全域變數。
- 73-74　繪製訊息。
- 75　更新畫面後訊息才會顯示。
- 76　等 3 秒鐘再結束程式。

主程式建立各種角色及初值設定。

程式碼：brickgame.py（續）

```
79 pygame.init()
80 score = 0  # 得分
81 font = pygame.font.SysFont("SimHei", 20)  # 下方訊息字體
82 font1 = pygame.font.SysFont("SimHei", 32)  # 結束程式訊息字體
83 soundhit = pygame.mixer.Sound("media\\hit.wav")  # 接到磚塊音效
```

```
84 soundpad = pygame.mixer.Sound("media\\pad.wav")  #接到滑板音效
85 screen = pygame.display.set_mode((600, 400))
86 pygame.display.set_caption(" 打磚塊遊戲 ")
87 background = pygame.Surface(screen.get_size())
88 background = background.convert()
89 background.fill((255,255,255))
90 allsprite = pygame.sprite.Group()  #建立全部角色群組
91 bricks = pygame.sprite.Group()  #建立磚塊角色群組
92 ball = Ball(10, 300, 350, 10, (255,0,0))  #建立紅色球物件
93 allsprite.add(ball)  #加入全部角色群組
94 pad = Pad()  #建立滑板球物件
95 allsprite.add(pad)  #加入全部角色群組
96 clock = pygame.time.Clock()
97 for row in range(0, 4):  #3 列方塊
98     for column in range(0, 15):  #每列 15 磚塊
99         if row == 0 or row == 1:  #1,2 列為綠色磚塊
100             brick = Brick((0,255,0), column * 40 + 1, row * 15 + 1)
101         if row == 2 or row == 3:  #3,4 列為藍色磚塊
102             brick = Brick((0,0,255), column * 40 + 1, row * 15 + 1)
103         bricks.add(brick)  #加入磚塊角色群組
104         allsprite.add(brick)  #加入全部角色群組
105 msgstr = " 按滑鼠左鍵開始遊戲！ "  #起始訊息
106 playing = False  #開始時球不會移動
107 running = True
```

程式說明

- 80　score 記錄得分，每打到一個磚塊得 1 分。
- 81-82　設定兩個字體大小，使用新細明體顯示中文。
- 83-84　載入碰撞磚塊及滑板的音效檔。
- 90-91　建立儲存全部角色及磚塊角色的角色群組。
- 92-95　分別建立球體角色及滑板角色，並加入全部角色群組。
- 97-102　以迴圈建立 4 列 15 行磚塊：磚塊長寬為 38x13，100 及 102 列設定磚塊位置為 40x15，留 2 像素做為磚塊間隔。
- 103-104　磚塊要同時加入全部角色群組及磚塊角色群組，全部角色群組用於繪製圖形，磚塊角色群組用於偵測與球體的碰撞。
- 105　設定程式開始時顯示的訊息。
- 106　設定程式開始時球體不會移動。

主程式無窮迴圈動畫程式碼。

程式碼：brickgame.py（續）

```
108 while running:
109     clock.tick(30)
110     for event in pygame.event.get():
111         if event.type == pygame.QUIT:
112             running = False
113     buttons = pygame.mouse.get_pressed()  #檢查滑鼠按鈕
114     if buttons[0]:  #按滑鼠左鍵後球可移動
115         playing = True
116     if playing == True:  #遊戲進行中
117         screen.blit(background, (0,0))  #清除繪圖視窗
118         fail = ball.update()  #移動球體
119         if fail:  #球出界
120             gameover("失敗，再接再勵！")
121         pad.update()  #更新滑板位置
122         hitbrick = pygame.sprite.spritecollide(ball,
                bricks, True)  #檢查球和磚塊碰撞
123         if len(hitbrick) > 0:  #球和磚塊發生碰撞
124             score += len(hitbrick)  #計算分數
125             soundhit.play()  #球撞磚塊聲
126             ball.rect.y += 20  #球向下移
127             ball.bounceup()  #球反彈
128             if len(bricks) == 0:  #所有磚塊消失
129                 gameover("恭喜，挑戰成功！")
130         hitpad = pygame.sprite.collide_rect(ball,
                pad)  #檢查球和滑板碰撞
131         if hitpad:  #球和滑板發生碰撞
132             soundpad.play()  #球撞滑板聲
133             ball.bounceup()  #球反彈
134         allsprite.draw(screen)  #繪製所有角色
135         msgstr = "得分：" + str(score)
136     msg = font.render(msgstr, 1, (255,0,255))
137     screen.blit(msg, (screen.get_width()/2-60,
            screen.get_height()-20))  #繪製訊息
138     pygame.display.update()
139 pygame.quit()
```

程式說明

- 113-115 檢查滑鼠按鈕，若使用者按滑鼠左鍵就將 playing 設為 True，表示開始遊戲。
- 116-135 當 playing 設為 True 時才執行 117-135 列程式進行遊戲。
- 118-120 球體使用 update 函式移動後就檢查球體是否出界，若傳回 True 表示出界，結束程式並顯示失敗訊息。
- 121 滑板使用 update 函式隨滑鼠移動。
- 122 檢查球體與磚塊群組是否碰撞：注意第 3 個參數要設為 True，如此在發生碰撞後，被撞的磚塊才會被移除 (同時從磚塊角色群組及全部角色群組移除)。
- 123 hitbrick 會傳回被撞磚塊串列，「len(hitbrick)」表示被撞磚塊數量，若大於 0 表示發生碰撞。
- 124-125 計算分數及播放音效。
- 126 球撞到磚塊後常會再連續撞旁邊磚塊，將球下移避免此現象。
- 127 球撞到磚塊後反彈。
- 128-129 若全部磚塊都消失就結束程式並顯示成功訊息。
- 130 檢查球體與滑板是否碰撞。
- 131-133 若球體與滑板發生碰撞就播放音效並將球反彈。
- 134 重繪所有角色。
- 135 若遊戲進行中就設定訊息為所得分數。
- 136-137 在螢幕下方繪製訊息。

memo

30 線上影音下載：PyTube

Pytube：下載 YouTube 影片模組

- Pytube 模組基本使用方法
- 影片名稱及存檔路徑
- 影片格式

播放清單及相關資源下載

- 認識 YouTube 播放清單
- 批次下載播放清單中所有影片
- 下載聲音檔
- 下載字幕檔

30.1 Pytube：下載 YouTube 影片模組

YouTube 已是世界最大影片網站，其中有許多值得珍藏的影片，因此大部分人皆有從 YouTube 網站下載影片的需求。

本應用實例將利用 Pytube 模組輕鬆下載 YouTube 影片。

30.1.1 Pytube 模組基本使用方法

安裝 Pytube

安裝 Anaconda 整合環境時，並未安裝 Pytube 模組，自行安裝 Pytube 模組的方法為：開啟 Anaconda Prompt，輸入下列命令即可安裝。

```
pip install pytube
```

下載第一部 YouTube 影片

使用 Pytube 模組下載 YouTube 影片非常簡單，只要 3 列程式即可完成！

撰寫使用 Pytube 下載 YouTube 影片的程式，首先要匯入 Pytube 模組：

```
from pytube import YouTube
```

接著以 Pytube 模組中 YouTube 類別建立物件，語法為：

```
物件變數 = YouTube( 影片位址 )
```

例如建立的物件變數為 yt，要下載的影片網址為「https://www.youtube.com/watch?v=27ob2G3GUCQ」：

```
yt = YouTube('https://www.youtube.com/watch?v=27ob2G3GUCQ')
```

最後利用 download 方法就可下載影片，語法為：

```
物件變數 .streams.first().download()
```

例如使用 yt 物件變數下載影片：

```
yt.streams.first().download()
```

下載的影片會儲存於 Pytube 程式所在的資料夾。

程式碼：pytube1.py

```
1 from pytube import YouTube
2
3 yt = YouTube('https://www.youtube.com/watch?v=27ob2G3GUCQ')
4 print('開始下載影片，請稍候！')
5 yt.streams.first().download()
6 print('影片下載完成')
```

由於影片下載需一段時間，因此第 4 列在下載前告知使用者已開始下載，下載完成後在第 6 列顯示訊息。

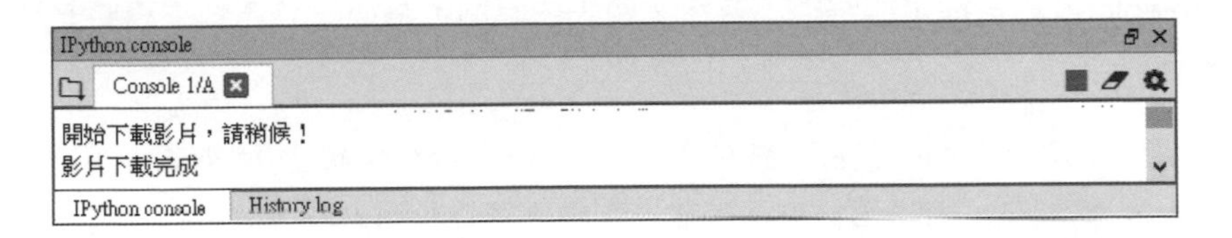

執行後會將影片檔案存於 Python 程式所在的資料夾，而檔案名稱則是 YouTube 網站中的影片名稱。

30.1.2 影片名稱及存檔路徑

在 YouTube 中，影片可能具有多種不同格式，<pytube1.py> 範例第 5 列是下載第一個格式的影片（通常是品質最好的格式）。Pytube 提供許多方法可取得 YouTube 影片各種資訊。

取得影片名稱

title 屬性可取得影片名稱，以 <pytube1.py> 的網址為例：

```
print(yt.title)
```

下載的檔案名稱即為影片名稱，下載時會自動依影片格式加入附加檔名。

下載時存於指定資料夾

<pytube1.py> 中 download 方法若沒有傳送參數，下載的檔案會存於 Python 程式所在的資料夾；若是要將下載檔案存於指定的資料夾時，可將存檔路徑做為 download 方法的參數。例如要將下載檔案存於 c 磁碟機的 <example> 資料夾：

```
yt.streams.first().download('c:\\example')
```

如果 download 方法指定的路徑不存在，會先依照指定路徑建立資料夾再將影片存於該資料夾中。

下面範例會顯示目前正在下載的影片名稱，並將下載影片存於 c 磁碟機的 <example> 資料夾，若該資料夾不存在，則會先建立該資料夾。

程式碼：pytube2.py

```
1 from pytube import YouTube
2
3 yt = YouTube('https://www.youtube.com/watch?v=27ob2G3GUCQ')
4 print('開始下載：' + yt.title)
5 pathdir = 'c:\\example'   # 下載資料夾
6 yt.streams.first().download(pathdir)
7 print('「' + yt.title + '」下載完成！')
```

顯示下載的影片名稱可讓使用者判斷下載的影片是否正確。

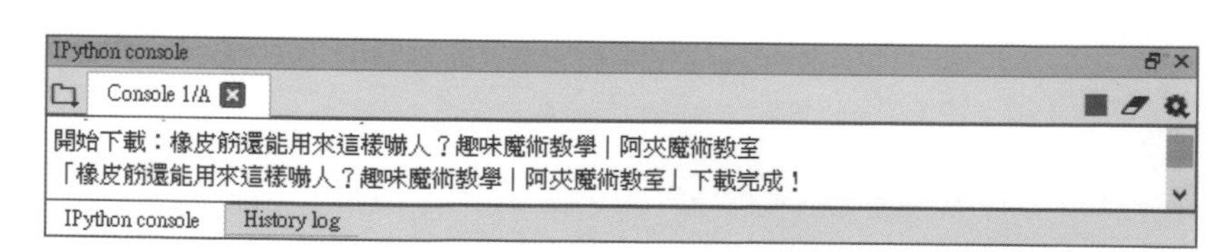

30.1.3 影片格式

YouTube 為每部影片提供非常多格式以滿足使用者不同的需求，Pytube 模組提供 streams 方法取得影片所有格式。

例如前一小節的範例，以 streams 方法查看影片所有格式：

```
print(yt.streams)
```

傳回值是一個串列，每一個元素就是一種格式 (共 16 個元素)：

```
[<Stream: itag="22" mime_type="video/mp4" res="720p" fps="30fps"
   vcodec="avc1.64001F" acodec="mp4a.40.2" progressive="True"
   type="video">,
<Stream: itag="43" mime_type="video/webm" res="360p" fps="30fps"
   vcodec="vp8.0" acodec="vorbis" progressive="True"
   type="video">,
...
<Stream: itag="251" mime_type="audio/webm" abr="160kbps"
   acodec="opus" progressive="False" type="audio">]
```

格式中包含影片類型、解析度、影像編碼、聲音編碼等資訊。

如果只要取得影片格式數量，可使用串列的 len 函式取得，例如：

```
print(len(yt.streams))  #16
```

streams 又有下列主要方法對影片格式進一步操作：

方法	功能	語法範例
first()	傳回第一個影片格式	yt.streams.first()
last()	傳回最後一個影片格式	yt.streams.last()
filter()	傳回符合指定條件的影片格式	yt.streams.filter(subtype='mp4')

前一小節的範例是以 first 方法下載第一個格式的影片：影片類型為「mp4」、解析度為「720p」、影像編碼為「avc1.64001F」、聲音編碼為「mp4a.40.2」。

01 02 03 04 05 06 07 08 09 10 11 12 13 14 15 16 17

篩選影片

YouTube 提供的影片格式太多，建議使用者最好使用 filter 篩選所要下載的影片格式。filter 的語法為：

```
yt.streams.filter( 條件一 = 值一 , 條件二 = 值二 , ……).處理方法
```

filter 的處理方法與 streams 的方法雷同，整理於下表：

方法	功能
first()	傳回符合條件的第一個影片格式
last()	傳回符合條件的最後一個影片格式

filter 的條件整理於下表：

條件	功能	語法範例
progressive	篩選同時具備影像及聲音的格式	progressive=True
adaptive	篩選只具有影像或聲音其中之一的格式	adaptive=True
subtype	篩選指定影片類型的格式	subtype='mp4'
res	篩選指定解析度的格式	res='720p'

條件「adaptive」是只有影像或聲音兩者之一，也就是格式中只有影像編碼 (vcodec) 或聲音編碼 (acodec)。前一小節範例符合此種條件的格式有 14 個：

```
print(len(yt.streams.filter(adaptive=True)))  #14
```

條件「progressive」則是影像及聲音兩者都具備才符合條件，也就是格式中同時具有影像編碼 (vcodec) 或聲音編碼 (acodec)。前一小節範例符合此種條件的格式只有 2 個，將其列出的程式碼為：

```
print(yt.streams.filter(progressive=True))
```

傳回值為：

```
[<Stream: itag="18" mime_type="video/mp4" res="360p" fps="30fps"
    vcodec="avc1.42001E" acodec="mp4a.40.2" progressive="True"
    type="video">,
 <Stream: itag="22" mime_type="video/mp4" res="720p" fps="30fps"
    vcodec="avc1.64001F" acodec="mp4a.40.2" progressive="True"
    type="video">]
```

「subtype」是以影片類型篩選，「res」是以解析度篩選，使用者通常使用這兩者做為下載影片的依據。例如篩選影片類型為「mp4」，解析度為「720p」的格式：

```
yt.streams.filter(subtype='mp4', res='720p')
```

下載影片

下載影片的方法為 download，需注意 download 方法要置於 first 或 last 方法的後面，例如下載所有格式的第一個影片：

```
yt.streams.first().download()
```

或者下載影片類型為「mp4」格式的最後一個影片：

```
yt.streams.filter(subtype='mp4').last().download()
```

由於 yt.streams 傳回值是一個串列，也可以使用串列索引來下載指定影片，例如下載影片格式的第 3 個影片：

```
yt.streams[2].download()
```

下面是使用者常犯的錯誤語法，會使程式中斷執行：

```
yt.streams.download()  # 錯誤
yt.streams.filter(subtype='mp4').download()  # 錯誤
```

範例：下載 YouTube 影片

以 Pytube 模組下載指定的 YouTube 影片，並顯示各項影片資訊。

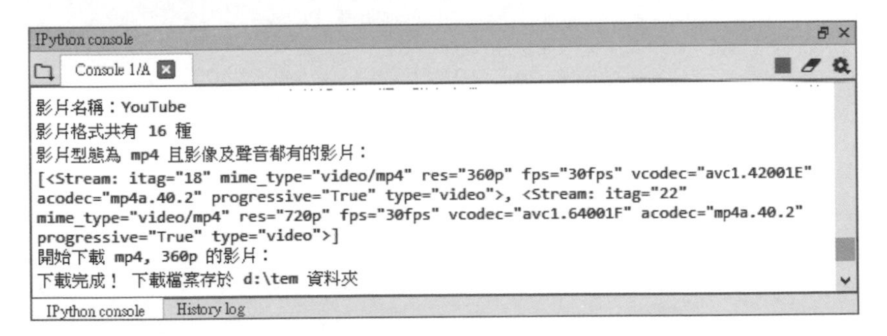

程式碼：pytube3.py

```
1 from pytube import YouTube
2
3 yt = YouTube('https://www.youtube.com/watch?v=27ob2G3GUCQ')
4 print("影片名稱：" + yt.title)
5 print("影片格式共有 " + str(len(yt.streams)) + ' 種')
6 print("影片型態為 mp4 且影像及聲音都有的影片：")
7 print(yt.streams.filter(subtype='mp4', progressive=True))
8 print('開始下載 mp4, 360p 的影片：')
9 pathdir = 'd:\\tem'  #下載資料夾
10 yt.streams.filter(subtype='mp4', res='360p', progressive=True).
      first().download(pathdir)  #下載 mp4,360p 影片
11 print('下載完成！ 下載檔案存於 ' + pathdir + ' 資料夾')
```

程式說明

- 4　顯示下載的影片名稱。
- 5　顯示所有影片格式數量。
- 6-7　顯示影片型態為「mp4」且具有影像及聲音的影片格式。
- 9　設定儲存下載影片資料夾。
- 10　下載影片。

30.2 播放清單及相關資源下載

Pytube 模組除了可以輕鬆下載 YouTube 單一影片外，還可以批次下載 YouTube 播放清單中所有影片，也可以只下載聲音檔、字幕檔。

30.2.1 認識 YouTube 播放清單

YouTube 提供「播放清單」功能讓使用者可以將同性質的影音檔案集中管理，不但方便自己將影片分門別類整理，也可以很容易的分享給他人。在 YouTube 搜尋欄位輸入「播放清單」就可看到網友分享的大量播放清單。在左方圖片按滑鼠左鍵一下就進入播放清單頁面，同時播放第一個影片。

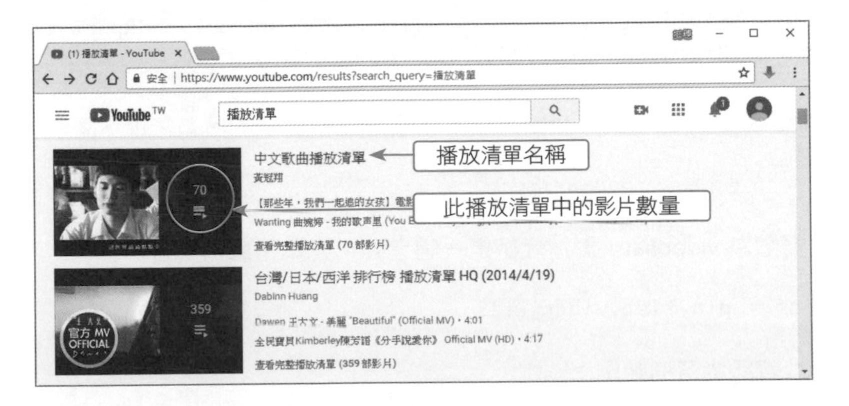

播放清單頁面右方有清單中所有影片的列表資料，網址列中有播放清單網址。

30.2.2 批次下載播放清單中所有影片

Pytube 模組的 Playlist 功能可讓使用者輕易獲取播放清單中所有影片的播放位址，使用者可以利用這些位址批次下載影片。

首先要含入 Playlist 模組，語法為：

```
from pytube import Playlist
```

接著建立 Playlist 物件，語法為：

```
清單變數 = Playlist("播放清單網址")
```

例如建立清單變數為 playlist 的 Playlist 物件：

```
playlist = Playlist("https://www.youtube.com/watch?v=hGRplpwjbr0&
   list=PL316wRwpvsnHZprsPfXM8yPzyZ41bvuWl")
```

最後以 Playlist 物件的 video_urls 方法就能取得播放清單的所有網址，語法為：

```
影片變數 = 清單變數 .video_urls
```

例如影片變數為 videolist，影片變數是一個串列，元素是影片網址：

```
videolist = playlist.video_urls
```

下面為影片變數內容的範例：

```
['https://www.youtube.com/watch?v=hGRplpwjbr0',
 'https://www.youtube.com/watch?v=DtE7OX5riUw',
 'https://www.youtube.com/watch?v=pddQX-SWVnE',
 …（略）
]
```

由於影片變數由影片網址組成的串列，我們可使用前一節下載單一影片的方式，在迴圈中將影片逐一下載回來。

程式碼：youtube_batch.py

```
1 from pytube import YouTube
2 from pytube import Playlist
3
4 playlist = Playlist("https://www.youtube.com/watch?v=hGRplpwjbr0&
     list=PL316wRwpvsnHZprsPfXM8yPzyZ41bvuWl")   #建立物件
```

```
 5 videolist = playlist.video_urls  #取得所有影片連結
 6 print('共有 ' + str(len(videolist)) + ' 部影片')
 7
 8 pathdir = 'download'  #下載資料夾
 9 print('開始下載：')
10 n = 1
11 for video in videolist:
12     yt = YouTube(video)
13     print(str(n) + '. ' + yt.title)  #顯示標題
14     yt.streams.filter(subtype='mp4', res='360p', progressive=True).
           first().download(pathdir)  #下載mp4,360p影片
15     n = n + 1
16 print('下載完成！')
```

程式說明

- 1-2　含入所需的模組。
- 4　建立 Playlist 物件。
- 5　取得所有影片網址。
- 6　顯示影片數量。
- 8　設定儲存下載影片的路徑。
- 11-14　逐一下載影片。
- 13　顯示影片標題。
- 14　下載單一影片。

程式執行後會顯示下載的影片標題：

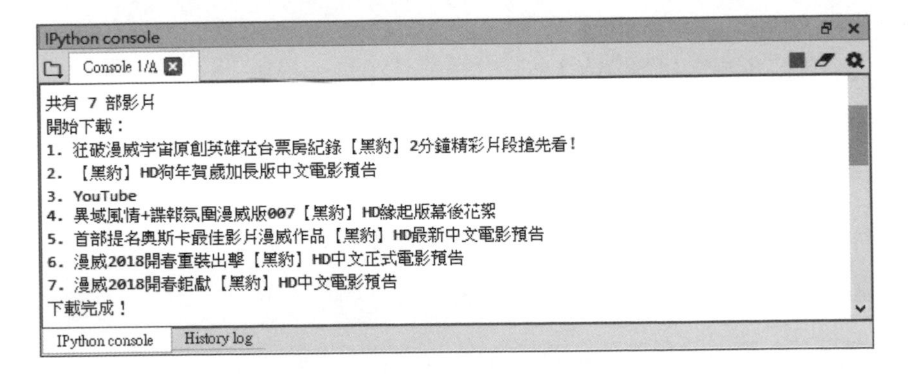

下載的影片檔案存於 <download> 資料夾中。

30.2.3 下載聲音檔

通常影片檔大小會比聲音檔大的多，而有許多場合只適合播放聲音檔，例如跑步、騎車等，此時就有下載 YouTube 聲音檔的需求。YouTube 不但提供多種格式的影片檔，連聲音檔也有許多格式。

Pytube 過濾聲音檔的參數有兩種：第一種是「only_audio」，語法為：

```
YouTube 物件 .streams.filter(only_audio=True)
```

下面為過濾參數「only_audio=True」傳回值的範例：

```
[<Stream: itag="140" mime_type="audio/mp4" abr="128kbps"
    acodec="mp4a.40.2" progressive="False" type="audio">,
 <Stream: itag="249" mime_type="audio/webm" abr="50kbps"
    acodec="opus" progressive="False" type="audio">,
<Stream: itag="250" mime_type="audio/webm" abr="70kbps"
    acodec="opus" progressive="False" type="audio">,
<Stream: itag="251" mime_type="audio/webm" abr="160kbps"
    acodec="opus" progressive="False" type="audio">]
```

上面範例表示此影片有 4 種格式聲音檔：1 個 mp4 格式 (注意 mp4 可能是影片檔，也可能是聲音檔，此處為聲音檔)，3 個 webm 格式。

第 2 種過濾參數為「mime_type」，用來指定聲音格式，語法為：

```
YouTube 物件 .streams.filter(mime_type=' 聲音格式 ')
```

「聲音格式」的值有 2 種：「audio/mp4」及「audio/webm」。

在上面的範例中，webm 格式有 3 種，是不同聲音取樣頻率 (50、70、160kbps)，頻率越高聲音越清晰，但檔案越大，使用者可根據需求下載。

程式碼：youtube_audio.py

```
 1 from pytube import YouTube
 2 
 3 yt = YouTube('https://www.youtube.com/watch?v=27ob2G3GUCQ')
 4 #print(yt.streams.filter(only_audio=True))
 5 #print(yt.streams.filter(mime_type='audio/webm'))
 6 pathdir = 'download'  #下載資料夾
 7 print('開始下載聲音檔：')
 8 yt.streams.filter(mime_type='audio/mp4').first().
      download(pathdir)  #下載 mp4 聲音檔
 9 yt.streams.filter(mime_type='audio/webm')[2].
      download(pathdir)  #下載 webm 聲音檔
10 #yt.streams.filter(only_audio=True).first().
      download(pathdir)  #下載聲音檔
11 print('下載完成！')
```

程式說明

- 4　顯示所有聲音檔格式。
- 5　顯示「webm」聲音檔格式。
- 6　設定儲存下載影片的路徑。
- 8　下載「mp4」格式聲音檔。
- 9　下載第 3 個「webm」格式聲音檔，即 160kbps 的聲音檔。
- 10　下載的是「mp4」格式聲音檔，與第 8 列程式相同。

程式執行後，<download> 中會產生一個 mp4 及一個 webm 聲音檔。讀者可嘗試移除 4、5、10 程式註解，觀看其執行結果。

30.2.4 下載字幕檔

許多影片大都有字幕檔，大家可能都會有下載字幕檔的需求，例如外語會話影片，可先下載字幕學習，觀看影片時就可事半功倍。如何判斷影片是否有字幕呢？若影片下方有 圖示，就表示有字幕。

要下載字幕，首先必須知道影片有哪些語言的字幕，語法為：

```
YouTube 物件 .captions
```

傳回值是字典，下面是一個傳回值的範例：

```
{'a.en': <Caption lang="English (auto-generated)" code="a.en">,
 'zh-TW': <Caption lang="中文（台灣）" code="zh-TW">,
 'zh-CN': <Caption lang="中文（中國）" code="zh-CN">}
```

上面範例表示此影片有 3 種語言字幕：英文、繁體中文及簡體中文，其中英文字幕是自動產生的。

接著設定要下載的字幕語言，語法為：

```
字幕變數 = YouTube 物件 .captions.get_by_language_code('語言代碼')
```

例如字幕變數為 caption，字幕語言為繁體中文：

```
caption = yt.captions.get_by_language_code('zh-TW')
```

最後以 generate_srt_captions 方法即可取得字幕內容，語法為：

```
字幕文字變數 = 字幕變數 .generate_srt_captions()
```

傳回值字幕文字變數是字串，字幕格式為「SRT」，再將字幕文字存檔即可。

18
19
20
21
22
23
24
25
26
27
28
29
30
31
32
33

程式碼：youtube_caption.py

```
 1 from pytube import YouTube
 2 
 3 yt = YouTube('https://www.youtube.com/watch?v=RIIU6rRj7Eo')
 4 #print(yt.captions)
 5 caption = yt.captions.get_by_language_code('a.en')
 6 srt = caption.generate_srt_captions()
 7 file = open('download/youtube.srt', 'w', encoding='UTF-8')
 8 file.write(srt)
 9 file.close()
10 print(srt)
```

程式說明

- 4　　顯示所有字幕語言。
- 5　　設定字幕語言為自動產生的英文。
- 6　　取得字幕文字。
- 7　　設定字幕檔案路徑。
- 8-9　　儲存字幕檔。
- 10　　顯示字幕。

程式執行後，<download> 中會產生 <youtube.srt> 字幕檔。

memo

31

雲端開發平台：Google Colab

31.1 Google Colab：雲端的開發平台

Colaboratory 簡稱 Colab，是 Google 的一個研究專案，提供一個在雲端運行的編輯執行環境，由 Google 提供開發者虛擬機器，並支援 Python 程式及機器學習 TensorFlow 演算法。Colab 只需要瀏覽器就可以運作，完全免費。

31.1.1 Colab 介紹

Colab 主要目的是想要幫助機器學習和教育的推廣。不需下載、不需安裝就可直接使用 Python 2.x 與 Python 3.x 系統，對初學者來說可以快速入門，不需耗時間在環境設定上。

Colab 提供一個 Jupyter Notebook 服務的雲端環境，無需額外設定就可以使用，而且現在還提供免費的 GPU。Colab 預設安裝了一些做機器學習常用的模組，像是 TensorFlow、scikit-learn、pandas 等，讓你可以直接使用！

在 Colab 中撰寫的程式碼預設是儲存在使用者的 Google Drive 雲端硬碟中，執行時由虛擬機器提供強大的運算能力，不會用到本機的資源。

Colab 虛擬機器屬於 Linux 系統，除了以 Python 撰寫程式外，也常會使用 Linux 命令進行系統基本操作。

使用 Colab 的限制是：若閒置一段時間後，虛擬機器會被停止並回收運算資源，此時只需再重新連接即可。但重新連接時 Colab 會新開一個虛擬機器，因此原先存於 Colab 的資料將會消失不見，此點需特別注意，避免訓練許久的成果付諸流水。

31.1.2 Colab 建立筆記本

登入 Colab

開啟「https://colab.research.google.com/notebooks/welcome.ipynb」網頁。第一次會需要輸入 Google 帳號進行登入，登入後就可以進入筆記本管理頁面，頁面會列出所有筆記本。

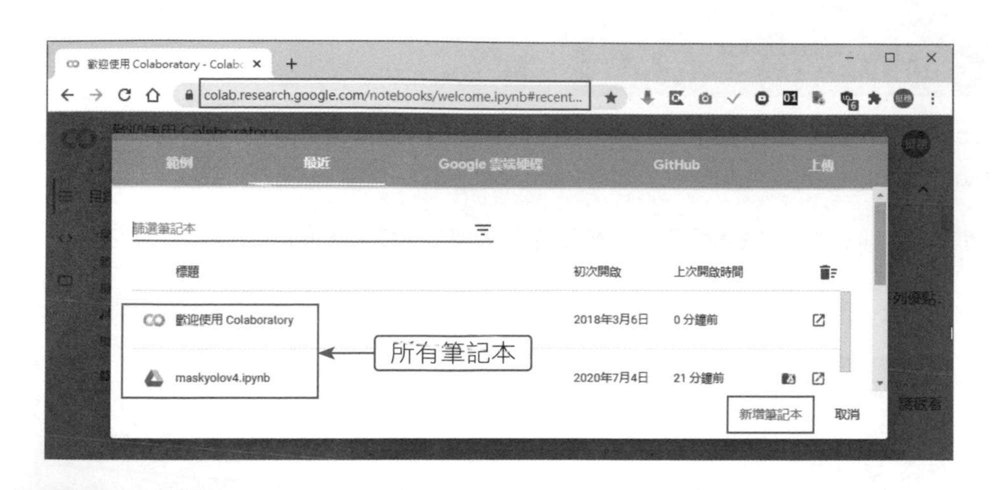

新建筆記本

Colab 檔案是以「筆記本」方式儲存。在筆記本管理頁面按右下角 **新增筆記本** 就可新增一個筆記本檔案，筆記本名稱預設為 **Untitled0.ipynb**：

Colab 編輯環境是一個線上版的 Jupyter Notebook，操作方式與單機版 Jupyter Notebook 大同小異。點按 **Untitled0** 可修改筆記本名稱，例如此處改為「firstlab.ipynb」。

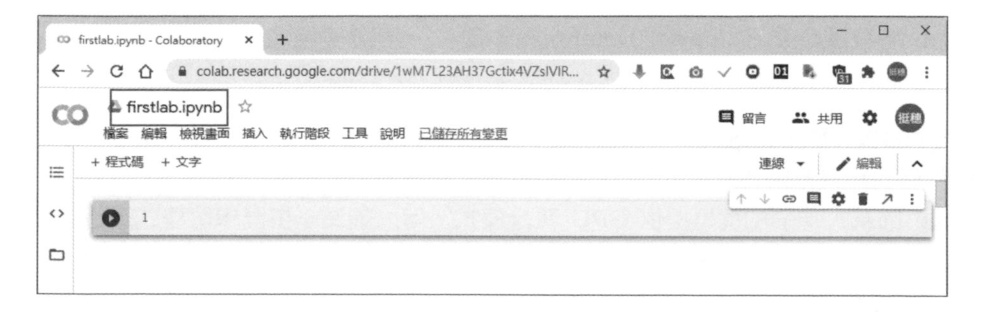

Colab 預設檔案儲存位置

Colab 檔案可存於 Google drive 雲端硬碟，也可存於 Github。預設是存於登入者 Google drive 雲端硬碟的 <Colab Notebooks> 資料夾中。

開啟 Google drive 雲端硬碟，系統已經自動建立 <Colab Notebooks> 資料夾。

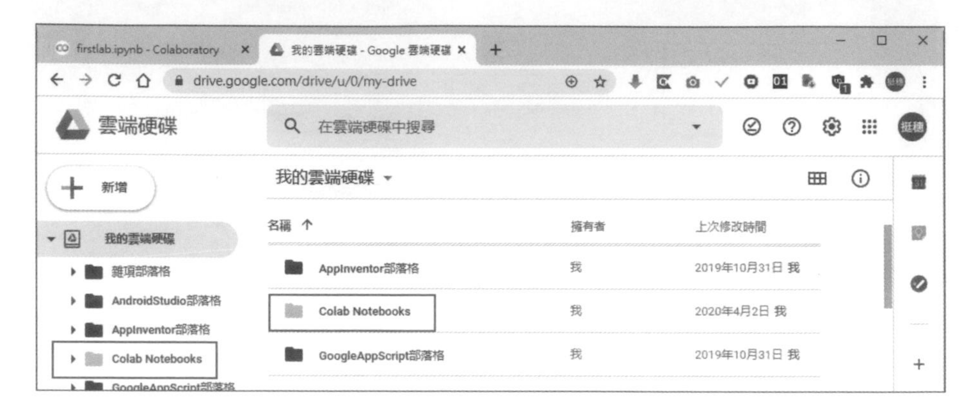

點選左方 **Colab Notebooks**，就可以看到剛建立的「firstlab.ipynb」筆記本。

31.1.3 Jupyter Notebook 基本操作

Colab 所有運作都在 Jupyter Notebook 中操作，建議使用者最好能夠熟悉 Jupyter Notebook 各項基本操作技巧。

使用 GPU 模式

Colab 最為人稱道的就是提供 GPU 執行模式，可大幅減少機器學習程式運行時間。新建筆記本時，預設並未開啟 GPU 模式，可依下面操作變更為 GPU 模式：執行 **編輯 / 筆記本設定**。

在 **硬體加速器** 欄位的下拉式選單點選 **GPU**，然後按 **儲存**。

連接虛擬機器

開啟 Jupyter Notebook 時，預設沒有連接虛擬機器。按 **連線** 鈕連接虛擬機器。

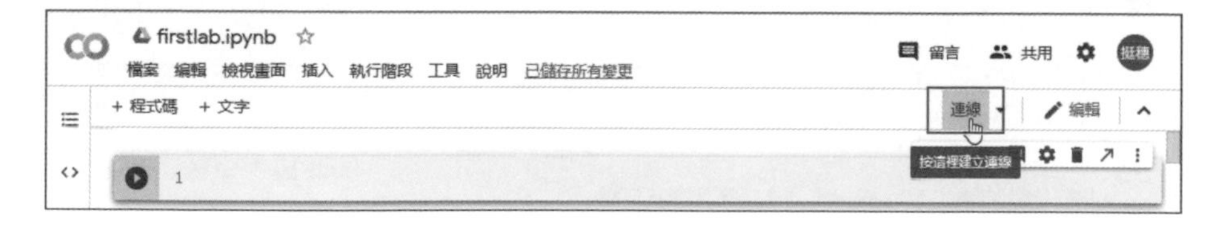

有時虛擬機器執行一段時間後，內容變得十分混亂，使用者希望重開啟全新的虛擬機器進行測試。按 **RAM** 右方下拉式選單，再點選 **管理工作階段**。

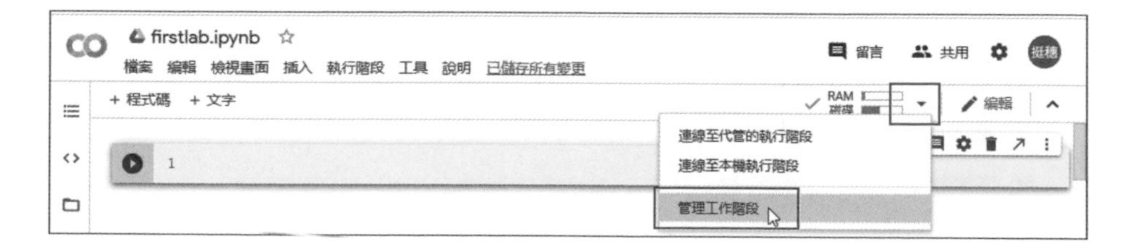

01 02 03 04 05 06 07 08 09 10 11 12 13 14 15 16 17

於 **執行中的工作階段** 對話方塊按 **終止** 鈕，再按一次 **終止** 鈕，就會關閉執行中的虛擬機器。

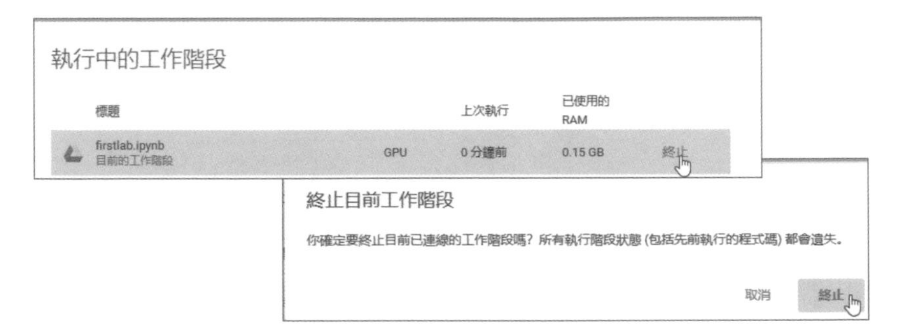

此時 **連線** 鈕變為 **重新連線** 鈕，按 **重新連線** 鈕就會連接新的虛擬機器。

檔案總管

虛擬機器提供檔案總管功能讓使用者可查看檔案結構：點選左方 🗀 圖示就會顯示檔案結構。

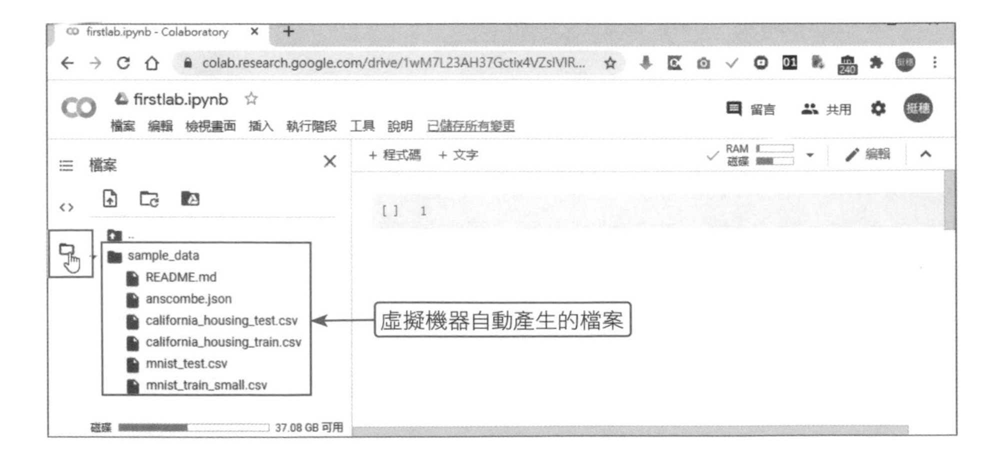

程式儲存格及文字儲存格

建立筆記本時自動產生一個程式儲存格，使用者可在程式儲存格中撰寫程式，按程式儲存格左方的 ▶ 圖示就會執行程式，並將執行結果顯示於下方。按執行結果區左方的 ⇨ 圖示會清除執行結果。

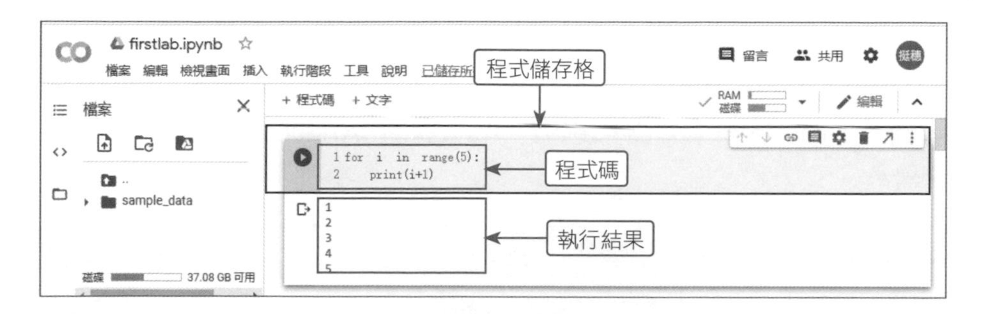

按 **+ 程式碼** 鈕會在原來儲存格下方新增一個程式儲存格，按 **+ 文字** 鈕會在原來儲存格下方新增一個文字儲存格，文字儲存格的用途是讓使用者輸入文字做為說明。文字儲存格使用 markdown 語法建立文字內容，可在右方看到呈現的文字預覽，系統並提供簡易 markdown 工具列，讓使用者快速建立 markdown 文字。編輯完按 ✕ 圖示就完成文字儲存格編輯，若要修改文字儲存格內容就按 ✎ 圖示進行編輯。

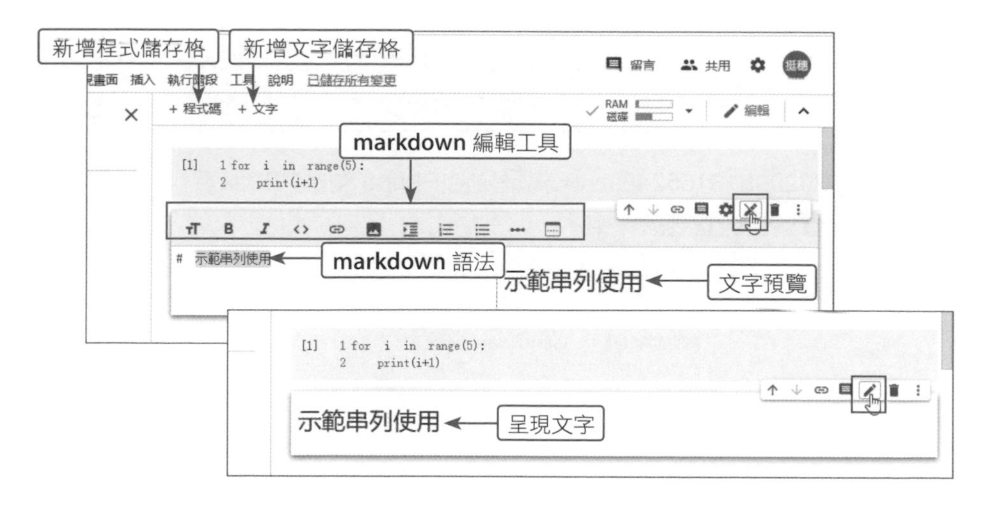

01 02 03 04 05 06 07 08 09 10 11 12 13 14 15 16 17

31.1.4 Colab 連接 Google Drive 雲端硬碟

由於 Colab 檔案存於 Google Drive 雲端硬碟，因此如果有程式中需要使用的檔案，必須上傳到 Google Drive 雲端硬碟。

上傳檔案到 Google Drive 雲端硬碟

在 Google Drive 雲端硬碟中切換到 <Colab Notebooks> 資料夾，按左上方 **新增** 鈕，再點選 **檔案上傳**，於 **開啟** 對話方塊選擇要上傳的檔案就可將該檔案上傳到雲端硬碟的 <Colab Notebooks> 資料夾。例如上傳本章範例 <ATM00625_20200513155248.csv> 檔。

<ATM00625_20200513155248.csv> 檔是全台 PM2.5 測站的檢測資料。上傳後可在 Google Drive 雲端硬碟看到該檔案。

以原始格式上傳

上傳檔案到 Google Drive 雲端硬碟時，需確保是以原始格式上傳，否則在 Colab 使用該檔案時會產生錯誤。按右上角 ⚙ 圖示，點選 **設定** 項目，於 **設定** 對話方塊取消核選 **將已上傳的檔案轉換成 Google 文件編輯器格式** 項目。

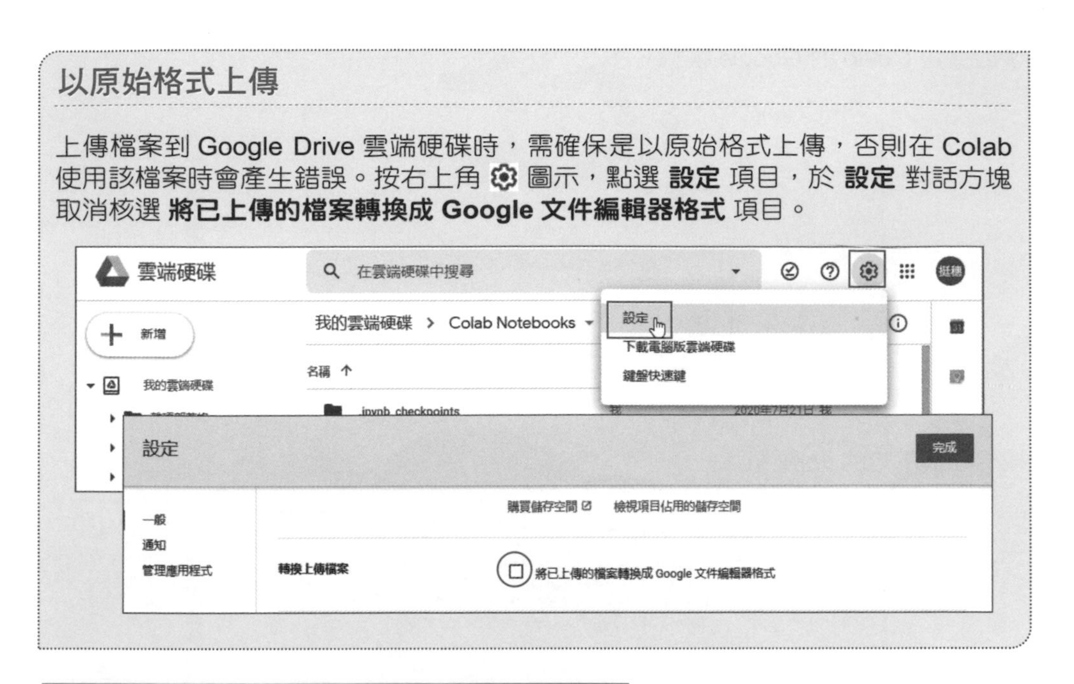

Colab 連接 Google Drive 雲端硬碟

Colab 要使用 Google Drive 雲端硬碟的檔案，首先要讓 Colab 連接上 Google Drive 雲端硬碟：點按 Colab 左方資料夾管理 🗀 鈕，再按 **掛接雲端硬碟** 圖示。

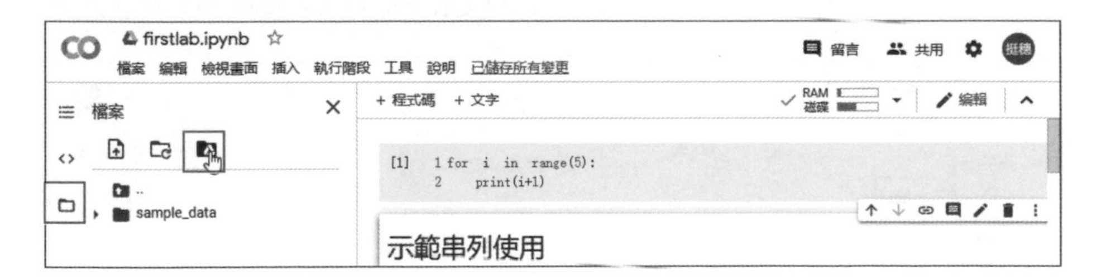

按 **連線至 Google 雲端硬碟** 鈕。

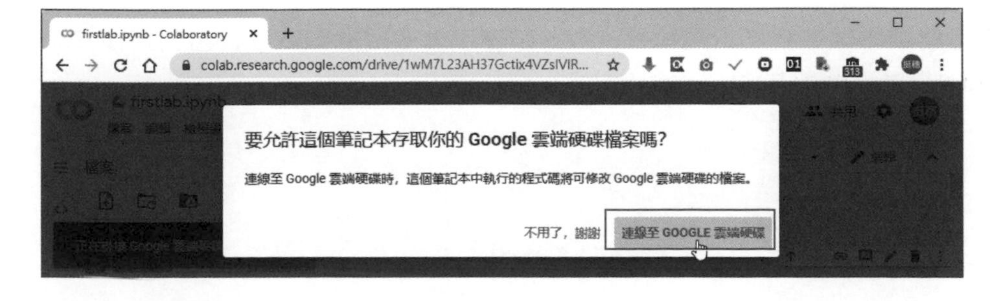

選取登入 Colab 的 Google 帳號。

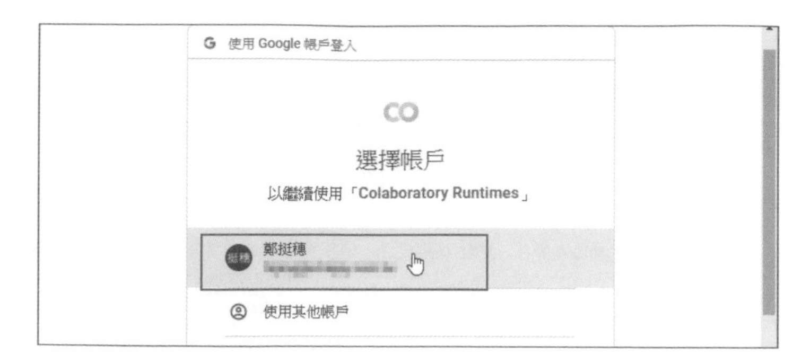

按頁面最下方的 **允許** 鈕。

左上方圖示變成 就表示連接完成，左方新增 **drive / My Drive** 就是 Google Drive 雲端硬碟，右方自動新增了兩列程式碼就是連接 Google Drive 雲端硬碟的程式碼。

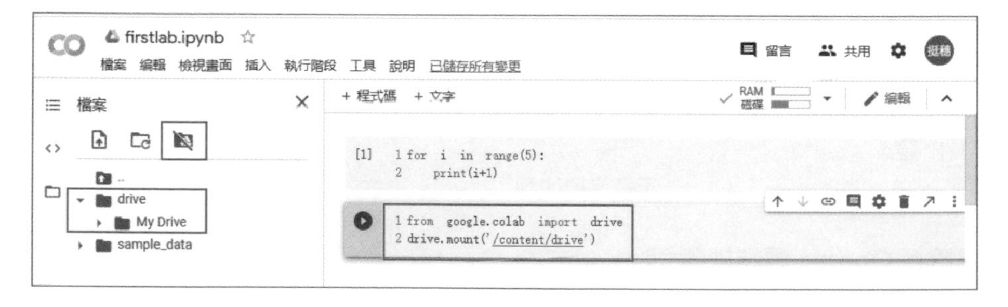

這個驗證帳號的程序只需執行一次，以後連接虛擬機器時就會自動連接 Google Drive 雲端硬碟了！

Colab 使用 Google Drive 雲端硬碟檔案

Google Drive 雲端硬碟檔案位於：

```
/content/drive/My Drive/Colab Notebooks/檔案名稱
```

例如前面上傳的檔案為：

```
/content/drive/My Drive/Colab Notebooks/ATM00625_20200513155248.csv
```

下面程式碼是在 Colab 中讀取上傳的 CSV 檔，並顯示檔案內容：

```
import pandas as pd
data = pd.read_csv("/content/drive/My Drive/Colab Notebooks/
    ATM00625_20200513155248.csv")
print(data)
```

執行結果：

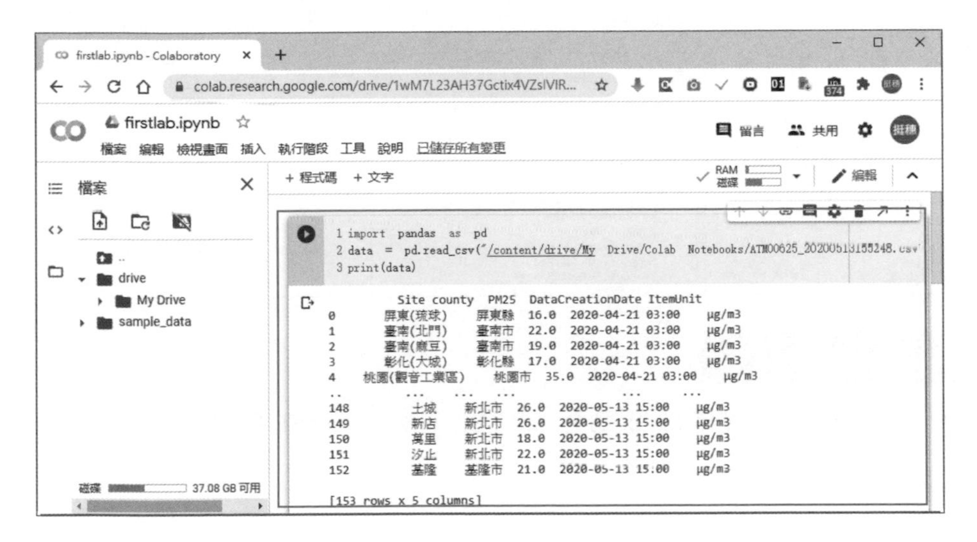

31.1.5 「!」執行 Shell 命令

Colab 允許使用者執行 Shell 命令與系統互動，只要在「!」後加入命令語法，格式為：

```
!Linux 命令或命令視窗指令
```

執行命令視窗指令

最常使用的命令視窗指令就是「pip3」，用於安裝模組，例如安裝下載 YouTube 影片的 pytube 模組的命令為：

```
!pip3 install pytube
```

下圖為執行「!pip3 list」的結果，功能是查看系統中已安裝的模組，可見到 Colab 已預先安裝了非常多常用模組：

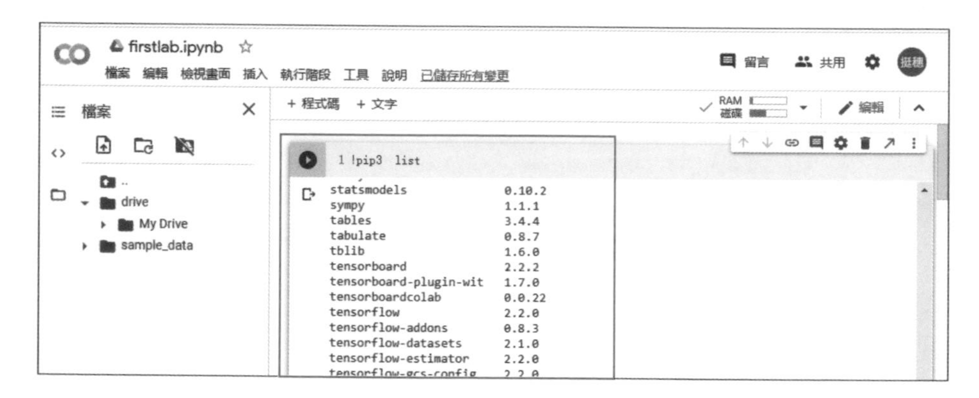

執行 Linux 命令

操作 Colab 時，常需使用 Linux 命令，例如以「pwd」命令查看現在目錄：

```
!pwd
```

1 !pwd

/content

目前路徑在「/content」

Colab 中常用的 Linux 命令整理於下表：

命令	說明
ls -l: 詳細檔案系統結構	顯示檔案結構
pwd	顯示當前目錄
cat 檔名 -n：顯示行號	顯示檔案內容
mkdir 目錄名稱	建立新目錄
rmdir 目錄名稱	移除目錄，目錄必須是空的
rm 檔案或目錄名稱 -i：刪除前需確認 -rf：刪除目錄	移除檔案或目錄。加 -rf 刪除的目錄不必是空的。
mv 檔案或目錄名稱 目的目錄	移動檔案或目錄到目的目錄。
cp 檔案或目錄名稱 目的目錄 -r：複製目錄	複製檔案或目錄到目的目錄。
ln -s 目錄名稱 虛擬目錄名稱	將目錄名稱設為虛擬名稱，通常用於簡化 Google Drive 雲端硬碟目錄。
unzip 壓縮檔名	將壓縮檔解壓縮。
sed -i 's/ 被取代字串 / 取代字串 /g' 檔案名稱	將檔案中所有「被取代字串」用「取代字串」取代。

31.1.6 「%」魔術指令

Colab 提供「魔術指令 (Magic Command)」供使用者擴充 Colab 功能。魔術指令分為兩大類：「行魔術指令 (Line Magic)」以「%」開頭，適用於單行命令：「儲存格魔術指令 (Cell Magic)」以「%%」開頭，適用於多行命令。

下面為常用的魔術指令：

%lsmagic

「%lsmagic」功能是顯示所有可用的魔術指令。魔術指令多達數十個，忘記魔術指令的拼法時可利用此魔術指令查詢。

01 02 03 04 05 06 07 08 09 10 11 12 13 14 15 16 17

```
1 %lsmagic

Available line magics:
%alias  %alias_magic  %autocall  %automagic  %autosave  %bookmark  %cat  %cd  %clear  %

Available cell magics:
%%!  %%HTML  %%SVG  %%bash  %%bigquery  %%capture  %%debug  %%file  %%html  %%javascrip

Automagic is ON, % prefix IS NOT needed for line magics.
```

%cd

「%cd」功能是切換目錄，語法為：

```
%cd 目錄名稱
```

注意：「!cd 目錄名稱」不會切換目錄，需使用「%cd 目錄名稱」才能切換目錄。

```
[4] 1 !pwd
    /content                 原來目錄

[6] 1 !cd drive
    2 !pwd
    /content                 目錄未改變

    1 %cd drive
    2 !pwd
    /content/drive
    /content/drive           切換到新目錄
```

%timeit 及 %%timeit

這兩個指令都會計算程式執行的時間：「%timeit」用於單列程式，「%%timeit」用於多列程式。

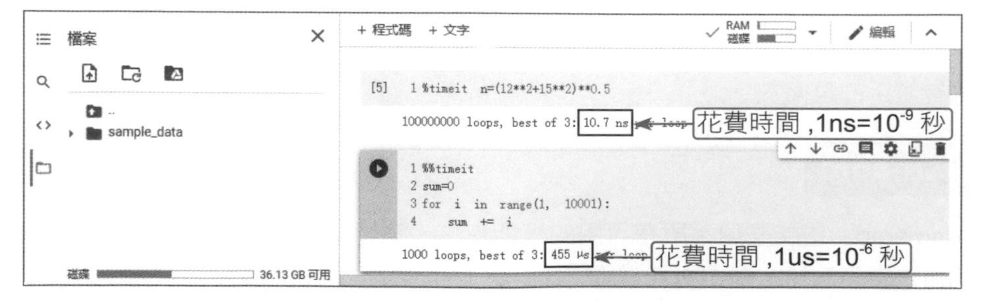

「100000000 loops, best of 3: 10.7 ns per loop」表示此程式執行了 100000000 次，每次執行時間為 10.7ns。

%%writefile

「%%writefile」功能是新增文字檔，語法為：

```
%%writefile 檔案名稱
檔案內容
.........
```

第 2 列以後的文字即為新增檔案的內容。

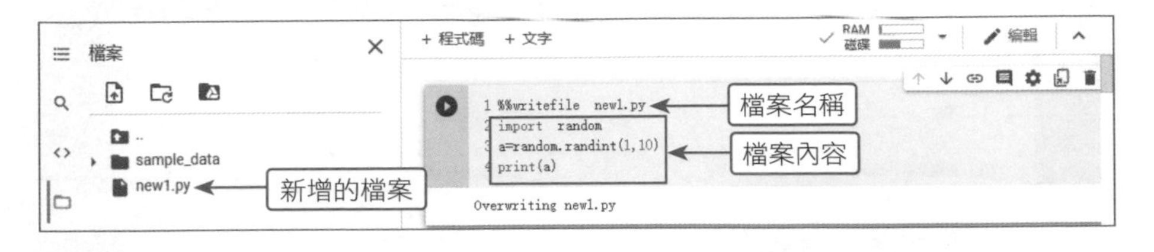

%run

「%run」功能是執行檔案，語法為：

```
%run 檔案名稱
```

接續前面操作：執行前面操作新增的 <new1.py>。

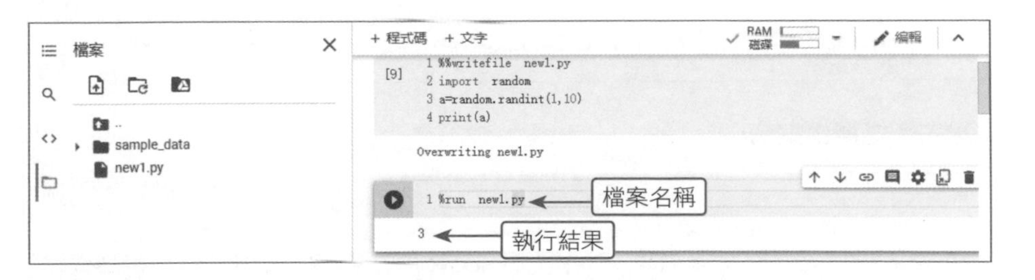

%whos

「%whos」功能是查看目前存在的所有變數、類型等。

接續前面操作：顯示已建立變數 a 及含入 random 模組。

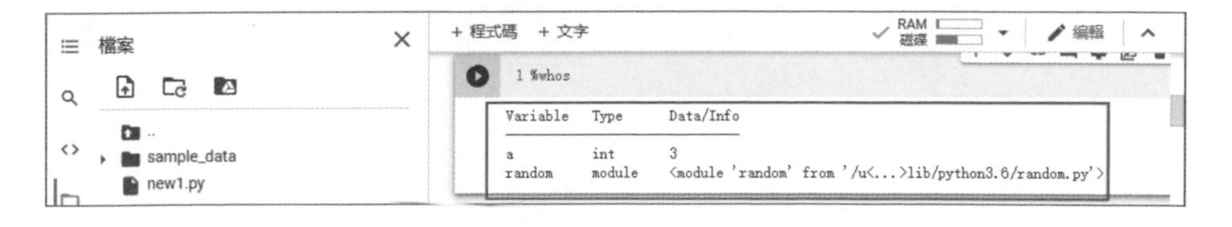

上傳筆記本

如果要直接開啟本書範例，可將本書的 <.ipynb> 檔上傳到 Colab 中執行。

上傳筆記本的方法是在筆記本管理頁面點選 **上傳** 功能：

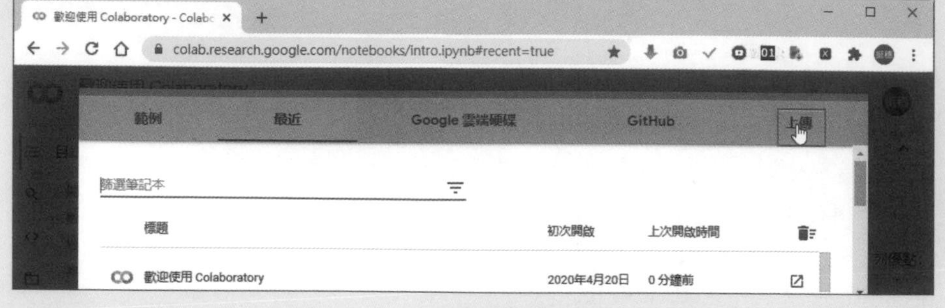

或者是在編輯頁面執行 **檔案 / 上傳筆記本**：

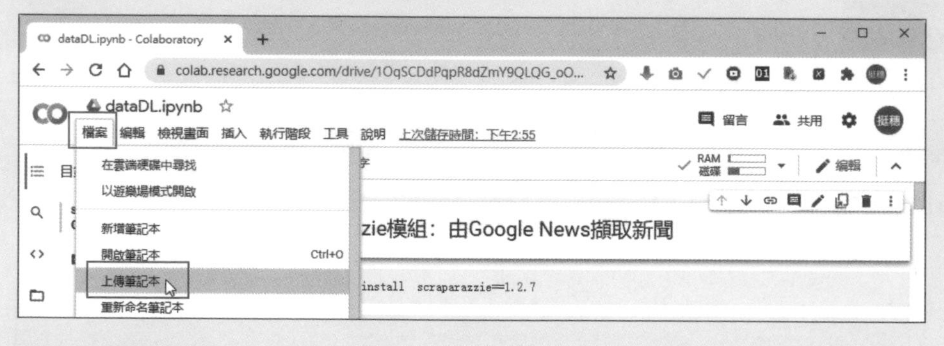

然後點選 **選擇檔案** 鈕：

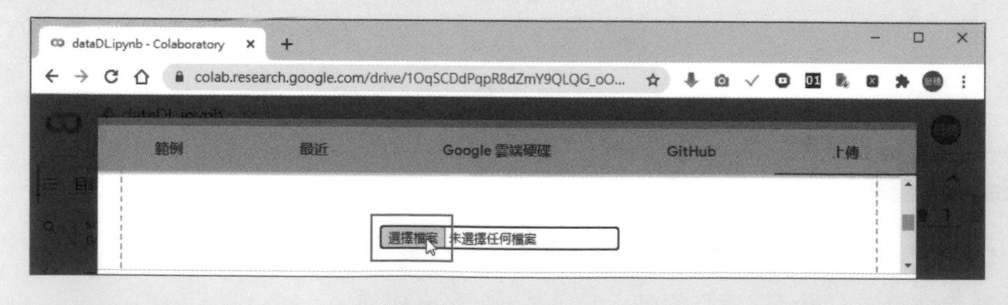

於 **開啟** 對話方塊選取要上傳的 <.ipynb> 檔即可。

31.2 Markdown 語法

Markdown 是一種輕量級標記式語言，它有純文字標記的特性，讓編寫的可讀性提高，這是在以前很多電子郵件中就已經有的寫法，目前有許多網站使用 Markdown 來撰寫說明文件，也有不少論壇以 Markdown 發表文章與發送訊息。

Markdown 就顯示的結構上可區分為兩大類：區塊元素及行內元素。

- **區塊元素**：此類別會讓內容獨立形成一個區塊，區塊內的全部文字都是套用同樣的格式。
- **行內元素**：套用此類別的內容可插入於區塊內。

31.2.1 區塊元素

區塊元素會讓內容獨立形成一個區塊，區塊內的全部文字都是套用同樣的格式，例如標題、段落、清單等。

標題文字

標題文字分為六個層級，是在標題文字前方加上 1 到 6 個「#」符號，「#」數量越少則標題文字越大。注意「#」與標題文字間需有一個空白字元。

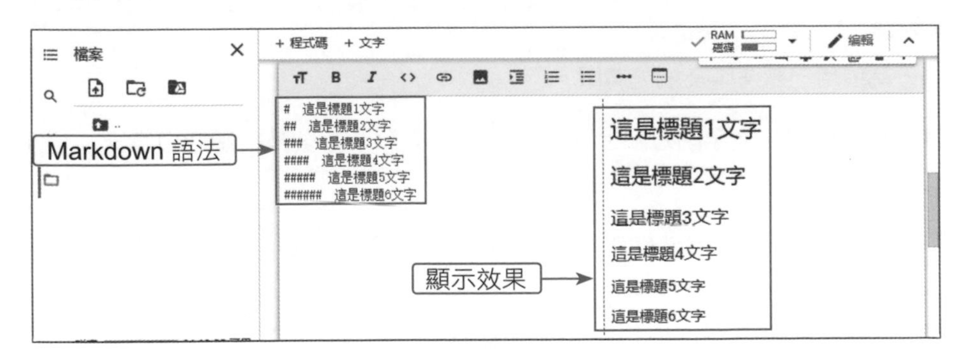

經實測，標題 5 及標題 6 的文字大小相同。

段落文字

當沒有加上任何標示符號時，該區塊的文字就是文字段落區塊，而段落與段落之間是以空白列分開。

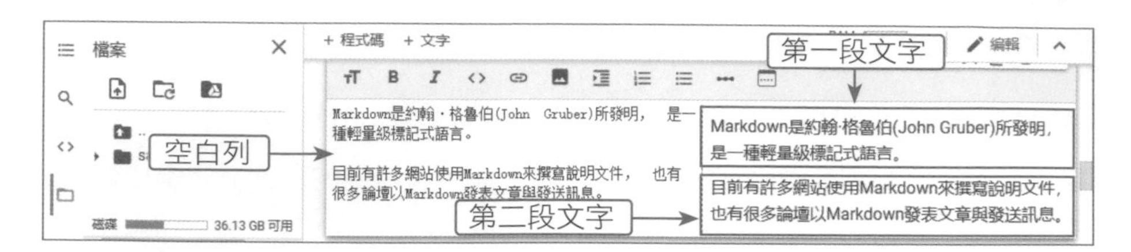

引用文字

引用文字是在文字前方加上「>」符號，功能是文字樣式類似於 Email 中回覆時原文呈現的樣式。

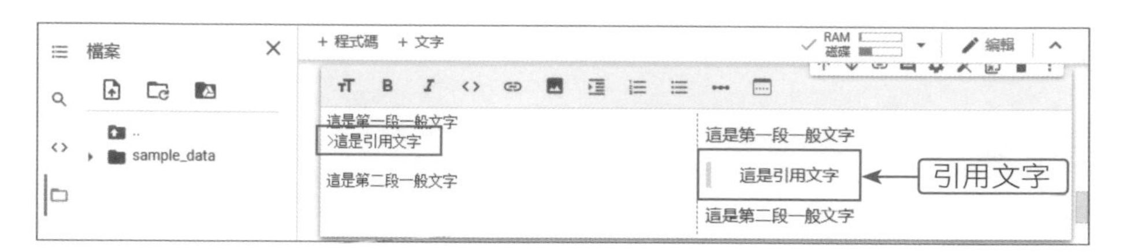

清單

清單分為項目符號清單及編號清單。

項目符號清單是在文字前方加上「-」或「+」或「*」符號及一個空白字元，功能是建立清單項目。

清單可包含多個層級，方法是加上一個縮排或兩個空格就可以新增一個層級。

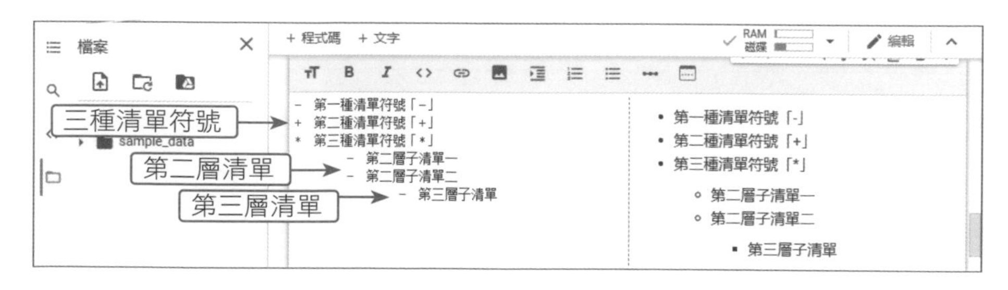

編號清單是以數字加上「.」及一個空白字元做為開頭的文字，功能是建立包含數字編號的清單項目。

編號清單也可以包含多個層級，方法是加上一個縮排或兩個空格就可以新增一個層級。

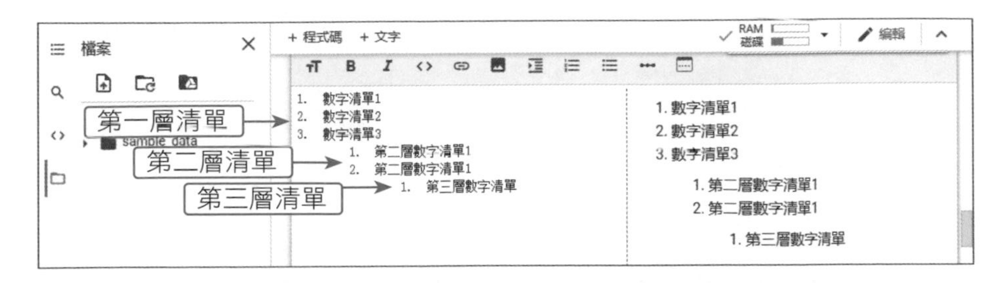

如果一般文字需要以數字加「.」作為開頭，必須改為數字加「\.」。

分隔線

分隔線是連續 3 個「*」或「_」符號，功能是建立一條橫線分隔文字。

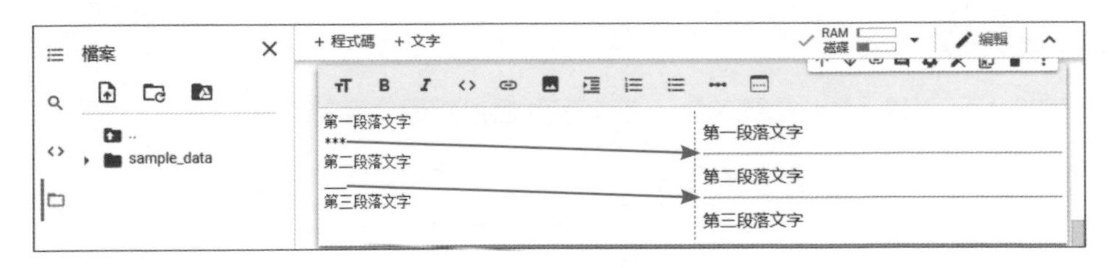

區塊程式碼

Markdown 說明中常需顯示程式碼，其語法為：

```
```
程式碼
......
```
```

注意：「`」符號是反引號，位於鍵盤 **Tab** 鍵的上方。

31.2.2 行內元素

行內元素則是在區塊的文字上做修飾，如粗體、斜體、連結等。

斜體文字

若文字被「_」或「*」符號包圍，該文字就會以斜體文字顯示。

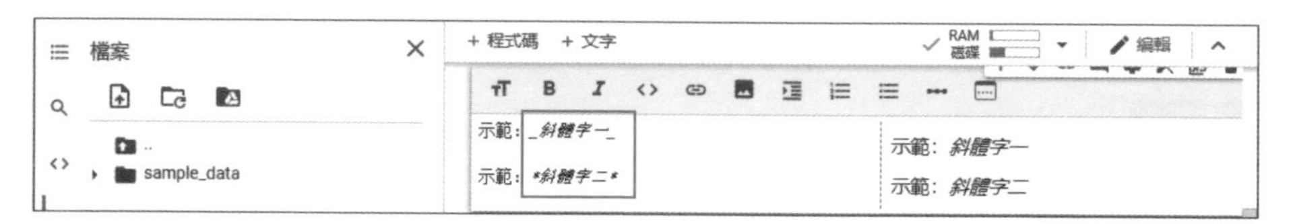

粗體文字

若文字被「__」或「**」符號包圍，該文字就會以粗體文字顯示。

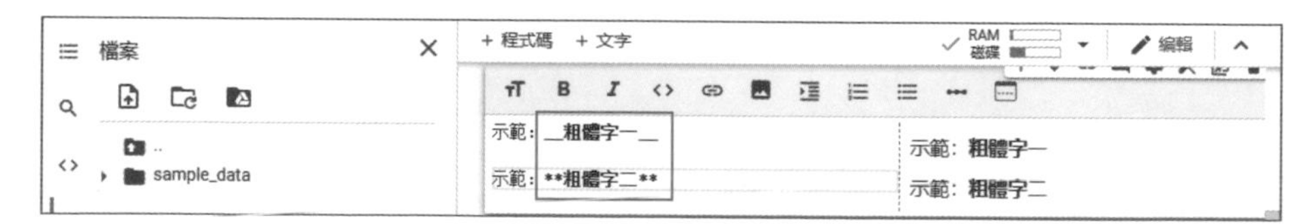

超連結

建立超連結文字有兩種方法：HTML 語法或 Markdown 語法。

HTML 語法：

```
<a href=" 網址 "> 顯示文字 </a>
```

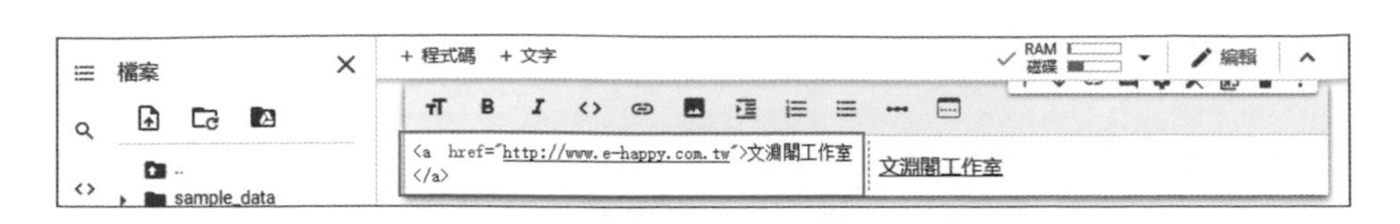

Markdown 語法：

```
[ 顯示文字 ]( 網址 )
```

行內程式碼

行內程式碼是在一般文字中顯示程式碼，其語法是將程式碼以反引號「`」包圍起來即可。

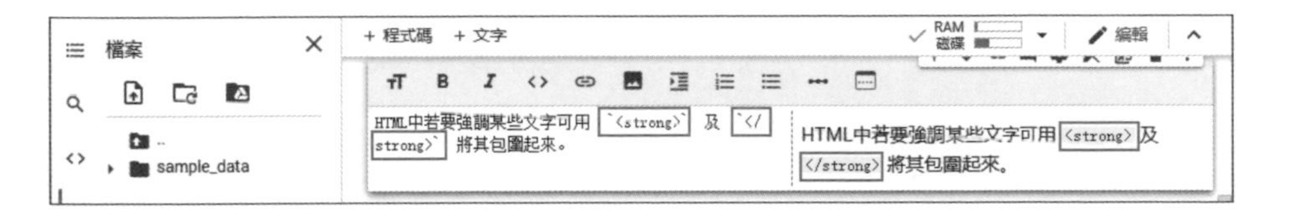

圖片

建立圖片有兩種方法：HTML 語法或 Markdown 語法。

HTML 語法：

```
<img src=" 圖片網址 " alt=" 替代文字 " />
```

01 02 03 04 05 06 07 08 09 10 11 12 13 14 15 16 17

Markdown 語法：

```
![替代文字](圖片網址)
```

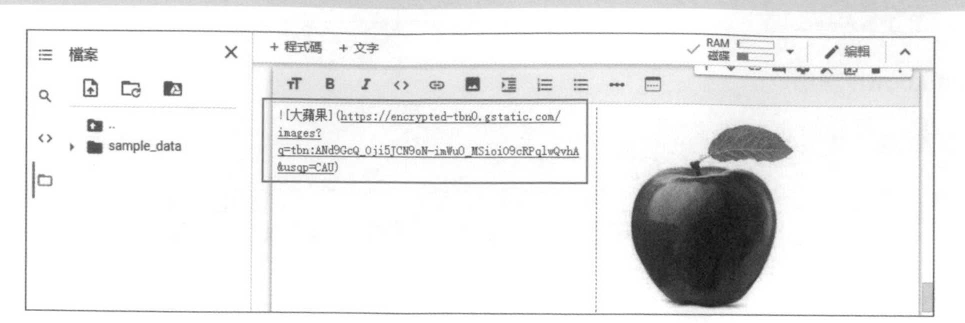

32

萬用編輯神器：VS Code

01 02 03 04 05 06 07 08 09 10 11 12 13 14 15 16 17

32.1 VS Code：最多人使用的程式編輯器

在 2019 年的 Stack Overflow 組織的開發者調查中，VS Code 被認為是最受開發者歡迎的開發環境。據調查，87317 名受訪者中有 50.7% 的受訪者聲稱正在使用 VS Code。如果你還未使用 VS Code，趕緊加入使用行列吧！

32.1.1 VS Code 簡介

Visual Studio Code (簡稱 VS Code) 是一款由微軟開發且跨平台的免費原始碼編輯器。微軟在 2015 年 4 月 29 日舉辦的 Build 2015 大會上公布了 VS Code 的開發計劃；2015 年 11 月 18 日，VS Code 在 GitHub 上開源，同時宣布將支援擴展功能；2016 年 4 月 14 日，VS Code 正式版發布。

VS Code 具備下列特點使其能在短時間就快速累積龐大使用者：

- **免費**
- **跨平台**：支援 Windows、Mac、Linux 等作業系統。
- **程式自動補全 (又稱 IntelliSense)**：提供大量程式自動補全功能，讓使用者快速建立程式。
- **內建命令行工具**：內置的命令行工具使開發者可以直接在 VS Code 中快速地運行腳本，而不需要在 VS Code 和系統的命令行工具之間來回切換。
- **Git 版本控制系統**：方便追蹤程式開發過程，包含 commit、diff、resolve conflict 等都可以直接透過 GUI 來操作。
- **強大除錯功能**：大部分語言擴充程式都能夠在 VS Code 上提供一致的操作體驗，包含 breakpoint、watch、call stack 等。
- **具備擴充程式功能**：眾多擴充程式是 VS Code 廣受歡迎的最主要原因，大部分功能都能以擴充程式方式達成。
- **檢視定義功能**：VS Code 提供簡易方法可以快速觀看程式中各種類別函式、方法的內容。

32.1.2 安裝 VS Code

開啟 VS Code 官網「https://code.visualstudio.com/」下載安裝檔，網頁會根據作業系統自動選擇版本，按右上角 **Download** 鈕即可下載。當然也可以按自動選擇版本右邊的下拉選單來選擇下載的版本。

按右上角 **Download** 鈕後點選要下載的作業系統版本就進行下載。Windows 的 User Installer 項目是穩定版本，建議下載此類型版本。此處下載 Windows 64 位元版本。

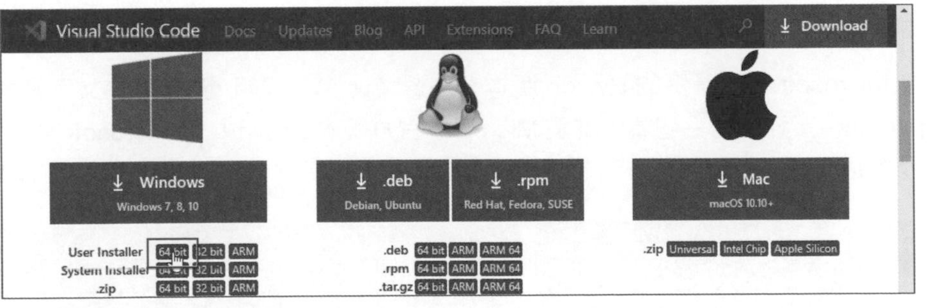

執行剛才下載的檔案即可進行安裝：除了右圖步驟核選全部核取方塊外，其餘步驟都以預設值安裝。

選擇安裝程式在安裝 Visual Studio Code 時要執行的附加工作，然後按 [下一步]。

附加圖示：

- ☑ 建立桌面圖示(D)

其他：

- ☑ 將 [以 Code 開啟] 動作加入 Windows 檔案總管檔案的操作功能表中
- ☑ 將 [以 Code 開啟] 動作加入 Windows 檔案總管目錄的操作功能表中
- ☑ 針對支援的檔案類型將 Code 註冊為編輯器
- ☑ 加入 PATH 中 (重新啟動後生效)

第一次啟動會顯示歡迎頁面，如果希望啟動不要顯示此頁面，可取消核選左下角 **Show welcome page on startup**。

VS Code 界面最重要的就是左上角的側邊功能表，由上到下分別為檔案總管、搜尋、管理程式碼、啟動及偵錯、管理擴充模組。

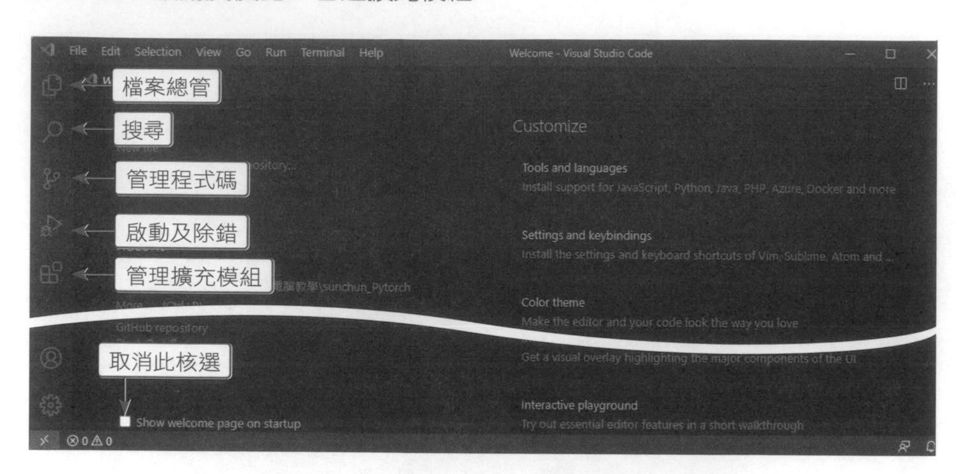

32.1.3 安裝 Python 擴充模組

VS Code 幾乎可以作為任何語言的編輯器，本書主要是執行 Python 語言，因此需安裝 Python 語言相關模組。

安裝 Microsoft 官方提供的 Python 版本：點選管理擴充模組 ▣ 鈕，在文字框輸入「python」，通常第一個項目就是 Microsoft 官方版本 (模組中有 Microsoft 文字)，按右方 **Install** 鈕開始安裝。

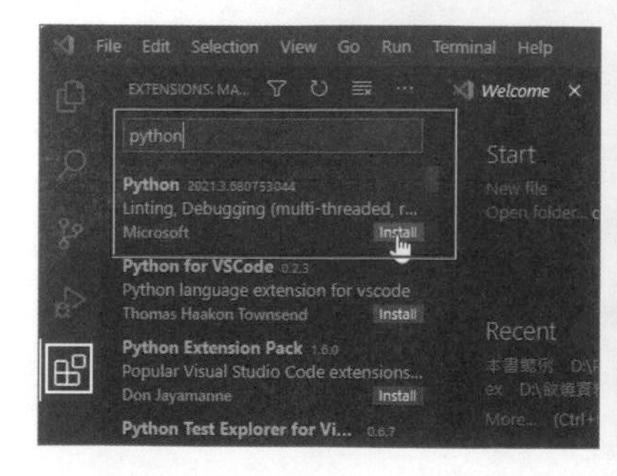

32.2 VS Code 執行 Python 程式

安裝好 Python 擴充模組後，VS Code 就可輕鬆執行 Python 程式了！也可以在程式中設定中斷點，對程式進行除錯。

32.2.1 VS Code 檔案總管

VS Code 以檔案總管對檔案進行系統化管理。

開啟資料夾

第一種開啟 VS Code 檔案總管面板的方法，是在 VS Code 中點選檔案總管 鈕，再點選 **Open Folder** 鈕選擇檔案總管的根目錄。

在 **Open Folder** 對話方塊點選要開啟的資料夾後，按 **選擇資料夾** 鈕，就會開啟該資料夾。

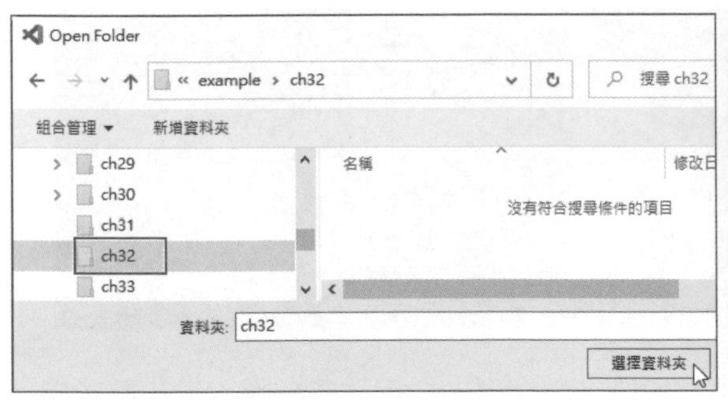

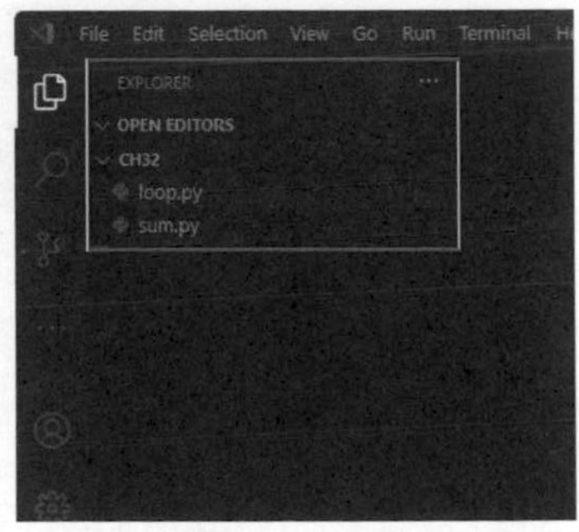

第二種方法是在 Windows 的檔案總管中，於資料夾名稱按滑鼠右鍵，於快顯功能表點選 **以 Code 開啟** 即可。

新增檔案或資料夾

開啟指定資料夾後，可在其中新增檔案或資料夾，以新增檔案為例：按 🗀 鈕後輸入檔案名稱再按 **Enter** 鍵即可新增檔案，同時在程式碼編輯區開啟該空白檔案，使用者可輸入程式碼。

開啟已存在檔案

第一種開啟已存在檔案的方法，是在 VS Code 檔案總管點選檔案名稱就會在程式碼編輯區開啟該檔案。

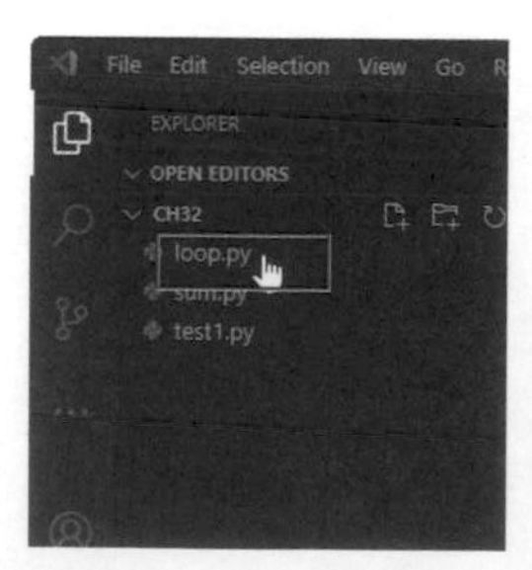

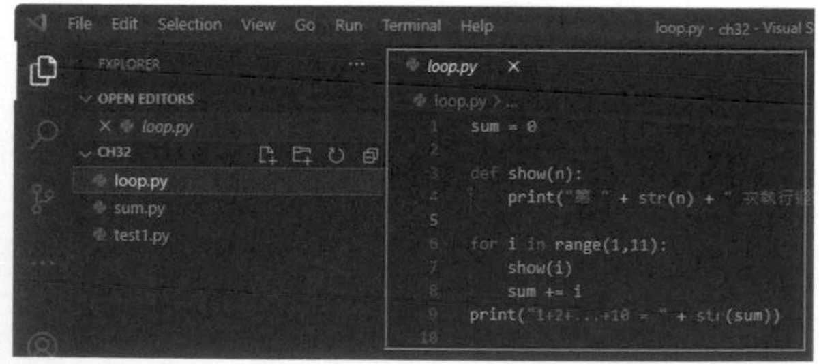

第二種方法是在 Windows 的檔案總管中，於檔案名稱按滑鼠右鍵，於快顯功能表點選 **以 Code 開啟** 即可。

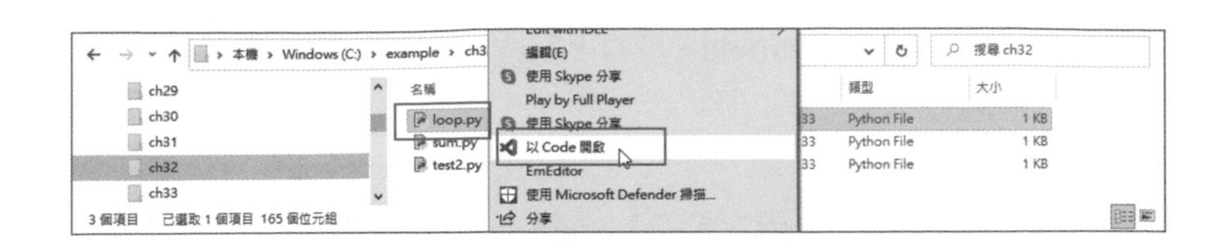

32.2.2 執行程式及程式除錯

執行程式

開啟程式檔案後，按右上角 ▶ 鈕就會在 Terminal 中執行程式，系統會自動開啟 Terminal 面板顯示執行訊息及執行結果。下圖為執行 <sum.py> 的畫面。

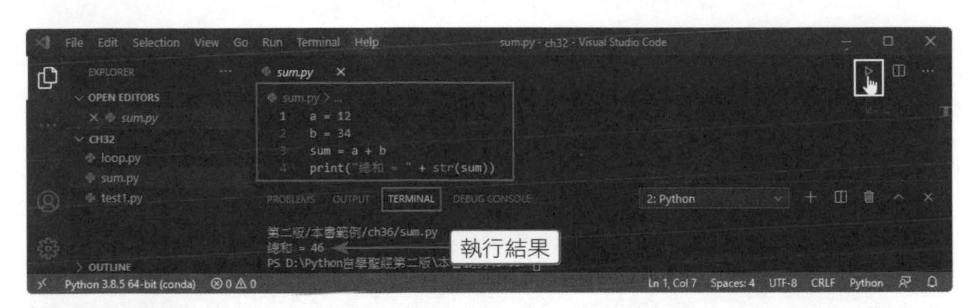

程式除錯

程式執行如果發生錯誤，如何修正錯誤是非常重要的能力，好的除錯工具將使程式除錯事半功倍。Python 擴充模組提供了不錯的程式除錯功能，足以應付一般修正程式的需求。

以 <loop.py> 為例：開啟 <loop.py> 檔案後，首先為程式加入中斷點，中斷點是執行程式時會在中斷點停止執行。在行號左方按滑鼠左鍵就會在該列程式新增中斷點，此處為第 8 列程式新增中斷點。(於中斷點按滑鼠左鍵則會刪除中斷點)

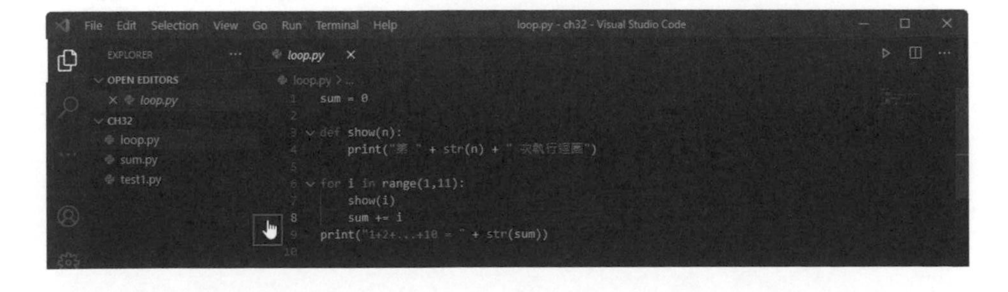

執行功能表 **Run / Start Debugging** (或按 **F5** 鍵)，然後再點選 **Python 檔案** 就會以除錯模式執行程式。

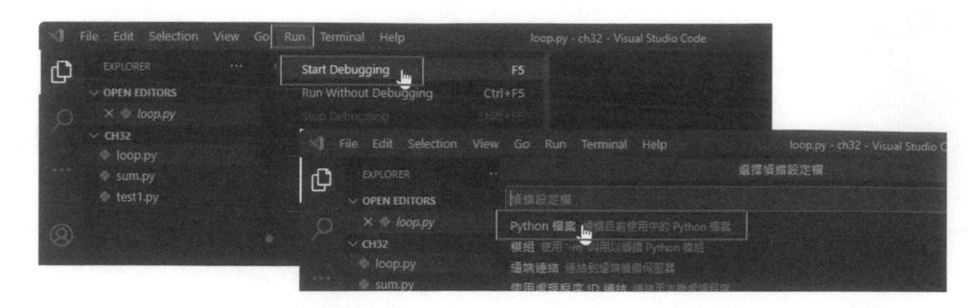

系統會自動切換到 除錯模式面板，在除錯模式面板中會顯示所有變數值，這是除錯過程最重要的部分，使用者可逐步觀察變數值判斷錯誤所在。

程式會停在第一個中斷點 (此處只有一個中斷點)，注意此時中斷點程式列尚未執行，同時在下方開啟 Terminal 面板顯示執行到此處為止的執行結果。

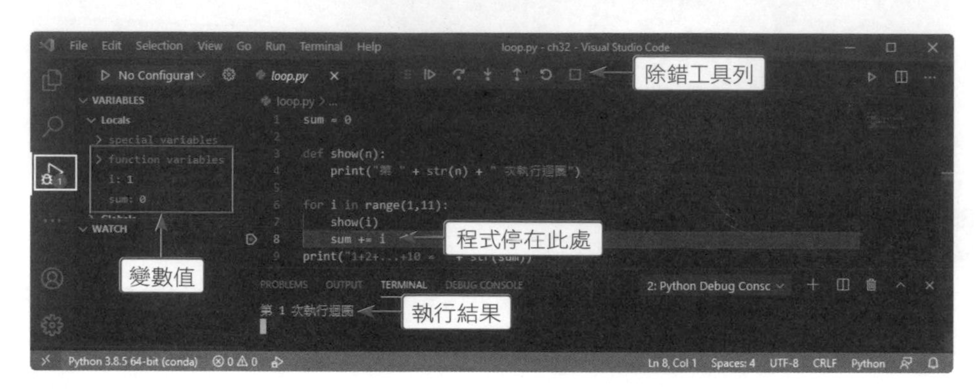

上方中央顯示除錯工具列：

各按鈕功能為：

- ：執行到下一個中斷點。
- ：執行一列程式，不進入函式。
- ：執行一列程式，進入函式。
- ：執行到跳出函式。
- ：重頭執行程式。
- ：結束除錯模式。

按 鈕會繼續執行到下一個中斷點，即執行一次迴圈，可變數值為「i=2，sum=1」，Terminal 面板多了「第 2 次執行迴圈」。

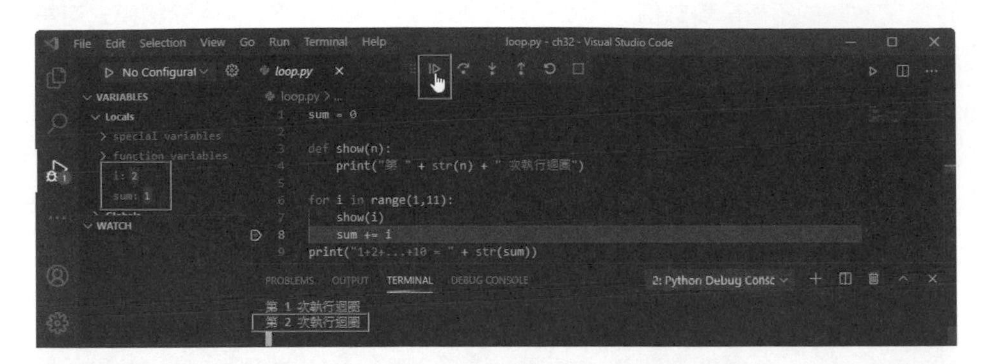

按 鈕執行第 8 列程式，變數值為「sum=3」，程式停在第 6 列；再按 鈕執行第 6 列程式，變數值為「i=3」，程式停在第 7 列；再按 鈕執行第 7 列程式，程式不會進入 show 函式，而是執行完 show 函式而停在第 8 列，同時 Terminal 面板多了「第 3 次執行迴圈」。

按 鈕執行第 8 列程式，變數值為「sum=6」，程式停在第 6 列；再按 鈕執行第 6 列程式，變數值為「i=4」，程式停在第 7 列；再按 鈕執行第 7 列程式，程式進入 show 函式停在第 4 列。因此時程式在函式內，由左方變數值可看到函式內只存在「n=4」，全域變數才有「i=4，sum=6」。

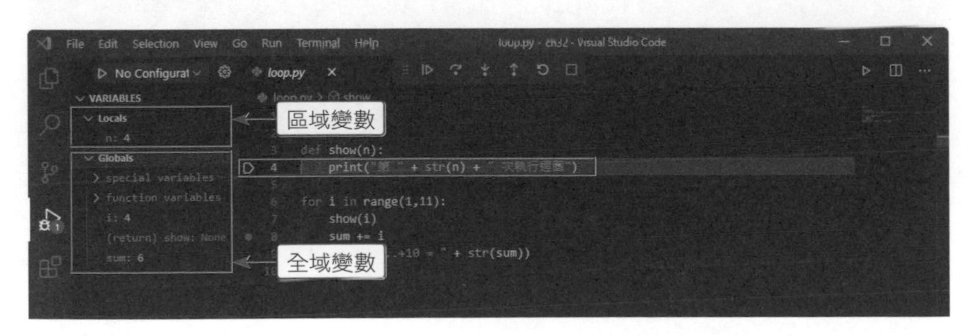

再按 鈕執行第4 列程式，Terminal 面板多了「第 4 次執行迴圈」，程式回到第 7 列；再按 鈕執行第 7 列程式，程式停在第 8 列。

如果不再除錯，可按 結束程式。

自訂變數觀察值

有時希望觀察的不僅是變數值，而是各個變數的運算結果，Python 除錯模式可設定變數運算式，逐步執行時可隨時查看運算結果。

設定變數運算式是在除錯面板的 **WATCH** 項目，以 <loop.py> 除錯為例，要觀察「sum*i」的值：點選 **WATCH** 項目右方加號「+」圖示，然後在文字框輸入運算式「sum*i」後按 **ENTER** 鍵。

WATCH 項目就會顯示 sum 和 i 的乘積值，使用者進行除錯過程中，只要 sum 和 i 的數值有變化，「sum*i」的值就會即時更新。

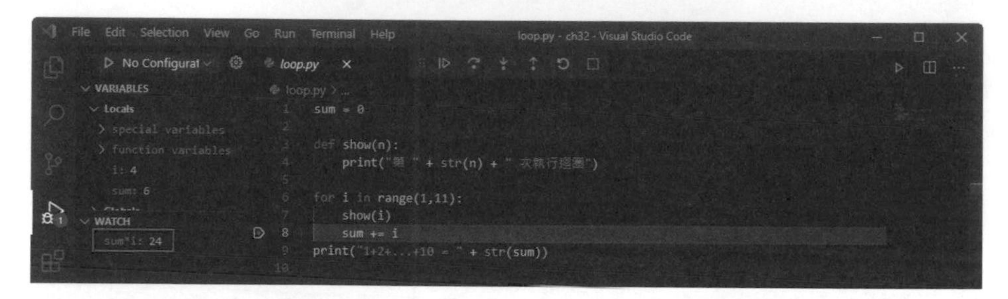

32.3 讓 VS Code 更有效率

VS Code 提供許多貼心功能讓程式開發者更快速撰寫程式碼，並減少程式可能產生的錯誤，例如程式碼智慧輸入 (Intellisense)、簡易查詢函式使用方法，自動存檔等。

32.3.1 程式碼智慧輸入

VS Code 的程式碼智慧輸入及補全功能相當強大，不但讓開發者快速建立程式，避免拼寫錯誤，而且不必死記各種函式語法。

在 VS Code 檔案總管新增 <test.py> 空白檔案做為練習檔案。

自動補全命令

在程式編輯區輸入「p」，系統會顯示所有「p」開頭的命令，點選要輸入的命令 (此處點選 print)，就可輸入該命令。若命令數量太多，可輸入下一個字母來縮小命令數量。以此方式輸入命令，就不會產生拼錯命令的錯誤。

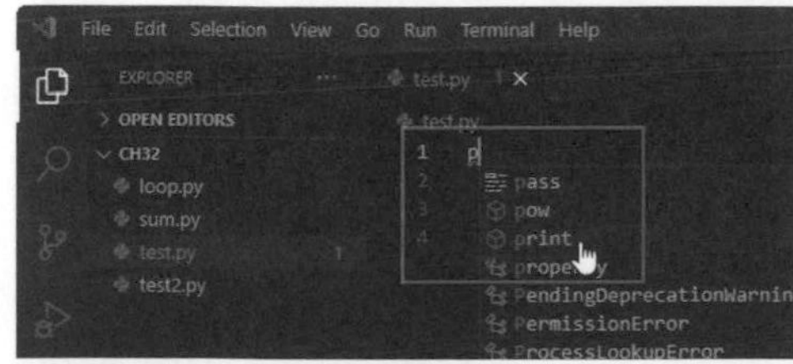

顯示命令使用方法

輸入「(」即可顯示命令使用方法，如此就不必死背命令用法了！

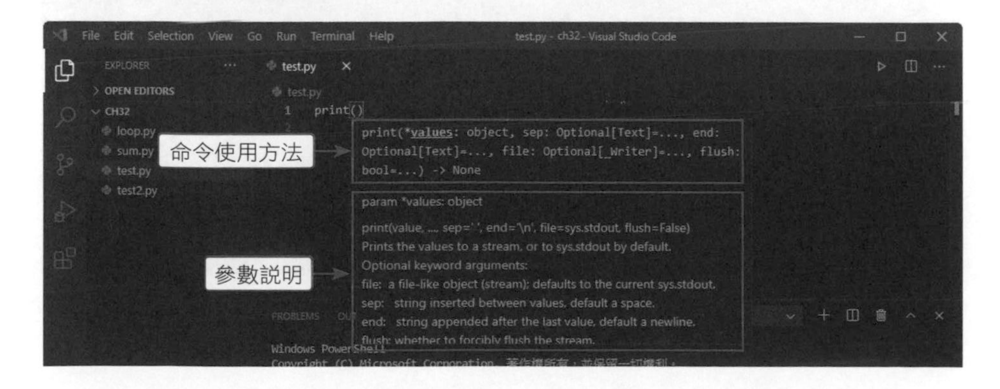

自動補全模組

在程式編輯區輸入「import nu」，系統會顯示所有「nu」開頭的已安裝模組名稱，點選要輸入的模組名稱 (此處點選 numpy)，就可輸入該模組名稱。

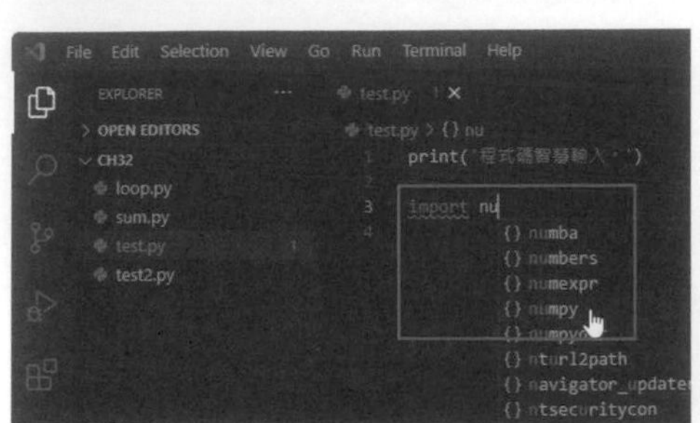

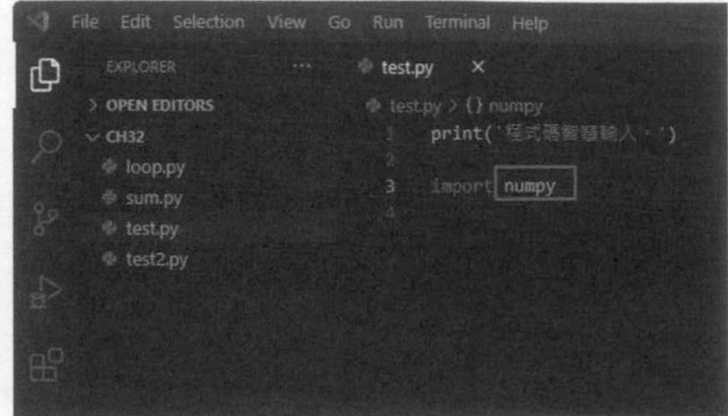

自動補全方法及屬性

在程式編輯區輸入「np.」，系統會顯示 numpy 的所有方法及屬性，點選要輸入的方法或屬性 (此處點選 abs)，就可輸入該方法或屬性。

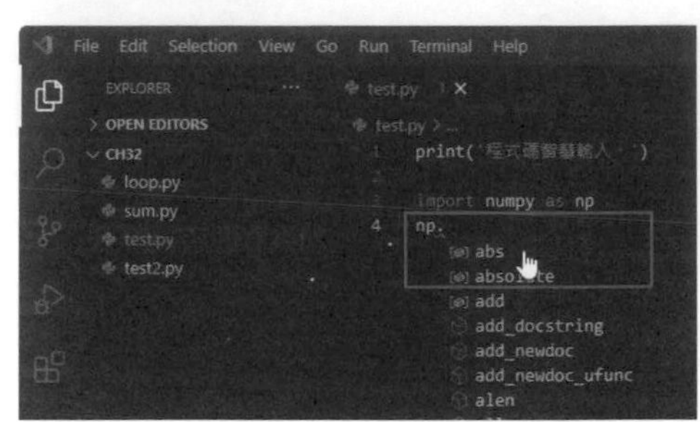

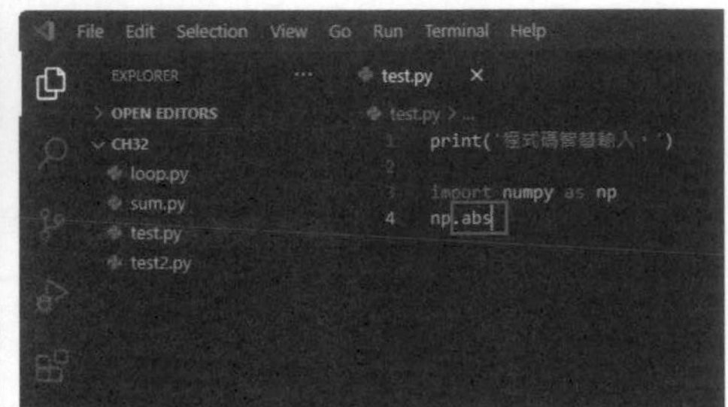

如果是方法，輸入「(」即可顯示方法的使用方式。

```
print('程式碼智慧輸入：')

import numpy as np
np.abs()
    ufunc(x, /, out=None, *, where=True,
    casting='same_kind', order='K', dtype=None, subok=True,
    signature=None, extobj=None, /)

    param x

    absolute(x, /, out=None, *, where=True, casting='same_kind',
    order='K', dtype=None, subok=True[, signature, extobj])
    Calculate the absolute value element-wise.
```

32.3.2 Python Snippets 智慧輸入擴充模組

前述智慧輸入功能只能補全單一命令、函式等程式碼，而 Python Snippets 擴充模組則提供了許多程式碼片段，讓使用者可一次輸入多列程式碼。

首先安裝 Python Snippets 擴充模組：點選管理擴充模組 ■ 鈕，在文字框輸入「Python Snippets」，此處有兩個 Python Snippets 擴充模組，選擇版本較新的模組，按右方 **Install** 鈕開始安裝。

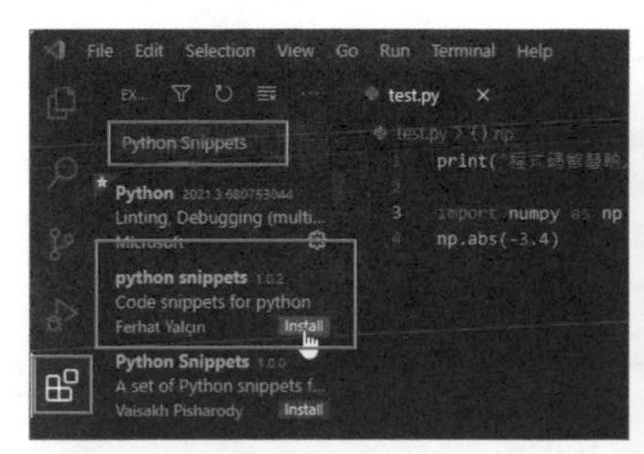

在 VS Code 檔案總管新增 <test1.py> 空白檔案做為練習檔案。

輸入 if…elif…else 程式碼片段

在程式編輯區輸入「if」，系統會顯示所有「if」開頭的命令，左方有方形圖示 ■ 者就是程式碼片段，點選要輸入的程式碼片段 (此處點選 ifelifelse)，就可輸入該程式碼片段。下右圖顯示共輸入 6 列程式碼，使用者可修改「condition」為判斷條件，並將執行程式碼取代「pass」。

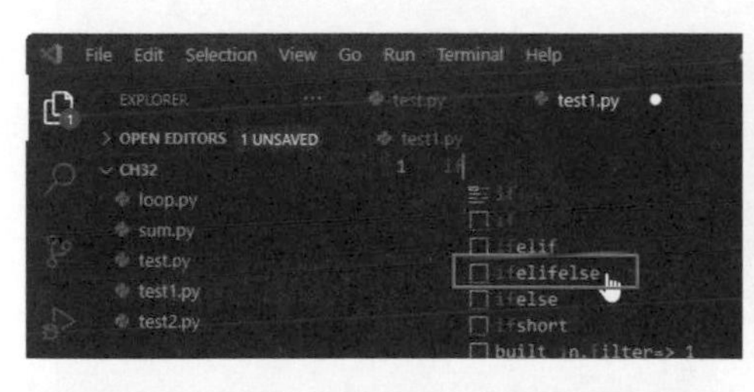

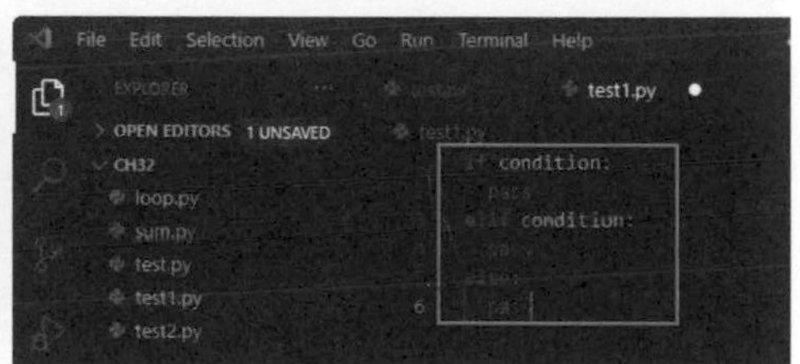

輸入 for…break 程式碼片段

在程式編輯區移除所有程式碼，然後輸入「fo」，系統會顯示所有「fo」開頭的命令，點選要輸入的程式碼片段 (此處點選 for=>break_statement)，就可輸入該程式碼片段。

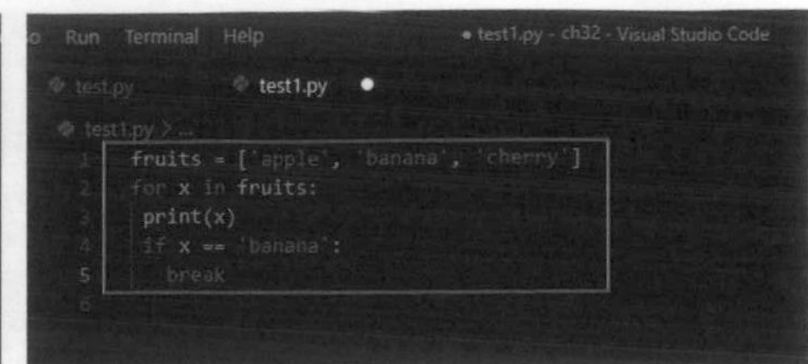

常用程式碼片段

將常用的程式碼片段整理於下表：

輸入	點選	程式碼片段
if	if	if condition: pass

	ifelif	if condition:
		  pass
		elif condition:
		  pass

	ifelifelse	if condition:
		  pass
		elif condition:
		  pass
		else:
		  pass

	ifelse	if condition:
		  pass
		else:
		  pass

	ifshort	print('A') if a > b else print('A')
fo	for=>	fruits = ['apple', 'banana', 'cherry'] for x in fruits: print(x)

	for=>break_statement	fruits = ['apple', 'banana', 'cherry']
		for x in fruits:
		 print(x)
		 if x == 'banana':
		   break

輸入	點選	程式碼片段
fo	for=>range_ function_1	for x in range(6): print(x)
	for=>range_ function_2	for x in range(2, 6): print(x)
	for=>range_ function_3	for x in range(2, 30, 3): print(x)

wh	wh=>	i = 1
		while i < 6:
		  print(i)
		  i += 1

	wh=>break_statement	i = 1
		while i < 6:
		 print(i)
		  if i == 3:
		    break
		  i += 1

	wh=>else	while expression:
		  pass
		else:
		  pass

tr	trye=>	try:
		  print(x)
		except:
		  print('An exception occurred')

	tryef=>	try:
		  print(x)
		except:
		  print('Something went wrong')
		finally:
		  print('The try except is finished')

de	def=>with_default_ value	def name(name, lastName='john') pass

32.3.3 實用小技巧

下面列舉幾個編輯程式的實用小技巧。

在 VS Code 開啟本章範例 <test2.py> 檔。

即時顯示程式錯誤

VS Code 開啟程式檔案及撰寫程式時，會隨時檢查程式是否有錯誤，方便使用者修正。若檔案名稱以紅色顯示表示有錯誤，並以數字指出錯誤數量，同時在程式編輯區以波浪紋告知錯誤所在。

將滑鼠移到波浪處，會顯示錯誤原因。(此處為縮排錯誤)

智慧重新排列程式碼

Python 是以縮排來區分程式區塊，初學者常會發生程式縮排錯誤。VS Code 提供智慧排列程式碼功能，會依程式結構重新排列。下左圖有縮排錯誤，且 import 程式列位於下方：在程式編輯區按滑鼠右鍵，於快顯功能表點選 **Format Document** 就會重新排列程式碼 (下右圖)。

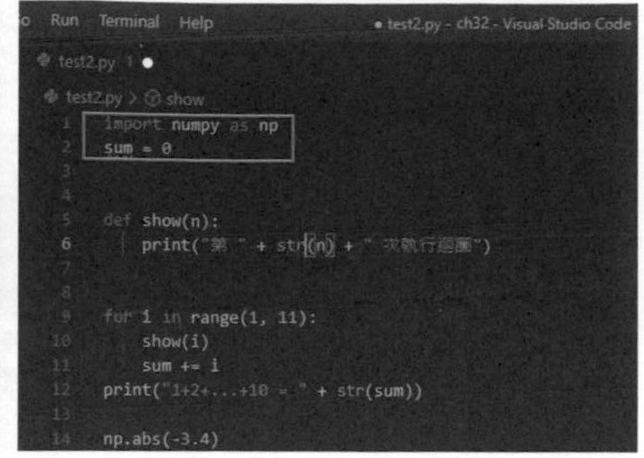

自動存檔

程式開發過程會不斷修改程式碼，有時會因為一些偶發事件未及時存檔而使心血付諸流水。前面重新排列程式碼後，程式已無錯誤，但檔名仍呈現紅色，原因就是尚未存檔，檔名右方有一白色圓點就表示該檔案尚未存檔。

VS Code 提供自動存檔功能，但預設並未開啟：執行功能表 **File / Auto Save** 就開啟自動存檔功能，以後程式有任何變動都會自動存檔了！

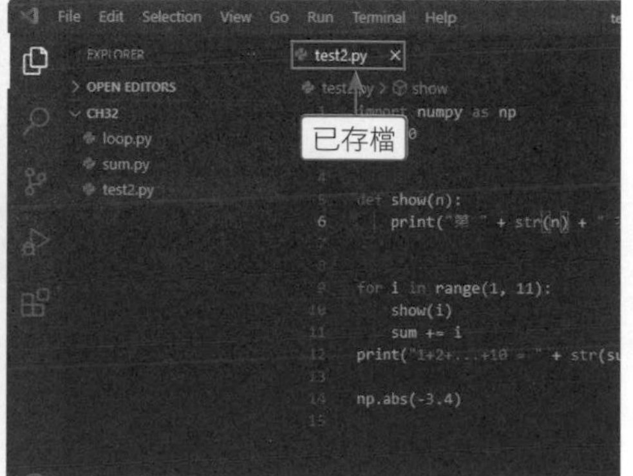

顯示函式使用方法

通常函式會有多個參數可以設定，要在程式中修改函式時，需要查詢函式使用手冊才能得知函式正確使用方法。VS Code 中只要將滑鼠移到函式名稱上，就會在彈出視窗顯示函式使用方法，非常方便。

函式使用方法

滑鼠移到函式名稱上

連續多行程式註解

VS Code 可以對連續程式列進行註解及解除註解：以滑鼠拖曳選取連續多列程式碼，按「**Ctrl + /**」鍵就會註解所有選取程式列，再按一次「**Ctrl + /**」鍵可解除所有選取程式列註解。

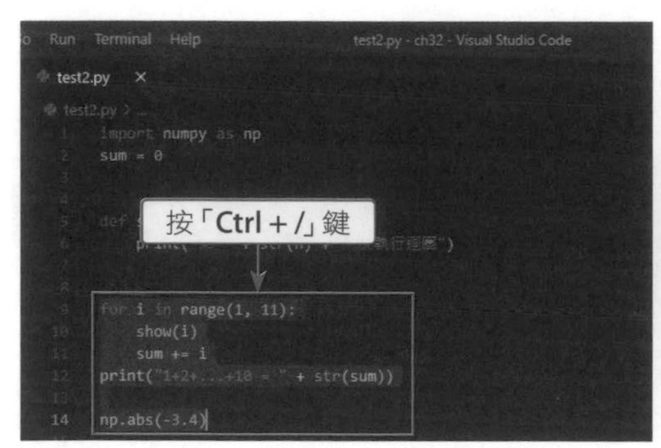

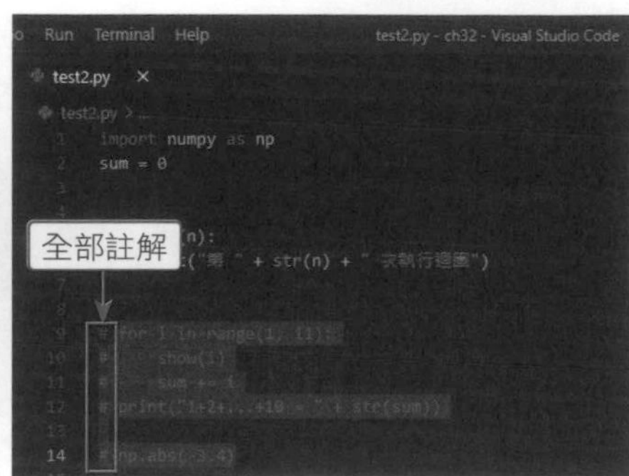

33

編譯程式執行檔：PyInstaller

33.1 程式打包前的準備工作

想要將完成的 Python 應用程式分享給好友，卻發現好友的電腦中並沒有安裝 Python 以及相關的套件。這時，就必須要使用包裝工具將 Python 應用程式打包成 exe 執行檔，才可以在其他機器上執行。

33.1.1 安裝 PyInstaller

PyInstaller 可以將 Python 程式打包成執行檔，首先必須安裝 PyInstaller，如下：

```
pip install pyinstaller==4.2
```

33.1.2 PyInstaller 使用方式

PyInstaller 有兩種製作 exe 檔的方式。

onedir 方式：

第一種方式是將製作出的檔案皆放在同一個目錄下，這是預設的方式，稱為 onedir。語法：

```
pyinstaller 應用程式
```

例如：

```
pyinstaller Hello.py
```

onefile 方式：

第二種方式是加上「-F」參數將製作出的檔案包裝成一個獨立的 exe 執行檔，稱為 onefile。語法：

```
pyinstaller -F 應用程式
```

例如：

```
pyinstaller -F Hello.py
```

33.2 實戰：打包 exe 執行檔

我們先以這個較簡單的程式來實作。程式內容如下：

程式碼：Hello.py

```
print("Hello Python")
a=input(" 請按任意鍵結束 !")
```

33.2.1 實作 onedir 的 exe 執行檔

首先開啟 Anaconda Prompt 視窗，切換到 <Hello.py> 應用程式的目錄，然後以「pyinstaller Hello.py」將 <Hello.py> 應用程式打包成 onedir 的 exe 執行檔。

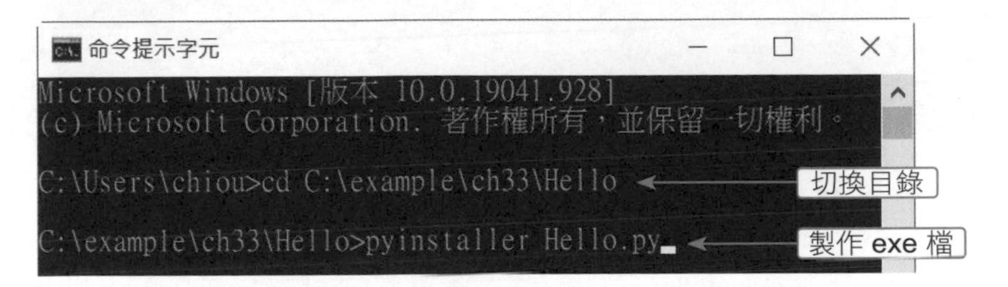

完成之後會在 <Hello.py> 程式所在的目錄產生 <Hello.spec> 檔和 <__pycache__>、<build>、<dist> 三個目錄，其中 <dist> 目錄中建立了 <Hello> 目錄，<Hello> 目錄中產生許多如 .dll 的相關檔案以及 <Hello.exe> 執行檔，只要將新建立的 <Hello> 整個目錄複製到其他的電腦，就可以在其他的電腦上執行。

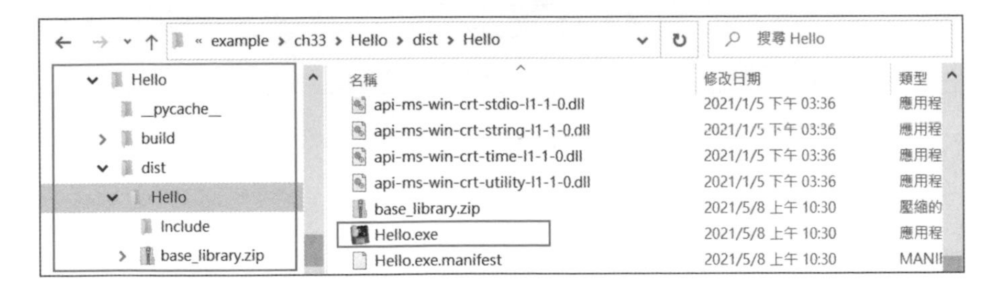

01 02 03 04 05 06 07 08 09 10 11 12 13 14 15 16 17

33.2.2 實作 onefile 的 exe 執行檔

接著以範例 <Hello2.py> 程式實作。程式內容如下：

程式碼：Hello2.py
```
print("Hello Python")
a=input("請按任意鍵結束!")
```

請開啟 Anaconda Prompt 視窗，切換到 <Hello2.py> 應用程式的目錄，然後以「pyinstaller -F Hello2.py」將 <Hello2.py> 程式打包成 onefile 的 exe 執行檔。

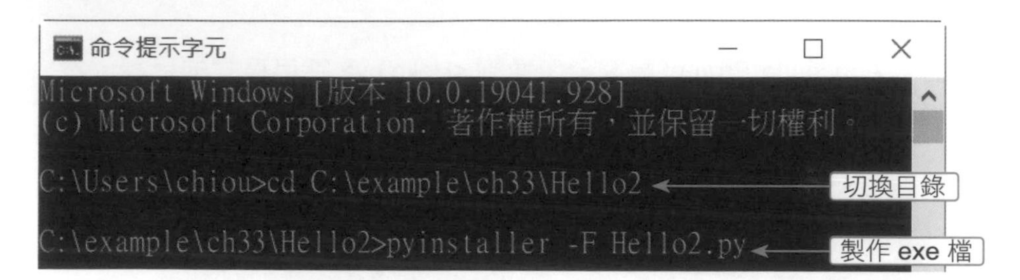

完成之後會在 <Hello2.py> 程式所在的目錄產生 <Hello2.spec> 檔和 <__pycache__>、<build>、<dist> 三個目錄，其中 <dist> 目錄中只建立了一個 <Hello2.exe> 執行檔，因為 pyinstaller 已將所有相關套件都包含在 <Hello2.exe> 檔中，只要將 <Hello2.exe> 檔複製到其他的電腦，就可以在其他的電腦上執行。

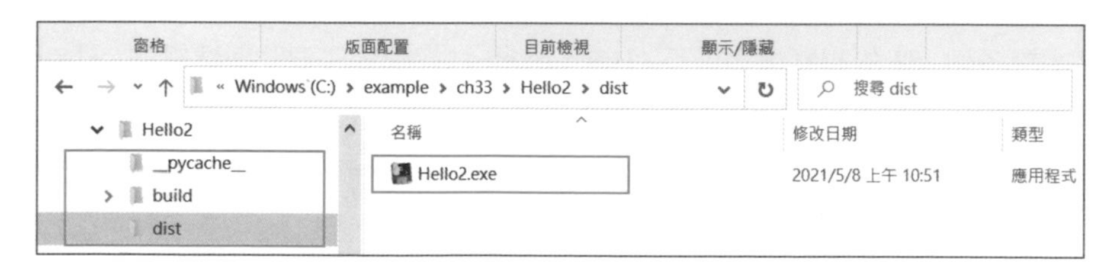

33.3 實戰：打包含有資源檔的執行檔

實際應用上，Python 應用程式通常不會這麼簡單，可能還包含許多的套件，或是相關的資源如圖片、音效檔。另外，因為各種模組千變萬化，PyInstaller 打包的應用程式並不保證一定能正確執行。

33.3.1 實作 onefile 的中英文單字對照程式

首先以 <eword_tkinter.py> 應用程式為例，它必須讀取 <eword.txt> 中英文單字對照的文字檔案，這個 <eword.txt> 是放在和執行檔 <eword_tkinter.py> 相同的路徑中。

原始檔案的架構如下：

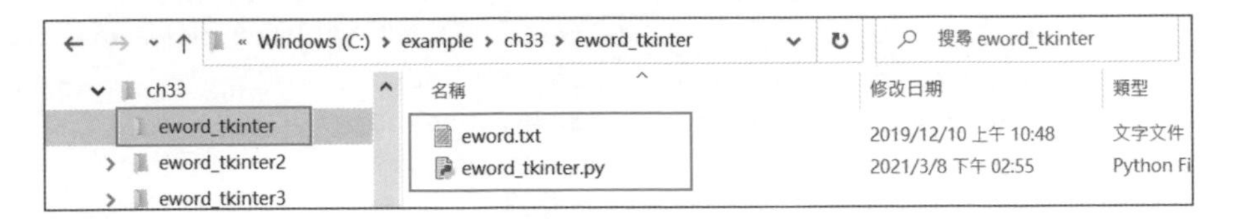

程式部份內容如下，這個程式中包含 tkinter、math 模組，同時也需要讀取 <eword.txt> 檔案。

程式碼：eword_tkinter.py

```
…略
45  ### 主程式從這裡開始 ###
46
47  import tkinter as tk
48  import math
49  win=tk.Tk()
50  win.geometry("500x300")
51  win.title(" 英文單字王 ")
52
53  page,pagesize=0,10
54  datas=dict()
55
56  with open('eword.txt','r', encoding = 'UTF-8-sig') as f:
57      for line in f:
58          eword,cword = line.rstrip('\n').split(',')
59          datas[eword]=cword
```

```
60  print("轉換完畢!")
61
62  datasize=len(datas) #資料筆數
63  totpage=math.ceil(datasize/pagesize) #總頁數
64
65  # 單字顯示區
66  frameShow = tk.Frame(win)
67  frameShow.pack()
68  labelwords = tk.Label(win, text="")
69  labelwords.pack()
70
71  frameCommand = tk.Frame(win)  # 翻頁按鈕容器
72  frameCommand.pack()
73  btnFirst = tk.Button(frameCommand, text="第一頁", width=8,command=First)
74  btnPrev = tk.Button(frameCommand, text="上一頁", width=8,command=Prev)
75  btnNext = tk.Button(frameCommand, text="下一頁", width=8,command=Next)
76  btnBottom = tk.Button(frameCommand, text="最末頁", width=8,command=Bottom)
77  btnFirst.grid(row=0, column=0, padx=5, pady=5)
78  btnPrev.grid(row=0, column=1, padx=5, pady=5)
79  btnNext.grid(row=0, column=2, padx=5, pady=5)
80  btnBottom.grid(row=0, column=3, padx=5, pady=5)
81
82  First()
83  win.mainloop()
```

開啟 Anaconda Prompt 視窗，切換到 <eword_tkinter.py> 應用程式的目錄，然後以「pyinstaller -F eword_tkinter.py」將 <eword_tkinter.py> 應用程式打包成 onefile 的 exe 執行檔，編譯需要幾分鐘，請耐心等候。

完成之後會在 <eword_tkinter.py> 目錄產生 <eword_tkinter.spec> 檔和 <__pycache__>、<build>、<dist> 三個目錄。

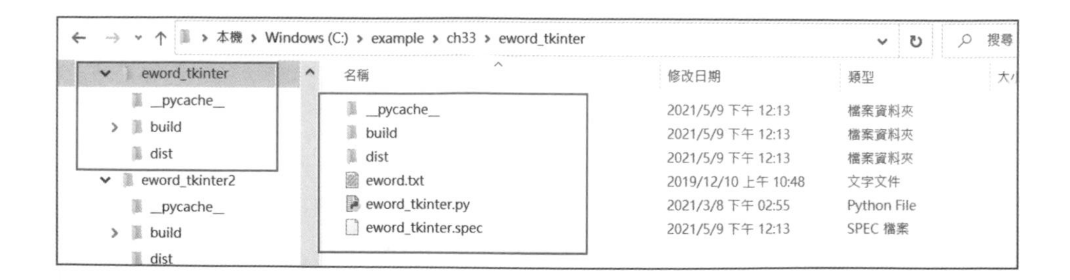

18
19
20
21
22
23
24
25
26
27
28
29
30
31
32
33

其中 <dist> 目錄中建立了 <eword_tkinter.exe> 執行檔，直接執行 <eword_tkinter.exe> 檔會因為讀取不到 <eword.txt> 檔而中止。

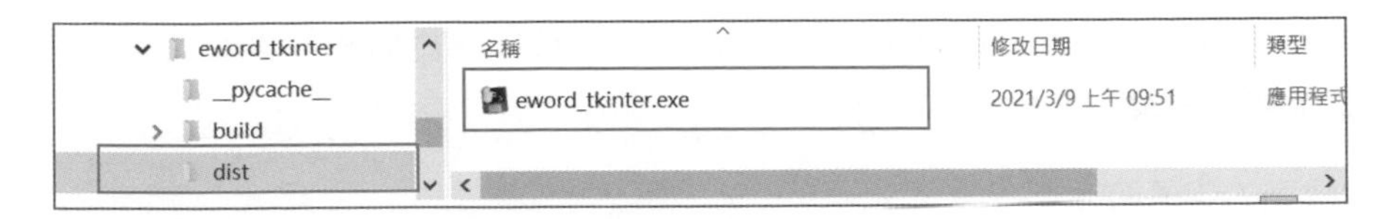

請將 <eword.txt> 複製到和 <eword_tkinter.exe> 執行檔相同的目錄中 (本例為 <dist> 目錄)，複製完成後順便更改 <dist> 名稱為較易辨識的名稱，例如：更改為「eWordProject」，如下：

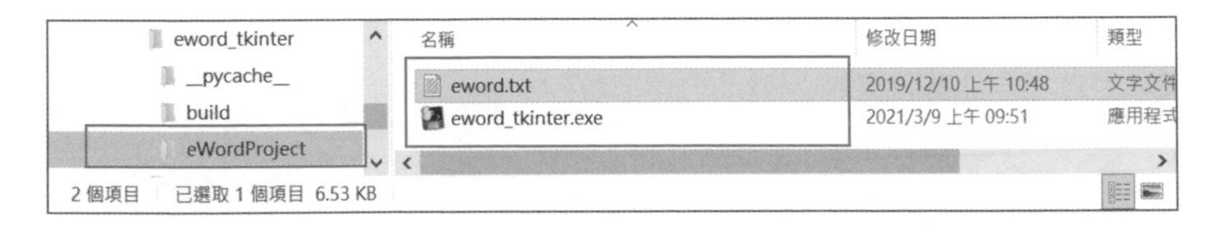

現在讀者可將 <eWordProject> 目錄分享給親朋好友，他們只要在其中的 <eword_tkinter.exe> 檔案上以滑鼠點兩下，因為該目錄中有包含 <eword.txt> 資源檔，因此可以正常的執行。

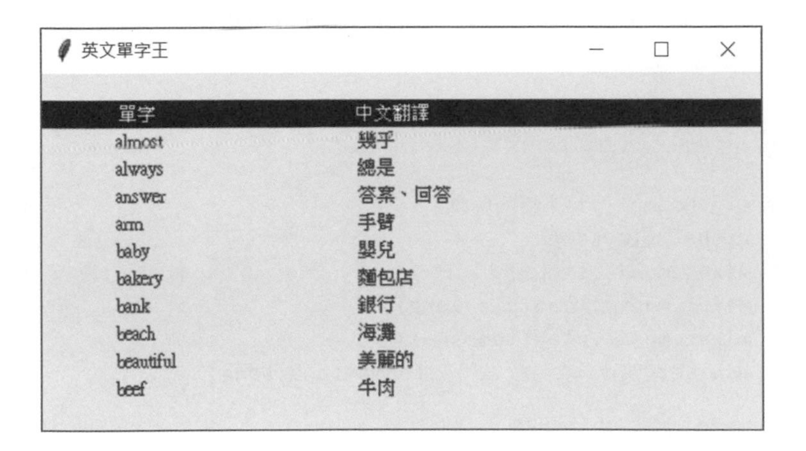

33.3.2 實作 onefile 的 mp3 播放程式

本例是以播放 mp3 音效檔案的 <mp3Play.py> 應用程式為例，它必須播放 <mp3> 目錄中的 .mp3 音效檔，所有的 .mp3 音效檔都是放在和執行檔 <mp3Play.py> 相同的路徑 <mp3> 目錄中。

原始檔案的架構如下：

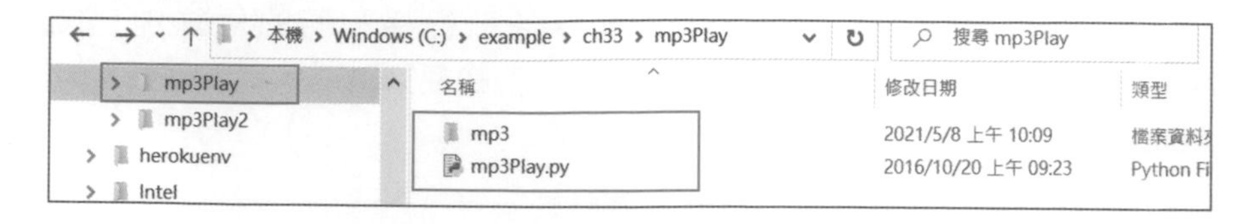

<mp3> 目錄包含的音效檔。

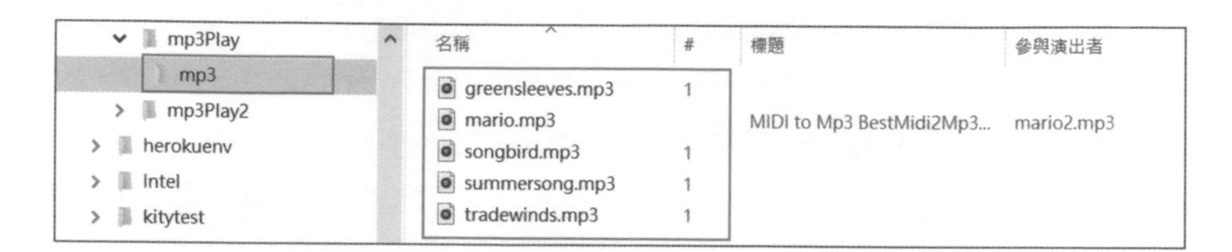

程式部份內容如下，這個程式中包含 tkinter、pygame 和 glob 模組，同時也需要讀取 <mp3> 目錄中的音效檔案。

程式碼：mp3Play.py

```
...
37  def playNewmp3(): #播放新曲
38      global playsong
39      mixer.music.stop()
40      mixer.music.load(playsong)
41      mixer.music.play(loops=-1)
42      msg.set("\n 正在播放：{}".format(playsong))
...
52  ### 主程式從這裡開始 ###
53
54  import tkinter as tk
55  from pygame import mixer
56  import glob
57
58  mixer.init()
```

```
...
69   source_dir = "mp3/"
70   mp3files = glob.glob(source_dir+"*.mp3")
71
72   playsong=preplaysong = ""
73   index = 0
74   volume=0.6
75   choice = tk.StringVar()
76
77   for mp3 in mp3files:  #建立歌曲選項按鈕
78       rbtem = tk.Radiobutton(frame1,text=mp3,variable=choice,
           value=mp3,command=choose)
79       if(index==0):  #選取第 1 個選項按鈕
80           rbtem.select()
81           playsong=preplaysong=mp3
82       rbtem.grid(row=index, column=0, sticky="w")
83       index += 1
...
107  win.mainloop()
```

開啟 Anaconda Prompt 視窗，切換到 <mp3Play.py> 應用程式的目錄，然後以「pyinstaller -F mp3Play.py」將 <mp3Play.py> 應用程式打包成 onefile 的 exe 執行檔，編譯需要幾分鐘，請耐心等候。

完成之後會在 <mp3Play.py> 目錄產生 <mp3Play.spec> 檔和 <__pycache__>、<build>、<dist> 三個目錄。

其中 <dist> 目錄中建立了 <mp3Play.exe> 執行檔，直接執行 <mp3Play.exe> 檔會因為讀取不到 <mp3> 目錄的音效檔而無法播放。

請將 <mp3> 目錄複製到和 <mp3Play.exe> 執行檔相同的目錄，(本例為 <dist> 目錄)，複製完成後順便更改 <dist> 名稱為「myMp3Player」，如下：

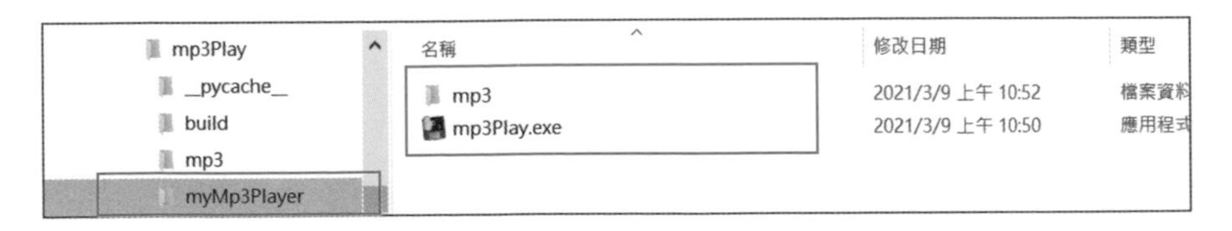

現在讀者可將 <myMp3Player> 目錄分享給親朋好友，他們只要在其中的 <mp3Play.exe> 檔案上以滑鼠點兩下，因為該目錄中有包含 <mp3> 目錄的資源檔，因此可以正常的播放音效。

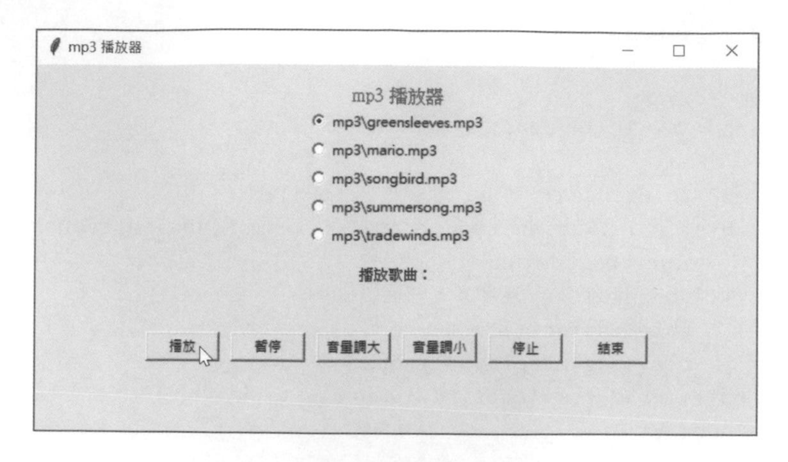

更新 pygame 的版本

我們實作的經驗，當安裝 pygame1.9.6 版本，使用 Pyinstaller 打包後執行 load() 方法載入 mp3 檔案會出現下列錯誤。

```
pygame.error
[21820]Failed to excute script…
```

後來改以 pip install pygame==2.0.1 安裝較新的版本，Pyinstaller 打包後才可以正常執行。

33.4 實戰：使用 .spec 打包含有資源檔的執行檔

前面單元以 one file 打包完成的 exe 檔其實並未真正包含資源檔，而只是將資源檔複製到對應的路徑中，要真正將資源檔打包在 exe 檔中，必須於 .spec 檔中再做設定，然後再對 .spec 檔進行打包。

33.4.1 以 .spec 實作 onefile 的中英文單字對照程式

<eword_tkinter2> 目錄中的 <eword_tkinter2.py> 是複製 <eword_tkinter.py> 檔，為了避免和 <eword_tkinter.py> 混淆，改名為 <eword_tkinter2.py>，它必須讀取 <eword.txt> 檔案，這個 <eword.txt> 放在和 <eword_tkinter2.py> 執行檔相同的路徑中。原始檔案的架構如下：

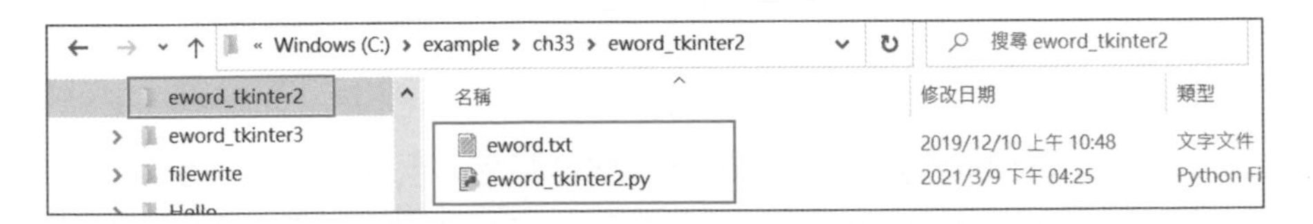

首先開啟 Anaconda Prompt 視窗，切換到 <eword_tkinter2.py> 應用程式的目錄，然後以「pyinstaller -F eword_tkinter2.py」將 <eword_tkinter2.py> 應用程式打包成 onefile 的 exe 執行檔，編譯需要幾分鐘，請耐心等候。

完成之後會在 <eword_tkinter2.py> 目錄產生 <eword_tkinter2.spec> 檔和 <__pycache__>、<build>、<dist> 三個目錄。

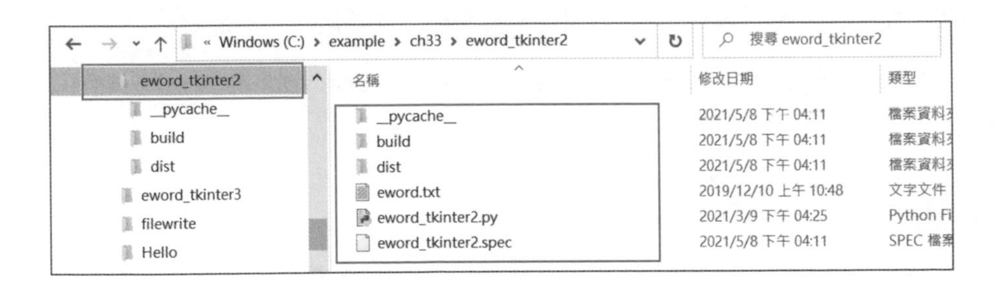

01 02 03 04 05 06 07 08 09 10 11 12 13 14 15 16 17

33.4.2 在 spec 檔中設定參數

開啟 <eword_tkinter2.spec> 檔，在第 9 列 datas=[] 加入資源檔的設定 (注意：不是第 25 列)。

datas 參數設定資源檔

預設產生的 datas 是一個空的串列，可以使用元組將資源檔加入此串列中。語法：

```
datas=[( 元組一 ),( 元組二 )... ]
```

元組可以包括一或多個，每一個元組的格式為 (相對路徑檔名，拷貝到專案中的資料夾名稱)，左邊是要加入的 filename (相對路徑即可)，右邊是拷貝到專案中的資料夾名字。

例如：拷貝 <eword.txt> 檔案到專案的根目錄中。

```
datas=[('eword.txt','.')],
```

表示原始的 <eword.txt> 檔路徑是 exe 執行檔的路徑，「.」表示拷貝到專案的根目錄中，也就是 <eword.txt> 被打包後，解壓縮到 <C:\...\temp_MEIxxx\eword.txt>。

例如：將 <mp3> 路徑及其中的所有檔案拷貝到專案的 <mp3> 目錄中，也就是 <mp3> 目錄被打包後，解壓縮到 <C:\...\temp_MEIxxx\mp3>。

```
datas=[('mp3','mp3')],
```

也可以同設定多個資源，例如：

```
datas=[('res/bg.jpg','res'), ('exam.db', '.')]
```

設定將 <res/bg.jpg> 拷貝到專案的 res 資料夾中，<exam.db> 檔拷貝到專案的根目錄下。

加入 eword.txt 資源檔

了解 datas 的設定方式之後，我們在第 9 列參數中加入 eword.txt 檔，並將其拷貝到專案的根目錄中。

程式碼：eword_tkinter2.spec

```
1   # -*- mode: python ; coding: utf-8 -*-
2
3   block_cipher = None
4
5
6   a = Analysis(['eword_tkinter2.py'],
7                pathex=['C:\\example\\ch33\\eword_tkinter2'],
8                binaries=[],
9                datas=[('eword.txt','.')],
10               hiddenimports=[],
11               hookspath=[],
12               runtime_hooks=[],
13               excludes=[],
14               win_no_prefer_redirects=False,
15               win_private_assemblies=False,
16               cipher=block_cipher,
17               noarchive=False)
18  pyz = PYZ(a.pure, a.zipped_data,
19               cipher=block_cipher)
20  exe = EXE(pyz,
21            a.scripts,
22            a.binaries,
23            a.zipfiles,
24            a.datas,
25            [],
…略
```

33.4.3 打包 spec 檔案

接著是打包 spec 檔案，本例是打包 <eword_tkinter2.spec> 檔。如下：

```
pyinstaller -F eword_tkinter2.spec
```

打包完成後，<dist> 目錄中仍然只有一個 <eword_tkinter2.exe> 執行檔，但這個 <eword_tkinter2.exe> 和前面以「pyinstaller -F eword_tkinter2.py」建立的執行檔稍有不同。

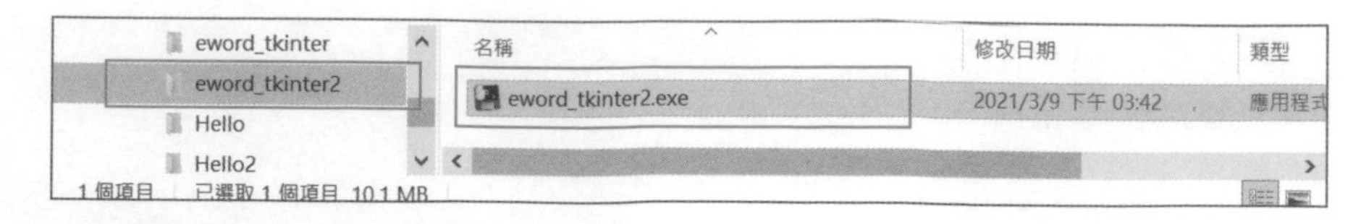

此時直接執行 <eword_tkinter2.exe> 檔，還是會因為讀取不到 <eword.txt> 檔而中止。這是因為執行打包的 <eword_tkinter2.exe> 檔會產生一個命名為「_MEIxxx」的暫時目錄，必須修正程式讓它可以取得此目錄。

我們自訂一個函式 base_path(path)，可以取得實際執行的 exe 檔案目錄。如果是以 pyinstaller 打包產生的 exe 檔，就透過 basedir = sys._MEIPASS 取得其目錄，否則如果是 python 編譯器產生的 exe 檔，就以 basedir = os.path.dirname(__file__) 取得其目錄。

```
import os, sys
def base_path(path):
    if getattr(sys, 'frozen', None):
        basedir = sys._MEIPASS
    else:
        basedir = os.path.dirname(__file__)
    return os.path.join(basedir, path)
```

呼叫 base_path() 自訂函式，就可以取得指定的路徑。例如：取得 exe 檔的根目錄和 mp3 目錄。

```
base_path('')          # 取得 exe 檔的根目錄
cwd=base_path('mp3')  # 取得 exe 檔 mp3 目目錄
```

33.4.4 以 one file 打包 <eword_tkinter3.py> 檔

<eword_tkinter3> 目錄中的 <eword_tkinter3.py> 是複製 <eword_tkinter.py> 檔和 <eword.txt> 檔案，<eword_tkinter3.py> 已修正程式碼為可以讀取 exe 檔的路徑。

修改程式碼

修改的程式碼如下：其中最重要的是第 65 列以「base_path('')+'eword.txt'」讀取 exe 執行檔根目錄下的 <eword.txt> 檔。

程式碼：**eword_tkinter3.py**

```
...
45  ### 主程式從這裡開始 ###
46
47  # 加入自訂的 base_path() 函式
48  import os, sys
49  def base_path(path):
50      if getattr(sys, 'frozen', None):
51          basedir = sys._MEIPASS
52      else:
53          basedir = os.path.dirname(__file__)
54      return os.path.join(basedir, path)
55
56  import tkinter as tk
57  import math
…略
64
65  with open(base_path('')+'eword.txt','r', encoding = 'UTF-8-sig') as f:
66      for line in f:
67          eword,cword = line.rstrip('\n').split(',')
68          datas[eword]=cword
69  print("轉換完畢！")
```

產生 spec 檔

首先開啟 Anaconda Prompt 視窗，切換到 <eword_tkinter3.py> 應用程式的目錄，然後以「pyinstaller -F eword_tkinter3.py」將 <eword_tkinter3.py> 應用程式打包成 onefile 的 exe 執行檔。完成後會產生 <eword_tkinter3.spec> 檔和 <__pycache__>、<build>、<dist> 三個目錄。

設定 spec 檔中設定 data 參數

開啟 <eword_tkinter3.spec> 檔，在第 9 列 datas=[] 加入資源檔的設定。

程式碼：**eword_tkinter3.spec**

```
1  # -*- mode: python ; coding: utf-8 -*-
2
3  block_cipher = None
4
5
```

```
6   a = Analysis(['eword_tkinter3.py'],
7                pathex=['C:\\example\\ch33\\eword_tkinter3'],
8                binaries=[],
9                datas=[('eword.txt','.')],
10               hiddenimports=[],
…略
```

打包 eword_tkinter3.spec 檔案

設定好 <eword_tkinter3.spec> 檔後，開始對 spec 檔案打包。如下：

```
pyinstaller -F eword_tkinter3.spec
```

打包完成後 <dist> 目錄中仍然只有一個 <eword_tkinter3.exe> 執行檔，但這個 <eword_tkinter3.exe> 檔因為加入 exe 檔路徑的讀取，因此可以讀取到它的資源檔。

將 <dist> 目錄更改為 <eword_tkinter3>，然後將 <eword_tkinter3> 目錄分享給親朋好友，他們只要在其中的 <eword_tkinter3.exe> 檔案上以滑鼠點兩下，因為該檔可以讀取到它的資源檔 <eword.txt>，因此可以正常的執行。

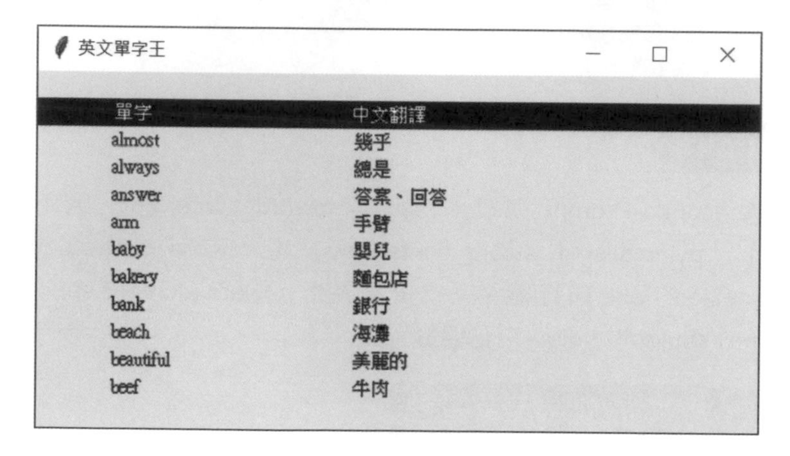

33.4.5 以 one file 打包 <mp3Play2.py> 檔

<mp3Play2> 目錄中的 <mp3Play2.py> 是複製 <mp3Play.py> 檔和 <mp3> 目錄及其檔案，<mp3Play2.py> 已修正程式碼可以讀取 exe 檔的路徑。

修改程式碼

修改的程式碼如下：其中最重要的是原 78 第列改為 79 列以「**source_dir=base_path('mp3/')**」讀取 exe 執行檔根目錄下的 <mp3> 目錄，因為該目錄包含 .mp3 音效檔。

程式碼：**mp3Play2.py**

```
...
52  ### 主程式從這裡開始 ###
53
54  # 加入自訂的 base_path() 函式
55  import os, sys
56  def base_path(path):
57      if getattr(sys, 'frozen', None):
58          basedir = sys._MEIPASS
59      else:
60          basedir = os.path.dirname(__file__)
61      return os.path.join(basedir, path)
62
63  import tkinter as tk
64  from pygame import mixer
65  import glob
66
…略
78  # source_dir = "mp3/"
79  source_dir=base_path('mp3/')
80  mp3files = glob.glob(source_dir+"*.mp3")
```

產生 spec 檔

首先開啟 Anaconda Prompt 視窗，切換到 <mp3Play2.py> 應用程式的目錄，然後以「pyinstaller -F mp3Play2.py」將 <mp3Play2.py> 應用程式打包成 onefile 的 exe 執行檔。完成後會產生 <mp3Play2.spec> 檔和和 <__pycache__>、 <build>、<dist> 三個目錄。

設定 spec 檔中設定 data 參數

開啟 <mp3Play2.spec> 檔，在第 9 列 datas=[] 加入資源檔的設定。

程式碼：mp3Play2.spec

```
1   # -*- mode: python ; coding: utf-8 -*-
2
3   block_cipher = None
4
5
6   a = Analysis(['mp3Play2.py'],
7                pathex=['C:\\example\\ch33\\mp3Play2'],
8                binaries=[],
9                datas=[('mp3','mp3')],
10               hiddenimports=[],
11               hookspath=[],
…略
```

打包 mp3Play2.spec 檔案

設定好 mp3Play2.spec 檔後，開始對 spec 檔案打包。如下：

```
pyinstaller -F mp3Play2.spec
```

打包完成後 <dist> 目錄中仍然只有一個 <mp3Play2.exe> 執行檔，但這個 <mp3Play2.exe> 檔因為加入 exe 檔路徑的讀取，因此可以讀取到它的資源檔。

將 <dist> 目錄更改為 <mp3Play2>，然後將 <mp3Play2> 目錄分享給親朋好友，他們只要在其中的 <mp3Play2.exe> 檔案上以滑鼠點兩下，因為該檔可以讀取到 <mp3> 目錄的 .mp3 音效檔，因此可以正常的執行。

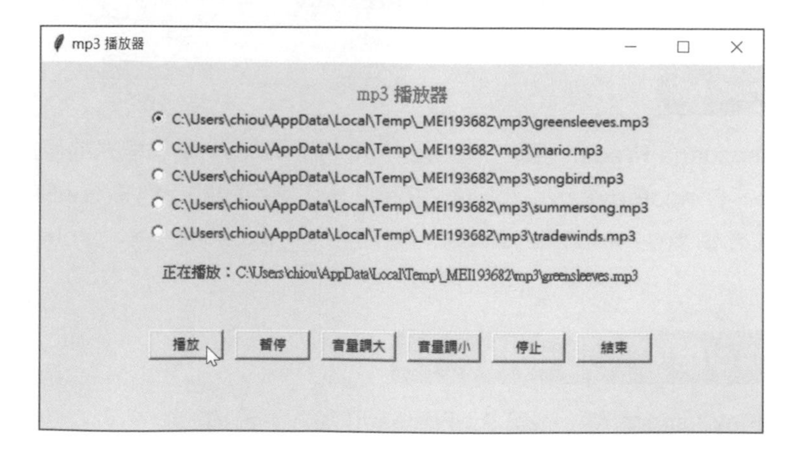

33.5 資料儲存的考量

在前面單元我們已經說明以「pyinstaller -F xxx.py」和「pyinstaller -F xxx.spec」打包後解壓的 exe 檔路徑是 <C:\...\temp_MEIxxx>。請注意，這個暫存的路徑會因執行結束而消失，因此要儲存的資料記得不要儲存在此暫存的目錄，而是要儲存在真正的工作目錄中。

我們用範例來對照，下列範例分別將資料寫入 <file1.txt>、<file2.txt> 和 <file3.txt> 檔。

程式碼：filewrite.py

```
1   import os, sys
2   def base_path(path):
3       if getattr(sys, 'frozen', None):
4           basedir = sys._MEIPASS
5       else:
6           basedir = os.path.dirname(__file__)
7       return os.path.join(basedir, path)
8
9   tmp=base_path("") #取得暫存目錄
10  cwd=os.getcwd()   #取得目前的工作目錄
11
12  file1="file1.txt"
13  file2=os.path.join(tmp,"file2.txt")
14  file3=os.path.join(cwd,"file3.txt")
15
16  f1=open(file1,'w')  #寫入工作目錄
17  f1.write("file1 txt")
18  f1.close()
19  print(file1,"寫入成功！")
20
21  f2=open(file2,'w')  #寫入 tmp 目錄
22  f2.write("file2 txt")
23  f2.close()
24  print(file2,"寫入成功！")
25
26  f3=open(file3,'w') #寫入 pwd 目錄
27  f3.write("file3 txt")
28  f3.close()
29  print(file3,"寫入成功！")
30
31  key=input("按任意鍵結束！")
```

程式說明

- 16-19　資料儲存在 <file1.txt> 檔，檔案的路徑預設是目前的工作目錄。
- 21-24　資料儲存在 <file2.txt> 檔，檔案的路徑是以 base_path() 自訂函數取得，如果是以 pyinstaller 打包，取得的是 <C:\...\temp_MEIxxx> 目錄。
- 26-29　資料儲存在 <file3.txt> 檔，這個檔案的路徑是以 os.getcwd() 取得，因此會取得目前的工作目錄。

one file 打包和測試

開啟 Anaconda Prompt 視窗，切換到 <filewrite.py> 應用程式的目錄，以「pyinstaller -F filewrite.py」將 <filewrite.py> 應用程式打包成 onefile 的 exe 執行檔。

執行 <dist> 目錄中的 <filewrite.exe>，訊息顯示 3 個檔案都已寫入成功。

執行完成後會在 <filewrite.exe> 相同的目錄建立 <file1.txt> 和 <file3.txt> 檔。

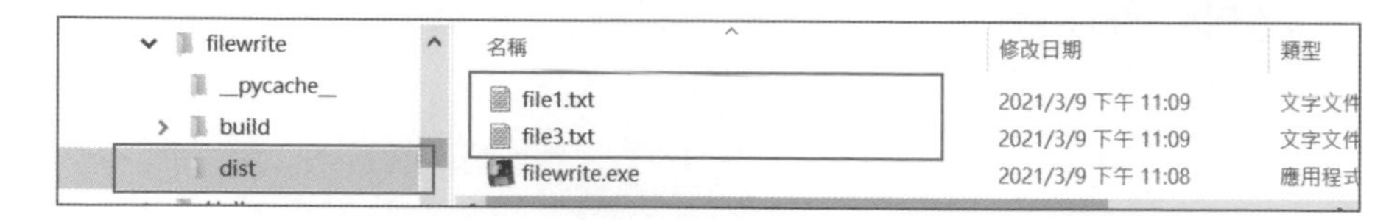

請注意 <file2.txt> 是儲存在 <C:\...\temp_MEIxxx> 目錄中，這個檔案會因為執行結束消失，因此實務應用時應注意儲在此目錄的檔案會因為工作結束而消失。

Python 自學聖經(第二版)：從程式素人到開發強者的技術與實戰大全

作　　者：文淵閣工作室 編著 / 鄧文淵 總監製
企劃編輯：王建賀
文字編輯：王雅雯
設計裝幀：張寶莉
發 行 人：廖文良

發 行 所：碁峰資訊股份有限公司
地　　址：台北市南港區三重路 66 號 7 樓之 6
電　　話：(02)2788-2408
傳　　真：(02)8192-4433
網　　站：www.gotop.com.tw
書　　號：ACL062100
版　　次：2021 年 05 月二版
　　　　　2024 年 03 月二版九刷
建議售價：NT$880

國家圖書館出版品預行編目資料

Python 自學聖經：從程式素人到開發強者的技術與實戰大全 / 文淵閣工作室編著. -- 二版. -- 臺北市：碁峰資訊, 2021.05
面；　公分
ISBN 978-986-502-806-0(平裝)
1.Python(電腦程式語言)
312.32P97　　110006715